최신판
완벽대비

저자직강 동영상 **강의**
이패스코리아
www.epasskorea.com

핵심요약
용접
기능사

필기 최부길 저

시험에 나오는 것만 핵심적으로!
핵심 이론, 계산문제, 기출문제분석으로 필기시험 완벽대비!

- 가스텅스텐아크용접기능사
- 이산화탄소가스아크용접기능사
- 피복아크용접기능사

용접 무료특강

epasskorea

PREFACE

 **용접기능사 |머|리|말|**

현대는 자격증시대로 정보화 사회가 증폭하면서 능력과 기술이 경쟁력을 좌우하는 실용의 시대입니다. 우리나라의 용접기술은 세계 최고 수준인 조선 산업에서 없어서는 안 될 중요한 국가기간산업으로서 자리를 잡고 있습니다.

또한 금속재료의 다양화에 따라 기계, 금속, 건축, 토목, 우주 항공, 신재생에너지 분야에 있어서도 필수적인 기술이기도 합니다. 그로 인하여 용접기술을 담당하는 근로자 역시 산업 분야에서 핵심적인 역할을 수행하게 되었습니다. 이책은 이러한 용접기능사 자격의 중요성을 염두에 두고 보다 전문적이고 체계화된 지식을 제공하기 위하여 다음 사항을 원칙으로 집필 하게 되었습니다.

☑ 시행처인 한국 산업인력공단의 출제 기준에 따라 순서대로 구성하여 필기시험에 완벽하게 맞춘 핵심 내용을 정리하였습니다.

☑ 다양한 자료와 충실한 해설로 용접의 기본 원리부터 <u>피복아크용접기능사, 가스텅스텐 아크용접기능사, 이산화탄소가스 아크용접기능사</u>까지 한 번에 준비하도록 하였습니다.

끝으로 이 책에 수록된 내용은 본 저자가 20년 이상 용접 기술 분야에 종사하면서 수집하고 분류한 자료를 최대한 효율적으로 정리한 결과입니다. 이를 통해 원하는 용접관련 자격증을 수험생들이 보다 손쉽게 취득 할 수 있도록 돕고자 합니다. 앞으로도 우수한 용접 기능 인력 들이 계속해서 배출되기를 바라며, 하루하루 치열한 삶의 현장에서 땀 흘리는 수험생 여러분의 노력을 응원 합니다.

|출|제|경|향|분|석| 용접기능사

2023년부터 기능사 자격증이 피복아크용접기능사(전기용접으로 실기 시험), 가스텅스텐 아크용접기능사(티그용접으로 실기시험), CO_2용접기능사(CO_2용접으로 실기시험)로 필기시험과 실기시험이 변경됩니다. 필기시험은 기존에 과년도에서 자격증별 각각의 출제범위에 맞도록 선택해서 출제 될 것으로 보입니다. 1권의 교재로 세 가지 용접 관련 필기시험을 보기에 충분한 자료들로 책이 구성되었으므로 충실하게 진도를 따라가시면 좋은 결과를 얻을 수 있으리라 사려됩니다.

1 가스텅스텐 아크용접기능사

(1) 출제기준 (필기)

직무분야	재료	중직무분야	용접	자격종목	가스텅스텐아크 용접기능사	적용기간	2023.1.1.~ 2026.12.31.
○ 직무내용 : 용접 도면을 해독하여 용접절차 사양서를 이해하고 용접재료를 준비하여 작업환경 확인, 안전보호구 준비, 용접장치와 특성 이해, 용접기 설치 및 점검관리하기, 용접 준비 및 본 용접하기, 용접부 검사, 작업장 정리하기 등의 가스텅스텐아크용접(GTAW) 관련 직무이다.							
필기검정방법	객관식	문제수	60	시험시간	1시간		

필기 과목명	출제 문제수	주요항목	세부항목	세세항목
아크용접, 용접안전, 용접재료, 도면해독, 가스절단, 기타용접	60	1. 아크용접 장비 준비 및 정리정돈	1. 용접장비 설치, 용접설비 점검, 환기장치 설치	1. 용접 및 산업용 전류, 전압 2. 용접기 설치 주의사항 3. 용접기 운전 및 유지보수 주의사항 4. 용접기 안전 및 안전수칙 5. 용접기 각 부 명칭과 기능 6. 전격방지기 7. 용접봉 건조기 8. 용접 포지셔너 9. 환기장치, 용접용 유해가스 10. 피복아크용접설비 11. 피복아크용접봉, 용접와이어 12. 피복아크용접기법
		2. 아크용접 가용접 작업	1. 용접개요 및 가용접작업	1. 용접의 원리 2. 용접의 장·단점 3. 용접의 종류 및 용도

INFORMATION

용접기능사 |출|제|경|향|분|석|

필기 과목명	출제 문제수	주요항목	세부항목	세세항목
				4. 측정기의 측정원리 및 측정방법 5. 가용접 주의사항
		3. 아크용접 작업	1. 용접조건 설정, 직선비드 및 위빙 용접	1. 용접기 및 피복아크용접기기 2. 아래보기, 수직, 수평, 위보기 용접 3. T형 필릿 및 모서리용접
		4. 수동·반자동 가스절단	1. 수동·반자동 절단 및 용접	1. 가스 및 불꽃 2. 가스용접 설비 및 기구 3. 산소, 아세틸렌용접 및 절단기법 4. 가스절단 장치 및 방법 5. 플라스마, 레이저 절단 6. 특수가스절단 및 아크절단 7. 스카핑 및 가우징
		5. 아크용접 및 기타 용접	1. 맞대기(아래보기, 수직, 수평, 위보기)용접, T형 필릿 및 모서리용접	1. 서브머지드아크용접 2. 가스텅스텐아크용접, 가스금속아크용접 3. 이산화탄소가스 아크용접 4. 플럭스코어드아크용접 5. 플라스마아크용접 6. 일렉트로슬래그용접, 테르밋용접 7. 전자빔용접 8. 레이저용접 9. 저항용접 10. 기타용접
		6. 용접부 검사	1. 파괴, 비파괴 및 기타검사(시험)	1. 인장시험 2. 굽힘시험 3. 충격시험 4. 경도시험 5. 방사선투과시험 6. 초음파탐상시험 7. 자분탐상시험 및 침투탐상시험 8. 현미경조직시험 및 기타시험
		7. 용접 결함부 보수 용접 작업	1. 용접 시공 및 보수	1. 용접 시공 계획 2. 용접 준비 3. 본 용접 4. 열영향부 조직의 특징과 기계적 성질 5. 용접 전·후처리(예열, 후열 등)

필기 과목명	출제 문제수	주요항목	세부항목	세세항목
		8. 안전관리 및 정리정돈	1. 작업 및 용접 안전	6. 용접결함, 변형 등 방지대책 1. 작업안전, 용접 안전관리 및 위생 2. 용접 화재방지 3. 산업안전보건법령 4. 작업안전 수행 및 응급처치 기술 5. 물질안전보건자료
		9. 용접재료준비	1. 금속의 특성과 상태도	1. 금속의 특성과 결정 구조 2. 금속의 변태와 상태도 및 기계적 성질
			2. 금속재료의 성질과 시험	1. 금속의 소성 변형과 가공 2. 금속재료의 일반적 성질 3. 금속재료의 시험과 검사
			3. 철강재료	1. 순철과 탄소강 2. 열처리 종류 3. 합금강 4. 주철과 주강 5. 기타재료
			4. 비철 금속재료	1. 구리와 그 합금 2. 알루미늄과 경금속 합금 3. 니켈, 코발트, 고용융점 금속과 그 합금 4. 아연, 납, 주석, 저용융점 금속과 그 합금 5. 귀금속, 희토류 금속과 그 밖의 금속
			5. 신소재 및 그 밖의 합금	1. 고강도 재료 2. 기능성 재료 3. 신에너지 재료
		10. 용접도면해독	1. 용접절차사양 서 및 도면해독 (재도 통칙 등)	1. 일반사항 (양식, 척도, 문자 등) 2. 선의 종류 및 도형의 표시법 3. 투상법 및 도형의 표시방법 4. 치수의 표시방법 5. 부품번호, 도면의 변경 등 6. 체결용 기계요소 표시방법 7. 재료기호 8. 용접기호 9. 투상도면해독 10. 용접도면 11. 용접기호 관련 한국산업규격(KS)

INFORMATION

 용접기능사 |출|제|경|향|분|석|

(2) 출제기준(실기)

직무 분야	재료	중직무 분야	용접	자격 종목	가스텅스텐아크 용접기능사	적용 기간	2023.1.1.~ 2026.12.31.

○ 직무내용 : 용접 도면을 해독하여 용접절차 사양서를 이해하고 용접재료를 준비하여 작업환경 확인, 안전 보호구 준비, 용접장치와 특성 이해, 용접기 설치 및 점검관리하기, 용접 준비 및 본 용접하기, 용접부 검사, 작업장 정리하기 등의 가스텅스텐아크용접(GTAW) 관련 직무이다.

○ 수행준거 : 1. 용접관련 안전사고방지를 위해 보호구, 전기, 화재, 폭발요인 등을 점검하여 작업할 수 있다.
2. 용접절차사양서(용접도면, 작업지시서)에 따라 용접작업을 할 수 있다.
3. 용접봉, 모재, 용접에 필요한 치공구 등을 준비할 수 있고 재료준비를 위한 가공을 할 수 있다.
4. 가스텅스텐아크 용접작업에 사용할 용접장비와 설비, 환기장치의 특성을 이해하고 용접작업에 적합하게 설치하여 이상 유무를 점검할 수 있다.
5. 모재 재질 및 치수를 확인하고 가용접을 할 수 있다.
6. 용접 작업 전·후 및 작업간 용접부 상태를 확인하고 검사할 수 있다.
7. 용접작업 완료 후 작업장에 대한 정리정돈을 할 수 있다.

실기검정방법	작업형	시험시간	2시간 정도

실 기 과목명	주요항목	세부항목	세세항목
가스텅스텐 아크용접 실무	1. 가스텅스텐 아크용접 도면해독	1. 도면 파악하기	1. 제작도면을 해독하여 도면에 표기된 이음형상을 파악할 수 있다. 2. 제작도면에 표기된 용접에 필요한 기본 요구사항을 파악할 수 있다. 3. 제작도면을 해독하여 용접구조물 형상을 파악할 수 있다.
		2. 용접기호 확인하기	1. 용접자세를 지시하는 용접 기본기호를 구별할 수 있다. 2. 용접이음의 형상을 지시하는 용접 기본기호를 구별할 수 있다. 3. 용접 보조기호의 의미를 구별할 수 있다.
		3. 용접절차 사양서 파악하기	1. 용접절차사양서(용접도면, 작업지시서)에서 용접 일반에 관한 특정 사항 등을 파악할 수 있다. 2. 용접절차사양서(용접도면, 작업지시서)에서 요구하는 이음의 형상을 파악할 수 있다. 3. 용접절차사양서(용접도면, 작업지시서)에서 요구하는 용접방법에 대하여 파악할 수 있다. 4. 용접절차사양서(용접도면, 작업지시서)에서 요구하는 용접조건을 파악할 수 있다. 5. 용접절차사양서(용접도면, 작업지시서)에서 요구하는

실기 과목명	주요항목	세부항목	세세항목
	2. 가스텅스텐 아크용접 재료준비	1. 모재 준비하기	용접 후처리 방법에 대하여 파악할 수 있다. 1. 용접구조물의 기계적성질, 화학성분, 열처리 특성에 맞는 모재를 선택할 수 있다. 2. 요구하는 용접강도에 맞는 이음형상으로 가공할 수 있다. 3. 요구하는 모재치수에 맞는 이음형상으로 가공할 수 있다. 4. 작업에 사용될 모재를 청결하게 유지할 수 있다.
		2. 용가재 준비하기	1. 용접절차사양서에 따라 용접조건에 맞는 용가재를 선정할 수 있다. 2. 용접절차사양서에 따라 용접모재 크기에 적합한 용가재 지름을 선택할 수 있다. 3. 용접절차사양서에 따라 용접성, 작업성에 적합한 용가재를 선택할 수 있다.
		3. 용접소모품 준비하기	1. 모재의 재질에 맞는 전극봉을 선정할 수 있다. 2. 전원특성에 맞게 전극봉을 연마할 수 있다. 3. 전원특성에 적합한 전극봉의 지름을 선택할 수 있다. 4. 모재치수에 적합한 전극봉의 지름을 선택할 수 있다. 5. 용접조건에 맞는 보호가스노즐을 선택할 수 있다. 6. 용접조건에 맞는 뒷댐재를 선택할 수 있다.
		4. 보호가스 준비하기	1. 용접작업에 적합한 보호가스 종류를 선택할 수 있다. 2. 아르곤과 헬륨가스의 용도에 따라 선택 할 수 있다. 3. 토치선단에 적정 유량의 보호가스가 나오는지 확인할 수 있다. 4. 퍼징용 보호가스를 설치 할 수 있다.
	3. 가스텅스텐 아크용접 작 업안전보건 관리	1. 용접작업 안전수칙 파악하기	1. 산업안전보건법에 따라 용접작업의 안전수칙을 준수할 수 있다. 2. 안전보호구를 준비하고 착용할 수 있다. 3. 안전사고 행동 요령에 따라 사고 시 행동에 대비할 수 있다. 4. 안전수칙을 숙지하여 아크광선에 의한 사고를 대비할 수 있다. 5. 원활한 작업을 위해 절단 및 가공 안전수칙을 준용할 수 있다.
		2. 용접작업장 주변정리 상태	1. 화재방지를 위해 용접 작업장 주변에 인화물질이 있는지 점검할 수 있다.

INFORMATION

용접기능사 |출|제|경|향|분|석|

실기 과목명	주요항목	세부항목	세세항목
		점검하기	2. 화재방지를 위해 용접 작업장에 적합한 소화장비를 비치할 수 있다. 3. 위험방지를 위해 용접 작업장 주변에 낙하물이 있는지 점검할 수 있다. 4. 청결을 위해 용접 작업장 주변을 깨끗이 청소할 수 있다. 5. 용접 작업장의 환기시설을 확인하고 조작할 수 있다.
		3. 용접 안전보호구 점검하기	1. 안전을 위하여 보호구 선택시 유의사항을 파악할 수 있다. 2. 안전수칙에 규정된 보호구 구비조건을 알고 사용할 수 있다. 3. 안전모의 특징을 알고 이를 착용할 수 있다. 4. 안전화의 특징을 알고 이를 착용할 수 있다. 5. 보호복의 특징을 알고 이를 착용할 수 있다.
		4. 용접설비 안전 점검하기	1. 용접작업 전 전원장치의 상태를 점검 할 수 있다. 2. 용접작업 전 부속설비의 상태를 점검 할 수 있다. 3. 용접작업 전 용접기 전원스위치(on, off) 상태를 점검할 수 있다. 4. 용접작업 전 용접기 접지상태를 점검할 수 있다. 5. 용접작업 전 보호가스용기 연결부위의 누설을 점검할 수 있다.
		5. 물질안전 보건자료 점검하기	1. 용접재료의 화학물질 특징을 파악 할 수 있다. 2. 모재의 특징을 점검하고 적합한 조치를 할 수 있다. 3. 용접 용가재의 특징을 점검하고 적합한 조치를 할 수 있다. 4. 전극봉의 재질에 따른 특징을 점검하고 적합한 조치를 할 수 있다. 5. 보호가스의 특징을 점검하고 적합한 조치를 할 수 있다.
	4. 가스텅스텐 아크용접 장비준비	1. 용접장비 설치하기	1. 용접작업 전 가스텅스텐아크용접기 설치장소를 확인하여 정리정돈할 수 있다. 2. 용접작업에 적합한 용접기의 용량을 선택할 수 있다. 3. 용접작업에 사용할 용접기에 1차 입력 케이블을 연결할 수 있다. 4. 용접작업에 사용할 접지 케이블을 연결할 수 있다.
		2. 보호가스 설치하기	1. 보호가스 용기의 레귤레이터를 설치할 수 있다. 2. 설치한 레귤레이터와 용접기 간의 가스호스를 연결할 수 있다. 3. 보호가스의 압력과 유량을 용접작업에 알맞게 조정할 수 있다.

실기 과목명	주요항목	세부항목	세세항목
	5. 가스텅스텐 아크용접 가용접작업	3. 용접토치 설치하기	1. 용접전원 용량에 적합한 토치를 선정할 수 있다. 2. 용접작업에 사용할 용접토치를 용접기에 연결할 수 있다. 3. 용접작업에 적합한 토치를 조립할 수 있다.
		4. 용접장비 시운전하기	1. 보호가스가 토치부로 적정 유량이 나오는지 확인할 수 있다. 2. 용접기의 작동상태를 확인할 수 있다. 3. 용접작업에 적합한 용접전류를 선택할 수 있다. 4. 용접기의 정상적인 출력상태를 확인할 수 있다.
		1. 모재치수 확인하기	1. 주어진 용접조건에 맞는 모재의 재질을 파악할 수 있다. 2. 도면에 따라 용접조건에 맞는 모재의 치수를 파악할 수 있다. 3. 측정용 공구를 사용하여 도면과의 일치 여부를 확인할 수 있다.
		2. 그루브가공 확인하기	1. 도면에 따라 그루브 가공에 사용되는 공구, 기계 등을 선택하여 사용할 수 있다. 2. 그루브 가공의 이상유무를 확인하여 수정할 수 있다. 3. 도면에 맞게 그루브 가공이 되었는지 측정할 수 있다.
		3. 가용접하기	1. 도면에 따라 용접 구조물 조립을 위한 순서를 정할 수 있다. 2. 도면에 따라 용접 구조물의 이음 형상에 적합한 가용접 위치를 선정할 수 있다. 3. 도면에 따라 용접 구조물의 이음 형상에 적합한 가용접 길이를 선정할 수 있다. 4. 도면에 따라 용접 구조물이 변형되지 않도록 가용접 작업을 수행할 수 있다.
		4. 조립상태 확인하기	1. 도면에 따라 가조립 상태를 확인할 수 있다. 2. 도면에 적합하게 조립상태를 수정할 수 있다. 3. 도면에 따라 가조립 상태 수정 시 작업방법을 알 수 있다.
	6. 가스텅스텐 아크용접 비드쌓기	1. 용접 조건 설정하기	1. 용접절차사양서에 따라 가스텅스텐아크용접을 실시할 모재의 특성, 두께, 이음의 형상을 파악할 수 있다. 2. 용접절차사양서에 따라 용접전류를 선택할 수 있다. 3. 용접절차사양서(용접도면, 작업지시서)에 따라 적합한 용접기의 작업기준을 설정할 수 있다. 4. 용접절차사양서(용접도면, 작업지시서)에 따라 용접 작업표준을 설정할 수 있다.

INFORMATION

용접기능사 |출|제|경|향|분|석|

실 기 과목명	주요항목	세부항목	세세항목
	7. 가스텅스텐 아크 용접 맞대기용접	2. 가스텅스텐 아크 직선비드 용접하기	1. 용접절차사양서(용접도면, 작업지시서)에 따라 용접기의 종류를 선정하고 용접조건을 설정할 수 있다. 2. 용접절차사양서(용접도면, 작업지시서)에 따라 가스텅스텐아크 직선비드 용접작업을 수행할 수 있다. 3. 용접절차사양서(용접도면, 작업지시서)에 따라 용접 후 처리를 할 수 있다.
		3. 가스텅스텐 아크 위빙 용접하기	1. 용접절차사양서(용접도면, 작업지시서)에 따라 용접기의 종류를 선정하고 용접조건을 설정할 수 있다. 2. 용접절차사양서(용접도면, 작업지시서)에 따라 가스텅스텐 위빙 용접작업을 수행할 수 있다. 3. 용접절차사양서에 따라 용접 후처리를 할 수 있다.
		1. 용접부 온도 관리하기	1. 용접부 형상과 모재의 종류에 따른 예열 기구를 이해하고 적용할 수 있다. 2. 용접절차사양서에 규정된 예열 온도를 준수하여 용접부를 예열할 수 있다. 3. 다층용접인 경우에는 용접절차사양서에 규정된 층간 온도를 준수하여 용접작업을 할 수 있다.
		2. 아래보기 자세 용접하기	1. 용접절차사양서(용접도면, 작업지시서)에 따라 용접기의 종류를 선정하고 용접조건을 설정할 수 있다. 2. 용접절차사양서(용접도면, 작업지시서)에 따라 아래보기 자세 용접작업을 수행할 수 있다. 3. 용접절차사양서(용접도면, 작업지시서)에 따라 용접 후 처리를 할 수 있다.
		3. 수직 자세 용접하기	1. 용접절차사양서(용접도면, 작업지시서)에 따라 용접기의 종류를 선정하고 용접조건을 설정할 수 있다. 2. 용접절차사양서(용접도면, 작업지시서)에 따라 수직 자세 용접작업을 수행할 수 있다. 3. 용접절차사양서(용접도면, 작업지시서)에 따라 용접 후 처리를 할 수 있다.
		4. 수평 자세 용접하기	1. 용접절차사양서(용접도면, 작업지시서)에 따라 용접기의 종류를 선정하고 용접조건을 설정할 수 있다. 2. 용접절차사양서(용접도면, 작업지시서)에 따라 수평 자세 용접작업을 수행할 수 있다. 3. 용접절차사양서(용접도면, 작업지시서)에 따라 용접 후 처리를 할 수 있다.

실 기 과목명	주요항목	세부항목	세세항목
		5. 위보기 자세 용접하기	1. 용접절차사양서(용접도면, 작업지시서)에 따라 용접기의 종류를 선정하고 용접조건을 설정할 수 있다. 2. 용접절차사양서(용접도면, 작업지시서)에 따라 위보기 자세 용접작업을 수행할 수 있다. 3. 용접절차사양서(용접도면, 작업지시서)에 따라 용접 후처리를 할 수 있다.
	8. 가스텅스텐 아크용접 필릿용접	1. 가스텅스텐 아크 T형 필릿 및 온둘레필릿 용접하기	1. 도면에 따라 용접기의 종류를 선정하고 용접조건을 설정할 수 있다. 2. 도면에 따라 가스텅스텐아크 T형 필릿 및 온둘레 필릿 용접작업을 수행할 수 있다. 3. 도면에 따라 용접 후처리를 할 수 있다.
		2. 가스텅스텐 아크 모서리 용접하기	1. 도면에 따라 용접기의 종류를 선정하고 용접조건을 설정할 수 있다. 2. 도면에 따라 가스텅스텐 모서리 용접작업을 수행할 수 있다. 3. 도면에 따라 용접 후처리를 할 수 있다.
	9. 가스텅스텐 아크 용접부 검사	1. 용접 전 검사하기	1. 모재의 재질 및 용접조건을 확인할 수 있다. 2. 용접 이음부의 개선 그루브 상태의 적합성 여부를 확인할 수 있다. 3. 용접부 모재의 청결 상태를 확인할 수 있다. 4. 용접구조물의 가용접 상태를 확인할 수 있다.
		2. 용접 중 검사하기	1. 용접부의 수축 변형 상태를 확인할 수 있다. 2. 용접부의 층간 온도 유지 상태를 확인할 수 있다. 3. 용접부의 결함여부를 육안으로 확인할 수 있다.
		3. 용접 후 검사하기	1. 용접부 외관검사를 할 수 있다. 2. 도면에 따라 용접부의 치수를 검사할 수 있다. 3. 용접부의 변형상태를 검사할 수 있다. 4. 작업지침서에 따라 일부 비파괴검사를 할 수 있다.
	10. 가스텅스텐 아크용접 작업 후 정리정돈	1. 보호가스 차단하기	1. 용접용 보호가스 밸브를 차단할 수 있다. 2. 보호가스 누설을 확인 및 검사할 수 있다. 3. 검사 실시 후 이상 발견 시 상황에 맞는 조치를 취할 수 있다.
		2. 전원 차단하기	1. 용접기 본체의 스위치를 차단할 수 있다. 2. 용접부스에 공급되는 메인전원을 차단할 수 있다. 3. 배기 및 환기시설 전원을 차단할 수 있다.

INFORMATION

 **용접기능사** |출|제|경|향|분|석|

실 기 과목명	주요항목	세부항목	세세항목
		3. 작업장 정리·정돈 하기	1. 용접모재 및 잔여 재료를 정리 정돈할 수 있다. 2. 용접용 보호구 및 작업 공구를 정돈할 수 있다. 3. 용접작업 후 화재의 위험요소 잔존여부를 확인할 수 있다. 4. 용접작업 후 안전점검을 시행하고 안전일지를 작성할 수 있다. 5. 작업장 주변을 청결하게 청소할 수 있다. 6. 용접작업 시 사용한 전기기기를 안전하게 정리정돈할 수 있다. 7. 용접케이블을 안전하게 정리정돈할 수 있다.

2 이산화탄소가스 아크용접기능사

(1) 출제기준(필기)

직무 분야	재료	중직무 분야	용접	자격 종목	이산화탄소가스 아크용접기능사	적용 기간	2023.1.1.~ 2026.12.31.

○ 직무내용 : 용접 도면을 해독하여 용접절차 사양서를 이해하고 용접재료를 준비하여 작업환경 확인, 안전 보호구 준비, 용접장치와 특성 이해, 용접기 설치 및 점검관리하기, 용접 준비 및 본 용접하기, 용접부 검사, 작업장 정리하기 등의 이산화탄소가스아크용접(CO_2) 관련 직무이다.

필기검정방법	객관식	문제수	60	시험시간	1시간

필기 과목명	출제 문제수	주요항목	세부항목	세세항목
아크용접, 용접안전, 용접재료, 도면해독, 가스절단, 기타용접	60	1. 아크용접 장비준비 및 정리정돈	1. 용접장비 설치, 용접설비 점검, 환기장치 설치	1. 용접 및 산업용 전류, 전압 2. 용접기 설치 주의사항 3. 용접기 운전 및 유지보수 주의사항 4. 용접기 안전 및 안전수칙 5. 용접기 각 부 명칭과 기능 6. 전격방지기 7. 용접봉 건조기 8. 용접 포지셔너 9. 환기장치, 용접용 유해가스 10. 피복아크용접설비 11. 피복아크용접봉, 용접와이어 12. 피복아크용접기법
		2. 아크용접 가용접작업	1. 용접개요 및 가용접작업	1. 용접의 원리 2. 용접의 장·단점 3. 용접의 종류 및 용도 4. 측정기의 측정원리 및 측정방법 5. 가용접 주의사항
		3. 아크용접 작업	1. 용접조건 설정, 직선비드 및 위빙 용접	1. 용접기 및 피복아크용접기기 2. 아래보기, 수직, 수평, 위보기 용접 3. T형 필릿 및 모서리용접
		4. 수동·반자동 가스절단	1. 수동·반자동 절단 및 용접	1. 가스 및 불꽃 2. 가스용접 설비 및 기구 3. 산소, 아세틸렌용접 및 절단기법 4. 가스절단 장치 및 방법

INFORMATION

 용접기능사 |출|제|경|향|분|석|

필기 과목명	출제 문제수	주요항목	세부항목	세세항목
		5. 아크용접 및 기타용접		5. 플라스마, 레이저 절단 6. 특수가스절단 및 아크절단 7. 스카핑 및 가우징
			1. 맞대기(아래보기, 수직, 수평, 위보기)용접, T형 필릿 및 모서리용접	1. 서브머지드아크용접 2. 가스텅스텐아크용접, 가스금속아크용접 3. 이산화탄소가스 아크용접 4. 플럭스코어드아크용접 5. 플라스마아크용접 6. 일렉트로슬래그용접, 테르밋용접 7. 전자빔용접 8. 레이저용접 9. 저항용접 10. 기타용접
		6. 용접부 검사	1. 파괴, 비파괴 및 기타검사(시험)	1. 인장시험 2. 굽힘시험 3. 충격시험 4. 경도시험 5. 방사선투과시험 6. 초음파탐상시험 7. 자분탐상시험 및 침투탐상시험 8. 현미경조직시험 및 기타시험
		7. 용접 결함부 보수 용접 작업	1. 용접 시공 및 보수	1. 용접 시공 계획 2. 용접 준비 3. 본 용접 4. 열영향부 조직의 특징과 기계적 성질 5. 용접 전·후처리(예열, 후열 등) 6. 용접결함, 변형 등 방지대책
		8. 안전관리 및 정리 정돈	1. 작업 및 용접 안전	1. 작업안전, 용접 안전관리 및 위생 2. 용접 화재방지 3. 산업안전보건법령 4. 작업안전 수행 및 응급처치 기술 5. 물질안전보건자료
		9. 용접재료준비	1. 금속의 특성과 상태도	1. 금속의 특성과 결정 구조 2. 금속의 변태와 상태도 및 기계적 성질

필기 과목명	출제 문제수	주요항목	세부항목	세세항목
			2. 금속재료의 성질과 시험	1. 금속의 소성 변형과 가공 2. 금속재료의 일반적 성질 3. 금속재료의 시험과 검사
			3. 철강재료	1. 순철과 탄소강 2 열처리 종류 3. 합금강 4. 주철과 주강 5. 기타재료
			4. 비철 금속재료	1. 구리와 그 합금 2. 알루미늄과 경금속 합금 3. 니켈, 코발트, 고용융점 금속과 그 합금 4. 아연, 납, 주석, 저용융점 금속과 그 합금 5. 귀금속, 희토류 금속과 그 밖의 금속
			5. 신소재 및 그 밖의 합금	1. 고강도 재료 2. 기능성 재료 3. 신에너지 재료
		10. 용접도면해독	1. 용접절차사양서 및 도면해독 (재도 통칙 등)	1. 일반사항 (양식, 척도, 문자 등) 2. 선의 종류 및 도형의 표시법 3. 투상법 및 도형의 표시방법 4. 치수의 표시방법 5. 부품번호, 도면의 변경 등 6. 체결용 기계요소 표시방법 7. 재료기호 8. 용접기호 9. 투상도면해독 10. 용접도면 11. 용접기호 관련 한국산업규격(KS)

INFORMATION

 용접기능사 |출|제|경|향|분|석|

(2) 출제기준(실기)

직무 분야	재료	중직무 분야	용접	자격 종목	이산화탄소가스 아크용접기능사	적용 기간	2023.1.1.~ 2026.12.31.

○ 직무내용 : 용접 도면을 해독하여 용접절차 사양서를 이해하고 용접재료를 준비하여 작업환경 확인, 안전보호구 준비, 용접장치와 특성 이해, 용접기 설치 및 점검관리하기, 용접 준비 및 본 용접하기, 용접부 검사, 작업장 정리하기 등의 이산화탄소가스아크용접(CO_2) 관련 직무이다.

○ 수행준거 : 1. 용접관련 안전사고방지를 위해 보호구, 전기, 화재, 폭발요인 등을 점검하여 작업할 수 있다.
2. 용접절차사양서(용접도면, 작업지시서)에 따라 용접작업을 할 수 있다.
3. 용접봉, 모재, 용접에 필요한 치공구 등을 준비할 수 있고 재료준비를 위한 가스절단을 할 수 있다.
4. 이산화탄소가스아크 용접작업에 사용할 용접장비와 설비, 환기장치의 특성을 이해하고 용접작업에 적합하게 설치하여 이상 유무를 점검할 수 있다.
5. 모재 재질 및 치수를 확인하고 가용접을 할 수 있다.
6. 용접 작업 전·후 및 작업간 용접부 상태를 확인하고 검사할 수 있다.
7. 용접작업 완료 후 작업장에 대한 정리정돈을 할 수 있다.

실기검정방법	작업형	시험시간	2시간 정도

실기 과목명	주요항목	세부항목	세세항목
이산화탄소 가스아크 용접 실무	1. CO_2용접 도면 해독	1. 용접기호 확인하기	1. 용접자세를 지시하는 용접 기본기호를 구별할 수 있다. 2. 홈의 형상을 지시하는 용접 기본기호를 구별할 수 있다. 3. 가공 상태를 지시하는 용접 보조기호의 의미를 구별할 수 있다.
		2. 도면 파악하기	1. 제작도면을 해독하여 도면에 표기된 용접자세, 용접이음, 그루브의 형상 등을 파악할 수 있다. 2. 제작도면에 표기된 용접에 필요한 기본 요구사항 등을 파악할 수 있다. 3. 제작도면을 해독하여 용접구조물 형상을 파악할 수 있다.
		3. 용접절차 사양서 파악하기	1. 용접절차사양서(용접도면, 작업지시서)에서 용접 일반에 관한 특정 사항 등을 파악할 수 있다. 2. 용접절차사양서(용접도면, 작업지시서)에서 요구하는 이음의 형상을 파악할 수 있다. 3. 용접절차사양서(용접도면, 작업지시서)에서 요구하는 용접방법에 대하여 파악할 수 있다. 4. 용접절차사양서(용접도면, 작업지시서)에서 요구하는 용접조건을 파악할 수 있다. 5. 용접절차사양서(용접도면, 작업지시서)에서 요구하는 용접 후처리 방법에 대하여 파악할 수 있다.

실기 과목명	주요항목	세부항목	세세항목
	2. CO_2용접 재료준비	1. 모재 준비하기	1. 용접구조물의 사용성능(기계적성질, 화학성분, 열처리 특성)에 맞는 모재를 선택할 수 있다. 2. 요구하는 용접강도 및 모재 두께에 알맞은 이음형상에 맞게 가공할 수 있다. 3. 작업에 사용할 모재를 청결하게 유지할 수 있다.
		2. 용접와이어 준비하기	1. 모재의 재질 및 작업성에 맞는 와이어를 선정할 수 있다. 2. 용접부 이음 형상에 맞는 와이어를 선택할 수 있다. 3. 용접재료 및 두께에 맞는 와이어 지름을 선택할 수 있다. 4. 솔리드와이어, 플럭스코어드와이어 특성을 이해하고 선택할 수 있다.
		3. 보호가스 준비하기	1. CO_2용접작업에 적합한 보호가스 종류와 사용방법을 선택할 수 있다 2. 용접절차사양서에 따라 보호가스로 CO_2나 혼합가스를 선택할 수 있다. 3. 보호가스가 토치부로 적정 유량이 나오는지 확인할 수 있다.
		4. 백킹재 준비하기	1. 용접절차사양서에 따라 적합한 백킹재를 준비할 수 있다. 2. 모재의 두께와 이음형상에 알맞은 백킹재를 선택할 수 있다. 3. 백킹재를 모재의 홈에 맞게 부착할 수 있다.
	3. CO_2용접 작업 안전관리	1. 용접작업 안전수칙 파악하기	1. 안전보호구를 준비하고 착용할 수 있다. 2. 용접작업의 안전수칙을 준수할 수 있다. 3. 안전사고 행동 요령에 따라 사고 시 행동에 대비할 수 있다. 4. 안전수칙을 숙지하여 아크광선에 의한 사고를 대비할 수 있다. 5. 원활한 작업을 위해 절단 및 가공 안전수칙을 준용할 수 있다.
		2. 용접작업장 주변정리 상태점검 하기	1. 화재방지를 위해 용접작업장 주변에 인화물질이 있는지 점검하고 소화기를 비치할 수 있다. 2. 위험방지를 위해 용접 작업장 주변에 낙하물이 있는지 점검할 수 있다. 3. 청결을 위해 용접 작업장 주변을 깨끗이 청소할 수 있다. 4. 용접 작업장의 환기를 위해 환기시설을 확인하고 조작할 수 있다.

INFORMATION

 용접기능사 |출|제|경|향|분|석|

실 기 과목명	주요항목	세부항목	세세항목
		3. 용접 안전보호구 점검하기	1. 안전을 위하여 보호구 선택 시 유의사항을 파악할 수 있다. 2. 안전수칙에 규정된 보호구 구비조건을 알고 사용할 수 있다. 3. 안전모의 특징을 알고 이를 착용할 수 있다. 4. 안전화의 특징을 알고 이를 착용할 수 있다. 5. 보호복의 특징을 알고 이를 착용할 수 있다.
		4. 안전 점검하기	1. 용접 작업 전 전원장치 및 부속설비 등의 상태를 점검할 수 있다. 2. 용접 작업 전 용접기 전원스위치(on, off) 상태를 점검할 수 있다. 3. 용접 작업 전 용접기 접지상태를 점검할 수 있다. 4. 용접 작업 전 CO_2가스용기 연결부위의 누설을 점검할 수 있다.
		5. 물질안전 보건자료 점검하기	1. 모재의 특징을 점검하고 적합한 조치를 할 수 있다. 2. 용접봉 와이어의 특징을 점검하고 적합한 조치를 할 수 있다.
	4. 수동·반자동 가스절단	1. 수동·반자동 절단기 조작 준비하기	1. 메뉴얼에 따라 절단기 이상 유무를 확인할 수 있다. 2. 제작사 작업안전절차에 따라 가스 및 전기 등 유틸리티 상태를 점검하고, 이상 유무를 확인할 수 있다. 3. 도면 확인 후, 절단 형상을 확인하고, 용접가능성 및 방법에 있어 작업자가 어려움이 없는지 확인할 수 있다. 4. 절단 작업지시서에 따라 재질(연강) 및 두께(t6, t9)에 맞는 절단공구를 선정할 수 있다.
		2. 수동·반자동 절단기 조작하기	1. 사용 매뉴얼을 숙지하여 절단기를 조작할 수 있다. 2. 작업 안전절차에 따라 절단작업을 수행할 수 있다. 3. 절단기 이상 발견 시, 제작사 절차에 따라 작업 수리를 의뢰할 수 있다. 4. 표준작업지도서에 의거 강판 두께에 따라 불꽃 세기를 조정하고, 육안으로 확인할 수 있다. 5. 표준작업지도서에 의거 강판 두께에 따라 예열시간, 절단속도를 확인·조정할 수 있다.
		3. 수동·반자동 가스절단 측정 및 검사하기	1. 절단기 부속품을 검사·측정하여 불량 시 제작사 절차에 따라 교체·수리할 수 있다. 2. 결과물의 절단부위에 대한 작업표준 준수여부를 검사할 수 있다.

실 기 과목명	주요항목	세부항목	세세항목
			3. 제작사 절차에 따른 절단부위 검사항목을 측정하여 기록할 수 있다.
		4. 수동·반자동 절단기 유지·관리하기	1. 제작사 관리 기준에 의하여 일일점검, 정기점검 등을 수행할 수 있다. 2. 소모품 및 사용기한이 만료된 부속품을 교체할 수 있다. 3. 조작 및 동작상태 점검으로 이상 유무를 판단하여 적절한 조치를 취할 수 있다. 4. 사용매뉴얼을 숙지하여 분해, 조립 및 고장에 대하여 처리할 수 있다.
	5. CO_2용접 장비준비	1. 용접장비 설치하기	1. 작업 전 CO_2용접기 설치장소를 확인하여 정리정돈할 수 있다. 2. 작업에 사용할 용접기에 1차 입력 케이블과 접지 케이블을 연결할 수 있다. 3. 작업에 사용할 용접기의 부속장치를 조립할 수 있다.
		2. 용접용 재료 설치하기	1. 설치한 용접기의 후면 접속부에 CO_2 용기의 레귤레이터 연결 가스호스를 연결할 수 있다. 2. 와이어 송급장치를 용접기 전면에 연결하고, 와이어를 설치할 수 있다. 3. CO_2용기의 압력조정기와 유량계를 설치할 수 있다. 4. 가스압력조정기의 히터전원을 연결할 수 있다.
		3. 용접장비 점검하기	1. CO_2용접기의 각부 명칭을 알고 조작할 수 있다. 2. 가스 공급장치의 가스누설 점검 및 유량을 조절할 수 있다. 3. 용접기 패널의 크레이터 유/무 환 스위치와 일원/개별 전환 스위치를 선택할 수 있다. 4. 아크를 발생시켜 용접기 이상 유/무를 확인할 수 있다.
	6. CO_2 용접 가 용접작업	1. 모재 치수 확인하기	1. 용접절차사양서(용접도면, 작업지시서)에 따라 용접조건에 맞는 모재의 재질을 파악할 수 있다. 2. 용접절차사양서(용접도면, 작업지시서)에 따라 용접조건에 맞는 모재의 치수를 파악할 수 있다. 3. 용접절차사양서(용접도면, 작업지시서)에 따라 길이 및 각도 측정용 공구 등을 사용하여 치수를 측정할 수 있다.
		2. 홈가공하기	1. 용접절차사양서(용접도면, 작업지시서)에 따라 홈 가공에 사용되는 공구 및 기계를 선택하여 사용할 수 있다. 2. 용접절차사양서(용접도면, 작업지시서)에 따라 홈 각도, 루트 면 등 용접이음부를 가공할 수 있다

INFORMATION

 용접기능사 |출|제|경|향|분|석|

실기과목명	주요항목	세부항목	세세항목
7. 솔리드와이어 용접 비드 쌓기		3. 가용접하기	3. 용접절차사양서(용접도면, 작업지시서)에 따라 홈 가공 시 안전 수칙을 준수할 수 있다. 1. 용접절차사양서(용접도면, 작업지시서)에 따라 용접 구조물 조립을 위한 순서를 파악할 수 있다 2. 용접절차사양서(용접도면, 작업지시서)에 따라 용접 구조물의 이음 형상에 적합한 가용접 위치 및 길이를 파악할 수 있다.. 3. 용접절차사양서(용접도면, 작업지시서)에 따라 용접 구조물의 응력 집중부를 피하여 가용접 작업을 수행할 수 있다. 4. 용접절차사양서(용접도면, 작업지시서)에 따라 용접 구조물이 변형되지 않도록 가용접 작업을 수행할 수 있다.
		1. 솔리드와이어 용접 비드 쌓기 조건 설정하기	1. 용접절차사양서에 따라 솔리드와이어용접 비드쌓기작업을 실시할 모재의 특성, 두께, 이음의 형상을 파악할 수 있다. 2. 용접절차사양서에 따라 용접전류, 아크전압 등을 설정할 수 있다. 3. 용접절차사양서(용접도면, 작업지시서)에 따라 적합한 용접기의 작업기준을 설정할 수 있다. 4. 용접절차사양서(용접도면, 작업지시서)에 따라 용접작업표준을 설정할 수 있다.
		2. 솔리드와이어 선택하기	1. 용접절차사양서(용접도면, 작업지시서)에 따라 모재의 화학성분, 기계적 성질에 적합한 솔리드와이어를 선택할 수 있다. 2. 용접절차사양서(용접도면, 작업지시서)에 따라 모재의 두께, 이음 형상에 적합한 솔리드와이어를 선택할 수 있다. 3. 용접절차사양서(용접도면, 작업지시서)에 따라 용접성, 작업성에 적합한 솔리드와이어를 선정할 수 있다.
		3. 솔리드와이어 용접 보호가스 선택하기	1. 용접절차사양서(용접도면, 작업지시서)에 따라 솔리드와이어용접 작업에 적합한 보호가스를 선정할 수 있다. 2. 용접절차사양서(용접도면, 작업지시서)에 따라 솔리드와이어용접 작업에 적합한 보호가스 사용조건을 설정할 수 있다. 3. 선정한 보호가스 공급장비를 안전하게 운용할 수 있다.

실 기 과목명	주요항목	세부항목	세세항목
	8. 솔리드와이어 맞대기용접	4. 솔리드와이어 용접 비드 용접하기	1. 용접절차사양서에 따라 비드 쌓기를 할 수 있는 용접 조건을 설정할 수 있다. 2. 용접절차사양서에 따라 좁은 비드 쌓기를 할 수 있다. 3. 용접절차사양서에 따라 넓은 비드 쌓기를 할 수 있다.
		1. 용접부 온도 관리하기	1. 용접부 형상과 모재의 종류에 따른 예열 기구를 이해하고 적용할 수 있다. 2. 용접절차사양서에 규정된 예열 온도를 준수하여 용접부를 예열할 수 있다. 3. 다층용접인 경우에는 용접절차사양서에 규정된 층간 온도를 준수하여 용접작업을 할 수 있다.
		2. 아래보기 자세 용접하기	1. 용접절차사양서(용접도면, 작업지시서)에 따라 용접기의 종류를 선정하고 용접조건을 설정할 수 있다. 2. 용접절차사양서(용접도면, 작업지시서)에 따라 아래보기 자세 용접작업을 수행할 수 있다. 3. 용접절차사양서(용접도면, 작업지시서)에 따라 용접 전후 처리를 할 수 있다.
		3. 수직 자세 용접하기	1. 용접절차사양서(용접도면, 작업지시서)에 따라 용접기의 종류를 선정하고 용접조건을 설정할 수 있다. 2. 용접절차사양서(용접도면, 작업지시서)에 따라 수직 자세 용접작업을 수행할 수 있다. 3. 용접절차사양서(용접도면, 작업지시서)에 따라 용접 전후 처리를 할 수 있다.
		4. 수평 자세 용접하기	1. 용접절차사양서(용접도면, 작업지시서)에 따라 용접기의 종류를 선정하고 용접조건을 설정할 수 있다. 2. 용접절차사양서(용접도면, 작업지시서)에 따라 수평 자세 용접작업을 수행할 수 있다. 3. 용접절차사양서(용접도면, 작업지시서)에 따라 용접 전후 처리를 할 수 있다.
		5. 위보기 자세 용접하기	1. 용접절차사양서(용접도면, 작업지시서)에 따라 용접기의 종류를 선정하고 용접조건을 설정할 수 있다. 2. 용접절차사양서(용접도면, 작업지시서)에 따라 위보기 자세 용접작업을 수행할 수 있다. 3. 용접절차사양서(용접도면, 작업지시서)에 따라 용접 전후 처리를 할 수 있다.

INFORMATION

 용접기능사 |출|제|경|향|분|석|

실기 과목명	주요항목	세부항목	세세항목
	9. CO_2용접 필릿 용접	1. T형 필릿 용접하기	1. 용접절차사양서(용접도면, 작업지시서)에 따라 용접기의 종류를 선정하고 용접조건을 설정할 수 있다. 2. 용접절차사양서(용접도면, 작업지시서)에 따라 T형 필릿 용접작업을 수행할 수 있다. 3. 용접절차사양서(용접도면, 작업지시서)에 따라 용접 전후 처리를 할 수 있다.
		2. 모서리 용접하기	1. 용접절차사양서(용접도면, 작업지시서)에 따라 용접기의 종류를 선정하고 용접조건을 설정할 수 있다. 2. 용접절차사양서(용접도면, 작업지시서)에 따라 용접 전후 처리를 할 수 있다. 3. 용접절차사양서(용접도면, 작업지시서)에 따라 모서리 용접작업을 수행할 수 있다.
	10. 플럭스코드 와이어 맞대기 용접	1. 용접부 온도 관리하기	1. 용접부 형상과 모재의 종류에 따른 예열 기구를 이해하고 적용할 수 있다. 2. 용접절차사양서에 규정된 예열 온도를 준수하여 용접부를 예열할 수 있다. 3. 다층용접인 경우에는 용접절차사양서에 규정된 층간 온도를 준수하여 용접작업을 할 수 있다.
		2. 아래보기 자세 용접하기	1. 용접절차사양서에 따라 용접기의 종류를 선정하고 용접조건을 설정 할 수 있다. 2. 용접절차사양서에 따라 아래보기 자세 용접작업을 수행할 수 있다. 3. 용접절차사양서에 따라 용접 전, 후 처리를 할 수 있다.
		3. 수직 자세 용접하기	1. 용접절차사양서에 따라 용접기의 종류를 선정하고 용접조건을 설정 할 수 있다. 2. 용접절차사양서에 따라 수평 자세 용접작업을 수행할 수 있다. 3. 용접절차사양서에 따라 용접 전, 후 처리를 할 수 있다.
		4. 수평 자세 용접하기	1. 용접절차사양서에 따라 용접기의 종류를 선정하고 용접조건을 설정 할 수 있다. 2. 용접절차사양서에 따라 수평 자세 용접작업을 수행할 수 있다. 3. 용접절차사양서에 따라 용접 전, 후 처리를 할 수 있다.

실 기 과목명	주요항목	세부항목	세세항목
	11. CO_2용접 용접부 검사	1. 용접 전 검사하기	1. 모재의 재질 및 용접조건을 확인할 수 있다. 2. 용접이음과 개선 홈 상태를 확인할 수 있다. 3. 용접부 모재의 청결 상태를 확인할 수 있다. 4. 용접구조물의 가용접 상태를 확인할 수 있다.
		2. 용접 중 검사하기	1. 용접부의 수축 변형 상태를 확인할 수 있다. 2. 용접부의 균열, 슬래그 섞임 등 결함여부를 확인할 수 있다. 3. 용접부 용착 상태를 확인할 수 있다.
		3. 용접 후 검사하기	1. 용접부 외관검사를 할 수 있다. 2. 용접부 재질에 따른 변형 교정 및 후열처리를 할 수 있다. 3. 용접부 잔류응력, 내부응력을 확인할 수 있다. 4. 용접부 파괴 및 비파괴 검사를 실시할 수 있다.
	12. CO_2용접 작업 후 정리 정돈	1. 보호가스 차단하기	1. 용접용 보호가스 밸브를 차단할 수 있다. 2. 보호가스 누설을 확인 및 검사할 수 있다. 3. 검사 실시 후 이상 발견 시 상황에 맞는 조치를 취할 수 있다.
		2. 전원 차단하기	1. 용접기 본체의 스위치를 차단할 수 있다. 2. 용접부스에 공급되는 메인전원을 차단할 수 있다. 3. 배기 및 환기시설 전원을 차단할 수 있다.
		3. 작업장 정리·정돈 하기	1. 용접모재 및 잔여 재료를 정리 정돈할 수 있다. 2. 용접용 보호구 및 작업 공구를 정돈할 수 있다. 3. 용접작업 후 화재의 위험요소 잔존여부를 확인할 수 있다. 4. 용접작업 후 안전점검을 시행하고 안전일지를 작성할 수 있다. 5. 작업장 주변을 청결하게 청소할 수 있다. 6. 용접작업 시 사용한 전기기기를 안전하게 정리정돈할 수 있다. 7. 용접케이블을 안전하게 정리정돈할 수 있다.

INFORMATION

 용접기능사 |출|제|경|향|분|석|

3 피복아크용접기능사

(1) 출제기준(필기)

직무 분야	재료	중직무 분야	용접	자격 종목	피복아크 용접기능사	적용 기간	2023.1.1.~ 2026.12.31.
○ 직무내용 : 용접 도면을 해독하여 용접절차 사양서를 이해하고 용접재료를 준비하여 작업환경 확인, 안전 보호구 준비, 용접장치와 특성 이해, 용접기 설치 및 점검관리하기, 용접 준비 및 본 용접하기, 용접부 검사, 작업장 정리하기 등의 피복아크 용접(SMAW) 관련 직무이다.							
필기검정방법		객관식		문제수	60	시험시간	1시간

필기 과목명	출제 문제수	주요항목	세부항목	세세항목
아크용접, 용접안전, 용접재료, 도면해독, 가스절단, 기타용접	60	1. 아크용접 장비준비 및 정리정돈	1. 용접장비 설치, 용접설비 점검, 환기장치 설치	1. 용접 및 산업용 전류, 전압 2. 용접기 설치 주의사항 3. 용접기 운전 및 유지보수 주의사항 4. 용접기 안전 및 안전수칙 5. 용접기 각 부 명칭과 기능 6. 전격방지기 7. 용접봉 건조기 8. 용접 포지셔너 9. 환기장치, 용접용 유해가스 10. 피복아크용접설비 11. 피복아크용접봉, 용접와이어 12. 피복아크용접기법
		2. 아크용접 가용접 작업	1. 용접개요 및 가용접작업	1. 용접의 원리 2. 용접의 장·단점 3. 용접의 종류 및 용도 4. 측정기의 측정원리 및 측정방법 5. 가용접 주의사항
		3. 아크용접 작업	1. 용접조건 설정, 직선비드 및 위빙 용접	1. 용접기 및 피복아크용접기기 2. 아래보기, 수직, 수평, 위보기 용접 3. T형 필릿 및 모서리용접
		4. 수동·반자동 가스절단	1. 수동·반자동 절단 및 용접	1. 가스 및 불꽃 2. 가스용접 설비 및 기구 3. 산소, 아세틸렌용접 및 절단기법 4. 가스절단 장치 및 방법

필기 과목명	출제 문제수	주요항목	세부항목	세세항목
				5. 플라스마, 레이저 절단
				6. 특수가스절단 및 아크절단
				7. 스카핑 및 가우징
		5. 아크용접 및 기타용접	1. 맞대기 (아래보기, 수직, 수평, 위보기) 용접, T형 필릿 및 모서리용접	1. 서브머지드아크용접
				2. 가스텅스텐아크용접, 가스금속아크용접
				3. 이산화탄소가스 아크용접
				4. 플럭스코어드아크용접
				5. 플라스마아크용접
				6. 일렉트로슬래그용접, 테르밋용접
				7. 전자빔용접
				8. 레이저용접
				9. 저항용접
				10. 기타용접
		6. 용접부 검사	1. 파괴, 비파괴 및 기타검사(시험)	1. 인장시험
				2. 굽힘시험
				3. 충격시험
				4. 경도시험
				5. 방사선투과시험
				6. 초음파탐상시험
				7. 자분탐상시험 및 침투탐상시험
				8. 현미경조직시험 및 기타시험
		7. 용접 결함부 보수 용접 작업	1. 용접 시공 및 보수	1. 용접 시공 계획
				2. 용접 준비
				3. 본 용접
				4. 열영향부 조직의 특징과 기계적 성질
				5. 용접 전·후처리(예열, 후열 등)
				6. 용접결함, 변형 등 방지대책
		8. 안전관리 및 정리 정돈	1. 작업 및 용접안전	1. 작업안전, 용접 안전관리 및 위생
				2. 용접 화재방지
				3. 산업안전보건법령
				4. 작업안전 수행 및 응급처치 기술
				5. 물질안전보건자료
		9. 용접재료준비	1. 금속의 특성과 상태도	1. 금속의 특성과 결정 구조
				2. 금속의 변태와 상태도 및 기계적 성질

INFORMATION

 용접기능사 |출|제|경|향|분|석|

필 기 과목명	출제 문제수	주요항목	세부항목	세세항목
			2. 금속재료의 성질과 시험	1. 금속의 소성 변형과 가공 2. 금속재료의 일반적 성질 3. 금속재료의 시험과 검사
			3. 철강재료	1. 순철과 탄소강 2 열처리 종류 3. 합금강 4. 주철과 주강 5. 기타재료
			4. 비철 금속재료	1. 구리와 그 합금 2. 알루미늄과 경금속 합금 3. 니켈, 코발트, 고용융점 금속과 그 합금 4. 아연, 납, 주석, 저용융점 금속과 그 합금 5. 귀금속, 희토류 금속과 그 밖의 금속
			5. 신소재 및 그 밖의 합금	1. 고강도 재료 2. 기능성 재료 3. 신에너지 재료
		10. 용접도면해독	1. 용접절차사양서 및 도면해독 (재도 통칙 등)	1. 일반사항 (양식, 척도, 문자 등) 2. 선의 종류 및 도형의 표시법 3. 투상법 및 도형의 표시방법 4. 치수의 표시방법 5. 부품번호, 도면의 변경 등 6. 체결용 기계요소 표시방법 7. 재료기호 8. 용접기호 9. 투상도면해독 10. 용접도면 11. 용접기호 관련 한국산업규격(KS)

(2) 출제기준(실기)

직무 분야	재료	중직무 분야	용접	자격 종목	피복아크 용접기능사	적용 기간	2023.1.1.~ 2026.12.31.

○ 직무내용 : 용접 도면을 해독하여 용접절차 사양서를 이해하고 용접재료를 준비하여 작업환경 확인, 안전 보호구 준비, 용접장치와 특성 이해, 용접기 설치 및 점검관리하기, 용접 준비 및 본 용접하기, 용접부 검사, 작업장 정리하기 등의 피복아크 용접(SMAW) 관련 직무이다.
○ 수행준거 : 1. 용접관련 안전사고방지를 위해 보호구, 전기, 화재, 폭발요인 등을 점검하여 작업할 수 있다.
　　　　　　 2. 용접절차사양서(용접도면, 작업지시서)에 따라 용접작업을 할 수 있다.
　　　　　　 3. 용접봉, 모재, 용접에 필요한 치공구 등을 준비할 수 있고 재료준비를 위한 가스절단을 할 수 있다.
　　　　　　 4. 피복아크 용접작업에 사용할 용접장비와 설비, 환기장치의 특성을 이해하고 용접작업에 적합하게 설치하여 이상 유무를 점검할 수 있다.
　　　　　　 5. 모재 재질 및 치수를 확인하고 가용접을 할 수 있다.
　　　　　　 6. 용접 작업 전·후 및 작업 간 용접부 상태를 확인하고 검사할 수 있다.
　　　　　　 7. 용접작업 완료 후 작업장에 대한 정리정돈을 할 수 있다.

실기검정방법	작업형	시험시간	2시간 정도

실기 과목명	주요항목	세부항목	세세항목
피복아크 용접 실무	1. 피복아크용접 도면해독	1. 용접기호 확인하기	1. 용접자세를 지시하는 용접기본기호를 구별할 수 있다. 2. 용접이음, 그루브의 형상을 지시하는 용접기본기호를 구별할 수 있다. 3. 가공 상태를 지시하는 용접보조기호의 의미를 구별할 수 있다.
		2. 도면 파악하기	1. 제작도면을 해독하여 도면에 표기된 용접자세, 용접이음, 그루브의 형상 등을 파악할 수 있다. 2. 제작도면에 표기된 용접에 필요한 기본 요구사항 등을 파악할 수 있다. 3. 제작도면을 해독하여 용접구조물 형상을 파악할 수 있다.
		3. 용접절차 사양서 파악하기	1. 용접절차사양서(용접도면, 작업지시서)에서 용접 일반에 관한 특정 사항 등을 파악할 수 있다. 2. 용접절차사양서(용접도면, 작업지시서)에서 요구하는 이음의 형상을 파악할 수 있다. 3. 용접절차사양서(용접도면, 작업지시서)에서 요구하는 용접방법에 대하여 파악할 수 있다. 4. 용접절차사양서(용접도면, 작업지시서)에서 요구하는 용접조건을 파악할 수 있다.

INFORMATION

 용접기능사 |출|제|경|향|분|석|

실 기 과목명	주요항목	세부항목	세세항목
	2. 피복아크용접 재료 준비	1. 모재 준비하기	5. 용접절차사양서(용접도면, 작업지시서)에서 요구하는 용접 후처리 방법에 대하여 파악할 수 있다. 1. 용접구조물의 사용성능에 맞는 모재를 선택할 수 있다. 2. 요구하는 용접강도 및 모재 두께에 알맞은 그루브형상을 가공할 수 있다. 3. 요구하는 이음형상으로 모재를 배치할 수 있다. 4. 작업에 사용할 모재를 청결하게 유지할 수 있다.
		2. 용접봉 준비하기	1. 용접절차사양서(용접도면, 작업지시서)에 따라 모재의 화학성분, 기계적성질에 적합한 용접봉을 선택할 수 있다. 2. 용접절차사양서(용접도면, 작업지시서)에 따라 모재의 두께, 이음 형상에 적합한 용접봉을 선택할 수 있다. 3. 용접절차사양서(용접도면, 작업지시서)에 따라 용접성, 작업성에 적합한 용접봉을 선택할 수 있다. 4. 용접봉 피복제의 종류에 따른 적정 건조온도와 시간을 관리할 수 있다.
		3. 용접치공구 준비하기	1. 용접치공구의 특성을 알고 다룰 수 있다. 2. 용접포지셔너의 특성을 알고 적용할 수 있다. 3. 용접구조물 형태에 따른 치공구 특성을 알고 배치할 수 있다. 4. 용접변형에 따른 역변형과 고정력을 치공구에 반영할 수 있다.
	3. 피복아크용접 작업안전 보건관리	1. 용접작업 안전수칙 파악하기	1. 산업안전보건법에 따라 용접작업의 안전수칙을 준수할 수 있다. 2. 산업안전보건법에 따라 안전보호구를 준비하고 착용할 수 있다. 3. 안전사고 행동 요령에 따라 사고 시 행동에 대비할 수 있다. 4. 용접장비의 안전수칙을 숙지하여 장비에 의한 사고에 대비할 수 있다.
		2. 용접작업장 주변정리 상태 점검하기	1. 용접작업장 주변에 화재예방을 위해 인화물질을 점검하고 소화용 장비를 준비할 수 있다. 2. 용접작업 시 추락 방지와 낙화물에 의한 사고를 예방하기 위하여 작업장 주변을 점검할 수 있다. 3. 용접작업장 청결을 위해 주변을 깨끗이 정리정돈할 수 있다. 4. 용접작업장의 환기를 위해 환기시설을 확인하고 설치, 조작할 수 있다.

실기 과목명	주요항목	세부항목	세세항목
		3. 용접 안전 보호구 점검하기	1. 안전을 위하여 안전보호구 선택 시 유의사항을 파악할 수 있다. 2. 안전수칙에 규정된 보호구 구비조건을 알고 사용할 수 있다. 3. 안전보호구의 특징을 알고 이를 선택 착용할 수 있다.
		4. 안전 점검하기	1. 용접 작업 전 전원장치 및 부속설비 등의 상태를 점검할 수 있다. 2. 용접 작업 전 용접기 전원스위치(on, off) 상태를 점검할 수 있다. 3. 용접 작업 전 용접기 접지상태를 점검할 수 있다. 4. 용접 작업 전 전격방지기의 작동 여부를 확인할 수 있다. 5. 용접 작업 전 용접케이블의 절연여부를 점검하고 보수할 수 있다.
		5. 물질안전 보건자료 점검하기	1. 모재의 특징을 점검하고 적합한 조치를 할 수 있다. 2. 용접봉 심선의 특징을 점검하고 적합한 조치를 할 수 있다. 3. 피복제의 특징을 점검하고 적합한 조치를 할 수 있다.
	4. 수동·반자동 가스절단	1. 수동·반자동 절단기 조작 준비하기	1. 매뉴얼에 따라 절단기 이상 유무를 확인할 수 있다. 2. 제작사 작업안전절차에 따라 가스 및 전기 등 유틸리티 상태를 점검하고, 이상 유무를 확인할 수 있다. 3. 도면 확인 후, 절단 형상을 확인하고, 용접가능성 및 방법에 있어 작업자가 어려움이 없는지 확인할 수 있다. 4. 절단 작업지시서에 따라 재질(연강) 및 두께(t6, t9)에 맞는 절단공구를 선정할 수 있다.
		2. 수동·반자동 절단기 조작하기	1. 사용 매뉴얼을 숙지하여 절단기를 조작할 수 있다. 2. 작업 안전절차에 따라 절단작업을 수행할 수 있다. 3. 절단기 이상 발견 시, 제작사 절차에 따라 작업 수리를 의뢰할 수 있다. 4. 표준작업지도서에 의거 강판 두께에 따라 불꽃 세기를 조정하고, 육안으로 확인할 수 있다. 5. 표준작업지도서에 의거 강판 두께에 따라 예열시간, 절단속도를 확인·조정할 수 있다.
		3. 수동·반자동 가스절단 측정 및 검사하기	1. 절단기 부속품을 검사·측정하여 불량 시, 제작사 절차에 따라 교체·수리할 수 있다. 2. 결과물의 절단부위에 대한 작업표준 준수여부를 검사할 수 있다.

INFORMATION
용접기능사 |출|제|경|향|분|석|

실 기 과목명	주요항목	세부항목	세세항목
		4. 수동·반자동 절단기 유지· 관리하기	3. 제작사 절차에 따른 절단부위 검사항목을 측정하여 기록할 수 있다. 1. 제작사 관리 기준에 의하여 일일점검, 정기점검 등을 수행할 수 있다. 2. 소모품 및 사용기한이 만료된 부속품을 교체할 수 있다. 3. 조작 및 동작상태 점검으로 이상 유무를 판단하여 적절한 조치를 취할 수 있다. 4. 사용매뉴얼을 숙지하여 분해, 조립 및 고장에 대하여 처리할 수 있다.
	5. 피복아크용접 장비준비	1. 용접장비 설치하기	1. 작업 전 용접기 설치장소의 이상 유무를 확인할 수 있다. 2. 용접기의 각부 명칭을 알고 조작할 수 있다. 3. 용접기의 부속장치를 조립할 수 있다. 4. 용접기에 전원 케이블과 접지 케이블을 연결할 수 있다. 5. 용접용 치공구를 정리정돈할 수 있다.
		2. 용접설비 점검하기	1. 아크를 발생시켜 용접기의 이상 유무를 확인할 수 있다. 2. 전격방지기의 용도를 알고 이상 유무를 확인할 수 있다. 3. 용접봉 건조기의 용도를 알고 이상 유무를 확인할 수 있다. 4. 환풍기의 용도를 알고 이상 유무를 확인할 수 있다. 5. 용접포지셔너의 용도를 알고 이상 유무를 확인할 수 있다. 6. 용접설비가 작업여건에 맞게 배치되었는지를 확인할 수 있다.
		3. 환기장치 설치하기	1. 환풍기의 종류를 알고 작업여건에 따라 선택할 수 있다. 2. 작업환경에 따라 환기방향을 선택하고 환기량을 조절할 수 있다. 3. 작업장의 환기시설을 조작하고 이상 유무를 확인할 수 있다. 4. 이동용 환풍기를 설치할 때 이상 유무를 확인할 수 있다.
	6. 피복아크용접 가용접작업	1. 모재치수 확인하기	1. 도면에 따라 용접조건에 맞는 모재의 재질을 확인할 수 있다. 2. 도면에 따라 용접조건에 맞는 모재의 치수를 확인할 수 있다. 3. 도면에 따라 길이 및 각도 측정용 공구 등을 사용하여 치수를 측정할 수 있다.

실기 과목명	주요항목	세부항목	세세항목
		2. 용접부 이음형상 확인하기	1. 도면에 따라 이음형상이 조립되어 있는지 확인할 수 있다. 2. 이음형상에 따라 치공구를 배치할 수 있다. 3. 조립부의 치수가 도면과 일치하는 지 확인할 수 있다.
		3. 용접부 가용접하기	1. 도면에 따라 용접구조물 조립을 위한 순서를 파악할 수 있다. 2. 도면에 따라 용접구조물의 이음 형상에 적합한 가용접 위치 및 길이를 파악할 수 있다. 3. 도면에 따라 용접구조물의 응력 집중부를 피하여 가용접 작업을 수행할 수 있다. 4. 도면에 따라 용접구조물이 변형되지 않도록 가용접 작업을 수행할 수 있다.
	7. 피복아크용접 비드쌓기	1. 용접조건 설정하기	1. 용접절차사양서(용접도면, 작업지시서)에 따라 피복아크용접을 실시할 모재의 특성, 두께, 이음의 형상을 파악할 수 있다. 2. 용접절차사양서(용접도면, 작업지시서)에 따라 용접전류를 설정할 수 있다. 3. 용접절차사양서(용접도면, 작업지시서)에 따라 적합한 용접기의 작업기준을 설정할 수 있다. 4. 용접절차사양서(용접도면, 작업지시서)에 따라 용접작업표준을 설정할 수 있다.
		2. 직선비드 용접하기	1. 용접절차사양서(용접도면, 작업지시서)에 따라 용접기의 종류를 선정하고 용접조건을 설정할 수 있다. 2. 용접절차사양서(용접도면, 작업지시서)에 따라 직선비드 용접을 수행할 수 있다. 3. 용접절차사양서(용접도면, 작업지시서)에 따라 용접 전후 처리를 할 수 있다.
		3. 위빙 용접하기	1. 용접절차사양서(용접도면, 작업지시서)에 따라 용접기의 종류를 선정하고 용접조건을 설정할 수 있다. 2. 용접절차사양서(용접도면, 작업지시서)에 따라 위빙 용접작업을 수행할 수 있다. 3. 용접절차사양서(용접도면, 작업지시서)에 따라 용접 전후 처리를 할 수 있다.

INFORMATION

용접기능사 |출|제|경|향|분|석|

실 기 과목명	주요항목	세부항목	세세항목
	8. 피복아크용접 맞대기용접	1. 용접부 온도 관리하기	1. 용접부 형상과 모재의 종류에 따른 예열 기구를 이해하고 적용할 수 있다. 2. 용접절차사양서에 규정된 예열 온도를 준수하여 용접부를 예열할 수 있다. 3. 다층용접인 경우에는 용접절차사양서에 규정된 층간 온도를 준수하여 용접작업을 할 수 있다.
		2. 아래보기 자세 용접하기	1. 용접절차사양서(용접도면, 작업지시서)에 따라 용접기의 종류를 선정하고 용접조건을 설정할 수 있다. 2. 용접절차사양서(용접도면, 작업지시서)에 따라 아래보기 자세 용접작업을 수행할 수 있다. 3. 용접절차사양서(용접도면, 작업지시서)에 따라 용접 전후 처리를 할 수 있다.
		3. 수직 자세 용접하기	1. 용접절차사양서(용접도면, 작업지시서)에 따라 용접기의 종류를 선정하고 용접조건을 설정할 수 있다. 2. 용접절차사양서(용접도면, 작업지시서)에 따라 수직 자세 용접작업을 수행할 수 있다. 3. 용접절차사양서(용접도면, 작업지시서)에 따라 용접 전후 처리를 할 수 있다.
		4. 수평 자세 용접하기	1. 용접절차사양서(용접도면, 작업지시서)에 따라 용접기의 종류를 선정하고 용접조건을 설정할 수 있다. 2. 용접절차사양서(용접도면, 작업지시서)에 따라 수평 자세 용접작업을 수행할 수 있다. 3. 용접절차사양서(용접도면, 작업지시서)에 따라 용접 전후 처리를 할 수 있다.
		5. 위보기 자세 용접하기	1. 용접절차사양서(용접도면, 작업지시서)에 따라 용접기의 종류를 선정하고 용접조건을 설정할 수 있다. 2. 용접절차사양서(용접도면, 작업지시서)에 따라 위보기 자세 용접작업을 수행할 수 있다. 3. 용접절차사양서(용접도면, 작업지시서)에 따라 용접 전후 처리를 할 수 있다.
	9. 피복아크용접 필릿용접	1. T형 필릿 용접하기	1. 용접절차사양서(용접도면, 작업지시서)에 따라 용접기의 종류를 선정하고 용접조건을 설정할 수 있다. 2. 용접절차사양서(용접도면, 작업지시서)에 따라 T형 필릿 용접작업을 수행할 수 있다. 3. 용접절차사양서(용접도면, 작업지시서)에 따라 용접 전후 처리를 할 수 있다.

실기 과목명	주요항목	세부항목	세세항목
		2. 모서리 용접하기	1. 용접절차사양서(용접도면, 작업지시서)에 따라 용접기의 종류를 선정하고 용접조건을 설정할 수 있다. 2. 용접절차사양서(용접도면, 작업지시서)에 따라 용접 전후 처리를 할 수 있다. 3. 용접절차사양서(용접도면, 작업지시서)에 따라 모서리 용접작업을 수행할 수 있다.
	10. 피복아크 용접부 검사	1. 용접 전 검사하기	1. 모재의 재질 및 용접조건을 확인할 수 있다. 2. 용접이음과 그루브의 형상 상태를 확인할 수 있다. 3. 용접부 모재의 청결 상태를 확인할 수 있다. 4. 용접구조물의 가용접 상태를 확인할 수 있다.
		2. 용접 중 검사하기	1. 용접부의 변형 상태를 확인할 수 있다. 2. 용접부의 외관 결함여부를 확인할 수 있다. 3. 용접부 용착 상태를 확인할 수 있다.
		3. 용접 후 검사하기	1. 용접부 외관검사를 할 수 있다. 2. 용접부 잔류응력, 내부응력을 확인할 수 있다. 3. 용접부 비파괴 검사를 실시할 수 있다.
	11. 피복아크 용접 작업 후 정리정돈	1. 전원차단하기	1. 용접기 본체의 전원스위치를 차단할 수 있다. 2. 용접설비 기기의 전원을 차단할 수 있다. 3. 배기환기시설의 전원을 차단할 수 있다. 4. 용접작업장에 공급되는 전체 전원을 차단할 수 있다.
		2. 용접작업장 정리정돈 하기	1. 용접케이블을 안전하게 정리정돈할 수 있다. 2. 용접작업 시 사용한 전기기기를 안전하게 정리정돈할 수 있다. 3. 용접작업 후 잔여 재료를 구분하여 정리정돈할 수 있다. 4. 용접용 치공구를 정리정돈할 수 있다. 5. 용접작업 시 사용한 안전보호구를 종류별로 정리정돈할 수 있다. 6. 용접작업장의 작업안전을 위해서 항상 청결하게 정리정돈할 수 있다.
		3. 용접작업 후 안전점검하기	1. 용접작업 후 용접기 전원스위치(on, off) 상태를 점검할 수 있다. 2. 용접작업 후 용접케이블의 손상여부를 점검하고 보수할 수 있다. 3. 용접작업 후 화재의 위험요소 잔존여부를 확인할 수 있다. 4. 용접작업 후 안전점검을 시행하고 안전일지를 작성할 수 있다.

좀 더 자세한 내용 및 수험정보 등은 당사 홈페이지(www.epasskorea.com) 참조

INFORMATION

 용접기능사 |학|습|전|략|

1 내용정리

용접에 관한 시험 기준에 맞춰 기본적인 학습내용이 보기 쉽게 정리 되어 있으며 한 두번 읽고 내용을 이해해야 합니다. 무조건 암기보다는 전체적인 내용 파악하는 마음으로 읽으시면 좋겠습니다.

2 핵심요약

기본적인 내용을 읽고 내용을 파악 하면서 중요 부분은 굵은 글씨체로 표현해 놓았습니다. 그리고 시험에 자주 나오는 내용은 핵심 정리로 박스를 쳐 놓았습니다. 시간이 없으시면 핵심요약만 완벽하게 암기하시고 진도를 나가시기 바랍니다.

3 문제풀이

2016년부터 CBT를 통하여 시험을 보게 되었는데 시험에 나오는 내용은 용접에 있어 중요한 내용과 기본적인 내용들이 반복해서 문제화 되어 반복적으로 시험에 출제되고 있으며 기출문제에 대해서는 확실하게 이해하고 다시 정리하여야 합니다. 문제를 정확히 읽고 문제에서 요구하는 내용, 즉 "옳은 것은, 옳지 않은 것은, 틀린 것은, 해당되지 않는 것은 등" 끝부분에서 요구하는 정확한 내용을 이해하고 문제를 푸시기 바랍니다. 문제마다 해설을 달아 놓았기에 문제를 풀면서 해설 된 내용을 한번 더 정확히 읽고 숙지하면서 문제를 풀어 가시기 바랍니다.

4 시험 직전 노트!!

시험 보시기 하루 전, 그리고 시험 직전에는 중요 정리 내용만을 따로 정리해 놓은 자료를 활용하여 숙독하시고 시험장에 들어 간다면 좋은 결과를 얻을 수 있으리라 확신 합니다.

좀 더 자세한 내용 및 수험정보 등은 당사 홈페이지(www.epasskorea.com) 참조

01. 이론

PART 01 용접일반

Chapter 01. 용접의 원리 ················ 46
- 01. 용접의 개요 ················ 46
- 02. 용접의 장·단점 및 역사 ················ 47

Chapter 02. 피복 아크 용접 ················ 49
- 01. 피복 아크 용접의 원리 ················ 49
- 02. 피복 아크 용접의 전압 분포 ················ 51
- 03. 극성 ················ 52
- 04. 아크 쏠림 ················ 53
- 05. 용접 입열 ················ 54
- 06. 용융 금속의 3가지 이행 형식 ················ 55
- 07. 교류 아크 용접기 ················ 56
- 08. 용접기의 사용율 및 역률과 효율 ················ 58
- 09. 직류 용접기 ················ 59
- 10. 용접기의 특성 ················ 60
- 11. 피복아크용접기 ················ 61
- 12. 용접 작업용 기구 및 보호구 ················ 62
- 13. 피복 아크 용접의 피복제 ················ 63
- 14. 용접봉의 규격 ················ 64
- 15. 피복 아크 용접 작업 ················ 67
- 16. 용접 결함 ················ 69

Chapter 03. 전기 저항 용접 ················ 72
- 01. 전기 저항 용접의 개요 ················ 72
- 02. 전기 저항 용접의 종류 ················ 73

CONTENTS

용접기능사 |차례|

Chapter 04. 가스용접 및 절단 ··········· 78
- 01. 가스 용접의 개요 ··········· 78
- 02. 용접용 가스 ··········· 80
- 03. 아세틸렌 발생기 ··········· 83
- 04. 아세틸렌의 폭발성 ··········· 85
- 05. 용해 아세틸렌 ··········· 86
- 06. 산소 용기와 호스 ··········· 87
- 07. 산소 아세틸렌의 불꽃의 종류 ··········· 89
- 08. 역류, 역화 및 인화 ··········· 90
- 09. 용접용 재료 및 용제 ··········· 90
- 10. 토치 및 팁 ··········· 93
- 11. 부속장치 ··········· 94
- 12. 보호구 및 공구 ··········· 95
- 13. 산소 - 아세틸렌 용접 작업 ··········· 96
- 14. 절단 ··········· 97
- 15. 납땜법 ··········· 105

Chapter 05. 특수용접 ··········· 109
- 01. 불활성 가스 아크 용접(GTAW, GMAW-MIG, MAG,CO_2) ··········· 109
- 02. 서브머지드 아크 용접(잠호 용접) ··········· 114
- 03. 이산화탄소 아크 용접 ··········· 117
- 04. 논실드 아크 용접 ··········· 121
- 05. 플라즈마 아크 용접 ··········· 122
- 06. 일렉트로 슬랙 용접 ··········· 124
- 07. 일렉트로 가스 용접(인클로오스 탄산가스 용접) ··········· 125
- 08. 전자 빔 용접 ··········· 125
- 09. 테르밋 용접 ··········· 126
- 10. 원자 수소 용접 ··········· 127
- 11. 아크 점 용접법 ··········· 128
- 12. 초음파 용접 ··········· 128

13. 가스 압접 ·· 129
14. 마찰 용접 ·· 129
15. 단락 이행 용접(short arc welding) ································ 129
16. 플라스틱 용접 ··· 130
17. 스터드 용접 ·· 130
18. 레이저 빔 용접 ··· 131
19. 고주파 용접 ·· 131
20. 아크 이미지 용접 ·· 131
21. 로봇 용접 ·· 131

Chapter 06. 각종 금속의 용접 ···································· 133
01. 고탄소강 ··· 133
02. 주철 ·· 134
03. 스테인리스강 ·· 135
04. 구리 및 구리 합금 ·· 136
05. 알루미늄 합금 ··· 136

PART 02 용접시공 및 검사

Chapter 01. 용접시공 ··· 140
01. 용접 준비 ·· 140
02. 용접작업 ··· 141
03. 용접 후 처리 ··· 144

Chapter 02. 용접설계 ··· 148
01. 용접자가 갖추어야할 지식 ··· 148
02. 용접이음의 종류 ··· 148
03. 용접 홈 형상의 종류 ·· 149
04. 용착부 모양에 따른 분류 ··· 149

CONTENTS

용접기능사 |차|례|

    05. 용접홈의 명칭 ·· 150
    06. 필렛 용접의 종류 ·· 150
    07. 용접이음의 강도 ·· 150
    08. 용접이음 설계를 할 때 주의점 ······································· 151

Chapter 03. 용접부의 시험 및 검사 ······································ 152
    01. 용접부의 시험 및 검사 ··· 152

Chapter 04. 작업안전 ·· 160
    01. 안전 표식의 색채 ·· 160
    02. 작업 환경 ··· 160
    03. 통행과 운반 ··· 161
    04. 화재 및 폭발 방지책 ·· 161
    05. 소화기 ··· 162
    06. 전기 용접 작업의 장애 ··· 162

PART 03 용접의 재료

Chapter 01. 금속의 개요 ··· 166
    01. 금속과 그 합금 ··· 166
    02. 재료의 성질 ··· 167
    03. 금속의 결정 ··· 169
    04. 합금의 조직 ··· 172

Chapter 02. 철강재료 ·· 174
    01. 제철법 ··· 174
    02. 탄소강 ··· 177
    03. 특수강 ··· 182
    04. 주철 ·· 187

Chapter 03. 열처리 ·········· 193
  01. 일반 열처리 ·········· 193
  02. 특수 열처리 ·········· 196

Chapter 04. 비철 금속과 그 합금 ·········· 199
  01. 구리와 그 합금 ·········· 199
  02. 알루미늄과 그 합금 ·········· 203
  03. 마그네슘과 그 합금 ·········· 205
  04. 기타 비철 금속 ·········· 206

PART 04 기계제도

Chapter 01. 제도통칙 ·········· 210
  01. 제도(Drawing)의 정의 ·········· 210
  02. 제도 용구 ·········· 212
  03. 선과 문자 ·········· 212
  04. 기본 도법 ·········· 214
  05. 단면의 표시법 ·········· 217
  06. 치수 표시법 ·········· 219
  07. 치수 공차 ·········· 222
  08. 표면 거칠기와 다듬질 기호 ·········· 223
  09. 재료 기호 ·········· 224
  10. 체결용 기계 요소 ·········· 225
  11. 스케치도 작성법 ·········· 228

Chapter 02. KS도시기호 ·········· 230
  01. 용접 기호 및 도면의 해독 ·········· 230
  02. 배관의 도시기호 ·········· 233
  03. 판금·제관 및 철골 구조물 해독 ·········· 235
  04. 용접 기호 ·········· 236

CONTENTS

용접기능사 |차|례|

02. 문제

문제 　연도별 기출문제

2015년 1회 ┃ 용접기능사 기출문제	242
2015년 1회 ┃ 특수용접기능사 기출문제	256
2015년 2회 ┃ 용접기능사 기출문제	268
2015년 2회 ┃ 특수용접기능사 기출문제	282
2015년 4회 ┃ 용접기능사 기출문제	296
2015년 4회 ┃ 특수용접기능사 기출문제	309
2016년 1회 ┃ 용접기능사 기출문제	321
2016년 1회 ┃ 특수용접기능사 기출문제	333
2016년 2회 ┃ 용접기능사 기출문제	345
2016년 2회 ┃ 특수용접기능사 기출문제	357
2016년 4회 ┃ 용접기능사 기출문제	370
2016년 4회 ┃ 특수용접기능사 기출문제	383
2017년 ┃ 용접기능사 기출문제	396
2017년 ┃ 특수용접기능사 기출문제	409
2018년 ┃ 용접기능사 기출문제	422
2018년 ┃ 특수용접기능사 기출문제	435
2019년 ┃ 용접기능사 기출문제	448
2019년 ┃ 특수용접기능사 기출문제	461
2020년 ┃ 용접기능사 기출문제	475
2020년 ┃ 특수용접기능사 기출문제	487

03. 부록

01. 자주 나오는 계산문제 확실히 정리하기 ·········· 502
02. 마지막 30분 정리하기 ·········· 512
03. 실기시험 기본 전류값 ·········· 542

이 패스 영 전 기 능 치 불 창 여 함

이론

이패스
용접기능사 핵심요약

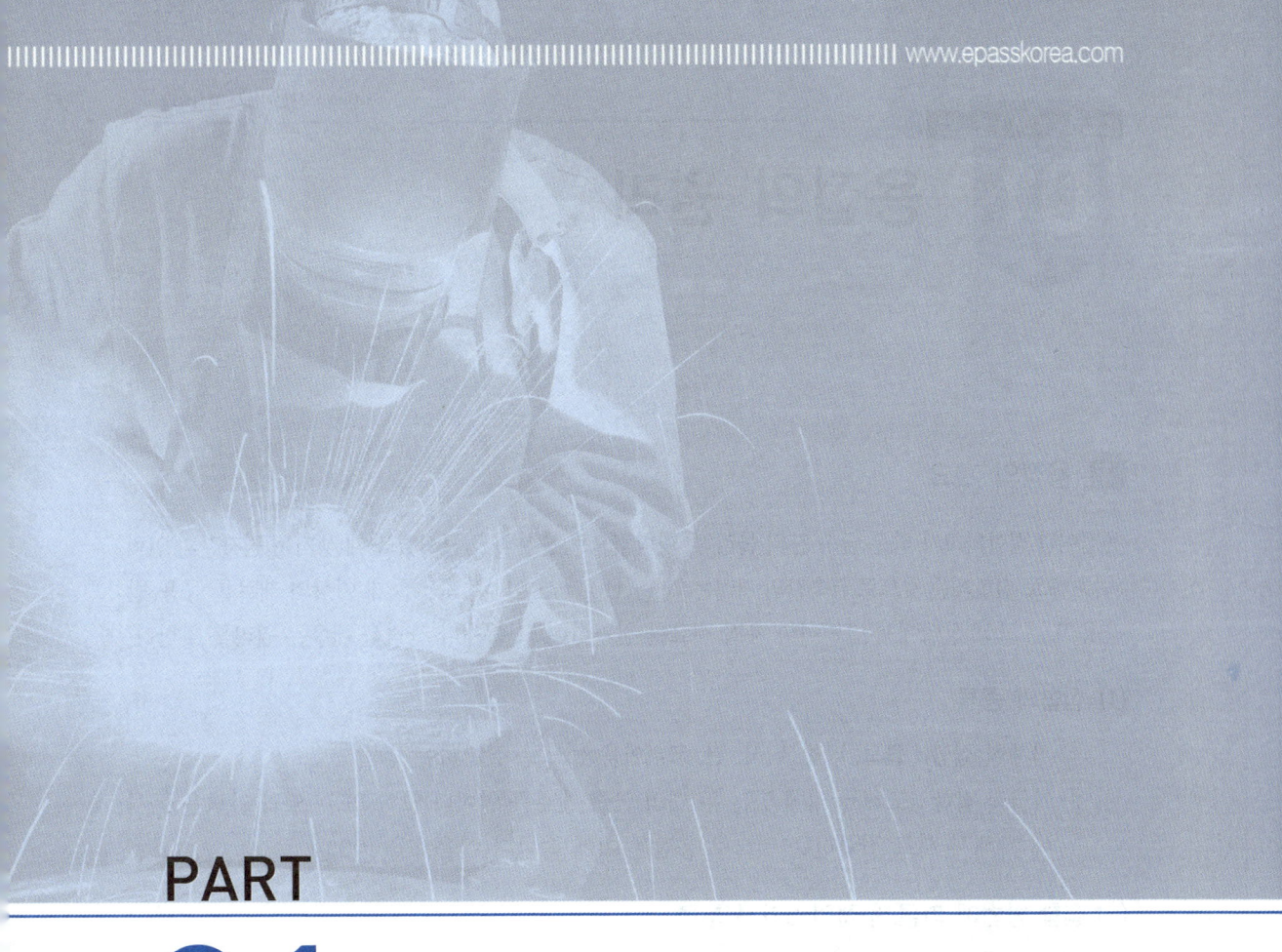

PART 01 용접 일반

Chapter 01 용접의 원리
Chapter 02 피복 아크 용접
Chapter 03 전기 저항 용접
Chapter 04 가스용접 및 절단
Chapter 05 특수용접
Chapter 06 각종 금속의 용접

CHAPTER 01 용접의 원리

1 용접의 개요

용접이란 접합하고자 하는 금속 간의 물리적, 화학적으로 충분히 접근시켰을 때 생기는 원자간의 인력(引力)으로 접합되는 것으로 금속간의 거리는 약 $1 \text{Å} (10^{-8} \text{cm})$이 다. 즉, 두 개 이상의 재료를 응용, 반응용 또는 고상 상태에서 압력이나 용접 재료를 첨가하여 그 틈새나 간격을 메우는 원리를 말한다.

(1) 접합의 종류

① <u>기계적 접합</u> : 볼트, 리벳, 나사, 핀, 코터이음 등으로 결합하는 방법
② <u>야금적 접합</u> : 고체 상태에 있는 두 개의 금속 재료를 열이나 압력, 또는 열과 압력을 동시에 가해서 서로 접합하는 것으로 용접은 이에 속한다(이음효율 100%).

(2) 접합 방법에 따른 용접의 3가지 분류

① 융접 : 아크 용접, 가스 용접, 특수 용접 등(모재, 용가재를 모두 녹임)
② 압접 : 전기저항 용접, 초음파 용접, 고주파 용접, 마찰 용접, 유도가열 용접 등(열 + 압력)
③ 납땜 : 연납땜, 경납땜(450° 기준)

> ➕ 시공 방법에 의한 분류
> (1) 수동 용접법
> (2) 반자동 용접법
> (3) 자동 용접법
>
> ➕ 용접 자세
> 기본적으로 용접 자세는 4가지로 나누어지며, 그 외에 파이프 용접 등에 응용되어지는 용접 자세를 설명한다.
> (1) 아래보기 자세(flat position, F)
> (2) 수직 자세(vertical position, V)
> (3) 수평 자세(horizontal position, H)
> (4) 위보기 자세(over head position, OH)
> (5) 전자세(all position, AP)

> **시험 포인트**
>
> **용접의 정의**
> 용접이란 접합하고자 하는 금속 간의 물리적, 화학적으로 충분히 접근시켰을 때 생기는 원자간의 인력(引力)으로 접합되는 것으로 금속간의 거리는 약 $1\text{Å}(10^{-8}\text{cm})$이다.
>
> **접합의 종류**
> 1. 기계적 이음 – 볼트, 리벳, 나사, 핀, 코터이음 등
> 2. 야금적 이음 – 용접(이음효율 100%)
>
> **접합방법에 따른 용접의 분류**
> 1. 융접 : 아크, 가스, 특수
> 2. 압접 : 전기저항, 초음파, 고주파, 마찰, 유도가열
> 3. 납땜 : 연납, 경납(450°C)

2 용접의 장·단점 및 역사

(1) 용접의 장점

① 작업 공정을 줄일 수 있다.
② 형상의 자유를 추구 할 수 있다.
③ 이음 효율 향상(기밀 수밀 유지)
④ 중량 경감, 재료 및 시간의 절약
⑤ 보수와 수리가 용이하다.

(2) 용접의 단점

① 품질 검사가 곤란하다.
② 제품의 변형을 가져 올 수 있다(잔류 응력 및 변형에 민감).
③ 유해 광선 및 가스 폭발 위험이 있다.
④ 용접공의 기능과 양심에 따라 이음부 강도가 좌우한다.

(3) 역사

① 제1기(1885 ~ 1902) : 가스, 금속 및 탄소 아크, 전기 저항, 테르밋 용접
② 제2기(1926 ~ 1936) : 잠호, 불활성 가스, 원자 수소 용접
③ 제3기(1948 ~ 1967) : 이산화탄소, 일랙트로, 초음파 용

구 분	용접법	개발자
1885 ~ 1902년 (제1기)	• 탄소아크 용접 • 저항 용접 • 피복 아크 용접 • 테르밋 용접 • 가스 용접	• 베르나도스(구 소련) • 톰슨(미국) • 슬라비아노프(구 소련) • 골드 슈미트(독일) • 푸세, 피카아르(프랑스)
1926 ~ 1936년 (제2기)	• 원자 수소 용접 • 불활성 가스 용접 • 서머지드 용접 • 강력 납땜	• 랑그뮤어(미국) • 호버어트(미국) • 케네디(미국) • 왓사만(미국)
1948 ~ 1958년 (제3기)	• 냉간압접 • 고주파 용접 • 일렉트로 슬래그 용접 • 마찰 용접 • 초음파 용접 • 전자빔 용접 • CO_2레이저 용접	• 소우더(영국) • 그로호오드 랏트(미국) • 빠돈(구 소련) • 아니미니 초치코프(구 소련) • 비이튼 파워스(미국) • 스틀(프랑스) • 고우다(荒田, 일본)

시험 포인트

용접의 장점
1. 작업 공정을 줄일 수 있다.
2. 형상의 자유를 추구할 수 있다.
3. 이음 효율의 향상
4. 중량경감, 재료 및 시간의 절약
5. 보수, 수리가 용이

CHAPTER 02 피복 아크 용접

1 피복 아크 용접의 원리

피복 아크 용접(shielded metal arc welding, SMAW)은 전기 용접법이라고도 하며, 현재 여러 가지 용접법 중에서 가장 많이 쓰인다. (+)극과 (-)극이 만나면 열과 소리(80%)와 빛(20%)을 수반하는데 피복 아크 용접은 그사이에 아크열을 이용하여 접합하는 것이며 이용 범위는 연강을 비롯하여 고장력강, 스테인리스강, 비철금속, 주철 및 표면 경화된 것까지 용접되며, 이때 발생하는 아크열은 약 6,000℃ 정도이고, 실제 용접 시 아크열은 3,500 ~ 5,000℃ 정도이다.

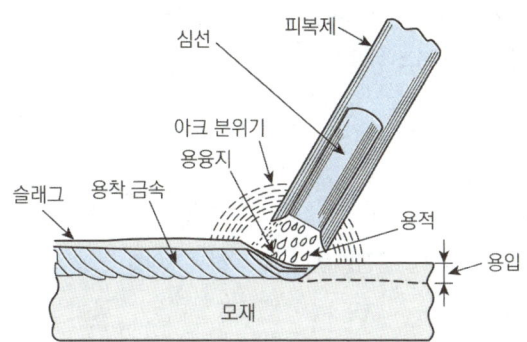

(1) 피복 아크 용접의 용어 정의

① 아크 : 기체 중에서 일어나는 방전의 일종으로 피복 아크 용접에서의 온도는 3500 ~ 5000℃ 이다.
② 용융지(용융풀) : 모재가 녹는 쇳물 부분
③ 용적 : 용접봉이 녹아 모재로 이행되는 쇳물 방울
④ 용착 : 용접봉이 녹아 용융지에 들어가는 것
⑤ 용입 : 모재가 녹은 깊이

(2) 용접회로

피복 아크 용접 회로는 용접기(welding machine), 전극 케이블(electrode cable), 홀더(holder), 피복 아크 용접봉(coated electrode 또는 covered electrode), 아크(arc), 모재(base metal), 접지 케이블(ground cable)로 이루어져 있다.

<u>용접기 → 전극 케이블 → 홀더 → 용접봉 및 모재 → 접지 케이블 → 용접기</u>

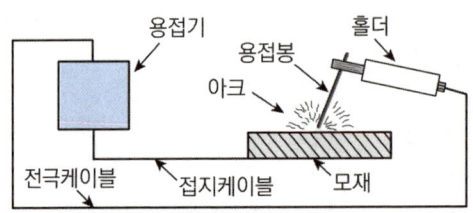

시험 포인트

피복 아크 용접의 용어 정리
1. 아크 : 기체 중에서 일어나는 방전의 일종으로 피복 아크 용접에서의 온도는 3500 ~ 5000℃이다.
2. 용융지 (용융무울) : 모재가 녹는 쇳물 부분
3. 용적 : 용접봉이 녹아 모재로 이행되는 쇳물 방울
4. 용착 : 용접봉이 녹아 용융지에 들어가는 것
5. 용입 : 모재가 녹은 깊이

피복 아크 용접의 용접 회로
용접기 → 전극 케이블 → 홀더 → 용접봉 및 모재 → 접지 케이블 → 용접기

용접 용어의 이해
1. 탄성 : 금속에 외력을 가해 변형 되었다가 외력을 제거하면 원래 상태로 돌아오는 성질
2. 소성 : 외력을 가한뒤 그 힘을 제거해도 변형이 그대로 유지 되는 성질에 저항하는 성질
   1) 압연 2) 인발 3) 단조 4) 프레스가공
3. 경도 : 금속표면이 외력에 저항하는 성질, 즉 물체의 기계적인 단단함의 정도를 나타내는 것
4. 취성 : 강도가 크면서 연성이 없는 것, 즉 물체가 약간의 변형에도 견디지 못하고 파괴되는 성질
5. 인장강도 : 재료의 기계적강도, 당길 때 견디는 힘
6. 전류밀도 : 도체에 전류가 흐를 때 단위 면적당 전류의 크기를 말한다.

2 피복 아크 용접의 전압 분포

아크 용접의 경우 용접봉(electrode)과 모재(base metal)간의 전기적 방전에 의해 청백색을 띤 불꽃 방전이 일어나게 되는데 이 현상을 "아크(arc)"라 한다. 아크는 전기적으로는 중성이며 이온화된 기체로 구성된 플라즈마(plasma)이다. 피복 아크용접에서 아크는 <u>저전압 대전류의 방전에 의해 발생</u>하며, 고온이고 강한 빛을 발생하게 되므로 용접용 전원으로 많이 이용되기도 한다. 이 아크를 통하여 약 10 ~ 500A의 전류가 흘러서 금속 증기와 그 주위의 각종 기체 분자가 해리되어 양전기를 띤 양이온(positive ion)과 음전기를 띤 전자 (electron)로 전리(ionization)되어 양이온은 음극(- 극)으로, 전자는 양극(+ 극)으로 고속으로 끌려가기 때문에 전류가 흐르게 된다. 아크 길이를 길게 하면 아크 길이에 따라 전압은 달라진다. 양극과 음극 부근에서는 급격한 전압 강하가 일어나며, 아크 기둥 부군에서는 아크 길이에 따라 거의 비례하여 강하한다.

(1) 아크 전압
　　음극 전압 강하 + 양극 전압 강하 + 아크 기둥 전압 강하(플라즈마)

(2) 아크 길이가 길어짐에 따라 전극 재료가 일정하다고 가정할 때 아크 기둥 전압 강하가 증가함으로 아크 전압은 따라서 함께 커질 수 밖에 없다.

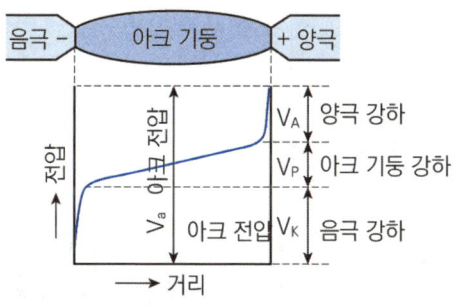

아크전압 = $V_k + V_p + V_a$

시험 포인트

아크 전압
음극 전압 강하 + 양극 전압 강하 + 아크기둥 전압 강하

3 극성

극성은 직류에서만 존재하며 종류는 직류 정극성과 직류 역극성이 있다. 또한 양 극(+)에서 발열량이 70% 이상 나온다.

(1) 직류 정극성(DCSP)

① 모재가(+), 용접봉(-)
② 후판 용접에 적당
③ 용접봉을 아낄 수 있다.
④ 용입이 깊다.
⑤ 용접봉은 천천히 녹는다(용접봉을 아낄 수 있다.).
⑥ 비드폭 좁다.
⑦ 정극성은 기본적으로 절단의 원리이다.

(2) 적류 역극성(DCRP)

① 모재(-), 용접봉(+)
② 박판 용접이고 비드폭이 넓다.
③ 용접봉이 많이 소모된다.
④ 역극성을 이용한 절단법 - 미그, 아크 에어 가우징

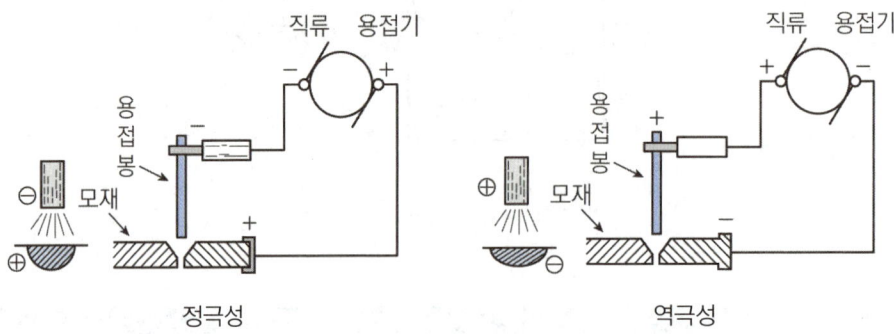

> **시험 포인트**
>
> **직류 정극성(DCSP)**
> 1. 모재가(+), 용접봉(-)
> 2. 용입이 깊고 비드폭 좁다.
> 3. 후판 용접에 적당
> 4. 용접봉을 아낄 수 있다.
> 5. 용접봉은 천천히 녹는다(용접봉을 아낄 수 있다.).
> 6. 정극성은 기본적으로 절단의 원리이다.
>
> **용입 깊이의 순서**
> 직류정극성 > 교류 > 직류역극성
>   DCSP   AC   DCRP

4 아크 쏠림

아크 쏠림, 아크 블로우, 자기 불림 등은 모두 동일한 말이며 용접 전류에 의한 아크 주위에 발생하는 자장이 용접봉에 대하여 비대칭 일 때 일어나는 현상이다.

(1) 방지책

① 직류 용접기 대신 교류 용접기를 사용한다.
② 아크 길이를 짧게 유지한다.
③ 접지를 용접부로 멀리한다.
④ 긴 용접선에는 후퇴법을 사용한다.

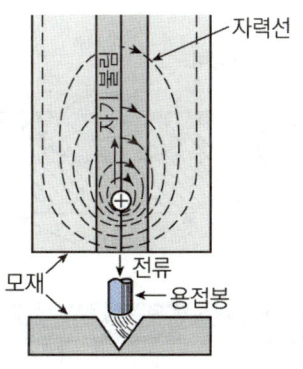

⑤ 용접부의 시·종단에는 엔드탭을 설치한다.

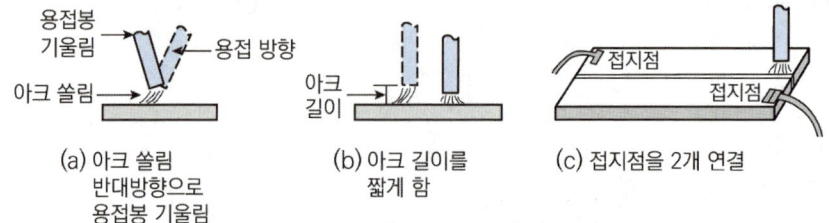

(a) 아크 쏠림 반대방향으로 용접봉 기울림
(b) 아크 길이를 짧게 함
(c) 접지점을 2개 연결

> **시험 포인트**
>
> **아크 쏠림 방지책(아크쏠림, 아크블로우, 자기불림)**
> 1. 교류 용접기 사용
> 2. 아크 길이를 짧게 유지
> 3. 쏠림 반대쪽으로 용접봉 기울임
> 4. 접지를 용접부로부터 멀리한다.
> 5. 긴 용접선은 후퇴법 이용
> 6. 용접 시종단에 엔드탭 설치

5 용접 입열

외부에서 용접 모재에 주어지는 열량으로 일반적으로 모재에 흡수되는 열량은 입열의 75 ~ 85%이다.

(1) 용접 입열 공식

$H = \dfrac{60EI}{V}$ (J/cm) (단, H는 입열, E는 전압, I는 전류, V는 속도)

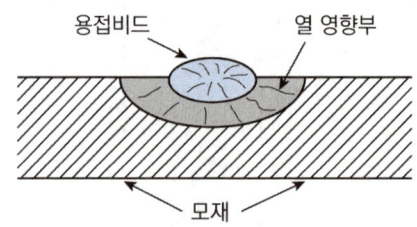

> **시험 포인트**
>
> **용접 입열 공식**
> $H = \dfrac{60EI}{V}$

6 용융 금속의 3가지 이행 형식

(1) 단락형
큰 용적이 용융지에 단락 되어 표면 장력의 작용으로 이행되는 형식으로 맨 용접봉, 박피봉 용접봉에서 발생한다.

(2) 스프레이형(분무상 이행형)
미세한 용적이 스프레이와 같이 날려 이행되는 형식으로 고산화티탄계, 일미나이트계 등에서 발생한다.

(3) 글로 블러형(핀치효과형)
비교적 큰 용적이 단락 되지 않고 옮겨가는 형식으로 피복제가 두꺼운 저수소계 용접봉 등에서 발생한다.

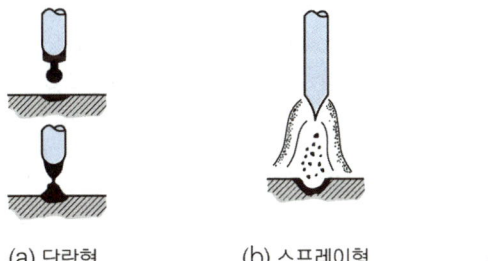

(a) 단락형　　　(b) 스프레이형　　　(c) 글로불러형

(4) 용융 속도
단위 시간당 소비되는 용접봉의 길이 또는 무게를 말하며, 용융 속도는 아크 전류×용접봉 쪽 전압 강하로써 결정된다.

> **시험 포인트**
>
> **용융 금속의 이행형식**
> 1. 단락형
> 2. 스프레이형
> 3. 글로블러형(핀치효과형)
>
> **용융 속도**
> 1. 단위 시간당 소비되는 용접봉의 길이, 무게
> 2. 아크 전류 × 용접봉쪽 전압 강하

7 교류 아크 용접기

(1) 종류

① 탭 전환형 : 미세한 전류 조정이 불가능하다. 코일의 감긴 수에 따라 전류를 조정하며 주로 소형에 쓰이고 있으며 전격에 위험이 있다(탭으로 정해진 전류만 발생).
② 가동 코일형 : 1차 코일의 거리 조정으로 전류를 조절한다. 하지만 가격이 고가여서 현재는 거의 사용되지 않는다.
③ 가동 철심형 : 가동 철심을 움직여 누설자속을 변동 시켜 전류를 조정하며 미세한 전류 조정이 가능하다.
④ 가포화 리액터형 : 전류 조정이 용이하고 전류 조정을 전기적으로 하기 때문에 이동 부분이 없고 가변저항의 변화로 전류조정, 원격 조정 가능하다.

(2) 특징

① 전원의 무부하 전압이 항상 재 점호 전압보다 높아야 아크가 안정된다(무부하전압이란 아크가 발생하지 않을 때 흐르는 전압).
② 용접기의 용량은 AW(Arc Welder)로 나타내며 이는 정격 2차 전류를 의미한다(**예** AW200 정격 2차 전류가 200A임을 의미).
③ 정격 2차 전류의 조정 범위는 20 ~ 110%이다.

(3) 교류 용접기를 취급할 때 주의 사항

① 정격 사용 이상으로 사용할 때 과열되어 소손이 생김
② 가동 부분, 냉각 팬을 점검하고 주유할 것
③ 탭 전환은 아크 발생 중지 후 행할 것
④ 2차축 단자의 한쪽과 용접기 케이스는 반드시 접지 할 것
⑤ 습한 장소, 직사광선이 드는 곳에서 용접기를 설치하지 말 것

(4) 교류 아크 용접기 부속 장치

① 전격 방지기 : 감전의 위험으로부터 작업자를 보호하기 위하여 2차 무부하 전압을 25V로 유지하는 장치
② 고주파 발생 장치 : 아크의 안정을 확보하기 위하여 상용 주파수의 아크 전류 외에 고전압(2000 ~ 3000V)의 고주파 전류(300 ~ 1000Kc)를 중첩시키는 방식
③ 핫 스타트 장치 : 처음 모재에 접촉한 순간의 0.2 ~ 0.25초 정도의 순간적인 대전류를 흘려서 아크의 초기 안정을 도모하는 장치로 일명 아크 부스터라 한다.
④ 원격 제어 장치 : 용접기에서 멀리 떨어진 장소에서 전류와 전압을 조절 할 수 있는 장치

(5) 교류 아크 용접기의 규격

종류	정격2차전류	정격사용율%	정격부하전압	용접봉 지름
AW200	200	40	30	2 ~ 4
AW300	300	40	35	2.6 ~ 6
AW400	400	40	40	3.2 ~ 8
AW500	500	60	40	4 ~ 8

> **시험 포인트**
>
> #### 교류 용접기의 종류
> 1. 탭전환형 : 미세한 전류 조정이 불가능, 전격에 위험이 있다
> 2. 가동 코일형 : 1차 코일의 거리 조정
> 3. 가동 철심형 : 미세 조정가능
> 4. 가포화 리액터형 : 가변 저항의 변화로 조정, 원격조정가능
>
> #### 용접기의 용량
> 1. 표시 : AW 200
> 2. 정격 2차전류 200A임
> 3. 조정범위 20% ~ 110% (40A – 220A)
>
> #### 피복 아크용접기(SMAW)의 원리
> 저전압, 대전류 / 수하특성
>
> #### 아크 용접기에 사용하는 변압기
> 누설 변압기
>
> #### 용접기 주유
> 1. 냉각팬
> 2. 조정손잡이
> 3. 구동바퀴
>
> #### 아크 드라이브의 전압을 160V 로 고정
> 수하특성 중에서 단락 시에만 특히 전류가 증대되는 특징이다.
>
> #### 교류 용접기 부속장치
> 1. 전격 방지기 : 감전의 위험으로부터 작업자를 보호, 무부하 전압을 25V로 유지시켜 주는 장치
> 2. 고주파 발생장치 : 아크의 안정을 확보
> 3. 핫 스타트 장치 : 아크의 초기 안정을 도모
> 4. 원격 제어 장치 : 멀리 떨어진 장소에서 전류와 전압을 조절

8 용접기의 사용율 및 역률과 효율

(1) 사용률

$$사용률(\%) = \frac{(아크시간)}{(아크시간 + 휴식시간)} \times 100$$

(2) 허용 사용률

$$허용사용률(\%) = \frac{(정격2차전류)^2}{(실제용접전류)^2} \times 정격사용율$$

(3) 역률과 효율 (단위에 주의한다.)

$$역률 = \frac{소비전력(KW)}{전원입력(KVA)} \times 100$$

$$효율 = \frac{아크출력}{소비전력} \times 100$$

> ▨ 소비 전력 = 아크 출력 + 내부 손실
> ▨ 전원 입력 = 무부하 전압 × 정격 2차전류
> ▨ 아크 출력 = 아크 전압 × 정격 2차전류

(4) 교류 용접기에 콘덴서를 병렬로 설치했을 때의 이점

① 역률이 개선된다.
② 전원 입력이 적게 되어 전기 요금이 적게 된다.
③ 전압 변동률이 적어진다.
④ 배전선의 재료가 적어진다(선의 굵기를 줄일 수 있다.).
⑤ 여러 개의 용접기를 접속 할 수 있다.

> **시험 포인트**
>
> **핫스타트 장치의 이점**
> • 아크 발생을 쉽게 한다.
> • 기공 발생을 방지한다.
> • 비드 모양을 개선하고 아크초기의 용입을 좋게 한다.
> • 무부하 전압을 70V 이하로 저하할 수 있으며 전격 위험이 감소한다.

허용 사용률

$$\frac{(정격\ 2차전류)^2}{(실제용접전류)^2} \times 정격\ 사용율$$

역률

$$\frac{아크출력 + 내부손실}{무부하전압 \times 정격\ 2차전류} \times 100$$

효율

$$\frac{아크전압 + 정격\ 2차전류}{아크출력 + 내부손실} \times 100$$

9 직류 용접기

(1) 종류

① **발전기형(엔진 구동식, 모터 구동식)** : 전기가 없는 곳에서 사용 가능하다. 또한 정류기형에 비해 우수한 직류를 얻을 수 있는 장점이 있고 소음이 크다.

② **정류기형** : 실리콘, 셀렌(특히 먼지에 주의), 게르마늄 등을 이용하여 정류하여 직류를 얻는다.

③ **전지식** : 활용성이 매우 적음

(2) 직류와 교류에 비교

직류는 시간에 관계없이 방향과 크기가 일정한 전기 에너지를 공급하므로 안정된 정기를 얻을 수 있다는 장점이 있다. 또한 교류에 비해 전격에 위험이 적다. 하지만 가격이 고가이며, 관리가 복잡하며, 우수한 피복제가 많이 생산되어 근래에는 교류가 많이 쓰이고 있다.

비교	직류	교류
아크 안정	안정	불안정
극성 변화	가능	불가능
아크 쏠림	쏠림	쏠림 방지
무부하 전압	40 ~ 60V	70 ~ 90V
전격 위험	적다	크다
비 피복봉	사용 가능	사용 불가
구 조	복잡	간단
고 장	많다	적다
역 률	우수	떨어짐

비교	직류	교류
소 음	발전기형은 크다.	대체적으로 적음
가 격	고가	저가
용 도	박판	후판

시험 포인트

직류 용접기의 종류
1. 발전기형 : 완전한 직류를 얻는다.
2. 정류기형
3. 전지식

발전기형 직류아크 용접기의 특성
1. 완전직류 얻을 수 있다
2. 회전하므로 고장 나기 쉽고 소음이 난다
3. 구동부, 발전기부로 되어 가격이 비싸다
4. 보수와 점검이 어렵다.

정류기형 직류아크 용접기의 특성
1. 소음이 없다.
2. 취급이 간단하고 저렴하다
3. 보수와 점검이 간단하다.
4. 발전형에 비해 완전한 직류를 얻기가 어렵다.
5. 셀렌정류기형은 80℃에서 파손
6. 실리콘정류기는 150℃에서 파손

정류기식 직류아크용접의 블록다이어그램
교류 – 변압기 – 가포화리액터 – 정류기 – 직류

10 용접기의 특성

(1) 부 특성(부저항 특성)

전류가 작은 범위에서 전류가 증가하면 아크 저항이 작아져 아크 전압이 낮아지는 특성

(2) 수하 특성(피복 아크 용접기의 특성)

부하 전류가 증가하면 단자 전압이 저하하는 특성

$V = E - IR$ (V : 단자 전압, E : 전원 전압)

(3) 정전류 특성

아크 길이가 크게 변하여도 전류 값은 거의 변하지 않는 특성(전압은 증가)

> 이상 (1), (2), (3)은 수동 용접에 필요한 특성이다.

(4) 상승 특성
큰 전류에서 아크 길이가 일정할 때 아크 증가와 더불어 전압이 약간씩 증가하는 특성이다.

(5) 정전압 특성(자기 제어 특성)
부하 전류가 변해도 단자 전압이 거의 변하지 않는 특성으로 자동 용접에 필요한 특성이고 수하 특성과는 반대의 성질을 갖는 것으로 CP특성이라 한다(서브머지드 용접기, 불활성가스 금속아크용접기의 특성).

시험 포인트

수동 용접기의 필요 특성
부저항 특성, 수하 특성, 정전류 특성

자동 용접기의 필요 특성
상승 특성, 정전압 특성

아크 용접기에 사용하는 변압기
누설 변압기

용접기의 특성
1. 부특성(부저항 특성)
2. 수하 특성 – 피복아크 특성
3. 정전류 특성
4. 상승 특성
5. 정전압 특성(자기제어 특성)
   • 서브머지드 용접기, 불활성가스 금속아크용접기의 특성

---

11 피복 아크 용접기

(1) 피복 아크 용접기의 구비 조건
① 내구성이 좋아야 한다.
② 역률과 효율이 높아야 한다.
③ 구조 및 취급이 간단해야 한다.
④ 사용 중 온도 상승이 적어야 한다.
⑤ 전격방지기가 설치되어 있어야 한다.

⑥ 아크 발생이 쉽고 아크가 안정되어야 한다.
⑦ 전류 조정이 용이하고 전류가 일정하게 흘러야 한다.
⑧ 무부하 전압이 작아야 한다.

(2) 용접기 설치 장소로 적합한 곳

① 먼지가 없고 옥외에 바람의 영향을 받지 않는 곳
② 수증기나 습도가 없는 곳
③ 폭발성 가스가 존재하지 않는 곳
④ 진동이나 충격을 받지 않는 곳

12 용접 작업용 기구 및 보호구

홀더(A형 안전), 케이블, 접지 클램프, 장갑, 앞치마, 발커버, 보안경 등이 있다.

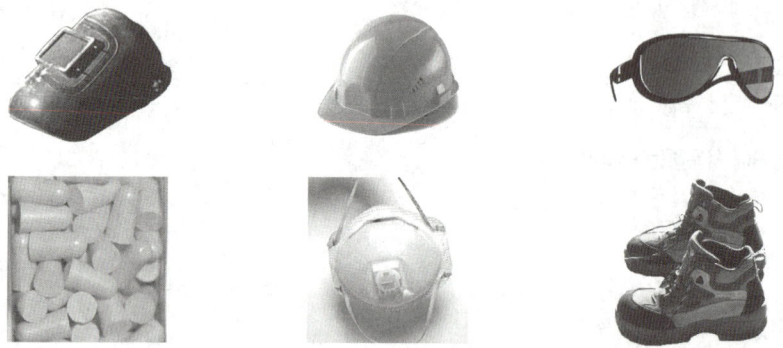

(1) 용접용 케이블

케이블의 2차측은 유연성이 요구되므로 캡타이어 전선을 사용한다. 또한 크기의 단위도 1개의 선은 의미가 없으므로 단면적으로 사용한다. 하지만 1차측은 고정된 선으로 유동성이 없어야 하므로 단성으로 지름을 사용하여 그 크기를 표시한다.

	200A	300A	400A
1차측 지름(mm)	5.5	8	14
2차측 단면적(mm²)	38(50)	50(60)	60(80)

(2) 차광 유리

아크 불빛은 적외선과 자외선을 포함하고 있어 눈을 보호하기 위하여 빛을 차단하는 차광 유리를 사용하여야 한다. 일반적으로 금속 아크 용접에서는 차광도 번호 10 ~ 13까지 사용되며 전류와 용접봉의 지름이 커질수록 차광도 번호가 큰 것을 사용한다. 탄소 아크 용접에서는

14번이 사용된다.

(3) 퓨즈

① 퓨즈 = $\dfrac{1차입력(KVA)}{전원전압}$ (1차 입력에서 전류, 전압이 주어지면 곱해준다.)

② 퓨즈는 규정 값보다 크거나 구리선 철선 등을 퓨즈 대용으로 사용해서는 안 된다.

> **시험 포인트**
>
> **1차 케이블에 비해 2차 케이블의 지름이 큰 것을 사용하는 이유는?**
> 1차 케이블보다 2차 케이블의 전류가 높으므로
>
> **퓨즈의 용량**
> 퓨즈 = $\dfrac{1차입력(KVA)}{전원전압}$

13 피복 아크 용접의 피복제

용접봉, 용가재, 전극봉 등은 모두 동일한 말이며, 심선의 재료는 저탄소 림드강으로 황, 인 등의 불순물의 양을 제한하여 제조한다(모재의 재질과 같은 것을 사용).

(1) 용착 금속의 보호 형식

① <u>슬랙 생성식(무기물형)</u> : 슬랙으로 산화, 질화 방지 및 탈산 작용
 (슬랙의 역할 – 외부공기차단, 급랭방지, 탈산정련) – 일미나이트계

② <u>가스 발생식</u> : 대표적으로 셀롤로오스가 있으며 전 자세 용접이 용이하다.

③ <u>반가스 발생식</u> : 슬랙 생성식과 가스 발생식의 혼합
 (급랭시 영향 – 조직의 조밀화로 깨어지기 쉽다)

(2) 피복제의 작용

산·질화 방지, 아크 안정, 서냉으로 취성 방지, 합금 원소 첨가, 슬랙의 박리성 증대, 유동성 증가 등

(3) 피복제의 종류

① 가스 발생제 : <u>석회석, 셀롤로오스 등, 톱밥, 아교</u>

② 슬랙 생성제 : <u>석회석, 형석, 탄산나트륨, 일미 나이트</u>

③ 아크 안정제 : <u>규산 나트륨, 규산 칼륨, 산화 티탄, 석회석</u>

④ 탈산제 : <u>페로 실리콘, 페로 망간, 페로 티탄, 페로 바나듐</u>

⑤ 고착제 : <u>규산 나트륨, 규산 칼륨, 아교, 소맥분, 해초</u>

시험 포인트

용착 금속의 보호형식
1. 슬랙생성식(일미나이트)
2. 가스발생식(셀롤로오스)
3. 반가스발생식

피복제의 종류
1. 가스 발생제 : 석회석, 셀롤로오스 등, 톱밥, 아교
2. 슬랙 생성제 : 석회석, 형석, 탄산나트륨, 일미 나이트 등
3. 아크 안정제 : 규산 나트륨, 규산 칼륨, 산화 티탄, 석회석
4. 탈산제 : 페로 실리콘, 페로 망간, 페로 티탄, 페로 바나듐
5. 고착제 : 규산 나트륨, 규산 칼륨, 아교, 소맥분, 해초 등

저수소계 용접봉은 300 ~ 350℃에서 2시간 건조
일반 용접봉은 70 ~ 100℃에서 30분 ~ 1시간 건조

14 용접봉의 규격

(1) 용접봉의 기호

E 43○□

① E는 전기 용접봉
② 43은 최저 인장 강도(kg/mm^2)
③ ○는 용접자세(0,1은 전 자세 2는 F, H-Fillet 3은 F, 4는 전자세 또는 특정 자세)
④ □는 피복제의 종류

> ◈ 인장강도 – 당길 때 견디는 힘

(2) 종류

① E4301(일미 나이트계)
② E4303(라임 티탄계) : 스테인레스피복제
③ E4311(고 셀로오스계) : 가스실드계
④ E4313(고산화 티탄계) : 고온균열가능
　㉠ 산화티탄 35%, 아크안정, CR봉, 비드좋다, 경구조물, 경자동차, 박판용접
　㉡ 피복제중 산화티탄을 약 25% 정도 포함된 용접봉으로 일반구조용접에 많이 사용되는 것, 작업성 우수

⑤ E4316(저 수소계)
  ㉠ 수소의 함량이 일반의 1/10 함유, 기계적 성질이 우수
  ㉡ 피복제는 습기를 흡수하기 쉽기 때문에 사용 전에 300 ~ 350℃ 정도 건조시켜 사용한다.
  ㉢ 기계적 성질이 다른 연강봉보다 우수하기 때문에 중요 강도 부재, 고압용기, 후판 중 구조물, 탄소 당량이 높은 기계 구조물, 유황 함유량이 높은 강등의 용접에 양호한 용접이 가능하다.
⑥ E4324(철분 산화티탄계)
⑦ E4327(철분 산화철계)
⑧ E4326(철분 저 수소계)

> ▧ 용접기호 E4327 중 "27"의 뜻은?
> E : 피복금속 아크용접봉
> • 43 : 용착금속의 최소인장강도
> • 27 : 피복제 계통(0,1은 전자세, 2는 F, H – FILLET 3은 F, 4는 전자세 또는 특정자세)
>
> ▧ 기계적 성질 : E4316 > E4301 > E4313
>
> ▧ 작업성 : E4313 > E4301 > E4316
>
> ▧ 용접봉의 내균열성(염기성이 클수록 내균열성이 좋다.)
>
>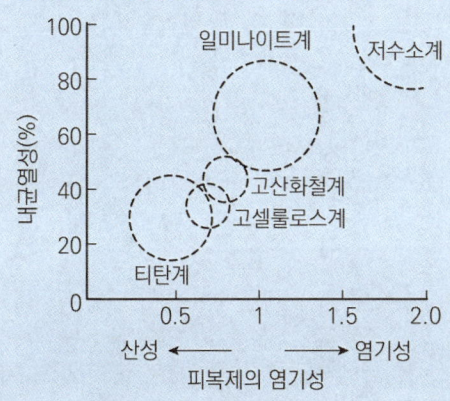
>
> ▧ 산화티탄계 → 고산화티탄계
>
> ▧ 산화티탄 + 석회석 → 라임티탄계

(3) 고 장력강용 피복 아크 용접봉

항복점 32kg/mm² 이상의 강으로 연강의 강도를 높이기 위해 Ni, Cr, Mn, Si, Cu, Ti, V, Mo, B 등을 첨가하는 저 합금강 용접봉으로 **연강 용접봉에 비해 판 두께를 얇게 할 수 있어 구조물의 하중을 줄일 수 있으며**, 기초공사가 간단해지고, 재료의 취급이 용이해진다.

(4) 용접봉의 선택과 보관

편심율은 3% 이내에 용접봉을 선택하며, 용접 자세 및 장소, 모재의 재질, 이음의 모양 등을 고려하여 선택하며 보관 시는 특히 습기에 주의해야 된다.

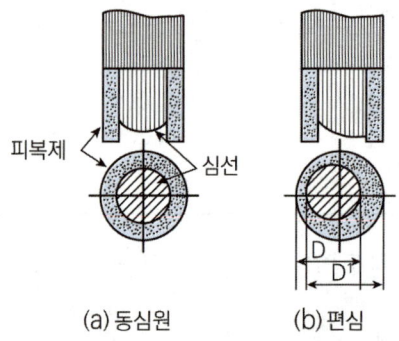

(a) 동심원　　(b) 편심

시험 포인트

용접봉의 종류
1. E4301(일미나이트계)
2. E4303(라임티탄계) – 스텐인리스 피복제
3. E4311(고셀롤로오스계) – 가스실드계
4. E4313(고산화티탄) – 고온균열가능
5. E4316(저수소계)
6. E4324(철분산화티탄계)
7. E4327(철분산화철계)
8. E4326(철분저수소계)

피복용 스테인리스강의 성분
라임계, 티탄계(4303)

기계적 성질
E4316 > E4301 > E4313

피복제의 역할(용제)
1. 아크안정, 산·질화 방지, 용적의 미세화
2. 서냉으로 취성방지, 탈산정련, 슬래그 박리성 증대
3. 유동성 증가, 전기절연작용

피복제가 얇은 경우 가스실드계 4311이다.
1. 피복이 얇고 슬랙생성이 작아 수직, 위보기 자세에 좋다.
2. 용접홈이 적은 경우에 사용한다.
3. 아크는 스프레이형이다.

4. 용입이 깊고 스패터가 많다.
5. 비드 파형이 약간 거칠다.
6. 다른 용접봉보다 용접 전류를 낮게 하는게 좋다.
7. 70~100℃에서 사용 전 1시간 정도 건조 시켜야 한다.

15 피복 아크 용접 작업

(1) 용접 전류

일반적으로 심선의 단면적 $1mm^2$에 대하여 10 ~ 11A정도로 한다.

(2) 아크 길이

아크 길이는 3mm 정도이며 지름이 2.6mm 이하의 용접봉은 심선의 지름과 거의 같은 것이 좋다. 또한 아크 길이가 길어지면 전압에 비례하여 증가하며 발열량도 증대된다.

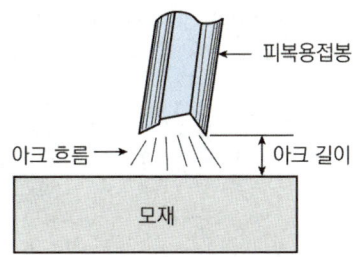

(3) 용접 속도

모재에 대한 용접선 방향이 아크 속도 또는 운봉 속도를 말한다.
① 용접 속도에 영향을 주는 요소
  ㉠ <u>용접봉의 종류 및 전류값</u>
  ㉡ <u>이음모양</u>
  ㉢ <u>모재의 재질</u>
  ㉣ <u>위빙의 유무</u>
② 아크 전압 및 전류와 용접 속도와의 관계
  ㉠ 전압 및 전류가 일정할 때 속도가 증가되면 비드의 나비는 감소하여 용입 또한 감소된다.
  ㉡ 실제 작업에서는 비드의 겉모양을 손상시키지 않는 범위 내에서는 약간 빠른 편이 좋다.

(4) 용접봉의 각도

① 작업각 : 용접봉과 이음 방향에 나란하게 세워진 수직 평면과 각도로 표시
② 진행각 : 용접봉과 용접선이 이루는 각도로 용접봉과 수직선 사이의 각도로 표시

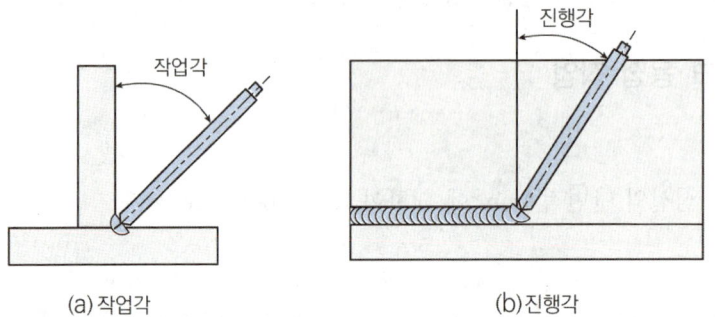

(a) 작업각   (b) 진행각

(5) 아크 발생 및 중단

① 아크 발생 방법으로는 (a) 찍기법(tapping method)과 (b) 긁기법(scratch method)이 있다.
② 초보자는 후자를 사용한다.
③ 아크를 처음 발생할 때 아크 길이는 약간 길게 한다(3 ~ 4mm).
④ 아크의 중단 시는 아크 길이를 짧게 하여 크레이터를 채운 후 재빨리 든다.

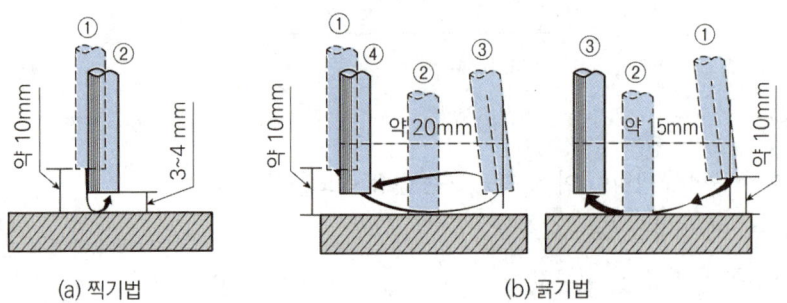

(a) 찍기법   (b) 긁기법

(6) 운봉법

① 아래 보기 V형 용접 : 용접, 원형, 부채꼴
② 아래 보기 Fillet용접 : 직선, 타원형, 삼각형
③ 수평 용접 : 직선, 타원형
④ 수직 용접 : 직선, 부체꼴(이상은 하진), 직선, 삼각형, 백스탭(상진법)
⑤ 위보기 용접 : 직선, 부채꼴

> **시험 포인트**
>
> **E7018대신 E6010을 파이프용접에서 사용하는 이유**
> 루트부의 기공 예방 및 용입 상태 개선, 피복이 얇아 슬래그 방해가 되지 않으므로

16 용접 결함

용접 결함은 크게 치수상 결함(변형, 치수 및 형상 불량)과 구조상 결함(언더컷, 오버랩 등) 및 성질상 결함(기계적, 화학적 성질 불량)으로 나눌 수 있다.

결함의 종류	결함의 모양	원인	방지대책
균열		① 이음의 강성이 큰 경우 ② 부적당한 용접봉 사용 ③ 모재의 탄소, 망간 등의 합금 원소 함량이 많을 때 ④ 과대 전류, 과대 속도 ⑤ 모재의 유황 함량이 많을 때	① 예열, 피닝 작업을 하거나 용접비드 배치법 변경, 비드 단면적을 넓힌다. ② 적정봉을 선택한다. ③ 예열, 후열을 한다. ④ 적절한 속도로 운봉한다. ⑤ 저수소계봉을 쓴다.
기공		① 용접 분위기 가운데 수소 또는 일산화탄소의 과잉 ② 용접부의 급속한 응고 ③ 모재 가운데 유황 함유량 과대 ④ 강재에 부착되어있는 기름, 페인트, 녹 등 ⑤ 아크 길이, 전류 조작의 부적당 ⑥ 과대 전류의 사용 ⑦ 용접 속도가 빠르다.	① 용접봉을 바꾼다. ② 위빙을 하여 열량을 늘리거나 예열을 한다. ③ 충분히 건조한 저수소계 용접봉을 사용한다. ④ 이음의 표면을 깨끗이 한다. ⑤ 정해진 범위 안의 전류로 좀 긴 아크를 사용하거나 용접법을 조절한다. ⑥ 적당한 전류로 조절한다. ⑦ 용접 속도를 늦춘다.
슬래그 섞임		① 전층의 슬래그 제거 불완전 ② 전류과소, 운봉 조작 불완전 ③ 용접 이음의 부적당 ④ 슬래그 유동성이 좋고 냉각하기 쉬울 때 ⑤ 봉의 각도 부적당 ⑥ 운봉 속도가 느릴 때	① 슬래그를 깨끗이 제거한다. ② 전류를 약간 세게, 운봉 조작을 적절히 한다. ③ 루트 간격이 넓은 설계로 한다. ④ 용접부 예열을 한다. ⑤ 봉의 유지 각도가 용접 방향에 적절하게 한다. ⑥ 슬래그가 앞지르지 않도록 운봉속도를 유지한다.

결함의 종류	결함의 모양	원인	방지대책
피트		① 모재 가운데 탄소, 망간 등의 합금 원소가 많을 때 ② 습기가 많거나 기름, 녹, 페인트가 묻었을 때 ③ 후판 또는 급랭되는 용접의 경우 ④ 모재 가운데 황 함유량이 많을 때	① 염기도가 높은 봉을 선택한다. ② 이음브를 청소한다. ③ 봉을 건조시킨다. ④ 예열을 한다. ⑤ 저수소계봉을 사용한다.
용입 불량		① 이음 설계의 결함 ② 용접 속도가 너무 빠를 때 ③ 용접 전류가 낮을 때 ④ 용접봉 선택 불량	① 루트 간격 및 치수를 크게 한다. ② 용접 속도를 빠르지 않게 한다. ③ 슬래그가 벗겨지지 않는 한도 내로 전류를 높인다. ④ 용접봉의 선택을 잘한다.
언더컷		① 전류가 너무 높을 때 ② 아크 길이가 너무 길 때 ③ 부적당한 용접봉을 사용했을 때 ④ 용접 속도가 적당하지 않을 때 ⑤ 용접봉 선택 불량	① 낮은 전류를 사용한다. ② 짧은 아크 길이를 유지한다. ③ 유지 각도를 바꾼다. ④ 용접 속도를 늦춘다. ⑤ 적정봉을 선택한다.
오버랩		① 용접 전류가 너무 낮을 때 ② 운봉 및 봉의 유지각도 불량 ③ 용접봉 선택 불량	① 적정 전류를 선택한다. ② 수평 필릿의 경우는 봉의 각도를 잘 선택한다. ③ 적정봉을 선택한다.
선상 조직		① 용착 금속의 냉각 속도가 빠를 때 ② 모재 재질 불량	① 급랭을 피한다. ② 모재의 재질에 맞는 적정봉을 선택한다.
스패터		① 전류가 높을 때 ② 건조되지 않은 용접봉을 사용했을 때 ③ 아크 길이가 너무 길 때	① 모재의 두께 봉지름에 맞는 최소 전류로 용접 ② 건조된 용접봉 사용 ③ 위빙을 크게 하지 말고 적당한 아크 길이로 한다.

▨ 은점을 없애는 방법
- 용접 후 실온으로 수개월간 방치한다.
- 원인 : 수소

시험 포인트

용접 결함
1. 치수상 결함
    변형, 치수불량
2. 구조상 결함
    언더컷, 오버랩, 균열, 스패터, 용입불량, 슬랙섞임, 기공 등
3. 성질상 결함
    기계적, 화학적

KSB 0845 code에서 통점 결함의 분류 방사선 투과법에서
1. 1종결함 : 기공 및 이와 유사한 결함
2. 2종결함 : 용입부족, 슬랙섞임, 융합부족
3. 3종결함 : 균열 및 터짐 등 이와 유사한 결함
4. 4종결함 : 텅스텐혼입

이음 강도가 클 때
균열을 일으킬 수 있다.

기공의 원인이 되는 것
1. 수소, CO^2의 과잉
2. 용접부의 급속한 응고
3. 모재의 황 함유량 과대
4. 기름, 페인트, 녹
5. 아크길이, 전류의 부적당
6. 용접속도 빠르다

선상조직
비금속 게재물이나 기공이 있는 파단면으로서 냉각 과정에서 생기는 조직이며 전류의 세기와는 관계없다.

취성파면
모재의 파면이 은백색으로 빛나는 파면이다

고장력강 용접봉의 사용 목적
1. 재료가 절약 된다.
2. 구조물이 가벼워진다.
3. 용접공수가 절감된다.
4. 내식성이 향상된다.

CHAPTER 03 전기 저항 용접

1 전기 저항 용접의 개요

용접물에 <u>전류가 흐를 때</u> 발생되는 저항열로 접합부가 가열되었을 때 <u>가압하여 접합하는</u> 용접이다.

(1) 저항 용접의 3대 요소

① <u>용접 전류</u>
  저전압 대전류 방식으로 전압은 1 ~ 10V 정도이지만 전류는 수만 또는 수십만 암페어이다.

② <u>통전 시간</u>
  열전도가 큰 것은 대전류를 사용하여 통전 시간을 짧게 하고 연강 등은 대전류를 사용하지 않고 통전 시간을 길게 한다.

③ <u>가압력</u>
  모재와 모재, 전극과 모재 사이에 접촉 저항은 전극의 가압력이 클수록 작아진다.

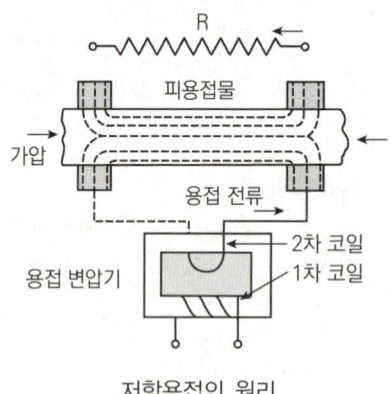

저항용접의 원리

(2) 이음 형상에 따라 분류

① 겹치기 저항 용접 : <u>점용접, 심용접, 프로젝션 용접</u>
② 맞대기 저항 용접 : <u>플래시 용접, 업셋 용접, 퍼커션 용접</u>

(3) 특징

① 용접사의 기능에 무관하다.
② 용접 시간이 짧고 대량 생산에 적합하다.
③ 용접부가 깨끗하다.
④ 산화 작용 및 용접 변형이 적다.
⑤ 가압 효과로 조직이 치밀하다.
⑥ 설비가 복잡하고 가격이 비싸다.
⑦ 후열 처리가 필요하다.
⑧ 이종 금속에 접합은 불가능하다.

> **시험 포인트**
>
> **전기저항 용접의 3요소**
> 용접 전류, 통전 시간, 가압력
>
> **저항 용접의 이음에 따른 분류**
> 1. 겹치기 저항 용접 : 점용접, 심용접, 프로젝션용접
> 2. 맞대기 저항 용접 : 업셋, 플레쉬, 퍼커션
>
> **전기 저항 용접의 종류**
> 1. 점용접
> 2. 심용접
> 3. 프로젝션 용접
> 4. 업셋
> 5. 플레쉬(예열 → 플래시 → 업셋)
> 6. 퍼커션(충격용접)

2 전기 저항 용접의 종류

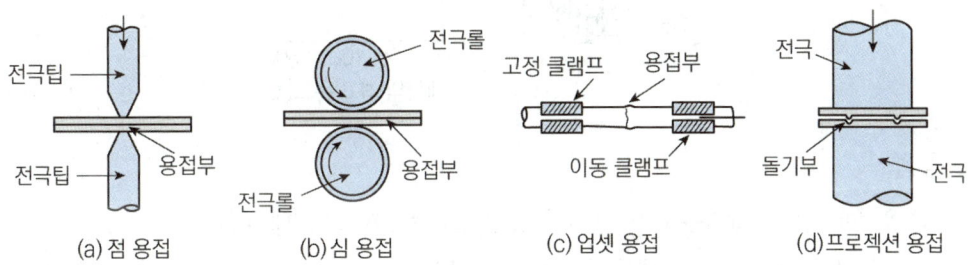

(a) 점 용접　　(b) 심 용접　　(c) 업셋 용접　　(d) 프로젝션 용접

(1) 점용접

① 열 영향부가 좁으며 돌기가 없다.
② 박판 용접 및 대량 생산에 적합하다.
③ 바둑알 모양처럼 생긴 것을 너깃이라 한다.
④ 용융점이 높은 재료, 열전도가 큰 재료 및 전기적 저항이 작은 재료는 용접이 곤란하다.
⑤ 구멍을 가공할 필요가 없고 숙련을 요하지 않는다.
⑥ 과정
 접촉 저항에 온도 상승 → 접촉부의 변화, 변형 및 저항 감소 → 용융 → 용접부의 가압력에 의해서 용접부 생성
⑦ 종류로는 단극식, 다전극식, 직렬식, 맥동, 인터랙 점 용접이 있다.
⑧ 전극의 종류로는 R형, P형, F형, C형, E형이 있다.

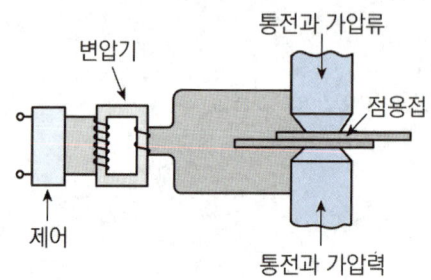

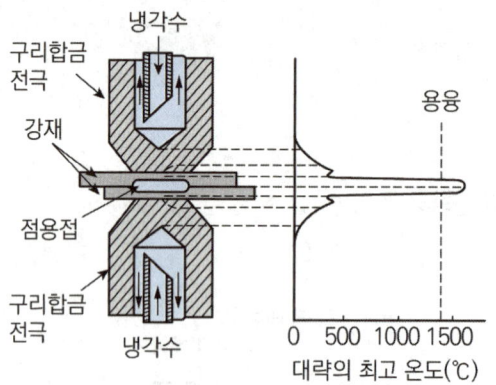

(2) 심용접

① 점 용접에 비해 가압력은 1.2 ~ 1.6배, 용접 전류는 1.5 ~ 2.0배 증가
② 단속 통전법, 연속 통전법, 맥동 통전법 등이 있다.
③ 이음 형상에 따라 원주 시임, 세로 시임이 있다.

④ 용접 방법에 따라 매시 시임, 포일 시임, 맞대기 시임, 로울러 시임이 있다.
⑤ 기·수·유밀성을 요하는 0.2 ~ 4mm 정도 얇은 판에 이용

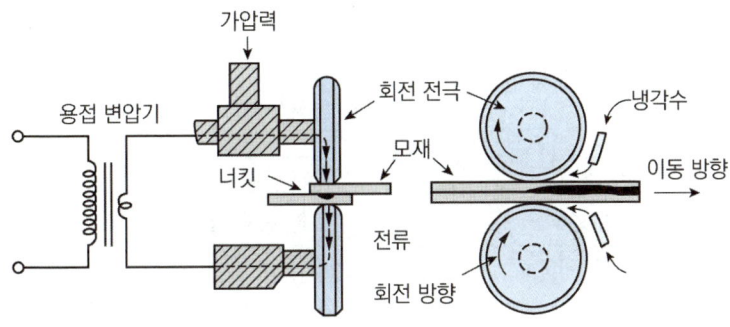

(3) 업셋 용접

① 용접 모재를 맞대어 가압하고 전류를 통하면 접촉 저항으로 발열되어 일정한 온도에 달했을 때 축 방향으로 강한 압력을 가해 접합한다.
② 불꽃의 비산이 없다.
③ 플래시 용접에 비해 열 영향부가 커진다.
④ 비대칭 단면적이 큰 것, 박판 등의 용접은 곤란하다.
⑤ 용접부의 접합 강도는 우수하다.
⑥ 용접부의 산화물이나 개재물이 밀려나와 건전한 접합이 이루어진다.

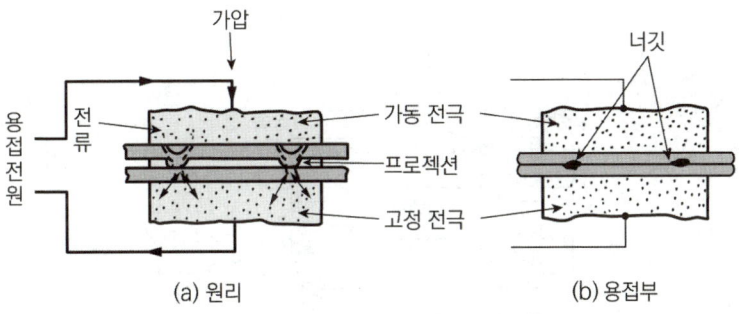

(4) 돌기 용접(프로젝션 용접)

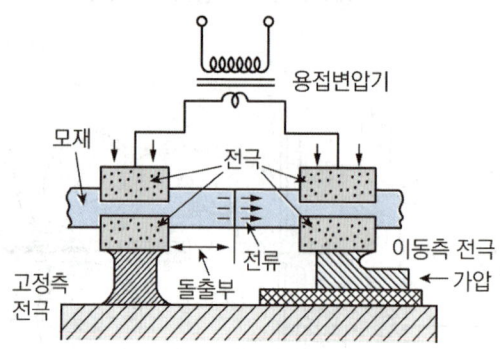

(5) 플래시 용접

① 용접물에 간격을 두어 설치하고 전류를 통하여 발열 및 불꽃 비산을 지속시켜 접합면이 골고루 가열되었을 때 가압하여 접합한다.
② 예열 → 플래시 → 업셋 순으로 진행된다.
③ 열 영향부 및 가열 범위가 좁다.
④ 이음 신뢰도가 높고 강도가 좋다.
⑤ 용접 시간, 소비 전력이 적다.
⑥ 용접면에 산화물의 개입이 적다.
⑦ 종류가 다른 재료의 용접이 가능하다.
⑧ 강재, 니켈, 니켈 합금 등에 적합하다.

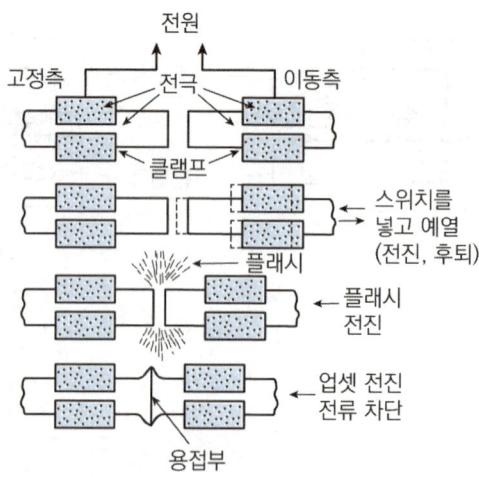

(6) 충격 용접(파카선 용접)

축전기에 축전된 전기 에너지를 짧은 시간(1000분의 1초 이내)에 방출시켜 금속 용접면에 매우 짧은 시간에 방전시켜 이때 발생된 열로 가압하여 접합한다.

시험 포인트

점용접의 종류
1. 단극식 : 전극이 1쌍으로 1개의 점용접부를 만드는 것
2. 다극식 : 1개의 전류 회로에 2개 이상의 용접점을 만드는 방법으로 전류 손실이 많아 전류를 증가시켜야 하는 것
3. 직렬식 : 모재 두께가 다른 경우 전극의 가열을 피하기 위해 사이클 단위를 몇 번이고 전류를 단속하며 통전하는 것
4. 맥동식
5. 인터랙 점용접 : 용접점의 부분에 직접 2개의 전극을 물리지 않고 용접 전류가 피용접물의 일부를 통하여 다른 곳으로 전달하는 방식

심용접의 종류
단속 통전법, 연속 통전법, 맥동 통전법

심용접
1. 점 용접에 비해 가압력은 1.2~1.6배, 용접 전류는 1.5~2.0배 증가
2. 단속 통전법, 연속 통전법, 맥동 통전법 등이 있다.
3. 이음 형상에 따라 원주시임, 세로시임이 있다.
4. 용접방법에 따라 매시 시임, 포일 시임, 맞대기 시임, 로울러 시임이 있다.
5. 기·수·유밀성을 요하는 0.2~4mm 정도 얇은 판에 이용
6. 통전방법에 따라 단속통전법, 연속통전법, 맥동통전법
7. 이음 형상에 따라 : 원주시임, 세로시임
8. 용접 방법에 따라 : 매시시임, 포일시임, 맞대기시임, 로울러시임

플래시 용접의 순서
예열 - 플래시 - 업셋

그레비트용접법
일종의 피복 아크 용접법으로 피더에 철분계 용접봉을 장착하여 수평 필릿 용접을 전용으로 하는 일종의 반자동 용접장치로서 모재와 일정한 경사를 갖는 금속지주를 용접 홀더가 하강하면서 용접하는 용접법

CHAPTER 04 가스용접 및 절단

1 가스 용접의 개요

(1) 가스 용접의 원리

가연성 가스(아세틸렌, 석탄가스, 수소 가스, LPG 등)와 지연성 가스(산소)의 혼합으로 가스가 연소할 때 발생하는 열(약 2800℃)정도를 이용하여 모재를 용융 시키면서 용접봉을 공급하여 접합하는 방법이다. 피복 아크 용접과 같은 용접의 일종이다.

> ▨ 가스의 분류
> - 조연성가스 : 다른 연소 물질이 타는 것을 도와주는 가스로 산소, 공기 등
> - 가연성가스 : 산소나 공기와 혼합하여 점화하면 빛과 열을 내면서 연소하는 가스로 아세틸렌, 수소, 프로판, 메탄, 부탄 등
> - 불활성가스 : 산소와 반응하지 않는 기체로 아르곤, 헬륨, 네온등이 사용됨
>   - CO_2가스는 불활성가스가 아니다.

(2) 가스 용접의 장·단점

① 장점
  ㉠ 전기가 필요 없다.
  ㉡ 용접기의 운반이 비교적 자유롭다.
  ㉢ 용접 장치의 설비비가 용접에 비하여 싸다.
  ㉣ 불꽃을 조절하여 용접부의 가열 범위를 조정하기 쉽다.
  ㉤ 박판 용접에 적당하다.
  ㉥ 용접되는 금속의 응용 범위가 넓다.
  ㉦ 유해 광선의 발생이 적다.
  ㉧ 용접 기술이 쉬운 편이다.

> ▨ 박판 : 얇은 판을 의미하며 3.0mm를 기준
> ▨ 저온균열의 온도 : 200 ~ 300℃

② 단점
　㉠ 고압가스를 사용하기 때문에 폭발, 화재의 위험이 크다.
　㉡ 열효율이 낮아서 용접 속도가 늦다.
　㉢ 아크 용접에 비해 불꽃의 온도가 낮다.
　㉣ 금속이 탄화 및 산화될 우려가 많다.
　㉤ 열의 집중성이 나빠 효율적인 용접이 어렵다.
　㉥ 일반적으로 신뢰성이 적다.
　㉦ 용접부의 기계적 강도가 떨어진다.
　㉧ 가열 범위가 넓어 용접 응력이 크고, 가열 시간 또한 오래 걸린다.

시험 포인트

균열
1. 저온 균열 : 언더비드크랙, 토우균열, 루트크랙, 힐균열, 라멜라티어
2. 고온 균열 : 설퍼 균열
3. 균열의 주원인 : H_2
4. 필릿용접부에 생기는 저온 균열이며 모재의 열팽창에 의한 비틀림의 주요 원인인 용접결함 : 힐크랙
5. 용접금속이 응고할 때 방출된 가스 때문에 발생되는 것으로 상당히 큰 거동으로 주위가 먼저 응고된 경우에 형성되는 용접 구조적 결함 : 피트

가스 용접의 장점
1. 전기가 필요 없다.
2. 용접기의 운반이 비교적 자유롭다.
3. 용접 장치의 설비비가 저녁 용접에 비하여 싸다.
4. 불꽃을 조절하여 용접부의 가열 범위를 조정하기 쉽다.
5. 박판 용접에 적당하다.
6. 용접되는 금속의 응용 범위가 넓다.
7. 유해 광선의 발생이 적다.
8. 용접 기술이 쉬운 편이다.

균열 발생의 원인
1. 수소
2. 내·외적인 힘
3. 변태
4. 용착금속의 화학성분
5. 노치에 의한

2 용접용 가스

(1) 지연성 가스 - 산소가스(O_2)

① 자신은 타지 않으면서 다른 물질의 연소를 돕는 것이 지연성 가스이다. 대표적으로 O_2가 있다.

② 분자량이 16으로 공기 중에 21%가 존재한다.

③ 무색, 무취, 무미의 기체로 1ℓ의 중량은 0℃ 1기압에서 1.429g이다. 또한 비중은 1.105로 공기보다 무겁다.

④ 용융점은 -219℃, 비등점은 -183℃이다.

⑤ -119℃에서 50기압으로 압축하면 담황색의 액체가 된다.

⑥ 금, 백금 등을 제외한 다른 금속과 화합하여 산화물을 만든다.

⑦ 산소의 제조 방법
  ㉠ 화학 약품에 의한 방법
  ㉡ 물의 전기 분해에 의한 방법
  ㉢ 공기 중에서 산소를 채취하는 방법

(2) 가연성 가스

① 가연성 가스의 조건
  ㉠ <u>불꽃 온도가 높을 것</u>
  ㉡ <u>연소 속도가 클 것</u>
  ㉢ <u>발열량이 빠를 것</u>
  ㉣ <u>용융 금속과 화학 반응을 일으키지 않을 것</u>

② 아세틸렌(C_2H_2)
  ㉠ 카바이드로부터 제조된다.
  ㉡ 순수한 것은 무색, 무취의 기체이다.
  ㉢ 인화 수소, 유화 수소, 암모니아 같은 불순물 혼합할 때 악취가 난다.
  ㉣ <u>비중은 0.906으로 공기보다 가볍고, 가연성 가스로 가장 많이 사용된다.</u>
  ㉤ <u>15℃ 1기압에서 1ℓ의 무게는 1.176g이다 - 15℃, 15기압에서 충전</u>
  ㉥ 여러 가지 액체에 잘 용해되며 물에는 같은 양, 석유에는 2배, 벤젠에는 4배, 알콜에서는 <u>6배, 아세톤에는 25배 용해되며, 그 용해량은 압력에 따라 증가한다. 단 소금물에서는 용해되지 않는다.</u>
  ㉦ 대기압에서 -82℃이면 액화하고, -85℃이면 고체로 된다.
  ㉧ <u>406 ~ 408℃에서 자연발화된다.</u>
  ㉨ 마찰·진동·충격에 의하여 폭발위험성

ㅊ) 은, 수은, 동과 접촉 시 120℃ 부근에서 폭발성

> ▧ 아세틸렌 가스의 완전연소식
> - $2C_2H_2 + 5O_2 \rightarrow 4CO_2 + 2H_2O$
> - $C_3H_8 + 5O_2 \rightarrow 3CO_2 + 4H_2O$(프로판 가스의 완전연소식)

③ 수소(H_2)
  ㉠ 무색, 무미, 무취로 불꽃은 육안으로 확인이 곤란하다.
  ㉡ 납땜이나 수중 절단용으로 사용한다.
  ㉢ 가장 가볍고(0℃ 1기압에서 1ℓ의 무게는 0.0899g), 확산 속도가 빠르다.
  ㉣ 폭발성이 강한 가연성 가스이다.
  ㉤ 고온, 고압에서는 취성이 생길 수 있다.
  ㉥ 제조법으로는 물의 전기 분해 및 코크스의 가스화법으로 제조한다.

④ 액화 석유 가스(L.P.G)
  ㉠ 공기보다 무겁다(비중 1.5).
  ㉡ 석유계 탄화 수소계 혼합물으로 화염 분위가 산화되기 때문에 용접용으로는 부적합하여 절단용으로 주로 사용된다.
  ㉢ 프로판, 부탄 등 알칸 계열의 8종이 있다.
  ㉣ 상온에서는 무색, 투명하고, 약간의 냄새가 있다.
  ㉤ 발열량이 높다.
  ㉥ 열의 집중성이 아세틸렌 보다 떨어진다.

⑤ 도시 가스
  ㉠ 납땜의 열원으로 주로 사용한다.
  ㉡ 수소, 메탄, 일산화탄소, 질소 등을 포함하고 있다.

⑥ 천연가스
  ㉠ 유전 습지대 등에서 분출한다.
  ㉡ 주성분은 메탄(CH_4)이다.

> ▧ 가스용접시 용제를 사용하는 이유
> 모재표면의 산화물, 불순물을 제거하기 위하여
>
> ▧ 연강용 가스용접봉의 특성 중 응력을 제거한 것
> - SR
> - 응력제거하지 않은 것 – NSR
> - GA43 에서 43은 최소 인장강도를 의미함

⑦ 가연성가스의 폭발범위
  ㉠ 인화성 액체의 반응 또는 취급은 폭발범위를 벗어나야한다. 즉, 폭발범위(폭발한계)에서는 폭발이 일어난다.
  ㉡ 가연성가스의 폭발범위 : 가연물이 기체 상태에서 공기와 혼합되어 연소가 일어나는 일정 농도의 범위
    • 아세틸렌(C_2H_2) : 2.5 ~ 81%
    • 수소(H_2) : 4.0 ~ 75%
    • 프로판(C_3H_8) : 2.1 ~ 9.5%
    • 부탄(C_4H_{10}) : 1.8 ~ 8.4%
    • 메탄(CH_4) : 5 ~ 15% 유전 습지대 등에서 분출한다.

시험 포인트

지연성 가스
O_2, 공기

가연성 가스
- 아세틸렌
- 수소
- L.P.G
- 도시가스
- 천연가스

가연성 가스의 조건
1. 불꽃 온도가 높을 것
2. 연소 속도가 클 것
3. 발열량이 빠를 것
4. 용융 금속과 화학 반응을 일으키지 않을 것

가스의 발열량(C의 함량이 많을수록 발열량이 높다.)
1. 아세틸렌 (C_2H_2) : 12,753Kcal/cm^2
2. 에탄 (C_2H_6) : 14,515Kcal/cm^2
3. 프로판 (C_3H_8) : 20,550Kcal/cm^2
4. 부탄 (C_4H_{10}) : 26,691Kcal/cm^2

아세틸렌(C_2H_2)
1. 카바이드로부터 제조된다.
2. 순수한 것은 무색, 무취의 기체이다.
3. 인화 수소, 유화 수소, 암모니아 같은 불순물 혼합할 때 악취가 난다.
4. 비중은 0.906으로 공기보다 가볍고, 가연성 가스로 가장 많이 사용된다.
5. 15℃ 1기압에서 1ℓ의 무게는 1.176g이다 - 15℃, 15기압에서 충전

시험 포인트

6. 여러 가지 액체에 잘 용해되며 물에는 같은 양, 석유에는 2배, 밴젠에는 4배, 알콜에서는 6배, 아세톤에는 25배 용해되며, 그 용해량은 압력에 따라 증가한다. 단 소금물에서는 용해되지 않는다.
7. 대기압에서 -82℃이면 액화하고, -85℃이면 고체로 된다.
8. 406~408℃에서 자연발화 된다.
9. 마찰·진동·충격에 의하여 폭발위험성
10. 은, 수은, 동과 접촉 시 120℃ 부근에서 폭발성

산소와 혼합 시 불꽃의 최고 온도
1. 아세틸렌(C_2H_2) : 3,430℃
2. 수소(H_2) : 2,900℃
3. 프로판(C_3H_8) : 2,820℃
4. 메탄(CH_4) : 2,700℃
5. 발열량이 가장 큰 가스·프로판(C가 많은 것)
6. 가스불꽃 온도의 온도가 최고인 가스·산소-아세틸렌 불꽃
7. 산소-아세틸렌가스 불꽃 중 온도가 가장 높은 불꽃·산화불꽃

용기도색
1. 아세틸렌 - 황색·산소 - 녹색·아르곤 - 회색
2. 수소 - 주황색·질소 - 회색·엘피지 - 흰색

Ar가스의 충전압
회색용기로 140kgf/cm^2

수소의 성질
1. 0℃, 1기압 1ℓ 의 무게, 확산속도 빠르다.
2. 무미, 무취, 불꽃이 육안 확인 어렵다(청색).
3. 납땜, 수중 절단용으로 사용
4. 비드 밑 균열의 원인이다.
5. 기공 원인이 된다.
6. 제조법은 물의 전기분해법, 코크스의 가스화법
7. 납땜, 수중절단에 이용, 고온, 고압에서 취성의 원인
8. 머리카락 모양처럼 생기는 헤어크랙 원인이다.
9. 물고기 눈처럼 빛나는 은점의 원인이다.

3 아세틸렌 발생기

(1) 카바이드(CaC_2)

① 산화 칼슘(생석회)에 코크스를 가하여 만든다.
② 비중이 2.2이다.
③ 무색이나 제조 과정에서 불순물 함유로 회 흑색을 띤다.

④ 물과 반응하여 아세틸렌을 만든다.
⑤ 카바이드 1kg를 물과 작용할 때 475kcal의 열과 348ℓ에 아세틸렌이 발생한다.

(2) 카바이드를 취급할 때 주의사항
① 발생기 밖에서 물이나 습기에 노출되어서는 안 된다.
② 저장하는 통 가까이 빛이나 인화 가능한 어떤 것도 엄금
③ 카바이드를 옮길 때는 모넬 메탈이나 목재 공구를 사용할 것
④ 아세틸렌의 제조 방법
  ㉠ 투입식
    (물속에 카바이드를 투입하여 가스 발생)
    - 발생 가스 온도가 낮다.
    - 불순물 발생이 적다.
    - 대량 생산에 적당하다.
    - 청소 및 취급이 용이하다.
    - 물의 사용량이 많다.
    - 설치 면적이 많이 든다.
    - 카바이드 덩어리의 크기가 일정해야 한다.
  ㉡ 주수식
    (카바이드에 소량에 물을 공급하여 가스 발생)
    - 물의 소비가 적다.
    - 취급이 간단하고 안전도가 높다.
    - 반응열이 높고 불순물이 많다.
    - 청소가 불편하다.
    - 지연 가스 발생의 우려가 있다.
  ㉢ 침지식
    (카바이드를 기종의 주머니에 넣고 필요할 때만 물에 접촉하여 가스 발생)
    - 구조가 간단하다.
    - 취급이 용이하다.
    - 이동용에 적합하다.
    - 지연 가스 발생이 쉽다.
    - 온도 상승이 크다.
    - 불순 가스 발생이 많고 폭발 위험이 많다.

⑤ 취급상 주의사항
  ㉠ 빙결되었을 때 온수나 증기를 사용하여 녹인다.
  ㉡ 충격, 타격, 진동이 없어야 한다.
  ㉢ 화기가 가까이 있으면 안 된다.
  ㉣ 발생기 물의 온도는 60℃ 이하로 한다.
  ㉤ 카바이드 교환은 옥외에서 작업하며, 검사는 비눗물을 사용하여 검사 한다.
  ㉥ 발생기의 운반 및 보관 사용하지 않을 때 기종 내의 가스 및 카바이드를 제거한다.
⑥ 압력에 따라 분류
  저압식($0.007kg/cm^2$ 이하), 중압식($0.07 \sim 1.3$), 고압식(1.3 이상)으로 분류된다.

> **시험 포인트**
>
> **아세틸렌 발생기의 압력에 따른 분류**
> 1. 저압식 $0.07kg/cm^2$ 이하
> 2. 중압식 $0.07 \sim 1.3kg/cm^2$
> 3. 고압식 $1.3kg/cm^2$ 이상

4 아세틸렌의 폭발성

변수	조건
온도	• 406 ~ 408℃ : 자연발화 • 505 ~ 515℃ : 폭발위험 • 780℃ : 자연폭발
압력	• 1.3기압 이하에서 사용 • 1.5기압 : 충격 가열 등의 자극으로 폭발 • 2기압 : 자연폭발
외력	• 압력이 주어진 아세틸렌가스에 충격, 마찰, 진동 등에 의하여 폭발의 위험성이 있다.
혼합 가스	• 공기 또는 산소가 혼합한 경우 불꽃 또는 불티 등으로 착화, 폭발의 위험성이 있다 (아세틸렌 15%, 산소 85%에서 가장 위험하다). • 인화수소를 포함한 경우 : 0.002% 이상 폭발성, • 0.06% 이상 자연 폭발
화합물 영향	• 구리, 구리합금(구리 62%이상), 은, 수은, 습기, 녹, 암모니아
건조 상태	• 120℃에서 맹렬한 폭발성

5 용해 아세틸렌

(1) 용해 아세틸렌의 특징

① 아세톤 1ℓ에 324ℓ의 아세틸렌이 용해된다.
② 용해 아세틸렌 1kg 기화시키면 905ℓ에 아세틸렌 가스 발생한다.
③ 압력이 높아 역화에 위험이 적다.
④ 저장, 운반이 간단하다.
⑤ 순도를 높일 수 있으며, 가스 압력을 일정하게 할 수 있다.
⑥ 낮은 온도에서도 작업이 가능하다.
⑦ 아세틸렌 15%, 산소 85%에서 가장 위험

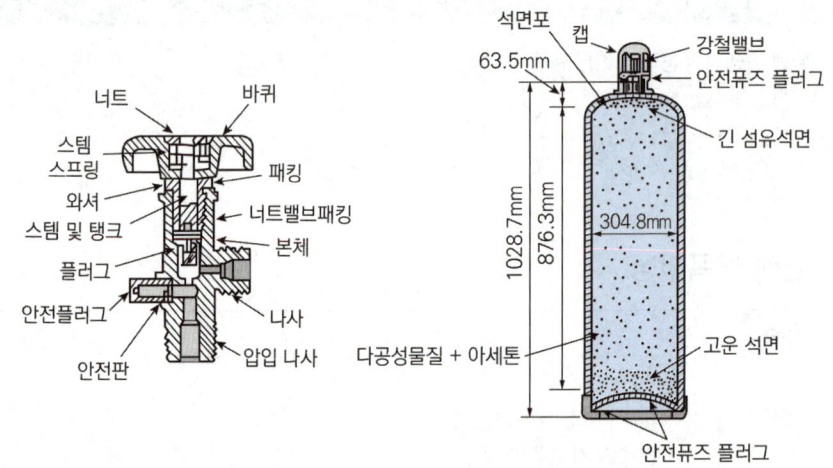

안전퓨즈 : 105℃ 정도되면 녹는다.

(2) 용해 아세틸렌 용기

① 내용적 15ℓ, 30ℓ, 50ℓ의 3종이 있다.
② 15℃ 15기압으로 충전한다.
③ 폭발 방지를 위해 105℃±5℃에서 녹는 퓨즈가 2개 있다.
④ 규조토, 목탄, 석면의 다공성 물질에 아세톤이 흡수되어 있다.
⑤ 용기 색은 황색으로 되어 있다.

(3) 용기 안의 아세틸렌 양

① C = 905 (A - B) (C : 아세틸렌 가스 양 A : 병 전체의 무게 B : 빈 병의 무게)

(4) 호스(도관)

① 도관의 색은 적색을 사용한다.

② 10kg/cm² 내압 시험에 합격하여야 한다.

> **시험 포인트**
>
> **아세틸렌 가스 발생과정**
> 1. CaC_2 1kg이 물과 만나면 348ℓ의 C_2H_2를 발생
> 2. 아세톤 1ℓ에 324ℓ의 C_2H_2가 용해된다.
> 3. 용해 아세틸렌 1kg이 기화하면 905ℓ의 C_2H_2가스 발생
>
> **용기 안의 아세틸렌 양**
> C = 905 (A − B) (C : 아세틸렌 가스 양, A : 병 전체의 무게, B : 빈 병의 무게)

6 산소 용기와 호스

(1) 산소 용기

① 최고 충전 압력(FP)은 보통 ℃에서 150기압으로 한다.

② 용기의 내압 시험 압력(TP)는 최고 충전 압력의 $\frac{5}{3}$로 한다.

③ 산소 용기는 보통 5000ℓ, 6000ℓ, 7000ℓ의 3종류가 있다.

④ 용기의 색은 녹색이다.

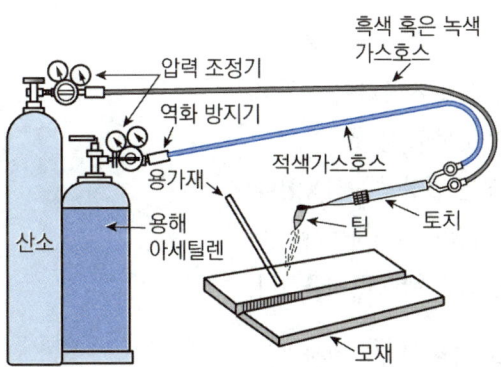

(2) 산소 용기를 취급할 때 주의점

① 타격, 충격을 주지 말 것

② 직사광선, 화기가 있는 고온의 장소를 피할 것

③ 용기 내의 압력이 너무 상승(170기압)되지 않도록 할 것

④ 밸브가 동결되었을 때 더운물, 또는 증기를 사용하여 녹여야 한다.
⑤ 누설 검사는 비눗물로 할 것
⑥ 용기 내의 온도는 항상 40℃ 이하로 유지하여야 한다.
⑦ 용기 및 밸브 조정기 등에 기름이 부착되지 않도록 할 것
⑧ 다른 가연성 가스와 함께 보관하지 않는다.

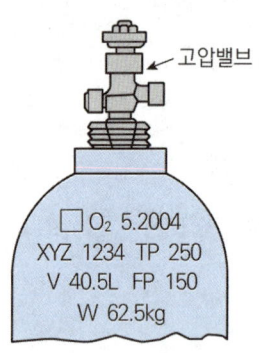

□ : 용기제작사명
O_2 : 산소(충전 가스 명칭 및 화학 기호)
XYZ : 제조업자의 기호 및 제조번호
V : 내용적(실측) ℓ
W : 용기중량 kgf
5.2004 : 내압시험 연월
TP : 내압시험 압력 kgf/cm^2
FP : 최고충전 압력 kgf/cm^2

(3) 용접용 호스

① 사용 압력에 충분히 견딜 것
② 도관의 크기 6.3mm, 7.9mm, 9.5mm의 3종이 있다.
③ 길이는 5m 정도로 한다.
④ 길이는 필요 이상으로 길게 하지 말 것
⑤ 충격이나 압력을 주지 말 것
⑥ 호스 내부의 청소는 압축 공기를 사용할 것
⑦ 빙결된 호스는 더운 물로 사용하여 녹일 것
⑧ 가스 누설 결과는 비눗물로 할 것
⑨ 도관의 색은 녹색 또는 검정색을 사용한다.
⑩ $90kg/cm^2$의 내압 시험에 합격하여야 한다.
⑪ 호스의 연결은 고압 죔용 밴드를 사용한다.

(4) 산소의 총 가스량 및 사용 시간 계산

① 산소 용기의 총 가스량
  총 가스량 = 내용적 × 기압
② 사용할 수 있는 시간
  사용시간 = 산소용기의 총 가스량 ÷ 시간당 소비량

▧ 산소의 내용적 40.7L, 100kgf/cm² 로 충전 프랑스식 팁100번 사용 시 표준불꽃 사용 가능시간
(40.7 × 100) / 100 = 40.7시간

7 산소 아세틸렌의 불꽃의 종류

(1) 불꽃의 구성

① 백심(불꽃심), 속불꽃, 겉불꽃으로 구성되어 있다.
② 온도가 가장 강한 부분이 속불꽃으로 3200 ~ 3500℃

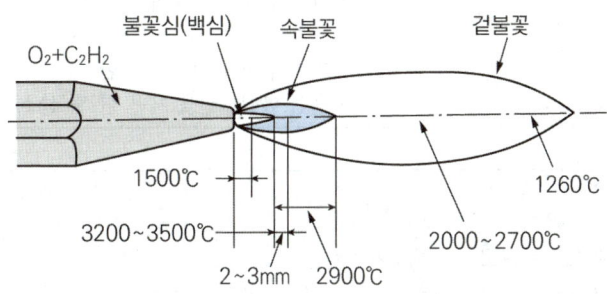

(2) 불꽃의 종류

종류	혼합비	용도
중성불꽃	1 ~ 1.2 : 1	연강, 반영강, 주철, 구리, 아연, 납, 은, 알루미늄, 니켈, 주강 등에 사용
산화불꽃	산소과잉불꽃	구리, 황동, 아연 등은 고온의 열이 가해지면 기화하기 때문에 이 불꽃을 사용할 때 금속 표면에 산화물이 생겨 기화를 방지한다.
탄화불꽃	아세틸렌과잉불꽃	탄화 불꽃은 산화 작용이 일어나지 않기 때문에 산화를 방지할 필요가 있는 스테인리스강, 스텔라이트, 모넬메탈 등에 사용된다.

▧ 중성 불꽃 혼합비는 산소
아세틸렌이며, 이론적으로는 2.5 : 1로 1.5는 공기 중에서 얻는다.

▧ 산소 – 아세틸렌 가스 불꽃 중 온도가 가장 높은 것
산화불꽃

▧ 가스용접시 산소와 프로판의 가스 혼합비
4.5 : 1

8 역류, 역화 및 인화

종류	원인	방지법
역류	산소 압력 과다 C_2H_2 공급량 부족	• 팁을 깨끗이 청소한다. • 산소를 차단시킨다. • 아세틸렌을 차단시킨다. • 안전기와 발생기를 차단시킨다.
역화	팁 끝의 과열, 가스 압력 부적당 팁의 조임 불량	• 용접 팁을 물에 담가 식힌다. • 아세틸렌을 차단한다. • 토치의 기능을 점검한다.
인화	가스 압력 부적당 팁 끝이 막힘	• 팁을 깨끗이 청소한다. • 가스 유량을 적당하게 조정 • 토치 및 각 기구를 점검한다. • 호스의 비틀림이 없게 한다. • 우선 아세틸렌을 차단 한 후 산소를 차단한다.

> ▩ 역화
> ① 산소가 아세틸렌 도관 쪽으로 흘러 들어가는 현상
> ② 불꽃이 팁 끝에서 순간적으로 폭음을 내며 들어갔다가 꺼지는 현상
>
> ▩ 인화
> 불꽃이 혼합실까지 들어가는 현상이 인화이다.

9 용접용 재료 및 용제

(1) 가스 용접봉

① 연강용, 주철용, 비철 금속 재료 용 등이 있다.
② NSR(용접된 그대로), SR(응력 제거 풀림 625±25℃)이 있다.
③ 지름은 1.6, 2.0, 2.6, 3.2, 4.0, 5.0, 7.0이 있으며 길이는 모두 1000mm이다.
④ 용접봉 지름과 판 두께와의 관계

$$D = \frac{T}{2} + 1 \text{ (D : 지름, T : 판 두께)}$$

(a) 적황색(매연) / 아세틸렌 불꽃(산소를 약간 혼입)

(b) 담백색 / 탄화 불꽃(아세틸렌 과잉 불꽃) … $\dfrac{산소}{아세틸렌} = \dfrac{0.05 \sim 0.95}{1}$

(c) 백심(휘백색) $C_2H_2 = 2C + H_2$ / $C_2H_2 + O_2 = 2CO + H_2$ / 중성 불꽃(표준 불꽃) … $\dfrac{산소}{아세틸렌} = \dfrac{1.04 \sim 1.14}{1}$ / 바깥 불꽃(투명한 청색) $\begin{cases} 2CO + O_2 = 2CO_2 \\ H_2 + \dfrac{1}{2}O_2 = H_2O \end{cases}$

(d) 산화 불꽃(산소 과잉 불꽃) … $\dfrac{산소}{아세틸렌} = \dfrac{1.15 \sim 1.70}{1}$

⑤ 가스용접봉의 종류
- GA46 : 적색
- GA43 : 청색
- GA35 : 황색
- GB46 : 백색
- GB43 : 흑색
- GB35 : 자색
- GB32 : 녹색

(2) 용제

① 모재 표면이 불순물과 산화물의 제거로 양호한 용접이 되도록 도와준다.

② 종류

용접 금속	용제의 종류
연강	사용하지 않는다.
고탄소강, 주철, 특수강	탄산수소나트륨, 탄산나트륨, 황혈염, 붕사, 붕산 등이 있다.
구리, 구리 합금	붕사, 붕산, 플루오르 나트륨, 규산나트륨, 인산화물 등이 있다.
알루미늄	염화나트륨, 염화칼슘, 염화리튬, 플르오르화칼륨, 황산칼륨 등이 있다.

▨ 연강에 경우 때에 따라 충분한 용제 작용을 돕기 위해 규산 나트륨, 붕사, 붕산을 사용할 때가 있다.

시험 포인트

표준불꽃의 구성요소
- 백심(불꽃심) – 환원성 불꽃
- 속불꽃 – 고열부분 – 용접불꽃(2800 – 3200)
- 겉불꽃 – 산소와 결합, 완전연소

산소와 아세틸렌 불꽃의 종류
1. 중성불꽃 : 표준불꽃
2. 산화불꽃 : 산화성 불꽃, 산소과잉 불꽃, 바깥불꽃으로만 형성
   - 구리, 황동, 아연 등 용접
3. 탄화불꽃 : 아세틸렌 과잉불꽃, 환원성 불꽃 산소부족 시 발생
   - 산화방지가 필요한 스테인리스강, 스텔라이트, 모넬메탈용

불꽃조절
- 아세틸렌의 압력은 산소의 압력의 1/10정도로 0.1~ 0.4kgf/cm² 로 조절
- 산소의 압력은 3 ~ 4kgf/cm² 로 조절한다.
- 아세틸렌을 먼저 열고 산소를 조절 후 점화

산소용기의 표시
1. W – 용기의 중량
2. V – 충전가스의 내용적
3. TP – 내압시험압
4. FP – 최고충전압

가스용접에서의 용제의 종류
1. 연강
2. 고탄소강, 주철, 특수강
3. 구리 렌 구리합금
4. 알루미늄

가스 용접봉의 두께
$$D = \frac{T}{2} + 1$$

용제의 종류
1. 연강 : 사용하지 않는다.
2. 구리용 : 붕사, 붕산, 염화나트륨, 염화리튬, 플루오르화나트륨
3. Al용 : 염화칼륨, 염화나트륨, 황산칼륨
4. 연납용 : 염산, 염화아연, 염화암모늄, 송진, 수지
5. 경납용 : 붕사, 붕산, 염화리튬, 빙정석, 산화제1동
6. 주철용 : 중탄산나트륨, 탄산나트륨, 붕사

10 토치 및 팁

(1) 구조

밸브, 혼합실, 손잡이로 이루어져 있다.

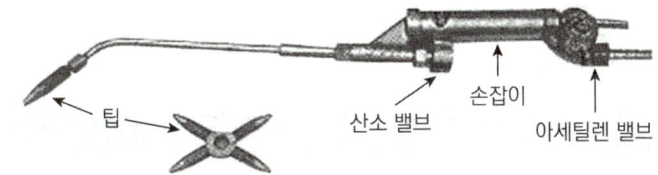

(2) 분류

① 압력에 따른 분류

저압식($0.07kg/cm^2$), **중압식($0.07kg/cm^2 \sim 0.4kg/cm^2$)**, 고압식이 있다.

② 크기에 따른 분류

소·중·대형으로 분류되며 각각의 크기는 300 ~ 350mm, 400 ~ 450mm, 500mm 이상이다.

(3) 토치의 종류

토치의 종류	특징	크기
A형(불변압식) 독일형	니들 밸브가 없다.	용접 할 수 있는 강판의 두께
B형(가변압식) 프랑스형	니들 밸브가 있어 불꽃 조절 용이하다.	1시간당 소비되는 아세틸렌 소비량

> **토치의 규격**
> ① 독일식 1번 : 두께 1mm, 2번 두께 2mm로 표시
> ② 프랑스식은 100번 : 아세틸렌 가스 소비량 100ℓ
> ③ 독일식 1번은 프랑스식 100번과 같다고 생각하면 된다.
> ④ KS 규격 A형은 A1, A2, A3 B형은 B0, B1, B2

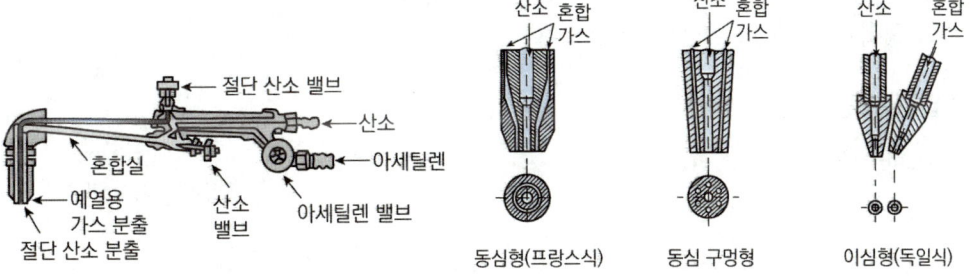

(4) 토치의 구비 조건 및 취급 요령

① 안정성이 높을 것

② 역화가 없을 것

③ 기름 또는 그리스 토치에 바르지 말 것

④ 팁의 청소는 팁 클리너를 사용할 것

⑤ 팁을 교환 시는 밸브를 반드시 잠글 것

> **시험 포인트**
>
> **토치의 압력에 따른 분류**
> 1. 저압식 $0.07 kg/cm^2$ 이하
> 2. 중압식 $0.07 \sim 0.4 kg/cm^2$
> 3. 고압식 $0.4 kg/cm^2$ 이상
>
> **C_2H_2 발생기의 분류**
> 중압식은 $0.07 \sim 1.3 kg/cm^2$

11 부속장치

(1) 안전기

① 가스의 역류, 역화로 인한 위험을 방지 할 수 있는 구조로 되어 있을 것

② 빙결이 되어 있을 때는 온수나 증기를 사용하여 녹일 것

③ 유효 수주는 25mm 이상을 유지할 것

④ 종류는 수봉식과 스프링 식이 있다.

(2) 청정기

카바이드에 발생한 아세틸렌 가스에 불순물로 인한 용착 금속의 성질의 악화 및 기기의 부식, 불꽃 온도 저하, 역류, 역화, 폭발 위험이 있으므로 불순물을 제거해야 한다.

① 물리적 방법(수세법, 여과법)

② 화학적 방법(헤라톨, 카다리졸, 아카린, 프랑크린)

③ 청정색의 변색 : 황갈색 → 청색, 회색

(3) 압력 조정기

① 비눗물로 점검

② 작동 순서

   <u>부르동 관 → 켈리브레이팅 링크 → 섹터 기어 → 피니언 → 눈금관</u>

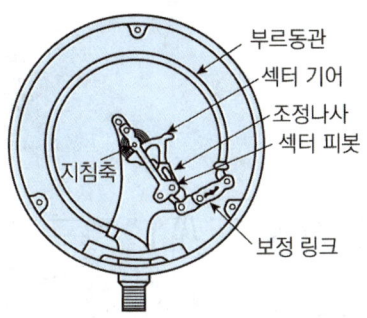

③ 종류
  ㉠ 프랑스식(스텝형) : 매우 예민한 작동
  ㉡ 독일식(노즐형) : 고장이 적음

> **시험 포인트**
>
> **가스 용접 장치의 부속 장치**
> 1. 안전기
> 2. 청정기
> 3. 압력 조정기
>
> **작동 순서**
> 부르동 관 → 켈리브레이팅 링크 → 섹터 기어 → 피니언 → 눈금관
>
> **청정기의 종류**
> 1. 물리적 방법 : 수세법, 여과법
> 2. 화학적 방법 : 헤라톨, 카타리졸, 아카린, 플랑크린

12 보호구 및 공구

(1) 보안경

가스 용접을 할 때 차광도 번호의 시작은 일반적으로 4 ~ 5번(3.2mm)이며, 12.7mm 이상은 6 ~ 8번을 사용한다.

(2) 보호구 및 공구

보호복, 토치 라이터, 팁 클리너, 용접 지그, 집게, 와이어 브러시 등이 있다.

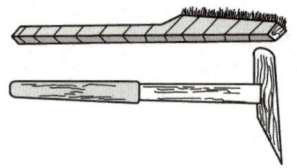

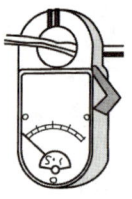

(a) 슬래그해머와 와이어브러시　　(b) 용접용 기타 공구　　(c) 전류계

13 산소-아세틸렌 용접 작업

(1) 전진법(좌진법)

① 용접봉이 토치보다 앞서 나가는 것을 생각하면 된다.
② 오른쪽 → 왼쪽으로 진행한다.

(2) 후진법(우진법)

① 용접봉이 토치 뒤에 있는 것을 생각하면 된다.
② 왼쪽 → 오른쪽으로 진행한다.

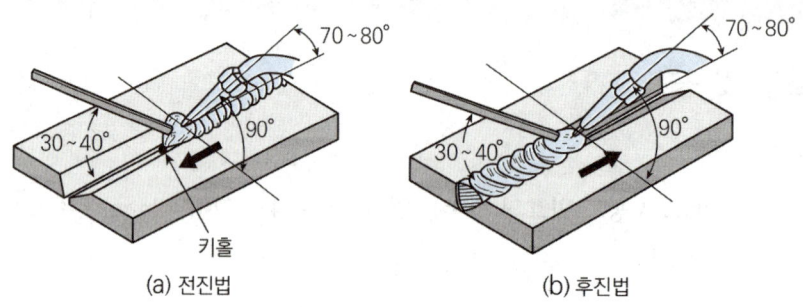

(a) 전진법　　(b) 후진법

(3) 전진법과 후진법에 비교

비교 내용	후진법	전진법
열 이용률	좋다	나쁘다
용접속도	빠르다	느리다
홈각도	60°	80°
변형	적다	크다
산화성	적다	크다
비드모양	나쁘다	좋다
용도	후판	박판

> 전진법은 비드 모양만 좋고 모든 것은 후진법에 비해 나쁘다고 생각하면 된다.

14 절단

1) 일반적인 특징

(1) 온도가 높다.

(2) 산소 절단보다 비용이 크게 저렴하다.

(3) 절단면이 곱지 못하다.

(4) 용도 : 주철, 망간강, 비철 금속 등에 적용할 수 있다.

2) 절단의 종류

(1) 가스 절단

① 주로 강 또는 저 합금강의 절단에 널리 이용됨

② 산소-아세틸렌 불꽃으로 약 850 ~ 900℃ 정도로 예열하고, 고압의 산소를 분출시켜 철의 연소 및 산화로 절단한다.

③ 주철, 비철금속, 스테인리스강과 같은 고 합금강은 절단이 곤란하다.

④ 절단에 영향을 주는 요소
   ㉠ 팁의 모양 및 크기
   ㉡ 산소의 순도와 압력
   ㉢ 절단 속도
   ㉣ 예열 불꽃의 세기

　　　　ⓜ 팁의 거리 및 각도
　　　　ⓗ 사용 가스
　　　　ⓢ 절단재의 재질 및 두께 및 표면 상태
　　⑤ 합금 원소가 절단에 미치는 영향
　　　　㉠ 탄소(0.25% 이하의 강은 절단이 가능하나 4% 이상의 것은 분말 절단을 해야 한다.)
　　　　㉡ 고 규소, 고 망간 등은 절단이 곤란하다. 하지만 망간의 경우는 예열을 하면 절단이 가능하다.
　　　　㉢ 탄소량이 적은 니켈강은 절단이 용이하다.
　　　　㉣ 크롬 5% 이하는 절단이 용이하지만 10% 이상은 분말 절단을 한다.
　　　　㉤ 순수한 몰리브덴은 절단이 곤란하다.
　　　　㉥ 텅스텐은 20% 이상은 절단이 곤란하다.
　　　　㉦ 구리 2% 까지는 영향을 받지 않는다.
　　　　㉧ 알루미늄 10% 이상은 절단이 곤란하다.
　　⑥ 산소 절단법
　　　　㉠ 산소와 아세틸렌의 혼합비는 1.4 ~ 1.7 : 1 때 불꽃의 온도가 가장 높음
　　　　㉡ 절단 속도는 산소의 순도 및 압력, 팁의 모양, 모재의 온도 등에 따라 영향을 받으며, 고속 분출을 얻기 위해서는 다이버전트 노즐을 사용한다.
　　　　㉢ 사용가스 비교

아세틸렌	프로판
• 혼합비 1 : 1 • 점화 및 불꽃 조절이 쉽다. • 예열 시간이 짧다. • 표면의 녹 및 이물질 등에 영향을 덜 받는다. • 박판의 경우 절단 속도가 빠르다.	• 혼합비 1 : 4.5(산소) • 절단면이 곱고 슬랙이 잘 떨어진다. • 중첩 절단 및 후판에서 속도가 빠르다. • 분출 공이 크고 많다. • 산소 소비량이 많아 전체적인 경비는 비슷하다.

　　　　㉣ 드랙의 길이는 판 두께의 $\frac{1}{5}$ 즉, 20%가 좋다.
　　　　㉤ 팁 끝과 강판의 거리는 1.5 ~ 2mm 정도로 한다.

> **다이버전트 노즐**
> 보통팁의 20 ~ 25% 절단속도를 증가시켜준다.

(2) 아크 절단

① 개요
  ㉠ 전극과 모재 사이에 아크를 발생시켜 그 열로 모재를 용융 절단
  ㉡ 압축 공기, 산소 기류 함께 쓰면 능률적임
  ㉢ 정밀도는 가스 절단보다 떨어지나 가스 절단이 곤란한 재료에 사용이 가능하다.

② 탄소아크 절단
  ㉠ <u>탄소(많이 사용하나 소모성이 크다), 흑연(전기적 저항이 적고 높은 사용 전류에 적합) 전극 봉과 금속 사이에 아크를 발생하여 절단한다.</u>
  ㉡ 사용 전원은 직류 정극성이 바람직하지만 때로는 교류도 사용 가능하다.

③ 금속 아크 절단
  ㉠ 보통은 용접봉에 값이 비싸 잘 쓰이지 않고 있으나, 토치나 탄소 용접봉이 없을 때 쓰인다. <u>탄소 전극봉 대신에 특수 피복제를 입힌 전극봉을 써서 절단한다.</u>
  ㉡ 사용 전원은 직류 정극성이 바람직하지만 교류도 사용 가능하다.

④ 산소 아크 절단
  ㉠ 사용 전원은 직류 정극성이 널리 쓰임, 때로는 교류도 사용
  ㉡ <u>중공의 피복 강 전극으로 아크를 발생(예열원)시키고 그 중심부에서 산소를 분출시켜 절단하는 방법</u>으로 절단 속도가 크다. 하지만 절단면이 고르지 못한 단점도 있다.

⑤ 플라즈마 제트 절단(PAW)
  ㉠ 무부하 전압이 높은 직류 정극성 이용한다.
  ㉡ 플라즈마 10000℃ 이상을 이용하여 절단
  ㉢ 아르곤 + 수소(질소 + 수소)가스 이용하여 아르곤만 사용할 때 보다 속도를 증가시킬 수 있다.
  ㉣ 특수 금속, 비금속, 내화물도 절단이 가능하다.
  ㉤ 아크방전에 있어 양극 사이에 강한 빛을 발하는 부분을 열원으로 하여 절단한다.
  ㉥ <u>비금속 절단가능 – 열적핀치효과, 자기적 핀치효과</u>
  ㉦ 절단면이 슬랙이 부착되지 않고 열 영향부가 적어 변형이 거의 없다.

> ▧ 플라즈마 아크용접에서 용접이 곤란한 것은?
> • 텅스텐과 백금

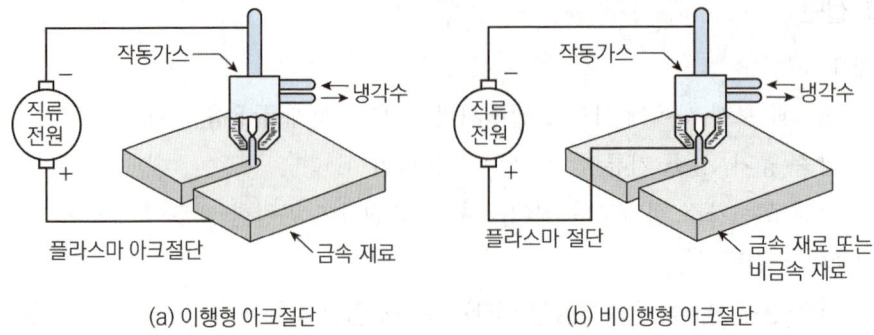

(a) 이행형 아크절단　　　　(b) 비이행형 아크절단

⑥ 티그 및 미그 절단

㉠ <u>티그 절단은 열적 핀치 효과에 의한 플라즈마로 전달하는 방법으로 전원으로는 직류 정극성이 사용됨</u>. 주로 알루미늄, 구리 및 구리 합금, 스테인리스강과 같은 금속 재료에 절단에만 사용하며, <u>사용 가스로는 아르곤과 수소의 혼합 가스가 사용</u>된다.

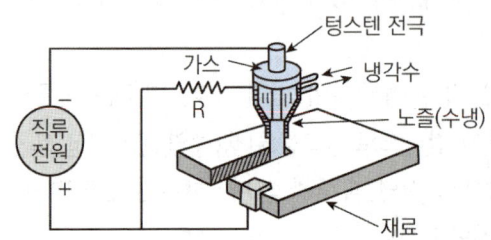

㉡ 미그 절단은 금속 전극에 대 전류를 흘려 절단, <u>전원으로는 직류 역극성이 사용됨</u> 보호 가스는 산소를 혼합한 아르곤 가스를 쓰며 효과적이다. 알루미늄과 같이 산화에 강한 금속 절단에 사용된다.

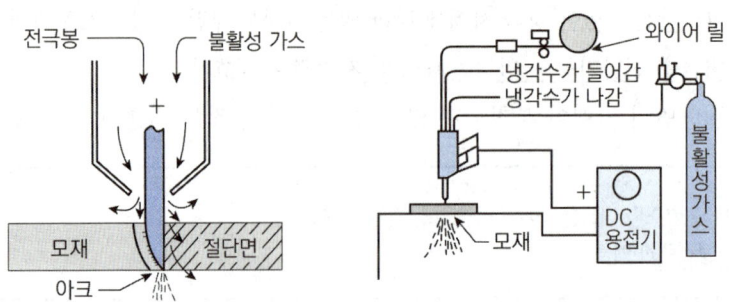

TiG 절단 시 사용가스
Ar + H_2

⑦ 아크 에어 가우징
  ㉠ 산소 아크 절단에 압축 공기를 병용하여 결함을 제거(흑연으로 된 탄소봉에 구리 도금을 한 전극 사용)
  ㉡ 균열의 발견이 특히 쉽고 소음이 없다.
  ㉢ 가스 가우징에 작업 능률이 2 ~ 3배로 높아 경제적이다.
  ㉣ 사용 압력이 6 ~ 7kg/cm^{2}으로 철, 비금속이 모두 절단된다.
  ㉤ 직류 역극성이 사용된다(전압 35 ~ 45V, 전류 200 ~ 500A).
  ㉥ 아크에어 가우징 절단 시 장치의 종류
    • 가우징봉, 컴프레셔, 가우징토치, 가우징머신

(3) 분말 절단

① 철분 및 플럭스 분말을 자동적으로 산소에 혼입 공급하여 산화열 혹은 용제작용을 이용하여 절단하는 방법으로 2종류가 있다.
② 철분 절단은 크롬 철, 스테인리스강, 주철, 구리, 청동에 이용된다. 오스테나이트계는 사용하지 않는다.
③ 분말 절단은 크롬 철, 스테인리스강이 쓰인다.
④ 철, 비철 금속 및 콘크리트 절단에도 쓰인다.

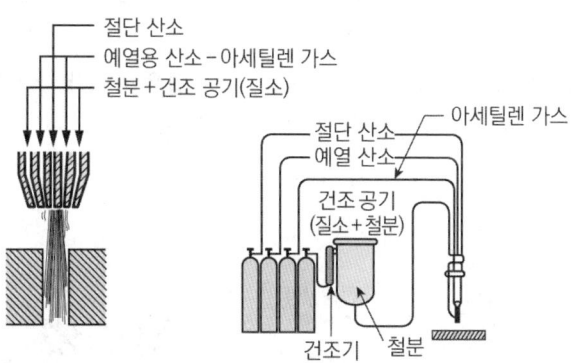

(4) 기타 가스 절단의 종류

① 수중 절단(40m까지 가능)
  ㉠ 주로 침몰선의 해체, 교량 건설 등에 사용된다.
  ㉡ 예열용 가스로는 아세틸렌(폭발에 위험), 수소(수심에 관계없이 사용이 가능하나 예열 온도가 낮다), 프로판가스(LPG), 벤젠이 사용된다.
  ㉢ 예열 불꽃은 육지보다 크게 절단 속도는 느리게 함

ㄹ 예열가스의 양을 공기 중보다 4 ~ 8배, 압력 1.5 ~ 2배
ㅁ 수중절단의 점화방법
- 전기아크식, 금속나트륨 점화식, 인산칼륨 점화식
② 산소창 절단
ㄱ 토치 대신 내경이 3.2 ~ 6mm, 길이 1.5 ~ 3m의 강관을 통하여 절단 산소를 내보내고 이 강관의 연소하는 발생 열에 의해 절단
ㄴ 아세틸렌 가스가 필요 없으며 강괴 후판의 절단 및 암석 천공 등에 쓰인다.

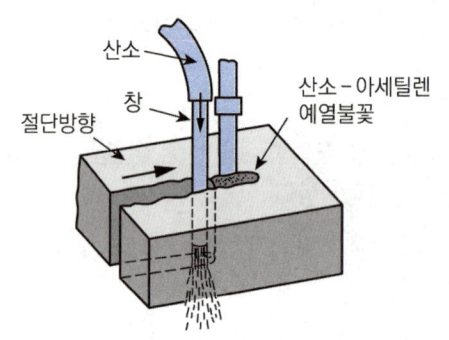

③ 가스 가우징
ㄱ 용접 뒷면 따내기, 금속 표면의 홈 가공을 하기 위하여 깊은 홈을 파내는 가공법으로 홈의 폭과 깊이의 비는 1 : 1 ~ 1 : 3 정도
ㄴ 가스 용접에 절단용 장치를 이용할 수 있다. 단지 팁은 비교적 저압으로서 대용량의 산소를 방출할 수 있도록 슬로 다이버전트로 팁을 사용한다.
ㄷ 가스가우징 토치 예열 각도는 30° ~ 45°

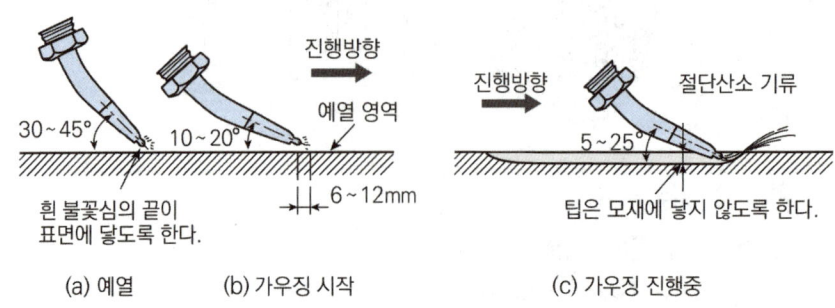

④ 스카핑
   ㉠ 강제 표면의 탈탄 층 또는 흠을 제거하기 위해 사용
   ㉡ 가우징과 달리 표면을 얕고 넓게 깍는 것이다.
   ㉢ 스카핑의 속도
   - 냉간재 : 5 ~ 7m/min
   - 열간재 : 20m/min

(5) 가스 절단 장치
① 가스 용접과 모든 장치가 똑같다
② 팁의 모양
   ㉠ 동심형(프랑스식)   ㉡ 이심형(독일식)

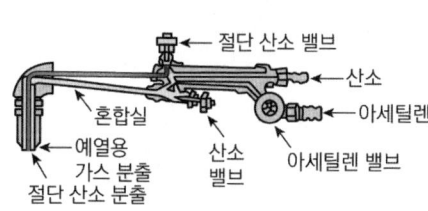
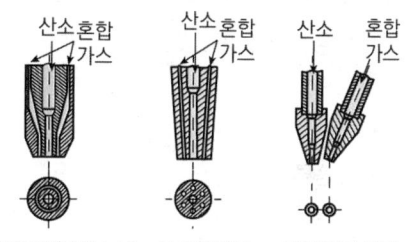

③ 자동 절단기가 있어 곧고 긴 직선 절단 등에 사용된다.
④ 형 절단기는 트레이스 형식에 따라 수동식, 기계식, 전자석식, 광전관식을 사용하고 있다.

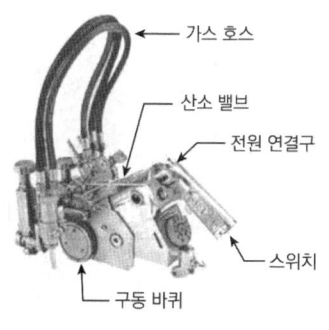
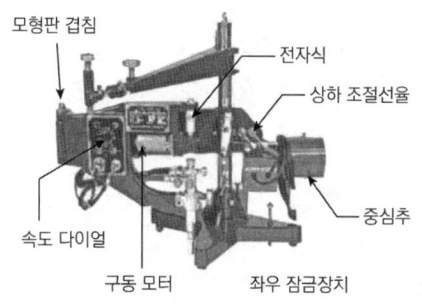

(a) 소형 자동 가스 절단기   (b) 형 자동 가스 절단기

➕ 액화탄산가스 1Kg이 완전히 기화되면 1기압에서 발생하는 리터수

아보가드로의 법칙에 의해 기체 1몰은 22.4리터이고 이산화탄소는 44g임

즉, 44 : 22.4 = 1000 : x 이므로 $\dfrac{22.4 \times 1000}{44}$ = 509.09 이다.

➕ 가스 절단 시 양호한 절단면을 얻기 위한 조건

- 드래그의 홈이 얕을 것
- 슬래그의 이탈이 양호 할 것
- 슬래그가 작을 것(20%)
- 절단면의 표면각이 예리 할 것
- 절단면이 평활하여 노치 등이 없을 것

시험 포인트

직류 역극성 이용 절단
1. 미그 절단
2. 아크 에어 가우징

절단의 종류
1. 가스절단(아세틸렌, 프로탄)
2. 아크절단
3. 분말절단(철분절단, 분말절단)
4. 기타절단
   ① 수중 절단(40m 이상 곤란)
   ② 산소 창절단
   ③ 가스 가우징
   ④ 스카핑

가스절단이 곤란한 정도
1. 탄소 4% 이상 시
2. 크롬 5% 이상 시
3. 순수 몰리브덴
4. 텅스텐 20% 이상 시
5. 알루미늄 10% 이상 시

산소 절단의 원리
- 가스 절단은 철과 산소의 화학반응을 이용

불꽃조절
1. 아세틸렌의 압력은 산소의 압력의 1/10정도로 0.1 ~ 0.4kgf/cm^{2}로 조절, 산소의 압력은 3 ~ 4 kgf/cm^{2}로 조절한다.
2. 아세틸렌을 먼저 열고 점화 후 산소를 조절

수중 절단의 점화방법
전기 아크식, 금속 나트륨 점화식, 인산칼륨 점화식

수중절단 작업 시 H_2
예열가스의 양을 공기 중보다 4~8배, 압력 1.5~2배

스카핑의 속도
1. 냉간재의 속도 : 5~7m/mm
2. 열간재의 속도 : 20m/mm

절단용 산소중의 불순물이 증가 시 나타나는 현상
1. 절단속도가 늦어진다.
2. 산소의 소비량이 많아진다.
3. 절단개시 시간이 길어진다.
4. 절단층의 폭이 넓어진다.

15 납땜법

(1) 납땜의 원리

접합하고자 하는 금속을 용융시키지 않고 이들 두 금속 사이에 용융점이 낮은 금속을 첨가하여 접합하는 방법이다. 융점이 450℃ 이하를 연납 땜, 450℃ 이상을 경납땜이라 부른다.

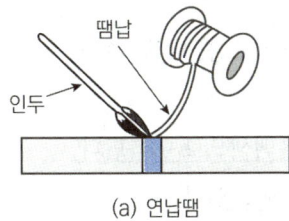
(a) 연납땜

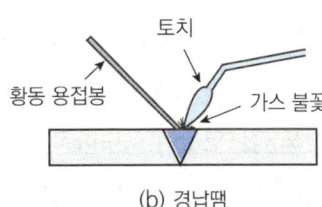
(b) 경납땜

(2) 땜납의 구비 조건

① 모재 보다 용융점이 낮을 것
② 표면 장력이 작아 모재 표면에 잘 퍼질 것
③ 유동성이 좋아 틈이 잘 메워질 수 있을 것
④ 모재와 친화력이 있어야 한다.

> ▨ 납땜 시 강한 접합을 위한 틈새
> 0.02~0.1mm가 적당하다
>
> ▨ 납땜을 가열방법에 따라 분류
> 인두납땜, 가스납땜, 유도가열납땜

(3) 연납

① 주석 – 납
  ㉠ 대표적 연납이다.
  ㉡ 흡착 작용은 주석의 함유량이 많아지면 커진다.

② 카드뮴 – 아연납
  ㉠ 모재에 가공 경화를 주지 않고 이음 강도가 요구 될 때 쓰인다.
  ㉡ 카드뮴(40%), 아연(60%)은 알루미늄 저항 납땜에 사용된다.

③ 저융점 납땜
  ㉠ 주석 – 납 합금에 비스무트를 첨가한 것이 사용된다.
  ㉡ 100℃ 이하의 용융점을 가진 납땜을 의미한다.

(4) 경납

① 은납
  ㉠ <u>은, 구리, 아연을 주성분으로 경우에 따라 카드뮴, 니켈, 주석 등을 첨가하여 만든다.</u>
  ㉡ <u>융점이 비교적 낮고 유동성이 좋다.</u>
  ㉢ <u>인장 강도, 전·연성이 우수하고 색깔이 은백색으로 아름답다.</u>
  ㉣ <u>철강, 스테인리스강, 구리 및 구리합금 등에 쓰인다.</u>
  ㉤ <u>가격이 고가라는 단점이 있다.</u>

② 동납
  ㉠ 구리 85% 이상에 납을 말한다.
  ㉡ 철강, 니켈 및 구리 – 니켈 합금의 쓰인다.

③ 황동납
  ㉠ 구리와 아연을 주성분으로 한 납이다.
  ㉡ 아연의 증가에 따라 인장강도가 증가한다.
  ㉢ 철강 및 구리 및 구리 합금용이다.
  ㉣ 과열로 인한 아연의 증발로 다공성의 이음이 되기 쉽다.

④ 인동납

ㄱ. 구리를 주성분으로 소량에 은, 인을 포함한다.

ㄴ. 유동성이 좋고 전기 전도도 및 기계적 성질이 좋다.

ㄷ. 황을 함유한 고온 가스 중에서 사용은 피한다.

⑤ 알루미늄납

ㄱ. 알루미늄에 구리, 규소, 아연을 첨가한 납이다.

ㄴ. 작업성이 떨어진다.

⑥ 양은납

ㄱ. 구리(47%) – 아연(11%) – 니켈(42%)의 합금이다.

ㄴ. 니켈의 함유량이 늘어나면 융점이 높아지고 색이 변한다.

ㄷ. 융점이 높고 강인하여 철강, 동, 황동, 모넬메탈 등에 사용

(5) 용제

① 용제의 구비 조건

ㄱ. 산화 피막 및 불순물을 제거할 수 있을 것

ㄴ. 모재와 친화력이 좋고 유동성이 우수할 것

ㄷ. 슬랙 제거가 용이하고, 인체에 무해할 것

ㄹ. 부식 작용이 적을 것

ㅁ. 용제의 유효 온도 범위와 납땜 온도가 일치할 것

② 용제의 종류

적용	종류
연납용	염화아연, 염산, 염화암모늄
경납용	붕사, 붕산, 빙정석, 산화제일동, 식염
경금속용	염화리튬, 염화나트륨, 염화칼륨, 염화아연, 플루오르화리튬

> **시험 포인트**
>
> **납땜(450℃ 기준)**
> 1. 연납
> 2. 경납
>
> **용제의 구비 조건**
> 1. 산화 피막 및 불순물을 제거할 수 있을 것
> 2. 모재와 친화력이 좋고 유동성이 우수할 것
> 3. 슬랙 제거가 용이하고, 인체에 무해 할 것
> 4. 부식 작용이 적을 것
> 5. 용제의 유효 온도 범위와 납땜 온도가 일치 할 것

연납땜의 종류
1. 주석 + 납
2. 카드뮴 + 아연납(40:60)
3. 주석 + 납 + 비스무트(저융점)

용제의 종류
1. 연강 : 사용하지 않는다.
2. 고탄소강, 주철, 특수강
   탄산수소나트륨, 탄산나트륨, 붕사, 붕산
3. 구리 및 구리합금
   붕사, 붕산, 플루오르화나트륨, 규산나트륨
4. 알루미늄
   염화나트륨, 염화칼륨, 염화리튬
5. 연납용
   염화아연, 염산, 염화암모늄
6. 경납용
   붕사, 붕산, 빙정석, 산화제일동, 식염, 염화아연
7. 경금속용
   염화리튬, 염화나트륨, 염화칼륨

땜납의 구비조건
1. 용제보다 용융점이 낮다
2. 표면장력이 작아 모재 표면에 잘 퍼질 것
3. 유동성이 좋아 잘 메워질 것
4. 용제와 친화력이 있을 것

CHAPTER 05 특수용접

1 불활성 가스 아크 용접(GTAW, GMAW – MIG, MAG, CO_2)

(1) 개요
① 고 능률적이며 전 자세 용접에 적합하다.
② 피복제 또는 용제가 필요 없다(He, Ar 가스 사용).
③ 산화가 쉬운 금속의 용접에 적합하다.
④ 용착부의 제반 성질이 우수하다.

(2) 불활성 가스 텅스텐 아크 용접(TIG 용접, GTAW)
① 장점
　㉠ 용접된 부분이 더 강해진다.
　㉡ 연성 내부식성이 증가한다.
　㉢ 플럭스가 불필요하며 비철 금속 용접이 용이하다.
　㉣ 보호 가스가 투명하여 용접사가 용접 상황을 볼 수 있다.
　㉤ 용접 스팩터를 최소한으로 하여 전 자세 용접이 가능하다.
　㉥ 용접부 변형이 적다.
② 단점
　㉠ 소모성 용접을 쓰는 용접 방법보다 용접 속도가 느리다.
　㉡ 텅스텐 전극이 오염될 경우 용접부가 단단하고 취성을 가질 수 있다.
　㉢ 용가재의 끝 부분이 공기에 노출되면 용접부의 금속 오염된다.
　㉣ 가격이 고가 : 텅스텐 전극이 가격 상승을 초래, 용접기 가격도 고가이다.
　㉤ 후판에는 사용할 수 없다(3mm 이하에 박판에 사용, 주로 0.4 ~ 0.8mm에 쓰임).
③ 특징
　㉠ 전극이 녹지 않는 비용극식, 비소모식이다.
　㉡ 헬륨 – 아크 용접, 아르곤 용접
　㉢ 용접 전원으로 직류, 교류가 모두 쓰인다.
　㉣ 직류 정극성(폭이 좁고 깊은 용입을 얻음) → 높은 전류, 용접봉은 정극성일 때는 끝을 뾰족

하게 가공, 용입이 깊고, 비드폭은 좁아지며, 용접 속도는 빠르다.
ⓜ 직류 역극성(폭이 넓고 얕은 용입을 얻음) → 청정 작용이 있다. 특수한 경우 Al, Mg 등의 박판 용접에만 쓰이고 있다. 용입이 얕고, 비드폭은 넓어진다. 정극성보다 4배 정도 사이즈가 큰 용접봉 사용

> ▧ 청정작용이란 아르곤 가스의 이온이 모재 표면 산화 막에 충돌하여 산화 막을 파괴 제거하는 작용
> ▧ TIG 용접 시 He, Ar은 투명한 불꽃으로 보임, 발생온도 10,000°C

ⓗ 교류를 사용할 때는 아크가 불안정하므로 고주파 약 전류를 이용함. 용입과 비드폭은 정극성과 역극성의 중간, 약간에 청정작용도 있다.
ⓢ 전극봉은 전자 방사 능력이 좋고, 낮은 전류에서도 아크 발생이 쉽고 오손 또한 적은 토륨 1~2%를 포함한 텅스텐 전극봉을 사용한다.

종류	색구분	용도
순 텅스텐	초록	낮은 전류를 사용하는 용접에 사용, 가격은 저가
1% 토륨	노랑	전류 전도성이 우수하며, 순 텅스텐 보다 가격은 다소 고가이나 수명이 길다.
2% 토륨	빨강	박판 정밀용접에 사용한다.
지로코니아	갈색	교류용접에 주로 사용한다.

ⓞ 토치는 공랭식과 수랭식이 있다(200A 기준).
ⓩ 실드 가스는 주로 Ar이 사용되고 있으며, He도 쓰기도 한다.

비교내용	아르곤	헬륨
아크 전압	낮다.	높다.
아크 발생	쉽다.	어렵다.
아크 안정	우수	불량
청정 작용	우수(DCRP와 AC)	거의 없다
용입(모재 두께)	얕다.(박판)	깊다.(후판)
열 영향부	넓다.	좁다.
가스 소모양	적다.	많다.
사용 용접법	수동 용접	자동 용접

ⓒ 용융점이 낮은 금속 즉 납, 주석 또는 주석의 합금 등의 용접에는 이용되지 않는다.

⊕ TIG 용접 시 가스가 다량일 경우
난류현상, 품질불량, 아크불안정

⊕ 전극봉의 전극조건
- 고용융점의 금속, 전자방출이 잘되는 금속
- 낮은 온도에서 아크발생이 쉽고 오손이 적을 것
- 열전도성이 좋은 금속

⊕ 가스의 충전압
- 알곤가스는 회색용기로 140kgf/cm²으로 충전
- 산소는 35℃150kgf/cm²으로 충전
- 아세틸렌은 15℃15kgf/cm²으로 충전

⊕ GTAW에서 전극봉의 재질인 텅스텐의 용융점?
3410℃ 정도

⊕ GMAW의 용적이행 방식의 종류
단락이행형, 입상이행형, 스프레이형, 맥동이행형

⊕ GTAW용접으로 알루미늄이나 마그네슘을 용접 시
직류 역극성을 이용하고 아르곤 가스가 산화피막에 부딪쳐 피막을 벗겨 내는 이온화 작용에 의해 청정작용을 일으키며 이때 사용하는 전원으로 는 ACHF라는 고주파 교류 전원을 이용한다.

⊕ TIG 용접 시 텅스텐의 전극의 수명 연장을 위해서는 아크를 끊은 후
전극의 온도가 300℃가 될 때까지 불활성가스를 흐르게 해야 한다.

(3) 불활성 가스 금속 아크 용접(GMAW) – MIG / MAG / CO_2

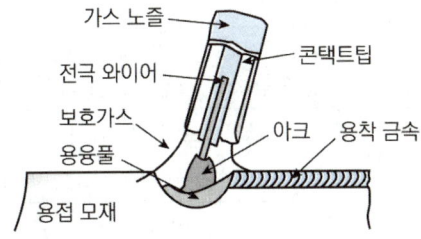

① 장점
  ㉠ 용접기 조작이 간단하여 손쉽게 용접할 수 있다.
  ㉡ 용접속도가 빠르다.
  ㉢ 슬랙이 없고 스팩터가 최소로 되기 때문에 용접 후 처리가 불필요하다.
  ㉣ 용착효율이 좋다(수동 피복 아크 용접 60%, MIG는 95%).

ⓜ 전 자세 용접이 가능하며, 용입이 크며, 전류 밀도도 높다.
② 단점
ⓐ 장비가 고가이고, 이동해서 사용하기 곤란하다.
ⓑ 토치가 용접부에 접근하기 곤란한 경우 용접하기 어렵다.
ⓒ 슬랙이 없기 때문에 취성이 발생할 우려가 있다.
ⓓ 옥외에서 사용하기 힘들다.
③ 특징
ⓐ 전극이 녹는 용극식, 소모식이다.
ⓑ 에어코우메틱, 시그마, 필터아크, 아르고노오트 용접법
ⓒ 전류밀도가 티그용접의 2배, 일반용접의 4 ~ 6배로 매우 크고 용적이행은 스프레이형이다.
ⓓ 전자세 용접이 가능하고 판 두께가 3 ~ 4mm 이상의 Al·Cu 합금, 스테인리스강, 연강용접에 이용된다.
ⓔ 아크길이는 6 ~ 8mm를 사용하며 전진법을 주로 사용한다.
ⓕ He가스는 Ar가스를 사용할 때보다 용입 및 속도를 증가시킬 수 있다.
ⓖ 전원은 정전압 특성을 가진 직류 역극성이 주로 사용된다.
ⓗ 토치 공랭식(200A 이하), 수랭식이 있다.
ⓘ 실드 가스 종류

	종류	용도 및 특징
MIG	Ar	전류 밀도가 크고, 청정 능력이 좋다.
	He	용입이 비교적 깊고, 비드폭이 좁다. Al, Mg같은 비철금속에 이용
MAG	Ar+He(25%)	용입이 깊고, 아크 안정성이 우수하다. 후판에 사용되며 모재 두께가 두꺼울수록 헬륨의 함량을 증가시키면 된다.
	Ar+CO_2	아크가 안정되고, 용융 금속의 이행을 빨리 촉진시켜 스팩터를 줄일 수 있다. 연강, 저합금강, 스테인리스강의 용접에 이용된다.
	Ar+He(90%)+CO_2	단락형 이행으로 주로 오스테나이트계 스테인레스강 용접에 사용된다.
	Ar+O_2	언터컷을 방지할 수 있고, 스테인리스강 용접에 주로 사용된다.

➕ 번백시간이란
- 불활성가스 금속아크용접의 제어장치로서 크레이터 처리 기능에 의해 낮아진 전류가 서서히 줄어들면서 아크가 끊어지는 기능으로 이면용접 부위가 녹아내리는 것을 방지하는 제어기능

➕ MIG 용접의 전류밀도는 Tig용접에 비하여 몇배
- 2배정도
- 전류밀도란 도체에 전류가 흐를 때 단위 면적당 전류의 크기를 말한다
- 아크용접시 전류의 크기가 같은 경우 와이어 직경이 작은 경우 전류 밀도가 높기 때문에 용융속도가 빠르게 된다 저항용접에서 직경이 작을 수록 전류밀도가 증가 한다.

➕ MAG 용접 : 가스메탈아크용접(GMAW)에서 보호가스를 Ar+CO_2+O_2를 혼합하여 용접하는 방식
- 액티브가스를 보호가스로

➕ MIG 용접에서 토치의 종류
- 커브형 토치 : 공랭식토치, 단단한 와이어에 사용
- 피스톨형 토치 : 수랭식토치, 200A 이상에서 사용

시험 포인트

GTAW에서 Al, Mg을 용접시 전원
직류 역극성, ACHF(고주파 교류 전원)

텅스텐의 종류
1. 순텅스텐 – 초록(낮은 전류)
2. 1% 토륨 – 노랑(전류 전도성 우수)
3. 2% 토륨 – 빨강(박판 정밀)
4. 지르코니아 – 갈색(교류용접)

불활성가스 금속 아크 용접의 와이어 송급방식
1. 푸시
2. 풀
3. 푸시 – 풀
4. 더블푸시

GTAW의 상품명
1. 헬륨 – 아크용접
2. 알곤용접
3. TiG용접

GMAW의 상품명
1. 에어코우메틱
2. 시그마
3. 필터아크
4. 아르고노오트

> **GMAW의 용접종류의 분류**
> 용접기의 형상은 CO_2용접기와 동일하며 사용하는 가스에 의해 용접기 종류가 구별됨
> 1. MIG용접법 : 사용가스 알곤, 용접대상물 알루미늄이나 마그네슘
> 2. MAG용접법 : 사용가스 혼합가스, 용접대상물 합금재료 등 다양함
> 3. CO_2용접법 : 사용가스 CO_2가스, 용접대상물 연강
>
> **서브머지드 아크 용접의 상품명**
> 1. 유니언엘트 용접
> 2. 링컨용접
> 3. 잠호용접
>
> **서브머지드 용접 장치**
> 심선을 공급하는 장치, 전압제어장치, 접촉팁, 대차로 구성

2 서브머지드 아크 용접(잠호 용접)

(a) 이동대차(용접헤드)　　　(b) 용접 비드　　　(c) 용접기

(1) 방법

① 장점
　ㄱ 용접속도가 수동 용접에 비해 10 ~ 20배, 용입은 2 ~ 3배 정도가 커서 능률적이다.
　ㄴ 용접홈의 크기가 작아도 되며 용접재료의 소비 및 용접변형이 적다.
　ㄷ 용접 조건만 일정하다면 용접공의 기술 차이에 의한 품질 격차가 거의 없어 이음의 신뢰도를 높일 수 있다.
　ㄹ 한번 용접으로 75mm까지 가능하다.

② 단점
　ㄱ 설비비가 고가이며 와이어 및 용제의 선정이 어렵다.
　ㄴ 아래보기 및 수평 필렛 자세에 한정한다.
　ㄷ 홈의 정밀도가 높아야 한다.
　　(루트 간격 0.8mm 이하, 홈 각도 오차 ±5°, 루트 오차 ±1mm)

ⓔ 용접부가 보이지 않아 용접부를 확인 할 수 없다.
　　ⓜ 시공 조건을 잘못 잡으면 제품의 불량률이 커진다.
　　ⓗ 입열량이 커서 용접 금속의 결정립의 조대화로 충격값이 커진다.
③ 종류
　㉠ 용접기 용량에 따른 분류
　　전류에 따라 4000A(M형), 2000A(UE형, USW형), 1200A(DS형, SW형), 900A(UMW형, FSW형)로 나눈다.
　㉡ 전극의 종류에 따른 분류

종류	전극 배치	특징	용도
텐덤식	2개의 전극을 독립 전원에 접속한다.	비드 폭이 좁고 용입이 깊다. 용접 속도가 빠르다	파이프라인의 용접에 사용
횡직렬식	2개의 용접봉 중심이 한 곳에 만나도록 배치	아크 복사열에 의해 용접 용입이 매우 얕다. 자기 불림이 생길 수가 있다.	육성 용접에 주로 사용한다.
횡병렬식	2개 이상의 용접봉을 나란히 옆으로 배열	용입은 중간 정도이며 비드 폭이 넓어진다.	

> **탠덤식**
> 다전극방식에 의한 용접장치의 분류 중 두 개의 전극와이어를 독립된 전원에 접속하며 용접선에 따라 전극의 간격을 10~30mm 정도로 하여 2개의 전극 와이어를 동시에 녹게 함으로써 한꺼번에 많은 양의 용착금속을 얻을 수 있는 용접법

④ 와이어의 종류
　㉠ 1.2~12.7mm가 있으며 보통은 2.4~7.9mm가 사용된다.
　㉡ 12.5(s), 25kg(M), 75kg(L), 100kg(XL)이 있다.
　㉢ 표면은 녹 방지 또는 전기적 접촉을 원활하게 하기 위해 구리 도금을 한다.
　㉣ 망간에 양에 따라 L 저 망간(0.6% 이하), M 중 망간(1.25% 이하), H 고 망간(2.25% 이하), K는 탈산
　㉤ 저 합금강 및 고 장력강에 기계적 성질을 개선하기 위해 Ni, Cr, Mo 등 을 첨가한다.

⑤ 용제의 종류
　㉠ 용제의 역할
　　아크안정, 절연작용, 용접부의 오염 방지, 합금원소 첨가, 급랭방지, 탈산정련 작용 등의 용착금속의 재질을 개선하는 역할을 한다.

ⓒ 용제의 종류

종류	특징	기타
용융형	• 흡습성이 적어 보관이 편리하다. 식별이 불가능 하다. • 고속용접에 적합 • 용제의 화학적 균일성이 양호	입자가 가늘수록 고 전류를 사용하며, 용입이 얕고 비드 폭이 넓은 평활한 비드를 얻을 수 있다.
소결형	• 착색이 가능하여 식별이 가능, 흡습성이 강하다. • 소결형은 흡습성이 높고 150~300℃에서 건조 후 사용 • 소결형은 용융형에 비해 용제의 소모가 작다 • 소결형은 페로실리콘, 페로망간 등 강력한 탈산 작용을 한다. • 고전류에서의 용접 작업성이 좋다 • 합금 원소의 첨가가 용이 • 와이어의 돌출길이는 와이어 지름의 4배가 적합	기계적 강도가 필요한 곳에 사용하며, 비드 외관이 용융형에 비해 나쁘다.
혼성형	• 용융형 + 소결형	

▨ 용제 살포량이 너무 많으면 가스가 밖으로 배출되지 못해 기공 발생 우려가 있고 너무 적으면 아크가 노출되어 용접부를 보호할 수 없어 비드가 거칠고 기공이 생길 수 있다.

▨ 아크를 발생할 때 모재와 용접와이어 사이에 놓고 통전시키는 재료는 스틸울이다.

(2) 용접 방법

① 전진법 : 용입 감소, 비드 폭이 증가, 비드 면이 편평
② 후진법 : 용입 증가, 비드 폼이 좁고, 비드 면이 높아짐
③ 플럭스에 두께는 양을 서서히 증가하면서 불빛이 새어 나오지 않도록 한다.
④ 비드폭은 아크전압에 정비례 한다.
⑤ 용입은 전류에 정비례하고 비드폭과는 별로 관계없다.
⑥ 용입은 용접봉 사이즈에 반비례한다.
⑦ 용입은 용접 속도에 반비례한다.

> ➕ 서브머지드에서 기공의 원인
> • 용접속도가 너무 빠르면 용제의 보호가 원활하지 못해 공기 중에 수분이 흡습되어 기공이 발생한다.

> **시험 포인트**
>
> **서브 머지드 용접 장치 중 헤드부분**
> 1. 와이어송급장치, 콘택트팁, 용제호퍼
> 2. 알루미늄 합금 용접은 못함
> 3. 엔트탭을 붙여서 시공
> 4. 핀치효과 이행
> 5. 와이어 직경이 적은 것이 용입이 깊다.
>
> **서브머지드 아크용접기의 전극에 종류에 따른 분류**
> 1. 텐덤식
> 2. 황직렬식
> 3. 횡병렬식
>
> **서브머지드 아크용접의 용제종류**
> 1. 용융형
> 2. 소결형
> 3. 혼성형

3 이산화탄소 아크 용접

(1) 원리

불활성 가스 금속 아크 용접과 원리가 같으며, 불활성 가스 대신 탄산가스를 사용한 용극식 용접법이다. 일반적으로 플럭스 코어드가 많이 사용된다.

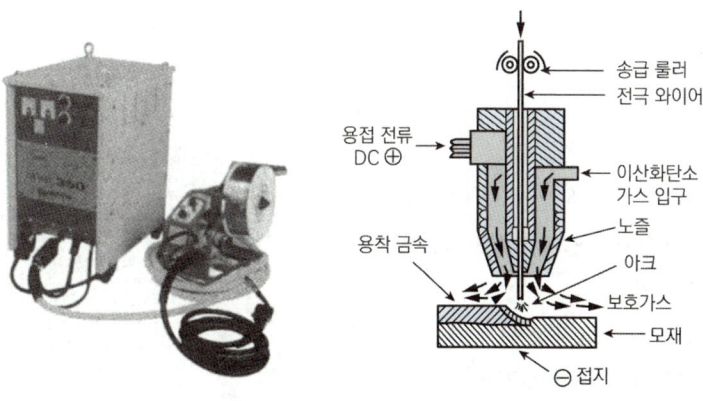

(2) 특징

① 장점
- ㉠ 가는 와이어로 고속 용접이 가능하며 수동용접에 비해 용접비용이 저렴하다.
- ㉡ 가시아크이므로 시공이 편리하고, 스팩터가 적어 아크가 안정하다.
- ㉢ 전자세 용접이 가능하고 조작이 간단하다.
- ㉣ 잠호 용접에 비해 모재표면에 녹과 거칠기에 둔감하다.
- ㉤ 미그용접에 비해 용착금속의 기공 발생이 적다.
- ㉥ 용접전류의 밀도가 크므로 용입이 깊고, 용접속도를 매우 빠르게 할 수 있다.
- ㉦ 산화 및 질화가 되지 않는 양호한 용착금속을 얻을 수 있다.
- ㉧ 보호가스가 저렴한 탄산가스라서 용접 경비가 적게 든다.
- ㉨ 강도와 연신성이 우수하다.

② 단점
- ㉠ 탄산가스를 사용하므로 작업량 환기에 유의한다.
- ㉡ 비드외관이 타 용접에 비해 거칠다.
- ㉢ 고온상태의 아크 중에서는 산화성이 크고 용착금속의 산화가 심하여 기공 및 그 밖의 결함이 생기기 쉽다.

(3) 종류

① 용극식
- ㉠ 솔리드 와이어 이산화탄소법
- ㉡ 솔리드 와이어 혼합 가스법
    - $CO_2 + O_2$법
    - $CO_2 + Ar$법
    - $CO_2 + Ar - O_2$법
- ㉢ 용제가 들어있는 와이어 CO_2법
    - 아아고스 아크법(컴파운드 와이어)
    - 퓨즈 아크법
    - 유니언 아크법(자성용)
    - 버나드 아크 용접(NCG법)이 있다.

② 비 용극식
- ㉠ 탄소 아크법
- ㉡ 텅스텐 아크법

> ▧ 이산화탄소 아크용접의 솔리드와이어 용접봉
> "5GA – 50W – 1.2 – 20"의 의미는?
> • 50W 용착금속의 최소인장강도, 1.2는 와이어 굵기
> • 20은 와이어의 무게

(4) 전원

정전압 특성이나 상승특성을 이용한 직류 또는 교류를 사용한다.

(5) 와이어

0.9 ~ 2.4mm까지 있으나 주로 1.2 ~ 1.6mm가 주로 쓰임, 녹방지를 위하여 구리 도금이 되어 있다. 크기는 10kg과 20kg가 있다.

(6) 용도

철도, 차량, 건축, 조선, 전기, 기계, 토목 기계 등

(7) CO_2농도에 따른 인체의 영향

3 ~ 4% 투통, 15% 이상 위험, 30% 이상 치명적이다.

> ⊕ CO_2용접에서 전류, 전압의 역할
> • 전류 : 와이어 송금속도
> • 전압 : 비드형상 결정
>
> ⊕ CO_2용접 시 전압이 클 경우 발생되는 현상
> • 웨이브축에 언더컷이 나오기 쉽다
> • 비드는 평형, 스패터 부착이 쉽다
>
> ⊕ 이산화탄소 가스의 특징
> • 액화하기 쉽다.
> • 가스가 투명하며 무미, 무취이다.
> • 공기보다 1.53배, 아르곤보다 1.38배 무겁다
>
> ⊕ 솔리드 이산화탄소 아크용접 특징
> • 바람에 영향을 받으므로 방풍장치가 필요하다.
> • 용제를 사용하지 않아 슬래그의 혼입이 없다.
> • 용접 금속의 기계적, 야금적 성질이 우수하다.
> • 전류 밀도가 높아 용입이 깊고 용융 속도가 빠르다.

➕ CO_2용접에서 복합 와이어의 특징
- 와이어의 색상이 까맣다.
- 용착 속도가 빠르다.
- 양호한 용착금속을 얻을 수 있다.
- 스패터의 발생량이 적다.
- 아크가 안정적이다.
- 와이어의 가격이 비싸다.
- 비드의 형상과 외관이 아름답다.
- 동일전류에서 전류밀도가 높다.

➕ 이산화탄소 아크용접기의 특성 – 정전압 특성

➕ 이산화탄소 가스 아크용접에서 전류와 전압
1) 전류 : 전류는 와이어의 공급 속도를 의미하며 전류가 높으면 용착량이 많아진다.
2) 전압 : 전압은 비드의 모양을 결정

➕ 세라믹 뒷댐제
세라믹은 무기질 비금속 재료로써 고온에서 소결한 것으로 1,200℃의 열에도 잘 견디기 때문에 CO_2용접 시(플럭스코어드) 뒷댐 재로 주로 사용되고 있다.

➕ 이산화탄소 아크용접기의 전압값 구하기
- 박판의 아크전압 $VO = 0.04 \times I + 15.5 \pm 1.5$
- 후판의 아크전압 $VO = 0.04 \times I + 20 \pm 2$

➕ 이산화탄소 아크 용접에서 노즐의 팁과 모재와의 거리를 아크 길이라 하며 모재간 거리는 10 ~ 15mm 정도가 적당하다(와이어의 노즐길이).

➕ CO_2용접에서 전류의 크기에 따른 가스 유량
1) 250A 이하 : 10 ~ 15 L/min
2) 250A 이상 : 20 ~ 25 L/min

시험 포인트

이산화탄소 아크 용접
1. 용극식
   ① 솔리드와이어
   ② 플럭스코어드
2. 비용극식
   ① 탄소아크법
   ② 텅스텐아크법
   → 자기 제어 특성을 이용하여 전극 와이어 송급

GMAW – MAG 법
1. $CO_2 + CO$
2. $CO_2 + O_2$
3. $CO_2 + Ar$
4. $CO_2 + Ar + O_2$

이산화탄소 아크용접의 시공법
1. 와이어의 길이가 짧을수록 비드가 아름답다.
2. 와이어의 용융속도는 아크전류에 정비례한다.
3. 와이어의 돌출길이가 길수록 빨리 용융된다.
4. 와이어의 돌출길이가 짧을수록 아크가 안정된다.

용제가 들어있는 와이어 CO_2법
1. 아아고스 아크법(컴파운드 와이어)
2. 퓨즈 아크법
3. 유니언아크법
4. 버나드 아크 용접법(NCG법)
5. S관상 와이어법
6. Y관상 와이어법

CO_2 농도에 따른 인체의 해
1. 3~4% : 두통, 뇌빈혈
2. 15% 이상 시 : 위험
3. 30% 이상 시 : 치명적

전류의 위험도
1. 5mA(위험수반 하지 않음)
2. 10mA(고통수반 쇼크)
3. 20mA(고통을 느끼고 근육 수축)
4. 50mA~100mA(순간적으로 사망)

4 논실드 아크 용접

(1) 원리
옥외에서 사용가능하도록 플럭스가 첨가된 복합 와이어를 사용하여 용접을 진행한다.

(2) 특징
① 장점
  ㉠ 보호가스나 용제가 불필요하다.
  ㉡ 바람이 있는 옥외에서도 사용 가능하다.
  ㉢ 전원으로는 교류 및 직류를 모두 사용할 수 있다.
  ㉣ 전자세 용접이 가능하다.
  ㉤ 용접비드가 아름답고 슬랙의 박리성이 우수하다.
  ㉥ 용접장치가 간단하고 운반이 편리하다.
  ㉦ 아크를 중단하지 않고 연속용접을 할 수 있다.

② 단점
　㉠ 용착금속에 기계적 성질이 다소 떨어진다.
　㉡ 와이어 가격이 고가이다.
　㉢ 아크 빛이 강하며, 보호가스 발생이 많아 용접선이 잘 안 보인다.

> **시험 포인트**
>
> **유니언 아크 용접**
> 린데회사의 상품명 용입이 깊고, 비드외관이 곱고, 언더컷과 스패터 발생이 적고 기계적 성질과 슬랙의 박리성이 매우 양호한 용접으로 용접비가 피복아크 용접 35 ~ 37% 정도 저렴하다.

5 플라즈마 아크 용접

(1) 원리

<u>기체의 가열로 전리된 전자의 이온이 혼합되어 도전성을 띤 가스체를 플라즈마</u>라고 하며 이때 발생된 온도는 10000 ~ 30000℃ 정도이다. 아크 플라즈마를 좁은 틈으로 고속도로 분출시켜 생기는 고온의 불꽃을 이용해서 절단 용사, 용접 하는 방법이다.

① <u>열적핀치 효과</u>(냉각으로 인한 단면 수축으로 <u>전류밀도 증대</u>)
② <u>자기적핀치 효과</u>(방전 전류에 의해 작용과 전류의 작용으로 단면 수축하여 <u>전류밀도 증대</u>)

(2) 특징

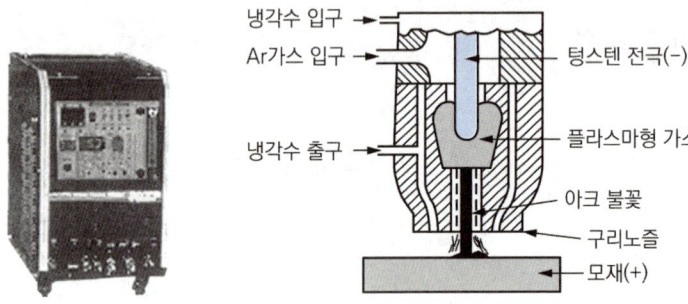

① 장점
　㉠ 아크형태가 원통이고 지향성이 좋아, 아크길이가 변해도 용접부는 거의 영향을 받지 않는다.
　㉡ 용입이 깊고 비드 폭이 좁으며 용접속도가 빠르다.
　㉢ 다른 용접으로는 V형 등으로 용접할 것도 I형으로 용접이 가능하며, 1층 용접으로 완성 가능하다.
　㉣ 전극봉이 토치 내의 노즐안쪽에 들어가 있으므로 모재에 부딪힐 염려가 없으므로 용접부에

텅스텐 오염에 염려가 없다.
ⓜ 용접부의 기계적 성질이 우수하다.
ⓗ 작업이 쉽다(박판, 덧붙이, 납땜에도 이용되며 수동용접도 쉽게 설계).
② 단점
㉠ 설비비가 고가
㉡ 용접속도가 빨라 가스의 보호가 불충분하다.
㉢ 무부하전압이 높다.
㉣ 모재표면을 깨끗이 하지 않으면 플라즈마 아크상태가 변하여 용접부에 품질이 저하된다.

(3) 사용 가스 및 전원
① 사용가스로는 아르곤, 수소를 사용하며 모재에 따라 질소 또는 공기도 사용
② 전원은 직류가 사용

(4) 용도
탄소강, 스테인리스강, 티탄, 니켈합금, 구리 등에 적합하다.

➕ 플라즈마 제트 절단에서 열적핀치효과의 역할은?
- 아크의 단면은 가늘게 되고 전류밀도도 증가하여 온도가 상승함, 단면은 수축

➕ 플라즈마 아크용접에서 용접이 곤란한 것은?
- 텅스텐과 백금

시험 포인트

플라즈마를 구성하는 물질
양이온, 중성자, 음전자

유도 방사 현상을 이용한 시종일관된 전자파의 증폭 발전을 일으키는 용접 장치 - 메이저 용접장치

6 일랙트로 슬랙 용접

(1) 원리

서브머지드 아크용접에서와 같이 처음에는 플럭스안에서 모재와 용접봉 사이에 아크가 발생하여 플럭스가 녹아서 액상의 슬랙이 되며 전류를 통하기 쉬운 도체의 성질을 갖게 되면서 아크는 꺼지고 와이어와 용융슬랙 사이에 흐르는 전류의 저항 발열을 이용하는 자동 용접법이다.

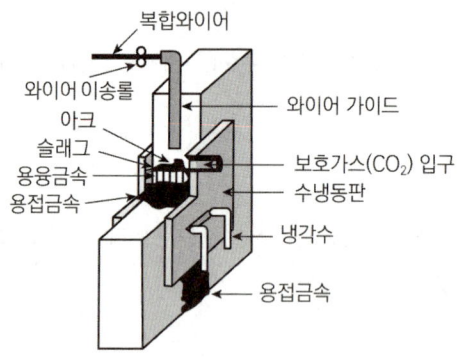

(2) 특징

① 전기저항 열을 이용하여 용접(주울의 법칙 적용)
② 두꺼운 판의 용접으로 적합하다(단층으로 용접이 가능).
③ 매우 능률적이고 변형이 적다.
④ 홈 모양은 I형이기 때문에 홈 가공이 간단하다.
⑤ 변형이 적고, 능률적이고 경제적이다.
⑥ 아크가 보이지 않고 아크 불꽃이 없다(불가시 아크 용접법).
⑦ 기계적 성질이 나쁘다.
⑧ 노치 취성이 크다(냉각 속도가 늦기 때문에).
⑨ 가격이 고가이다.
⑩ 용접 시간에 비하여 준비 시간이 길다.
⑪ 용도로는 보일러 드럼, 압력용기의 수직 또는 원주 이음, 대형 부품의 로울러 등에 후판 용접에 쓰인다.

시험 포인트

전기저항열
$Q = 0.24 I^2 R T$

7 일랙트로 가스 용접(인클로오스 탄산가스 용접)

(1) 원리

일랙트로슬랙 용접과 수직자동용접이나 플럭스 사용하지 않고 실드가스(탄산가스)를 사용하여, 용접봉과 모재 사이에 발생한 아크열에 의하여 모재를 용융하는 방법

(2) 특징

① 일랙트로 슬랙 용접보다는 두께가 얇은 중후판(40 ~ 50mm)에 적당하다.
② 용접속도가 빠르고 용접홈은 가스 절단 그대로 사용
③ 용접 후 수축, 변형, 비틀림 등의 결함이 없다.
④ 용접금속의 인성은 떨어진다.
⑤ 용접속도는 자동으로 조절된다.
⑥ 스팩터 및 가스 발생이 많고 용접 작업을 할 때 바람에 영향을 많이 받는다.

> ➕ 일랙트로 가스 아크용접(인크로스용접)에 주로 사용되는 가스
> • CO_2 가스

8 전자 빔 용접

(1) 원리

고진공 중에서 전자를 전자 코일로서 적당한 크기로 만들어 양극 전압에 의해 가속시켜 접합부에 충돌시켜 그 열로 용접하는 방법이다.

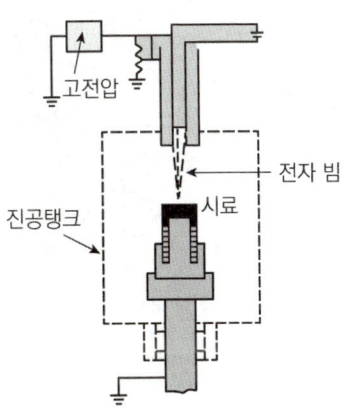

(2) 특징

① 용접부가 좁고 용입이 깊다.
② 얇은 판에서 두꺼운 판까지 광범위한 용접이 가능하다(정밀 제품에 자동화에 좋다.).
③ 고 용융점 재료 또는 열전도율이 다른 이종 금속과의 용접이 용이하다.
④ 용접부가 대기의 유해한 원소와 차단되어 양호한 용접부를 얻을 수 있다.
⑤ 고속 용접이 가능하므로 열 영향부가 적고, 완성 치수에 정밀도가 높다.
⑥ 고진공형, 저진공형, 대기압형이 있다.
⑦ 저전압 대전류형, 고전압 소전류형이 있다.
⑧ 피용접물의 크기 제한을 받으며 장치가 고가이다.
⑨ 용접부의 경화 현상이 일어나기 쉽다.
⑩ 배기장치 및 X선 방호가 필요하다.

> ● 전자빔의 종류
> 1) 고전압형 60~150KV
> 2) 저전압형 30~60KV

9 테르밋 용접

(1) 원리

테르밋 반응에 의한 화학 반응열을 이용하여 용접한다.

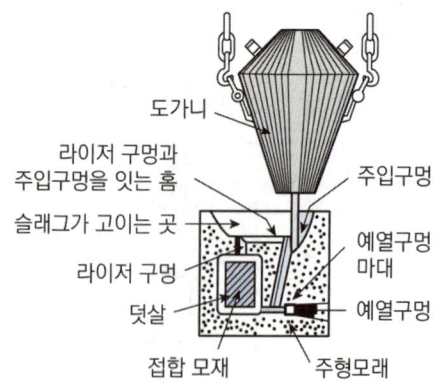

(2) 특징

① 테르밋제는 산화철 분말(FeO, Fe_2O_3, Fe_3O_4) 약 3 ~ 4, 알루미늄 분말을 1로 혼합한다. (2800℃의 열이 발생)
② 점화제로는 과산화바륨, 마그네슘이 있다.
③ 용융 테르밋 용접과 가압 테르밋 용접이 있다.
④ 작업이 간단하고 기술습득이 용이하다.
⑤ 전력이 불필요하다.
⑥ 용접시간이 짧고 용접 후의 변형도 적다.
⑦ 용도로는 철도 레일, 덧붙이 용접, 큰 단면의 주조, 단조품의 용접에 이용된다.

10 원자 수소 용접

(1) 원리

수소 가스 분위기 중에서 2개의 텅스텐 용접봉 사이에 아크를 발생시키면 수소 분자는 아크의 고열을 흡수하여 원자상태 수소로 열 헤리 되며, 다시 모재 표면에서 냉각되어 분자 상태로 결합될 때 방출되는 열(3000 ~ 4000℃)을 이용하여 용접하는 방법

(2) 특징

① 용접부의 산화나 질화가 없어 특수금속 용접이 용이하다.
② 연성이 좋고 표면이 깨끗한 용접부를 얻는다.
③ 발열량이 많아 용접 속도가 빠르고 변형이 적다.
④ 기술적인 어려움이 있다.
⑤ 비용의 과다 등으로 차차 응용 범위가 줄어들고 있다.
⑥ 특수금속(스테인리스강, 크롬, 니켈, 몰리브덴)에 이용
⑦ 고속도강, 바이트 등 절삭 공구의 제조에 사용

시험 포인트

텅스텐봉 사용하는 용접
1. GTAW(TIG)
2. 플라즈마 용접
3. 원자수소 용접

11 아크 점 용접법

(1) 원리

아크의 높은 열과 집중성을 이용하여 접합부의 한쪽에서 0.5 ~ 5초 정도 아크를 발생시켜 융합하는 방법

(2) 특징

① 1 ~ 3mm 정도 윗판과 3.2 ~ 6mm정도 아래 판에 맞추어서 용접
② 극히 얇은 판을 사용할 때는 용락을 방지하기 위하여 구리 받침쇠를 사용하여 용락 방지
③ 종류로는 불활성 가스 텅스텐 아크 점 용접법(비용극식)과, 용극식(불활성 가스 금속 아크 용접법, 이산화탄소 아크 용접, 피복 아크 용접)이 있다.

12 초음파 용접

(1) 원리

초음파 진동 에너지로 변환하여 접합 재료에 전달, 가압 및 마찰에 의한 열로 접합하는 방법(압접임을 기억할 것)

(2) 특징

① 냉간압접에 비해 주어지는 압력이 작아 변형이 적다.
② 압연한 그대로의 용접이 된다.
③ 이종금속의 용접도 가능하다.
④ 극히 얇은 판, 즉 필름도 쉽게 용접한다.
⑤ 판의 두께에 따라 용접 강도가 현저히 달라진다.
⑥ <u>용접장치로는 초음파 발진기, 진동자, 진동 전달 기구, 압접팁으로 구성</u>된다.
⑦ 접합재료의 종류 및 판의 두께에 따라 접합조건이 달라지나 접합부의 외부 변형을 적게 한다는 의미에서 가급적 단시간으로 한다.

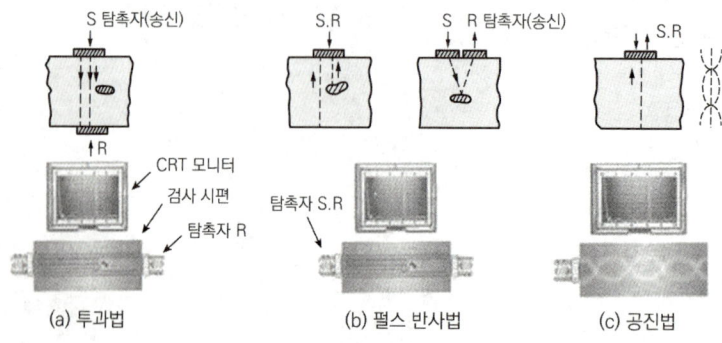

(a) 투과법　　(b) 펄스 반사법　　(c) 공진법

13 가스 압접

(1) 원리

접합부를 가스불꽃으로 재결정온도 이상 가열하고 축 방향으로 가압하여 접합하는 방식이다.

(2) 특징

① 이음부에 탈탄층이 전혀 없다.
② 전력 및 용접봉 용제가 필요 없다.
③ 장치가 간단하고 설비비 및 보수비가 싸다.
④ 작업이 거의 기계적이다.
⑤ 종류로는 밀착 맞대기 방법, 개방 맞대기 방법이 있다.

14 마찰 용접

(1) 원리

접합하고자 하는 재료를 접촉시키고 하나는 고정시키며 다른 하나를 가압, 회전하여 발생되는 마찰열로 적당한 온도가 되었을 때 접합

(2) 특징

① 컨벤셔널형과 플라이휘일형이 있다.
② 자동화가 용이하여 숙련이 필요 없다.
③ 접합재료의 단면은 원형으로 제한한다.
④ 상대운동을 필요로 하는 것은 곤란하다.

15 단락 이행 용접(short arc welding)

(1) 원리

불활성가스 금속아크용접과 비슷하나 1초 동안 100회 이상 단락 하여 아크 발생 시간이 짧게 모재의 열 입력도 적어진다.

(2) 특징

① 가는 솔리드 와이어를 이용한다.
② 스프레이형이다.
③ 0.8mm 정도 박판 용접에 이용된다.
④ 와이어 종류는 0.76mm, 0.89mm, 1.14mm정도로 규소 – 망간계

16 플라스틱 용접

(1) 원리
용접방법으로는 열기구용접, 마찰용접, 열풍용접, 고주파용접 등을 이용할 수 있으나 열풍용접이 주로 사용되고 있다.

(2) 특징
① 전기 절연성이 좋다.
② 가볍고 비강도가 크다.
③ 열가소성만 용접이 가능하다.

17 스터드 용접

(1) 원리
스터드 용접은 크게 저항용접에 의한 것, 충격용접에 의한 것, 아크용접에 의한 것으로 구분되며, 아크용접은 모재와 스텃 사이에 아크를 발생시켜 용접한다.

(2) 특징
① 자동 아크용접이다.
② 페놀 피복제를 이용하여 볼트, 환봉, 핀 등을 용접한다.
③ 0.1~2초 정도의 아크가 발생한다.
④ 셀렌 정류기의 직류 용접기를 사용한다. 교류도 사용 가능하다.
⑤ 짧은 시간에 용접되므로 변형이 극히 적다.
⑥ 철강재 이외에 비철 금속에도 쓸 수 있다.
⑦ 용접시간이 길지만 용접변형이 작고 용접 후 냉각속도가 빠르다
⑧ 아크를 보호하고 집중하기 위해 도기로 만든 페롤을 사용하며 융착부의 오염 방지 및 용접사의 눈을 보호한다.

▧ 아크를 보호하고 집중시키기 위하여 도기로 만든 페롤이라는 기구를 사용하는 용접은?
• 스터드 용접

▧ 스터드 용접법 중에서 페롤의 역할
• 아크를 보호, 아크를 집중시킴, 용착부의 오염방지, 용접사의 눈을 보호

18 레이저 빔 용접

(1) 원리

유도방사에 의한 빛의 증폭이란 뜻으로, 파장이 같은 빛을 렌즈로 집광하면 매우 작은 점으로 집중되면서 높은 에너지로 고온의 열을 얻을 수 있는데 이를 열원으로 하여 용접하는 특수 용접으로 레이저에서 얻어진 접속성이 강한 단색광선으로 강렬한 에너지를 가지고 있으며, 이때의 광선출력을 이용하여 접합법

(2) 특징

① 용접장치는 고체금속형, 가스방전형, 반도체형이 있다.
② 아르곤, 질소, 헬륨으로 냉각하여 레이저 효율을 높임
③ 원격조작이 가능하고 육안으로 확인하면서 용접이 가능
④ 에너지 밀도가 크고, 고융점을 가진 금속에 이용
⑤ 정밀용점도 가능하다.
⑥ 불량도체 및 접근하기 곤란한 물체도 용접이 가능하다.

19 고주파 용접

고주파 전류를 도체의 표면에 집중적으로 흐르는 성질인 표피효과와 전류방향이 반대인 경우는 서로 근접해서 생기는 성질인 근접효과를 이용하여 용접부를 가열하여 용접하는 방법

20 아크 이미지 용접

전자빔, 레이저 광선과 비슷, 탄소아크나 태양광선 등의 열을 렌즈로 모아서 모재에 집중시켜 용접하는 방법으로 박판용접이 가능(특히 우주공간에서는 수증기가 없기 때문에 3500 ~ 5000℃의 열을 얻을 수 있다.)

21 로봇 용접

인간의 손작업을 대신하여 로봇이 용접하는 것으로 크게 저항 용접용 로봇과 아크 용접용 로봇이 있으며, 직교좌표형 및 다관절형이 있다. 로봇용접은 사람이 하기에 위험한 작업이나 또는 단순반복 작업 등에 이용되고 있으며, 용접이 원활히 되기 위해서는 포지셔너, 턴테이블, 센서, 주행 대차, 컨베이어 장치 등 주변 장치가 필요하다.

■ 포지셔너란?
- 용접지그 중 아래보기 작업을 쉽게 할 수 있도록 하는 것 – 만능지그

시험 포인트

로봇 용접의 동작 형태로 분류
(하부 3축에 의한 분류)
좌표형 로봇, 원통 좌표형 로봇, 다관절 로봇

로봇의 구성
구동부와 제어부를 가동시키기 위한 에너지를 동력원이라고 하고 에너지를 기계적인 움직임으로 변환하는 자기 명령

제어로부터의 분류
(제어의 형태에 따라 산업 등 로봇의 분류. PTP 로봇제어 서브제어로봇, 논서보제어, CP로봇제어)

CHAPTER 06 각종 금속의 용접

1 고탄소강

(1) 탄소 함유량의 증가로 급랭경화, 균열발생이 생긴다.

(2) 균열을 방지하기 위하여 전류를 낮게 하며, 용접속도를 느리게 하여 용접 후 신속히 풀림처리를 한다. 또한 예열 및 후열을 한다.

(3) 용접봉은 저수소계(7016)를 사용한다.

> ➕ **용접 시 층간온도를 지켜야 할 용접재료** – 고탄소강, 오스테나이트, 스테인리스강
>
> ➕ **탄소량의 함유에 따른 분류**
> - 저탄소강 : 0.03% 이하
> - 고탄소강 : 0.03% 이상
> - 구조용 탄소강 : 0.05~0.6%
> - 탄소공구강 : 0.6~1.5%
>
> ➕ **탄소량이 증가 시 증가하는 것은?**
> - 강도, 경도, 비열, 보자력, 전기저항
>
> ➕ **탄소량이 증가 시 감소하는 것은?**
> ① 인성, 전성, 연신율, 충격값
> ② 비중, 선팽창계수
> ③ 내식성, 용접성
>
> ➕ **탄소강의 종류**
> - SPS : 일반구조용 탄소강관
> - SS : 일반구조용 압연강제
> - SK : 자석강
> - SWS : 용접 구조용 압연강제
> - STS : 합금공구강
> - SB : 일반 구조용 압연강제
> - SM 400 이상 : 용접 구조용 압연강재
>   - SS재에 비해 용접성 및 저온인성이 우수
> - SCP : 냉간 압연 강판
> - SC : 주강용품
> - SKH : 고속도 공구강제
> - STC : 탄소 공구강
> - SHP : 열간 압연 강판
> - SM 45C 이하 : 기계구조용 탄소강

> ➕ **SM10C의 해석**
> - 기계구조용 강관으로 C함유량이 0.1% 이다.
> - SM10에서는 최저인장강도가 10
> - SM400C 에서 400은 최저인장강도 이다.

2 주철

(1) 주철의 특징

① 수축이 크고 균열이 발생하기 쉽고 기포 발생이 많으며, 급열 급랭으로 용접부의 백선화로 절삭가공이 곤란하며 이런 이유로 용접이 곤란하다.

② 예열 후 후열(500 ~ 550℃)을 한다.

③ 붕사 15%, 탄산화수소나트륨 70%, 탄산나트륨 15% 알루미늄 분말 소량의 혼합제가 널리 쓰임

(2) 주철 용접의 보수 방법

① 스터스 법 : 스터스 볼트를 사용한다.

② 비녀장 법 : 각 봉을 막고 용접하는 방법

③ 버터링 법 : 모재와 융합이 잘 되는 용접으로 적당히 용착

④ 로킹 법 : 스터트 볼트 대신에 둥근 고랑을 파는 방법

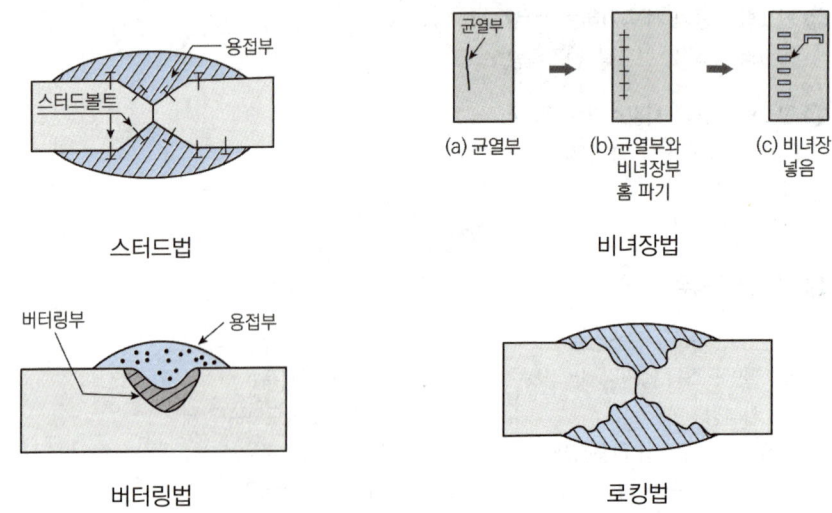

스터드법   비녀장법

버터링법   로킹법

(3) 주철을 용접할 때 주의사항

① 보수용접을 행하는 경우는 본바닥이 나타날 때까지 잘 깎아낸 후 용접한다.
② 파열의 끝에 작은 구멍을 뚫는다.
③ 용접전류는 필요 이상 높이지 말고, 직선비드를 사용하며, 깊은 용입을 얻지 않는다.
④ 될 수 있는 대로 가는 지름의 것을 사용한다.
⑤ 비드배치는 짧게 여러 번 한다.
⑥ 피닝작업을 하여 변형을 줄인다.
⑦ 가스용접을 할 때 중성 불꽃 및 탄화 불꽃을 사용하며, 플럭스를 충분히 사용한다.
⑧ 두꺼운 판의 경우에는 예열과 후열 후 서냉한다.

> ➕ 주철용접에 이용되는 용접봉은?
> - 니켈 용접봉, 토빈청동 용접봉, 모넬메탈용접봉
> - 마그네슘(X)

> **시험 포인트**
>
> **각종 금속의 용접**
> 1. 고탄소강
> 2. 주철
> 3. 스테인리스강
> 4. 구리 및 구리합금
> 5. 알루미늄 합금
>
> **주철의 보수방법**
> 1. 스터드법
> 2. 비녀장법
> 3. 버터링법
> 4. 로킹법

3 스테인리스강

(1) 0.8mm까지는 피복아크용접을 이용할 수 있다.

(2) 불활성가스 아크용접(TiG)이 주로 이용된다.

(3) 스테인리스강에 용접에서는 용입이 쉽게 이루어지도록 하는 것이 중요하다.

(4) 크롬 – 니켈 스테인리스강의 용접(18-8 스테인리스강)은 탄화물이 석출하여 입계 부식을 일으켜 용접 쇠약을 일으키므로 냉각 속도를 빠르게 하든지, 용접 후에 용체화 처리를 하는 것이 중요하다.

> ▧ 용체화 처리(고용화 열처리)
> - 강의 합금 성분을 고용체로 용해하는 온도 이상으로 가열하고 충분한 시간 동안 유지한 다음 급랭하여 합금 성분의 석출로 저해함으로써 상온에서 고 용체의 조직을 얻는 조작을 말한다.
>
> ▧ 스테인리스강의 용접 시 취약성질의 원인
> - 탄화물의 석출로 인한 입계부식, 고용화 열처리함 (용체화 처리)
>
> ▧ 석출경화형 스테인리스강으로 18%의 Ni이 함유된 고니켈강이고, 인장강도가 약 1,370 – 2,060Mpa의 초고장력강
> - 마르에이징강
>
> ▧ 스테인리스강을 용접 시 용접부에 열이 발생하면 탄화물이 석출됨으로써 용접부에 입계부식이 발생하는데 입계부식으로 인해 내식성이 저하하는 특성
> - 입계부식

(5) 18-8 스테인리스강을 용접할 때 주의 사항

① 예열을 하지 않는다.
② 층간 온도가 320℃ 이상을 넘어서는 안 된다.
③ 용접봉은 모재와 같은 것을 사용하며, 될수록 가는 것을 사용한다.
④ 낮은 전류치로 용접하여 용접 입열을 억제한다.
⑤ 짧은 아크길이를 유지한다(길면 카바이드 석출).
⑥ 크레이터를 처리한다.

4 구리 및 구리 합금

(1) 열전도율이 커서 균열 발생이 쉽다.

(2) 티그 용접법, 피복 금속 아크 용접, 가스 용접법, 납땜법 등이 사용된다.

5 알루미늄 합금

(1) 열전도도가 커서 단시간에 용접온도를 높이는데 높은 온도의 열원이 필요하다.

(2) 팽창 계수가 매우 크다.

(3) 가스용접, 불활성가스 아크용접, 전기 저항용접이 쓰임

(4) 용접 후 2%의 질산 또는 10&의 더운 황산으로 세척한 후 물로 씻어 냄(또는 찬물이나 끓인 물을 사용하여 세척한다.)

시험 포인트

오스테나이트계(18-8)특성
1. 예열하지 않는다.
2. 비자성체이다.
3. 용접성이 우수
4. 내식성이 우수
5. 내마멸성이 우수

TIG 용접 시 Al, Mg의 전원
1. ACHF 이용(고주파 교류)
2. 직류 역극성(산화막 제거)

이패스
용접기능사 핵심요약

PART 02 용접시공 및 검사

Chapter 01 용접시공
Chapter 02 용접설계
Chapter 03 용접부의 시험 및 검사
Chapter 04 작업안전

CHAPTER 01 용접시공

1 용접 준비

(1) 일반 준비
모재 재질 확인, 용접기 및 용접봉 선택, 지그 결정, 용접공 선임 등

(2) 용접 이음 준비
① 홈가공
  ㉠ 용입이 허용하는 한 홈 각도는 작은 것이 좋다(일반적으로 피복 아크 용접에서 54 ~ 70°).
  ㉡ 용접균열의 관점에서는 루트간격은 좁을수록 좋으며 루트반지름은 될 수 있는 한 크게 한다.

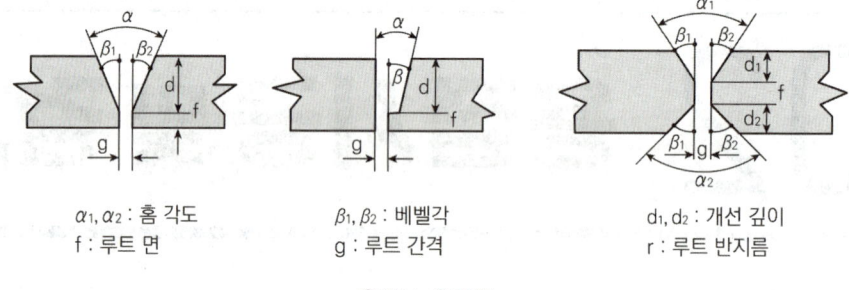

α_1, α_2 : 홈 각도
f : 루트 면

β_1, β_2 : 베벨각
g : 루트 간격

d_1, d_2 : 개선 깊이
r : 루트 반지름

용접부 홈명칭

② 조립
  ㉠ 수축이 큰 이음을 먼저 용접하고 다음에 필렛 용접
  ㉡ 큰 구조물은 구조물에 중앙에서 끝으로 향하여 용접
  ㉢ 용접선에 대하여 수축력의 합이 영이 되도록 한다.
  ㉣ 리벳과 같이 쓸 때는 용접을 먼저 한다.
  ㉤ 용접 불가능한 곳이 없도록 한다.
  ㉥ 물품의 중심에 대하여 대칭으로 용접 진행
③ 가접
  ㉠ 홈안에 가접은 피하고 불가피한 경우 본용접 전에 갈아낸다.

ⓒ 응력이 집중하는 곳은 피한다.
ⓓ 전류는 본용접 보다 높게 하며, 용접봉의 지름은 가는 것을 사용한다. 또한 너무 짧게 하지 않는다.
ⓔ 시·종단에 엔드탭을 설치하기도 한다.
ⓕ 가접사도 본 용접사에 비하여 기량이 떨어지면 안 된다.

④ 이음부의 청소 : 이음부의 녹, 수분, 스케일, 페인트, 유류, 먼지, 슬랙 등은 기공 및 균열에 원인이 되므로 와이어브러시, 그라인더, 쇼트블라스트, 화학약품 등으로 제거 한다.

⑤ 홈의 보수
㉠ 맞대기 용접 : 판 두께 6mm 이하 한쪽 또는 양쪽에 덧살 올림 용접을 하여 깎아 내고 규정간격으로 홈을 만들어 용접하며, 6 ~ 16mm인 경우 는 두께 6mm정도의 뒤판을 대서 용접하여 용락을 방지한다. 또한 16mm 이상에서는 판의 전부 혹은 일부(약 300mm)를 대체한다.
㉡ 필렛 용접 : 용접물의 간격이 1.5mm 이하에서는 규정의 각장으로 용접하며, 1.5 ~ 4.5mm인 경우는 그대로 용접해도 좋으나 각 장을 증가시킬 수도 있다. 4.5mm 이상에서는 라이너를 넣거나 또는 부족한 판을 300mm 이상 잘라내서 대체한다.

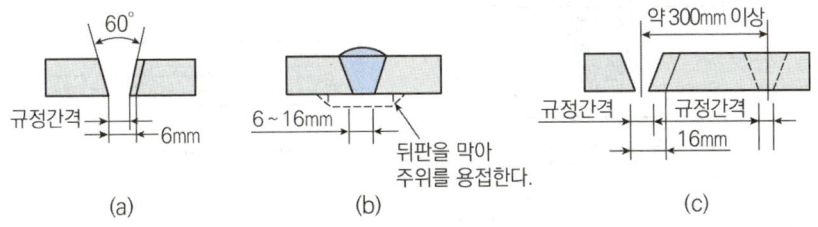

2 용접작업

(1) 용접진행 방향에 따른 분류

① <u>전진법</u> : 용접 시작 부분보다 끝나는 부분이 수축 및 잔류 응력이 커서 용접 이음이 짧고, 변형 및 잔류응력이 그다지 문제가 되지 않을 때 사용
② <u>후진법</u> : 용접을 단계적으로 후퇴하면서 전체 길이를 용접하는 방법으로 수축과 잔류 응력을 줄이는 방법
③ <u>대칭법</u> : 용접 전 길이에 대하여 중심에서 좌우로 또는 용접물 형상에 따라 좌우 대칭으로 용접하여 변형과 수축 응력을 경감한다.
④ <u>비석법</u> : 스킵법이라고도 하며 짧은 용접 길이로 나누어 놓고 간격을 두면서 용접하는 방법으로 특히 잔류응력을 적게 할 경우 사용한다.

⑤ 교호법 : 열영향을 세밀하게 분포시킬 때 사용

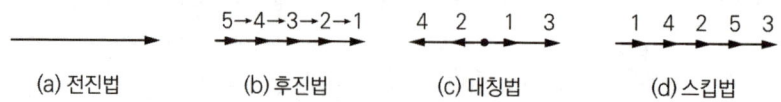

(a) 전진법   (b) 후진법   (c) 대칭법   (d) 스킵법

(2) 다층용접에 따른 분류

① <u>덧살올림법(빌드업법)</u> : 열 영향이 크고 슬랙 섞임의 우려가 있다. 한냉시, 구속이 클 때 후판에서 첫 층에 균열 발생 우려가 있다. 하지만 가장 일반적인 방법이다.
② <u>캐스케이드법</u> : 한 부분의 몇 층을 용접하다가 이것을 다음 부분의 층으로 연속시켜 용접하는 방법으로 후진법과 같이 사용하며, 용접결함 발생이 적으나 잘 사용되지 않는다.
③ <u>전진블록법</u> : 한 개의 용접봉으로 살을 붙일만한 길이로 구분해서 흠을 한 부분에 여러 층으로 완전히 쌓아 올린 다음, 다음 부분으로 진행하는 방법으로 첫 층에 균열 발생 우려가 있는 곳에 사용된다.

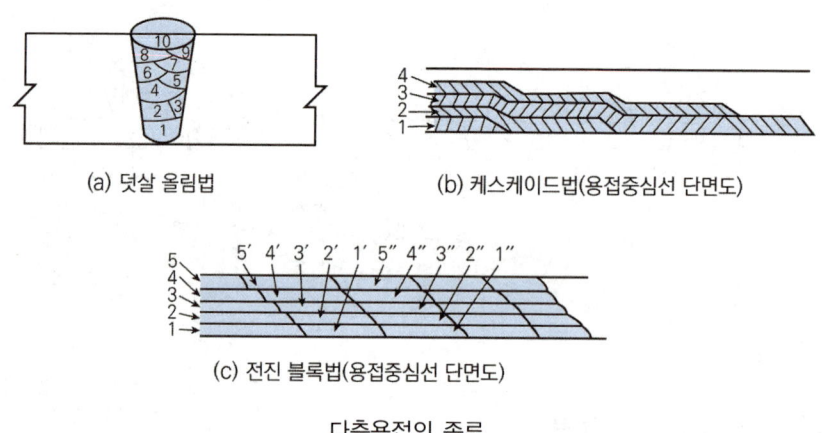

(a) 덧살 올림법   (b) 케스케이드법(용접중심선 단면도)

(c) 전진 블록법(용접중심선 단면도)

다층용접의 종류

(3) 용접할 때 온도 분포

① <u>냉각속도는 얇은 판보다는 두꺼운 판에서 크다.</u>
② 냉각속도는 맞대기 이음보다는 T형 이음의 경우가 크다. 즉, <u>열의 확산방향이 많을수록 크다.</u>
③ <u>열전도율이 클수록 냉각속도는 크다.</u>

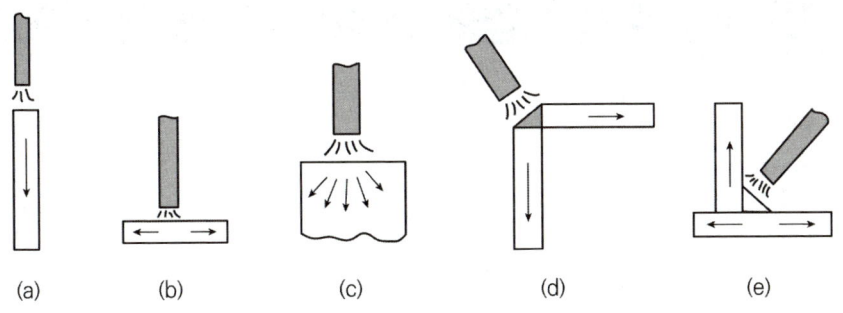

(a)　　　(b)　　　(c)　　　(d)　　　(e)

▨ 냉각속도가 가장 빠른 것은?

T형이음　　　후판이 빠르다

(4) 예열

① 연강의 경우 두께 25mm 이상의 경우나 합금성분을 포함한 합금강 등은 급랭 경화성이 크기 때문에 열영향부가 경화하여 비드균열이 생기기 쉽다. 그러므로 50 ~ 350℃ 정도로 홈을 예열하여 준다.

② 기온이 0℃ 이하에서도 저온균열이 생기기 쉬우므로 홈 양 끝 100mm 나비를 40 ~ 70℃로 예열한 후 용접한다.

③ 주철은 인성이 거의 없고 경도와 취성이 커서 500 ~ 550℃로 예열하여 용접 터짐을 방지한다.

④ 용접 할 때 저 수소계 용접봉을 사용하면 예열 온도를 낮출 수 있다.

⑤ 탄소당량이 커지거나 판 두께가 두꺼울수록 예열온도는 높일 필요가 있다.

⑥ 주물의 두께가 차가 클 경우 냉각속도가 균일하도록 예열

▨ 예열불꽃이 막힐 때의 현상은?
• 드래그 증가, 절단속도는 늦어진다.

시험 포인트

용접 진행 방향에 따른 분류
1. 전진법
2. 후진법
3. 대칭법
4. 비석법(스킵법)
5. 교호법

목두께 ≠ 각장 = 다리길이 / 각장 × 0.707 = 목두께

후열의 목적
1. 잔류응력경감
2. 인성 증가
3. 균열감수성증가
4. 함유가스배출

예열의 목적
1. 모재의 수축응력을 감소하여 균열발생 억제
2. 냉각속도를 느리게 하여 모재의 취성방지
3. 용착금속의 수소성분이 나갈 수 있는 여유를 주어 비드 밑 균열 방지
4. 기계적 성질 향상

다층 용접에 따른 분류
1. 덧살올림법(빌드업법)
2. 캐스케이드법
3. 전진 블록법

육성용접 = 덧살용접 = 보수용접

3 용접 후 처리

(1) 잔류 응력 제거법

① <u>노내풀림법</u> : 유지 온도가 높을수록, 유지 시간이 길수록 효과가 크다. 노내 출입 허용 온도는 300℃를 넘어서는 안 된다. 일반적인 유지 온도는 625± 25℃이다(판 두께 25mm, 1시간).

② <u>국부풀림법</u> : 큰 제품, 현장 구조물 등과 같이 노내풀림이 곤란할 경우 사용하며 용접선 좌우 양측을 각각 약 250mm 또는 판 두께 12배 이상 범위를 가열한 후 서냉한다. 하지만 국부풀림은 온도를 불균일하게 할 뿐 아니라 이를 실시하면 잔류 응력이 발생될 염려가 있으므로 주의하여야 한다. 유도 가열 장치를 사용한다.

③ <u>기계적 응력·완화법</u> : 용접부 하중을 주어 약간의 소성 변형을 주어 응력을 제거한다. 실제 큰 구조물에서는 한정된 조건 하에서만 사용할 수 있다.

④ <u>저온 응력 완화법</u> : 용접선 좌우 양측을 정속도로 이동하는 가스 불꽃으로 약 150mm의 나비를 약 150 ~ 200℃로 가열 후 수냉하는 방법으로 용접선 방향으로 인장 응력을 완화시키는 방법

⑤ <u>피닝법</u> : 끝이 둥근 특수 해머로 용접부를 연속적으로 타격하여, 용접 표면에 소성 변형을 주어 인장 응력을 완화한다. 첫 층 용접의 균열 방지 목적으로 700℃ 정도에서 열간 피닝을 한다.

> ▧ 용접부에 용착양과 잔류응력의 관계
> - 용착량이 증가하면 열영향부가 커져 잔류응력이 더 많이 발생할 수 있다.

(2) 변형 방지법

① <u>억제법</u> : 모재를 가접 또는 지그를 사용하여 변형 억제
② <u>역변형법</u> : 용접 전에 변형의 크기 및 방향을 예측하여 미리 반대로 변형시키는 방법
③ <u>도열법</u> : 용접부 주위에 물을 적신 석면, 동판을 대어 열을 흡수시키는 방법
④ <u>용착법</u> : 대칭법, 후퇴법, 스킵법 등을 사용한다.

(3) 변형을 적게 하는 방법

① 공급 열량을 가능한 적게 한다.
② 열량을 1개소에 집중 시키지 않는다.

(4) 변형의 교정

① <u>박판에 대한 점수축법</u>

> ▧ 점수축법 시공 조건
> - 가열 온도 500 ~ 600℃, 가열 시간은 30초 정도, 가열 부 지름 20 ~ 30mm, 가열 즉시 수냉한다.

② <u>형재에 대한 직선수축법</u>
③ <u>가열 후 해머질 하는 방법</u>
④ <u>후판에 대해 가열 후 압력을 가하고 수냉하는 방법</u>
⑤ <u>로울러에 거는 법</u>
⑥ <u>절단하여 정형 후 재 용접하는 방법</u>
⑦ <u>피닝법</u>

(5) 결함의 보수
① 기공 또는 슬랙 섞임이 있을 때는 그 부분을 깎아 내고 재 용접
② 언더컷 : 가는 용접봉을 사용하여 파인 부분의 용접
③ 오버랩 : 덮인 일부분을 깎아내고 재 용접
④ 균열일 때는 균열 끝에 정지 구멍을 뚫고 균열부를 깎아 홈을 만들어 재 용접

(6) 보수 용접
① 기계 부품 등의 일부 마멸된 부분을 깎아 내거나 그대로 다시 원래 상태가 되도록 덧붙임 용접을 하는 방법
② 열처리 없이 경도가 높은 것을 만들 수 있는데, 망간강, 크롬-코발트-텅스텐 등을 기본으로 하는 합금계 심선이 필요
③ 용사법 : 용융된 금속을 고속 기류에 불어 붙임 이용

(7) 용접 후의 가공
① 용접 후 기계 가공을 하는 경우에 용접부에 잔류 응력이 풀려지는 경우 변형 우려가 있으므로 잔류 응력 제거
② 굽힘 가공할 것은 균열 발생 우려가 있으므로 노내 풀림 처리할 것
③ 철강 용접의 천이온도의 최고 가열 온도는 400 ~ 600℃

➕ 철의 재결정 온도
- 350 ~ 450℃

➕ 용접부의 천이온도
- 재료가 연성파괴에서 취성파괴로 변하는 온도범위로 400 ~ 600℃

➕ 용융접에서 변형의 주된 이유
- 용착금속의 용착불량
- 열로 인한 용착금속의 팽창과 수축

시험 포인트

잔류 응력 제거법
1. 노내풀림법
2. 국부풀림법
3. 기계적 응력 완화법
4. 저온 응력 완화법
5. 피닝법

변형 방지법
1. 억제법
2. 역변형법
3. 도열법
4. 용착법(대칭법, 스킵법, 후퇴법)

잔류응력 측정법
- 자기적방법
- 응력이완법
- X – 선법

국제 용접학회에서 표준 방법으로 권장하는 잔류 응력 측정법
- Gunner법

변형에 대한 교정법
1. 박판에 대한 점 수축법
2. 형제에 대한 직선 수축법
3. 가열 후 해머질 하는 방법
4. 후판에 가열 후 압력을 가하고 수냉
5. 로울러에 거는 법
6. 절단하여 정형 후 재 용접
7. 피닝법

변형 방지법
1. 억제법(구속법) · 역변형법 · 도열법 · 융착법
2. 억제법 : 가접 내지는 구속지그 사용
3. 도열법 : 용접부 주위에 물을 적신 석면, 동판을 대어 열을 흡수
4. 용착법 : 대칭, 후퇴, 스킵법, 교호법

CHAPTER 02 용접설계

1 용접자가 갖추어야할 지식

① 용접재료에 대한 물리적 성질, 기계적 성질 및 화학적 성질에 대하여 알고 있어야 한다.
② 용접구조물의 변형에 대한 지식이 있어야 한다.
③ 열응력에 의한 잔류 응력 발생의 문제점 및 대처 방안도 알고 있어야 한다.
④ 용접구조물이 받는 하중의 종류를 알아야 한다.
⑤ 정확한 용접비용 산출할 수 있어야 한다.
⑥ 용접부의 검사방법을 알고 있어야 된다.

2 용접이음의 종류

① 맞대기 이음
② 모서리 이음
③ 변두리 이음
④ 겹치기 이음
⑤ T형 이음
⑥ +자형 이음
⑦ 전면 필릿 이음
⑧ 측면 필릿 이음

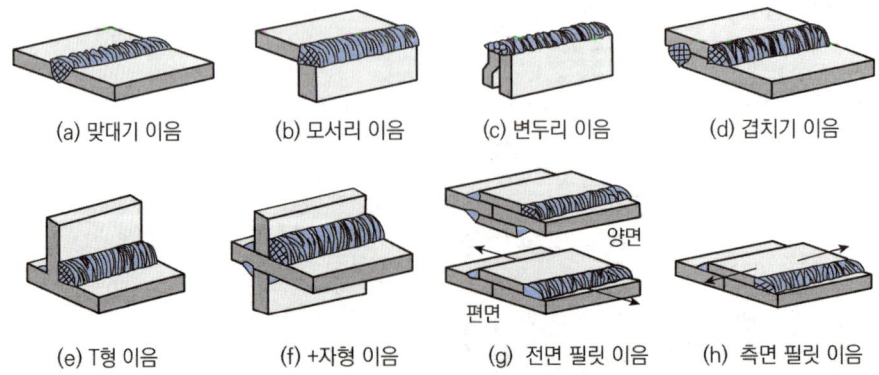

(a) 맞대기 이음　(b) 모서리 이음　(c) 변두리 이음　(d) 겹치기 이음
(e) T형 이음　(f) +자형 이음　(g) 전면 필릿 이음　(h) 측면 필릿 이음

3 용접 홈 형상의 종류

① 용접 홈 이용 : I형, V형, v형, U형, J형
② 양면 홈 이용 : 양면 I형, X형, K형, H형, 양면 J형
③ 판 두께 6mm까지는 I형, 6 ~ 19mm까지는 V형, v형(베벨형), J형, 12mm 이상은 X형, k형, 양면 J형이 쓰이고, 16 ~ 50mm에는 U형 맞대기 이음이 쓰이며 50mm이상에는 H형 맞대기 이음에 쓰인다.

> ◩ 가장 변형이 적게 설계된 형상, 응력집중이 최저인 것
> • X형, H형
>
> ◩ 맞대기 용접에서 한쪽방향의 완전한 용입을 얻고자 할 때 적합한 홈
> • V형, U형

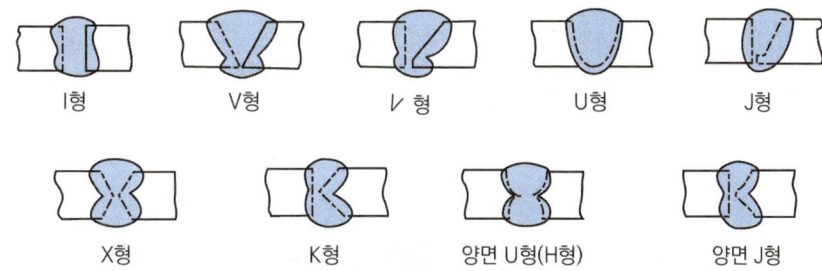

4 용착부 모양에 따른 분류

① 맞대기 용접
② 필렛 용접
③ 플러그 용접
④ 비드 용접
⑤ 슬로트 용접 등

> ◩ 플러그 용접
> • 8/74(70) : 구멍지름 8mm, 용접개수 4개, 간격 70mm
> • 면적당 용착금속의 인장강도는 60 ~ 70%이다

5 용접홈의 명칭

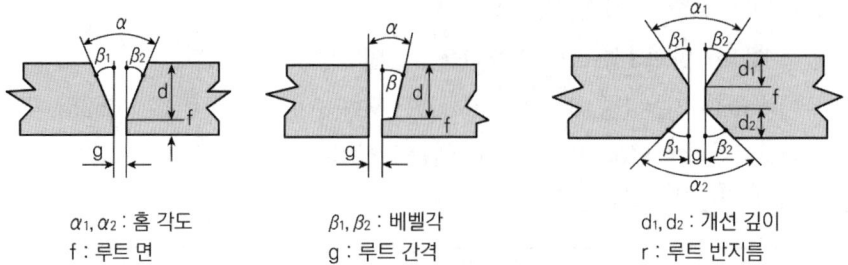

① α : 홈 각도
② d : 홈 깊이
③ g : 루트 간격
④ r : 루트 반경(반지름)
⑤ f : 루트 면
⑥ β : 베벨각

6 필렛 용접의 종류

① 전면 필렛 : 하중이 용접선과 수직
② 측면 필렛 : 하중이 용접선과 수평
③ 경사 필렛

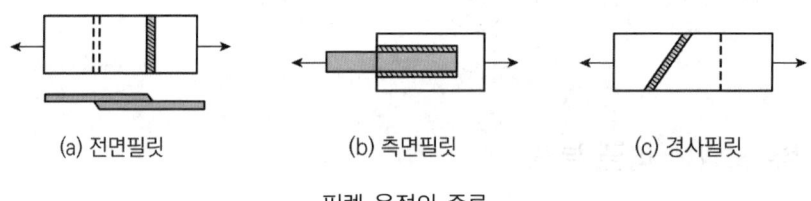

필렛 용접의 종류

7 용접이음의 강도

① 용접 이음 효율(%)

$$\eta = \frac{(용착금속인장강도)}{(모재 인장강도)} \times 100$$

② 허용 응력 및 안전율

$$안전율 = \frac{(인장강도)}{(허용응력)}$$

③ 맞대기 이음에서의 최대 인장 하중과 응력과의 관계

$\alpha = \dfrac{P}{A}$ 에서 $P = A\sigma = h\ell\sigma = t\ell\sigma$

- P는 용접 이음의 최대 인장 하중
- σ는 용착 금속의 인장 강도
- A는 단면적
- h는 목 두께
- t는 판 두께
- ℓ은 용접 길이

8 용접이음 설계를 할 때 주의점

① 아래 보기 용접을 많이 하도록 한다.
② 용접작업에 지장을 주지 않도록 간격을 둘 것
③ 필렛용접은 되도록 피하고 맞대기 용접을 하도록 한다.
④ 판 두께가 다른 재료를 이을 때에는 구배를 두어 갑자기 단면이 변하지 않도록 한다(1/4이하 테이퍼 가공을 함).
⑤ 맞대기 용접에는 이면 용접을 하여 용입 부족이 없도록 해야 한다.
⑥ 용접 이음부가 한곳에 집중되지 않도록 설계할 것

시험 포인트

필렛용접의 종류
1. 전면필렛 : 하중이 용접선과 수직
2. 측면필렛 : 하중이 용접선과 수평
3. 경사필렛

CHAPTER 03 용접부의 시험 및 검사

1. 용접부의 시험 및 검사

(1) 용접부의 검사
① <u>용접전의 검사</u> : 용접설비, 용접봉, 모재, 용접준비, 시공조건, 용접사의 기량 등
② <u>용접중의 검사</u> : 각 층의 융합상태, 슬랙섞임, 균열, 비드 겉모양, 크레이터 처리, 변형상태, 용접봉건조, 용접전류, 용접순서, 운봉법, 용접자세, 예열온도, 층간온도 점검 등
③ <u>용접후의 검사</u> : 후열 처리 방법, 교정 작업의 점검, 변형치수 등의 검사

(2) 기계적 시험
① 인장 시험
  ㉠ 항복점 : 하중이 일정한 상태에서 하중의 증가 없이 연신율이 증가되는 점
  ㉡ 영률 : 탄성한도 이하에서 응력과 연신율은 비례(후크의 법칙)하는데 응력을 연신율로 나눈 상수
  ㉢ 인장강도 : 최종 하중 / 원 단면적
  ㉣ 연신율 : 시험 후 늘어난 길이 / 표준 거리 × 100(%)
  ㉤ 내력 : 주철과 같이 항복점이 없는 재료에서는 0.2%의 영구 변형이 일어날 때의 응력값을 내력으로 표시

> **연강 용접이음의 안전율**
> - 정하중 : 3
> - 동하중 – 단진응력 : 5
> - 동하중 – 교번응력 : 8
> - 충격하중 : 12

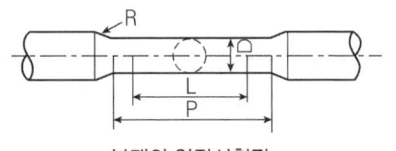

봉재의 인장시험편

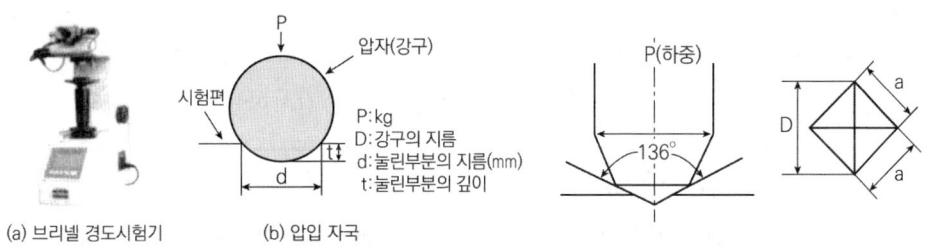

판재의 인장시험편

② 경도 시험

ⓐ 브리넬경도 : 압입자의 크기로 경도 측정

ⓑ 비커스경도 : 내면 각이 136°인 다이아몬드 사각뿔의 압입자에 대각선 길이로 측정

ⓒ 로크웰경도 : B스케일(하중이 100kg), C스케일(꼭지각이 120° 하중은 150kg)이 있다.

ⓓ 쇼어경도 : 추를 일정한 높이에서 낙하시켜 반발한 높이로 측정한다. 완성품의 경우 많이 쓰인다.

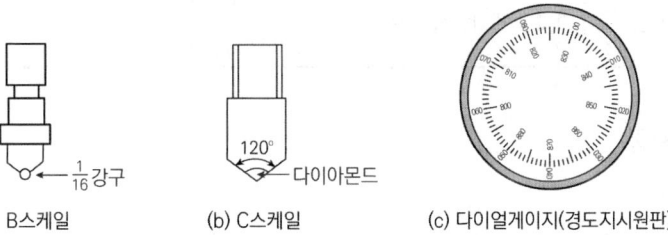

브리넬경도시험   비커즈경도시험

로크웰경도시험

③ 굽힘시험
  ㉠ 모재 및 용접부의 연성, 결함의 유무를 시험
  ㉡ 종류로는 표면, 이면, 측면 굴곡 시험이 있다.

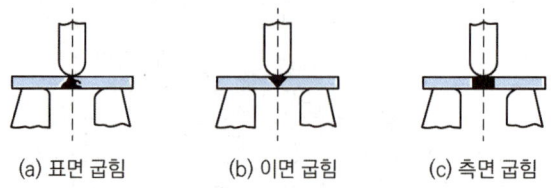

(a) 표면 굽힘　　(b) 이면 굽힘　　(c) 측면 굽힘

④ 동적시험
  ㉠ 충격시험 : (샤르피식, 아이조드식) 재료의 인성과 취성을 알아봄
  ㉡ 피로시험 : 반복되어 작용하는 하중(안전 하중) 상태에서의 성질(피로 한도, S-N 곡선)을 알아낸다.

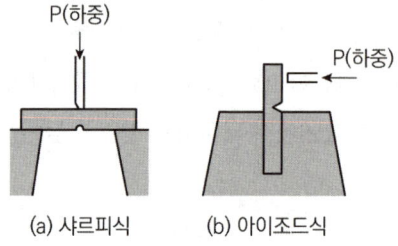

(a) 샤르피식　　(b) 아이조드식

⑤ 크리프시험 : 재료의 인장 강도보다 적은 일정한 하중을 가했을 때 시간의 경과와 더불어 변화하는 현상인 크리프 현상을 이용하여 변형을 검사하는 방법

> ▨ 노치취성시험
> • 샤르피 시험, 로버트슨 시험, 벤더빈시험, 칸티어 시험, 슈나트 시험, 티퍼시험
> • 로버트슨 시험 : 시험편의 노치부를 액체질소로 냉각하고 반대쪽을 가스 불꽃으로 가열하여 거의 직선적인 온도구배를 주고, 시험균열상태를 알아보는 시험법
> • 티퍼시험 : 시험편을 저온에서 인장파단 시켜 파면의 천이온도를 구한다.
> • 교호법 : 열 영향을 세밀하게 분포시킬 때 사용

(3) 화학적 시험

① 화학분석
② 부식시험 : 습부식, 고온부식(건 부식), 응력부식시험
  → 내식성 검사 위해 사용
③ 수소시험 : 45℃ 글리세린 치환법, 진공가열법, 확산성 수소량 측정법, 수은에 의한 방법

(4) 금속학적 시험

① 파면시험 : 결정의 조밀, 균일, 슬랙섞임, 기공, 은점 등을 육안으로 관찰

② 매크로조직시험 : 용접부 단면을 연삭기나 샌드페이퍼로 연마하여 적당한 매크로 에칭을 한 다음 육안이나 저 배율의 확대경으로 관찰하여 용입의 양부 및 열 영향부 등을 검사, 철강의 에칭 액으로 염산 : 물, 염산 : 황산 : 물, 초산 : 물 등이 쓰임

  시험 순서 : 시편채취 → 마운팅 → 연마 → 부식 → 검사

③ 현미경조직시험 : 시험편을 충분히 연마하고 고배율로 미소결함을 관찰한다. 부식액은 다음과 같다.

  ㉠ 철강용 피크로산 알코올 용액, 초산 알코올 용액
  ㉡ 스테인리스강은 왕수알콜 용액
  ㉢ 구리 및 합금용은 염화제이철액, 염화암모늄액, 과황산암모늄액
  ㉣ 알루미늄 및 그 합금은 플로오르화 수소액, 수산화나트륨

(5) 비파괴 시험

① 외관검사(VT) : 비드의 외관, 나비, 높이 및 용입 불량, 언더컷, 오버랩 등의 외관 양부를 검사

② 누설검사(LT) : 기밀, 수밀, 유밀 및 일정한 압력을 요하는 제품에 이용되는 검사로 주로 수압, 공기압을 쓰나 때에 따라서는 할로겐, 헬륨 가스 및 화학적 지시약을 쓰기도 한다.

③ 침투검사(PT) : 표면에 미세한 균열, 피트 등의 결함에 첨부액을 표면 장력의 힘으로 침투시켜 세척한 후 현상액을 발라 결함을 검출하는 방법으로 형광 침투 검사와 염료 침투 검사가 있는데 후자가 주로 현장에서 사용된다. - 표면검사

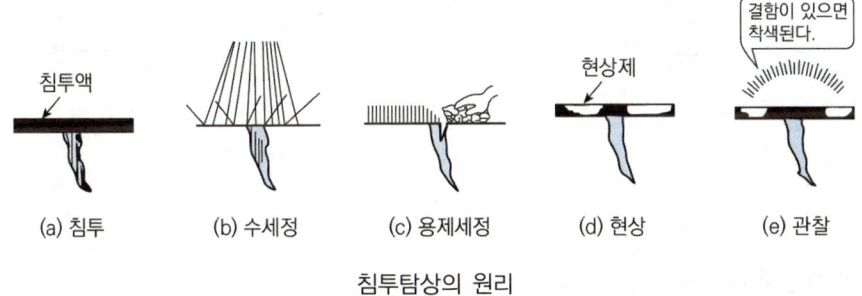

침투탐상의 원리

④ 자기검사(MT) : 표면에 가까운 곳의 균열, 편석, 기공, 용입 불량 등의 검출에 사용되나 비자성체는 사용이 곤란하다. - 표면검사법

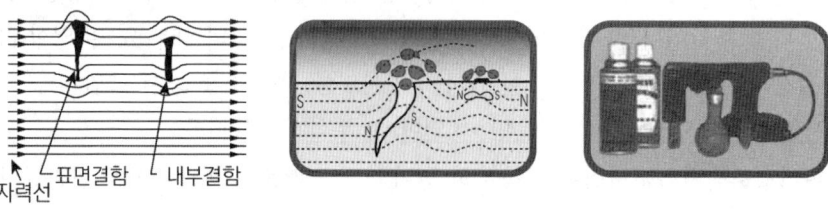

자분탐상의 원리

⑤ 초음파검사(UT) : <u>0.5 ~ 15MHz의 초음파</u>를 내부에 침투시켜 <u>내부의 결함</u>, 불균일 층의 유무를 알아냄. <u>종류로는 투과법, 공진법, 펄스반사법</u>(가장 일 반적)이 있다. 장점으로는 위험하지 않으며 두께 및 길이가 큰 물체에도 사용 가능 하나 결함 위치의 길이는 알 수 없으며 표면의 요철이 심한 것은 얇은 것은 검출이 곤란하다. - 내면검사

[초음파 탐상의 종류]
㉠ 투과법 : 초음파 펄스를 시험체의 한쪽면에서 송신 하고 반대쪽에서 수신하는 방법
㉡ 공진법 : 시험체에 가해진 초음파 진동수와 고유 진동수가 일치할 때 진동폭이 커지는 공진현상을 이용하여 시험체의 두께를 측정하는 방법
㉢ 펄스반사법 : 시험체 내로 초음파 펄스를 송신하고 내부 또는 바닥면에서 그 반사체를 탐지하는 결함에 형태로 내부 결함이나 재질을 조사하는 방법으로 가장 많이 사용하고 있다.

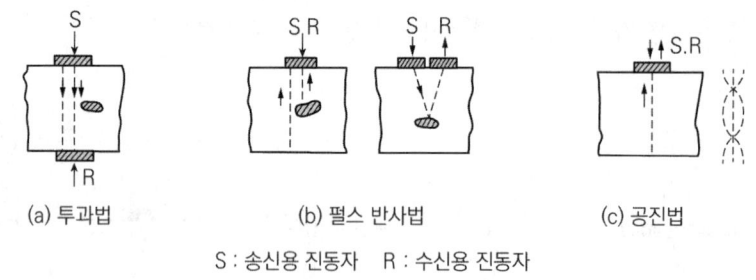

(a) 투과법   (b) 펄스 반사법   (c) 공진법
S : 송신용 진동자   R : 수신용 진동자
초음파탐상의 종류

⑥ 방사선 투과 검사(RT) : 가장 확실하고 널리 사용됨 - 내면검사
㉠ X선 투과 검사 : 균열, 융합 불량, 기공, 슬랙 섞임 등의 내부 결함 검출에 사용된다. X선 발생 장치로는 관구식과 베타트론 식이 있다. 단점으로는 미소 균열이나 모재 면에서 평행한 라미네이션 등의 검출은 곤란하다(후판곤란, 깊이, 크기, 위치측정가능 → 스테레오법).
㉡ τ선 투과 검사 : X선으로 투과하기 힘든 후판에 사용 한다. τ선원으로는 라듐, 코발트 60, 세슘 134, 이리듐이 있다.

> ▨ RT에서 균열의 모습
> • 검은 예리한선

⑦ 와류 검사(맴돌이 검사) : 금속 내에 유기된 와류 전류를 이용한 검사법으로 자기 탐상이 곤란한 비자성체 검사에 사용된다.

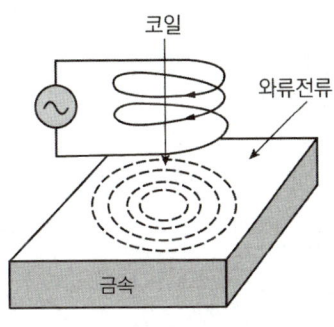

와류탐상의 원리

⑧ 기타
  ㉠ 용접 연성 시험 : 코메렐 시험, 킨젤 시험
  ㉡ 용접 균열 시험 : 리하이형 구속 균열 시험, CTS 균열 시험, 피스코 균열 시험, T형 필렛 용접 균열 시험
  ㉢ 노취 취성 시험 : 킨젤, 충격시험

> ➕ 비파괴 검사가 아닌 것(파괴시험인 것)
> • 육안조직검사
> • 현미경조직검사
> • 외관검사(VT)는 비파괴 검사

시험 포인트

용접부의 검사
1. 용접 전 검사
2. 용접 중 검사
3. 용접 후 검사

용접부의 시험
1. 기계적 시험
2. 화학적 시험
3. 금속학적 시험
4. 비파괴 시험

기계적 시험
1. 인장시험(압슬러, 업셋)
2. 경도시험 – 브리넬, 비커즈, 로크웰, 쇼어
3. 굽힘시험 – 연성의 결함 유무
4. 동적시험 – 충격, 피로시험
5. 크리프 시험

기계적 시험
1. 정적인 시험 : 충격, 피로
2. 동적인 시험 : 인정, 굽힘 경도

경도 시험
1. 브리넬 경도 – 압입자의 크기
2. 비커스 경도 – 다이야몬드 대각선의 길이 135°
3. 로크웰 경도 – B스케일, C스케일
4. 쇼어 경도 – 완성품

매크로 조직 시험의 순서
시편 채취 → 마운팅 → 연마 → 부식 → 검사

금속학적 시험
1. 파면시험
2. 매크로 조직 시험
3. 현미경 조직 시험

비파괴 시험
1. 외관검사(VT)
2. 누설검사(LT)
3. 침투검사(PT)
4. 자기검사(MT)

5. 초음파 검사(UT)

6. 방사선 투과 검사(RT)

7. 와류검사(ECT)

표면검사/내면검사
- 표면검사 : VT, LT, PT, 와류검사
- 내면검사 : 방사선검사, 초음파검사

자분탐상의 종류
극간법, 코일법, 직간통전법, 축통전법, 전류관통법, 프로드법, 자속관통법

CHAPTER 04 작업안전

1 안전 표식의 색채

① 적색 : 방화 금지, 방향 표시
② 황색 : 주의 표시
③ 오랜지색 : 위험 표시
④ 녹색 : 안전 지도, 송전 중 표시
⑤ 청색 ; 주의, 수리 중, 송전 중 표시
⑥ 진한 보라색 : 방사능 위험 표시
⑦ 백색 : 주의 표시
⑧ 흑색 : 방향 표시

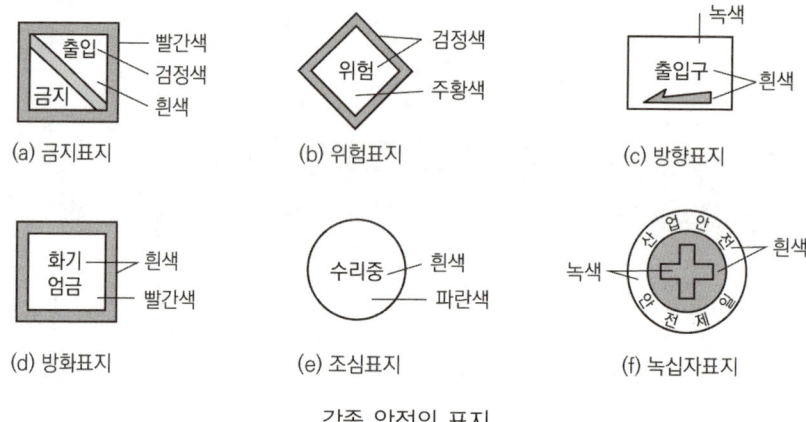

각종 안전의 표지

2 작업 환경

① 채광 : 창문의 크기가 바닥 면적에 $\frac{1}{5}$ 이상이어야 한다.

② 환기 : 창문의 크기가 바닥 면적에 $\frac{1}{25}$ 이상이어야 한다.

③ 조명 : 초정밀 작업은 600 Lux 이상, 정밀 작업은 300Lux 이상, 보통 작업은 150Lux 이상, 기타 작업은 60Lux이상이어야 한다.

④ 습도 : 50 ~ 68%가 작업하기에 가장 적당한 습도이다.
⑤ 작업 온도 : 법정온도, 표준온도, 감각온도가 있으며 작업에 종류에 따라 달라진다. 일반적인 작업에서 표준 온도는 15 ~ 20℃ 정도이다.

3 통행과 운반

① 통행로 위의 높이 2M이하에서는 장애물이 없을 것
② 기계와 다른 시설과의 폭은 80cm 이상으로 할 것
③ 좌측통행 할 것
④ 작업자나 운반자에게 통행을 양보할 것

4 화재 및 폭발 방지책

① 인화성 액체의 반응 또는 취급은 폭발 범위 이하 농도로 할 것
② 석유류와 같이 도전성이 나쁜 액체의 취급 시에는 마찰 등에 의해 정전기 발생이 우려되므로 주의 할 것
③ 점화원의 관리를 철저히 할 것
④ 예비 전원의 설치 등 필요한 조치를 할 것
⑤ 방화 설비를 갖출 것
⑥ 가연성 가스나 증기 유출 여부를 철저히 검사할 것
⑦ 화재가 발생할 때 연소를 방지하기 위하여 그 물질로부터 적절한 보유 거리를 확보할 것

> 📄 화재의 분류는?
> • A – 일반(백색) B – 유류(황색) C – 전기(청색) D – 금속(무색)

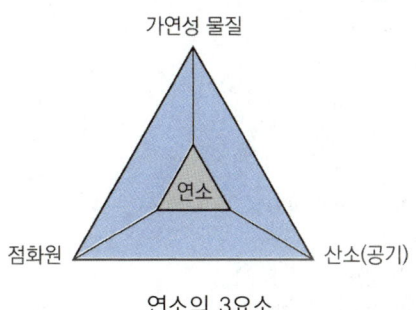

연소의 3요소

5 소화기

① 포말 소화기 : 보통 화재, 기름 화재에는 적합하나 전기 화재는 부적합하다.
② 분말 소화기 : 기름 화재에 적합하여 기타 화재에는 양호하다.
③ CO_2 소화기 : 전기 화재에 적합하여 기타 화재에는 양호하다.

6 전기 용접 작업의 장애

① 전격(감전)
② 유해 가스 및 유독 가스에 의한 중독
③ 유해 광선에 의해 재해

> **➕ 용접 작업 시 재해의 종류**
> - 아크열에 의한 화상 및 화재의 위험
> - 아크 불빛의 자외선과 적외선의 열로 인한 전광성 안염
> - 가연성가스의 폭발에 의한 위험
> - 용접기의 높은 무부하 전압에 의한 전격의 위험

시험 포인트

지그의 사용 목적
- 대량 생산
- 용접 작업을 쉽게 해준다.
- 제품 치수를 정확하게 한다.
- 용접부의 신뢰성이 는다.
- 다듬질을 좋게 한다.
- 변형을 억제

응급처치 4대 구명요소
- 지혈
- 기도유지
- 상처의 보호
- 쇼크방지 및 치료

안전모의 종류
- 안전모 상단과의 거리는 25~50mm
 - A형 : 물체의 낙하 방지용
 - AB형 : 물체의 낙하, 추락 방지용
 - AE형 : 물체의 낙하방지, 감전방지
 - ABE형 : 물체의 낙하, 추락 방지, 감전 방지용

화상에 대하여
- 1도화상 : 일광욕후 화상, 피부층 손상
- 2도화상 : 표피와 진피모두 영향, 통증과 부어오름
- 3도화상 : 진피전체, 피하지방까지 손상, 감각 마비됨
- 4도화상 : 표피, 진피 모두 탄화, 근육·심줄·골 조직 손상
  - 화상이 발생 시 가장 먼저 냉찜질을 실시하고 의사의 진료를 받아야 하며 물집을 터트려서는 안 된다.

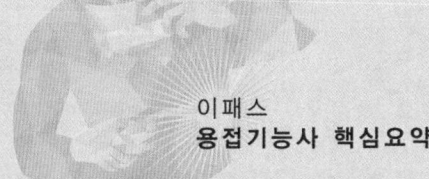

이패스
용접기능사 핵심요약

PART 03 용접의 재료

Chapter 01 금속의 개요
Chapter 02 철강재료
Chapter 03 열처리
Chapter 04 비철 금속과 그 합금

01 금속의 개요

1 금속과 그 합금

(1) 금속의 공통적 성질

① 실온에서 고체이며, 결정체이다(단 수은은 액체).
② 빛을 발산하고 고유의 광택이 있다.
③ 가공이 용이하고, 연·전성이 크다.
④ 열, 전기의 양도체이다.
⑤ 비중이 크고 경도 및 용융점이 높다.

(2) 자주 등장하는 원소 기호

원소기호	원소이름	원소기호	원소이름	원소기호	원소이름
Ag	은	Al	알루미늄	Au	금
B	붕소	Be	베릴륨	Bi	비스무트
C	탄소	Ca	칼슘	Cl	염소
Co	코발트	Cr	크롬	Cu	구리
F	불소	Fe	철	H	수소
He	헬륨	Ir	이리듐	K	칼륨
Li	리튬	Mg	마그네슘	Mn	망간
N	질소	Ni	니켈	Ne	네온
O	산소	P	인	Pb	납
Pt	백금	S	황	Si	규소
Sn	주석	Ti	티탄	V	바나듐
U	우라늄	W	텅스텐	Zn	아연

(3) 합금

① 금속의 성질을 개선하기 위하여 단일 금속에 한 가지 이상의 금속이나 비금속 원소를 첨가한 것

② 단일 금속에서 볼 수 없는 특수한 성질을 가지며 원소의 개수에 따라 이원 합금, 삼원 합금이 있다.
③ 종류로는 철 합금, 구리 합금, 경합금, 원자로용 합금, 기타 합금이 있다.
④ 합금의 일반적 성질
  ㉠ 성분을 이루는 금속보다 우수한 성질을 나타내는 경우가 많다.
  ㉡ 성분 금속보다 강도 및 경도가 증가한다.
  ㉢ 주조성이 좋아진다.
  ㉣ 용융점이 낮아진다.
  ㉤ 전·연성은 떨어진다.
  ㉥ 성분 금속의 비율에 따라 색이 변한다.

2 재료의 성질

(1) 물리적 성질

① 비중 : 단위용적의 무게와 표준물질(물 4℃의)의 무게의 비를 비중이라 한다. 비중 4.5를 기준으로 이하를 경금속 이상을 중금속이라 한다.
  ㉠ 경금속 : Li(0.53), K(0.86), Ca(1.55), Mg(1.74), Si(2.33), Al(2.7), Ti(4.5) 등
  ㉡ 중금속 : Cr(7.09), Zn(7.13), Mn(7.4), Fe(7.87), Ni(8.85), Co(8.9), Cu(8.96), Mo(10.2), Pb(11.34), Ir(22.5) 등
② 용융점 : 금속이 고체에서 액체로 변하는 점으로 W 3400℃, Fe 1538℃ 등이다.
③ 전기 전도율 : 금속 중 전기 전도율 가장 우수한 것은 은으로 일반적인 순서는 다음과 같다.
  ㉠ 순서 : Ag > Cu > Au > Al > Mg > N I > Fe > Pb 의 순이다.
  ㉡ 열 전도율도 전기 전도율과 순서가 비슷하다.
④ 탈색력 : 금속색을 변색시키는 힘으로 주석이 가장 크다.
  Sn > Ni > Al > Fe > Cu 등의 순이다.
⑤ 비열, 선 팽창 계수 등

(2) 화학적 성질

① 내식성 : 부식에 견디는 성질로 Cr, Ni 등이 우수한 성질을 보이고 있다.
② 부식에 종류에는 습부식, 건부식 있다.
③ 내산성, 내염기성 등이 있다.

(3) 기계적 성질

① 연·전성 : 가늘고 길게, 얇고 넓게 변형이 되는 성질
  ㉠ 연성 순서 : Au > Ag > Al > Cu > Pt > Fe
  ㉡ 전성 순서 : Au > Ag > Pt > Al > Fe > Cu
② 강도 : 단위 면적당 작용하는 힘
③ 경도 : 무르고 굳은 정도를 나타내는 것
④ 취성 : 메짐이라고도 하며, 깨지는 성질
⑤ 소성 : 외력을 가한 뒤 제거해도 변형이 그래도 유지되는 성질로 판금 작업 등은 이 원리를 이용하여 작업하는 예이다.
⑥ 탄성 : 외력을 제거하여 원래로 돌아오는 성질
⑦ 인성 : 굽힘, 비틀림 등에 견디는 질긴 성질
⑧ 재결정 : 가공에 의해 생긴 응력이 적당한 온도로 가열하면 일정 온도에서 응력이 없는 새로운 결정이 생기는 것
  ㉠ 금속의 재결정 온도
    Fe(350 ~ 450℃), Cu(150 ~ 240℃), Au(200℃), Pb(-3℃), Cn(상온), Al(150℃)
  ㉡ 풀림 : 재결정 온도 이상으로 가열하여 가공 전의 연화 상태로 만드는 것을 말한다.
  ㉢ 재결정 온도 이하에서 가공을 냉간가공, 이상에서의 가공을 열간가공이라 한다.

> ➕ **재료의 성질**
> - 물리적 성질 : 비중, 열팽창계수, 용융잠열, 열전도율, 전기전도율 등
> - 기계적 성질 : 강도, 경도, 항복점 등
> - 화학적 성질 : 내식성, 내열성, 부식 등

> **시험 포인트**
>
> **재료의 성질**
> 1. 물리적 성질
> 2. 화학적 성질
> 3. 기계적 성질
>
> **금속의 용접성에 미치는 영향**
> 1. 탄소 함유량
> 2. 인장 강도
> 3. 용융점

영문표시
- NS(Not to scale) 비례척도가 아니다.
- SR 응력제거
- NSR 응력제거 아니다.
- M 영구적인 뚜껑
- MR 제거 가능한 뚜껑
- VT 외관검사
- MT 자분탐상
- PT 침투탐상(형광 F)
- UT 초음파탐상
- RT 방사선검사
- LT 누설검사
- ECT 맴돌이검사

3 금속의 결정

(1) 금속의 결정

① 결정 순서 : 핵 발생 → 결정의 성장 → 결정 경계 형성 → 결정체

② 결정의 크기 : 냉각 속도가 빠르면 핵 발생이 증가하여 결정 입자가 미세해 진다.

③ 주상정 : 금속 주형에서 표면의 빠른 냉각으로 중심부를 향하여 방사상으로 이루어지는 결정

④ 수지상 결정 : 용융 금속이 냉각할 때 금속 각부에 핵이 생겨 나뭇가지와 같은 모양을 이루는 결정

⑤ 편석 : 금속 처음 응고부와 나중 응고부의 농도차가 있는 것으로 불순물이 주원인이다.

> **제강할 때 편석을 일으키기 쉬운 성분**
> - 인

(2) 금속 결정의 종류

① 단위포 : 결정 격자 중금속 특유의 형태를 결정짓는 원자의 모임

② 격자 상수 : 단위포 한 모서리의 길이

③ 결정 립의 크기 : 0.01 ~ 0.1mm

　㉠ **면심 입방 격자**(face-centered cubic lattice : FCC)

　㉡ **체심 입방 격자**(body-centered cubic lattice : BCC)

　㉢ **조밀 입방 격자**(hexagonal close-packed lattice : HCP)

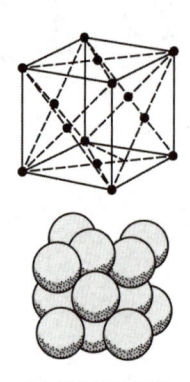

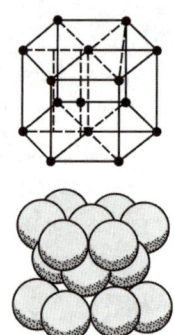

(a) 면심 입방 격자　　(b) 체심 입방 격자　　(c) 조밀 육방 격자

금속의 결정 격자

결정 격자의 비교

격자	기호	성질	원소	귀속 원자수	배위 수	원자 충전율(%)	비고
면심 입방 격자	FCC	• 많이 사용된다. • 전연성과 전기 전도가 크다. • 가공이 우수하다.	Al, Ag, Au, γ-Fe, Cu, Ni, Pb, Pt, Ca, β-Co, Rh, Pd, Ce, Th	4	12	74	순철에는 γ구역(910~1400℃)에서 생긴다.
체심 입방 격자	BCC	• 전연성이 적다. • 융점이 높다. • 강도가 크다.	Fe(α-Fe, δ-Fe) Cr, W, Mo, V Li, Na, Ta, K	2	8	68	순철의 경우 910℃ 이하와 1400℃ 이상에서 이 구조를 갖는다.
조밀 육방 격자	HCP	• 전연성이 불량하다. • 접착성이 적다. • 가공성이 좋지 않다.	Mg, Zn, Ti, Be, Hg, Zr, Cd, Ce, Os	2	12	70.45	

(3) 금속의 소성 변형

① 슬립 : 금속 결정형이 원자 간격이 가장 작은 방향으로 층상 이동하는 현상

② 트윈(쌍정) : 변형 전과 변형 후 위치가 어떤 면을 경계로 대칭되는 현상

③ 전위 : 불안정하거나 결함이 있는 곳으로부터 원자 이동이 일어나는 현상

④ 경화

　㉠ 가공 경화 : 가공에 의해 단단해 지는 성질

　㉡ 시효 경화 : 시간이 지남에 따라 단단해지는 성질

　㉢ 인공 시효 : 인위적으로 단단하게 만드는 것

⑤ 회복 : 가열로서 원자 운동을 활발하게 해주어 경도를 유지하나 내부 응력을 감소시켜 주는 것(풀림처리)

(4) 금속의 변태

① 동소변태 : 고체 내에서 원자 배열이 변하는 것
   ㉠ a-Fe(체심), γ-Fe(면심), δ-Fe(체심)
   ㉡ 동소변태 금속 Fe(912℃, 1400℃), Co(477℃), Ti(830℃), Sn(18℃) 등

② 자기변태 : 원자 배열은 변화가 없고 자성만 변하는 것
   ㉠ 순수한 시멘타이트는 210℃ 이하에서 강자성체, 그 이상에서는 상자성체
   ㉡ 자기변태 금속 : Fe(768℃), Co(1160℃)

(5) 변태점 측정 방법
열 분석법, 열 팽창법, 전기 저항법, 자기 분석법 등이 있다.

시험 포인트

금속 결정의 순서
핵 발생 → 결정의 성장 → 결정 경계 형성 → 결정체

금속 결정체의 종류
1. 주상정
2. 수지상결정
3. 편석

금속의 5대 원소
S, P, Mn, C, Sn

금속 결정의 종류
1. 체심 입방 격자(B.C.C) : 강도가 크고 전·연성은 떨어진다.
   • Cr, Mo, W, V, Ta, K, Na, α-Fe, δ-Fe
2. 면심 입방 격자(F.C.C) : 전·연성이 풍부하여 가공성이 우수하다.
   • Ag, Al, Au, Cu, Ni, Pb, Pt, Ca, γ-Fe
3. 조밀 육방 격자(H.C.P) : 전·연성 및 가공성 불량하다.
   • Ti, Be, Mg, Zn, Zr

금속의 변태
1. 동소 변태 : 고체 내에서 원자배열이 변하는 것
2. 자기 변태 : 자성만 변하는 것

변태점 측정방법
1. 열분석법
2. 열팽창법
3. 전기저항법
4. 자기분석법

4 합금의 조직

(1) 상률
어떤 상태에서 온도가 자유로이 변할 수 있는가를 알아냄

(2) 평행상태도
공존하고 있는 상태를 온도와 성분의 변화에 따라 나타낸 것

(3) 공정
두 개의 성분 금속이 용융상태에서 균일한 액체를 형성하나 응고 후에는 성분 금속이 각각 결정으로 분리, 기계적으로 혼합된 것을 말한다.
(액체 ⇔ 고체A + 고체B)

(4) 합금의 방법
① 고용체 : 고체A + 고체B ⇔ 고체C
  ㉠ 침입형 : 철 원자 보다 작은 원자가 고용하는 경우(C, H, N)
  ㉡ 치환형 : 철 원자 격자 위치에 니켈 등에 원자가 들어가 서로 바꾸는 것(Ag-Cu, Cu-Zn 등)
② 일반적으로 금속 사이에 고용체는 치환형이 많다.
③ 규칙 격자형 (Ni_3-Fe, Cu_3-Au, Fe_3-Al)
④ 금속간 화합물
  성분 물질과는 성질이 다른 독립된 화합물로써 친화력이 클 때 생긴다.
  (Fe_3C, Cu_4Sn, $CuAl_2$, Mg_2Si)
⑤ 공석
  고체 상태에서 공적과 같은 현상으로 생성되며 철강의 경우 0.86%C 점에서 오스테나이트와 시멘타이트의 공석을 석출(펄라이트)한다.
⑥ 포정반응 : 고체A + 액체 ⇔ 고체B
⑦ 편정반응 : 액체A + 고체 ⇔ 액체B

> ➕ Fe-C상태도에서 나타나는 반응
> • 포정반응, 공석반응, 공정반응
> • 편정반응은 Fe-C상태도에서 나타낼 수 없다.

(5) 재료의 식별
  ① 모양에 의한 방법
  ② 색에 의한 방법
      ㉠ 회백색 : Zn, Pb 등
      ㉡ 은백색 : Ni, Fe, Mg 등
  ③ 경도에 의한 방법
  ④ 불꽃 시험

> **시험 포인트**
>
> **공정**
> 액체 ↔ 고체A + 고체B
>
> **고용체**
> 고체A + 고체B = 고체C
>
> **공석(펄라이트 조직)**
> - 원자입상에 페라이트와 시멘타이트가 층상 구조를 이룬다.
> - 철강 0.86%에서 오스테나이트와 시멘타이트의 공석을 석출
>
> **포정반응**
> 고체A + 액체 = 고체B
>
> **편정 반응**
> 액체A + 고체 = 액체B

CHAPTER 02 철강재료

1 제철법

(1) 철의 제조 과정

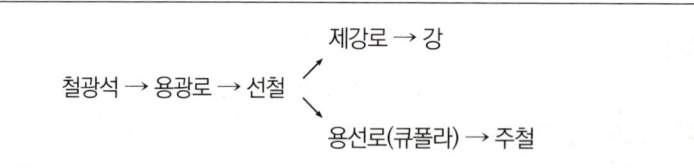

① 철광석 : 40% 이상의 철분을 함유한 것
  ㉠ 철광석의 종류 : 자철광(철분 약 72%), 적철광(약 70%), 갈철광(약 55%), 능철강(약 40%)이 있다.
  ㉡ 인과 황은 0.1% 이하로 제한한다.
② 용광로 : 철광석을 녹여 선철을 만드는 로이다.
  ㉠ 1일 생산량을 ton으로 용량을 표시한다.
  ㉡ 열 및 환원제로 코크스를 사용한다.
  ㉢ 용제는 석회석과 형석을 사용한다.
  ㉣ 탈산제는 망간 등을 사용한다.
③ 선철 : 철강의 원료 인 철광석을 용광로에서 분리시킨 것
  ㉠ 90% 정도를 강으로 제조된다.
  ㉡ 10% 정도가 용선로에서 주철로 제조된다.
④ 용선로(큐폴라)
  ㉠ 주철을 제조하기 위한 로이다.
  ㉡ 매 시간당 용해 할 수 있는 무게를 ton으로 용량 표시한다.
⑤ 제강로
  ㉠ 강을 제조하기 위한 로이다.

ⓒ 제강로의 종류

종류	용량 표시	특징
평로 (반사로)	1회에 장입할 수 있는 양을 ton으로 표시	• 고온으로 용융하여 강 제조 • 대규모 장시간 필요 • 염기성법(저급재료) • 산성법(고급 재료)
전로	1회에 용해하는 양을 ton으로 표시	• 송풍하여 강 제조 • 정련 시간이 짧다. • 연료비가 필요 없다. • 품질 조절이 불가능 • 베세머법(산성법) : 고규소, 저인규소 내화물 사용 • 토마스법(염기성) : 저규소, 고인생석회 또는 마그네샤를 내화물
전기로	1회 용해하는 양을 ton으로 표시	• 전열을 이용하여 강을 제조 • 아크식, 저항식, 유도식 • 온도 조절이, 설비 간단 • 노내 분위기 조절 가능 • 양질의 강을 제조(탈산, 탈황) • 전력 소모가 크다.
도가니로	1회에 용해할수 있는 구리의 무게를 kg으로 표시	• 고 순도 강을 제조하는데 목적 • 정확한 성분을 필요로 하는 것에 적합 (동합금, 경합금 등) • 열효율이 떨어짐 • 고가

⑥ 강괴 : 원형, 4각, 6각 등의 잉곳으로 되어 있는 것

강괴의 종류	탈산 여부	특징
림드강	탈산 및 가스처리가 불충분	• 수축 공이 없으며 기공과 편석이 많아 질이 떨어진다. • 탄소 함유량은 보통 0.3% 이하의 저탄소강 구조용 강재 및 피복 아크 용접용 모재 등으로 사용된다.
킬드강	철–망간, 철–규소, 알루미늄 등으로 완전히 탈산	• 수축 공이 뚜렷하며, 기공은 없고 편석 또한 극소강으로 재질이 균질하고 기계적 성질이 좋다. • 헤어 크랙이 생기기도 한다. • 탄소 함유량은 0.3% 이상이다.
세미 킬드강	중간 정도의 탈산	• 수축 공이 없으며, 기공은 상당히 있으나 편석은 적다. • 탄소 함유량은 0.15 ~ 0.3% • 일반 구조용강, 강관

> ▧ 강괴의 종류 중 탄소함유량이 0.3% 이상이고, 재질이 균일하고, 기계적 성질 및 방향성이 좋아 합금강, 단조강, 침탄강의 원재료로 사용되나 산화되어 가공 시 압착되지 않아 잘라내야 하는 것
> - 킬드강
>
> ▧ 수소가 잔류하면 헤어크랙의 원인으로 용접 시 수소흡수가 가장 많은 강
> - 저탄소 킬드강

(2) 철강의 분류

① 철강의 5대 원소 : C, Si, Mn, P, S
② 순철 : 탄소 0.03% 이하를 함유한 철
③ 강
  ㉠ 아 공석강
    C 0.85% 이하로 페라이트와 펄라이트로 이루어짐
  ㉡ 공석강 : C 0.85%로 펄라이트로 이루어짐
  ㉢ 과 공석강
    C 0.85%이상으로 펄라이트와 시멘타이트로 이루어짐
④ 주철 : 탄소 2.0 ~ 6.68%를 함유한 철. 하지만 보통 4.5%까지의 것을 말함
  ㉠ 아 공정 주철 : C 1.7 ~ 4.3%
  ㉡ 공정 주철 : C 4.3%
  ㉢ 과 공정 주철 : C 4.3% 이상

(3) 철강의 성질

① 순철 : 담금질이 안됨, 연하고 약함, 전기 재료로 사용
② 강 : 제강로에서 제조, 담금질이 잘되고 강도, 경도가 크다. 기계 재료로 사용된다.
③ 주강 : 주조한 강을 말하며 주로 산성 평로에서 제조한다. 수축률이 크고 균열이 생기기 쉬운 결점이 있어, 풀림(확산풀림)을 해야 한다. 또한 기포 발생 방지를 위하여 탈산제를 많이 사용하므로 Mn, Si 등이 잔재한다.
④ 주철 : 큐폴라에서 제조, 담금질이 안됨. 경도는 크나 메지므로 주물 재료로 사용된다.

> **시험 포인트**
>
> **철의 제조 공정**
> 1. 철강석 - 40% 이상의 철분 함유
> 2. 용광로(고로)
> 3. 선철
> 4. 제강로 → 강, 용선로(큐폴라) → 주철

강을 만드는 제강로의 종류
1. 평로(반사로) – 염기성법, 산성법
2. 전로 – 배세머법, 토마스법
3. 전기로 – 온도조절 용이
4. 도가니로 – 1회 용해 할 수 있는 구리를 kg으로

제강로에서 만들어지는 강괴의 종류
1. 림드 강 – 구조 용강재, 용접봉 $CO_3\%\uparrow$
2. 킬드강 – 공구강용 $C\ 0.3\%\uparrow$
3. 세미킬드강

철강의 종류
1. 순철
2. 강 (아공석강, 공석강, 과공석강)
3. 주강
4. 주철(아공정주철, 공정주철, 과용정주철)

철의 분류
1. 탄소강
2. 특수강
3. 주철

2 탄소강

(1) 순철

① 순철의 특징
  ㉠ 탄소량이 낮아서 기계 재료로서는 부적당하지만 항장력이 낮고 투자율이 높아서 변압기, 발전기용 철심으로 사용한다.
  ㉡ 단접성 및 용접성은 양호하다
  ㉢ 유동성 및 열처리성이 불량하다.
  ㉣ 전·연성이 풍부하여 판 철판으로 사용된다.

② 순철의 변태
  ㉠ 동소 변태(912℃, 1400℃)
    • A_4 변태(1400℃) : γ철(F. C. C.) $\Leftrightarrow$ δ철(B. C. C.)
    • A_3 변태(912℃) : α철(B.C.C.) $\Leftrightarrow$ γ철(F. C. C.)
  ㉡ 자기변태
    • A_2 변태(768℃) : α철(강 자성) $\Leftrightarrow$ α철(상 자성)

(2) 탄소강

① 탄소강의 성질
  ㉠ 인장강도와 경도는 공석 조직 부근에서 최대이다.
  ㉡ 과 공석 조직에서는 경도는 증가하나 강도는 급격히 감소

② 탄소량과 인장 강도의 관계
  ㉠ 탄소량에 따른 인장 강도 : 20 + 100 × C(%) (C는 탄소 함유량)
  ㉡ 인장 강도에 따른 경도 : 2.8×인장 강도

③ 탄소강에서 생기는 취성(메짐)

취성의 종류	현 상	원인
청열취성	강이 200 ~ 300℃로 가열되면 경도, 강도가 최대로 되고, 연신율, 단면 수축률은 줄어들게 되어 메지게 되는 것으로 이 때 표면에 청색의 산화 피막이 생성된다.	P
적열취성	고온 900℃ 이상에서 물체가 빨갛게 되어 메지는 것을 적열 취성이라 한다.	S
상온취성	충격, 피로 등에 대하여 깨지는 성질로 일명 냉간 취성이라고도 한다.	P

> **설퍼프린터**
> • 황의 분포 여부를 확인
> • 시약은 H_2SO_4 (황산)

④ 탄소강의 종류
  ㉠ 저탄소강 : <u>탄소강이 0.3% 이하의 강</u>으로 가공성이 우수하고, 단접은 양호하다. 하지만 열처리가 불량하다. 극연강, 연강, 반경강이 있다.
  ㉡ 고탄소강 : <u>탄소량이 0.3% 이상의 강</u>으로 경도가 우수하고, 열처리가 양호하다. 하지만 단접이 불량하다. 반경강, 경강, 최경강이 있다.

> **고탄소강 용접균열 방지법**
> • 용접전류를 낮게 한다. 속도를 느리게 한다.
> • 예열 및 후열처리를 한다.
> • 용접봉은 저수소계를 사용, 층간 용접온도를 지킨다.

  ㉢ 기계 구조용 탄소 강재 : 저탄소강(0.08 ~ 0.23%) 구조물, 일반 기계 부품으로 사용한다.
  ㉣ 탄소 공구강 : 고 탄소강(0.6 ~ 1.5%), 킬드강으로 제조한다.

ⓜ 주강 : 수축률이 주철의 2배, 융점(1600)이 높고 강도는 크나 유동성이 작다. 응력, 기포가 발생하여 조직이 억세므로, 주조 후 풀림이 필요하다.
ⓗ 쾌삭강 : 강에 S, Zr, Pb, Ce 등을 첨가하여 피 절삭성을 향상시킨 강이다.
ⓢ 침탄강 : 표면에 C를 침투시켜 강인성과 내마멸성을 증가시킨 강이다.

⑤ 탄소강에 함유된 성분과 그 영향

원소(성분)	영향
C	• 인장 강도, 경도, 항복점 증가 • 연신율, 충격값, 비중, 열전도 또는 감소
Mn	• 인장 강도, 경도, 인성, 점성 증가 • 연성 감소 • 담금질성 향상 • 황의 해를 제거 • 탈산제 • 결정립의 성장 방해
Si	• 인장강도, 탄성 한도, 경도 증가 • 주조성(유동성) 증가 • 연신율, 충격 값 저하 • 결정립 조대화, 가공성 및 용접성 저하 • 탈산제
S	• 인성, 변형률, 충격치 저하 • 용접성을 저하 • 적열 취성에 원인이 된다. • 0.25% 정도 첨가하여 피 절삭성 개선
P	• 연신율 감소, 편석 발생 • 결정립을 거칠게 하며 냉간 가송성 저하 • 청열 취성에 원인
H	• 헤어크랙 및 은점의 원인
Cu	• 부식 저항 증가 • 압연 할 때 균열 발생

> 용융금속의 유동성을 좋게 하므로 탄소강 중에서 0.2~0.6% 정도 함유되어 있으며 이것이 함유되면 단접성 및 냉간가공을 해치고 충격 저항을 감소시키는 원소
> • Si

⑥ 강의 조직

ⓖ 페라이트(α, δ) : 일명 지철이라고도 하며 순철에 가까운 조직으로 극히 연하고 상온에서 강자성체인 체심 입방 격자 조직이다.

ⓛ 펄라이트($\alpha + Fe_3C$) : 726℃에서 오스테나이트가 페라이트와 시멘타이트의 층상의 공석정으로 변태한 것으로 페라이트보다 경도, 강도는 크며 자성이 있다.

ⓒ 시멘타이트(Fe_3C) : 고온의 강 중에서 생성하는 탄화철을 말하며 경도가 높고 취성이

많으며 상온에서 강자성체이다.
- ㉣ 오스테나이트(γ) : γ철에 탄소를 고용한 것으로 탄소가 최대 2.11% 고용된 것으로 723℃에서 안정된 조직이며, 상자성체이다.
- ㉤ 레데뷰라이트 : $\gamma + Fe_3C$

시험 포인트

철의 분류
1. 탄소강
    ① 순철
    ② 탄소강
2. 특수강
    ① 구조용 특수강
    ② 공구용 특수강
    ③ 특수용도 특수강
3. 주철
    ① 보통 주철
    ② 고급 주철
    ③ 특수 주철

순철의 변태
A_2 변태(자기변태) - 768℃
A_3 변태(동소변태) - 912℃ $\alpha \leftrightarrow \gamma$
A_4 변태(동소변태) - 1400℃ $\gamma \leftrightarrow \delta$
A_1 변태 - 210℃

탄소강에서 생기는 취성
1. 청열취성 - P - Ni로 방지
2. 적열취성 - S - Mn으로 방지
3. 상온취성 - P

탄소강의 종류
1. 저탄소강
2. 고탄소강
3. 기계 구조 등 탄소강
4. 탄소 공구강
5. 주강
6. 쾌삭강
7. 침탄강

용접 시 전류밀도가 가장 높은 것
1. 불활성가스 금속아크용접(MIG)
2. 티그의 2배, 일반용접의 4 ~ 6배
3. 용적이행은 스프레이형

기준점
1. 연납과 경납의 기준 : 450℃
2. 비중의 기준 : 티탄(4.5)
3. 저융점의 기준 : 주석 (232℃)
4. 공석강 : 0.86%
5. 냉간가공과 열간가공의 기준 : 재결정 온도
6. 공정주철 : 4.3%

SS300, SWS300 – 인장강도
- SMC300C – 300은 탄소 함유량

인장 강도, 경도 증가
- Mn, Si, C

C 함유량이 증가 시 영향
1. 인장강도, 경도, 항복점 증가
2. 연신율, 충격값, 열전도 도는 감소
3. 용접성 감소

Mn 증가 시 영향
1. 담금질성 향상
2. 탈산제
3. 황의 해를 제거
4. 결정됨의 성장을 방해

강의 조직
1. 페라이트(α, δ)
2. 펄라이트($\alpha + Fe_3C$)
3. 시멘타이트(Fe_3C)
4. 오스테나이트(γ)
5. 레데뷰라이트($\gamma + Fe_3C$)

뜨임 취성 방지 원소
- Mo, V, W

3 특수강

(1) 특수강의 정의

특수강은 탄소강에 다른 원소를 첨가하여 강의 기계적 성질을 개선시킨 강을 말하며, 특수한 성질을 부여하기 위하여 사용하는 특수 원소로는 Ni, Mn, W, Cr, Mo, V, Al 등이 있다.

(2) 첨가 원소의 영향

첨가 원소	영향
Ni	인성 증가, 저온 충격 저항 증가
Cr	내마모성, 내식성 증가
Mo	뜨임 취성 방지
Mn	고온에서 강도 경도 증가, 탈산제
Si	전기 특성 및 내열성 양호, 탈산제 유동성 증가

▨ Mo, V, W 등은 취성을 방지한다.

▨ 합금강에 티탄을 약간 첨부하였을 때 얻는 효과
- 결정입자의 미세화

▨ 자기변형이 감소되어 자성이 개선되며, 전기저항도가 향상되어 전류의 손실이 작아져서 철심재료로 많이 쓰이는 것
- 규소강
- 순철은 전기재료 변압기의 철심에 많이 사용

(3) 특수강의 분류

특수강의 분류	종류
구조용 특수강	강인강, 표면 경화용강, 스프링강, 쾌삭강 등
공구용 특수강	합금 공구강, 고속도강, 다이스강 등
특수용도 특수강	내식용, 내열용, 베어링강, 불변강 등

① 구조용 특수강

분류	종류		특징
강인강 (인장 강도, 탄성 한도, 연율, 충격치 등의 성질이 우수하고 가공성 및 내식성이 좋다.)	Ni강		• Ni 1.5 ~ 5% • 질량 효과가 적고 자경성을 가진다.
	Cr강		• Cr 1 ~ 2% • 자경성이 있어도 경도 증가 • 내마모성 및 내식성 개선
	Mn강	저Mn강 Mn 1-2%	• Mn 1 ~ 2% • 일명 듀콜강 • 조직은 펄라이트 • 용접성 우수 • 내식성 개선 위해 Cu첨가
		고Mn강 Mn10-14%	• Mn 10 ~ 14% • 하드 필드강 수인강 • 조직은 오스테 나이트 • 경고가 커서 내마모재 • 광산 기계 칠드 로울러
	Ni-Cr강		• Cr 1% 이하 • 일명 SNC • 뜨임 취성이 있다. • -850℃에서 담금질하고 600℃에서 뜨임하여 솔바이트 조직
	Ni-Cr-Mo강		• Mo 0.15 ~ 0.3첨가로 뜨임 취성 방지 • 가장 우수한 구조용강
	Cr-Mo강		• SNC 대용품
	Cr-Mn-Si강		• 크로만실 • 철도용, 크랭크축 등
	쾌삭강 (피절삭성 향상)	S, Pb	• 강도를 요하지 않는 부분에 사용
	표면경화 용강	침탄강	• Ni, Cr, Mo 첨가
		질화강	• Al, Cr, Mo, Ti, V 등 첨가
	스프링강	Si-Mn, Cr-Mn, Cr-V, SUS	• 자동차 내식, 내열 스프링

> ▨ 자경성 : Ni, Mn, Cr 등의 합금 원소를 포함한 것은 공기 중에 냉각만 하여도 경화되어 물이나 기름 중에 냉각할 필요가 없다.
>
> ▨ 망간 10 - 14%의 강은 상온에서 오스테나이트 조직을 가지며 내마멸성이 특히 우수하며 각종 광산기계 기차레일의 교차점, 냉간인발용의 드로잉 다이스 등에 이용되는 강은?
> - 하드필드 강(고 Mn강)
>
> ▨ 저망간강
> - Mn 1 ~ 2%, 듀콜강, 펄라이트 조직, 용접성우수, 내식성개선 cu첨가

② 공구용 특수강
  ㉠ 고온경도, 내마모성, 강인성이 크며, 열처리가 쉬운강
  ㉡ 공구용 특수강에 분류

분류	종류(성분 원소)	특징
합금 공구강 (STS)	탄소 공구강에 Cr, Ni, W, V, Mo 등을 1 ~ 2종 첨가	• 내마모성 개선 • 담금질 효과 개선 • 결정의 미세화
고속도강 (SKH)	W 고속도강 W : Cr : V 18 : 4 : 1	• 600℃ 경도 유지 • 표준형 고속도강으로 일명 H. S. S. • 예열 : 800 ~ 900℃ • 1차 경화 1250 ~ 1300℃ 담금질 • 2차 경화 550 ~ 580℃에서 뜨임
	Co 고속도강	• 표준형에 Co 3% • 경도 및 점성 증가
	Mo 고속도강	• Mo 첨가로 뜨임 취성 방지
주조 경질 합금	스텔라이트 Co-Cr-W	• 단조가 곤란하여 주조한 상태로 연삭하여 사용 • 절삭 속도는 고속도강의 2배이나 인성은 떨어짐
소결 경질 합금	초경 합금 WC - Co TiC - Co TaC - Co	• Co 점결제 • 수소 기류 중에서 소결 • 1차 소결 : 800 ~ 1000℃ • 2차 소결 : 1400 ~ 1450℃ • D(다이스), G(주철), S(강절삭용) • 열처리 불필요 • 내마모성 및 고온 경도는 크나 충격에 약하다.
비금속 초경 합금	세라믹 Al_2O_3	• 1600℃에서 소결 • 충격에 대단히 약하다. • 고온 절삭, 고속 가공용
시효 경화 합금	Fe - W - Co	• 뜨임 경도가 높고 내열성이 우수 • 고속강 보다 수명이 길고 석출 경화성이 크다.

③ 특수용도 합금강

분류	종류(성분 원소)	특징
스테인레스강 (SUS)	페라이트계 (Cr 13%)	• 강인성 및 내식성이 있다. • 열처리에 의해 경화가 가능하다. • 용접은 가능하다. • 자성체이다.
	마텐자이트계	• 13Cr을 담금질하여 얻는다. • 18Cr보다 강도가 좋다. • 자경성이 있으며 자성체이다. • 용접성이 부량하다.
	오스테나이트계 (Cr(18)-Ni(8))	• 내식, 내산성이 13Cr 보다 우수 • 용접성이 SUS중 가장 우수 • 담금질로 경화되지 않는다. • 비자성체이다.
내열강	Al, Si, Cr을 첨가 산화피막형성	• 고온에서 성질이 변하지 않는다. • 열에 의한 팽창 및 변형이 적다. • 냉간·열간 가공, 용접이 쉽다. • 탐켄, 해스텔로이, 인코넬, 서미트 등이 있다.
자석강(SK)	Si강	• 잔류 자기 항장력이 크다.
베어링강	고탄소 크롬강	• 내구성이 크다. • 담금질 직후 반드시 뜨임 필요
불변강	인바 (Ni 36%)	• 팽창 계수가 적다. • 표준척, 열전쌍, 시계 등에 사용
	엘린바 (Ni(36)-Cr(12))	• 상온에서 탄성률이 변하지 않음 • 시계 스프링, 정밀 계측기 등
	플래티 나이트 (Ni 10 ~ 16%)	• 백금 대용 • 전구, 전공관 유리의 봉입선 등
	퍼멀로이 (Ni 75 ~ 80%)	• 고 투자율 합금 • 해전 전선의 장하 코일용 등
	기타	• 코엘린바, 초인바, 이소에라스틱

▧ 담금질이 가능한 스테인리스강으로 용접 후 경도가 증가하는 것
• STS 410

▧ 스테인리스강 (Cr : Ni)
• 18-8 오스테나이트강의 특징은 예열하지 않는다.
• Cr 13%는 페라이트, 마텐자이트
• 페라이트를 열처리 – 마텐자이트

- 종류 : 오스테나이트(비자성), 페라이트, 마텐자이트
  1) 예열하지 않음
  2) 층간온도 320°C를 지킨다.
  3) 용접봉은 얇고 모재와 같은 종으로
  4) 낮은 전류로 용접입열을 줄인다.
  5) 짧은 아크 유지, 크레이터 처리 할 것

시험 포인트

특수강의 분류
1. 구조용 특수강
2. 공구용 특수강
3. 특수용도 특수강

구조용 특수강
1. 강인강 : 저망간강, 고망간강
2. 쾌삭강
3. 표면경화용강 : 침탄강, 질화강
4. 스프링강

Mn 첨가
- 고온에서 강도, 경도 증가. 탈산제

공구용 특수강
1. 합금 공구강(STS)
2. 고속도강(SKH)
3. 주조경질합금(스텔라이프 Co-Cr-O)
4. 소결 경질 합금(조경 합금)
5. 비금속 초경합금
6. 시효 경화 금속

특수용도 합금강
1. 스테인리스강(3) - 페. 마. 오(SUS)
2. 내열강
3. 자석강(SK)
4. 베어링강
5. 불변강(Ni 합금강)
   ① 인바(Ni : 36%) 열전쌍, 시계 등
   ② 엘린바(Ni36% - Cr12%) 시계스프링, 정밀계측기
   ③ 플래티나이트(Ni:10 ~ 16%) : 전구, 공관의 유리봉입선
   ④ 퍼멀로이(Ni : 75% ~ 80%) 해저전선의 장하코일
   ⑤ 코엘린바, 수퍼인바, 초인바, 이스에라스틱

> **분말야금에 의하여 만들어진 것**
> - 초경합금(상품명 위디아)
> - 상품명
>   - 티그 : 알곤용접, 헬륨아크용접
>   - 서브머지드 : 링컨용접, 유니언멜트용접
>
> **서멧(cermet)**
> - 용융점이 높은 코발트 분말과 1~5μm 정도의 세라믹, 탄화텅스텐 등의 입자들을 배합하여 확산과 소결공정을 거쳐서 분말야금법으로 입자강화 금속 복합재료를 제조한 것

> ➕ 니켈강은 니켈에 소량의 탄소를 함유한 강으로 가열 후 공기 중에 방치하여도 담금질 효과를 나타내는데 이와 같은 현상
> - 기경성(air hardening)
>
> ➕ Ti(티탄)의 용접 시 주의점
> - 비강도가 대단히 크면서 내식성이 아주 우수하고 600℃ 이상에서는 산화 질화가 빨라 티그용접 시 용접 토치에 특수실드장치가 반드시 필요하다.

4 주철

(1) 주철의 개요

① 주철의 탄소 함유량은 1.7~6.68%의 강이다.

② 실용적 주철은 2.5~4.5%의 강이다.

③ 전·연성이 작고 가공이 안 된다.

④ 비중 7.1~7.3으로 흑연이 많아질수록 낮아진다.

⑤ 담금질, 뜨임은 안 되나 주조 응력의 제거 목적으로 풀림 처리는 가능하다.

⑥ 자연 시효 : 주조 후 장시간 방치하여 주조 응력을 증가하는 것이다.

⑦ <u>주철의 성장</u> : 고온에서 장시간 유지 또는 가열 냉각을 반복하면 주철의 부피가 팽창하여 변형 균열이 발생하는 현상

　㉠ <u>Fe_3C의 흑연화에 의한 성장</u>

　㉡ <u>A_1 변태에 따른 체적의 변화</u>

　㉢ 페라이트 중의 규소의 산화에 의한 팽창

　㉣ 불균일한 가열로 인한 팽창

⑧ 흑연화
   ㉠ 촉진제 : Si, Ni, Ti, Al
   ㉡ 흑연화 방지제 : Mo, S, Cr, V, Mn
⑨ 전 탄소량 : 유리 탄소와 화합 탄소를 합친 양
⑩ 탄소 함유량이 4.3% 공정 주철 1.7 ~ 4.3% 아공정 주철 4.3% 이상 과공정 주철이다.

(2) 주철의 장·단점

장 점	• 용융점이 낮고 유동성(주조성)이 좋다. • 마찰 저항성이 우수하다. • 가격이 저렴하며 절삭 가공이 된다. • 내식성이 있다. • 압축 강도가 크다(인장 강도의 3 ~ 4배).
단 점	• 인장 강도가 작다. • 충격 값이 작다. • 상온에서 가단성 및 연성이 없다. • 용접이 곤란하다.

(3) 주철의 조직

① 펄라이트와 페라이트가 흑연으로 구성
② 주철 중의 탄소의 형상
   ㉠ 유리 탄소(흑연) - Si 많고 냉각 속도가 느릴 때 회주철
   ㉡ 화합 탄소(Fe_3C) - Si 적고 냉각 속도가 빠를 때 백주철
③ 흑연화 : 화합 탄소가 3Fe와 C로 분리되는 것
④ 흑연화의 영향 : 용융점을 낮게 하고 강도가 작아진다.
⑤ 마우러 조직 선도 : C, Si의 양, 냉각 속도에 따른 조직의 변화를 표시한 것

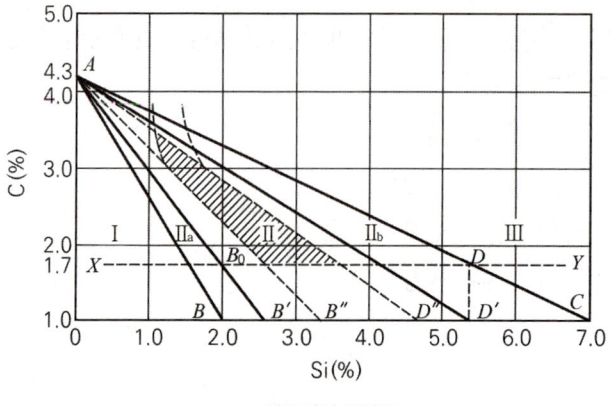

마우러의 조직도

㉠ 백주철 : 펄라이트 + 시멘타이드
㉡ 반주철 : 펄라이트 + 시멘타이트 + 흑연
㉢ 펄라이트 주철 : 펄라이트 + 흑연
㉣ 보통주철 : 펄라이트 + 페라이트 + 흑연
㉤ 극연 주철 : 페라이트 + 흑연

> **주철과 비교한 주강에 대하여**
> - 주철에 비하여 강도가 클 필요가 있을 때
> - 주철에 비하여 용접 보수가 유리하다.
> - 주철에 비하여 주조 시 균열 발생이 쉽다.
> - 주철에 비하여 용융점이 높고 수축률은 작다.
> - 주철에 비하여 보수가 용이/기계적성질이 우수
> - 주철로서 강도가 부족할 때 사용

⑥ 스테타이트 : $Fe - Fe_3C - Fe_3P$의 3원 공정 조직 내마모성이 강해지나 오히려 다량일 때는 취약해 진다.

> **펄라이트(고급주철의 바탕에 쓰이는 조직)**
> - 구조용 부품이나 홀더 등에 이용되며 열처리에 의하여 니켈 - 크롬 주강에 비교될 수 있을 정도의 기계적 성질을 가지고 있는 저망간 주강의 조직이다.
>
> **주철의 조직 중에서 규소량이 적으며 냉각 속도가 빠를 때 많이 나타나는 조직**
> - 시멘타이트

(4) 주철의 종류

① 보통주철(회 주철 GC 1 ~ 3종)
  ㉠ 인장 강도 10 ~ 20kg/mm^2
  ㉡ 조직은 페라이트 흑연으로 주물 및 일반 기계 부품에 사용
  ㉢ C = 3.2 ~ 3.8% Si=1.4 ~ 2.5%

② 고급 주철(회 주철 GC:4 ~ 6)
  ㉠ 펄라이트 주철을 말한다.
  ㉡ 인장 강도 25kg/mm^2 이상
  ㉢ 고강도를 위하여 C, Si량을 작게 한다.
  ㉣ 조직 펄라이트 + 흑연으로 주로 강도를 요하는 기계 부품에 사용
  ㉤ 종류로는 란쯔, 에멜, 코살리, 파워스키, 미하나이트 주철이 있다.

③ 특수 주철의 종류

종류	특징
미하나이트 주철	• 흑연의 형상을 미세 균일하게 하기 위하여 Si, Si-Ca분말 을 첨가하여 흑연의 핵 형성을 촉진한다. • 인장 강도 35 ~ 45kg/mm^2 • 조직 : 펄라이트 + 흑연(미세) • 담금질이 가능하다. • 고강도 내마멸, 내열성 주철 • 공작 기계 안내면, 내연 기관 실린더 등에 사용
특수합금 주철	• 특수 원소 첨가하여 강도, 내열성, 내마모성 개선 • 내열 주철(크롬 주철) : Austenite 주철로 비자성 • 내산 주철(규소 주철) : 절삭이 안 되므로 연삭 가공에 의하여 사용 • 고Cr주철 : 내식, 내마성 개선
구상흑연 주철	• 용융 상태에서 Mg, Ce, Mg-Cu 등을 첨가하여 흑연을 편상에서 구상화로 석출시킨다. • 기계적 성질 인장, 강도는 50 ~ 70kg/mm^2(주조상태), 풀림 상태에서는 45 ~ 55kg/mm^{2}이다. 연신율은 12 ~ 20% 정도로 강과 비슷하다. • 조직은 Cementite형(Mg첨가량이 많고, C, Si가 적고 냉각 속도가 빠를 때 Pearlite형(Cementite와 Ferrite의 중간), Ferrite형(Mg양이 적당, C 및 특히 Si가 많고, 냉각 속도 느릴 때) 만들어진다. • 성장도 적으며, 산화되기 어렵다. • 가열 할 때 발생하는 산화 및 균열 성장이 방지
칠드주철	• 용융 상태에서 금형에 주입하여 접촉면을 백주철로 만든 것 • 각종 롤러 기차 바퀴에 사용한다. • Si가 적은 용선에 망간을 첨가하여 금형에 주입
가단주철	• 백심 가단 주철(WMC) 탈탄이 주목적 산화철을 가하여 950℃에서 70 ~ 100시간 가열 • 흑심 가단 주철(BMC) Fe$_3$C의 흑연화가 목적 • 1단계(850 ~ 950℃ 풀림) 유리 Fe$_3$C → 흑연화 • 2단계(680 ~ 730℃ 풀림) Perlite중에 Fe$_3$C → 흑연화 • 고력 펄라이트 가단 주철(PMC) 흑심 가단 주철에 2단계를 생략한 것 • 가단 주철의 탈탄제 : 철광석, 밀 스케일, 헤어 스케일 등의 산화철을 사용

- ➕ 펄라이트 바탕에 흑연이 미세하고 고르게 분포되어 있으며 내마멸성이 요구되는 피스톤링 등 자동차 부품에 많이 쓰이는 주철
- 미하나이트 주철
  1) 흑연의 형상을 미세화를 위해 Si, Si-Cu첨가
  2) 인장강도 30-35kg/mm^2
  3) 조직 : 펄라이트 + 흑연
  4) 담금질 가능
  5) 고강도 내마멸, 내열성 주철
  6) 공작기계의 안내면, 내연기관의 실린더 등

- ➕ 구상화풀림
- 구상화 열처리는 A1 변태점 아래나 위의 온도에서 일정 시간을 유지한 다음 시멘타이트는 미세하게 분리되면서 계면 장력에 따라 구상화 된다. 650°C ~ 700°C

- ➕ 주철의 후열처리 온도
- 500 ~ 600℃

- ➕ 흑연화의 촉진제
- Si , Ni, Ti, Al
- 흑연화 : $3Fe^+ + C^-$ 로 분리 되는 것

- ➕ 주철 중 구상흑연과 편상 흑연의 중간 형태의 흑연으로 형성된 조직을 갖는 주철
- CV주철

시험 포인트

주철의 보수법
1. 비녀장법
2. 스터드법
3. 로킹법
4. 버터링법

주철
1. 펄라이트와 페라이트가 흑연으로 구성
2. 유리 탄소(Fe_3 + C) - Si가 많고 냉각 속도가 느리다(회주철).
3. 화합탄소(Fe_3C) - Si가 적고 냉각속도가 빠르다(백주철).
4. 흑연화는 $Fe_3C \rightarrow 3Fe + C$ - 탄소가 분리되는 것

주철의 성장
1. Fe_3C의 흑연화에 의한 성장
2. A_1 변태에 따른 체적의 변화
3. 페라이트 중의 규소의 산화에 의한 팽창
4. 불균일한 가열로 인한 팽창

주철의 종류
1. 보통주철
2. 고급주철
3. 특수주철

특수 주철의 종류
1. 미하나이트 주철
2. 특수하급 주철
3. 구성흑면 주철
4. 칠드 주철
5. 가단 주철

가단 주철의 종류
1. 백심 가단주철
2. 흑심 가단주철
3. 고력 펄라이트 가단주철

기준점
1. 연납과 경납의 기준 : 450
2. 저융점의 기준 : 주석(232)
3. 냉간가공과 열간가공의 기준 : 재결정온도
4. 비중의 기준 : 티탄(4.5)
5. 공석강 : 0.77%
6. 공정주철 : 4.3%

CHAPTER 03 열처리

1 일반 열처리

(1) 열처리의 목적
금속을 적당한 온도로 가열 및 냉각시켜 특별한 성질을 부여하는데 있다.

(2) 담금질

① 강을 A_3 변태 및 A_1선 이상 30 ~ 50℃로 가열한 후 수냉 또는 유냉으로 급랭 시켜서 강을 강하게 경도를 높이는 방법

② 조직
   ㉠ 마텐자이트(Martensite) : 강을 수냉한 침상 조직으로 강도는 크나 취성이 있다.
   ㉡ 트루스타이트(troostite) : 강을 유냉한 조직으로 α-Fe과 Fe_3C의 혼합 조직
   ㉢ 솔바이트(Sorbite) : 공냉 또는 유냉 조직으로 α-Fe과 Fe_3C의 혼합 조직이다. 강도와 탄성을 동시에 요구하는 구조용 재료로 사용한다.
   ㉣ 펄라이트 : α-Fe과 Fe_3C의 침상 조작으로 노중 냉각하여 얻는 조직으로 연성이 크고, 상온 가공과 절삭성이 양호하다.

③ 서브제로 처리(심랭 처리) : 담금질 직후 잔류 오스테나이트를 없애기 위해서 0℃ 이하로 냉각하는 것

④ 질량 효과 : 재료의 크기에 따라 내·외부의 냉각 속도가 틀려져 경도가 차이나는 것을 질량 효과라 한다.

⑤ 각 조직의 경도 순서 : M > T > S > P > A > F

⑥ 냉각 속도에 따른 조직 변화 순서 : M(수냉) > T(유냉) > S(공랭) > P(노냉) 이중 Pearlite는 열처리 조직이 아니다.

⑦ 담금질 액
   ㉠ 소금물 : 냉각 속도가 가장 **빠름**
   ㉡ 물 : 처음은 경화 능이 크나 온도가 올라갈수록 저하
   ㉢ 기름 : 처음은 경화 능이 작으나 온도가 올라갈수록 커진다.

> ▩ 질량효과를 개선시키는 원소
> - B
> - 재료의 내·외부에 열처리 효과의 차이가 생기는 현상

(3) 뜨임

① 담금질 된 강을 A_1을 변태 점 이하로 가열 후 냉각시켜 담금질로 인한 취성을 제거하고 경도를 떨어뜨려 <u>강인성을 증가시키기 위한 열처리</u>이다.

② 뜨임의 종류
   ㉠ 저온 뜨임 : 내부 응력만 제거하고 경도 유지 150℃
   ㉡ 고온 뜨임 : Sorbite 조직으로 만들어 강인성 유지 뜨임 온도는 500~600℃이다.

③ 뜨임 조직의 변화 : A→M→T→S→P

④ 뜨임 취성의 종류
   ㉠ 저온 뜨임 취성 : 300~350℃ 정도에서 충격치가 저하
   ㉡ 뜨임 시효 취성 : 500℃ 정도에서 시간에 경과와 더불어 충격치가 저하되는 현상으로 Mo 첨가로 방지 가능
   ㉢ 뜨임 서냉 취성 : 550~650℃ 정도에서 수냉 및 유냉한 것보다 서냉하면 취성이 커지는 현상

(4) 불림

가공 재료의 <u>잔류 응력을 제거하여 결정 조직을 균일화</u>한다. 공기 중 공랭하여 미세한 Sorbite 조직을 얻는다.

> ▩ A_3에 가열 후 공냉시켜 표준화하는 열처리
> - 불림

(5) 풀림 : 재질의 연화를 목적으로 노내에서 서냉한다.

① 풀림의 목적 : <u>내부 응력 제거</u>

② 풀림의 종류
   ㉠ 고온 풀림 : 완전 풀림, 확산 풀림, 항온 풀림
   ㉡ 저온 풀림 : 응력 제거 풀림, 재결정 풀림, 구상화 풀림 등

심냉처리(서브제로처리)
- 담금질된 강의 경도를 증가시키고 시효변형을 방지하기 위한 목적으로 0°C 이하의 온도에서 처리하는 것

시험 포인트

열처리
1. 일반 열처리
2. 특수 열처리

일반 열처리
1. 담금질(퀜칭) : 강도, 경도증가, 소금물 최대효과, Cr은 담금질 효과증대
2. 뜨임(템퍼링) : 담금질로 인한 취성제거, 강인성증가
   (MO, W, V)   (가열 후 냉각)
3. 풀림(어닐링) : 재질의 변화, 내부응력제거, 서냉
   ↳ 국부풀림 625±25
4. 불림(노멀라이징) : 조직의 균일화, 공랭, 미세조직화
   A_3변태점

특수열처리
1. 항온 열처리
2. 표면 경화법
   - 탄소강은 급랭할 때 – 조직변화는 치밀해진다.
   - 강의 열처리 중 냉각 속도가 빠른 경우 층상조직을 나타낸다.

노내풀림법
- 두께가 다른 용접물은 두꺼운 용접물을 기준으로 열처리

풀림의 목적
1. 내부 응력 제거
2. 결정의 미세화
3. 조직의 연화
4. 가공 경화 현성 개선
5. 결정립의 구상화

전기로에서 응력제거
- 얇은 부위를 기준으로 한다.

2 특수 열처리

(1) 항온 열처리

① 효과 : 담금질과 뜨임을 같이 하므로 균열 방지 및 변형 감소의 효과

② 방법 : 강을 A_1 변태 점 이상으로 가열한 후 변태점 이하의 어느 일정한 온도로 유지된 항온 담금질욕 중에 넣어 일정한 시간 항온 유지 후 냉각하는 열처리이다.

③ 특징 : 계단 열처리 보다 균열 및 변형 감소와 인성이 좋다. 특수강 및 공구강에 좋다.

④ 종류

  ㉠ 오스템퍼 : 베이나이트 담금질로 뜨임이 불필요하다.

  ㉡ 마템퍼 : 마텐자이트와 베이나이트의 혼합 조직으로 충격치가 높아진다.

  ㉢ 마퀜칭 : S곡선의 코 아래에서 항온 열처리 후 뜨임으로 담금 균열과 변형이 적은 조직이 된다.

  ㉣ 타임퀜칭 : 수중 혹은 유중 담금질하여 300 ~ 400℃ 정도로 냉각시킨 후 다시 수랭 또는 유냉 하는 방법

  ㉤ 항온뜨임 : 뜨임 작업에서 보다 인성이 큰 조직을 얻을 때 사용하는 것으로 고속도강, 다이스강의 뜨임에 사용한다.

  ㉥ 항온풀림 : S곡선의 코 혹은 다소 높은 온도에서 항온 변태 후 공랭하여 연질의 펄라이트를 얻는 방법

(2) 표면 경화법

① 침탄법

  ㉠ 고체 침탄법 : 침탄제인 코크스 분말이나 목탄과 침탄 촉진제(탄산 바륨, 적혈염, 소금)를 소재와 함께 900 ~ 950℃로 3 ~ 4시간 가열하여 표면에서 0.5 ~ 2mm의 침탄층을 얻음

  ㉡ 액체 침탄법 : 침탄제인 NaCN, KCN에 염화물 NaCl, KCl, $CaCl_2$ 등과 탄화염을 40 ~ 50% 첨가하고 600 ~ 900℃에서 용해하여 C와 N가 동시에 소재의 표면에 침투하게 하여 표면을 경화시키는 방법으로 침탄 질화법이라고도 한다.

  ㉢ 가스 침탄법 : 메탄 가스, 프로판 가스 등에 탄화 수소계 가스를 이용한 침탄법이다. <u>대량생산도 가능</u>하다.

② 질화법

  암모니아(NH_3) 가스를 이용하여 <u>520℃에서 50 ~ 100시간 가열</u>하면 Al, Cr, Mo등이 질화되며 질화가 불필요하면 Ni, Sn 도금을 한다.

③ 침탄법과 질화법의 비교

비교내용	침탄법	질화법
경도	작다.	크다.
열처리	필요	불필요
변형	크다	적다
수정	가능	불가능
시간	단시간	장시간
침탄층	단단하다.	여리다.

④ 금속 침탄법 : 내식, 내산, 내마멸을 목적으로 금속을 침투시키는 열처리

　㉠ 세라 다이징 : Zn

　㉡ 크로 마이징 : Cr

　㉢ 칼로라이징 : Al

　㉣ 실리코 나이징 : Si

⑤ 화염 경화법 : 산소–아세틸렌 화염으로 표면만 가열하여 냉각시켜 경화

⑥ 고주파 경화법 : 고주파 열로 표면을 열처리 하는 방법으로 경화시간이 짧고 탄화물을 고용시키기가 쉽다.

⑦ 기타 : 방전 경화법, 하드 페이싱, 메탈 스프레이, 쇼트 피니싱 등이 있다.

시험 포인트

항온 열처리
1. 오스템퍼
2. 마템퍼
3. 마퀜칭
4. 타임퀜칭
5. 항온뜨임
6. 항온풀림

표면 경화법
1. 침탄법(고체, 액체, 가스)
2. 질화법 – 암모니아가스이용
3. 금속침투법 – 내식, 내산, 내마멸성을 증가시킬 목적으로 금속을 침투 시키는 열처리
   - 크로마이징 : Cr
   - 칼로라이징 : Al
   - 브로마이징 : Br
   - 세라다이징 : Zn
   - 실리코나이징 : Si

4. 화염경화법 : 산소-아세틸렌 화염으로 표면가열 경화
   1) 높은 표면경도를 얻는다.
   2) 처리 시간이 길다.
   3) 내식성 증가
   4) 내마멸성 커진다.
5. 고주파경화법
6. 기타
   방전 경화법, 하드페이싱, 메탈스프레이, 쇼트피니싱
   - 하드페이싱 : 소재표면에 스텔라이트나 경합금 등을 융접 또는 압접으로 융착시키는 표면 경화법이다. 융접 또는 압접 하는 것
   - 숏피닝 : 주철로 된 작은 입자들을 고속 분사하여 표면경도를 높이는 처리법

표면 경화 열처리
1. 물리적 표면 경화 : 화염경화, 고주파경화, 하드페이싱 쇼트피이닝
2. 화학적인 표면 경화 : 침탄법, 질화법, 청화법, 침유법, 금속침투법

◎ 질화법은 침탄강보다 경도가 높고, 변형이 적지만 반드시 질화감이어야 질화가 가능하다.

CHAPTER 04 비철 금속과 그 합금

1 구리와 그 합금

(1) 구리의 제련
① 황동광, 휘동광, 적동광(구리 광석) → 용광로 → 매트 → 전로 → 조동
② 조동을 전기 정련하면 전기 구리, 반사로에서 정련하면 형구리이다.

(2) 구리의 종류
① 전기구리 : 전기분해에 의해 정련한 구리를 말하며 순도가 99.8%이다.
② 정련구리 : 전기구리를 용융정제 전기, 열전도율 크고 내식, 전연성이 좋아 판, 선, 봉으로 사용
③ 탈산구리 : 인으로 탈산하여 산소를 0.01% 이하로 만든 구리이다.
④ 무산소구리 : 탈산제로 산소를 제거하여 유리에 대한 봉착성이 좋고 수소의 취성이 없는 시판동이다.

(3) 구리의 성질
① 비중은 8.96 용융점 1083℃이며 변태점이 없다.
② 비 자성체이며 전기와 열의 양도체이다.
③ 경화 정도에 따라 경질(H), 연질(O)로 구분한다.
④ 인장 강도는 가공도 70%에서 최대이며 600 ~ 700℃에서 30분간 풀림하면 연화된다.
⑤ 황산, 염산에 용해되며 습기 탄산가스 해수에 녹이 생긴다.
⑥ 수소병이라 하여 환원 여림에 일종으로 산화 구리를 환원성 분위기에서 가열하면 수소가 동 중에 확산 침투하여 균열이 발생하는 것이다.

(4) 구리의 합금
고용체를 형성하여 성질을 개선하여 α고용체는 연성이 커서 가공이 용이하나, β, δ 고용체는 가공성이 나빠진다.
① 황동(Cu+Zn)
  ㉠ 가공성, 주조성, 내식성, 기계적 성질이 개선된다.

- ⓛ Zn의 함유량이 30%에서 연신율이 최대이며, 40%에서는 인장 강도가 최대이다.
- ⓒ 자연 균열 : 냉간 가공에 의한 내부 응력이 공기 중에 암모니아 염류로 인하여 입간 부식을 일으켜 균열이 발생하는 현상으로 방지책으로는 도금법, 저온 풀림법이 있다.
- ⓔ 탈 아연 현상 : 해수에 침식되어 아연이 용해 부식되는 현상으로 염화 아연이 원인, 방지책으로는 아연 편을 연결한다.
- ⓜ 경년 변화 : 상온 가공한 황동 스프링이 사용할 때 시간의 경과와 더불어 스프링 특성을 잃는 현상이다.
- ⓗ 황동의 종류 : 아연 5% 길딩 메탈(화폐, 메달용), 15% 래드브라스(소켓체결구용), 20% 톰백(장신구) 등이 있다.

② 특수 황동

종류		성분	특징
연 황동		6:4 황동 + Pb(1 ~ 1.5%)	• 절삭성 개선(쾌삭 황동) • 강도와 연신율은 감소 • 시계용 치차 등
주석 황동	네이벌	6:4 황동 + Sn(1%)	• Zn의 산화 및 탈Zn방지 • 해수에 대한 내식성 개선 • 선박, 냉각용 등에 사용
	에드미럴티	7:3 황동 + Sn(1%)	
철황동 (델타메탈)		6:4 황동 + Fe(1% 내외)	• 강도 내식성 개선 • 선박, 광산, 기어 볼트 등
강력황동		6:4 황동 + Mn, Al, Fe, Ni, Sn	• 주조 가공성 향상 • 강도 내식성 개선 • 선박용 프로펠러, 광산 등
양은		7:3 황동 + Ni(15 ~ 20%)	• 부식 저항이 크고 주·단조 가능 • 가정 용품, 열전쌍, 스프링 등으로 사용
규소 황동		Cu(80 ~ 85%) Zn(10 ~ 16%) Si(4 ~ 5%)	• 일명 실진 • 내식성 주조성 양호 • 선박용
알루미늄 황동		Al 소량 첨가	• 내식성이 특히 강해짐 • 일브락, 알루미 브라스 등

▧ 황동에서 탈아연 부식의 방지책은?
- 아연 30% 이하의 황동을 사용
- 0.1 ~ 0.5%의 안티몬(Sb)를 첨가
- 1%의 주석(Sn)을 첨가

③ 청동(Cu+Sn)
   ㉠ 주조성, 강도 내마멸성이 좋다.
   ㉡ 주석의 4%에서 연신율 최대 15% 이상에서 강도, 경도 급격히 증대
   ㉢ 포금(Cu + Sn(10%) + Zn(2%)) : 청동의 구 명칭, 청동 주물의 대표, 내식·내수압성이 좋다.
④ 특수 청동
   ㉠ 인청동 : 탈산제인 P를 첨가하여 내마멸성 냉간 가공으로 인장 강도 탄성 한계 증가하여 스프링제, 베어링 밸브 시트에 사용
   ㉡ 베어링용 청동 : Cu+Sn(13 ~ 15%) 외측의 경도가 높은 δ조직으로 이루어짐
   ㉢ 납청동 : Pb은 Cu와 합금을 만들지 않고 윤활 작용을 하므로 베어링용으로 적합하다.
   ㉣ 켈밋 : Cu+Pb(30 ~ 40%) 열 전도, 압축 강도가 크고 마찰 계수가 작다. 고속 고하중용 베어링에 사용한다.
   ㉤ 알루미늄 청동 : 강도는 Al 10%에서 최대, 가공성은 8%에서 최대, 주조성은 나쁨, 내식, 내열·내마멸성이 크다. 자기 풀림이 발생하여 결정이 커진다.
⑤ 기타 구리 합금
   ㉠ 니켈 구리 합금 : 어드밴스(Ni44%), 콘스탄탄(Ni45%), 코슨합금, 쿠니알 청동이 있다.
   ㉡ 호이슬러 합금 : 강자성 합금. Cu-Mn-Al이 주성분
   ㉢ 오일레스 베어링 : 다공성 소결 합금 즉 베어링 합금의 일종으로 무게의 20 ~ 30% 기름을 흡수시켜 흑연 분말중에서 수소 기류로 소결시킨다. Cu-Sn-흑연 분말이 주성분이다.

시험 포인트

비철금속 합금
1. 구리 합금
2. 알루미늄 합금
3. 마그네슘 합금

구리 합금의 종류
1. 황동(Cu + Zn)
2. 특수황동
3. 청동(Cu + Sn)
4. 특수청동
5. 기타

황동(Cu+Zn)
1. 길딩화폐 : 아연 5% – 화폐, 메달용
2. 래드브라스 : 아연 15% – 소켓 체결구
3. 톰백 : 아연의 20% – 장신구
4. 문쯔메탈 : 6:4 황동
5. 네이벌 : 6:4 황동 + Sn%
6. 에드미널티 : 7:3 황동 + Sn 1%
7. 델타메탈 : 6:4 황동 + Fe 1%
8. 양은 : 7:3 황동 + Ni 15% – 선박 광산 기어 볼트

청동(Cu+Sn)
1. 포금 : Cu + Sn(10%) + Zn(2%) 청동 주물의 대포, 내식, 내수압성
2. 인청동 : Cu + Sn + P
3. 베어링 청동 : Cu + Sn(13 ~ 15%)
4. 납청동 : Cu + Sn + Pb
5. 켈밋 : Cu + Pb(30 ~ 40%)
6. 알루미늄청동 : Cu + Al(10%)

특수 황동
1. 연황동(6:4 + Pb 1.5%)
2. 주석 황동(네이벌 6:4 + Sn 1%)
3. 주석 황동(에드미널티 7:3 + Sn 1%)
4. 철황동(6:4 + Fe 1%)
5. 강력 황동(6:4 + Mn, Al, Fe, Ni)
6. 양은(7:3 + Ni 15%)
7. 규소 황동(Cu 80 : Zn 15 : Si 5)
8. 알루미늄 황동(Al 첨가)

특수 청동
1. 베어링 청동(Cu + Sn 13 ~ 15%)
2. 납청동(Cu + Pb)
3. 인청동(Cu + P)
4. 켈밋(Cu + Pb(30 ~ 40%)
5. 알루미늄 청동

2 알루미늄과 그 합금

(1) 알루미늄의 제조
보크 사이트, 명반석, 토혈암에서 제조

(2) 알루미늄의 성질
① 비중 2.7 용융점 660℃ 변태점이 없고 열 및 전기 양도체이다.
② 전·연성이 풍부하며 400 ~ 500℃에서 연신율이 최대이다.
③ 풀림 온도 250 ~ 300℃이며 순수 알루미늄은 유동성이 불량하여 주조가 안 된다.
④ 무기산 염류에 침식되나 대기 중에서는 안정한 산화 피막을 형성한다.

(3) 알루미늄의 특성과 용도
① Cu, Si, Mg 등과 고용체를 만들며 열처리로 석출 경화, 시효 경화시켜 성질을 개선한다.
② 송전선, 전기 재료, 자동차, 항공기, 폭약 제조 등에 사용한다.
③ 석출 경화 : 알루미늄의 열처리 법으로 급랭으로 얻은 과포화 고용체에서 과포화된 용해물을 석출시켜 안정시킴. 석출 후 시간에 경과에 따라 시효 경화된다.
④ 인공 내식 처리법 : 알루마이트법, 황산법, 크롬산법

> ▧ Al은 철강에 비하여 일반 용접법으로 용접이 곤란하다. 이유는?
> • 열팽창계수가 크기 때문에

(4) 주조용 알루미늄 합금
① 대표적인 것 : 실루민, 라우탈
  ㉠ Al – Cu : 주조성, 절삭성이 개선되지만 고온은 메짐, 수축균열이 있다.
  ㉡ Al – Si : 실루민으로 대표적인 주조용 알루미늄 합금이다.
② Al – Cu – Si : 라우탈이라 하여 규소 첨가로 주조성 향상 구리 첨가로 절삭성 향상된다.
③ Al–Cu–Ni–Mg Y합금이라 하며 대표적인 내열합금으로 내연 기관에 실린더에 사용한다.
④ 다이캐스트용 합금 : 유동성이 좋고 1000℃ 이하의 저온 용융 합금이며 Al–Cu계, Al–Si계 합금을 사용하여 금형에 주입시켜 만든다.
⑤ 개질(개량) 처리 방법
  ㉠ 열처리 효과가 없고 개질 처리(규소의 결정을 미세화)로 성질을 개선한다.
  ㉡ 개질 처리 방법 : 금속 나트륨 첨가법, 불소 첨가법, 수산화나트륨, 가성소다를 사용하는 방법

> ※ 합금의 주조직에 나타나는 si는 육각판상의 거친 결정이므로 금속 나트륨 등의 조직을 미세화 시키고 강도를 개선처리함 주조용 알루미늄 합금으로 대표적인 합금
> - 실루민

(5) 내식용 알루미늄 합금
① 대표적인 것이 하이드로날륨으로 Al – Mg의 합금이다.
② 기타 : 알민(Al – Mn), 알드리(Al – Mg – Si)등이 있다.

(6) 단련용 알루미늄 합금
① 두랄루민 : 단조용 알루미늄 합금의 대표(비행기외피)
  ㉠ Al – Cu – Mg – Mn이 주성분 Si는 불순물로 함유된다.
  ㉡ 고온에서 급랭시켜 시효 경화시켜 강인성을 얻는다.
② 초 두랄루민
  두랄루민에 Mg은 증가 Si는 감소시킨다.
③ 단련용 Y합금 : Al – Cu – Ni 내열 합금이며 Ni의 형향으로 300 ~ 450℃에서 단조한다.

(7) 내열용 알루미늄 합금
① Y합금 : Al – Cu(4%) – Ni(2%) – Mg(1.5%) 합금
  ㉠ 고온 강도가 크다.
  ㉡ 내연기관의 피스톤, 공랭 실린더 헤드 등에 사용, 시효 경화성
② Lo – Ex : Al – Si – Cu – Mg – Ni 합금
  ㉠ 내열성이 우수하나 Y합금 보다 열팽창 계수가 작다.
  ㉡ Na으로 개량 처리 및 피스톤 재료로 사용

> ➕ 비중이 2.7 용융온도가 660℃, 내식성, 가공성이 좋아 주물, 다이케스팅, 전선 등에 쓰이는 비철 금속 재료
> - Al – 면심입방격자, 염산에의 침식이 빠르다, 전연성이 풍부
>
> ➕ 개량처리
> - Al – Si계 합금의 조대한 공정조직을 미세화하기 위해 나트륨, 가성소다, 알카리 염류 등을 합금 용탕에 첨가하여 10 ~ 15분간을 유지, 처리방법
>
> ➕ 퍼커링
> - 알루미늄 용접에서 사용전류에 한계가 있어 용접전류가 어느 정도 이상이 되면 청정작용이 일어나지 않아 산화가 심하게 생기며 아크길이가 불안정하게 변동되어 비드 표면이 거칠게 주름이 생기는 현상

> **시험 포인트**
>
> **알루미늄 합금의 종류의 대표**
> 1. 주조용 알루미늄 합금 : 실루민
> 2. 내열용 알루미늄 합금 : Y합금
> 3. 내식용 알루미늄 합금 : 하이드로날륨
> 4. 가공용(단련용) 알루미늄 합금 : 두랄루민
>
> **알루미늄 합금의 종류**
> 1. 주조용 알루미늄 합금
>   - 실루민 : Al + Si
>   - 라우탈 : Al + Si + Cu
> 2. 내열용 알루미늄 합금
>   - Y합금 : Al + Cu + Ni + Mg
>   - Lo-ex : Al + Cu + Ni + Mg + Si (피스톤 재료)
> 3. 내식용 알루미늄 합금
>   - 하이드로날륨 : Al + Mg
>   - 알민 : Al + Mn
>   - 알드리 : Al + Mg + Si
> 4. 가공용 알루미늄 합금
>   - 두랄루민 : Al + Cu + Mg + Mn

3 마그네슘과 그 합금

(1) 마그네슘의 성질 및 용도

① 실용 금속 중에서 가장 가볍다.

② 마그네사이트, 소금 앙금, 산화마그네슘으로 얻는다.

③ 비중 1.74 용융점 650℃ 조밀 육방 격자

④ 냉간 가공성이 나쁘므로 300℃ 이상에서 열간 가공

⑤ 열, 전기의 양도체 (65%)

⑥ 선팽창 계수는 철의 2배

⑦ 가공 경화율이 크다 - 10 ~ 20%의 냉간가공도

⑧ 절단가공성이 좋고 마무리면 우수

(2) 마그네슘 합금

① 도우 메탈 : Mg-Al합금(하이드로날륨(Al-Mg)과 비교)
② 일렉트론 : Mg-Al-Zn 합금 내식성과 내열성이 있어 내연 기관의 피스톤의 재료로 사용한다.

> ➕ 열팽창 계수가 높으며 케이블 피복, 활자합금용, 방사선 물질의 보호재로 사용 되는 것
> • 납

시험 포인트

마그네슘 합금
1. 도우메탈(Mg + Al)
2. 일렉트론(Mg + Al + Zn) - 피스톤 재료

4 기타 비철 금속

(1) 니켈

① 비중 8.9, 용융점 1455℃, 전기 저항이 크다.
② 상온에서 강자성체, 연성이 크며 냉간 및 열간 가공이 쉽다.
③ 내식성과 내열성이 우수하며 열전도율이 좋다.
④ 인성이 풍부, 전연성이 있다.
⑤ 상온에서 강자성체이며, 변태점 이상에서 없어진다.
⑥ 황산, 염산에는 부식, 유기화합물 등 알카리에 잘 견딘다.

(2) 니켈 합금

① Ni-Cu계 : 콘스탄탄, 어드밴스, 모넬메탈
② Ni-Fe계 : 인바, 엘린바, 플래티나이트
③ 진공관 도선용 : 퍼멀로이(장하 코일용), 인코넬, 해스텔로이, 크로멜, 알루멜(열전대), 니크롬선이 있다.

(3) 기타

① 화이트 메탈(베빗 메탈)
  ㉠ 백색 합금이며 Sn을 주성분으로 한 베빗 메탈이 있다.
  ㉡ Sn-Cu-Sb-Zn이 주성분이다.

② 저융접 합금
   ㉠ Sn보다 융점이 낮은 합금으로 퓨즈 활자 정밀 모형에 사용
   ㉡ Bi-Pb-Sn-Cd으로 구분되어 명칭은 우드 메탈, 뉴턴 합금, 로즈 합금, 리포터 위쯔가 있다.
③ 땜납 합금
   ㉠ 연납 : Pb-Sn의 합금. 용제로는 염화 아연, 염화 암모늄, 송진이 사용된다.
   ㉡ 경납 : 427℃ 이상의 융점을 갖는 납, 황동납, 동납, 금납, 은납 등이 있다.

> ⊕ cu-ni-si계 합금으로 강도와 전기 전도율이 좋아 통신선, 전화선에 쓰이는 재료
> • 코로손합금
>
> ⊕ 니켈강은 니켈에 소량의 탄소를 함유한 강으로 가열 후 공기 중에 방치하여도 담금질 효과를 나타내는데 이와 같은 현상
> • 기경성(air hardening)
>
> ⊕ 7:3 황동에 2%의 Fe과 소량의 주석과 알루미늄을 넣은 것
> • 듀라나메탈
>
> ⊕ 모넬메탈의 성분
> • Ni-Cu계에서 Ni이 60-70% 임
>
> ⊕ 모넬메탈의 종류 중 유황을 넣어 강도는 희생시키고 쾌삭성을 개선시킨 것
> • R – Monel

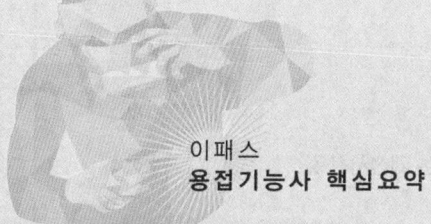

이패스
용접기능사 핵심요약

PART 04 기계제도

Chapter 01 제도통칙
Chapter 02 KS도시기호

CHAPTER 01 제도통칙

1 제도(Drawing)의 정의

주문자가 의도하는 주문에 따라 설계자가 제품의 모양이나 크기를 일정한 규칙에 따라 선, 문자, 기호 등을 이용하여 도면으로 작성하는 과정을 말한다.

(1) 제도의 목적
설계자의 의도를 도면 사용자에게 확실하고 쉽게 전달하는데 있다.

(2) 제도의 규격
① KS의 종류
   A(기본), <u>B(기계)</u>, C(전기), <u>D(금속)</u>, E(광산), F(토건), G(일용품), H(식료품), K(섬유), L(요업), M(화학), P(의료), R(수송기계), <u>V(조선)</u>, W(항공)로 분류된다.
② 각국의 공업 규격
   한국(KS), 영국(BS), 미국(ANSI), 독일(DIN), 일본(JIS), 국제표준(ISO) 등

(3) 도면의 종류
① 사용 목적에 따라 분류
   계획도, 제작도, 주문도, 승인도, 견적도, 설명도
② 내용에 따른 분류
   조립도, 부분 조립도, 부품도, 상세도, 공정도, 접속도, 배선도, 배관도, 계통도, 기초도, 설치도, 배치도, 장치도, 외형도, 구조선도, 곡면 선도, 구조도, 전개도 등
③ 도면 성질에 따른 분류
   원도, 트레이스도, 복사도

(4) 도면의 크기 양식
① 도면 크기는 A열 사이즈를 사용한다.
② 도면을 접을 때는 <u>A_4 크기로 접고 표제란이 겉으로 나오게 한다.</u>
③ 크기는 A_0 1189×841부터 시작하여 $\sqrt{2}$로 나누어주면 근사값을 쉽게 구할 수 있다.
④ A_1(841×594), A_2(594×420), A_3(420×297), <u>A_4(297×210)</u>

⑤ 제도지의 각 변에서 윤곽선까지의 거리를 철하지 않을 때 $A_n \sim A_2$는 20으로 하며, A_3부터는 10으로 함을 원칙으로 한다. 또한 철하는 부분을 모두 25로 한다.

(5) 척도 및 척도의 기입

① 척도는 원도를 사용할 때 사용하는 것으로서 축소 확대한 복사도에는 적용하지 않는다.
② 축척, 현척 및 배척이 있다.
③ A : B (A가 도면에서의 크기, B가 물체의 실제 크기)
④ 척도의 기입은 표제란에 기입하는 것이 원칙이나 표제란이 없는 경우에는 도명이나 품번이나 가까운 곳에 기입하다.

(6) 치수의 단위

① 제도의 단위 mm단위를 사용하나 기호는 붙이지 않으며 특히 단위를 쓸 필요가 있을 때에는 그 단위를 명시한다.
② 각도의 표시는 도, 분, 초를 사용하며 라디안을 사용할 때는(rad)의 단위를 기입하여야 한다.

(7) 윤곽선, 표제란, 부품란 및 중심 마크

① **윤곽선** : 도면에 기재하는 영역을 명확히 하여 내용을 손상하지 않도록 그리는 테두리선을 말하며, 선의 굵기는 도면의 크기에 따라 0.5mm 이상의 굵은 실선을 사용한다.
② **표제란** : 도면의 오른쪽 하단에 두어 도명, 척도, 투상법, 도면 번호, 제도자, 작성년월일 등을 표시한다.
③ **부품란**
　㉠ 부품 번호는 부품에서 지시선을 빼어 그 끝에 원을 그리고 원안에 숫자를 기입한다.
　㉡ 숫자는 5 ~ 8mm 정도의 크기를 쓰고 숫자를 쓰는 원의 지름은 10 ~ 16mm 로 한다. 한 도면에서는 같은 크기로 한다.
　㉢ 위치는 오른쪽 위나 오른쪽 아래에 기입한다. 그 크기는 표제란에 따른 크기로 하고 오른쪽 아래에 기입할 때에는 표제란에 붙여서 아래서 위로 기입하고 품번, 품명, 재료, 개수, 공정, 무게, 비고 등을 기록한다.
　㉣ 표준 부품은 그 모양과 치수를 부품도에서 도시하지 않고 부품표에 호칭을 문자로 기입하여 나타내는 것이 보통이다.
④ **중심마크**
도면의 마이크로 필름 촬영, 복사 등의 편의를 위하여 윤곽선으로부터 도면의 가장자리(테두리)에 이르는 수직한 0.5mm의 직선으로 위치는 도면 4변의 중앙에 그린다.

2 제도 용구

(1) 제도 용구
영식, 불식, 독일식의 3종류가 있으며 주로 쓰이는 것은 독일식과 영식이다.

(2) 컴퍼스
① 연필심은 바늘 끝보다 0.5mm 정도 낮게 끼운다.
② 빔 컴퍼스, 대형 컴퍼스, 중형 컴퍼스, 스프링 컴퍼스, 드롭 컴퍼스 순으로 원을 그릴 수 있다.
③ 원을 그릴 땐 6시 방향에서 시작하여 시계 방향으로 돌린다.
④ 디바이더(분할기)는 원호의 등분, 선의 등분, 길이나 치수를 옮길 때 사용한다.

(3) 자
삼각자, T자, 운형자, 스케일, 템플릿 등이 있다.

(4) 기타 용구
각도기, 연필, 제도판(900×1,200, 600×900, 450×600), 먹줄펜, 지우개 판, 만능 제도기, 제도지(켄트지, 와트만 페이퍼), 기타

3 선과 문자

(1) 선의 굵기
① 0.18, 0.25, 0.35, 0.5, 0.7, 1mm로 한다.
② 도면에서 2종류 이상의 선이 중복할 때는 외형선, 숨은선, 절단선, 중심선, 무게 중심선, 치수 보조선, 등의 순으로 그린다. – 선의 우선순위

(2) 선의 종류와 용도
① 외형선은 굵은 실선으로 그린다.
② 치수선, 치수 보조선, 지시선, 회전 단면선, 중심선, 수준면선 등은 가는 실선으로 그린다.
③ 은선(숨은선)은 가는 파선 또는 굵은 파선으로 그린다.
④ 중심선, 기준선, 피치선은 가는 1점 쇄선으로 그린다.
⑤ 특수 지정선은 굵은 1점 쇄선으로 그린다.
⑥ 가상선, 무게 중심선은 가는 2점 쇄선으로 그린다.
⑦ 파단선은 불규칙한 파형의 가는 실선 또는 지그재그 선으로 그린다.
⑧ 절단선은 가는 1점 쇄선으로 끝 부분 및 방향이 변하는 부분을 굵게 한 것

⑨ 해칭은 가는 실선으로 규칙적으로 줄을 늘어놓은 것
⑩ 특수한 용도의 선으로 가는 실선 아주 굵은 실선으로 나눌 수 있다.

> **➕ 가상선(가는 이점쇄선)**
> - 도시된 물체의 앞면을 표시한다.
> - 인접부분을 참고로 표시한다.
> - 가공 전 또는 가공 후의 모양을 표시
> - 이동하는 부분의 이동위치를 표시
> - 공구, 지그 등의 위치를 표시
> - 반복을 표시하는 선
>
> **➕ 선의 종류와 용도**
> - 외형선 : 굵은 실선
> - 가는 실선 : 치수선, 치수보조선, 지시선, 회전단면선. 수준면선, 해칭선
> - 은선 : 가는 파선 또는 굵은 파선으로
> - 가는 1점 쇄선 : 중심선, 기준선, 피치선
> - 가는 2점 쇄선 : 가상선 무게 중심선
> - 굵은 1점 쇄선 : 특수지정선
> - 파단선 : 물체의 일부를 파단한 곳을 표시하는 선으로 불규칙한 파형의 가는 실선 또는 지그재그선
> - 가는 실선, 아주 굵은 실선 : 특수한 용도

(3) 선을 긋는 방법

① 직선은 연필을 긋는 방향으로 약 60° 정도 기울임과 동시에 앞으로 약간 기울여서 연필심의 끝이 정확하게 자에 따라서 움직이게 한다.
② 수평선은 왼쪽에서 오른쪽으로 수직선은 아래에서 위로 긋는다.
③ 경사선의 기준은 항상 왼쪽으로 한다.
④ 원이나 원호의 곡선은 수직 중심선 아래쪽에서 시작하여 시계 방향으로 그린다.

(4) 문자 쓰는 법

① 글자는 명백히 쓰고 고딕체로 하여 수직 15° 경사로 씀을 원칙으로 한다.
② 문자는 가로 쓰기 원칙으로 하고 같은 도면에서 같은 높이로 한다.
③ 한글의 크기는 높이로 표시하여 높이는 2.24, 3.15, 4.5, 6.3, 9의 5종류가 있다(나비는 높이의 100 ~ 80% 정도로 한다.).
④ 아라비아 숫자는 2.24, 3.15, 4.5, 6.3, 9의 5종류가 있다.
⑤ 문자와 나비는 대문자와 높이의 1/2 소문자의 높이의 약 2/5가 되게 한다.

4 기본 도법

(1) 투상법의 종류
① 물체의 한 면 또는 여러 면을 평면 사이에 놓고 여러 면에서 투시하여 투상면에 비추어진 물체의 모양을 1개의 평면 위에 그려 나타내는 것을 투상도라고 하며 여러 가지의 종류가 있다.
② 투상도를 나타내는 방법에는 목적, 외관, 관점과의 상호관계 등에 따라 정투상도법, 사투상도법, 부등·등각 부상, 투시도법의 4종류가 있다.

(2) 정투상도

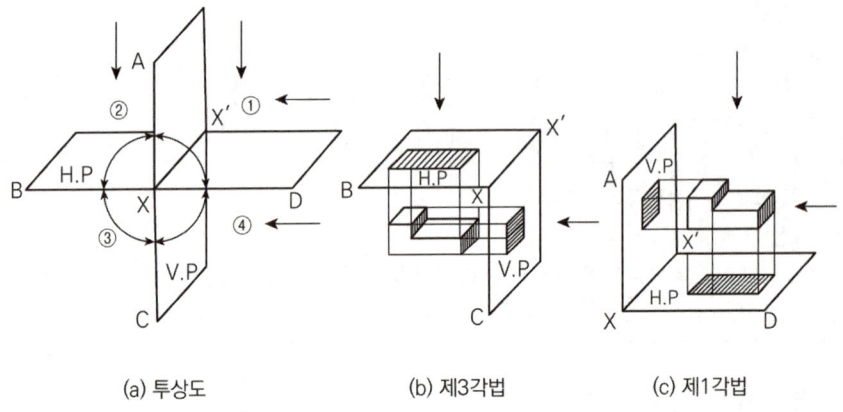

(a) 투상도　　　(b) 제3각법　　　(c) 제1각법

① 기계 제도에서는 원칙적으로 정투상법이 가장 많이 쓰이며 직교하는 투상면의 공간을 4등분하여 투상각이라 하며 3개의 화면(입화면, 측화면, 평화면) 중간에 물체를 놓고 평행광선에 투상되는 모양을 그린 것
② 1각법 : 물체를 1각안에 놓고 투상하는 것으로 눈 → 물체 → 투상면에 그려내는 방법으로 정면도를 중심으로 아래쪽에 평면도, 왼쪽에는 우측면도를 그린다.
③ <u>3각법 : 물체를 제3각안에 놓고 투상하는 것으로는 눈 → 투상면 → 물체의 순으로 그려내는 방법으로 정면도를 중심으로 위쪽에는 평면도, 왼쪽에는 좌측면도를 그린다.</u>

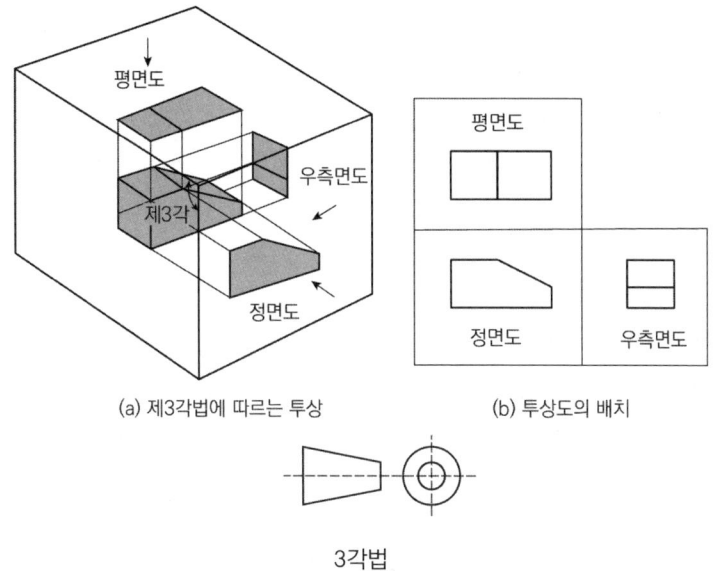

(a) 제3각법에 따르는 투상   (b) 투상도의 배치

3각법

④ 3각법이 1각법에 비해 좋은 점은 정면도 중심으로 할 때 물체의 전개도와 같기 때문에 이해가 쉬우며 각 투상도의 비교가 쉽고 치수기입이 편리하다.
⑤ 기계 제도에서는 제3각법으로 그리도록 되어 있으므로 특별히 투상법에 구별을 표시하지 않아도 되나 특별히 명시해야 될 때는 도면 안의 적당한 위치에 3각법, 또는 1각법이라 기입하던지 아래 그림과 같이 문자 대신 기호를 사용하면 된다.
⑥ 투상도를 그리는 경우 선의 우선 순위는 외형선, 은선, 중심선의 순으로 겹치는 경우 우선 표시한다.

(3) 부등·등각 투상법

정투상도는 직사하는 평행광선에 의해 비쳐진 투상을 취하므로 경우에 따라 선이 겹쳐져 판단이 곤란한 경우에 이를 보완 입체적으로 도시하기 위하여 경사진 광선에 의해 투상된 것을 그리는 방법으로 등각 투상도, 부등각 투상도가 있다.

(4) 사투상법

정투상도에서 정면도의 크기와 모양은 그대로 사용하고, 평면도와 우측면도를 경사시켜 그리는 투상법을 사투상법이라 한다. 종류에는 카발리에도(60°)와 캐비닛도(40°)가 있다.

(5) 투시도

① 눈의 투시 점과 물체의 각 점을 연결하여 방사선에 의하여 원근감을 갖도록 그리는 것
② 기계 제도에서는 거의 쓰이지 않고 토목 건축제도에 주로 쓰인다.

(6) 도면의 표시법

물체의 투상도는 총 6개를 그릴 수 있으나 일반적으로는 3면도 이하로서 충분히 표면이 가능하므로 3개를 그릴 때는 3면도(정면도, 평면도, 우측면도) 2면도(정면도, 평면도 – 정면도, 우측면도) 1면도(정면도)로 물체를 나타낼 수 있다.

(7) 점의 투상법

① 점이 공간에 있을 때
② 점이 평화면 위에 있을 때
③ 점이 입화면 위에 있을 때
④ 점이 기선 위에 있을 때

(8) 직선의 투상법

① 한 화면에 평행한 직선은 실제 길이를 나타낸다.
② 한 화면에 수직인 직선은 점이 된다.
③ 한 면에 평행한 면의 경사진 직선은 실제 길이보다 짧게 나타난다.

(9) 평면의 투상법

① 한 화면에 평행한 평면을 실제의 형을 나타낸다.
② 화면에 수직인 평면은 직선이 된다.
③ 화면에 경사진 평면은 단축되어 나타내게 된다.

(10) 투상도의 일반적인 원칙

① 은선이 적게 되는 투상도를 선택한다.
② 물체의 특징이나 모양 또는 치수를 가장 잘 나타낼 수 있는 투상도를 정면도로 한다.
③ 물품의 형상을 판단하기 쉬운 도면을 선택한다.
④ 물품의 주요 면은 되도록 투상면에 평행 또는 수직되게 나타난다.

(11) 정면도 이외의 투상법

① <u>보조 투상도</u> : 물체가 경사면이 있어 투상을 시키면 실제 길이와 모양이 틀려져 경사면에 별도로 투상면을 설정하고 이 면에 투상하면 실제 모양이 그려짐
② 부분 투상도 : 물체의 일부 모양만을 도시해도 충분한 경우
③ 국부 투상도 : 대상물의 구멍, 흠 등 한 국부만의 모양을 도시하는 것으로 충분한 경우에는 그 필요가 부분만을 국부 투상도로 나타냄
④ 회전 투상도 : 투상면이 어느 각도를 가지고 있기 때문에 그 실형을 표시하지 못할 때에는 그

부분을 회전해서 실제 길이를 나타내는 것

⑤ 요점 투상도

우측면도나 좌측면도에 보이는 부분을 모두 나타내면 오히려 복잡해져서 알아보기 어려울 경우, 왼쪽 부분은 좌측면도에 오른쪽 부분을 우측면도에 그 요점만 투상한다.

⑥ 복각 투상도

도면에 물체의 앞면과 뒷면을 동시에 표현하는 방법으로 정면도를 중심으로 우측면도를 그릴 대 중심선의 왼쪽 반은 제 1각법으로 오른쪽 반은 제 3각법으로 나타낸다. 또한 정면도를 중심으로 좌측면도를 그릴 때 중심선의 왼쪽 반은 3각법으로 오른쪽 반은 제 1각법으로 그린다.

⑦ 상세도(확대도)

도면 중에는 그 크기가 너무 작아 치수 기입이 곤란한 경우 그 부분을 적당한 위치에 배척으로 확대하여 상세화 시키는 투상

5 단면의 표시법

(1) 단면도

물체 내부의 모양, 또는 복잡한 것은 일반 투상법으로 나타내면 많은 은선이 섞여서 도면을 읽기 어려운 경우가 있을 수 있다. 이와 같은 경우는 어느 면으로 절단하여 나타낸 형상을 단면도라 한다.

(2) 단면 법칙

① 기본 중심선으로 절단한 면을 표시(필요시 기본 중심선이 아닌 곳에서 절단하여 그려도 된다.)
② 단면임을 표시할 필요가 있으면 해칭을 한다.
③ 은선은 이해하기에 관계없으면 단면에 기입하지 않는다.
④ 부분 단면은 단면의 한계를 표시하는 불규칙한 프리핸드로 그린다.
⑤ 절단 평면의 기호는 정면도에 그 문자와 기호를 표시한다.
⑥ 단면도에는 절단한 면만을 그리는 것이 아니라 절단면의 뒷면에 보이는 부분도 그린다.
⑦ 상하 또는 좌우 대칭인 물체에서 외형과 단면을 동시에 나타낼 때에는 보통 대칭 중심의 위쪽 또는 오른쪽 단면으로 나타낸다.

(3) 단면의 종류

① 온 단면도(전단면도) : 물체의 1/2을 절단
② 한쪽 단면도(반단면) : 물체의 1/4을 절단(상하 또는 좌우가 대칭인 물체)

③ 부분 단면 : 필요한 장소의 일부분만을 파단하여 단면을 나타내는 방법으로 절단부는 파단선으로 표시
④ 회전 단면 : 핸들, 바퀴의 암, 리브, 훅, 축 등의 단면은 정규의 투상법으로 나타내기 어렵기 때문에 물품은 축에 수직한 단면으로 절단하여 단면과 90° 우회전하여 나타냄
⑤ 계단 단면 : 절단면이 투상면에 평행 또는 수직한 여러 면으로 되어 있어 명시할 곳을 계단 모양으로 절단하여 나타냄

(4) 절단하지 않는 부품

① 속이 찬 원기둥 및 모기둥 모양의 부품 : 축, 볼트, 너트, 핀, 와셔, 리벳, 키, 나사 베어링 등은 긴쪽 방향으로 절단하지 않는다.
② 얇은 부분 : 리브, 웨브
③ 부품의 특수한 부품 : 기어의 이, 풀리의 암

(5) 얇은 것의 단면 도시

패킹, 박판, 형강 등에서 그려진 단면이 얇은 경우는 굵게 그린 한 줄의 실선으로 표시하며, 이들 단면이 인접하여 있는 경우는 그들의 표시하는 선 사이에 약간의 간격을 두어 그린다.

(6) 단면의 표시

① 필요에 따라 해칭 또는 스머징을 한다.
② 해칭은 수평선에 대하여 45° 경사진 가는 실선(0.3mm)으로 간격의 사선으로 표시한다.
③ 부품도에는 해칭을 생략하지만 조립도에는 부품 관계를 확실히 하기 위하여 해칭을 한다.
④ 비금속 재료의 단면 표시는 재료를 표시할 필요가 있을 때는 기호로 나타낸다.

(7) 대칭 도형의 생략

① 정면도가 단면도로 된 경우에는 정면도에 가까운 곳의 반을 생략하여 그린다.
② 정면도에 외형이 나타나 있을 경우에는 정면도에 가까운 못의 반을 그린다.
③ 대칭 표시선 : 대칭 중심선의 상화 또는 좌우에 두줄의 짧은 가는 평행선을 그어 생략하는 것을 나타낸다.

(8) 중간부의 생략

축, 봉, 관, 테이퍼 축 등의 동일 단면형의 부분이 긴 경우에는 중간 부분을 잘라 단축시켜 그린다.

① 잘라 버린 끝 부분은 파단선으로 나타낸다.
② 원형일 경우에는 끝 부분을 타원형으로 나타낸다.

③ 해칭을 한 단면에서는 파단선을 생략해도 좋다.

(9) 교차부의 도시

2면의 교차 부분이 라운드를 가질 경우 교차 부분이 라운드를 가지지 않는 경우의 교차선 위에 굵은 실선으로 그린다.

(10) 연속된 같은 모양의 생략

같은 종류의 리벳 구멍, 볼트 구멍 등과 같이 같은 모양이 연속되어 있을 경우에는 그 양 끝부분 또는 필요 부분만 그리며 다른 곳은 생략하고 중심선만 그려 그 위치를 표시한다.

(11) 일부분에 특수한 모양을 갖는 경우

일부분에 특정한 모양을 가진 것은 그 부분이 그림의 위쪽에 나타나도록 그리는 것이 좋다. 보기를 들면 키 홈이 있는 관이나 실린더, 쪼개진 링 등을 도시하는 경우에 해당한다.

(12) 특수한 가공 부분의 표시

특수한 가공을 하는 경우에는 그 범위를 외형선에 평행하게 약간 떼어서 굵은 1점 쇄선으로 나타낼 수 있다.

(13) 상관체 및 상관선

① 상관체 : 2개 이상의 입체가 서로 관통하여 하나의 입체가 된 것
② 상관선 : 상관체가 나타난 각 입체의 경계선

6 치수 표시법

(1) 치수 기입 원칙

① 정확하고 이해하기 쉬울 것
② 치수는 되도록 주 투상도(정면도)에 모아 기입한다.
③ 정면도에 기입할 수 없는 치수는 측면도나 평면도에 기입한다.
④ 치수는 되도록 일직선으로 기입한다.
⑤ 관련되는 치수는 되도록 한곳에 모아 기입한다.
⑥ 치수는 왼쪽과 윗쪽에 기입한다.
⑦ 외형 치수, 전체 길이 치수는 반드시 기입한다.
⑧ 현장 작업할 때에 따로 계산하지 않고 치수를 볼 수 있을 것
⑨ 치수는 공정별로 기입하는 것이 좋다.
⑩ 치수는 중복기입을 피한다.

⑪ 참고 치수는 치수 숫자에 괄호를 붙인다.
⑫ 치수는 다른 선과 교차하지 않도록 한다.
⑬ 제작 공정이 쉽고, 가공비가 최저로서 제품이 완성되는 치수 일 것
⑭ 특별한 지시가 없는 경우는 완성 치수를 기입할 것
⑮ 도면에 치수 기입을 누락시키지 않아야 한다.

(2) 치수 단위

① 보통 완성 치수를 mm 단위로 하로 단위 기호는 붙이지 않음
② 치수 숫자 자리수가 많아도 3자리씩 끊는 점을 찍지 않는다.
③ 각도는 보통 도로 표시하고 분 및 초를 병용할 수 있다.

(3) 치수 기입

① 치수 기입의 요서는 치수선, 치수 보조선, 화살표, 치수 숫자, 지시선 등이 필요하다.
② 치추선은 연속선으로 연장하고 연장선상 중앙에 치수를 기입한다.
③ 치수선은 다른 외형선과 평행하게 그리고 10 ~ 15mm 정도 띄워서 그린다.
④ 치수선은 다른 외형선과 다른 치수선과의 중복을 피한다.
⑤ 외형선, 은선, 중심선, 치수 보조선은 치수선으로 사용하지 않는다.
⑥ 치수 보조선은 외형선에 직각으로 긋는다. 단 테이퍼부의 치수를 나타내는때는 치수선과 60°의 경사로 긋는다.
⑦ 치수 보조선의 길이는 치수선보다 약간 길게 긋도록 한다.
⑧ 화살표의 길이와 폭의 비율을 3:1 정도로 하며 길이는 도형에 크기에 따라 달라질 수 있다. 하지만 같은 도면 내에서는 같아야 하며, 종류에는 개방형, 입체형, 점 등이 있다.
⑨ 구멍이나 축 등의 중심거리를 나타낼 때는 구멍 중심선 사이에 치수선을 긋고 기입한다.
⑩ 치수 숫자의 크기는 작은 도면에서 2.24mm 보통 도면에서는 3.5mm 또는 4.5mm로 하고 같은 도면에서 같은 크기로 한다.
⑪ 치수 숫자를 치수선에 대하여 수직 방향은 도면의 우변으로부터, 수평 방향은 하변으로부터 읽도록 한다.
⑫ 구멍의 치수, 가공법 또는 품번 등을 기입하는데 지시선을 사용한다. 지시선은 수평선에 60°가 되도록 끌어내거나 그 끝을 수평으로 구부려 긋는다.
⑬ 비례척에 따르지 않을 때의 치수 기입은 치수 숫자 밑에 굵은 선을 그어 표시해야 한다. 또는 NS로 표기한다.

(4) 치수에 사용되는 기호

① Ø : 원의 지름 기호를 나타내며 명확히 구분 될 경우는 생략할 수 있다.
② □ : 정사각형 기호로 생략할 수 있다.
③ R : 반지름 기호
④ 구(S) : 구면 기호로 Ø, R의 기호 앞에 기입한다.
⑤ C : 모따기 기호
⑥ P : 피치 기호
⑦ t : 판의 두께 기호로 치수 숫자 앞에 표시한다.
⑧ ⊠ : 평면기호
⑨ ( ) : 참고 치수 기호

(5) 여러가지 치수 기입의 원칙

① 지름의 표시는 직경 치수로서 표시하고 치수 숫자 앞에 Ø의 기호를 붙이거나 도면에서 원이 명확할 경우에는 생략한다.
② 지름의 치수선은 가능한 직선으로 하고 대칭형의 도면은 중심선을 기준으로 한쪽에만 치수선을 나타내고 한쪽에는 화살표를 생략한다.
③ 원호의 크기는 반지름으로 치수를 표시하고 치수선은 호의 한쪽에만 화살표를 그리고 중심축에는 그리지 않으나 특히 중심을 표시할 필요가 있을 때는 +자를 그 위치를 표시한다.
④ 원호 치수가 180°가 넘을 경우는 지름의 치수를 기입한다.

(6) 현과 호

① 치수선의 기입 방법은 현의 길이를 나타낼 때는 직선, 호의 길이를 나타낼 때는 동심원호로 그린다.
② 특히 현과 호를 구별할 필요가 있을 때에는 호의 치수 숫자 위에 (⌒)의 기호를 기입하거나 치수 숫자 앞에 현 또는 호라고 기입한다.
③ 2개 이상 동심 원호 중에서 특정한 호의 길이를 특히 명시할 필요가 있을 때에는 그 호에서 치수 숫자에 대해 지시선을 긋고 지시된 호측에 화살표를 그리고 호의 치수를 기입한다.

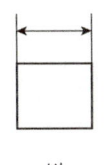
변

현

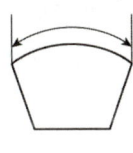
호

각도

(7) 구멍

① 드릴 구멍, 리머 구멍, 펀칭 구멍, 코어 등의 구별을 표시할 필요가 있을 때에는 숫자에 그 구별을 함께 기입한다.
② 같은 종류 같은 크기의 구멍이 같은 간격으로 있을 때에는 구멍의 총수는 같은 장소의 총수를 기입하고 구멍이 1개인 때에는 기입하지 않는다.

(8) 테이퍼와 기울기

① 한쪽의 기울기를 구배라 하고, 양면의 기울기를 테이퍼라 한다.
② 테이퍼는 중심선 중앙 위에 기입하고 기울기 경사면에 따라 기입한다.
③ 테이퍼는 축과 구멍이 테이퍼 면에서 정확하게 끼워 맞춤이 필요한 곳에만 기입하고 그외는 일반 치수로 기입한다.

(9) 기타 치수 기입법

① 치수에 중요도가 작은 치수를 참고로 나타날 경우에는 치수 숫자에 괄호를 하여 나타낸다.
② 대칭인 도면은 중심선의 한쪽만을 그릴 수 있다. 이 경우 치수선은 원칙적으로 그 중심선을 지나 연장하며, 연장한 치수선 끝에는 화살표를 붙이지 않는다.
③ 치수표를 사용하여 치수 기입을 할 수 있다.

7 치수 공차

(1) 치수 공차의 용어

① 실제 치수 : 실제로 측정한 치수로 최종 가공된 치수
② 허용 한계 치수 : 허용 한계를 표시하는 크고 작은 두 치수
　㉠ 최대 허용 치수 : 실 치수에 대하여 허용하는 최대 치수
　㉡ 최소 허용 치수 : 실 치수에 대하여 허용하는 최소 치수
③ 치수 허용차 : 허용 한계 치수에서 기준 치수를 뺀 값
　㉠ 위치수 허용차 : 최대 허용 치수에서 기준 지수를 뺀 값
　㉡ 아래치수 허용차 : 최소 허용 치수에서 기준 치수를 뺀 값
④ 치수 기준 : 허용 한계 치수의 기준이 되는 호칭 치수
⑤ 공차 : 최대 허용 치수 - 최소 허용 치수

(2) IT 기본 공차

① 18등급이 있다.
② IT 01 ~ 04급 : 게이지류에 사용

③ IT 05~10급 : 끼워 맞춤이 필요한 부분
④ IT 11~16급 : 끼워 맞춤이 필요 없는 부분

(3) 구멍과 축

① 구멍 : 대문자로 표시하며 A가 가장 크고 Z로 갈수록 작아진다.
② 축 : 소문자로 표시하며 a가 가장 작고 z로 갈수록 커진다.
③ 최대 틈새 : 구멍의 최대 허용지수(A)에서 축의 최소 허용 치수(a)를 뺀 값
④ 최대 죔새 : 구멍의 최소 허용지수(Z)에서 축의 최대 허용 치수(z)를 뺀 값
⑤ 끼워 맞춤의 종류 : 헐거운 끼워 맞춤, 억지 끼워 맞춤, 중간 끼워 맞춤이 있다.

8 표면 거칠기와 다듬질 기호

(1) 표면 거칠기

가공된 금속 표면에 생기는 주기가 짧고, 진폭이 비교적 작은 불규칙한 요철(凹 凸)의 크기를 말한다. 거칠기 표기 방법의 종류로는 최대 높이(Rmax), 10점 평균 거칠기(Rz), 중심선 평균 거칠기(Ra)가 이TDmau 각각 산술 평균값으로 나타낸다. 표면에 기복의 차이는 미크론 단위를 사용한다.

(2) 표면 기호

표면 거칠기 표시 방법은 표면 기호 및 다듬질 기호에 의한 방법이 있고 표면 기호는 표면 거칠기의 구분값, 기준 길이 컷오프값, 가공 방법의 약호 및 가공 모양의 기호로 되어 있으며 구분 값의 하한 수치 및 그 기준 길이는 필요한 경우만 기입하고 기준 길이, 가공 방법의 약호, 가공 모양의 기호가 필요 없을 때에는 생략할 수도 있다.

(3) 다듬질 기호

다듬질 기호는 삼각 기호 및 파형 기호가 있으며 삼각 기호는 표면에 다듬질 가공을 하는 면에 파형 기호는 표면 가공을 하지 않는 면에 사용하고 기호의 크기 및 작도법은 그림과 같으며 삼각 기호의 높이 3mm를 표준으로 정삼각형을 거꾸로한 모양으로 형판이나 프리핸드로 그리며 파형 기호도 프리핸드로 그린다. 다듬질 정도를 나타내는데는 S기호(1/100mm 기폭의 차이)를 사용하는데, 예를 들면 25-S와 같이 기입한다. 25-S의 뜻은 25μ 이하의 다듬질 정도로서 최대 높이가 25×0.001mm = 2.025mm이하라는 뜻이다. 파형 기호는 주조, 단조, 압연, 인발, 아이캐스팅, 전조 등의 면에 대해서는 기호를 기입하거나 또는 생략하고 샌드 블라스팅한 주물 표면이나 텀블링한 면에는 파형기호를 기입한다.

> ▧ 용접부의 다듬질 기호
> - C : 치핑
> - G : 연삭
> - F : 특별히 지정하지 않음
> - M : 절삭

9 재료 기호

재료 기호는 보통 3부분으로 표시하나 때로는 5부분으로 표시하기도 한다.
첫째자리는 재질(영어의 머리 문자, 원소 기호 등으로 표시)
둘째 자리는 제품명, 또는 규격
셋째 자리는 재료의 종별, 최저 인장 강도, 탄소 함유량, 경·연질, 열 처리
넷째 자리는 제조법
다섯째 자리는 제품 형상으로 표시

(예) SF40 : S는 재질이 강이며, 제품명은 단조품으로 최저 인장강도가 40kg/mm^{2}이다.)
(예) FRI-0 : F는 재질이 강이며, R은 봉으로 1종 연질이다.)
(BsBMOR◎ : 황동, 비철 금속 머시인용 봉재로 연질이며, 압출로 만든 파이프이다.

	기호	기호의 뜻	기호	기호의 뜻
제1위 기호재질 명칭	Al	알루미늄	K	켈멧 합금
	AlA	알루미늄합금	MgA	마그네슘 합금
	B	청동	NBS	네이벌 황동
	Bs	황동	Nis	양은
	C	초경합금	PB	인청동
	Cu	구리	S	강
	F	철	W	화이트 메탈
	HBs	강력 황동	Zn	아연
제2위 기호규격 및 제품명	B	바 또는 보일러	R	봉
	BF	단조봉	HN	질화 재료
	C	주조품	J	베어링 재
	BMC	흑심가단주철	K	공구강
	WMC	백심가단주철	NiCr	니켈 크롬강
	EH	내열강	KH	고속도강
	FM	단조재	F	단조품

	기호	기호의 뜻	기호	기호의 뜻
제3위 기호종별 및 특성	O	연질	T_4	담금질 후 상온시효
	1/4 H	1/4 경질	EH	특경질
	1/2 H	1/2 경질	T_2	담질 후 풀림
	S	특질	W	담금질 한 것
	3/4 H	3/4 경질	T_3	풀림
	H	경질	SH	초경질
제4위 기호 제조법	Oh	평로강	Cc	도가니강
	Oa	산성 평로강	R	압연
	Ob	염기성 평로강	F	단련
	Bes	전로강	Ex	압출
	E	전기로강	D	인발
제5위 기호 형상 기호	P	강판		8 각장
	●	둥근강		평강
	◎	파이프		I 형강
	□	각재		채널
		6 각장		L 형강

10 체결용 기계 요소

(1) 나사

① 인접한 두산의 직선 거리를 측정한 값을 피치라 하고 나사가 1회전하여 축방향으로 진행한 거리를 리드라고 한다.

L = NP (L : 리드, N : 줄 수, P : 피치)

② 축 방향에서 시계 방향으로 돌려서 앞으로 나아가는 나사를 오른 나사, 반대인 경우를 왼 나사라 한다.

③ 삼각나사

㉠ 미터 나사(M) – 각도 60° 지름은 mm

㉡ 휘트워드 나사 – 각도 55° 지름은 인치

㉢ 유니 파이 나사(UNC, UNF) – 각도 60° 지름은 인치

④ 사각 나사 : 프레스와 같이 큰 힘의 전달에 사용한다(전동용 나사).

⑤ 사다리꼴 나사 : 접촉이 정확하여 선반의 리드스크루 등에 사용한다. 나사 산의 각도 30°(미터계, TM), 나사 산의 각도 29°(인치계, TW)

⑥ 톱니 나사 : 삼각 나사와 사각 나사의 장점을 딴 것이며 추력이 한 방향으로 작용하는 곳에 사용한다(잭, 바이스).
⑦ 둥근 나사 : 전구와 소켓 등에 사용한다.
⑧ 관용 나사 : 배관용 강관 연결에 사용한다. 테이퍼 나사(PT, PS)와 평행나사 (PF)의 2종이 있으며 테이퍼 1/16이다.

> 마찰이 매우 작고 백래시가 작아 정밀공작기계의 이송장치에 사용되는 나사
> - 볼나사

(2) 나사의 표시법

나사의 잠긴 방향, 나사 산의 줄 수, 나사의 호칭, 나사의 등급
(예 좌 2줄 M50×3-2 왼 나사 2줄 미터 가는 나사 2급)

> M20 × L3-P1.5-6H-N(나사표시법)
> - M20은 나사의 지름이 20mm이고 P1.5는 피치가 1.5mm인 나사이다.

(3) 나사의 호칭

나사의 호칭은 나사의 종류 표시 기호 지름 표시 숫자, 피치 또는 25.4mm에 대한 나사 산의 수로써 다음과 같이 표시한다.

① 피치를 mm로 나타내는 경우
 (나사의 종류, 나사의 지름 × 피치)
 (예 M16 × 2)
 일반적으로 미터나사는 피치를 생략하나 다만 M3, M4, M5에는 피치를 붙여 표시한다.
② 피치를 산의 수로 표시하는 경우(유니 파이 나사는 제외)
 (나사의 종류를 표시하는 기호, 수나사의 지름을 표시하는 숫자, 산, 산수)
 (예 TW 20 산6)
 관용 나사는 산의 수를 생략한다. 또 각인에 한하여 산 대신에 하이픈을 사용 할 수 있다.)
③ 유니 파이 나사
 (수나사의 지름을 표시하는 숫자 또는 번호-산수, 나사의 종류를 표시하는 기호)
 (예 1/2-13 UNC)

> ▨ PF 1/2 – A로 표시 해석
> · 관용 평행나사 A급

(4) 나사의 등급

① 나사의 정도를 구분한 것으로 나사의 등급이라 하며, 숫자 밑에 문자에 조합으로 나타낸다. 미터 나사는 급수가 작을수록, 유니파이 나사는 급수가 클수록 정도가 높다.
(예 3A, 3B, 2B, 1A, 1B, A : 수나사, B : 암나사)

② 나사의 등급은 필요 없을 경우에는 생략해도 좋으며, 또 암나사와 수나사의 등급은 필요 없을 경우에는 생략해도 좋으며, 또 암나사의 등급을 동시에 표시할 수 있을 시에는 암나사의 등급 다음에(/)을 넣고 수나사 등급을 표시한다.
(예 M10−2/1 : 한 줄 미터 보통 나사, 암나사 2급, 수나사 1급)

> ▨ Øin+34의 해석
> · 화살표 표시된 부분의 안쪽치수 Ø34mm다.

(5) 볼트와 너트

① 볼트의 호칭
  ㉠ 규격 번호, 종류, 다듬질 정도, 나사의 호칭 × 길이 − 나사의 등급, 강도 구분, 재료, 지정 사항으로 표시
  (예 KSB 1002 육각 볼트 중 M42 × 150−2 SM 20C 둥근 끝)
  ㉡ 이중 규격 번호는 생략 가능하며, 지정 사항은 자리 붙이기, 나사 부의 길이, 나사 끝 모양, 표면 처리 등을 필요에 따라 표시가 가능하다.

② 너트의 호칭
  ㉠ 규격 번호, 종류, 모양의 구별, 다듬질 정도, 나사의 호칭, − 나사의 등급, 재료, 지정 사항
  (예 KSB 1002 육각 너트 2종 상 M42 −1 SM20C H = 42)
  ㉡ 규격 번호는 특별히 필요치 않으면 생략하고 지정 사항은 나사의 바깥 지름과 동일한 너트의 높이(H), 한 계단 더 큰 부분의 맞변 거리(B), 표면 처리 등을 필요에 따라 표시한다.

③ 작은 나사 보통 지름이 1 ~ 8mm
  (규격 번호, 종류, 나사의 호칭 × 길이, 나사의 등급, 강도 구분, 재료, 지정 사항)
  (예 +자 홈 접시 머리 작은 나사 M5 × 0.8 25 SM20C 아연 도금)

④ 세트 스크루
(머리 모양, 끝 모양, 등급, 나사 호칭 × 길이, 재료, 지정 사항)
(예) 사각 평행형 2급 M5 × 0.8 10 SM20C 아연 도금)

(6) 리벳

① 용도에 따라 일반용, 보일러용, 선박용 등
② 리벳 머리의 종류에 따라 둥근머리, 접시머리, 납작 머리, 둥근 접시 머리, 얇은 납작머리, 냄비 머리 등
③ 리벳의 호칭(규격 번호, 종류 호칭지름 × 길이 재료)
(예) KSB 1102 열간 둥근 머리 리벳 16×40 SBV 34)
규격 번호를 사용하지 않는 경우는 종류의 명칭에 열간 또는 내간의 앞에 기입한다.
④ 리벳 이음의 도시법
㉠ 리벳의 크기를 도시할 필요가 있을 때에는 아래 그림과 같이 도시한다.
㉡ 리벳의 위치만을 표시할 때에는 중심선만 그린다.
㉢ 같은 간경으로 연속하는 같은 종류의 구멍 표시 방법은 아래 그림과 같이 한다(간격의 수×간격의 치수 = 합계 치수).
㉣ 얇은 판, 형강 등의 단면은 굵은 실선으로 도시한다.
㉤ 여러 장의 얇은 판의 단면 도시에서 각판의 파단선은 서로 어긋나게 긋는다.
㉥ 리벳은 길이 방향으로 절단하여 도시하지 않는다.
㉦ 형강 치수 기입은 형강 도면 위쪽에 기입한다.
㉧ 평강 또는 형강의 치수 표시는(나비 × 나비 × 두께 − 길이)로 표시

11 스케치도 작성법

(1) 스케치도의 개요

① 스케치도의 종류
㉠ 프리핸드법
㉡ 프린팅법 : 광명단이나 기름걸레를 사용
㉢ 모양 뜨기 법 : 납선, 구리선
㉣ 사진 촬영

② 보통 3각법에 의하고 프리핸드로 그린다.

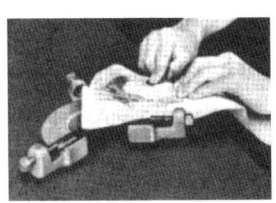 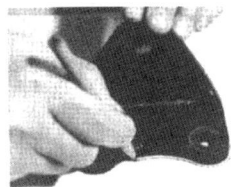 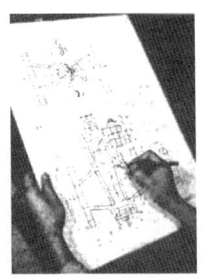

　　　프린트법　　　　　　본뜨기법　　　　　프리 핸드법

(2) 스케치도의 작성 순서

① 기계 분해 전에 부품의 구조 기능을 조사한다.
② 각부의 부품 조립도와 부품표를 작성하고 세부 치수를 기입한다.
③ 각 부품도에 재료(재질), 가공법, 수량, 끼워 맞춤 기호 등을 기입한다.
④ 기계 전체의 형상을 명백히 하고 완전 여부를 검토한다.

CHAPTER 02 KS도시기호

1. 용접 기호 및 도면의 해독

(1) 용접 이음의 종류

① 맞대기 이음, 겹치기 이음, 모서리 이음, 플레어 이음, T형 이음, 한 면 덮개판 용접, 양면 덮개판 용접이 있으며 용접 부를 형상적으로 보면 맞대기 용접, 필렛 용접, 플러그 용접이 있다.

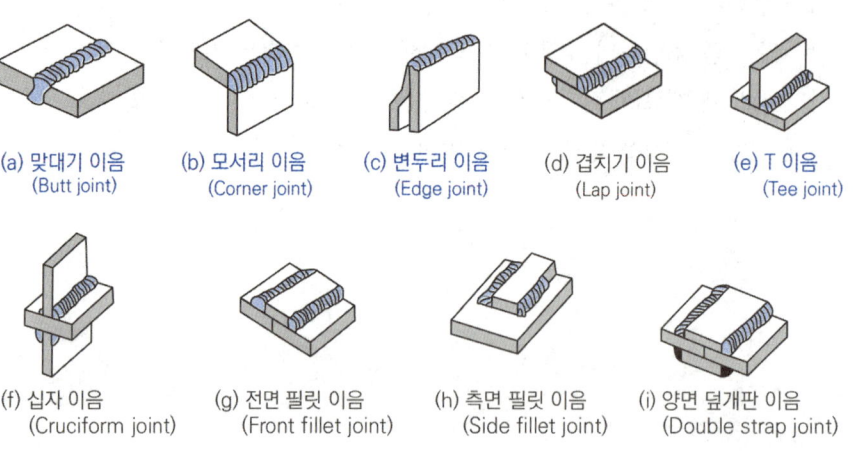

② I형 용접(I), V형 용접(v), X형 용접(양면v 형), U형 용접, H형 용접, K형 용접, J형 용접, 양면 J형 용접, 베벨형 등이있다.

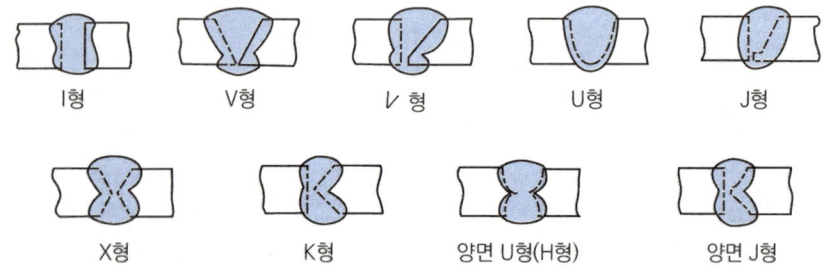

(2) 용접부의 기호 표시 방법

① 설명선은 기선, 화살, 꼬리로 구성되어 있으며, 꼬리는 필요가 없으면 생략 가능하다.

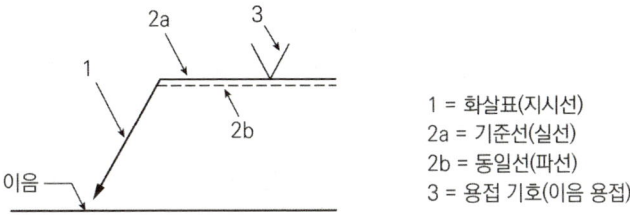

1 = 화살표(지시선)
2a = 기준선(실선)
2b = 동일선(파선)
3 = 용접 기호(이음 용접)

② 화살은 기선에 대하여 60°의 직선으로, 고리는 45°씩으로 그린다.
③ 용접할 쪽이 화살 쪽 또는 앞쪽일 때는 기선의 아래에, 화살표의 반대 쪽 또는 건너 쪽을 용접시키는 기선의 위쪽에 기입한다. 단 겹치기 이음부의 저항 용접은 기선에 대칭으로 기입한다.
④ 화살은 기선에서 2개 이상 붙일 수 있다.

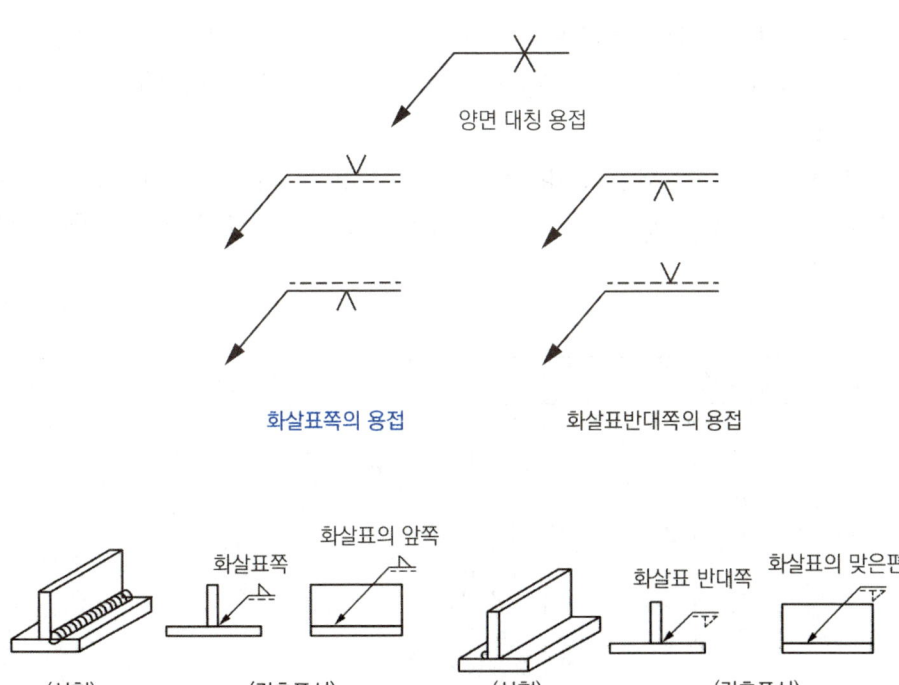

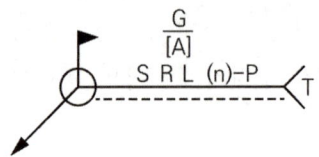

S : 용접 부의 단면 치수 또는 강도
R : 루트 간격
A : 홈 각도
L : 단속 필렛 용접의 용접 길이
n : 단속 필렛 용접 등의 수
P : 피치
T : 특별한 지시사항
G : 다듬질 방법의 보조 기호
O : 온둘레 용접의 보조 기호
▶ : 현장 용접 보조 기호

(3) 용접부 비파괴 시험 기호

① 기본 기호로는 RT(방사선 투과 시험), UT(초음파 탐상 시험), MT(자분 탐상 시험), PT(침투 탐상 시험), ET(와류 탐상 시험), LT(누설 시험), ST(변형도 측정 시험), VT(육안 시험), PRT(내압 시험)이 있다.
② 보조 기호로는 N(수직 탐상), A(경사각 탐상), S(한 방향으로부터 탐상), B(양방향으로부터의 탐상), W(이중 벽 촬영), D(염색, 배형광 탐상 시험), F(형상 탐장 시험), O(전 둘레 시험), Cm(요구 품질 등급)
③ 기재 방법

기호	시험이종류
R T	방사선 투과 시험
U T	초음파 탐사 시험
M T	자분 탐상시험
P T	침투 탐상시험
E T	와류 탐상 시험
L T	누설 시험
S T	변형도 측정 시험
V T	육안 시험
P R T	내압 시험
A E T	어코스틱 에밋션 시험

용접 기호의 기호 방법과 동일한 방법으로 한다.

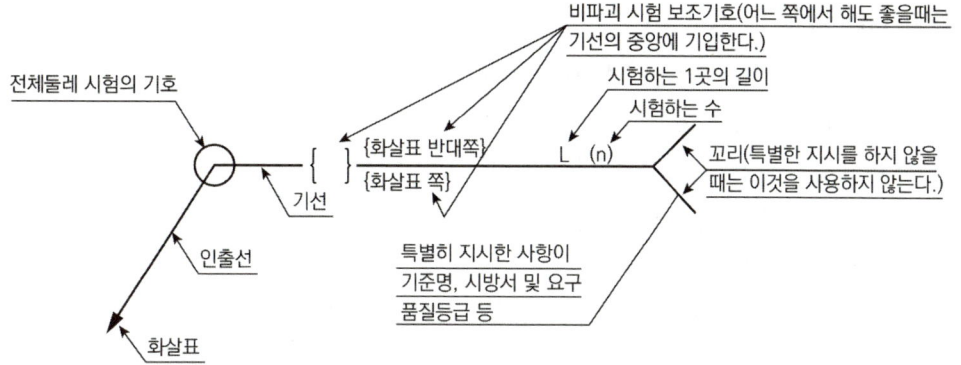

2 배관의 도시기호

(1) 배관 기호 및 도면의 해독

① 평면 배관도, 입면 배관도, 입체 배관도, 조립도, 부분 조립도
② 치수 표시는 mm를 단위로 하고 각도는 보통 도로 표시함
③ 높이 표시는 EL(BOP, TOP), GL, FL로 표시한다.
④ 관의 도시는 실선으로 도시하고 같은 도면 내에서 같은 굵기의 실선으로 표시한다.
⑤ 관내를 통과하는 유체의 표시는

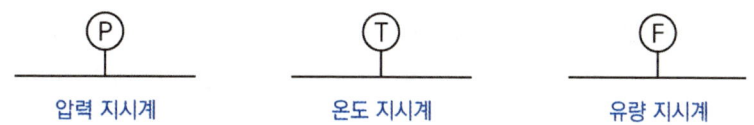

- 공기는 A, 가스는 G, 기름은 O, 수증기는 S, 물은 W

⑥ 관의 굵기만을 도시 할 때는 관위에 지금을 표시한다.
⑦ 온도계와 압력계 표시는 계기의 표시 기호를 O안에 기입한다. 압력계는 P, 온도계는 T로 한다.

(2) 관의 접속 상태

접속하거나 분기할 때는 점으로 표시하고 교차할 때에는 점이 나타나지 않는다.

(3) 관의 굽은 상태

① ──● 파이프가 앞쪽으로 수직하게 구부러졌을 때
② ──○ 파이프가 뒤쪽으로 수직하게 구부러졌을 때
③ 관 연결 도시 기호
　㉠ 나사형은 직선(|)으로, 용접형은 ×로, 플랜지형은 ∥로 턱걸이형은 (로 하며, 납땜형은 ○로 표시한다.
　㉡ 신축이음은 루프형, 벨로즈형, 슬리브형, 스위블형이 있다.

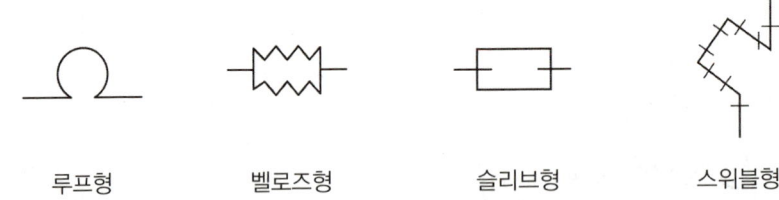

　　루프형　　　　벨로즈형　　　　슬리브형　　　　스위블형

(4) 밸브의 종류

① 글로브 밸브(스톱 밸브) : 파이프 출구와 입구가 일직선이고 밸브 시트에 대하여 수직 방향으로 운동한다.
② 슬로브 밸브(게이트 밸브) : 나사 봉에 의하여 밸브가 파이프의 축선에 직각 방향으로 개폐되는 밸브이며, 이 밸브를 완전하게 열면 유체 흐름의 저항이 작고 밸브의 개폐 시간이 긴 밸브이다.
③ 앵글 밸브 : 파이프의 출구와 입구가 직각을 이루는 밸브이다.
④ 체크 밸브 : 유체의 흐름을 한 방향으로만 흐르게 하는 밸브로 종류에는 리프트식과 스윙식이 있다.
⑤ 콕 : 관속의 유체가 저압일 경우 신속히 개폐할 때 사용한다.
⑥ 안전 밸브 : 보일러 압력 용기 등에 사용되며, 사용 중 규정 압력 이상이 되면 밸브가 열려 유체가 대기 중에 방출되는 밸브이다.

> **▩ 도면의 이해**
>
>
>
> • 화살표 쪽을 용접
> • 필렛용접이고 형상은 오목하다
> • 온둘레 현장용접

종류	그림기호	종류	그림기호
밸브일반	⋈	앵글밸브	
게이트밸브	⋈	3방향 밸브	
글로브 밸브		안전밸브	
체크 밸브			
볼 밸브			
버터플라이 밸브		콕 일반	

(5) 공업 배관

① 공업 배관 도면에는 평면 배관도, 입면 배관도, 부분 배관 조립도, 공정도, 계통도, 배치도, 관장치도 등이 있다.

② 계통도, PID(Pipe and Instrument Diagram), 관 장치도가 있다.

3 판금·제관 및 철골 구조물 해독

(1) 전개법

① <u>평행선 전개법</u> : 직각 기둥이나 원기둥 전개에 사용한다.

② <u>방사선 전개법</u> : 각 뿔이나 원 뿔 등의 전개에 사용한다.

③ <u>삼각형 전개법</u> : 꼭지점이 지면 밖에 나가거나 큰 컴퍼스가 없을 때 사용한다.

(2) 두꺼운 판의 전개

① 원통 치수가 외경일 때 판의 길이 구하는 식 : ($\pi \times$(바깥 지름 − 판 두께))

② 원통 치수가 내경일 때 판의 길이 구하는 식 : ($\pi \times$(바깥 지름 + 판 두께))

③ 구부림 곡선의 길이 구하는 식 : ((지름 + 두께 $\times \pi \times$ 구부러진 각도) ÷ 360)

(3) 구조물

교량, 철탑 등 판 또는 봉상의 부재를 적당히 결합시켜 하중을 바치는 것으로 구조물이라 하며, 부재가 주로 형강인 것을 골조 구조물, 판재로 구성된 것을 구조물이라고 한다.

4 용접 기호

(1) 도시기호

번호	명칭	도시	기호
1	양면 플랜지형 맞대기 이음 용접		⋏
2	평면형 평행 맞대기 이음 용접		∥
3	한쪽면 V형 맞대기 이음 용접		V
4	한쪽면 K형 맞대기 이음 용접		V
5	부분 용입 한쪽면 V형 맞대기 이음 용접		Y
6	부분 용입 한쪽면 K형 맞대기 이음 용접		Y
7	한쪽면 U형 홈 맞대기 이음 용접(평행면 또는 경사면)		∪
8	한쪽면 J형 맞대기 이음 용접		⌓
9	뒷면 용접		⌒
10	필릿 용접		◿
11	플러그 용접(플러그 또는 슬롯 용접)		⊓
12	스폿 용접		○

번호	명칭	도시	기호
13	심용접		$\ominus$
14	급경사면(스팁 플랭크) 한쪽면 V형 홈 맞대기 이음 용접		$\vee$
15	급경사면 한쪽면 K형 맞대기 이음 용접		$\vee$
16	가장자리 용접		|||
17	서페이싱		$\frown\!\frown$
18	서페이싱 이음		$=$
19	경사 이음		//
20	겹침 이음		⊃

(2) 다듬질 도시기호

번호	명칭	도시	기호
1	한쪽면 V형 맞대기 용접 – 평면(동일면) 다듬질		▽
2	양면 V형 용접 – 凸형 다듬질		⧖
3	필릿 용접 – 凹형 다듬질		
4	뒤쪽면 용접을 하는 한쪽면 V형 맞대기 용접 – 양면 평면(동일면) 다듬질		
5	뒤쪽면 용접과 넓은 루트면을 가진 한쪽면 V형(Y이음) 맞대기 용접 – 용접한 대로		
6	한쪽면 V형 다듬질 맞대기 용접 – 동일면 다듬질		
7	필릿 용접 끝단부를 매끄럽게 다듬질		

(3) 맞대기 도시기호

번호	명칭	도시	기호
1	양면 V형 맞대기 용접(X형 이음)		X
2	양면 K형 맞대기 용접		K
3	부분 용입 양면 V형 맞대기 용접 (부분 용입 X형 이음)		
4	부분 용입 양면 K형 맞대기 용접 (부분 용입 K형 이음)		K
5	양면 U형 맞대기 용접 (H형 이음)		

함 영 준 발 자 국 집 기 행 에 세 이

2015년 1회 용접기능사 기출문제

01

불활성 가스 텅스텐 아크용접(TIG)의 KS규격이나 미국용접협회(AWS)에서 정하는 텅스텐 전극봉의 식별 색상이 황색이면 어떤 전극봉인가?

① 순텅스텐 ② 지르코늄텅스텐
③ 1%토륨텅스텐 ④ 2%토륨텅스텐

전극봉의 종류
- 순텅스텐 : 초록색
- 1% 토륨 텅스텐 : 노랑색
- 2% 토륨 텅스텐 : 빨강색
- 1% 산화란탄 텅스텐 : 흑색
- 2% 산화란탄 텅스텐 : 황녹색
- 1% 산화셀륨 텅스텐 : 분홍색
- 2% 산화셀륨 텅스텐 : 회색
- 지르코니아 : 갈색

02
서브머지드 아크 용접의 다전극 방식에 의한 분류가 아닌 것은?

① 푸시식 ② 텐덤식
③ 횡병렬식 ④ 횡직렬식

- 서브머지드 아크 용접에서 전극의 종류에 따른 분류
- 전극의 종류에 따른 분류

종류	전극배치	특징	용도
탠덤식	2개의 전극을 독립 전원에 접속	비드 폭이 좁고 용입이 깊으며 용접 속도가 빠르다.	파이프라인의 용접에 사용한다.

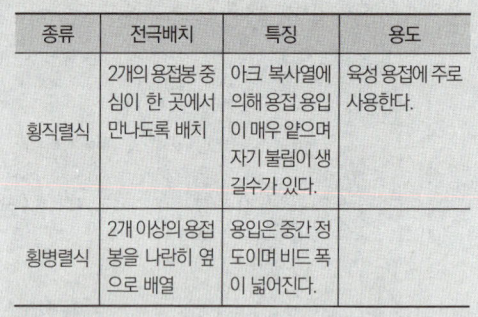

종류	전극배치	특징	용도
횡직렬식	2개의 용접봉 중심이 한 곳에서 만나도록 배치	아크 복사열에 의해 용접 용입이 매우 얕으며 자기 불림이 생길수가 있다.	육성 용접에 주로 사용한다.
횡병렬식	2개 이상의 용접봉을 나란히 옆으로 배열	용입은 중간 정도이며 비드 폭이 넓어진다.	

03

다음 중 정지구멍(Stop hole)을 뚫어 결함부분을 깎아내고 재용접해야 하는 결함은?

① 균열 ② 언더컷
③ 오버랩 ④ 용입부족

구조상 결함중 균열이 발생되면 균열의 양 끝에 정지구멍을 뚫어주고 결함부분을 깎아내고 재용접을 해주어야한다.

04
다음 중 비파괴 시험에 해당하는 시험법은?

① 굽힘 시험 ② 현미경 조직 시험
③ 파면 시험 ④ 초음파 시험

비파괴 시험법의 종류
- VT 외관검사
- PT 침투탐상(형광 F)
- RT 방사선검사
- ECT 맴돌이검사
- MT 자분탐상
- UT 초음파탐상
- LT 누설검사

05
산업용 로봇 중 직각좌표계 로봇의 장점에 속하는 것은?

① 오프라인 프로그래밍이 용이하다.
② 로봇 주위에 접근이 가능하다.
③ 1개의 선형축과 2개의 회전축으로 이루어졌다.
④ 작은 설치공간에 큰 작업영역이다.

06
용접 후 변형 교정 시 가열 온도 500 ~ 600℃, 가열 시간 약 30초, 가열 지름 20 ~ 30mm로 하여, 가열한 후 즉시 수냉하는 변형교정법을 무엇이라 하는가?

① 박판에 대한 수냉 동판법
② 박판에 대한 살수법
③ 박판에 대한 수냉 석면포법
④ 박판에 대한 점 수축법

> 용접 후 변형 교정법은?
> • 박판에 대한 점 수축법 – 소성가공을 이용
> • 형재에 대한 직선 수축법
> • 가열 후 해머질 하는 방법
> • 후판에 대해 가열 후 압력을 가하고 수냉하는법 – 순서
> • 로울러에 거는법
> • 절단하여 정형 후 재용접하는 법
> • 피닝법
>   • 피닝법 : 피닝법은 특수해머를 사용하여 모재의 표면에 지속적으로 충격을 가해 줌으로써 재료 내부에 있는 잔류 응력을 완화시키면서 표면층에 소성변형을 주는 방법이다.

07
용접 전의 일반적인 준비 사항이 아닌 것은?

① 사용 재료를 확인하고 작업내용을 검토한다.
② 용접전류, 용접순서를 미리 정해둔다.
③ 이음부에 대한 불순물을 제거한다.
④ 예열 및 후열처리를 실시한다.

08
금속 간의 원자가 접합되는 인력 범위는?

① 10^{-4}cm　　② 10^{-6}cm
③ 10^{-8}cm　　④ 10^{-10}cm

> 용접이란?
> • 금속간의 거리를 약 10^{-8}cm(1Å)로 붙여주는 것으로 원자 간에 인력으로 접합되며 두 개의 재료를 용융, 반용융 또는 고상상태에서 압력이나 용접재료를 첨가하여 틈새를 메우는 원리이다.

09
불활성 가스 금속아크용접(MIG)에서 크레이터 처리에 의해 전류가 서서히 줄어들면서 아크가 끊어지는 기능으로 용접부가 녹아내리는 것을 방지하는 제어기능은?

① 스타트 시간　　② 예비 가스 유출 시간
③ 번백 시간　　　④ 크레이터 충전 시간

> 번백시간이란
> • 불활성가스 금속아크용접의 제어장치로서 크레이더 처리 기능에 의해 낮아진 전류가 서서히 줄어들면서 아크가 끊어지는 기능으로 이면용접 부위가 녹아내리는 것을 방지하는 제어기능

정답 01.③ 02.① 03.① 04.④ 05.① 06.④ 07.④ 08.③ 09.③

10

다음 중 용접용 지그 선택의 기준으로 적절하지 않은 것은?

① 물체를 튼튼하게 고정시켜 줄 크기와 힘이 있을 것
② 변형을 막아줄 만큼 견고하게 잡아줄 수 있을 것
③ 물품의 고정과 분해가 어렵고 청소가 편리할 것
④ 용접 위치를 유리한 용접자세로 쉽게 움직일 수 있을 것

용접시 지그사용 목적
- 대량생산이 가능하다.
- 용접 작업을 쉽게 한다.
- 재품의 치수를 정확하게 한다.
- 용접부의 신뢰도가 높아진다.
- 다듬질을 좋게 한다.
- 변형을 억제한다.

11

다음 중 테르밋 용접의 특징에 관한 설명으로 틀린 것은?

① 전기가 필요 없다.
② 용접 작업이 단순하다.
③ 용접 시간이 길고 용접 후 변형이 크다.
④ 용접 기구가 간단하고 작업 장소의 이동이 쉽다.

테르밋 용접
- 특수용접, 융접이다.
- 금속 산화물이 알루미늄에 의하여 산소를 빼앗기는 반응에 의해 생성되는 열을 이용하여 접합
- 산화철분말 + 알루미늄분말
  3~4 : 1
- 점화제로 과산화바륨, 마그네슘, 알루미늄
- 작업간단, 전력이 불필요
- 시간이 짧고 용접변형도 적다.

12

서브머지드 아크 용접에 대한 설명으로 틀린 것은?

① 가시용접으로 용접 시 용착부를 육안으로 식별이 가능하다.
② 용융속도와 용착속도가 빠르며 용입이 깊다.
③ 용착금속의 기계적 성질이 우수하다.
④ 개선각을 작게하여 용접 패스 수를 줄일 수 있다.

서브머지드 아크용접기(잠호용접, 링컨용접, 유니언 멜트용접)의 특징
- 용접속도가 수동 용접에 비해 10~20배 정도
- 용입은 2~3배 정도가 커서 능률적이다.
- 한번 용접으로 75mm까지 가능하다.
- 설비비가 고가이다.
- 아래보기, 수평필릿 자세에 한정한다.
- 홈의 정밀도가 높아야 한다. - 루트간격 0.8mm 이하
- 서브머지드 아크용접시 와이어의 돌출길이는 와이어 지름의 6배 정도가 적당하다.
- 용접부가 보이지 않아 용접부를 확인 할수 없다.
- 시공조건을 잘못 잡으면 제품의 불량률이 커진다.
- 용접홈의 크기가 작아도 되며 용접재료의 소비 및 변형이 작다.
- 용접 조건만 일정하다면 용접공의 기술 차이에 의한 품질 격차가 없다.

13

다음 중 용접 설계상 주의해야 할 사항으로 틀린 것은?

① 국부적으로 열이 집중되도록 할 것
② 용접에 적합한 구조의 설계를 할 것
③ 결함이 생기기 쉬운 용접 방법은 피할 것
④ 강도가 약한 필릿 용접은 가급적 피할 것

용접 구조물 설계시 주의사항
1) 용접에 적합한 설계를 한다.
2) 용접길이는 가능한 한 짧게, 용착량도 강도상 필요한 최소치로한다.
3) 각종 이음의 특성을 잘 알고 사용하며 용접하기 쉽게 설계한다.
4) 약한 필릿 용접은 피하고 맞대기 용접을 주로 한다.
5) 반복하중을 받는 이음에서는 이음 표면을 평활하게 한다.
6) 구조상 노치를 피한다.

이산화탄소 아크용접의 시공법
- 와이어의 길이가 짧을수록 비드가 아름답다.
- 와이어의 용융속도는 아크전류에 정비례한다.
- 와이어의 돌출길이가 길수록 빨리 용융된다.
- 와이어의 돌출길이가 짧을수록 아크가 안정된다.

14

이산화탄소 아크 용접법에서 이산화탄소(CO_2)의 역할을 설명한 것 중 틀린 것은?

① 아크를 안정시킨다.
② 용융금속 주위를 산성 분위기로 만든다.
③ 용융속도를 빠르게 한다.
④ 양호한 용착금속을 얻을 수 있다.

- 용융속도는 이산화탄소가스의 역할이 아니라 전류의 역할이다.

16

강구조물 용접에서 맞대기 이음의 루트 간격의 차이에 따라 보수용접을 하는데 보수방법으로 틀린 것은?

① 맞대기 루트 간격 6mm 이하일 때에는 이음부의 한쪽 또는 양쪽을 덧붙임 용접한 후 절삭하여 규정 간격으로 개선 홈을 만들어 용접한다.
② 맞대기 루트 간격 15mm 이상일 때에는 판을 전부 또는 일부(대략 300mm 이상의 폭)를 바꾼다.
③ 맞대기 루트 간격 6 ~ 15mm 일 때에는 이음부에 두께 6mm 정도의 뒷댐판을 대고 용접한다.
④ 맞대기 루트 간격 15mm 이상일 때에는 스크랩을 넣어서 용접한다.

강구조물 용접에서 맞대기 이음의 루트 간격의 차이에 따른 보수방법
- 맞대기 루트간격 6mm 이하일 경우 이음부의 한쪽 또는 양쪽 덧붙임
- 용접한 후 절삭하여 규정 간격으로 개선 홈을 만들어 용접한다.
- 맞대기 루트간격이 6 ~ 15mm 이상일 때에는 판을 전부 또는 일부(대략 300mm 이상의 폭)를 바꾼다

15

이산화탄소 아크 용접에 관한 설명으로 틀린 것은?

① 팁과 모재간의 거리는 와이어의 돌출길이에 아크길이를 더한 것이다.
② 와이어 돌출길이가 짧아지면 용접와이어의 예열이 많아진다.
③ 와이어의 돌출길이가 짧아지면 스패터가 부착되기 쉽다.
④ 약 200A 미만의 저전류를 사용할 경우 팁과 모재간의 거리는 10 ~ 15mm 정도 유지한다.

정답 10.③ 11.③ 12.① 13.① 14.③ 15.② 16.④

17

용접 시공 시 발생하는 용접 변형이나 잔류응력의 발생을 줄이기 위해 용접시공 순서를 정한다. 다음 중 용접시공 순서에 대한 사항으로 틀린 것은?

① 제품의 중심에 대하여 대칭으로 용접을 진행시킨다.
② 같은 평면 안에 이음이 있을 때에는 수축은 가능한 자유단으로 보낸다.
③ 수축이 적은 이음을 가능한 먼저 용접하고 수축이 큰 이음을 나중에 용접한다.
④ 리벳작업과 용접을 같이 할 때는 용접을 먼저 실시하여 용접열에 의해서 리벳의 구멍이 늘어남을 방지한다.

> 용접 조립시 주의사항은?
> • 수축이 큰 맞대기 이음을 먼저 용접하고 필렛용접
> • 큰 구조물은 구조물에 중앙에서 끝으로 향하여 용접
> • 용접선에 대하여 수축력의 합이 영이 되도록 한다.
> • 리벳과 용접을 같이 할때에는 용접을 먼저한다.
> • 물품에 대칭이 되도록 한다.

18

용접 작업 시의 전격에 대한 방지대책으로 올바르지 않은 것은?

① TIG용접 시 텅스텐 전극봉을 교체할 때는 전원 스위치를 차단하지 않고 해야 한다.
② 습한 장갑이나 작업복을 입고 용접하면 강전의 위험이 있으므로 주의한다.
③ 절연홀더의 절연 부분이 균열이나 파손되었으면 곧바로 보수하거나 교체한다.
④ 용접작업이 끝났을 때나 장시간 중지할 때에는 반드시 스위치를 차단시킨다.

> GTAW용접법에서 정극봉인 텅스텐 교체 시에는 반드시 전원 스위치를 차단하고 정극봉을 교체 해야한다.

19

단면적이 10cm²의 평판을 완전 용입 맞대기 용접한 경우의 하중은 얼마인가? (단, 재료의 허용응력을 1600kgf/cm²로 한다.)

① 160kgf   ② 1600kgf
③ 16000kgf   ④ 16kgf

$$\text{허용응력} = \frac{\text{작용하는 힘}}{\text{단면적}} = \frac{F}{A} = 10 \times 1600 = 16000\text{Kg}$$

20

용접 길이가 짧거나 변형 및 잔류응력의 우려가 적은 재료를 용접할 경우 가장 능률적인 용착법은?

① 전진법   ② 후진법
③ 비석법   ④ 대칭법

> 용착법
> • 전진법 : 용접 시작 부분보다 끝나는 부분이 수축 및 잔류응력이 커서 용접이음이 짧고 변형 및 잔류응력이 그다지 문제가 되지 않을 때 사용
> • 전진법 1 2 3 4 5
> • 후진법 : 용접을 단계적으로 후퇴하면서 전체적 길이를 용접하는 방법으로 수축과 잔류응력을 줄이는 방법
> • 후진법 5 4 3 2 1
> • 대칭법 : 용접 전 길이에 대하여 중심에서 좌우로 또는 용접부의 형상에 따라 좌우대칭으로 용접하여 변형과 수축응력을 경감한다.
> • 대칭법 4 2 1 3
> • 비석법(스킵법) : 짧은 동점길이로 나누어 놓고 간격을 두면서 용접하는 방법으로 특히 잔류응력을 적게 할 경우에 사용
> • 스킵법(비석법) 1 4 2 5 3
>
> 1 2 3 4 5   5→4→3→2→1
> (a) 전진법   (b) 후퇴법
>
> 4 2 1 3   1 4 2 5 3
> (c) 대칭법   (d) 스킵법(비석법)

21

다음 중 아세틸렌(C_2H_2)가스의 폭발성에 해당되지 않는 것은?

① 406 ~ 408℃가 되면 자연 발화한다.
② 마찰, 진동, 충격 등의 외력이 작용하면 폭발위험이 있다.
③ 아세틸렌 90%, 산소 10%의 혼합 시 가장 폭발 위험이 크다.
④ 은, 수은 등과 접촉하면 이들과 화합하여 120℃ 부근에서 폭발성이 있는 화합물을 생성한다.

> C_2H_2 가스에 대하여
> - 406 ~ 408℃에서 자연발화 된다.
> - 마찰·진동·충격에 의하여 폭발위험성
> - 은, 수은 등과 접촉 시 120℃ 부근에서 폭발성
> - 아세틸렌 15%, 산소 85%에서 가장위험
> - 아세틸렌의 양 구하는 식 : 905(A - B)
>   A : 병전체의 무게 B : 빈 병의무게
> - 카바이트 1kg에서 348L의 C_2H_2가 발생
> - 비중은 1.176g이다. -15℃, 15기압에서 충전
> - 아세틸렌 발생기는 60℃ 이하 유지
> - 온도
>   1) 406 ~ 408℃ : 자연발화
>   2) 505 ~ 515℃ : 폭발위험
>   3) 780℃ : 자연폭발
> - 압력
>   1) 1.3 kgf/cm² 이하에서 사용
>   2) 1.5 kgf/cm² : 충격가열 등의 자극으로 폭발
>   3) 2.0 kgf/cm² : 자연폭발

22

스터드 용접의 특징 중 틀린 것은?

① 긴 용접시간으로 용접변형이 크다.
② 용접 후의냉각속도가 비교적 빠르다.
③ 알루미늄, 스테인리스강 용접이 가능하다.
④ 탄소 0.2%, 망간 0.7% 이하 시 균열 발생이 없다.

> 스터드 용접법의 특징
> - 용접시간이 길지만 용접변형이 작다
> - 용접 후 냉각속도가 빠르다.
> - 알루미늄, 스테인리스 용접이 가능하다.
> - 탄소 0.2%, 망간 0.7% 이하 시 균열발생이 없다.

23

연강용 피복아크 용접봉 중 저수소계 용접봉을 나타내는 것은?

① E 4301   ② E 4311
③ E 4316   ④ E 4327

> 피복아크 용접기의 종류
> 1) 4301 : 일미나이트계(슬랙 생성식)
> 2) 4303 : 라임티탄계
> 3) 4311 : 고셀룰로이드계(가스실드식)
> 4) 4313 : 고산화티탄계(산화티탄 35%, 아크안정, CR봉, 비드좋다, 경구조물, 경자동차, 박판용접에 적합
> 5) 4316 : 저수소계(기계적성질이 우수), 수소의 함량이 1/10 정도, 균열의 감수성이 우수, 황의 함유량이 많고 성분은 석회석과 형석으로 구성
> 6) 4324 : 철분산화티탄계
> 7) 4326 : 철분저수소계
> 8) 4327 : 철분산화철계

24

산소 - 아세틸렌가스 용접의 장점이 아닌 것은?

① 용접기의 운반이 비교적 자유롭다.
② 아크용접에 비해서 유해광선의 발생이 적다.
③ 열의 집중성이 높아서 용접이 효율적이다.
④ 가열할 때 열량조절이 비교적 자유롭다.

정답 17.③ 18.① 19.③ 20.① 21.③ 22.① 23.③ 24.③

가스용접의 장점과 단점
- 운반이 편리하고 설비비가 싸다.
- 전원이 없는 곳에 쉽게 설치 할 수 있다.
- 아크용접에 비해 유해광선의 피해가 적다.
- 가열 시 열량 조절이 쉽고, 박판용접에 적합 하다.
- 폭발의 위험이 있다.
- 아크용접에 비해 불꽃의 온도가 낮다.
- 열 집중성이 나빠서 효율적인 용접이 어렵다
- 가열 범위가 커서 용접 변형이 크고 일반적으로 신뢰성이 낮다.

25

직류 피복아크 용접기와 비교한 교류 피복아크 용접기의 설명으로 옳은 것은?

① 무부하 전압이 낮다.
② 아크의 안정성이 우수하다.
③ 아크 쏠림이 거의 없다.
④ 전격의 위험이 적다.

직류와 교류의 비교
직류는 시간에 관계없이 방향과 크기가 일정한 전기 에너지를 공급하므로 안정된 전기를 얻을 수 있다는 장점이 있다. 또한 교류에 비해 전격의 위험이 적다. 하지만 가격이 고가이며, 관리가 복잡하여 우수한 피복제가 많이 생산된 근래에는 교류가 많이 쓰이고 있다.

비교	직류	교류
아크 안정	안정	불안정
극성 변화	가능	불가능
아크 쏠림	쏠림	쏠림 방지
무부하 전압	40~60V	70~90V
전격 위험	적다	크다
비피복봉	사용 가능	사용불가
구조	복잡	간단
고장	많다	적다
역률	우수	떨어짐
소음	발전기형은 크다.	대체적으로 적음
가격	고가	저가
용도	박판	후판

26

다음 중 산소용기의 각인 사항에 포함되지 않은 것은?

① 내용적
② 내압시험압력
③ 가스충전일시
④ 용기 중량

산소용기의 표시
- W – 용기의 중량
- V – 충전가스의 내용적
- TP – 내압시험압
- FP – 최고충전압

27

정류기형 직류 아크 용접기에서 사용되는 셀렌 정류기는 80℃ 이상이면 파손되므로 주의하여야 하는데 실리콘 정류기는 몇 ℃ 이상에서 파손되는가?

① 120℃
② 150℃
③ 80℃
④ 100℃

- 실리콘정류기의 파손온도 : 150℃
- 셀렌정류기의 파손온도 : 80℃

28

가스용접 작업 시 후진법의 설명으로 옳은 것은?

① 용접속도가 빠르다.
② 열 이용률이 나쁘다.
③ 얇은 판의 용접에 적합하다.
④ 용접변형이 크다.

가스용접 시 후진법의 특성은?
- 비드모양이 나쁘다.
- 일반용접 시 잔류응력이 작다.
- 모든 면에서 전진법에 대하여 좋다.
- 후판 용접에 적합
- 변형이 적다.

29

절단의 종류 중 아크 절단에 속하지 않는 것은?

① 탄소 아크 절단
② 금속 아크 절단
③ 플라스마 제트 절단
④ 수중 절단

- 아크절단의 종류
- 산소 절단법, 탄소 아크 절단법, 금속 아크 절단법, 플라즈마 제트 절단법, 티그 및 미그절단법, 아크에어 가우징 등이 있다.

30

강재의 표면에 개재물이나 탈탄층 등을 제거하기 위하여 비교적 얇고 넓게 깎아내는 가공법은?

① 스카핑
② 가스 가우징
③ 아크 에어 가우징
④ 워트 제트 절단

- 스카핑은 강재 표면의 탈탄층 또는 홈을 제거하기 위해 사용되며 표면을 얇고 넓게 깎아내는 것으로 냉간제의 속도는
  냉간제 : 5~7m/min 열간제 : 20m/min

31

다음 중 용접기에서 모재를 (+)극에, 용접봉을 (-)극에 연결하는 아크 극성을 옳은 것은?

① 직류정극성
② 직류역극성
③ 용극성
④ 비용극성

직류 정극성(DCSP)
- 모재가 + (입열량 70%)   • 용접봉 −
- 용입이 깊다.   • 용접봉은 천천히 녹는다.
- 비드폭 좁다.

직류 정극성에서 모재와 용접봉의 열 배분율은?
- 모재 70%
- 용접봉 30%

용입 깊이의 순서
- 직류정극성 > 교류 > 직류역극성
  DCSP   AC   DCRP

32

야금적 접합법의 종류에 속하는 것은?

① 납땜 이음
② 볼트 이음
③ 코터 이음
④ 리벳 이음

용접을 접합의 종류로 분류 할 때 기계적이음법과 야금적이음법으로 분류되며 용접은 야금적 접합법에 속한다.
- 기계적 접합법 : 볼트, 리벳, 나사, 핀, 코터이음
- 야금적 접합법 : 용접, 압접, 납땜
  (야금이란 광석에서 금속을 추출하고 용융 후 정련하여 사용 목적에 알맞은 형상으로 제조하는 기술로 용접은 야금적 접합의 일종이다.)

정답 25.③ 26.③ 27.② 28.① 29.④ 30.① 31.① 32.①

33

수중 절단작업에 주로 사용되는 연료 가스는?

① 아세틸렌 ② 프로판
③ 벤젠 ④ 수소

> 수중절단 작업 시
> • 사용가스는 주로 수소
> • 예열가스의 양을 공기 중보다 4 ~ 8배, 압력 1.5 ~ 2배

34

탄소 아크 절단에 압축공기를 병용하여 전극홀더의 구멍에서 탄소 전극봉에 나란히 분출하는 고속의 공기를 분출시켜 용융금속을 불어 내어 홈을 파는 방법은?

① 아크에어 가우징 ② 금속아크 절단
③ 가스 가우징 ④ 가스 스카핑

> 아크 에어가우징의 특징
> • 탄소아크절단에 압축공기를 병용 – 흑연으로 된 탄소봉에 구리도금한 전극이용
> • 가스 가우징보다 능률이 2 ~ 3배 좋다
> • 균열발견이 쉽다, 소음이 없다.
> • 철, 비철 금속도 가능
> • 전원은 직류역극성이용(미그절단)
> • 전압은 35V, 전류는 200 ~ 500A, 압축공기는 6 ~ 7kgf/cm²

35

가스 용접 시 팁 끝이 순간적으로 막혀 가스분출이 나빠지고 혼합실까지 불꽃이 들어가는 현상을 무엇이라고 하는가?

① 인화 ② 역류
③ 점화 ④ 역화

> • 역류 : 산소가 아세틸렌 도관으로 흘러 들어가는 현상
> • 인화 : 불꽃이 혼합실까지 들어가는 현상

36

피복배합제의 종류에서 규산나트륨, 규산칼륨 등의 수용액이 주로 사용되며 심선에 피복제를 부착하는 역할을 하는 것은 무엇인가?

① 탈산제 ② 고착제
③ 슬래그 생성제 ④ 아크 안정제

> 피복제의 종류
> 1) 가스발생제 : 석회석, 셀룰로오스, 톱밥, 아교
> 2) 슬래그생성제 : 석회석, 형석, 탄산나트륨, 일미나이트
> 3) 아크안정제 : 규산나트륨, 규산칼륨, 산화티탄, 석회석
> 4) 탈산제 : 페로실리콘, 규산칼륨, 아교, 소맥분, 해초

37

판의 두께(t)가 3.2mm인 연강판을 가스용접으로 보수하고자 할 때 사용할 용접봉의 지름(mm)은?

① 1.6mm ② 2.0mm
③ 2.6mm ④ 3.0mm

> 가스용접봉의 지름과 판두께의 관계식은?
> • $D = \dfrac{T}{2} + 1$ D = 지름, T = 두께

38

가스절단 시 예열 불꽃의 세기가 강할 때의 설명으로 틀린 것은?

① 절단면이 거칠어진다.
② 드래그가 증가한다.
③ 슬래그 중의 철 성분의 박리가 어려워진다.
④ 모서리가 용융되어 둥글게 된다.

> 예열 불꽃이 너무 강할때
> • 절단면이 거칠어 진다.
> • 절단면 위 모서리가 녹아서 둥글게 된다.
> • 슬래그가 뒤쪽에 많이 달라붙어 떨어지지 않는다
> • 슬래그의 박리가 어려워 진다.

39

황(S)이 적은 선철을 용해하여 구상흑연주철을 제조 시 주로 첨가하는 원소가 아닌 것은?

① Al
② Ca
③ Ce
④ Mg

> 구상 흑연시 첨가하는 원소 : Ca, Ce, Mg

40

해드필드(hadfield)강은 상온에서 오스테나이트 조직을 가지고 있다. Fe 및 C 이외의 주요 성분은?

① Ni
② Mn
③ Cr
④ Mo

> 하드필드강이란 고망간 합금강으로 10~14%의 망간이 합유되어 있으며 조직은 오스테나이트이며 경도가 커서 내마모재로 사용되며 광산, 기계, 칠드, 롤러 등의 용도로 사용된다.

41

조밀육방격자의 경정구조로 옳게 나타낸 것은?

① FCC
② BCC
③ FOB
④ HCP

종류	특징	금속
체심 입방 격자 (B·C·C)	강도가 크고 전·연성은 떨어진다.	Cr, Mo, W, V, Ta, K, Na, α-Fe, δ-Fe
면심 입방 격자 (F·C·C)	전·연성이 풍부하여 가공성이 우수하다.	Ag, Al, Au, Cu, Ni, Pb, Pt, Ca, γ-Fe
조밀 육방 격자 (H·C·P)	전·연성 및 가공성이 불량하다.	Ti, Be, Mg, Zn, Zr

42

전극재료의 선택 조건을 설명한 것 중 틀린 것은?

① 비저항이 작아야 한다.
② Al과의 밀착성이 우수해야 한다.
③ 산화 분위기에서 내식성이 커야 한다.
④ 금속 규화물의 용융점이 웨이퍼 처리 온도보다 낮아야 한다.

> 금속 규화물의 용융점이 웨이퍼 처리 온도보다 높아야 한다.

43

7:3 황동에 주석을 1% 첨가한 것으로 전연성이 좋아 관 또는 판을 만들어 증발기, 열교환기 등에 사용되는 것은?

① 문쯔 메탈
② 네이벌 황동
③ 카트리지 브라스
④ 애드미럴티 황동

> 7:3 황동에 주석1% 첨가 탈아연 부식억제, 내식성, 내 해수성을 증대시킨 것은?
> • 애드미럴티 황동
> 6:4 황동에 Sn1% 첨가, 탈아연 부식방지
> • 네이벌

44

탄소강의 표준 조직을 검사하기 위해 A_3, A_{cm} 선보다 30~50℃ 높은 온도로 가열한 후 공기 중에 냉각하는 열처리는?

① 노멀라이징
② 어닐링
③ 템퍼링
④ 퀜칭

정답 33.④ 34.① 35.① 36.② 37.③ 38.② 39.① 40.② 41.④ 42.④ 43.④ 44.①

> **일반 열처리의 종류**
> - 담금질(퀜칭) : 강을 강하게 만든다. 소금물 최대효과
> - 뜨임(템퍼링) : 담금질로 인한 취성제거, 강인성증가
>   (MO, W, V) (가열후 냉각)
> - 풀림(어닐링) : 재질의 변화, 내부응력제거, 서냉
>   └→ 국부풀림 625 ±25
> - 불림(노멀라이징) : 조직의 균일화, 공랭, 미세조직화
> A_3변태점 – 912℃

소성변형이 일어나면 금속이 경화하는 현상을 무엇이라 하는가?

① 탄성경화
② 가공경화
③ 취성경화
④ 자연경화

> 금속을 냉간 가공하면 결정입자가 미세화되어 재료가 단단해지고 연신율과 수축율은 감소하여 강도가 증가되는 가공방법이다.

납 황동은 황동에 납을 첨가하여 어떤 성질을 개선한 것인가?

① 강도
② 절삭성
③ 내식성
④ 전기전도도

> 납황동은 쾌삭강으로 불리며 황동에 납을 첨가하면 절삭성이 개선된다.

마우러 조직도에 대한 설명으로 옳은 것은?

① 주철에서 C와 P 량에 따른 주철의 조직관계를 표시한 것이다.
② 주철에서 C와 Mn 량에 따른 주철의 조직관계를 표시한 것이다.
③ 주철에서 C와 Si 량에 따른 주철의 조직관계를 표시한 것이다.
④ 주철에서 C와 S 량에 따른 주철의 조직관계를 표시한 것이다.

> 주철에서 탄소와 구소의 함유에 의해 분류한 조직의 분포를 나타낸 식을 마우러 조직도라한다.

순 구리(Cu)와 철(Fe)의 용융점은 약 몇 ℃인가?

① CU : 660℃,   Fe : 890℃
② CU : 1063℃, Fe : 1050℃
③ CU : 1083℃, Fe : 1539℃
④ CU : 1455℃, Fe : 2200℃

> **용융점**
> - 구리 – 1083℃, 알루미늄 – 660℃, 마그네슘 – 650℃, 철 – 1538℃

게이지용 강이 갖추어야 할 성질로 틀린 것은?

① 담금질에 의한 변형이 없어야 한다.
② HRC 55 이상의 경도를 가져야 한다.
③ 열팽창 계수가 보통 강보다 커야 한다.
④ 시간에 따른 치수 변화가 없어야 한다.

> 게이지용강은 측정을 위해 사용되는 재료이기 때문에 열팽창 계수에 오차가 적어야 한다.

50

그림에서 마텐자이트 변태가 가장 빠른 것은?

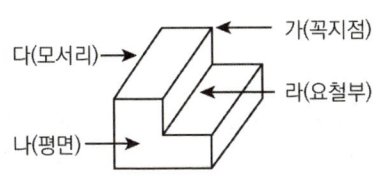

① 가　　② 나
③ 다　　④ 라

> 마텐자이트 변태는 냉각속도가 빠를때 생성되며 꼭지점 부근에 냉각속도가 가장 빠르므로 가점에서 변태가 가장 심하게 나타난다.

51

그림과 같은 입체도의 제3각 정투상도로 적합한 것은?

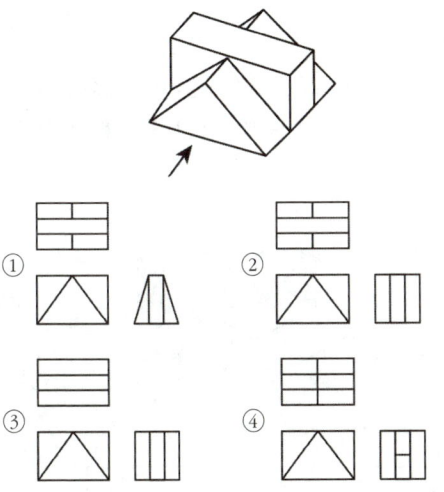

52

다음 중 저온 배관용 탄소 강관 기호는?

① SPPS　　② SPLT
③ SPHT　　④ SPA

> • SPPS : 압력배관용 탄소강관
> • SPLT : 저온배관용 강관
> • SPHT : 고온 배관용 탄소강관
> • SPA : 배관용합금강

53

다음 중 이면 용접 기호는?

① 　　②
③ 　　④

(⌐) 기호는 플러그용접(슬롯용접)에 대한 기호이다.

번호	명칭	도시	기호
1	필릿 용접		△
2	스폿 용접		○
3	플러그 용접 (슬롯용접)		⌐
4	뒷면 용접		⌣
5	심용접		⊖

정답 45.② 46.② 47.③ 48.③ 49.③ 50.① 51.② 52.② 53.③

54
다음 중 현의 치수기입을 올바르게 나타낸 것은?

①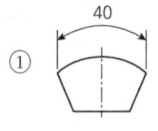
②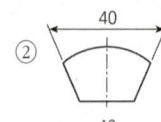
③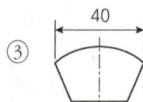
④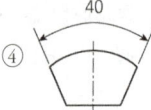

55
다음 중 대상물을 한쪽 단면도로 올바르게 나타낸 것은?

①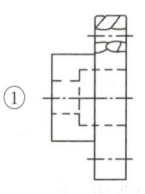
②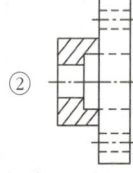
③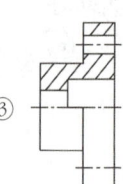
④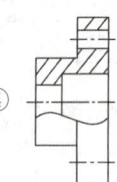

56
다음 중 도면에서 단면도의 해칭에 대한 설명으로 틀린 것은?

① 해칭선은 반드시 주된 중심선에 45°로만 경사지게 긋는다.
② 해칭선은 가는 실선으로 규칙적으로 줄을 늘어놓는 것을 말한다.
③ 단면도에 재료 등을 표시하기 위해 특수한 해칭(또는 스머징)을 할 수 있다.
④ 단면 면적이 넓을 경우에는 그 외형선에 따라 적절한 범위에 해칭(또는 스머징)을 할 수 있다.

> 해칭선을 중심선에 대하여만 45°로 주로 사용하지만 경우에 따라서 30°, 60°로도 가능하다.

57
배관의 간략도시방법 중 환기계 및 배수계의 끝장치 도시방법의 평면도에서 그림과 같이 도시된 것의 명칭은?

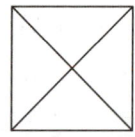

① 배수구
② 환기관
③ 벽붙이 환기 삿갓
④ 고정식 환기 삿갓

58
그림과 같은 입체도에서 화살표 방향에서 본 투상을 정면으로 할 때 평면도로 가장 적합한 것은?

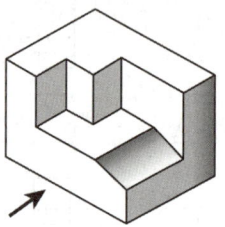

①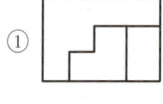
②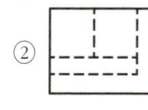
③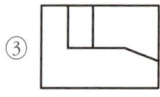
④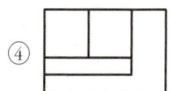

나사 표시가 "L 2N M50×2 – 4h"로 나타날 때 이에 대한 설명으로 틀린 것은?

① 왼 나사이다.
② 2줄 나사이다.
③ 미터 가는 나사이다.
④ 암나사 등급이 4h이다.

나사표시 해석
- L : 외나사표시
- 2N : 2줄나사
- M50×2 : 미터나사가 5mm, 피치가 2
- 4h : 정밀등급

무게 중심선과 같은 선의 모양을 가진 것은?

① 가상선 ② 기준선
③ 중심선 ④ 피치선

2015년 1회 ▎특수용접기능사 기출문제

01

용접봉에서 모재로 용융금속이 옮겨가는 용적이행 상태가 아닌 것은?

① 글로뷸러형 ② 스프레이형
③ 단락형 ④ 핀치효과형

> 용융금속의 3가지 이행형식
> • 단락형, 스프레이형, 글로뷸러형

02

일반적으로 사람의 몸에 얼마 이상의 전류가 흐르면 순간적으로 사망할 위험이 있는가?

① 5[mA] ② 15[mA]
③ 25[mA] ④ 50[mA]

> 용접시 전류의 영향
> • 50mA ~ 100mA는 순간적인 사망의 원인이 된다.
> (10mA ~ 고통수반 / 20mA ~ 고통과 근육수축)

03

피복 아크 용접 시 일반적으로 언더컷을 발생시키는 원인으로 가장 거리가 먼 것은?

① 용접 전류가 너무 높을 때
② 아크 길이가 너무 길 때
③ 부적당한 용접봉을 사용했을 때
④ 홈 각도 및 루트 간격이 좁을 때

> 용접부의 결함중 구조상 결함의 원인
> • 피트 : 합금원소가 많을 때, 습기, 페인트, 녹등 황 함유시
> • 스패터 : 전류 높을 때, 건조되지 않은 용접봉 사용시, 아크 길이가 길 때
> • 용입불량 : 이음설계 결함, 용접 속도가 빠를 때, 전류가 낮을 때
> • 언더컷 : 전류가 높을 때, 아크길이가 클 때, 속도가 부적합할 때
> • 오버랩 : 용접전류가 낮을 때, 용접봉의 부적합 선택
> • 선상조직 : 용착금속의 냉각속도가 빠를 때, 모재 재질 불량, X선으로는 검출 할 수 없다.

04

[보기]에서 용극식 용접 방법을 모두 고른 것은?

> ㉠ 서브머지드 아크 용접
> ㉡ 불활성 가스 금속 아크 용접
> ㉢ 불활성 가스 텅스텐 아크 용접
> ㉣ 솔리드 와이어 이산화탄소 아크 용접

① ㉠, ㉡ ② ㉢, ㉣
③ ㉠, ㉡, ㉢ ④ ㉠, ㉡, ㉣

> 용극식 용접 방법이란 전극봉이 용접봉으로 사용되는 용접 방법을 말한다.

05

납땜을 연납땜과 경납땜으로 구분할 때 구분 온도는?

① 350℃ ② 450℃
③ 550℃ ④ 650℃

> 접합방법에 따른 종류?
> - 융접 : 모재와 용가재를 모두 녹임(대부분의 용접)
> - 압접 : 열이나 압력, 또는 열과 압력을 동시에 가함
>   - 전기저항용접, 초음파용접, 고주파용접, 마찰용접, 유도가열용접
> - 납땜 : 모재는 녹이지 않고 용접봉을 녹여 붙임 450℃를 기준으로 연납땜, 경납땜으로 구별

06

전기저항 용접의 특징에 대한 설명으로 틀린 것은?

① 산화 및 변질 부분이 적다.
② 다른 금속 간의 접합이 쉽다.
③ 용제나 용접봉이 필요 없다.
④ 접합 강도가 비교적 크다.

> 전기저항용접
> 1. 겹치기 : a.점용접 b.심용접 c.프로젝션(돌기용접)
> 2. 맞대기 a.업셋 b.플래시(예열 - 플래쉬 - 업셋) c.퍼커션(충격용접)
> 3. 특징
>   - 용접사 기능무관, 시간이 짧고 대량생산
>   - 산화 및 변형이 적다, 가압효과
>   - 압접의 일종, 설비복잡, 가격 비싸다.
>   - 후열처리, 이종금속은 불가능

07

직류 정극성(DCSP)에 대한 설명으로 옳은 것은?

① 모재의 용입이 얕다.
② 비드폭이 넓다.
③ 용접봉의 녹음이 느리다.
④ 용접봉에 (+)극을 연결한다.

> 직류 정극성(DCSP)
> - 모재가 + (입열량 70%)   · 용접봉 -
> - 용입이 깊다.   · 용접봉은 천천히 녹는다.
> - 비드폭 좁다.

08

다음 용접법 중 압접에 해당되는 것은?

① MIG 용접
② 서브머지드 아크 용접
③ 점용접
④ TIG 용접

> 접합방법에 따른 종류?
> - 융접 : 모재와 용가재를 모두 녹임(대부분의 용접)
> - 압접 : 열이나 압력, 또는 열과 압력을 동시에 가함
>   - 전기저항용접, 초음파용접, 고주파용접, 마찰용접, 유도가열용접
> - 납땜 : 모재는 녹이지 않고 용접봉을 녹여 붙임 450℃를 기준으로 연납땜, 경납땜으로 구별

09

로크웰경도시험에서 C스케일의 다이아몬드의 압입자 꼭지각 각도는?

① 100°   ② 115°
③ 120°   ④ 150°

> 경도시험
> - 브리넬경도 : 담금질된 강구를 일정 하중으로
> - 비커스경도 : 다이아몬드 4각추
> - 로크웰경도 : B스케일(120KG), C스케일(150KG) - 다이아몬드 각도 120°
> - 쇼어경도 : 추를 일정 높이에서 떨어뜨려(완성품)

정답 01.④ 02.④ 03.④ 04.④ 05.② 06.② 07.③ 08.③ 09.③

10

아크타임을 설명한 것 중 옳은 것은?

① 단위기간 내의 작업여유 시간이다.
② 단위시간 내의 용도여유 시간이다.
③ 단위시간 내의 아크발생 시간을 백분율로 나타낸 것이다.
④ 단위시간 내의 시공한 용접길이를 백분율로 나타낸 것이다.

> 아크타임은 단위시간 내 아크의 발생시간을 백분율로 나타낸 것이다.

11

용접부에 오버랩의 결함이 발생했을 때, 가장 올바른 보수 방법은?

① 작은 지름의 용접봉을 사용하여 용접한다.
② 결함 부분을 깎아내고 재용접한다.
③ 드릴로 구멍을 뚫고 재용접한다.
④ 결함부분을 절단한 후 덧붙임 용접을 한다.

> 오버랩은 전류가 낮을 때 발생하는 결함으로 보수방법은 깎아내고 재용접 해주어야 한다.

12

용접 설계상 주의점으로 틀린 것은?

① 용접하기 쉽도록 설계할 것
② 결함이 생기기 쉬운 용접 방법을 피할 것
③ 용접이음이 한 곳으로 집중되도록 할 것
④ 강도가 약한 필릿 용접은 가급적 피할 것

> 용접 구조물 설계시 주의사항
> • 용접에 적합한 설계를 한다.
> • 용접길이는 가능한 한 짧게, 용착량도 강도상 필요한 최소치로 한다.
> • 각종 이음의 특성을 잘 알고 사용하며 용접하기 쉽게 설계한다.
> • 약한 필릿 용접은 피한다.
> • 반복하중을 받는 이음에서는 이음 표면을 평활하게 한다.
> • 구조상 노치를 피한다.

13

저온균열에 일어나기 쉬운 재료에 용접 전에 균열을 방지할 목적으로 피용접물의 전체 또는 이음부 부근의 온도를 올리는 것을 무엇이라고 하는가?

① 잠열　　　　② 예열
③ 후열　　　　④ 발열

> 예열의 목적
> • 모재의 수축응력을 감소하여 균열발생 억제
> • 냉각속도를 느리게 하여 모재의 취성방지
> • 용착금속의 수소성분이 나갈 수 있는 여유를 주어
> • 비드 밑 균열 방지
> • 경화증대 아니다.

14

TIG용접에 사용되는 전극의 재질은?

① 탄소　　　　② 망간
③ 몰리브덴　　④ 텅스텐

15

용접의 장점으로 틀린 것은?

① 작업공정이 단축되며 경제적이다.
② 기밀, 수밀, 유밀성이 우수하며 이음 효율이 높다.
③ 용접사의 기량에 따라 용접부의 품질이 좌우된다.
④ 재료의 두께에 제한이 없다.

용접의 장점
- 작업의 공정을 줄일 수 있다.
- 형상의 자유를 추구할 수 있다.
- 이음 효율이 향상 된다. 이음효율 100%
- 중량이 경감되고 재료 및 시간이 절약된다.
- 보수와 수리가 용이하다.

16

이산화탄소 아크용접의 솔리드와이어 용접봉의 종류 표시는 YGA – 50W – 1.2 – 20형식이다. 이 때 Y가 뜻하는 것은?

① 가스 실드 아크 용접 ② 와이어 화학 성분
③ 용접 와이어   ④ 내후성 강용

CO_2용접용 솔리드와이어의 호칭방법
1) Y – 용접와이어
2) G – 가스실드 아크용접
3) A – 내후성 강의 종류
4) 50 – 와이어의 최저 인장강도
5) W – 와이어의 화학성분
6) 1.2 – 지름
7) 20 – 무게

17

용접선 양측을 일정 속도록 이동하는 가스 불꽃에 의하여 나비 약 150mm를 150 ~ 200℃로 가열한 다음 곧 수냉하는 방법으로서 주로 용접선 방향의 응력을 완화시키는 잔류 응력 제거법은?

① 저온 응력 완화법   ② 기계적 응력 완화법
③ 노 내 풀림법   ④ 국부 풀림법

잔류응력제거 방법으로 저온응력완화법에 대한 설명이다.

18

용접 자동화 방법에서 정성적 자동제어의 종류가 아닌 것은?

① 피드백제어   ② 유접점 시퀀스제어
③ 무접점 시퀀스제어 ④ PLC 제어

자동제어의 종류
- 정량적 제어 : 제어명령을 수행시 물리량을 고려해서 제어하는 방법으로 온도, 압력, 속도, 위치 등이다.
- 정성적 제어 : ON/OFF와 같이 2개의 정보만으로 제어하는 방법으로 주로 시퀀스제어법이며 여기에는 유접점, 무접점, PLC제어가 포함된다.

19

지름 13[mm], 표점거리 150[mm]인 연강재 시험편을 인장시험한 후의 거리가 154[mm]가 되었다면 연신율은?

① 3.89[%]   ② 4.56[%]
③ 2.67[%]   ④ 8.45[%]

$$연신율 = \frac{L_1 - L_0}{L_0} = \frac{154 - 150}{150} \times 100 = 2.66\%$$

20

용접균열에서 저온균열은 일반적으로 몇 ℃ 이하에서 발생하는 균열을 말하는가?

① 200 ~ 300℃ 이하   ② 301 ~ 400℃ 이하
③ 401 ~ 500℃ 이하   ④ 501 ~ 600℃ 이하

저온 균열의 원인은 수소이며 200 ~ 300℃에서 주로 발생한다.

정답 10.③ 11.② 12.③ 13.② 14.④ 15.③ 16.③ 17.① 18.① 19.③ 20.①

21

스테인리스강을 TIG용접할 시 적합한 극성은?

① DCSP
② DCRP
③ AC
④ ACRP

> 연강을 용접 시는 DC를 사용하지만 알루미늄이나 마그네슘의 용접 시에는 ACHF를 사용한다.

직류 정극성(DCSP)
- 모재가 + (입열량 70%)
- 용접봉 −
- 용입이 깊다.
- 용접봉은 천천히 녹는다.
- 비드폭 좁다.

직류 정극성에서 모재와 용접봉의 열 배분율은?
- 모재 70%
- 용접봉 30%

용입 깊이의 순서
- 직류정극성 > 교류 > 직류역극성
  DCSP   AC   DCRP

22

피복아크용접 작업 시 전격에 대한 주의사항으로 틀린 것은?

① 무부하 전압이 필요 이상으로 높은 용접기는 사용하지 않는다.
② 전격을 받은 사람을 발견했을 때는 즉시 스위치를 꺼야 한다.
③ 작업종료 시 또는 장시간 작업을 중지할 때는 반드시 용접기의 스위치를 끄도록 한다.
④ 낮은 전압에서는 주의하지 않아도 되며, 습기 찬 구두는 착용해도 된다.

> 전격에 대하여는 낮은 전압에도 주의하여야 하며 습기 찬 구두의 착용은 지양해야 한다.

23

직류 아크 용접의 설명 중 옳은 것은?

① 용접봉을 양극, 모재를 음극에 연결하는 경우를 정극성이라고 한다.
② 역극성은 용입이 깊다.
③ 역극성은 두꺼운 판의 용접에 적합하다.
④ 정극성은 용접 비드의 폭이 좁다.

24

다음 중 수중 절단에 가장 적합한 가스로 짝지어진 것은?

① 산소 - 수소 가스
② 산소 - 이산화탄소 가스
③ 산소 - 암모니아 가스
④ 산소 - 헬륨 가스

> 수중절단 시 주로 사용되는 가스는 수소가스이다.

25

피복아크 용접봉 중에서 피복제 중에 석회석이나 형석을 주성분으로 하고, 피복제에서 발생하는 수소량이 적어 인성이 좋은 용착금속을 얻을 수 있는 용접봉은?

① 일미나이트계(E4301)
② 고셀룰로이스계(E4311)
③ 고산화탄소계(E4313)
④ 저수소계(E4316)

용접봉의 종류
1) 4301 : 일미나이트계(슬랙 생성식)
2) 4303 : 라임티탄계
3) 4311 : 고셀롤로이드계(가스실드식)
4) 4313 : 고산화티탄계(산화티탄 35%, 아크안정, CR봉, 비드좋다, 경구조물, 경자동차, 박판용접에 적합

5) 4316 : 저수소계(기계적성질이 우수), 수소의 함량이 1/10 정도, 균열의 감수성이 우수, 황의 함유량이 많고 성분은 석회석과 형석으로 구성
6) 4324 : 철분산화티탄계
7) 4326 : 철분저수소계
8) 4327 : 철분산화철계
9) 4340 : 특수계

- 가열시 열량 조절이 쉽고, 박판용접에 적합하다.
- 폭발의 위험이 있다.
- 아크용접에 비해 불꽃의 온도가 낮다.
- 열 집중성이 나빠서 효율적인 용접이 어렵다.
- 가열 범위가 커서 용접 변형이 크고 일반적으로 신뢰성이 낮다.

26

피복아크 용접봉의 간접 작업성에 해당되는 것은?

① 부착 슬래그의 박리성
② 용접봉 용융 상태
③ 아크 상태
④ 스패터

스패터의 발생은 아크길이가 길 때 발생하며 스패터는 용접에서 직업작업성에 해당되지 않는다.

28

피복 아크 용접봉의 심선의 재질로서 적당한 것은?

① 고탄소 림드강
② 고속도강
③ 저탄소 림드강
④ 빈 연강

탄소량이 많이 함유되면 고온균열이 발생하므로 용접봉은 저탄소 림드강을 주로 사용함

27

가스용접의 특징에 대한 설명으로 틀린 것은?

① 가열시 열량조절이 비교적 자유롭다.
② 피복금속 아크 용접에 비해 후판 용접에 적당하다.
③ 전원 설비가 없는 곳에서도 쉽게 설치할 수 있다.
④ 피복금속 아크 용접에 비해 유해광선의 발생이 적다.

가스용접의 장점과 단점
- 운반이 편리하고 설비비가 싸다.
- 전원이 없는 곳에 쉽게 설치 할 수 있다.
- 아크용접에 비해 유해광선의 피해가 적다.

29

가스절단에서 양호한 절단면을 얻기 위한 조건으로 틀린 것은?

① 드래그(drag)가 가능한 클 것
② 드래그(drag)의 홈이 낮고 노치가 없을 것
③ 슬래그 이탈이 양호할 것
④ 절단면 표면의 각이 예리할 것

가스절단 시 드래그의 길이는 판두께의 20% 정도이다.

정답 21.① 22.④ 23.④ 24.① 25.④ 26.① 27.② 28.③ 29.①

30

용접기의 2차 무부하 전압을 20 ~ 30W로 유지하고, 용접 중 전격 재해를 방지하기 위해 설치하는 용접기의 부속장치는?

① 과부하방지 장치
② 전격방지 장치
③ 원격제어 장치
④ 고주파발생 장치

> 전격방지기 : 2차 무부하전압이 85 ~ 95V인 것을 전격방지기를 사용하면 25 ~ 35V로 낮아진다.

31

피복 아크 용접기로서 구비해야 할 조건 중 잘못된 것은?

① 구조 및 취급이 간편해야 한다.
② 전류조정이 용이하고 일정하게 전류가 흘러야 한다.
③ 아크 발생과 유지가 용이하고 아크가 안정되어야 한다.
④ 용접기가 빨리 가열되어 아크 안정을 유지해야 한다.

> 피복 아크 용접기의 구비 조건
> 1) 내구성이 좋아야 한다.
> 2) 역률과 효율이 높아야 한다.
> 3) 구조 및 취급이 간단해야 한다.
> 4) 사용중 온도 상승이 적어야 한다.
> 5) 전격방지기가 설치 되어 있어야 한다.
> 6) 아크 발생이 쉽고 아크가 안정되어야 한다.
> 7) 전류 조정이 용이하고 전류가 일정하게 흘러야 한다.
> 8) 무부하 전압이 작아야 한다.

32

피복 아크 용접에서 용접봉의 용융속도와 관련이 큰 것은?

① 아크 전압
② 용접봉 지름
③ 용접기의 종류
④ 용접봉 쪽 전압강하

> 용융속도
> • 시간당 소모되는 용접봉의 길이
> • 아크전류 × 용접봉 쪽 전압강하

33

가스 가우징이나 치핑에 비교한 아크 에어 가우징의 장점이 아닌 것은?

① 작업 능률이 2 ~ 3배 높다.
② 장비 조작이 용이하다.
③ 소음이 심하다.
④ 활용 범위가 넓다.

> 아크 에어가우징의 특징
> • 탄소아크절단에 압축공기를 병용 ~ 흑연으로 된 탄소봉에 구리도금한 전극이용
> • 가스 가우징보다 능률이 2 ~ 3배 좋다
> • 균열발견이 쉽다, 소음이 없다.
> • 철, 비철 금속도 가능
> • 전원은 직류역극성이용(미그절단)
> • 전압은 35V, 전류는 200 ~ 500A, 압축공기는 6 ~ 7kgf/cm^2

34

피복 아크 용접에서 아크전압이 30V, 아크전류가 150A, 용접속도가 20cm/min일 때, 용접입열은 몇 Joule/cm인가?

① 27000
② 22500
③ 15000
④ 13500

용접 입열량 공식

$$H = \frac{60EI}{V} = \frac{60 \times 30 \times 150}{20} = 13500$$

35
다음 가연성 가스 중 산소와 혼합하여 연소할 때 불꽃 온도가 가장 높은 가스는?

① 수소 ② 메탄
③ 프로판 ④ 아세틸렌

36
피복아크 용접봉의 피복제의 작용에 대한 설명으로 틀린 것은?

① 산화 및 질화를 방지한다.
② 스패터가 많이 발생한다.
③ 탈산 정련작용을 한다.
④ 합금원소를 첨가한다.

피복제의 역할(용제)
- 아크안정, 산·질화 방지, 용적의 미세화
- 유동성 증가, 전기절연작용
- 서냉으로 취성방지, 탈산정련, 슬래그 박리성 증대

37
부하 전류가 변화하여도 단자 전압은 거의 변하지 않는 특성은?

① 수하 특성 ② 정전류 특성
③ 정전압 특성 ④ 전기저항 특성

정전압 특성은 자동 용접기의 특성이다.

38
용접기의 명판에 사용률이 40%로 표시되어 있을 때, 다음 설명으로 옳은 것은?

① 아크발생 시간이 40%이다.
② 휴지 시간이 40%이다.
③ 아크발생 시간이 60%이다.
④ 휴지 시간이 4분이다.

사용율이 40%라는 의미는 아크의 발생시간이 40%라는 뜻이다.

39
포금의 주성분에 대한 설명으로 옳은 것은?

① 구리에 8~12% Zn을 함유한 합금이다.
② 구리에 8~12% Sn을 함유한 합금이다.
③ 6-4황동에 1% Pb을 함유한 합금이다.
④ 7-3황동에 1% Mg을 함유한 합금이다.

포금(청동합금)의 주요성분
- Cu + Sn(8~12%) + Zn(1~2%)
- 내수성이 우수하다.
- 성분은 8~12% 주석의 청동에 1~2% 아연이 첨가된 합금
- 수압, 수증기에 잘 견디므로 선박재료로 사용

40
다음 중 완전 탈산시켜 제조한 강은?

① 킬드강 ② 림드강
③ 고망간강 ④ 세미킬드강

- 철광석을 용광로에 넣어 만든 선철을 제강로에 넣어 나온 쇳물을 완전탈산 시키면 킬드강
- 불완전 탈산 시키면 림드강으로 불리운다.

정답 30.② 31.④ 32.④ 33.③ 34.④ 35.④ 36.② 37.③ 38.① 39.② 40.①

41

Al – Cu – Si 합금으로 실리콘(Si)을 넣어 주조성을 개선하고 Cu를 첨가하여 절삭성을 좋게 한 알루미늄 합금으로 시효 경화성이 있는 합금은?

① Y합금
② 라우탈
③ 코비탈륨
④ 로 – 엑스 합금

> 라우탈은 알루미늄 합금으로 주조용이며 실루민(Al + SI)에 Cu를 합금하여 만든다.

42

주철 중 구상 흑연과 편상 흑연의 중간 형태의 흑연으로 형성된 조직을 갖는 주철은?

① CV 주철
② 에시큘라 주철
③ 니크로 실라 주철
④ 미해나이트 주철

> CV주철은 구상흑연과 편상 흑연의 중간 형태의 흑연으로 형성된 조직을 갖는 주철이다.

43

연질 자성 재료에 해당하는 것은?

① 페라이트 자석
② 알니코 자석
③ 네오디뮴 자석
④ 퍼멀로이

> 퍼멀로이는 니켈과 철의 합금으로 자성이 큰 연질자성 재료이다.

44

다음 중 황동과 청동의 주성분으로 옳은 것은?

① 황동 : Cu + Pb, 청동 : Cu + Sb
② 황동 : Cu + Sn, 청동 : Cu + Zn
③ 황동 : Cu + Sb, 청동 : Cu + Pb
④ 황동 : Cu + Zn, 청동 : Cu + Sn

> 황동과 청동은 구리의 합금으로 구리에 아연이 첨가되면 황동이 구리에 주석이 첨가되면 청동이라 한다.

45

다음 중 담금질에 의해 나타난 조직 중에서 경도와 강도가 가장 높은 것은?

① 오스테나이트
② 소르바이트
③ 마텐자이트
④ 트루스타이트

> 마텐자이트조직은 담금질에 의해 나타난 조직으로 경도와 강도가 가장 높다.

46

다음 중 재결정 온도가 가장 낮은 금속은?

① Al
② Cu
③ Ni
④ Zn

> 재결정온도
> • Al : 150 Cu : 200 Ni : 600 Zn : 상온

47

다음 중 상온에서 구리(Cu)의 결정격자 형태는?

① HCT
② BCC
③ FCC
④ CPH

금속 결정의 종류		
종류	특징	금속
체심 입방 격자 (B·C·C)	강도가 크고 전·연성은 떨어진다.	Cr, Mo, W, V, Ta, K, Na, α – Fe, δ – Fe
면심 입방 격자 (F·C·C)	전·연성이 풍부하여 가공성이 우수하다.	Ag, Al, Au, Cu, Ni, Pb, Pt, Ca, γ – Fe
조밀 육방 격자 (H·C·P)	전·연성 및 가공성이 불량하다.	Ti, Be, Mg, Zn, Zr

48
Ni – Fe 합금으로서 불변강이라 불리우는 합금은?

① 인바　　② 모넬메탈
③ 엘린바　④ 슈퍼인바

> 불변강 – NI합금강을 의미함
> - 인바(Ni : 36%) : 열전쌍, 시계 등
> - 엘린바(Ni36% – Cr12%) : 시계스프링, 정밀계측기
> - 플래티나이트(Ni:10 ~ 16%) : 전구, 진공관의 유리봉입선
> - 퍼멀로이(Ni : 75% ~ 80%) : 해저전선의 장하코일
> - 코엘린바, 수퍼인바, 초인바, 이스에라스틱

49
다음 중 Fe – C 평형상태도에 대한 설명으로 옳은 것은?

① 공정점의 온도는 약 723℃이다.
② 포정점은 약 4.30%C를 함유한 점이다.
③ 공석점은 약 0.80%C를 함유한 점이다.
④ 순철의 자기변태 온도는 210℃이다.

> 공석점인 723℃에서 나오는 공석강의 탄소 함유량은 0.86%이다.

50
고주파 담금질의 특징을 설명한 것 중 옳은 것은?

① 직접 가열하므로 열효율이 높다.
② 열처리 불량은 적으나 변형 보정이 필요하다.
③ 열처리 후의 연삭 과정을 생략 또는 단축시킬 수 있다.
④ 간접 부분 담금질법으로 원하는 깊이만큼 경화하기 힘들다.

> 고주파 경화법은 유도전류에 의해 강부품의 표면만을 직접 급속히 가열한 후 급냉시키는 방법으로 열효율을 높이는 방법이다.
> **고주파 경화법의 특징**
> - 작업비가 싸다.
> - 직접가열로 열효율이 높다.
> - 열처리 후 연삭과정을 생략할 수 있다.
> - 조작이 간단하고 열처리 시간이 짧다.
> - 불량이 적고 변형보정이 필요 없다.
> - 급열이나 급냉으로 재료의 변형이 크다.
> - 경화층이 이탈되거나 담금질 균열이 생기기 쉽다.
> - 가열 시간이 짧아 산화 및 탈탄이 적다.
> - 마르텐사이트 생성으로 체적이 변화하여 내부응력이 발생한다.

51
다음 입체도의 화살표 방향 투상도로 가장 적합한 것은?

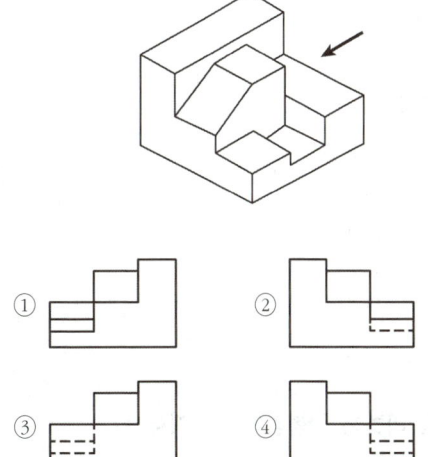

정답 41.② 42.① 43.④ 44.④ 45.③ 46.④ 47.③ 48.② 49.③ 50.① 51.③

다음 그림과 같은 용접방법 표시로 맞는 것은?

① 삼각 용접 ② 현장 용접
③ 공장 용접 ④ 수직 용접

깃발의 표시는 현장용접임을 의미한다.

다음 밸브 기호는 어떤 밸브를 나타내는가?

① 풋 밸브
② 볼 밸브
③ 체크 밸브
④ 버터플라이 밸브

위의 그림은 풋 밸브를 의미한다.

54

다음 중 리벳용 원형강의 KS 기호는?

① SV ② SC
③ SB ④ PW

리벳용 원형강은 SV라 표시한다.

대상물의 일부를 떼어낸 경계를 표시하는데 사용하는 선의 굵기는?

① 굵은 실선   ② 가는 실선
③ 아주 굵은 실선 ④ 아주 가는 실선

대상물의 떼어낸 경계를 표시하는 선을 파단선이라 하며 불규칙한 파형의 가는 실선이나 지그재그선으로 표시한다.

56

그림과 같은 배관도시기호가 있는 관에는 어떤 종류의 유체가 흐르는가?

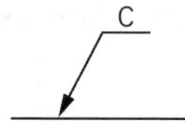

① 온수   ② 냉수
③ 냉온수 ④ 증기

배관에 흐르는 유체의 종류에 따른 분류
공기 - A, 물 - W, 가스 - G, 기름 - O, 수증기 - S, 냉수 - C

57

제3각법에 대하여 설명한 것으로 틀린 것은?

① 저면도는 정면도 밑에 도시한다.
② 평면도는 정면도의 상부에 도시한다.
③ 좌측면도는 정면도의 좌측에 도시한다.
④ 우측면도는 평면도의 우측에 도시한다.

기계 제작에서는 제3각법이 가장 이해하기 쉬우므로 주로 사용되며 눈 → 도면 → 투상면의 순서가 된다. 우측면도는 정면도에서 우측에 있는 면을 의미한다.

58

다음 치수 표현 중에서 참고 치수를 의미하는 것은?

① S∅24 ② t = 24
③ (24)   ④ □ 24

기호	의미
	• 공장에서 드릴 가공, 현장에서 끼워 맞춤 • 먼 면에 카운터 싱크 있음
	• 현장에서 드릴 가공 및 끼워 맞춤 • 먼 면에 카운터 싱크 있음

참고치수는 괄호로 표시한다.

 59

구멍에 끼워 맞추기 위한 구멍, 볼트, 리벳의 기호 표시에서 현장에서 드릴가공 및 끼워맞춤을 하고 양쪽면에 카운터 싱크가 있는 기호는?

① 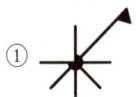   ②

③ 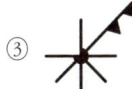   ④

60

도면을 용도에 따른 분류와 내용에 따른 분류로 구분할 때, 다음 중 내용에 따라 분류한 도면인 것은?

① 제작도   ② 주문도
③ 견적도   ④ 부품도

• 용도에 따른 분류 : 계획도, 상세도, 제작도, 검사도, 주문도, 승인도, 설명도
• 내용에 따른 분류 : 부품도, 배치도, 조립도

위의 표시는 현장에서 드릴가공 및 끼워맞춤을 하고 양쪽면에 카운터 싱크가 있음을 표시하는 것이다.

체결부품의 조립 및 간략도 표시방법

기호	의미
✱	• 현장에서 드릴 가공 및 끼워 맞춤 • 양쪽 면에 카운터 싱크 있음
✲	• 공장에서 드릴 가공 및 끼워 맞춤 • 가까운 면에 카운터 싱크 있음
✶	• 현장에서 드릴 가공 및 끼워 맞춤 • 카운터 싱크 없음
+	• 공장에서 드릴 가공 및 끼워 맞춤 • 카운터 싱크 없음

정답 52.② 53.① 54.① 55.② 56.② 57.④ 58.③ 59.④ 60.④

2015년 2회 용접기능사 기출문제

01
용접작업 시 안전에 관한 사항으로 틀린 것은?
① 높은 곳에서 용접작업 할 경우 추락, 낙하 등의 위험이 있으므로 항상 안전벨트와 안전모를 착용한다.
② 용접작업 중에 여러 가지 유해 가스가 발생하기 때문에 통풍 또는 환기 장치가 필요하다.
③ 가연성의 분진, 화약류 등 위험물이 있는 곳에서는 용접을 해서는 안 된다.
④ 가스 용접은 강한 빛이 나오지 않기 때문에 보안경을 착용하지 않아도 괜찮다.

> 가스 용접 시 아크 불꽃으로 인해 4~8번의 흑유리를 착용하여야 한다.

02
다음 전기 저항 용접법 중 주로 기밀, 수밀, 유밀성을 필요로 하는 탱크의 용접 등에 가장 적합한 것은?
① 점(spot)용접법
② 시임(seam)용접법
③ 프로젝션(projection)용접법
④ 플래시(flash)용접법

> **심용접**
> - 심용접은 압접인 전기 저항용접의 겹치기 용접법으로 원판상의 롤러 전극사이에 용접할 2장의 판을 두고 가압, 통전하여 전극을 회전시키며 연속적으로 점용접을 반복하는 용접법이다.
> - 점용접에 비해 가압력을 1.2~1.6배, 용접전류는 1.5~2.0배
> - 통전방법에 따라 단속통전법, 연속통전법, 맥동통전법

03
용접부의 중앙으로부터 양끝을 향해 용접해 나가는 방법으로, 이음의 수축에 의한 변형이 서로 대칭이 되게 할 경우에 사용되는 용착법을 무엇이라 하는가?
① 전진법 ② 비석법
③ 케스케이드법 ④ 대칭법

> 변형을 줄이는 용착방법으로는 후퇴법, 스킵법, 대칭법 등이 있다.

04
불활성 가스를 이용한 용가재인 전극 와이어를 송급장치에 의해 연속적으로 보내어 아크를 발생시키는 소모식 또는 용극식 용접 방식을 무엇이라 하는가?
① TIG 용접
② MIG 용접
③ 피복아크 용접
④ 서브머지드 아크 용접

> **불활성가스 금속아크용접 (GMAW)의 장점**
> - 용접기 조작이 간단, 손쉽게 용접
> - 용접속도가 빠르다.
> - 정전압특성(서브, CO_2)
> - 슬래그가 없고 스패터가 최소화, 용접 후처리 불필요
> - 용착효율이 좋다(MIG 95%, 수동피복아크용접(60%)
> - MIG용접의 전류밀도는 아크용접의 6~8배이다.
> - 전 자세 용접 가능, 용입크고, 전류밀도 높다

용접부에 결함 발생 시 보수하는 방법 중 틀린 것은?

① 기공이나 슬래그 섞임 등이 있는 경우는 깎아내고 재용접한다.
② 균열이 발견되었을 경우 균열 위에 덧살올림 용접을 한다.
③ 언더컷일 경우 가는 용접봉을 사용하여 보수한다.
④ 오버랩일 경우 일부분을 깎아내고 재용접 한다.

> 균열이 발견 되었을 때는 균열 양 끝에 정지구멍을 뚫어 균열부분에 홈을 파고 결함 부분을 완전히 제거한 후에 재용접을 실시한다.

용접할 때 용접 전 적당한 온도로 예열을 하면 냉각 속도를 느리게 하여 결함을 방지할 수 있다. 예열 온도 설명 중 옳은 것은?

① 고장력강의 경우는 용접 홈을 50~350℃로 예열
② 저합금강의 경우는 용점 홈을 200~500℃로 예열
③ 연강을 0℃ 이하에서 용접할 경우는 이음의 양쪽 폭 100mm 정도를 40~250℃로 예열
④ 주철의 경우는 용접홈을 40~75℃로 예열

> 예열의 목적
> • 모재의 수축응력을 감소하여 균열발생 억제
> • 냉각속도를 느리게 하여 모재의 취성 방지
> • 용착금속의 수소성분이 나갈 수 있는 여유를 주어 비드 밑 균열 방지
> • 고장력강은 50~350℃정도로 예열을 한다.

07

서브머지드 아크 용접에 관한 설명으로 틀린 것은?

① 장비의 가격이 고가이다.
② 홈 가공의 정밀을 요하지 않는다.
③ 불가시 용접이다.
④ 주로 아래보기 자세로 용접한다.

> 서브머지드 아크용접은은 잠호용접이라고도 하며 용제속에서 아크가 발생되어 용착이 일어남으로 루트간격이 0.8mm 이하여야지만 용접이 가능하다.

08

안전표지 색채 중 방사능 표지의 색상은 어느 색인가?

① 빨강　　　② 노랑
③ 자주　　　④ 녹색

> 안전 표식의 색채
> ① 적색 : 방화, 금지, 방향, 표시
> ② 황색 : 주의 표시
> ③ 오렌지색 : 위험 표시
> ④ 녹색 : 안전 지도, 위생 표시
> ⑤ 청색 : 주의, 수리 중, 송전 중 표시
> ⑥ 진한 보라색 : 방사능 위험 표시
> ⑦ 백색 : 주의 표시
> ⑧ 흑색 : 방향 표시

정답　01.④　02.②　03.④　04.②　05.②　06.①　07.②　08.③

09

용접부의 시험에서 비파괴 검사로만 짝지어진 것은?

① 인장 시험 - 외관 시험
② 피로 시험 - 누설 시험
③ 형광 시험 - 충격 시험
④ 초음파 시험 - 방사선 투과시험

비파괴 시험법
- VT 외관검사
- MT 자분탐상
- PT 침투탐상(형광 F)
- RT 방사선검사
- UT 초음파탐상
- ECT 맴돌이검사
- LT 누설검사

10

용접 시공 시 발생하는 용접변형이나 잔류응력 발생을 최소화하기 위하여 용접순서를 정할 때 유의사항으로 틀린 것은?

① 동일평면 내에 많은 이음이 있을 때 수축은 가능한 자유단으로 보낸다.
② 중심선에 대하여 대칭으로 용접한다.
③ 수축이 적은 이음은 가능한 먼저 용접하고, 수축이 큰 이음은 나중에 한다.
④ 리벳작업과 용접을 같이 할 때에는 용접을 먼저 한다.

용접 조립 시 주의사항
- 수축이 큰 맞대기 이음을 먼저 용접하고 필렛용접
- 큰 구조물은 구조물에 중앙에서 끝으로 향하여 용접
- 용접선에 대하여 수축력의 합이 영이 되도록 한다.
- 리벳과 용접을 같이 할때에는 용접을 먼저한다.
- 물품에 대칭이 되도록 한다.

11

다음 중 용접부 검사방법에 있어 비파괴 시험에 해당하는 것은?

① 피로 시험
② 화학분석 시험
③ 용접균열 시험
④ 침투 탐상 시험

비파괴 시험법
- VT 외관검사
- MT 자분탐상
- PT 침투탐상(형광 F)
- RT 방사선검사
- UT 초음파탐상
- ECT 맴돌이검사
- LT 누설검사

12

다음 중 불활성가스(inert gas)가 아닌 것은?

① Ar
② He
③ Ne
④ CO_2

- CO_2 가스는 CO_2 용접법에서 쉴드가스로 사용하지만 불활성가스가 아니라 더 이상 반응하지 않는 완성되 가스여서 불활성가스처럼 보호가스로 사용한다.

13

납땜에서 경납용 용제에 해당하는 것은?

① 영화아연
② 인산
③ 염산
④ 붕산

용제
- 경납용 : 붕사, 붕산, 염화리튬, 빙정석, 산화제1동
- 연강용 : 사용하지 않음
- 구리용 : 붕사, 붕산, 염화나트륨, 염화리튬, 플루오르화나트륨
- Al용 : 염화칼륨, 염화나트륨, 황산칼륨
- 연납용 : 염산, 염화아연, 염화암모늄, 송진, 수지
- 주철용 : 중탄산나트륨, 탄산나트륨, 붕사

14

논 가스 아크 용접의 장점으로 틀린 것은?

① 보호 가스나 용제를 필요로 하지 않는다.
② 피복아크용접봉의 저수소계와 같이 수소의 발생이 적다.
③ 용접비드가 좋지만 슬래그 박리성은 나쁘다.
④ 용접장치가 간단하며 운반이 편리하다.

> 논 가스 아크 용접법은 비드가 깨끗하지는 않지만 박리성은 우수하다.

15

용접선과 하중의 방향이 평행하게 작용하는 필릿 용접은?

① 전면
② 측면
③ 경사
④ 변두리

> 하중의 방향에 따른 필릿용접의 종류
> 1) 전면필릿 : 용접선과 하중의 방향이 수직이다.
> 2) 측면필릿 : 용접선과 하중의 방향이 수평이다.
> 3) 경사필릿

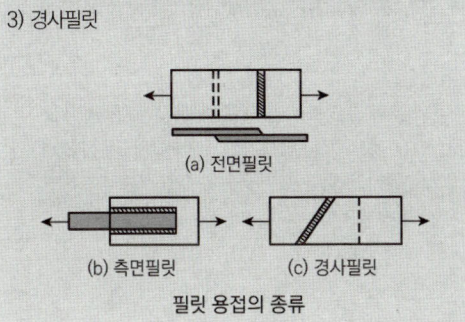

필릿 용접의 종류

16

납땜 시 용제가 갖추어야 할 조건이 아닌 것은?

① 모재의 불순물 등을 제거하고 유동성이 좋을 것
② 청정한 금속면의 산화를 쉽게 할 것
③ 땜납의 표면장력에 맞추어 모재와의 친화도를 높일 것
④ 납땜 후 슬래그 제거가 용이할 것

> 땜납의 구비조건
> • 모재보다 용융점이 낮다.
> • 표면장력이 작아 모재 표면에 잘 퍼질 것
> • 유동성이 좋아 잘 메워질 것
> • 모재와 친화력이 있을 것

17

피복아크용접 시 전격을 방지하는 방법으로 틀린 것은?

① 전격방지기를 부착한다.
② 용접홀더에 맨손으로 용접봉을 갈아 끼운다.
③ 용접기 내부에 함부로 손을 대지 않는다.
④ 절연성이 좋은 장갑을 사용한다.

> 용접봉의 교체 시는 반드시 용접피장갑을 끼고 교체 할 것

18

맞대기이음에서 판 두께 100mm, 용접 길이 300cm, 인장하중이 9000kgf일 때 인장응력은 몇 kgf/cm^2인가?

① 0.3
② 3
③ 30
④ 300

정답 09.④ 10.③ 11.④ 12.④ 13.④ 14.③ 15.② 16.② 17.② 18.②

$$\sigma = \frac{\text{작용하는 힘}}{\text{단위면적}} = \frac{9000}{10 \times 300} = 3\text{Kgf/cm}^2$$

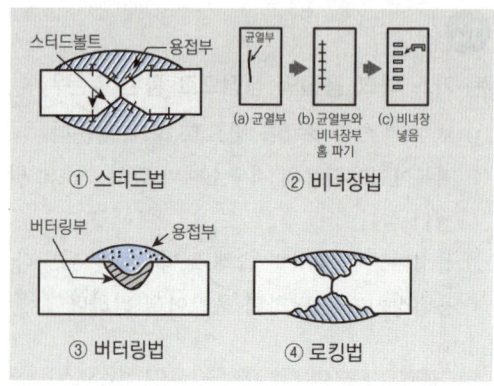

① 스터드법　② 비녀장법
③ 버터링법　④ 로킹법

다음은 용접 이음부의 홈의 종류이다. 박판 용접에 가장 적합한 것은?

① K형
② H형
③ I형
④ V형

판두께에 따른 홈의 형상
- 6mm 이하 : I형
- 6 ~ 19mm : V형, 베벨형, J형
- 12mm 이상 : X형, K형, 양면 J
- 16 ~ 50mm : U형
- 50mm이상 : H형

주철의 보수용접방법에 해당되지 않는 것은?

① 스터드링
② 비녀장법
③ 버터링법
④ 백킹법

주철의 보수방법
- 스터드법, 비녀장법, 로킹법, 버터링법

주철의 보수방법
- 스터드법 : 용접 경계부 바로 밑 부분의 모재까지 갈라지는 결점을 보강하기 위하여 스터드 볼트를 사용하여 조이는 방법으로 비드의 배치는 가능한 짧게 하는 것이 좋다.
- 비녀장법 : 균열의 수리 및 가늘고 긴 용접을 할 때 용접선에 직각이 되게 6 ~ 10mm 정도의 ㄷ자형의 철심을 박고 용접한다.
- 버터링법 : 처음에는 모재와 잘 융합하는 용접봉을 사용하여 적당한 두께까지 용착 시키고 난 후 다른 용접봉으로 용접하는 방법
- 로킹법 : 용접부 바닥면에 둥근홈을 파고 이부분에 걸쳐 힘을 받도록 하는 방법

21

MIG 용접이나 탄산가스 아크 용접과 같이 전류밀도가 높은 자동이나 반자동 용접기가 갖는 특성은?

① 수하 특성과 정전압 특성
② 정전압 특성과 상승 특성
③ 수하 특성과 상승 특성
④ 맥동 전류 특성

불활성가스 금속아크용접 (GMAW)의 특징
- 용접기 조작이 간단, 손쉽게 용접
- 용접속도가 빠르다.
- 정전압특성(서브,CO_2), 상승특성
- 슬래그가 없고 스패터가 최소화, 용접 후처리 불필요
- 용착효율이 좋다(MiG 95%, 수동피복아크용접(60%)
- MIG용접의 전류밀도는 아크용접의 6 ~ 8배이다.
- 전 자세 용접 가능, 용입 크고, 전류밀도 높다.

22

CO_2 가스 아크 용접에서 아크전압에 대한 설명으로 옳은 것은?

① 아크전압이 높으면 비드 폭이 넓어진다.
② 아크전압이 높으면 비드 볼록해진다.
③ 아크전압이 높으면 용입이 깊어진다.
④ 아크전압이 높으면 아크길이가 짧다.

이산화탄소 가스 아크용접에서 전류와 전압
1) 전류 : 전류는 와이어의 송급속도를 의미하며 전류가 높으면 용착량이 많아진다.
2) 전압 : 전압은 비드의 모양을 결정하는 것으로 전류에 비해 전압이 높으면 비드의 모양은 납작해지며 전류에 비해 전압이 낮으면 비드의 모양이 볼록해진다.

25
얇은 철판을 쌓아 포개어 놓고 한꺼번에 절단하는 방법으로 가장 적합한 것은?
① 분말절단
② 산소창절단
③ 포갬절단
④ 금속아크절단

포겸절단법 : 얇은 철판을 여러겹으로 쌓아두고 한꺼번에 절단하는 방법으로 주로 프로판가스와 산소의 혼합가스를 이용하여 절단한다.

23
다음 중 가스 용접에서 산화불꽃으로 용접할 경우 가장 적합한 용접 재료는?
① 황동
② 모넬메탈
③ 알루미늄
④ 스테인리스

산소와 아세틸렌 불꽃의 종류
- 중성불꽃 : 표준불꽃
- 산화불꽃 : 산화성 불꽃, 산소과잉 불꽃, 바깥불꽃으로만 형성
  - 구리, 황동, 아연등 용접
- 탄화불꽃 : 아세틸렌 과잉불꽃, 환원성 불꽃, 산소 부족 시 발생, 아세틸렌 패더
  - 산화 방지가 필요한 스테인리스강, 스텔라이트, 모넬메탈 등을 사용

26
용접봉의 용융속도는 무엇으로 표시하는가?
① 단위 시간당 소비되는 용접봉의 길이
② 단위 시간당 형성되는 비드의 길이
③ 단위 시간당 용접 입열의 양
④ 단위 시간당 소모되는 용접전류

용융속도 – 전류와 관계가 크다.
- 시간당 소모되는 용접봉의 길이, 무게
- 아크전류 × 용접봉 쪽 전압강하

24
용접기의 사용률이 40%인 경우 아크 시간과 휴식시간을 합한 전체시간은 10분을 기준으로 했을 때 발생시간은 몇 분인가?
① 4
② 6
③ 8
④ 10

사용율 = 아크시간 / (아크시간 + 휴식시간) × 100

27
전류조정을 전기적으로 하기 때문에 원격조정이 가능한 교류 용접기는?
① 가포하 리액터형
② 가동 코일형
③ 가동 철심형
④ 탭 전환형

정답 19.③ 20.④ 21.② 22.① 23.① 24.① 25.③ 26.① 27.①

교류용접기 종류
- 탭전환형, 가동코일형, 가동철심형, 가포화리액터형
- 탭전환형 : 무부하 전압이 높아 전격위험이 크고 코일의 감긴수에 따라 전류를 조정하는 것, 미세 전류 조정이 불가능함
- 가동코일형 : 1차코일의 거리조정으로 전류조정
- 가동철심형 : 가동철심을 움직여 누설자속을 변동시켜 전류를 조정, 미세전류 조정이 가능
- 가포화리액터형 : 전류 조정이 용이하고 전류 조정을 전기적으로 하기 때문에 이동 부분이 없고 가변저항의 변화로 전류조정, 원격조정 가능

30
다음 중 산소 – 아세틸렌 용접법에서 전진법과 비교한 후진법의 설명으로 틀린 것은?
① 용접 속도가 느리다.
② 열 이용률이 좋다.
③ 용접변형이 작다.
④ 홈 각도가 작다.

가스용접시 후진법의 특성
- 비드모양이 나쁘다.
- 열 이용율이 좋다.
- 홈 각도가 작다.
- 변형이 작다.
- 산화성이 작다.
- 용접 속도가 빠르다.
- 후판용접에 적합하다.

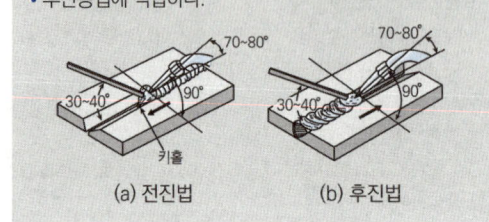
(a) 전진법 (b) 후진법

28
35℃에서 150kgf/cm^{2}으로 압축하여 내부용적 40.7리터의 산소 용기에 충전하였을 때, 용기속의 산소량은 몇 리터인가?
① 4470 ② 5291
③ 6105 ④ 7000

40.7L의 산소용기에 150kgf/cm^{2}으로 산소를 충전하여 대기중에서 환산하면 산소는 몇 L인가?
- 40.7L × 150 = 6105L

29
아크 전류가 일정할 때 아크 전압이 높아지면 용융 속도가 늦어지고, 아크 전압이 낮아지면 용융 속도는 빨라진다. 이와 같은 아크 특성은?
① 부저항 특성
② 절연회복 특성
③ 전압회복 특성
④ 아크길이 자기제어 특성

- 정전압특성(아크길이 자기제어특성) – 수하특성과는 반대의 성질을 갖는 것으로 부하 전류가 변해도 단자 전압이 거의 변하지 않는 것으로 CP특성이라 한다.
→ 서브머지드, CO$_2$용접, GMAW특성

31
다음 중 가스 절단에 있어 양호한 절단면을 얻기 위한 조건으로 옳은 것은?
① 드래그가 가능한 클 것
② 절단면 표면의 각이 예리할 것
③ 슬래그 이탈이 이루어지지 않을 것
④ 절단면이 평활하며 드래그의 홈이 깊을 것

가스 절단시 양호한 절단면을 얻기 위한 조건
- 드래그의 홈이 얕을 것
- 슬래그가 작을 것(20%)
- 슬래그의 이탈이 양호 할 것
- 절단면의 표면각이 예리 할 것
- 절단면이 평활하여 노치 등이 없을 것

32

피복아크용접봉의 피복배합제 성분 중 가스발생제는?

① 산화티탄   ② 규산나트륨
③ 규산칼륨   ④ 탄산바륨

> **피복제의 종류**
> - 가스 발생제 : 석회석, 셀롤로오스, 톱밥, 아교, 탄산바륨
> - 슬랙 생성제 : 석회석, 형석, 탄산수소나트륨, 일미나이트
> - 아크안정제 : 규산나트륨, 규산칼륨, 산화티탄, 석회석 탄산바륨
> - 피복제의 탈산제 : 페로실리콘, 페로망간, 페로티탄, 알루미늄
> - 고착제 : 규산 나트륨, 규산칼륨, 아교, 소맥분, 해초

33

가스절단에 대한 설명으로 옳은 것은?

① 강의 절단 원리는 예열 후 고압산소를 불어내면 강보다 용융점이 낮은 산화철이 생성되고 이때 산화철은 용융과 동시 절단된다.
② 양호한 절단면을 얻으려면 절단면이 평활하며 드래그의 홈이 높고 노치 등이 있을수록 좋다.
③ 절단산소의 순도는 절단속도와 절단면에 영향이 없다.
④ 가스절단 중에 모래를 뿌리면서 절단하는 방법을 가스분말절단이라 한다.

> **가스 절단의 원리**
> 가연성가스와 지연성가스인 산소의 혼합가스가 연소 할 때 발생하는 열을 이용하여 모재를 예열하고 고압의 산소를 이용하여 철의 산화 작용에 의해 절단을 함

34

가스용접에 사용되는 가스의 화학식을 잘못 나타낸 것은?

① 아세틸렌 : C_2H_2 ② 프로판 : C_2H_8
③ 에탄 : C_4H_7 ④ 부탄 : C_4H_{10}

> 에탄은 C_2H_6이다.

35

다음 중 아크 발생 초기에 모재가 냉각되어 있어 용접 입열이 부족한 관계로 아크가 불안정하기 때문에 아크 초기에만 용접 전류를 특별히 크게 하는 장치를 무엇이라 하는가?

① 원격제어장치   ② 핫스타트장치
③ 고주파발생장치   ④ 전격방지장치

> **핫 스타트 장치의 장점**
> 1) 기공을 방지 한다.
> 2) 아크 발생을 쉽게 한다.
> 3) 비드의 이음을 좋게 한다.
> 4) 아크 발생 초기에 비드의 용접을 좋게 한다.
> 5) 무부하 전압을 70V로 낮추어 감전의 위험을 보호한다.

36

납땜 용제가 갖추어야 할 조건으로 틀린 것은?

① 모재의 산화 피막과 같은 불순물을 제거하고 유동성이 좋을 것
② 청정한 금속면의 산화를 방지할 것
③ 납땜 후 슬래그의 제거가 용이할 것
④ 침지 땜에 사용되는 것은 젖은 수분을 함유할 것

정답 28.③ 29.④ 30.① 31.② 32.④ 33.① 34.③ 35.② 36.④

땜납의 구비조건
- 모재보다 용융점이 낮다.
- 유동성이 좋아 잘 메워질 것
- 모재와 친화력이 있을 것
- 표면장력이 작아 모재 표면에 잘 퍼질 것

37
직류 아크 용접 시 정극성으로 용접할 때의 특징이 아닌 것은?

① 박판, 주철, 합금강, 비철금속의 용접에 이용된다.
② 용접봉의 녹음이 느리다.
③ 비드 폭이 좁다.
④ 모재의 용입이 깊다.

극성
- 극성은 +, - 를 갖는다.
- + 를 연결시 열량이 70% 정도, - 를 연결시 열량이 30% 정도이다.
- 직류 정극성(DCSP)
  1) 모재가 + (입열량 70%)
  2) 용접봉 -
  3) 용입이 깊다.
  4) 비드폭 좁다.
  5) 후판용접에 적합
  6) 용접봉은 천천히 녹는다(용접봉을 아낄 수 있다.).

38
피복 아크 용접 결함 중 기공이 생기는 원인으로 틀린 것은?

① 용접 분위기 가운데 수소 또는 일산화탄소 과잉
② 용접부의 급속한 응고
③ 슬래그의 유동성이 좋고 냉각하기 쉬울 때
④ 과대 전류와 용접속도가 빠를 때

- 기공의 원인 : 수소, CO_2의 과잉, 용접부의 급속한 응고, 모재의 황 함유량 과대, 기름, 페인트, 녹, 아크길이, 전류의 부적당, 용접속도 빠를 때

39
금속재료의 경량화와 강인화를 위하여 섬유 강화 금속 복합재료가 많이 연구되고 있다. 강화섬유 중에서 비금속계로 짝지어진 것은?

① K, W
② W, Ti
③ W, Be
④ SiC, Al_2O_3

금속 재료의 경량화를 위하여 강화섬유 중에서 비금속 재료로 사용하는 재료는 SiC, Al_2O_3이 있다.

40
상자성체 금속에 해당되는 것은?

① Al
② Fe
③ Ni
④ Co

Al의 특징
- 경금속, 2.7(비중), 융점 660℃
- 산화피막 - 대기중 부식방지
- 해수와 산알카리에 부식·염산에의 침식이 빠르다.
- 열, 전기의 양도체 (65%)
- 전연성이 풍부
- 면심입방격자
- 80% 이상의 진한질산에 침식을 견딘다.
- 내식성, 가공성이 좋아 주물, 다이케스팅, 전선등에 쓰이는 비철 금속 재료

41
구리(Cu)합금 중에서 가장 큰 강도와 경도를 나타내며 내식성, 도전성, 내피로성 등이 우수하여 베어링, 스프링 및 전극재료 등으로 사용되는 재료는?

① 인(P) 청동
② 규소(Si) 동
③ 니켈(Ni) 청동
④ 베릴륨(Be) 동

강도가 가장 높고 피로한도, 내열성, 내식성이 우수하여 베어링, 고급스프링의 재료로 이용되는 것
- 베릴륨 청동

다음의 금속 중 경금속에 해당하는 것은?

① Cu   ② Be
③ Ni   ④ Sn

금속의 비중
- 경금속 : Li(0.53), Mg(1.74), Be(1.86), Al(2.7), Tl(4.5)
- 중금속 : Zn(7.14), Cr(7.19), Sn(7.28), Fe(7.78), Ni(8.9), Cu(8.96), Ir(22.5)

고 Mn강으로 내마멸성과 내충격성이 우수하고, 특히 인성이 우수하기 때문에 파쇄 장치, 기차 레일, 굴착기 등의 재료로 사용되는 것은?

① 엘린바(elinvar)
② 디디뮴(didymium)
③ 스텔라이트(stellite)
④ 해드필드(hadfield)강

하드필드 강(고 Mn강)
- 망간 10 ~ 14%의 강은 상온에서 오스테나이트 조직을 가지며 내마멸성이 특히 우수하며 각종 광산기계, 기차 레일의 교차점, 냉간 인발용의 드로잉 다이스등에 이용되는 강

순철의 자기변태(A_2)점 온도는 약 몇 ℃인가?

① 210℃   ② 768℃
③ 910℃   ④ 1400℃

순철의 자기변태점
- A_1변태점 - 210℃(순수한 시멘타이트의 자기변태점)
- A_2변태점 - 768℃(912 - A_3, 1400 - A_4), 퀴리점이라고 한다.
- A_3변태점 - 912℃(α - Fe → γ - Fe)
- A_4변태점 - 1400℃(γ - Fe → δ - Fe)

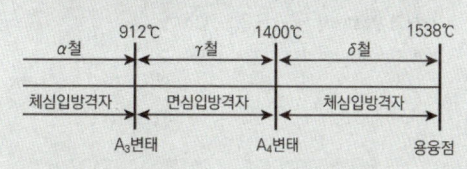

시험편의 지름이 12mm, 최대하중이 5200kgf일 때 인장강도는?

① $16.8 kgf/mm^2$
② $29.4 kgf/mm^2$
③ $45.9 kgf/mm^2$
④ $55.8 kgf/mm^2$

- 인장강도 = $\dfrac{최대하중}{단면적}$ = $\dfrac{P}{A}$ = $\dfrac{P}{\dfrac{\pi}{4}D^2}$ = $\dfrac{P \times 4}{\pi \times D^2}$

  = $\dfrac{5200 \times 4}{\pi \times 12^2}$ = $45.9\ kgf/mm^2$

정답 37.① 38.③ 39.④ 40.① 41.④ 42.④ 43.③ 44.② 45.②

46

주철의 일반적인 성질을 설명한 것 중 틀린 것은?

① 용탕이 된 주철은 유동성이 좋다.
② 공정 주철의 탄소량은 4.3% 정도이다.
③ 강보다 용융 온도가 높아 복잡한 형상이라도 주조하기 어렵다.
④ 주철에 함유하는 전탄소(total carbon)는 흑연 + 화합탄소로 나타낸다.

주철
- 탄소함유량 1.7 ~ 6.68%
- 실용적 주철은 2.5 ~ 4.5%
- 전·연성이 작고 가공이 안된다.
- 담금질, 뜨임은 안되나 주조응력의 제거 목적으로 풀림처리는 가능하다(미하나이트주철 - 담금질 가능).
- 압축강도, 내마모성, 주조성이 우수하다.
- 흑연화의 촉진제 : Si, Ni, Ti, Al
- 흑연화 : 3Fe + + C - 로 분리 되는 것
- 압축강도가 인장강도보다 2 ~ 3배 크다.
- 기계의 가공성이 좋고 값이 싸다.
- 용융점이 낮고 유동성이 좋아 주조하기 쉽다.
- 강에 비해 탄소의 함량이 많아 취성과 경도가 커지고 인장강도는 작아진다.
- 주철을 파면상으로 분류시 백주철, 반주철, 회주철로 구분한다.
- 주철의 후열처리 온도 : 500 - 600℃
- 보통주철의 인장강도 : 98 ~ 196 MPa

47

포금(gun metal)에 대한 설명으로 틀린 것은?

① 내해수성이 우수하다.
② 성분은 8 ~ 12%Sn 청동에 1 ~ 2%Zn을 첨가한 합금이다.
③ 용해주조 시 탈산제로 사용되는 P의 첨가량을 많이 하여 합금 중에 P를 0.05 ~ 0.5% 정도 남게 한 것이다.
④ 수압, 수증기에 잘 견디므로 선박용 재료로 널리 사용된다.

포금(청동합금)의 주요성분
- Cu + Sn + Zn
- 내수성이 우수하다.
- 성분은 8 - 12% 주석과 1 - 2% 아연이 첨가된 합금
- 수압, 수증기에 잘 견디므로 선박재료로 사용

48

황동은 도가니로, 전리고 또는 반사로 중에서 용해하는데, Zn의 증발로 손실이 있기 때문에 이를 억제하기 위해서는 용탕 표면에 어떤 것을 덮어 주는가?

① 소금
② 석회석
③ 숯가루
④ Al 분말가루

황동은 도가니로, 전기로 또는 반사로 등에서 용해하는데, 아연의 증발로 손실이 있기 때문에 이를 억제하기 위하여 숯가루를 용탕에 덮어 주어야 한다.

49

건축용 철골, 볼트, 리벳 등에 사용되는 것으로 연신율이 약 22%이고, 탄소함량이 약 0.15%인 강재는?

① 연강
② 경강
③ 최경강
④ 탄소공구강

탄소량의 함유에 따른 분류
- 저탄소강 : 0.3% 이하 (연강)
- 고탄소강 : 0.3% 이상
- 구조용 탄소강 : 0.05 ~ 0.6%
- 탄소공구강 : 0.6 ~ 1.5%

50

저용융점(fusible) 합금에 대한 설명으로 틀린 것은?

① Bi를 55% 이상 함유한 합금은 응고 수축을 한다.
② 용도로는 화재통보기, 압축공기용 탱크 안전 밸브 등에 사용된다.
③ 33~66%Pb를 함유한 Bi 합금은 응고 후 시효 진행에 따라 팽창현상을 나타낸다.
④ 저용융점 합금은 약 250℃ 이하의 용융점을 갖는 것이며 Pb, Bi, Sn, In 등의 합금이다.

> 저용점이란 주석이나 납보다 낮은 온도에서 녹는 합금을 저용점 합금이라 한다.

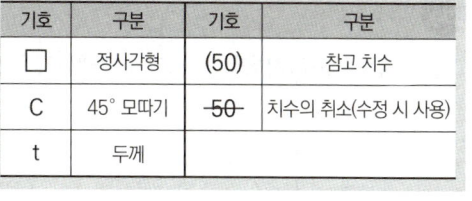

기호	구분	기호	구분
□	정사각형	(50)	참고 치수
C	45° 모따기	~~50~~	치수의 취소(수정 시 사용)
t	두께		

52

다음과 같은 배관의 등각 투상도(isometric drawing)를 평면도로 나타낸 것으로 맞는 것은?

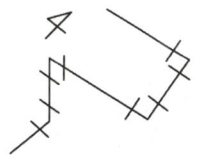

① 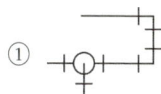   ②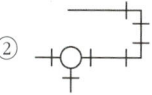

③ 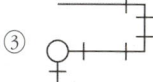   ④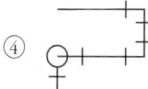

> 배관의 계통도를 표현한 것으로 엘보의 연결점에서 4번처럼 표시하는 것이 올바른 표현이다.

51

치수 기업 방법이 틀린 것은?

① 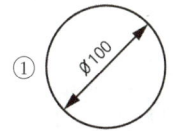   ②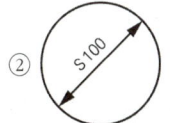

③ 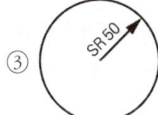   ④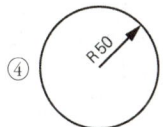

치수 표시 기호의 종류

기호	구분	기호	구분
∅	지름	p	피치
S∅	구의 지름	⌒50	호의 길이
R	반지름	<u>50</u>	비례척도가 아닌 치수
SR	구의 반지름	[50]	이론적으로 정확한 치수

53

표제란에 표시하는 내용이 아닌 것은?

① 재질   ② 척도
③ 각법   ④ 제품명

정답 46.③ 47.③ 48.③ 49.① 50.① 51.② 52.④ 53.①

54

그림과 같은 용접기호의 설명으로 옳은 것은?

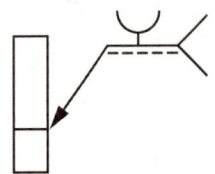

① U형 맞대기 용접, 화살표쪽 용접
② V형 맞대기 용접, 화살표쪽 용접
③ U형 맞대기 용접, 화살표 반대쪽 용접
④ V형 맞대기 용접, 화살표 반대쪽 용접

> 도면해설 : U형 맞대기 용접으로 기선위에 기호가 표시 되므로 화살표쪽 용접을 해야한다.

55

전기아연도금 강판 및 강대의 KS기호 중 일반용 기호는?

① SECD   ② SECE
③ SEFC   ④ SECC

> 전기아연도금 강판 및 강대의 표현은 SECC로 표현된다.

56

보기 도면은 정면도와 우측면도만이 올바르게 도시되어 있다. 평면도로 가장 적합한 것은?

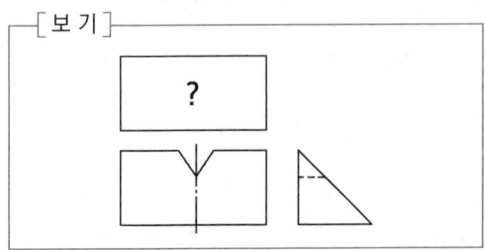

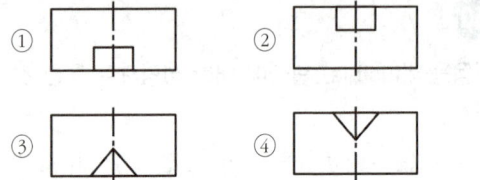

> 평면도는 정면도에 서서 아래로 내려다보고 보이는데로 그려 주는 것으로 3번이 적합하다.

57

선의 종류와 용도에 대한 설명의 연결이 틀린 것은?

① 가는 실선 : 짧은 중심을 나타내는 선
② 가는 파선 : 보이지 않는 물체의 모양을 나타내는 선
③ 가는 1점 쇄선 : 기어의 피치원을 나타내는 선
④ 가는 2점 쇄선 : 중심이 이동한 중심궤적을 표시하는 선

> 선의 종류와 용도
> - 외형선 – 굵은 실선
> - 가는실선 – 치수선, 치수보조선, 지시선, 회전단면선. 수준면선, 해칭선
> - 은선 – 가는 파선 또는 굵은 파선으로
> - 가는 1점쇄선 – 중심선, 기준선, 피치선
> - 가는 2점쇄선 – 가상선 무게 중심선
> - 굵은 1점쇄선 – 특수지정선
> - 파단선 – 물체의 일부를 파단한 곳을 표시하는 선으로 불규칙한 파형의 가는 실선 또는 지그재그선

58

그림의 입체도를 제3각법으로 올바르게 투상한 투상도는?

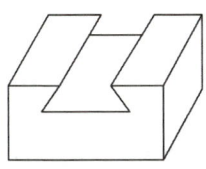

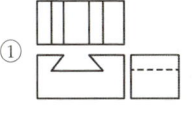
①

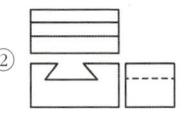
②

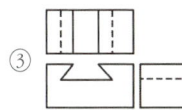
③

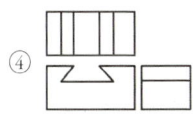
④

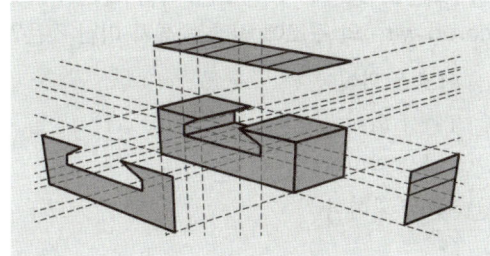

59

KS에서 규정하는 체결부품의 조립 간략 표시방법에서 구멍에 끼워 맞추기 위한 구멍, 볼트, 리벳의 기호 표시 중 공장에서 드릴 가공 및 끼워 맞춤을 하는 것은?

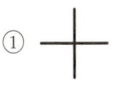 ①　　　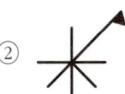 ②

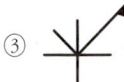 ③　　　 ④

체결부품의 조립 및 간략도 표시방법	
기호	의미
	• 공장에서 드릴 가공 및 끼워 맞춤 • 카운터 싱크 없음
	• 공장에서 드릴 가공, 현장에서 끼워 맞춤 • 먼 면에 카운터 싱크 있음
	• 현장에서 드릴 가공 및 끼워 맞춤 • 먼 면에 카운터 싱크 있음
	• 현장에서 드릴 가공 및 끼워 맞춤 • 양쪽 면에 카운터 싱크 있음
	• 공장에서 드릴 가공 및 끼워 맞춤 • 가까운 면에 카운터 싱크 있음
	• 현장에서 드릴 가공 및 끼워 맞춤 • 카운터 싱크 없음

60

그림과 같은 단면도에서 "A"가 나타내는 것은?

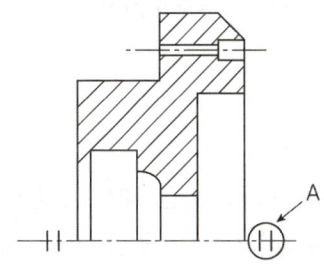

① 바닥 표시 기호
② 대칭 도시 기호
③ 반복 도형 생략 기호
④ 한쪽 단면도 표시 기호

A의 표시는 대칭 도시 기호를 나타낸다.

정답 54.① 55.④ 56.③ 57.④ 58.③ 59.① 60.②

2015년 2회 특수용접기능사 기출문제

01

피복아크 용접 후 실시하는 비파괴 검사방법이 아닌 것은?

① 자분 탐상법
② 피로 시험법
③ 침투 탐상법
④ 방사선 투과 검사법

> 비파괴검사의 종류
> - 외관검사(View Testing) : VT
> - 누설검사(Leak Testing) : LT
> - 침투탐상(Penetrant Testing) : PT
> - 자분탐상(Magnetic Particle Testing) : MT
> - 초음파탐상(Ultrasonic Testing) : UT
> - 방사선검사(Radiographic Teating) : RT
> - 맴돌이검사(Eddy Current Testing) : ECT

02

다음 중 용접이음에 대한 설명으로 틀린 것은?

① 필릿 용접에서는 형상이 일정하고, 미용착부가 없어 응력분포상태가 단순하다.
② 맞대기 용접이음에서 시점과 크레이터 부분에서는 비드가 급랭하여 결함을 일으키기 쉽다.
③ 전면 필릿 용접이란 용접선의 방향이 하중의 방향과 거의 직각인 필릿 용접을 말한다.
④ 겹치기 필릿 용접에서는 루트부에 응력이 집중되기 때문에 보통 맞대기 이음에 비하여 피로강도가 낮다.

> 필릿 용접은 형상은 일정하지만 용착의 정도에 따라 응력의 분포가 다양 할 수 있다.

03

변형과 잔류응력을 최소로 해야 할 경우 사용되는 용착법으로 가장 적합한 것은?

① 후진법
② 전진법
③ 스킵법
④ 덧살 올림법

04

이산화탄소 용접에 사용되는 복합 와이어(flux cored wire)의 구조에 따른 종류가 아닌 것은?

① 아코스 와이어
② T관상 와이어
③ Y관상 와이어
④ S관상 와이어

> CO_2 가스 아크용접기의 복합와이어의 종류
> - 아코스 아크법
> - 유니온 아크법(자성용)
> - 퓨즈 아크법(와이어의 둘레에 가는 강선을 나선으로 감고 그 틈새에 용제를 바른 것)
> - NCG법(버나드 아크 용접법)
> - S관상 와이어법
> - Y관상 와이어법

05

불활성 가스 아크용접에 주로 사용되는 가스는?

① CO_2
② CH_4
③ Ar
④ C_2H_2

> **가스의 분류**
> - 조연성가스 : 다른 연소 물질이 타는 것을 도와 주는 가스로 산소, 공기등
> - 가연성가스 : 산소나 공기와 혼합하여 점화하면 빛과 열을 내면서 연소하는 가스로 아세틸렌, 수소, 도시가스, 프로판, 메탄, 부탄 등
> - 불활성가스 : 산소와 반응하지 않는 기체로 아르곤, 헬륨, 네온등이 사용되고 있음
> - CO_2 가스는 CO_2 용접법에서 쉴드 가스로 사용하지만 불활성가스가 아니라 더 이상 반응하지 않는 완성된 가스여서 불활성가스처럼 보호가스로 사용한다.

> - 용접전원으로 직류, 교류가 모두 쓰인다.
> - GTAW용접으로 알루미늄이나 마그네슘을 용접시 직류 역극성을 이용하고 아르곤 가스가 산화피막에 부딪쳐 피막을 벗겨내는 이온화 작용에 의해 청정작용을 일으키며 이때 사용하는 전원으로는 ACHF라는 고주파 교류 전원을 이용한다.

08

아르곤(Ar)가스는 1기압 하에서 6500(L) 용기에 몇 기압으로 충전하는가?

① 100 기압   ② 120 기압
③ 140 기압   ④ 160 기압

> **가스의 충전압**
> - 아르곤은 $140kgf/cm^2$(아르곤가스는 대기중 0.94% 존재)
> - 산소는 35℃, $150kgf/cm^2$ 으로 충전
> - 아세틸렌은 15℃, $15kgf/cm^2$ 으로 충전

06

다음 중 용접 결함에서 구조상 결함에 속하는 것은?

① 기공   ② 인장강도의 부족
③ 변형   ④ 화학적 성질 부족

> **용접부의 결함의 종류**
> - 치수상결함 : 변형, 치수불량
> - 구조상결함 : 언더컷, 오버랩, 균열, 스패터, 용입불량, 슬랙섞임, 기공, 은점, 선상조직, 피트 등
> - 성질상결함 : 기계적, 화학적

09

불활성 가스 텅스텐(TIG) 아크 용접에서 용착금속의 용락을 방지하고 용착부 뒷면의 용착금속을 보호하는 것은?

① 포지셔너(psitioner)
② 지그(zig)
③ 뒷받침(backing)
④ 앤드탭(end tap)

> 뒷받침 : 불활성가스 텅스텐 아크 용접에서 용착금속의 용락을 방지하고 용착부 뒷면의 용착금속을 보호하기 위해 사용되는 재료임

07

다음 TIG 용접에 대한 설명 중 틀린 것은?

① 박판 용접에 적합한 용접법이다.
② 교류나 직류가 사용된다.
③ 비소모식 불활성 가스 아크 용접법이다.
④ 전극봉은 연강봉이다.

> **GTAW 용접의 특징**
> - 전극이 녹지 않는 비용극식, 비소모식이다.
> - 헬륨 – 아크 용접, 아르곤 용접이라 한다.
> - 텅스텐을 전극봉으로 이용함

정답   01.② 02.① 03.③ 04.② 05.③ 06.① 07.④ 08.③ 09.③

10

구리 합금 용접 시험편을 현미경 시험할 경우 시험용 부식재로 주로 사용되는 것은?

① 왕수
② 피크린산
③ 수산화나트륨
④ 연화철액

> **철강에 주로 사용되는 부식액의 종류**
> - 구리 및 구리합금의 부식액은 연화철 액
> - 부식액이란 금속 재료의 부식시험에 사용되는 각종 용액
> - 철강에 사용되는 부식액의 종류
>   1) 염산 1 : 물 1의 용액
>   2) 염산 3.8 : 황산 1.2 : 물 5.0의 용액
>   3) 초산 1: 물 3의 용액
>   4) 피크린산

11

용접 결함 중 치수상의 결함에 대한 방지대책과 가장 거리가 먼 것은?

① 역변형법 적용이나 지그를 사용한다.
② 습기, 이물질 제거 등 용접부를 깨끗이 한다.
③ 용접 전이나 시공 중에 올바른 시공법을 적용한다.
④ 용접조건과 자세, 운봉법을 적정하게 한다.

> **용접부의 결함중 구조상 결함의 원인**
> - 피트 : 합금원소가 많을 때, 습기, 페인트, 녹, 황 함유시
> - 스패터 : 전류 높을 때, 건조되지 않은 용접봉 사용시, 아크 길이가 길 때
> - 용입불량 : 이음설계 결함, 용접 속도가 빠를 때, 전류가 낮을 때, 용접봉 선택불량
> - 언더컷 : 전류가 높을 때, 아크길이가 클 때, 속도가 부적합할 때
> - 오버랩 : 용접전류가 낮을 때, 용접봉의 부적합 선택
> - 선상구조 : 용착금속의 냉각속도가 빠를 때, 모재 재질 불량, X선으로는 검출 할 수 없다.
> - 기공의 원인 : 수소, CO_2의 과잉, 용접부의 급속한 응고, 모재의 황 함유량 과대, 기름, 페인트, 녹, 아크길이, 전류의 부적당, 용접속도 빠를 때

> - 비드 밑 균열 : 용접 이후 용접열에 의해 조직이 변하는 주변 열영향부에서 수소의 확산에 의해 발생하는 균열이다.
> - 아크 스트라이크 : 용접이음의 밖에서 아크를 발생시킬 때 아크열에 의하여 모재에 결함이 생기는 것
>
> **용접부의 결함의 보수법**
> - 기공 또는 슬랙섞임은 그부분을 깎아 내고 재 용접한다.
> - 언더컷 : 가는 용접봉을 사용하여 파인부분을 용접한다.
> - 오버랩 : 용접부를 깎아 내고 재 용접한다.
> - 균열 : 균열부의 끝부분에 정지구멍을 뚫고 균열부를 깎아 내고 홈을 만들어 재용접 한다.

12

TIG용접에 사용되는 전극봉의 조건으로 틀린 것은?

① 고융용점의 금속
② 전자방출이 잘되는 금속
③ 전기 저항률이 많은 금속
④ 열 전도성이 좋은 금속

> **전극봉의 전극조건**
> - 열전도성이 좋은 금속
> - 고온의 용융점의 금속
> - 전자방출이 잘되는 금속
> - 낮은 온도에서 아크발생이 쉽고 오손이 적을 것
> - 토륨 1~2%를 포함한 텅스텐 전극봉을 사용

13

철도 레일 이음 용접에 적합한 용접법은?

① 태르밋 용접
② 서브머지드 용접
③ 스터드 용접
④ 그래비티 및 오토콘 용접

테르밋 용접
- 특수용접이며 융접이다.
- 금속 산화물이 알루미늄에 의하여 산소를 빼앗기는 반응에 의해 생성되는 열을 이용하여 접합
- 산화철분말(3~4) + 알루미늄분말 (1)
- 점화제로 과산화바륨, 마그네슘, 알루미늄
- 작업이 간단하다.
- 전력이 불필요 하며 철도 레일 이음용접에 주로 사용함
- 시간이 짧고 용접변형도 적다.

플라즈마 아크 용접에서 아크의 종류
- 이행형 아크(모재가 전도성이 있어야하며 열효율이 크다.)
- 반이행형 아크
- 비이행형 아크

16
TIG 용접에서 전극봉은 세라믹 노즐의 끝에서부터 몇 mm 정도 돌출시키는 것이 가장 적당한가?
① 1~2mm
② 3~6mm
③ 7~9mm
④ 10~12mm

티그용접시 전극봉의 노출 길이는 3~6mm이지만 세라믹의 호수에 따라서 차이가 날 수 있다.

14
통행과 운반관련 안전조치로 가장 거리가 먼 것은?
① 뛰지 말 것이며 한 눈을 팔거나 주머니에 손을 넣고 걷지 말 것
② 기계와 다른 시설물과의 사이의 통행로 폭은 30cm 이상으로 할 것
③ 운반차는 규정 속도를 지키고 운반 시 시야를 가리지 않게 할 것
④ 통행로와 운반차, 기타 시설물에는 안전 표지 색을 이용한 안전표지를 할 것

안전 통로의 폭은 800mm이다.

17
다음 파괴시험 방법 중 충격시험 방법은?
① 전단시험
② 샤르피시험
③ 크리프시험
④ 응력부식 균열시험

기계적시험
- 충격시험 : 샤르피식, 아이조드식
- 인장시험 : 항복점, 역률, 인장강도, 연신율, 내력
- 경도시험 : 브리넬경도, 비커스경도, 로크웰경도, 쇼어경도
- 굽힘시험 : 표면, 이면, 측면 굴곡시험
- 동적시험 : 충격시험, 피로시험, 크리프시험
- 피로시험 : 반복되어 작용하는 하중상태에서의 성질을 알아낸다.

15
플라즈마 아크의 종류 중 모재가 전도성 물질이어야 하며, 열효율이 높은 아크는?
① 이행형 아크
② 비이행형 아크
③ 중간형 아크
④ 피복 아크

정답 10.모두 11.② 12.③ 13.① 14.② 15.① 16.② 17.②

18

초음파 탐상 검사 방법이 아닌 것은?

① 공진법　② 투과법
③ 극간법　④ 펄스반사법

> **초음파 탐상의 종류**
> - 투과법 : 초음파 펄스를 시험체의 한쪽면에서 송신하고 반대쪽에서 수신하는 방법
> - 공진법 : 시험체에 가해진 초음파 진동수와 고유 진동수가 일치 할 때 진동폭이 커지는 공진현상을 이용하여 시험체의 두께를 측정하는 방법
> - 펄스반사법 : 시험체 내로 초음파 펄스를 송신하고 내부 또는 바닥면에서 그 반사체를 탐지하는 결함에 형태로 내부 결함이나 재질을 조사하는 방법이며 결함에코의 형태로 결함을 판정하는 방법으로 가장 많이 사용하고 있다.

19

레이저 빔 용접에 사용되는 레이저의 종류가 아닌 것은?

① 고체 레이저　② 액체 레이저
③ 극간법　④ 펄스반사법

> **레이저 빔 용접시 레이저의 종류**
> - 고체 레이저, 액체 레이저, 기체 레이저

20

다음 중 저탄소강의 용접에 관한 설명으로 틀린 것은?

① 용접균열의 발생 위험이 크기 때문에 용접이 비교적 어렵고, 용접법의 적용에 제한이 있다.
② 피복 아크 용접의 경우 피복아크 용접봉은 모재와 강도 수준이 비슷한 것을 선정하는 것이 바람직하다.
③ 판의 두께가 두껍고 구속이 큰 경우에는 저수소계 계통의 용접봉이 사용된다.
④ 두께가 두꺼운 강재일 경우 적절한 예열을 할 필요가 있다.

> 고온균열은 탄소 함유량이 많은 고탄소강에서 주로 이용되며 피복 아크 용접시 균열을 최소화 하기 위해 저탄소 림드강으로 용접봉의 재료로 사용된다.

21

15℃, 1kgf/cm² 하에서 사용 전 용해 아세틸렌병의 무게가 50kgf이고, 사용 후 무게가 47kgf일 때 사용한 아세틸렌의 양은 몇 리터(L)인가?

① 2915　② 2815
③ 3815　④ 2715

> **아세틸렌의 양 구하는 식**
> - 905(A − B) − A : 병전체의 무게　B : 빈 병의무게
> - 905(50 − 47) = 2715

22

다음 용착법 중 다층 쌓기 방법인 것은?

① 전진법　② 대칭법
③ 스킵법　④ 케스케이드법

> **다층 용접법**
> - 덧살올림법(빌드업법) : 열영향이 크고 슬래그 섞임 우려가 있음, 한랭시 구속이 클 때 후판에서 첫층 균열이 있다.
>
>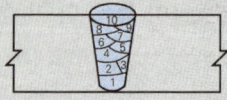
> (a) 덧살 올림법
>
> - 캐스케이드법 : 하부분의 몇 층을 용접하다가 다음층으로 연속시켜 용접 하는법, 결함이 적지만 잘 사용 않음
>
>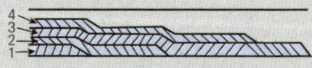
> (b) 케스케이드법(용접중심선 단면도)

- 전진블록법 : 한 개의 용접봉으로 살을 붙일만한 길이로 구분해서 여러층으로 쌓아 올린 후 다음 부분으로 진행함. 첫층 균열발생 우려가 있다.

(c) 전진 블록법(용접중심선 단면도)

- 가연성가스의 불꽃 온도가 가장 높은 가스는 산소 - 아세틸렌가스이다.
- 혼합가스중 불꽃의 온도가 가장 높기 때문에 용접용으로 사용되며 산소 - 아세틸렌 용접 시 산소과잉 불꽃인 산화 불꽃의 온도가 표준불꽃, 산화불꽃, 탄화 불꽃 중에서 가장 높다.

23
다음 중 두께 20mm인 강판을 가스 절단하였을 때 드래그(drag)의 길이가 5mm이었다면 드래그 양은 몇 %인가?

① 5 ② 20
③ 25 ④ 100

- $(5 \div 20) \times 100 = 25\%$
- 드래그의 길이는 판 두께의 $\frac{1}{5}$, 즉 20%가 좋다.
- 팁 끝과 강판의 거리는 1.5 ~ 2mm 정도로 한다.

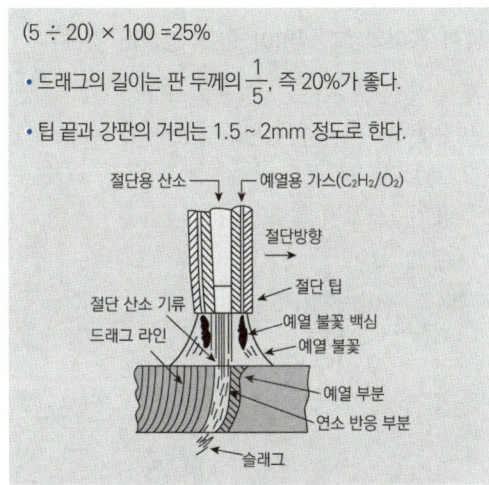

25
가스용접에서 전진법과 후진법을 비교하여 설명한 것으로 옳은 것은?

① 용착금속의 냉각도는 후진법이 서냉된다.
② 용접변형은 후진법이 크다.
③ 산화의 정도가 심한 것은 후진법이다.
④ 용접속도는 후진법보다 전진법이 더 빠르다.

가스용접시 후진법의 특성
- 비드모양이 나쁘다.
- 열 이용율이 좋다.
- 홈 각도가 작다.
- 변형이 작다.
- 산화성이 작다.
- 용접 속도가 빠르다.
- 후판용접에 적합하다.

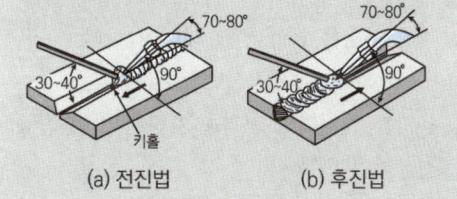

(a) 전진법   (b) 후진법

24
가스용접에 사용되는 용접용 가스 중 불꽃 온도가 가장 높은 가연성 가스는?

① 아세틸렌 ② 메탄
③ 부탄 ④ 천연가스

26
가스 절단 시 절단면에 일정한 간격의 곡선이 진행 방향으로 나타나는데 이것을 무엇이라 하는가?

① 슬래그(slag) ② 태핑(tapping)
③ 드래그(drag) ④ 가우징(gouging)

정답 18.③ 19.④ 20.① 21.④ 22.④ 23.③ 24.① 25.① 26.③

27

피복금속 아크 용접봉의 피복제가 연소한 후 생성된 물질이 용접부를 보호하는 방식이 아닌 것은?

① 가스 발생식
② 슬래그 생성식
③ 스프레이 발생식
④ 반가스 발생식

> **융착금속의 보호형식**
> - 가스 발생식 : 대표적으로 고샐룰로오스가 있으며 전자세 용접이 가능하다.(E4311)
> - 슬래그 생성식 : 슬랙이 생성되어 용착금속의 산화, 질화를 방지하고 탈산작용을 한다(E4301, E7016).
> - 반가스 발생식 : 슬랙의 생성과 가스의 발생이 혼합됨

28

용해 아세틸렌 용기 취급 시 주의사항으로 틀린 것은?

① 아세틸렌 충전구가 동결 시는 50℃ 이상의 온수로 녹여야 한다.
② 저장 장소는 통풍이 잘 되어야 한다.
③ 용기는 반드시 캡을 씌워 보관한다.
④ 용기는 진동이나 충격을 가하지 말고 신중히 취급해야 한다.

> **아세틸렌 용기 취급 시 주의사항**
> - 타격 및 충격을 주지 말 것
> - 아세틸렌 충전구 용기 동결시 60℃이하의 온수로 녹일 것
> - 용기를 눕혀서 보관하지 말 것
> - 다른 가연성 가스와 함께 보관하지 말 것
> - 직사광선, 화기가 있는 고온의 장소를 피할 것
> - 용기내의 온도는 항상 40 ℃ 이하로 유지할 것
> - 용기 내의 압력이 너무 상승(170기압)되지 않도록 할 것
> - 용기 및 밸브 조정기 등에 기름이 부착되지 않도록 할 것
> - 밸브가 동결 되었을 때 더운 물 또는 증기를 사용하여 녹일 것

29

AW300, 정격사용률이 40%인 교류아크 용접기를 사용하여 실제 150A의 전류 용접을 한다면 허용 사용률은?

① 80%   ② 120%
③ 140% ④ 160%

> 사용허용률
> $= \dfrac{(\text{정격 2차 전류})^2}{(\text{실제 용접 전류})^2} \times \text{정격사용율\%}$
> $= \dfrac{(300)^2}{(150)^2} \times 40 = 160\%$

30

용접 용어와 그 설명이 잘못 연결된 것은?

① 모재 : 용접 또는 절단되는 금속
② 용융풀 : 아크열에 의해 용융된 쇳물 부분
③ 슬래그 : 용접봉이 용융지에 녹아 들어가는 것
④ 용입 : 모재가 녹은 깊이

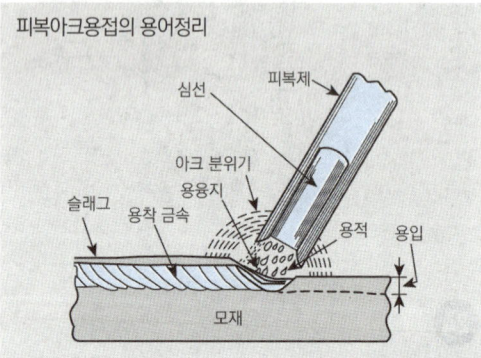

피복아크용접의 용어정리

- 아크 : 기체중에서 일어나는 방전의 일종 5000~6000℃
- 용적 : 용접봉이 녹은 쇳물
- 용융지 : 모재가 녹은 쇳물
- 용착 : 용접봉이 녹아 용융지에 들어 가서 응고한 부분
- 용입 : 모재가 녹은 깊이
- 슬래그 : 용착부에 나타난 비금속 물질

31

직류아크 용접에서 용접봉을 용접기의 음(-)극에, 모재를 양(+)극에 연결한 경우의 극성은?

① 직류 정극성
② 직류 역극성
③ 용극성
④ 비용극성

극성
- 극성은 +, - 를 갖는다.
- +를 연결시 열량이 70% 정도, -를 연결시 열량이 30% 정도이다.
- 직류 정극성(DCSP)
  1) 모재가 +(입열량 70%)
  2) 용접봉 -
  3) 용입이 깊다.
  4) 비드폭 좁다.
  5) 후판용접에 적합
  6) 용접봉은 천천히 녹는다(용접봉을 아낄 수 있다.).

32

강제 표면의 홈이나 개재물, 탈탄층 등을 제거하기 위하여 얇고 타원형 모양으로 표면을 깎아내는 가공법은?

① 산소창 절단
② 스카핑
③ 탄소아크 절단
④ 가우징

스카핑
- 강제 표면의 탈탄층 또는 홈을 제거하기 위해 사용함
- 얇고 넓게 깎아 내기 작업
- 열간재 가공속도 : 20 m/min
- 냉간재 가공속도 : 6~7 m/min

33

가동 철심형 용접기를 설명한 것으로 틀린 것은?

① 교류아크 용접기의 종류에 해당한다.
② 미세한 전류 조정이 가능하다.
③ 용접작업 중 가동 철심의 진동으로 소음이 발생할 수 있다.
④ 코일의 감긴 수에 따라 전류를 조정한다.

교류용접기 종류
- 탭전환형, 가동코일형, 가동철심형, 가포화리액터형
- 탭전환형 : 무부하 전압이 높아 전격위험이 크고 코일의 감긴수에 따라 전류를 조정하는 것, 미세 전류 조정이 불가능함
- 가동코일형 : 1차코일의 거리조정으로 전류조정
- 가동철심형 : 가동철심을 움직여 누설자속을 변동시켜 전류를 조정, 미세전류 조정이 가능
- 가포화리액터형 : 전류 조정이 용이하고 전류 조정을 전기적으로 하기 때문에 이동 부분이 없고 가변저항의 변화로 전류조정, 원격조정 가능

34

용접 중 전류를 측정할 때 전류계(클램프 미터)의 측정위치로 적합한 것은?

① 1차측 접지선
② 피복 아크 용접봉
③ 1차측 케이블
④ 2차측 케이블

전류계로 전류를 측정하는 곳은 용접기의 2차측이며 전극 케이블과 홀더 사이의 전극 케이블을 측정하는 것이 적합하다.

35

저수소계 용접봉은 용접시점에서 기공이 생기기 쉬운데 해결방법으로 가장 적당한 것은?

① 후진법 사용
② 용접봉 끝에 페인트 도색
③ 아크 길이를 길게 사용
④ 접지점을 용접부에 가깝게 물림

36

다음 중 가스용접의 특징으로 틀린 것은?

① 전기가 필요 없다.
② 응용범위가 넓다.
③ 박판용접에 적당하다.
④ 폭발의 위험이 없다.

> 가스용접의 특징
> • 폭발의 위험이 있다.
> • 운반이 편리하고 설비비가 싸다.
> • 아크용접에 비해 불꽃의 온도가 낮다.
> • 전원이 없는 곳에 쉽게 설치 할 수 있다.
> • 아크용접에 비해 유해광선의 피해가 적다.
> • 열 집중성이 나빠서 효율적인 용접이 어렵다.
> • 가열시 열량 조절이 쉽고, 박판용접에 적합하다.
> • 가열 범위가 커서 용접 변형이 크고 일반적으로 신뢰성이 낮다.

37

다음 중 피복 아크 용접에 있어 용접봉에서 모재로 용융 금속이 옮겨가는 상태를 분류한 것이 아닌 것은?

① 폭발형   ② 스프레이형
③ 글로뷸러형   ④ 단락형

> 피복아크 용접봉의 용융금속의 3가지 이행형식
> • 단락형 : 박피용 용접봉, 맨용접봉
> • 스프레이형 : 4301, 4313
> • 글로뷸러형 : 7016

38

주철의 용접 시 예열 및 후열 온도는 얼마 정도가 가장 적당한가?

① 100 ~ 200℃   ② 300 ~ 400℃
③ 500 ~ 600℃   ④ 700 ~ 800℃

> 주철의 후열처리 온도는 500 ~ 600℃가 적합하다.

39

융점이 높은 코발트(Co) 분말과 1 ~ 5m 정도의 세라믹, 탄화 텅스텐 등의 입자들을 배합하여 확산과 소결 공정을 거쳐서 분말 야금법으로 입자 강화 금속 복합재료를 제조한 것은?

① FRP
② FRS
③ 서멧(cermet)
④ 진공청정구리(OFHC)

> 서멧(cermet)
> • 용융점이 높은 코발트 분말과 1 ~ 5μm 정도의 세라믹, 탄화텅스텐 등의 입자들을 배합하여 확산과 소결공정을 거쳐서 분말야금법으로 입자강화 금속 복합재료를 제조한 것

40

황동에 납(Pb)을 첨가하여 절삭성을 좋게 한 황동으로 스크류, 시계용 기어 등의 정밀가공에 사용되는 합금은?

① 리드 브라스(lead brass)
② 문츠메탈(munts metal)
③ 틴 브라스(tin brass)
④ 실루민(silumin)

리드 브라스 : 황동에 납을 첨가하여 절삭성을 좋게 하여 스크류, 시계용 기어 등의 정밀 가공용으로 사용된다.

41

탄소강에 함유된 원소 중에서 고온 메짐(hot shortness)의 원인이 되는 것은?

① Si
② Mn
③ P
④ S

탄소강에서 생기는 취성
- 적열취성 : 고온 900℃ 이상에서 물체가 빨갛게 되어 메지는 현상으로 원인은 S, 방지제 Mn
- 청열취성 : 강이 200 - 300℃로 가열하면 강도가 최대로 되고 연신률, 단면 수축률등은 줄어들게 되어 메지는 현상으로 원인은 P, 방지제 Ni
- 상온취성 : 충격, 피로등에 대하여 깨지는 성질로 원인 P
- 저온취성 : 천이온도에 도달하면 급격히 감소하여 -70℃ 부근에서 충격치가 0에 도달함

42

알루미늄의 표면 방식법이 아닌 것은?

① 수산법
② 염산법
③ 황산법
④ 크롬산법

알루미늄 방식법의 종류
- 수산법 : 알루마이트법 이라고도 하며 Al 제품을 2%의 수산 용액에서 전류를 흘려 표면에 단단하고 치밀한 산화막을 형성 시키는 방법이다.
- 황산법 : 전해액으로 황산을 사용하며, 가장 널리 사용되는 Al 방식법이다. 경제적이며 내식성과 내마모성이 우수하고 착색력이 좋아서 유지 하기가 용이하다.
- 크롬산법 : 전해액으로 크롬산을 사용하며, 반투명이나 애나멜과 같은 색을 띤다. 광학 기계나 가전제품, 통신기기 등에 사용된다.

43

재료 표면상에 일정한 높이로부터 낙하시킨 추가 반발하여 튀어 오르는 높이로부터 경도값을 구하는 경도기는?

① 쇼어 경도기
② 로크웰 경도기
③ 비커즈 경도기
④ 브리넬 경도기

경도시험
- 브리넬경도 : 담금질된 강구를 일정하중으로
- 비커스경도 : 다이아몬드 4각추
- 로크웰경도 : B스케일(120KG), C스케일(150KG) - 다이아몬드 각도 120°
- 쇼어경도 : 추를 일정높이에서 떨어뜨려(완성품)

44

Fe-C 평형 상태도에서 나타날 수 없는 반응은?

① 포정 반응
② 편정 반응
③ 공석 반응
④ 공정 반응

Fe-C상태로에서 나타나는 반응
- 포정 반응, 공석 반응, 공정 반응

45

강의 담금질 깊이를 깊게 하고 크리프 저항과 내식성을 증가시키며 뜨임 메짐을 방지하는데 효과가 있는 합금 원소는?

① Mo
② Ni
③ Cr
④ Si

Mo : 담금질 깊이가 커지고 크리프저항과 내식성이 커지며 인성증대, 뜨임취성을 방지한다.

46

2~10%Sn, 0.6%P 이하의 합금이 사용되며 탄성률이 높아 스프링 재로로 가장 적합한 청동은?

① 알루미늄 청동   ② 망간 청동
③ 니켈 청동   ④ 인청동

> 인청동은 청동에 인을 첨가하여 탄성율을 높이고 스프링 재료로 주로 사용한다.

47

알루미늄 합금 중 대표적인 단련용 Al합금으로 주요성분이 Al – Cu – Mg – Mn인 것은?

① 알민   ② 알드레리
③ 두랄루민   ④ 하이드로날륨

> 알루미늄 합금의 종류
> 1) 단조용(가공용) 알루미늄의 대표
>   • 두랄루민(Al + Cu + Mg + Mn)
> 2) 주조용 알루미늄의 대표
>   • 실루민(Al + Si) - 알펙스라고 표현(si 14%)
>   • 라우탈(Al + Si + Cu)
> 3) 내식성 알루미늄의 대표
>   • 하이드로날륨(Al + Mg)
> 4) 내열용 알루미늄의 대표
>   • Y합금 (Al + Cu + Ni + Mg)
>   • Lo – ex(Al + Cu + Ni + Mg + Si)

48

인장시험에서 표점거리가 50mm의 시험편을 시험 후 절단된 표점거리를 측정하였더니 65mm가 되었다. 이 시험편의 연신율은 얼마인가?

① 20%   ② 23%
③ 30%   ④ 33%

$$\text{연신율} = \frac{L_1 - L_0}{L_0} = \frac{154 - 150}{150} \times 100$$

$$= \frac{\text{늘어난 길이}}{\text{원래길이}} \times 100 = \frac{65 - 50}{50} \times 100$$

$$= 30\%$$

49

면심입방격자 구조를 갖는 금속은?

① Cr   ② Cu
③ Fe   ④ Mo

금속 결정의 종류

종류	특징	금속
체심 입방 격자 (B·C·C)	강도가 크고 전·연성은 떨어진다.	Cr, Mo, W, V, Ta, K, Na, α – Fe, δ – Fe
면심 입방 격자 (F·C·C)	전·연성이 풍부하여 가공성이 우수하다.	Ag, Al, Au, Cu, Ni, Pb, Pt, Ca, γ – Fe
조밀 육방 격자 (H·C·P)	전·연성 및 가공성이 불량하다.	Ti, Be, Mg, Zn, Zr

50

노멀라이징(normalizing) 열처리의 목적으로 옳은 것은?

① 연화를 목적으로 한다.
② 경도 향상을 목적으로 한다.
③ 인성부여를 목적으로 한다.
④ 재료의 표준화를 목적으로 한다.

> 일반 열처리의 종류
> • 불림(노멀라이징) : 조직의 균일화, 공랭, 표준화, 미세조직화, A₃변태점 - 912℃
> • 담금질(퀜칭) : 강을 강하게 만든다. 소금물 최대효과
> • 뜨임(템퍼링) : 담금질로 인한 취성제거, 강인성증가(MO, W, V)(가열후 냉각)
> • 풀림(어닐링) : 재질의 변화, 내부응력제거, 서냉 → 국부풀림 온도로 600~650℃에서 서냉

51

물체를 수직단면으로 절단하여 그림과 같이 조합하여 그릴 수 있는데, 이러한 단면도를 무슨 단면도라고 하는가?

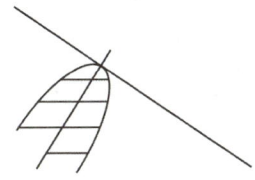

① 온 단면도
② 한쪽 단면도
③ 부분 단면도
④ 회전도시 단면도

> 회전투상도 : 필요부분을 회전해서 실제 길이를 나타 내는 것

52

일면 개선형 맞대기 용접의 기호로 맞는 것은?

①   ②
③   ④

> 한쪽면 개선한 맞대기는 베벨형이라하고 2번처럼 표시한다.

53

다음 배관 도면에 없는 배관 요소는?

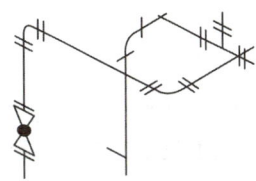

① 티 ② 엘보
③ 플랜지 이음 ④ 나비 밸브

> 위 계통도에서는 플랜지, 엘보, 티, 글로브 밸브 등이 있고 나비 밸브는 표현되어 있지 않다.

54

치수선상에서 인출선을 표시하는 방법으로 옳은 것은?

① 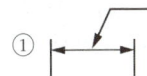 ②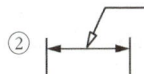
③  ④

> 인출선 표시로 3번은 부적합하다.

55

KS 재료기호 "SM10C"에서 10C는 무엇을 뜻하는가?

① 일련번호 ② 항복점
③ 탄소함유량 ④ 최저인장강도

정답 46.④ 47.③ 48.③ 49.② 50.④ 51.④ 52.② 53.④ 54.③ 55.③

SM 10C에서 SM은 기계구조용 탄소강을 의미하며 10은 탄소 함유량이 0.1%임을 표현한다.

다음 중 선의 종류와 용도에 의한 명칭 연결이 틀린 것은?

① 가는 1점 쇄선 : 무게 중심선
② 굵은 1점 쇄선 : 특수지정선
③ 가는 실선 : 중심선
④ 아주 굵은 실선 : 특수한 용도의 선

56

그림과 같이 정투상도의 제3각법으로 나타낸 정면도와 우측면도를 보고 평면도를 올바르게 도시한 것은?

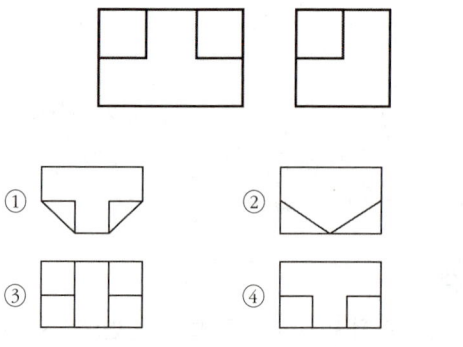

우측면도를 보면 왼쪽 위쪽이 네모난 홈이 파여 있고 평면도에서 보면 아래쪽에 네모난 홈이 양쪽에 있는 것이 평면도이다.

선의 종류와 용도
- 외형선 – 굵은 실선
- 가는실선 – 치수선, 치수보조선, 지시선, 회전단면선, 수준면선, 해칭선
- 은선 – 가는 파선 또는 굵은 파선으로
- 가는 1점 쇄선 – 중심선, 기준선, 피치선
- 가는 2점 쇄선 – 가상선 무게 중심선
- 굵은 1점 쇄선 – 특수지정선
- 파단선 – 물체의 일부를 파단한 곳을 표시하는 선으로 불규칙한 파형의 가는 실선 또는 지그재그선

다음 중 원기둥의 전개에 가장 적합한 전개도법은?

① 평행선 전개도법
② 방사선 전개도법
③ 삼각형 전개도법
④ 타출 전개도법

57

도면을 축소 또는 확대했을 경우, 그 정도를 알기 위해서 설정하는 것은?

① 중심 마크
② 비교 눈금
③ 도면의 구역
④ 재단 마크

비교눈금
- 도면의 축소, 확대했을 때 그정도를 알기 위해 설정하는 것

판금 전개도법의 종류
- 삼각형 전개법, 평행선 전개법, 방사선 전개법
  1) 평행선법 : 삼각기둥, 사각기둥과 같은 여러 가지 각기둥과 원기둥을 평행하게 전개도를 그림
  2) 방사선법 : 삼각뿔, 사각뿔 등의 각뿔과 원뿔을 꼭지점을 기준으로 부채꼴로 펼쳐서 전개도를 그리는 방법
  3) 삼각형법 : 꼭지점이 먼 각뿔, 원뿔등을 해당 면을 삼각형으로 분할하여 전개도를 그리는 방법

나사의 단면도에서 수나사와 암나사의 골밑(골지름)을 도시하는데 적합한 선은?

① 가는 실선
② 굵은 실선
③ 가는 파선
④ 가는 1점 쇄선

나사의 단면도에서 수나사와 암나사의 골밑 표시는 가는 실선으로 한다.

2015년 4회 용접기능사 기출문제

01
다음 중 텅스텐과 몰리브덴 재료 등을 용접하기에 가장 적합한 용접은?

① 전자 빔 용접
② 일렉트로 슬래그 용접
③ 탄산가스 아크 용접
④ 서브머지드 아크 용접

> 전자빔 용접은 높은 고진공실에서 용접을 하는 방법으로 텅스텐, 몰리브덴과 같은 대기에서 반응하기 쉬운 금속도 용이하게 용접 할 수 있다.

02
서브머지드 아크 용접 시, 받침쇠를 사용하지 않을 경우 루트 간격을 몇 mm 이하로 하여야 하는가?

① 0.2   ② 0.4
③ 0.6   ④ 0.8

> 서브머지드 아크용접기의 특징
> • 장점
> • 용접속도가 수동 용접에 비해 10~20배, 용입은 2~3배 정도가 커서 능률적이다.
> • 용접홈의 크기가 작아도 되며 용접재료의 소비 및 용접변형이 적다.
> • 용접 조건만 일정하다면 용접공의 기술 차이에 의한 품질 격차가 거의 없어 이음의 신뢰도를 높일 수 있다.
> • 한번 용접으로 75mm까지 가능하다.
> • 단점
> • 설비비가 고가이며 와이어 및 용제의 선정이 어렵다.
> • 아래보기, 수평 필릿 자세에 한정한다.
> • 홈의 정밀도가 높아야 한다(루트 간격 0.8mm 이하, 홈 각도 오차 ±5°, 루트오차 ±1mm).
> • 용접부가 보이지 않아 용접부를 확인할 수 없다.
> • 시공 조건을 잘못 잡으면 제품의 불량률이 커진다.
> • 입열량이 커서 용접 금속의 결정립의 조대화로 충격값이 커진다.

03
연납땜 중 내열성 땜납으로 주로 구리, 황동용에 사용되는 것은?

① 인동납   ② 황동납
③ 납 - 은납   ④ 은납

> 인동납, 황동납, 은납등은 경납땜이다. 연납땜중 내열성 연납땜으로 구리, 황동에 사용되는 것은 납 - 은납이다.

04
용접부 검사법 중 기계적 시험법이 아닌 것은?

① 굽힘 시험   ② 경도 시험
③ 인장 시험   ④ 부식 시험

> 부식시험법은 화학적 시험법 중 하나이다.

05
일렉트로 가스 아크 용접의 특징 설명 중 틀린 것은?

① 판두께에 관계없이 단층으로 상진 용접한다.
② 판두께가 얇을수록 경제적이다.
③ 용접속도는 자동으로 조절된다.
④ 정확한 조립이 요구되며, 이동용 냉각 동판에 급수 장치가 필요하다.

일랙트로 가스용접법은 용접시간이 단축되어 능률적인것이지 판두께의 얇음으로 경제적인것은 아니며 장비비가 고가이고 높은 입열로 인하여용접부의 기계적 성질이 저하 될 수 있다.

표면 피복 용접은 금속 표면에 다른 종류의 금속을 용착시키는 방법으로 보통 주철의 보수용접에 주로 사용된다.

06
텅스텐 전극봉 중에서 전자 방사능력이 현저하게 뛰어난 장점이 있으며 불순물이 부착되어도 전자 방사가 잘되는 전극은?

① 순텅스텐 전극
② 토륨 텅스텐 전극
③ 지르코늄 텅스텐 전극
④ 마그네슘 텅스텐 전극

텅스텐 전극봉은 순수한 것보다 1~2%의 토륨이 함유된 것이 전자방사 능력이 크다.
전극봉의 전극조건
- 열전도성이 좋은 금속
- 고온의 용융점의 금속
- 전자방출이 잘되는 금속
- 낮은 온도에서 아크발생이 쉽고 오손이 적을 것
- 토륨 1~2%를 포함한 텅스텐 전극봉을 사용

08
산업용 용접 로봇의 기능이 아닌 것은?

① 작업 기능
② 제어 기능
③ 계측인식 기능
④ 감정 기능

산업용 용접 로봇은 작업 기능, 제어기능, 계측 인식 기능을 갖고 감정 기능은 포함 되지 않는다.

09
불활성 가스 금속 아크 용접(MIG)의 용착효율은 얼마 정도인가?

① 58%
② 78%
③ 88%
④ 98%

피복아크용접의 실제 용착 효율은 69% 정도이고 MIG용접에서는 용접봉의 손실이 적어서 95% 정도의 효율을 갖는다.

07

다음 중 표면 피복 용접을 올바르게 설명한 것은?

① 연강과 고장력강의 맞대기 용접을 말한다.
② 연강과 스테인리스강의 맞대기 용접을 말한다.
③ 금속 표면에 다른 종류의 금속을 용착시키는 것을 말한다.
④ 스테인리스 강판과 연강판재를 접합 시 스테인리스 강판에 구멍을 뚫어 용접하는 것을 말한다.

10
다음 중 일렉트로 슬래그 용접의 특징으로 틀린 것은?

① 박판용접에는 적용할 수 없다.
② 장비 설치가 복잡하며 냉각장치가 요구된다.
③ 용접시간이 길고 장비가 저렴하다.
④ 용접 진행 중 용접부를 직접 관찰할 수 없다.

정답 01.① 02.④ 03.③ 04.④ 05.② 06.② 07.③ 08.④ 09.④ 10.③

일렉트로 가스 아크 용접의 특징
- 판두께가 두께가 두꺼울수록 경제적이다.
- 판두께에 상관없이 단층으로 상진 용접한다.
- 용접장치가 간단하며, 취급이 쉬우며, 고도의 숙련을 요하지 않는다.
- 스패터 및 가스의 발생이 적고 용접시 바람의 영향을 많이 받는다.

11
용접에 있어 모든 열적요인 중 가장 영향을 많이 주는 요소는?
① 용접 입열
② 용접 재료
③ 주위 온도
④ 용접 복사열

12
사고의 원인 중 인적 사고 원인에서 선천적 원인은?
① 신체의 결함
② 무지
③ 과실
④ 미숙련

13
TIG 용접에서 직류 정극성을 사용하였을 때 용접 효율을 올릴 수 있는 재료는?
① 알루미늄
② 마그네슘
③ 마그네슘 주물
④ 스테인리스강

TIG용접에서 직류 정극성으로는 스테인리스강이 적합하며 마그네슘과 알루미늄은 역극성을 이용하여 용접하는 것이 바람직하다.

14
재료의 인장 시험방법으로 알 수 없는 것은?
① 인장강도
② 단면수축율
③ 피로강도
④ 연신율

인장시험은 항복점, 인장강도, 연신율, 단면 수축률 등을 측정하는 시험법이다.

15
용접 변형 방지법의 종류에 속하지 않는 것은?
① 억제법
② 역변형법
③ 도열법
④ 취성 파괴법

변형 방지법
- 억제법(구속법)·역변형법·도열법·융착법
- 억제법 : 가접 내지는 구속지그 사용
- 역변형법 : 용접 전에 변형의 크기 및 방향을 예측하여 미리 반대로 변형시키는 방법
- 도열법 : 용접부 주위에 물을 적신 석면, 동판을 대어 열을 흡수
- 용착법 : 대칭, 후퇴, 스킵법, 교호법

16
솔리드 와이어와 같이 단단한 와이어를 사용할 경우 적합한 용접 토치 형태로 옳은 것은?
① Y형
② 커브형
③ 직선형
④ 피스톨형

용접토치의 형태는 커브형과 피스톨형이 있는데 커브형은 단단한 와이어를 사용하는 CO_2용접에 시용되고 피스톨형은 연한 비철금속 와이어를 사용하는 MIG용접에 적합하다.

17

안전·보건표지의 색채, 색도기준 및 용도에서 색채에 따른 용도를 올바르게 나타낸 것은?

① 빨간색 : 안내
② 파란색 : 지시
③ 녹색 : 경고
④ 노란색 : 금지

> **안전색채**
> - 적색 : 방화, 금지, 경고, 방향표시
> - 황색 : 주의표시
> - 오렌지색 : 위험표시
> - 녹색 : 안전지도, 위생표시
> - 청색 : 주의, 수리 중, 송전중 표시
> - 보라색 : 방사능위험
> - 백색 : 파란색, 녹색의 보조색, 주의표시
> - 흑색 : 방향표시, 문자 및 빨간색의 보조색

18

용접금속의 구조성의 결함이 아닌 것은?

① 변형
② 기공
③ 언더컷
④ 균열

> **용접부의 결함중 구조상 결함의 원인**
> - 피트 : 합금원소가 많을 때, 습기, 페인트, 녹, 황 함유시
> - 스패터 : 전류 높을 때, 건조되지 않은 용접봉 사용시, 아크 길이가 길 때
> - 용입불량 : 이음설계 결함, 용접 속도가 빠를 때, 전류가 낮을 때, 용접봉 선택불량
> - 언더컷 : 전류가 높을 때, 아크길이가 클 때, 속도가 부적합 할 때
> - 오버랩 : 용접전류가 낮을 때, 용접봉의 부적합 선택
> - 선상구조 : 용착금속의 냉각속도가 빠를 때, 모재 재질 불량, X선으로는 검출 할 수 없다.
> - 기공의 원인 : 수소, CO_2의 과잉, 용접부의 급속한 응고, 모재의 황 함유량 과대, 기름, 페인트, 녹, 아크길이, 전류의 부적당, 용접속도 빠를 때

> - 비드 밑 균열 : 용접 이후 용접열에 의해 조직이 변하는 주변 열영향부에서 수소의 확산에 의해 발생하는 균열이다.
> - 아크 스트라이크 : 용접이음의 밖에서 아크를 발생시킬 때 아크열에 의하여 모재에 결함이 생기는 것

19

금속재료의 미세조직을 금속현미경을 사용하여 광학적으로 관찰하고 분석하는 현미경시험의 진행순서로 맞는 것은?

① 시료 채취 → 연마 → 세척 및 건조 → 부식 → 현미경 관찰
② 시료 채취 → 연마 → 부식 → 세척 및 건조 → 현미경 관찰
③ 시료 채취 → 세척 및 건조 → 연마 → 부식 → 현미경 관찰
④ 시료 채취 → 세척 및 건조 → 부식 → 연마 → 현미경 관찰

20

강판의 두께가 12mm, 폭 100mm인 평판을 V형 홈으로 맞대기 용접 이음할 때, 이음효율 $\eta=0.8$로 하면 인장력 P는? (단, 재료의 최저인장강도는 40 N/mm²이고, 안전율은 4로 한다.)

① 960N
② 9600N
③ 860N
④ 8600N

> - 안전율 = $\dfrac{\text{인장강도}}{\text{허용응력}}$
> - 허용응력 = $\dfrac{40}{4}$ = 10 N/mm²
>
> $10 \times 0.8 = \dfrac{P}{12 \times 100}$
>
> P = 9600N

정답 11.① 12.① 13.④ 14.③ 15.④ 16.② 17.② 18.① 19.① 20.②

21
다음 중 목재, 섬유류, 종이 등에 의한 화재의 급수에 해당하는 것은?

① A급 ② B급
③ C급 ④ D급

> **화재의 분류**
> - A : 일반(백색), B : 유류(황색), C : 전기(청색), D : 금속
> - 연소의 3요소 : 점화원, 가연물, 산소공급원

22
용접부의 시험 중 용접성 시험에 해당하지 않는 시험법은?

① 노치 취성 시험 ② 열특성 시험
③ 용접 연성 시험 ④ 용접 균열 시험

> 용접성 시험법은 노취 취성 시험, 용접 연성시험, 용접 경화 시험, 용접 균열 시험등이 있으며 열특성 시험은 물리적 시험에 해당된다.

23
다음 중 가스용접의 특징으로 옳은 것은?

① 아크 용접에 비해서 불꽃의 온도가 높다.
② 아크 용접에 비해 유해광선의 발생이 많다.
③ 전원 설비가 없는 곳에서는 쉽게 설치할 수 없다.
④ 폭발의 위험이 크고 금속이 탄화 및 산화될 가능성이 많다.

> **가스용접의 특징**
> - 폭발의 위험이 있다.
> - 운반이 편리하고 설비비가 싸다.
> - 아크용접에 비해 불꽃의 온도가 낮다.
> - 전원이 없는 곳에 쉽게 설치 할 수 있다.
> - 아크용접에 비해 유해광선의 피해가 적다.
> - 열 집중성이 나빠서 효율적인 용접이 어렵다.
> - 가열 시 열량 조절이 쉽고, 박판용접에 적합하다.
> - 가열 범위가 커서 용접 변형이 크고 일반적으로 신뢰성이 낮다.

24
산소 – 아세틸렌 용접에서 표준불꽃으로 연강판 두께 2mm를 60분간 용접하였더니 200L의 아세틸렌가스가 소비되었다면, 다음 중 가장 적당한 가변압식 팁의 번호는?

① 100번 ② 200번
③ 300번 ④ 400번

> 가변압식 팁은 시간당 소모되는 아세틸렌의 량을 번호로 매기는 것으로 60분, 즉 1시간에 소모되는 아세틸렌의 양이 200L이면 200번 이라고 한다.

25
연강용 가스 용접봉의 시험편 처리 표시 기호 중 NSR의 의미는?

① 625 ± 25℃로써 용착금속의 응력을 제거한 것
② 용착금속의 인장강도를 나타낸 것
③ 용착금속의 응력을 제거하지 않은 것
④ 연신율을 나타낸 것

> NSR의 표시는 가스용접봉을 의미하며 용착금속의 응력을 제거하지 않음을 표시한다.

26
피복 아크 용접에서 사용하는 아크 용접용 기구가 아닌 것은?

① 용접 케이블 ② 접지 클램프
③ 용접 홀더 ④ 팁 클리너

> 팁 클리너는 가스용접시 팁의 이물질을 제거하는 기구이다.

27

피복아크 용접봉의 피복제의 주된 역할로 옳은 것은?

① 스패터의 발생을 많게 한다.
② 용착 금속에 필요한 합금원소를 제거한다.
③ 모재 표면에 산화물이 생기게 한다.
④ 용착 금속의 냉각속도를 느리게 하여 급랭을 방지한다.

피복제의 역할(용제)
- 아크안정
- 용적의 미세화
- 전기절연작용
- 탈산정련
- 산·질화 방지
- 유동성 증가
- 서냉으로 취성방지
- 슬래그 박리성 증대

28

용접의 특징에 대한 설명으로 옳은 것은?

① 복잡한 구조물 제작이 어렵다.
② 기밀, 수밀, 유밀성이 나쁘다.
③ 변형의 우려가 없어 시공이 용이하다.
④ 용접사의 기량에 따라 용접부의 품질이 좌우된다.

용접의 장점
- 작업의 공정을 줄일 수 있다.
- 형상의 자유를 추구할 수 있다.
- 이음 효율이 향상 된다. – 이음효율 100%
- 중량이 경감되고 재료 및 시간이 절약된다.
- 보수와 수리가 용이하다.

29

가스 절단에서 팁(Tip)의 백심 끝과 강판 사이의 간격으로 가장 적당한 것은?

① 0.1 ~ 0.3mm
② 0.4 ~ 1mm
③ 1.5 ~ 2mm
④ 4 ~ 5mm

30

스카핑 작업에서 냉간재의 스카핑 속도로 가장 적합한 것은?

① 1 ~ 3m/min
② 5 ~ 7m/min
③ 10 ~ 15m/min
④ 20 ~ 25m/min

스카핑 : 강제 표면의 탈탄층 또는 홈을 제거하기 위해 사용함 (얇고 넓게 깍아 내기)
- 열간재 가공속도 : 20 m/min
- 냉간재 가공속도 : 6 ~ 7 m/min

31

AW – 300, 무부하 전압 80V, 아크 전압 20V인 교류용접기를 사용할 때, 다음 중 역률과 효율을 올바르게 계산한 것은? (단, 내부손실을 4kW라 한다.)

① 역률 : 80.0%, 효율 : 20.6%
② 역률 : 20.6%, 효율 : 80.8%
③ 역률 : 60.0%, 효율 : 41.7%
④ 역률 : 41.7%, 효율 : 60.6%

정답 21.① 22.② 23.④ 24.② 25.③ 26.④ 27.④ 28.④ 29.③ 30.② 31.④

① 역률 = $\dfrac{\text{소비전력(KW)}}{\text{전원입력(KVA)}} \times 100$

= $\dfrac{(300 \times 20) + 4000}{300 \times 80} \times 100 = 41.7\%$

② 효율 = $\dfrac{\text{아크출력(KVA)}}{\text{소비전력(KW)}} \times 100$

= $\dfrac{300 \times 20}{(300 \times 20) + 4000} \times 100 = 60\%$

- 전원입력 = 무부하전압 × 정격2차전류
- 아크출력 = 아크전압 × 정격2차전류
- 소비전력 = 아크출력 + 내부손실

33

피복아크용접에 관한 사항으로 아래 그림의 ()에 들어가야 할 용어는?

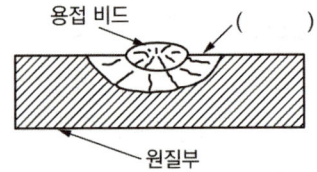

① 용락부 ② 용융지
③ 용입부 ④ 열영향부

32

가스 용접에서 후진법에 대한 설명으로 틀린 것은?

① 전진법에 비해 용접변형이 작고 용접속도가 빠르다.
② 전진법에 비해 두꺼운 판의 용접에 적합하다.
③ 전진법에 비해 열 이용률이 좋다.
④ 전진법에 비해 산화의 정도가 심하고 용착금속 조직이 거칠다.

가스용접시 후진법의 특성
- 비드모양이 나쁘다.
- 열 이용율이 좋다.
- 홈 각도가 작다.
- 변형이 작다.
- 산화성이 작다.
- 용접 속도가 빠르다.
- 후판용접에 적합하다.

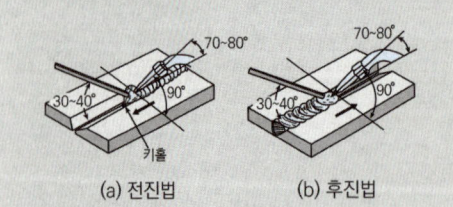
(a) 전진법   (b) 후진법

34

용접봉에서 모재로 용융금속이 옮겨가는 이행형식이 아닌 것은?

① 단락형   ② 글로불러형
③ 스프레이형 ④ 철심형

피복아크 용접봉의 용융금속의 3가지 이행형식
- 단락형 : 박피용 용접봉, 맨용접봉
- 스프레이형 : 4301, 4313
- 글로불러형 : 7016

35

직류 아크용접에서 용접봉의 용융이 늦고, 모재의 용입이 깊어지는 극성은?

① 직류 정극성   ② 직류 역극성
③ 용극성   ④ 비용극성

극성
- 극성은 +, - 를 갖는다.
- + 를 연결시 열량이 70% 정도, - 를 연결시 열량이 30% 정도이다.

- 직류 정극성(DCSP)
  1) 모재가 + (입열량 70%)
  2) 용접봉 −
  3) 용입이 깊다.
  4) 비드폭 좁다.
  5) 후판용접에 적합
  6) 용접봉은 천천히 녹는다(용접봉을 아낄 수 있다.).
- 직류 역극성(DCRP)
  1) 모재가 − (입열량 30%)
  2) 용접봉 +
  3) 용입이 얕다.
  4) 비드폭 넓다.
  5) 박판용접에 적합
  6) 용접봉 소모가 크다.

36

아세틸렌 가스의 성질로 틀린 것은?

① 순수한 아세틸렌 가스는 무색무취이다.
② 금, 백금, 수은 등을 포함한 모든 원소와 화합 시 산화물을 만든다.
③ 각종 액체에 잘 용해되며, 물에는 1배, 알코올에는 6배 용해된다.
④ 산소와 적당히 혼합하여 연소시키면 높은 열을 발생한다.

C_2H_2 가스의 특징
- 비중은 1.176g이다.
- 15℃, 15기압에서 충전
- 406 ~ 408℃에서 자연발화 된다.
- 아세틸렌 발생기는 60℃ 이하 유지
- 카바이트 1kg에서 348L의 C_2H_2가 발생
- 마찰·진동·충격에 의하여 폭발 위험성이 크다.
- 아세틸렌 15%, 산소 85%의 혼합시 가장 위험
- 은, 수은, 동과 접촉시 120℃부근에서 폭발성

37

아크 용접기에서 부하전류가 증가하여도 단자전압이 거의 일정하게 되는 특성은?

① 절연특성
② 수하특성
③ 정전압특성
④ 보존특성

용접기에 필요한 특성
1) 부특성(부저항특성) : 전류가 작은 범위에서 전류가 증가하면 저항이 작아져 아크전압이 낮아지는 특성
2) 수하특성
   - 부하전류가 증가하면 단자전압이 저하하는 특성
   - 아크가 안정된다. → 피복 아크 용접기의 특성
3) 정전류특성 : 아크길이가 크게 변하여도 전류값은 거의 변하지 않는 특성
4) 상승특성 : 큰 전류에서 아크길이가 일정할 때 아크 증가와 더불어 전압이 약간씩 증가하는 특성
5) 정전압특성(아크길이 자기제어특성) − 수하특성과는 반대의 성질을 갖는 것으로 부하 전류가 변해도 단자 전압이 거의 변하지 않는 것으로 CP특성이라 한다.
   → 서브머지드, CO_2용접, GMAW특성, 자동용접의 특징

38

피복제 중에 산화티탄을 약 35% 정도 포함하였고 슬래그의 박리성이 좋아 비드의 표면이 고우며 작업성이 우수한 특징을 지닌 연강용 피복 아크 용접봉은?

① E4301
② E4311
③ E4313
④ E4316

용접기호 E4327 중 "27"의 뜻
1) 4301 : 일미나이트계(슬랙 생성식) – 산화티탄, 산화철을 약30% 이상 함유한 광석, 사석을 주성분으로 기계적 성질이 우수하고 용접성이 우수
2) 4303 : 라임티탄계 – 피복용 스테인리스강의 성분으로 산화티탄을 30% 이상 함유한 용접봉으로 비드의 외관이 아름답고 언더컷이 발생하지 않음
3) 4311 : 고셀룰로오스계(가스실드식) – 슬래그가 적어 좁은 홈의 용접에 적합, 비드표면이 거칠지만 환원성이므로 용착금속의 기계적 성질이 양호하고 수직상진, 하진 및 위보기 용접에서 우수한 작업성을 가지며 스패터가 많으며 피복제중 셀룰로오스가 20 ~ 30%포함되며 슬래그계 용접봉 보다 용접전류를 10 ~ 15% 낮게 한다.
4) 4313 : 고산화티탄계 – 산화티탄 35%, 아크안정,CR봉, 비드좋다, 경구조물, 경자동차, 박판 용접에 적합
5) 4316 : 저수소계(슬랙 생성식) – 석회석과 형석을 주성분으로 한 것으로 , 수소의 함량이 1/10 정도, 기계적성질과 균열의 감수성이 우수, 황의 함유량이 많고 염기성 함유가 높다.
6) 4324 : 철분 산화티탄계로 아래보기 자세와 수평 필릿 자세에 한정
7) 4326 : 철분 저수소계
8) 4327 : 철분 산화철계
9) 4340 : 특수계

 39

상율(Phase Rule)과 무관한 인자는?
① 자유도
② 원소 종류
③ 상의 수
④ 성분 수

Fe – C상태도에서 평형관계를 설명 해주는 것이 상율이고 자유도를 F, 성분수를 C, 상의 수를 P라 하면 F = C – P + 2로 표시된다.

 40

공석조성을 0.80%C라고 하면, 0.2%C 강의 상온에서의 초석페라이트와 펄라이트의 비는 약 몇 % 인가?
① 초석페라이트 75% : 펄라이트 25%
② 초석페라이트 25% : 펄라이트 75%
③ 초석페라이트 80% : 펄라이트 20%
④ 초석페라이트 20% : 펄라이트 80%

초석페라이트 = $\dfrac{0.8 - 0.2}{0.8 - 0.0218} \times 100\% = 76.93\%$
펄라이트 + 페라이트 = 100 이므로 100 – 76.93 = 23%이다.

41

금속의 물리적 성질에서 자성에 관한 설명 중 틀린 것은?
① 연철(鍊鐵)은 잔류자기는 작으나 보자력이 크다.
② 영구자석재료는 쉽게 자기를 소실하지 않는 것이 좋다.
③ 금속을 자석에 접근시킬 때 금속에 자석의 극과 반대의 극이 생기는 금속을 상자성체라 한다.
④ 자기장의 강도가 증가하면 자화되는 강도도 증가하나 어느 정도 진행되면 포화점에 이르는 이 점을 퀴리점이라 한다.

연철은 잔류자속밀도가 크고 보자력이 작다.

 42

다음 중 탄소강의 표준 조직이 아닌 것은?
① 페라이트   ② 펄라이트
③ 시멘타이트 ④ 마텐자이트

강의 표준조직
- 페라이트(α, δ) : 강자성체인 체심입방격자
- 오스테나이트(γ) : γ철에 탄소를 고용한 것, 723℃에서 안정
- 시멘타이트(Fe₃C) : 고온의 강에서 생성된 탄화철
- 펄라이트(α + Fe₃C) : 726℃에서 오스테나이트가 페라이트와 시멘타이트의 층상의 공석정으로 변태한 것
- 레데뷰라이트(γ + Fe₃C) : 4.3% 탄소의 용융철이 1,148℃ 이하로 냉각될 때 2.11% 탄소의 오스테나이트와 6.67% 탄소의 시멘타이트로 정출되어 생긴 공정 주철이며 A1점 이상에서 안정적으로 존재하는 조직으로 경도가 크고 메지는 성질을 갖는다.

주요성분이 Ni – Fe 합금인 불변강의 종류가 아닌 것은?

① 인바 ② 모넬메탈
③ 엘린바 ④ 플래티나이트

불변강(Ni합금강)
- 인바(Ni : 36%) 열전쌍, 시계 등
- 엘린바(Ni36% – Cr12%) 시계스프링, 정밀계측기
- 플래티나이트(Ni:10 ~ 16%) : 전구, 진공관의 유리봉입선
- 퍼멀로이(Ni : 75% ~ 80%) 해저전선의 장하코일
- 코엘린바, 수퍼인바·초인바·이스에라스틱

탄소강 중에 함유된 규소의 일반적인 영향 중 틀린 것은?

① 경도의 상승 ② 연신율의 감소
③ 용접성의 저하 ④ 충격값의 증가

규소는 인장강도, 탄성한계, 경도를 상승시키고 연신율과 충격값을 감소시키며 용접성을 저하시킨다.

다음 중 이온화 경향이 가장 큰 것은?

① Cr ② K
③ Sn ④ H

이온화 경향 순서
- K > Ca > Mg > Al > Mn > Zn > Cr > Fe > Cd > Co > Ni > Sn > Pb > H

46

실온까지 온도를 내려 다른 형상으로 변형시켰다가 다시 온도를 상승시키면 어느 일정한 온도 이상에서 원래의 형상으로 변화하는 합금은?

① 제진합금
② 방진합금
③ 비정질합금
④ 형상기억합금

47

금속에 대한 설명으로 틀린 것은?

① 리튬(Li)은 물보다 가볍다.
② 고체 상태에서 결정구조를 가진다.
③ 텅스텐(W)은 이리듐(Ir)보다 비중이 크다.
④ 일반적으로 용융점이 높은 금속은 비중도 큰 편이다.

텅스텐의 비중은 19.26, 이리듐은 22.500이다.

정답 39.② 40.① 41.① 42.④ 43.② 44.④ 45.② 46.④ 47.③

48

고강도 Al 합금으로 조성이 Al – Cu – Mg – Mn 인 합금은?

① 라우탈
② Y - 합금
③ 두랄루민
④ 하이드로날륨

알루미늄 합금의 종류
1) 주조용 알루미늄의 대표
   - 실루민(Al + Si) – 알펙스라고 표현(si 14%)
   - 라우탈(Al + Si + Cu)
2) 내식성 알루미늄의 대표
   - 하이드로날륨(Al + Mg)
3) 단조용(가공용) 알루미늄의 대표
   - 두랄루민(Al + Cu + Mg + Mn)
4) 내열용 알루미늄의 대표
   - Y합금 (Al + Cu + Ni + Mg)
   - Lo – ex(Al + Cu + Ni + Mg + Si)

49

7 : 3 황동에 1% 내외의 Sn을 첨가하여 열교환기, 증발기 등에 사용되는 합금은?

① 코슨 황동
② 네이벌 황동
③ 애드미럴티 황동
④ 에버듀어 메탈

50

구리에 5 ~ 20%Zn을 첨가한 황동으로, 강도는 낮으나 전연성이 좋고 색깔이 금색에 가까워, 모조금이나 판 및 선 등에 사용되는 것은?

① 톰백   ② 켈밋
③ 포금   ④ 문쯔메탈

황동의 종류
- Cu + 5% Zn : 길딩메탈(메달용)
- Cu + 15% Zn : 래드브라스(소켓 체결구)
- Cu + 20% Zn : 톰백(장신구용)
- Cu + 30% Zn : 카트리지 황동 : 연신율이 최고
- Cu + 40% Zn : 문쯔 메탈(열교환기, 열간단조품, 탄피등에 사용)
- Cu + 40% + Fe (1%) : 델타 메탈 → 내식성 개선, 선박, 광산, 기어, 볼트
- 애드미럴티 황동 : 7:3 황동에 주석1% 첨가 탈아연 부식 억제, 내식성, 내 해수성을 증대시킨 것
- 네이벌 : 6:4 황동에 Sn1% 첨가, 탈아연 부식방지

51

열간 성형 리벳의 종류별 호칭길이(L)를 표시한 것 중 잘못 표시된 것은?

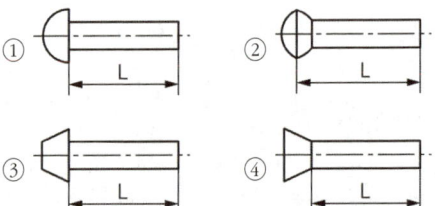

접시머리 리벳은 머리를 포함한 전체길이를 호칭길이로 표시한다.

52

다음 중 배관용 탄소 강관의 재질기호는?

① SPA
② STK
③ SPP
④ STS

STK : 일반 구조용 탄소강관   STS : 합금공구강

53

그림과 같은 KS 용접 보조기호의 설명으로 옳은 것은?

① 필릿 용접부 토우를 매끄럽게 함
② 필릿 용접 끝단부를 볼록하게 다듬질
③ 필릿 용접 끝단부에 영구적인 덮개 판을 사용
④ 필릿 용접 중앙부에 제거 가능한 덮개 판을 사용

54

그림과 같은 경 ㄷ 형강의 치수 기입 방법으로 옳은 것은? (단, L은 형강의 길이를 나타낸다.)

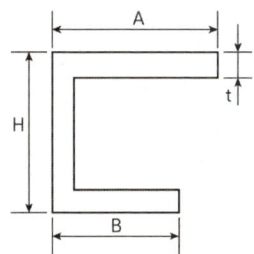

① ㄷ A×B×H×t−L
② ㄷ H×A×B×t−L
③ ㄷ B×A×H×t−L
④ ㄷ H×B×A×L−t

55

도면에서 반드시 표제란에 기입해야 하는 항목으로 틀린 것은?

① 재질
② 척도
③ 투상법
④ 도명

표제란에 쓰는 내용
• 도명, 척도, 투상법, 도면번호, 제작자, 작성년월일

56

선의 종류와 명칭이 잘못된 것은?

① 가는 실선 − 해칭선
② 굵은 실선 − 숨은선
③ 가는 2점 쇄선 − 가상선
④ 가는 1점 쇄선 − 피치선

선의 종류와 용도
• 외형선 : 굵은 실선
• 가는실선 : 치수선, 치수보조선, 지시선, 회전단면선. 수준면선, 해칭선
• 은선 : 보이지 않는선, 가는 파선 또는 굵은 파선
• 가는 1점 쇄선 : 중심선, 기준선, 피치선
• 가는 2점 쇄선 : 가상선 무게 중심선
• 굵은 1점 쇄선 : 특수지정선
• 파단선 : 물체의 일부를 파단한 곳을 표시하는 선으로 불규칙한 파형의 가는 실선 또는 지그재그선

정답 48.③ 49.③ 50.① 51.④ 52.③ 53.① 54.② 55.① 56.②

57

그림과 같은 입체도에서 화살표 방향을 정면으로 할 때 평면도로 가장 적합한 것은?

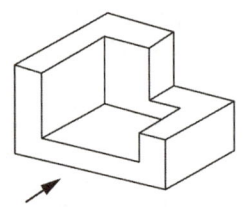

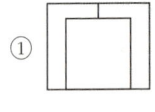 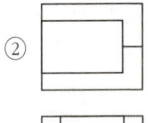

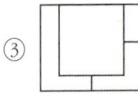 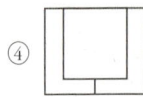

58

도면의 밸브 표시방법에서 안전밸브에 해당하는 것은?

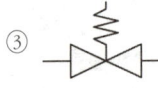 

1) 체크밸브 2) 일반밸브 4) 동력조작

59

제1각법과 제3각법에 대한 설명 중 틀린 것은?

① 제 3각법은 평면도를 정면도의 위에 그린다.
② 제 1각법은 저면도를 정면도의 아래에 그린다.
③ 제 3각법의 원리는 눈 → 투상면 → 물체의 순서가 된다.
④ 제 1각법에서 우측면도는 정면도를 기준으로 본 위치와는 반대쪽인 좌측에 그려진다.

60

일반적으로 치수선을 표시할 때, 치수선 양 끝에 치수가 끝나는 부분임을 나타내는 형상으로 사용하는 것이 아닌 것은?

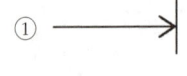 

정답 57.① 58.③ 59.② 60.④

2015년 4회 특수용접기능사 기출문제

01

CO_2용접에서 발생되는 일산화탄소와 산소 등의 가스를 제거하기 위해 사용되는 탈산제는?

① Mn
② Ni
③ W
④ Cu

02

용접부의 균열 발생의 원인 중 틀린 것은?

① 이음의 강성이 큰 경우
② 부적당한 용접 봉 사용 시
③ 용접부의 서냉
④ 용접전류 및 속도 과대

03

다음 중 플라즈마 아크용접의 장점이 아닌 것은?

① 용접속도가 빠르다.
② 1층으로 용접할 수 있으므로 능률적이다.
③ 무부하 전압이 높다.
④ 각종 재료의 용접이 가능하다.

> 플라즈마 아크용접 및 절단의 특징
> - 플라즈마는 고체, 액체, 기체 이외의 제4의 물리상태라고도 한다.
> - 플라즈마란 음전하를 가진 전자와 양전하를 띤 이온으로 분리된 기체상태를 말한다.
> - 가스절단과 같은 화학반응은 이용하지 않고, 고속의 플라즈마를 사용한다.
> - 아크 방전에 있어 양극 사이에 강한 빛을 발하는 부분을 열원으로 하여 용접 하는 것
> - 열적핀치효과, 자기적 핀치효과
> - 전극봉으로 텅스텐을 이용
> - 10.000 ~ 30.000℃
> - 비이행형 아크 절단은 텅스텐 전극과 수행 노즐과의 사이에서 아크 플라즈마를 발생시키는 것이다.
> - 이행형 아크 절단은 텅스텐과 모재 사이에서 아크 플라즈마를 발생시키는 것이다.
> - 알루미늄 등의 경금속에는 작동가스로 아르곤과 수소의 혼합가스가 사용된다.

04

MIG 용접 시 와이어 송급방식의 종류가 아닌 것은?

① 풀(pull)방식
② 푸시(push)방식
③ 푸시언더(push - under)방식
④ 푸시풀(push - pull)방식

> MIG 용접의 와이어 송급방식
> - 푸시방식
> - 풀방식
> - 푸시 - 풀방식
> - 더블푸시방식

정답 01.① 02.③ 03.③ 04.③

05

다음 용접 이음부 중에서 냉각속도가 가장 빠른 이음은?

① 맞대기 이음　② 변두리 이음
③ 모서리 이음　④ 필릿 이음

06

CO_2 용접 시 저전류 영역에서의 가스유량으로 가장 적당한 것은?

① 5 ~ 10 l/min　② 10 ~ 15 l/min
③ 15 ~ 20 l/min　④ 20 ~ 25 l/min

> 저전류 영역에서는 10 ~ 15 l/min이 적정하며, 고전류 영역에서는 20 ~ 25 l/min이 적정함

07

비소모성 전극봉을 사용하는 용접법은?

① MIG 용접　② TIG 용접
③ 피복아크 용접　④ 서브머지드 아크용접

> GTAW 용접의 특징
> - 전극이 녹지 않는 비용극식, 비소모식이다.
> - 헬륨 – 아크 용접, 아르곤 용접이라 한다.
> - 텅스텐을 전극봉으로 이용함.
> - 용접전원으로 직류, 교류가 모두 쓰인다.
> - GTAW용접으로 알루미늄이나 마그네슘을 용접시 직류 역극성을 이용하고 아르곤 가스가 산화피막에
> - 부딪쳐 피막을 벗겨내는 이온화 작용에 의해 청정작용을 일으키며 이때 사용하는 전원으로는 ACHF라는 고주파 교류 전원을 이용한다.
> - 청정작용 : 티그용접시 알루미늄이나 마그네슘을 용접시 산화피막을 제거 하기위하여 알곤 가스를 사용하면 알곤가스가 산화피막에 작용하여 이온화 작용을 일으켜 피막에 벗겨지는 역할을 하며 이를 효율적으로 하기 위하여 전원을 교류 고주파(ACHF)를 이용한다.

08

용접부 비파괴 검사법인 초음파 탐상법의 종류가 아닌 것은?

① 투과법　② 펄스 반사법
③ 형광 탐상법　④ 공진법

09

공기보다 약간 무거우며 무색, 무미, 무취의 독성이 없는 불활성가스로 용접부의 보호 능력이 우수한 가스는?

① 아르곤　② 질소
③ 산소　④ 수소

> 아르곤가스는 불활성 가스로 공기보다 무겁고 무색, 무미, 무취의 독성이 없는 가스로 불활성가스 텅스텐 아크용접의 보호가스로 주로 사용 된다.

10

예열 방법 중 국부 예열의 가열 범위는 용접선 양쪽에 몇 mm 정도로 하는 것이 가장 적합한가?

① 0 ~ 50mm　② 50 ~ 100mm
③ 100 ~ 150mm　④ 150 ~ 200mm

11

인장강도가 750MPa인 용접 구조물의 안전율은? (단, 허용응력은 250MPa이다.)

① 3　② 5
③ 8　④ 12

> 안전율 = $\dfrac{인장강도}{허용응력} = \dfrac{750}{250} = 3$

12

용접부의 결함은 치수상 결함, 구조상 결함, 성질상 결함으로 구분된다. 구조상 결함들로만 구성된 것은?

① 기공, 변형, 치수불량
② 기공, 용입불량, 용접균열
③ 언더컷, 연성부족, 표면결함
④ 표면결함, 내식성 불량, 융합불량

> **용접부의 결함의 종류**
> - 치수상결함 : 변형, 치수불량
> - 구조상결함 : 언더컷, 오버랩, 균열, 스패터, 용입불량, 슬랙섞임, 기공, 은점, 선상조직, 피트 등
> - 성질상결함 : 기계적, 화학적

13

다음 중 연납땜(Sn + Pb)의 최저 용융 온도는 몇 ℃인가?

① 327℃ ② 250℃
③ 232℃ ④ 183℃

14

레이저 용접의 특징으로 틀린 것은?

① 루비 레이저와 가스 레이저의 두 종류가 있다.
② 광선이 용접의 열원이다.
③ 열 영향 범위가 넓다.
④ 가스 레이저로는 주로 CO_2가스 레이저가 사용된다.

> **전자빔 용접**
> - 파장이 같은 빛을 렌즈로 집광하면 매우 작은 점으로 집중되면서 높은 에너지로 고온의 열을 얻을 수 있는데 이를 열원으로 하여 용접하는 특수 용접방법이다.

15

용접부의 연성 결함을 조사하기 위하여 사용되는 시험은?

① 인장시험 ② 경도시험
③ 피로시험 ④ 굽힘시험

16

용융 슬래그와 용융금속이 용접부로부터 유출되지 않게 모재의 양측에 수랭식 동판을 대어 용융 슬래그 속에서 전극 와이어를 연속적으로 공급하여 주로 용융 슬래그의 저항열로 와이어와 모재 용접부를 용융시키는 것으로 연속 주조형식의 단층용접법은?

① 일렉트로 슬래그 용접
② 논 가스 아크용접
③ 그래비트 용접
④ 테르밋 용접

> **일렉트로 슬래그 용접**
> - 두꺼운 판의 양쪽에 수냉 동판을 대고 용융 슬래그속에서 아크를 발생시킨 후 용융슬래그의 전기 저항열을 이용하여 용접하는 특수용접의 일종이다.
> - 두꺼운 단층용접 가능하다.
> - 아크불꽃 없다.
> - 저항 발생열량 $Q = 0.24 I^2RT$

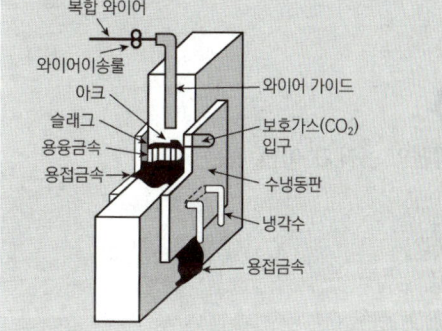

정답 05.④ 06.② 07.② 08.③ 09.① 10.② 11.① 12.② 13.④ 14.③ 15.④ 16.①

17

맴돌이 전류를 이용하여 용접부를 비파괴 검사하는 방법으로 옳은 것은?

① 자분 탐상 검사
② 와류 탐상 검사
③ 침투 탐상 검사
④ 초음파 탐상 검사

> **와전류 탐상 검사의 특징**
> • 자성체는 검사가 곤란하다.
> • 결함의 크기, 두께 및 재질의 변화등을 동시에 점검할 수 있다.
> • 결함 지시가 모니터에 전기적 신호로 나타나므로 기록 보존과 재생이 용이하다.
> • 표면부 결함의 탐상강도가 우수하며 고온에서의 검사 및 얇고 가는 소재와 구멍의 내부 등을 검사 할 수 있다.

18

화재 및 폭발의 방지 조치로 틀린 것은?

① 대기 중에 가연성 가스를 방출시키지 말 것
② 필요한 곳에 화재 진화를 위한 방화설비를 설치할 것
③ 배관에서 가연성 증기의 누출 여부를 철저히 점검할 것
④ 용접작업 부근에 점화원을 둘 것

19

연납땜의 용제가 아닌 것은?

① 붕산   ② 염화아연
③ 인산   ④ 염화암모늄

> **용제의 종류**
> • 연강용 : 사용하지 않음
> • Al 용 : 염화칼륨, 염화나트륨, 황산칼륨
> • 연납용 : 염산, 염화아연, 염화암모늄, 송진, 수지
> • 경납용 : 붕사, 붕산, 염화리튬, 빙정석, 산화제1동
> • 고탄소강용 : 중탄산나트륨, 탄산나트륨, 붕사
> • 경금속용 : 염화리튬, 염화나트륨, 염화칼륨
> • 구리 및 구리합금용 : 붕사, 붕산, 염화나트륨, 염화리튬, 플루오르화나트륨

20

점용접에서 용접점이 앵글재와 같이 용접위치가 나쁠 때, 보통 팁으로는 용접이 어려운 경우에 사용하는 전극의 종류는?

① P형 팁   ② E형 팁
③ R형 팁   ④ F형 팁

21

용접작업의 경비를 절감시키기 위한 유의사항으로 틀린 것은?

① 용접봉의 적절한 선정
② 용접사의 작업 능률의 향상
③ 용접지그를 사용하여 위보기 자세의 시공
④ 고정구를 사용하여 능률 향상

> 용접 작업은 될수 있는데로 아래보기를 주로 한다.

22

다음 중 표준 홈 용접에 있어 한쪽에서 용접으로 완전 용입을 얻고자 할 때 V형 홈이음의 판 두께로 가장 적합한 것은?

① 1~10mm   ② 5~15mm
③ 20~30mm   ④ 35~50mm

> **판두께에 따른 홈의 형상**
> • 6mm 이하 : I형
> • 6~19mm : V형, 베벨형, J형
> • 12mm 이상 : X형, K형, 양면 J
> • 16~50mm : U형
> • 50mm이상 : H형

프로판(C_3H_8)의 성질을 설명한 것으로 틀린 것은?

① 상온에서 기체 상태이다.
② 쉽게 기화하며 발열량이 높다.
③ 액화하기 쉽고 용기에 넣어 수송이 편리하다.
④ 온도변화에 따른 팽창률이 작다.

> 프로판가스는 가연성가스로 상온에서 기체이며 액화가 잘되어 보관하기 쉽고 온도변화에 따른 팽창율이 작다.

다음 중 용접기의 특성에 있어 수하특성의 역할로 가장 적합한 것은?

① 열량의 증가
② 아크의 안정
③ 아크전압의 상승
④ 개로전압의 증가

> 수하특성 : 부하전류가 증가하면 단자전압이 저하하는 특성
> • 아크가 안정된다.

용접기의 사용률이 40% 일 때, 아크 발생 시간과 휴식시간의 합이 10분이면 아크 발생 시간은?

① 2분　　② 4분
③ 6분　　④ 8분

다음 중 가스 용접에서 용제를 사용하는 주된 이유로 적합하지 않은 것은?

① 재료표면의 산화물을 제거한다.
② 용융금속의 산화·질화를 감소하게 한다.
③ 청정작용으로 용착을 돕는다.
④ 용접봉 심선의 유해성분을 제거한다.

> 용제를 사용하는 이유는 산화물과 불순물을 제거하여 양호한 용착금속을 얻는데 있다.

교류 아크 용접기 종류 중 코일의 감긴 수에 따라 전류를 조정하는 것은?

① 탭전환형
② 가동철심형
③ 가동코일형
④ 가포화 리액터형

> 교류용접기 종류
> • 탭전환형 : 무부하 전압이 높아 전격위험이 크고 코일의 감긴수에 따라 전류를 조정하는 것, 미세 전류 조정이 불가능함
> • 가동코일형 : 1차코일의 거리조정으로 전류조정
> • 가동철심형 : 가동철심을 움직여 누설자속을 변동시켜 전류를 조정, 미세전류 조정이 가능
> • 가포화리액터형 : 전류 조정이 용이하고 전류 조정을 전기적으로 하기 때문에 이동 부분이 없고 가변저항의 변화로 전류조정, 원격조정 가능

정답　17.② 18.④ 19.① 20.② 21.③ 22.② 23.④ 24.② 25.② 26.④ 27.①

28

피복아크 용접에서 아크 쏠림 방지대책이 아닌 것은?

① 접지점을 될 수 있는 대로 용접부에서 멀리 할 것
② 용접봉 끝을 아크쏠림 방향으로 기울일 것
③ 접지점 2개를 연결할 것
④ 직류용접으로 하지 말고 교류용접으로 할 것

> **아크쏠림의 방지책**
> - 교류 용접기를 사용
> - 접지를 용접부위에서 멀리둔다.
> - 용접부의 시종단에 엔드탭을 설치한다.
> - 아크길이를 짧게 한다.
> - 용접봉의 끝을 아크쏠림 반대쪽으로 숙인다.
> - 긴 용접선은 후퇴법을 이용하여 용접한다.

29

다음 중 피복제의 역할이 아닌 것은?

① 스펙터의 발생을 많게 한다.
② 중성 또는 환원성 분위기를 만들어 질화, 산화 등의 해를 방지한다.
③ 용착금속의 탈산 정련 작용을 한다.
④ 아크를 안정하게 한다.

> **피복제의 역할(용제)**
> - 아크안정
> - 산·질화 방지
> - 용적의 미세화
> - 유동성 증가
> - 전기절연작용
> - 서냉으로 취성방지
> - 탈산정련
> - 슬래그 박리성 증대

30

용접봉을 여러 가지 방법으로 움직여 비드를 형성하는 것을 운봉법이라 하는데, 위빙비드 운봉폭은 심선지름의 몇 배가 적당한가?

① 0.5 ~ 1.5배   ② 2 ~ 3배
③ 4 ~ 5배   ④ 6 ~ 7배

31

수중절단 작업 시 절단 산소의 압력은 공기 중에서의 몇 배 정도로 하는가?

① 1.5 ~ 2배   ② 3 ~ 4배
③ 5 ~ 6배   ④ 8 ~ 10배

> **수중절단 작업시 H_2의 양과 압력**
> - 예열가스의 양을 공기 중보다 4 ~ 8배, 압력 1.5 - 2배

32

산소병의 내용적이 40.7 리터인 용기에 압력이 $100kgf/cm^2$로 충전되어 있다면 프랑스식 팁 100번을 사용하여 표준불꽃으로 약 몇 시간까지 용접이 가능한가?

① 16시간   ② 22시간
③ 31시간   ④ 41시간

> - (40.7 × 100) / 100 = 40.7시간

33

가스용접 토치 취급상 주의 사항이 아닌 것은?

① 토치를 망치나 갈고리 대용으로 사용하여서는 안 된다.
② 점화되어있는 토치를 아무 곳에나 함부로 방치하지 않는다.
③ 팁 및 토치를 작업장 바닥이나 흙 속에 함부로 방치하지 않는다.
④ 작업 중 역류나 역화 발생 시 산소의 압력을 높여서 예방한다.

용접기의 특성 중 부하전류가 증가하면 단자전압이 저하되는 특성은?

① 수하 특성
② 동전류 특성
③ 정전압 특성
④ 상승 특성

용접기에 필요한 특성
1) 부특성(부저항특성) : 전류가 작은 범위에서 전류가 증가하면 저항이 작아져 아크전압이 낮아지는 특성
2) 수하특성 : 부하전류가 증가하면 단자전압이 저하하는 특성 아크가 안정된다. → 피복 아크 용접기의 특성
3) 정전류특성 : 아크길이가 크게 변하여도 전류값은 거의 변하지 않는 특성
4) 상승특성 : 큰 전류에서 아크길이가 일정할 때 아크 증가와 더불어 전압이 약간씩 증가하는 특성
5) 정전압특성(아크길이 자기제어특성) : 수하특성과는 반대의 성질을 갖는 것으로 부하 전류가 변해도 단자 전압이 거의 변하지 않는 것으로 CP특성이라 한다.
→ 서브머지드, CO_2용접, GMAW특성, 자동용접의 특징

다음 중 가스 절단 시 예열 불꽃이 강할 때 생기는 현상이 아닌 것은?

① 드래그가 증가한다.
② 절단면이 거칠어진다.
③ 모서리가 용융되어 둥글게 된다.
④ 슬래그 중의 철 성분의 박리가 어려워진다.

예열 불꽃이 너무 강할 때
• 절단면이 거칠어 진다.
• 슬래그의 박리가 어려워 진다.
• 절단면 위 모서리가 녹아서 둥글게 된다.
• 슬래그가 뒤쪽에 많이 달라 붙어 떨어지지 않는다.

보기와 같이 연강용 피복아크 용접봉을 표시하였다. 설명으로 틀린 것은?

E4316

① E : 전기 용접봉
② 43 : 용착 금속의 최저 인장강도
③ 16 : 피복제의 계통 표시
④ E4316 : 일미나이트계

용접봉 종류
1) 4301 : 일미나이트계(슬랙 생성식) – 산화티탄, 산화철을 약30% 이상 함유한 광석, 사석을 주성분으로 기계적 성질이 우수하고 용접성이 우수
2) 4303 : 라임티타계 – 피복용 스테인리스강의 성분으로 산화티탄을 30% 이상 함유한 용접봉으로 비드의 외관이 아름답고 언더컷이 발생하지 않음
3) 4311 : 고셀롤로오스계(가스실드식) – 슬래그가 적어 좁은 홈의 용접에 적합, 비드표면이 거칠지만 환원성이므로 용착금속의 기계적 성질이 양호하고 수직상진, 하진 및 위보기 용접에서 우수한 작업성을 가지며 스패터가 많으며 피복제중 셀룰로오스가 20 ~ 30%포함되며 슬래그계 용접봉보다 용접전류를 10 ~ 15% 낮게 한다.
4) 4313 : 고산화티탄계 – 산화티탄 35%, 아크안정, CR봉, 비드좋다, 경구조물, 경자동차, 박판 용접에 적합
5) 4316 : 저수소계(슬랙 생성식) – 석회석과 형석을 주성분으로 한 것으로, 수소의 함량이 1/10 정도, 기계적성질과 균열의 감수성이 우수, 황의 함유량이 많고 염기성 함유가 높다.
6) 4324 : 철분 산화티탄계로 아래보기 자세와 수평 필릿 자세에 한정
7) 4326 : 철분 저수소계
8) 4327 : 철분 산화철계
9) 4340 : 특수계

정답 28.② 29.① 30.② 31.① 32.④ 33.④ 34.① 35.① 36.④

37
가스 절단에서 고속 분출을 얻는데 가장 적합한 다이버전트 노즐은 보통의 팁에 비하여 산소소비량이 같을 때 절단 속도를 몇 % 정도 증가시킬 수 있는가?

① 5 ~ 10%
② 10 ~ 15%
③ 20 ~ 25%
④ 30 ~ 35%

38
직류아크 용접에서 정극성(DCSP)에 대한 설명으로 옳은 것은?

① 용접봉의 녹음이 느리다.
② 용입이 얕다.
③ 비드 폭이 넓다.
④ 모재를 음극(-)에 용접봉을 양극(+)에 연결한다.

극성
- 극성은 +, - 를 갖는다.
- + 를 연결시 열량이 70% 정도, - 를 연결시 열량이 30% 정도이다.
- 직류 정극성(DCSP)
  1) 모재가 + (입열량 70%)
  2) 용접봉 -
  3) 용입이 깊다.
  4) 비드폭 좁다.
  5) 후판용접에 적합
  6) 용접봉은 천천히 녹는다(용접봉을 아낄 수 있다.).
- 직류 역극성(DCRP)
  1) 모재가 - (입열량 30%)
  2) 용접봉 +
  3) 용입이 얕다.
  4) 비드폭 넓다.
  5) 박판용접에 적합
  6) 용접봉 소모가 크다.

39
게이지용 강이 갖추어야 할 성질에 대한 설명 중 틀린 것은?

① HRC 55 이하의 경도를 가져야 한다.
② 팽창계수가 보통 강보다 작아야 한다.
③ 시간이 지남에 따라 치수변화가 없어야 한다.
④ 담금질에 의하여 변형이나 담금질 균열이 없어야 한다.

게이지용강은 HRC 55 이상의 경도를 갖는다.

40
알루미늄에 대한 설명으로 옳지 않은 것은?

① 비중이 2.7로 낮다.
② 용융점은 1067℃ 이다.
③ 전기 및 열전도율이 우수하다.
④ 고강도 합금으로 두랄루민이 있다.

Al의 특징
- 경금속, 2.7(비중), 융점 660℃
- 산화피막 - 대기중 부식방지
- 해수와 산알카리에 부식
- 염산에의 침식이 빠르다
- 열, 전기의 양도체 (65%)
- 전연성이 풍부
- 면심입방격자
- 80% 이상의 진한질산에 침식을 견딘다.
- 내식성, 가공성이 좋아 주물, 다이케스팅, 전선등에 쓰이는 비철 금속 재료

41
강의 표면 경화 방법 중 화학적 방법이 아닌 것은?

① 침탄법
② 질화법
③ 침탄 질화법
④ 화염 경화법

물리적 표면 경화법
• 화염 경화법, 고주파 경화법, 하드페이싱, 숏피닝

황동 합금 중에서 강도는 낮으나 전연성이 좋고 금색에 가까워 모조금이나 판 및 선에 사용되는 합금은?

① 톰백(tombac)
② 7-3 황동(cartridge brass)
③ 6-4 황동(muntz metal)
④ 주석 황동(tin brass)

황동의 종류
• Cu + 5% Zn : 길딩메탈(메달용)
• Cu + 15% Zn : 래드브라스(소켓 체결구)
• Cu + 20% Zn : 톰백(장신구용)
• Cu + 30% Zn : 카트리지 황동 : 연신율이 최고
• Cu + 40% Zn : 문쯔 메탈(열교환기, 열간단조품, 탄피등에 사용)
• Cu + 40% + Fe (1%) : 델타 메탈 → 내식성 개선, 선박, 광산, 기어, 볼트
• 애드미럴티 황동 : 7:3 황동에 주석1% 첨가 탈아연 부식억제, 내식성, 내 해수성을 증대시킨 것
• 네이벌 : 6:4 황동에 Sn1% 첨가, 탈아연 부식방지

다음 중 비중이 가장 작은 것은?

① 청동   ② 주철
③ 탄소강   ④ 알루미늄

알루미늄은 경금속에 속하며 비중은 2.70이다.

냉간가공 후 재료의 기계적 성질을 설명한 것 중 옳은 것은?

① 항복강도가 감소한다.
② 인장강도가 감소한다.
③ 경도가 감소한다.
④ 연신율이 감소한다.

냉간가공 후에는 대체적으로 강도, 경도, 항복점이 감소하고 연신율, 수축율, 전선, 연성이 줄어든다.

금속간 화합물에 대한 설명으로 옳은 것은?

① 자유도가 5인 상태의 물질이다.
② 금속과 비금속사이의 혼합 물질이다.
③ 금속이 공기 중의 산소와 화합하여 부식이 일어난 물질이다.
④ 두 가지 이상의 금속 원소가 간단한 원자비로 결합되어 있으며, 원래 원소와는 전혀 다른 성질을 갖는 물질이다.

합금강의 장점
• 기계적 성질 향상
• 내식성, 내마멸성의 향상
• 고온에서 기계적 성질 저하를 방지
• 결정입자가 미세해져 기계적 성질 향상

정답 37.③ 38.① 39.① 40.② 41.④ 42.① 43.④ 44.④ 45.④

46

물과 얼음의 상태도에서 자유도가 "0(zero)"일 경우 몇 개의 상이 공존 하는가?

① 0
② 1
③ 2
④ 3

47

변태 초소성의 조건과 원칙에 대한 설명 중 틀린 것은?

① 재료에 변태가 있어야 한다.
② 변태 진행 중에 작은 하중에도 변태 초소성이 된다.
③ 감도지수(m)의 값은 거의 0(zero)의 값을 갖는다.
④ 한 번의 열사이클로 상당한 초소성 변형이 발생한다.

48

Mg – 희토류계 합금에서 희토류원소를 첨가할 때 미시메탈(Micsh – metal)의 형태로 첨가한다. 미시메탈에서 세륨(Ce)을 제외한 합금 원소를 첨가한 합금의 명칭은?

① 탈타뮴
② 디디뮴
③ 오스뮴
④ 갈바늄

49

인장 시험에서 변형량을 원표점 거리에 대한 백분율로 표시한 것은?

① 연신율
② 항복점
③ 인장 강도
④ 단면 수축률

$$연신율 = \frac{L_1 - L_0}{L_0} = \frac{154 - 150}{150} \times 100$$

$$= \frac{늘어난\ 길이}{원래길이} \times 100$$

50

강에 인(P)이 많이 함유되면 나타나는 결함은?

① 적열메짐
② 연화메짐
③ 저온메짐
④ 고온메짐

> 탄소강에서 생기는 취성
> • 적열취성 : 고온 900℃ 이상에서 물체가 빨갛게 되어 메지는 현상으로 원인은 S, 방지제 Mn
> • 청열취성 : 강이 200 – 300℃로 가열하면 강도가 최대로 되고 연신률, 단면 수축률등은 줄어들게 되어 메지는 현상으로 원인은 P, 방지제 Nl
> • 상온취성 : 충격, 피로등에 대하여 깨지는 성질로 원인 P
> • 저온취성 : 천이온도에 도달하면 급격히 감소하여 – 70℃ 부근에서 충격치가 0에 도달함

51

화살표가 가리키는 용접부의 반대쪽 이음의 위치로 옳은 것은?

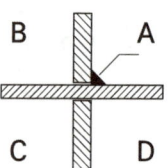

① A
② B
③ C
④ D

52

재료기호에 대한 설명 중 틀린 것은?

① SS 400은 일반 구조용 압연 강재이다.
② SS 400의 400은 최고 인장 강도를 의미한다.
③ SM 45C는 기계 구조용 탄소 강재이다.
④ SM 45C의 45C는 탄소 함유량을 의미한다.

SS400에서 400 최저인장강도를 의미함

정투상도의 종류
• 보조투상도 : 물체가 경사면이 있어 투상을 시키면 실제 모양이 틀려져 경사면에 별도의 투상면을 설정하고 이면에 투상하면 실제 모양이 그려지는 것
• 부분투상도 : 물체의 일부 모양만을 도시해도 충분한 경우
• 국부투상도 : 대상물의 구멍, 홈 등 필요부분만을 투상하는 것
• 회전투상도 : 필요부분을 회전해서 실제 길이를 나타내는 것
• 등각투상법 : 3개의 좌표측의 투상이 서로 120°가 되는 축측 투상으로 평면, 측면, 정면을 하나의 투상면 위에 동시에 볼 수 있도록 그려진 투상법

53

보기 입체도의 화살표 방향이 정면일 때 평면도로 적합한 것은?

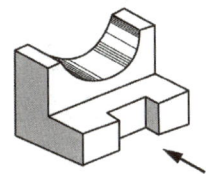

① 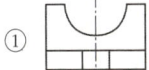　②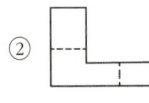
③ 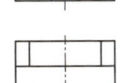　④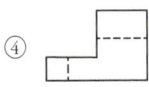

평면도는 정면도 위에서 보이는 면을 의미한다.

54

보조 투상도의 설명으로 가장 적합한 것은?

① 물체의 경사면을 실제 모양으로 나타낸 것
② 특수한 부분을 부분적으로 나타낸 것
③ 물체를 가상해서 나타낸 것
④ 물체를 90° 회전시켜서 나타낸 것

55

용접부의 보조기호에서 제거 가능한 이면 판재를 사용하는 경우의 표시 기호는?

① ┌M┐　② ┌P┐
③ ┌MR┐　④ ┌PR┐

제거가능한 이면판재는 MR로 표시한다.

56

다음 그림과 같이 상하면의 절단된 경사각이 서로 다른 원통의 전개도 형상으로 가장 적합한 것은?

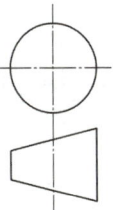

① 　②
③ 　④

정답　46.④　47.③　48.②　49.①　50.③　51.②　52.②　53.③　54.①　55.③　56.④

기계나 장치 등의 실체를 보고 프리핸드(free-hand)로 그린 도면은?

① 배치도
② 기초도
③ 조립도
④ 스케치도

현의 치수 기입 방법으로 옳은 것은?

① 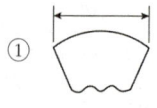 ②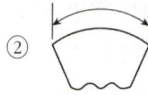

③ 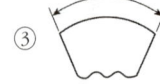 ④

① 현의 치수 ② 호의 치수

도면에서 2종류 이상의 선이 겹쳤을 때, 우선하는 순위를 바르게 나타낸 것은?

① 숨은선 > 절단선 > 중심선
② 중심선 > 숨은선 > 절단선
③ 절단선 > 중심선 > 숨은선
④ 무게 중심선 > 숨은선 > 절단선

선의 우선순위
• 외형선 → 은선 → 절단선 → 중심선 → 무게중심선

관용 테이퍼 나사 중 평행 암나사를 표시하는 기호는? (단, ISO 표준에 있는 기호로 한다.)

① G   ② R
③ Rc   ④ Rp

정답 57.④ 58.① 59.④ 60.①

2016년 1회 | 용접기능사 기출문제

01

지름이 10cm인 단면에 8000kgf의 힘이 작용할 때 발생하는 응력은 약 몇 kgf/cm²인가?

① 89
② 102
③ 121
④ 158

> 응력 = $\dfrac{P}{A} = \dfrac{8000}{\pi \times 5^2} = 101.86 ≒ 102$

02

화재의 분류 중 C급 화재에 속하는 것은?

① 전기 화재
② 금속 화재
③ 가스 화재
④ 일반 화재

> 화재의 분류
> - A : 일반(백색) B : 유류(황색) C : 전기(청색) D : 금속
> - 연소의 3요소 : 점화원, 가연물, 산소공급원

03

다음 중 귀마개를 착용하고 작업하면 안되는 작업자는?

① 조선소의 용접 및 취부작업자
② 자동차 조립공장의 조립작업자
③ 강재 하역장의 크레인 신호자
④ 판금작업장의 타출 판금작업자

04

용접 열원을 외부로부터 공급받는 것이 아니라, 금속산화물과 알루미늄간의 분말에 점화제를 넣어 점화제의 화학반응에 의하여 생성되는 열을 이용한 금속 용접법은?

① 일렉트로 슬래그 용접
② 전자 빔 용접
③ 테르밋 용접
④ 저항 용접

> 테르밋 용접
> - 특수용접이며 융접이다.
> - 금속 산화물이 알루미늄에 의하여 산소를 빼앗기는 반응에 의해 생성되는 열을 이용하여 접합
> - 산화철분말(3~4) + 알루미늄분말(1)
> - 점화제로 과산화바륨, 마그네슘, 알루미늄
> - 작업이 간단하다.
> - 전력이 불필요 하며 철도 레일 이음용접에 주로 사용함
> - 시간이 짧고 용접변형도 적다.

05

용접 작업 시 전격 방지대책으로 틀린 것은?

① 절연 홀더의 절연부분이 노출, 파손되면 보수하거나 교체한다.
② 홀더나 용접봉은 맨손으로 취급한다.
③ 용접기의 내부에 함부로 손을 대지 않는다.
④ 땀, 물 등에 의한 습기찬 작업복, 장갑, 구두 등을 착용하지 않는다.

정답 01.② 02.① 03.③ 04.③ 05.②

06

서브머지드 아크 용접봉 와이어 표면에 구리를 도금한 이유는?

① 접촉 팁과의 전기 접촉을 원활히 한다.
② 용접 시간이 짧고 변형을 적게 한다.
③ 슬래그 이탈성을 좋게 한다.
④ 용융 금속의 이행을 촉진시킨다.

> 서브머지드 아크용접에서 아크를 발생할 때 모재와 용접와이어 사이에서 통전시켜주는 재료
> • 스틸울 (CO_2에서 콘택트 팁)
> • 용접봉에 구리 도금한 이유는 전기가 잘 통하기 위한 것과 용접봉이 부식되지 않도록

07

기계적 접합으로 볼 수 없는 것은?

① 볼트 이음　　② 리벳 이음
③ 접어 잇기　　④ 압접

> 접합의 종류
> • 기계적 접합법 : 볼트, 리벳, 나사, 핀, 코터이음, 키, 접어잇기 등으로 결합하는 방법
> • 야금적 접합법 : 고체 상태에 있는 두 개의 금속재료를 열이나 압력, 또는 열과 압력을 동시에 가해서 서로 접합하는 것으로 융접, 압접, 납땜 등으로 결합하는 방법

08

플래시 용접(flash welding)법의 특징으로 틀린 것은?

① 가열 범위가 좁고 열영향부가 적으며 용접 속도가 빠르다.
② 용접면에 산화물의 개입이 적다.
③ 종류가 다른 재료의 용접이 가능하다.
④ 용접면의 끝맺음 가공이 정확하여야 한다.

> 플래시용접의 특징
> • 용접의 강도가 크다.
> • 전력소비가 적다.
> • 용접속도가 크다.
> • 모재 가열이 적다.
> • 이종 금속 용접 범위가 크다.
> • 용접전의 가공에 주의하지 않아도 된다.
> • 업셋량이 작다.
> • 전력소비가 적다.

09

서브머지드 아크 용접부의 결함으로 가장 거리가 먼 것은?

① 기공　　② 균열　　③ 언더컷　　④ 용착

10

다음이 설명하고 있는 현상은?

> 알루미늄 용접에서는 사용 전류에 한계가 있어 용접 전류가 어느 정도 이상이 되면 청정 작용이 일어나지 않아 산화가 심하게 생기며 아크 길이가 불안정하게 변동되어 비드 표면이 거칠게 주름이 생기는 현상

① 번백(burn back)
② 퍼커링(pickering)
③ 버터링(buttering)
④ 멜트 백킹(melt backing)

11

CO_2 가스 아크 용접 결함에 있어서 다공성이란 무엇을 의미하는가?

① 질소, 수소, 일산화탄소 등에 의한 기공을 말한다.
② 와이어 선단부에 용적이 붙어 있는 것을 말한다.
③ 스패터가 발생하여 비드의 외관에 붙어 있는 것을 말한다.
④ 노즐과 모재간 거리가 지나치게 적어서 와이어 송급 불량을 의미한다.

다공성이란 기공이 여러 군데 생기는 현상으로 기공의 원인이 되는 가스는 질소, 수소, 일산화탄소등이 있다.

12

아크 쏠림의 방지대책에 관한 설명으로 틀린 것은?

① 교류용접으로 하지 말고 직류용접으로 한다.
② 용접부가 긴 경우는 후퇴법으로 용접한다.
③ 아크 길이는 짧게 한다.
④ 접지부를 될 수 있는 대로 용접부에서 멀리한다.

아크쏠림의 방지책
- 전류가 흐를 때 자장이 용접봉에 대하여 비대칭 일 때 발생함
  - 직류 용접기에서 발생함
- 아크 블로우, 자기불림, 자기쏠림 이라 한다.

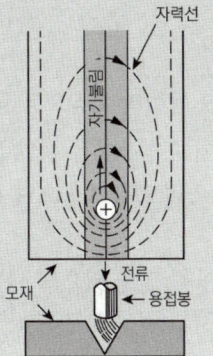

- 교류 용접기를 사용
- 접지를 용접부위에서 멀리둔다.
- 용접부의 시종단에 엔드탭을 설치한다.
- 아크길이를 짧게 한다.
- 용접봉의 끝을 아크쏠림 반대쪽으로 숙인다.
- 긴 용접선은 후퇴법을 이용하여 용접한다.

13

박판의 스테인리스강의 좁은 홈의 용접에서 아크 교란 상태가 발생할 때 적합한 용접방법은?

① 고주파 펄스 티그 용접
② 고주파 펄스 미그 용접
③ 고주파 펄스 일렉트로 슬래그 용접
④ 고주파 펄스 이산화탄소 아크 용접

14

현미경 시험을 하기 위해 사용되는 부식제 중 철강용에 해당되는 것은?

① 왕수   ② 염화제2철용액
③ 피크린산   ④ 플루오르화수소액

철강에 주로 사용되는 부식액의 종류
- 부식액이란 금속 재료의 부식시험에 사용되는 각종 용액
- 구리 및 구리합금의 부식액은 염화제이철
- 금, 납용 : 불화수소, 왕수
- 철강에 사용되는 부식액의 종류
  1) 염산 1 : 물 1의 용액
  2) 염산 3.8 : 황산 1.2 : 물 5.0의 용액
  3) 초산 1: 물 3의 용액
  4) 피크린산

15

용접 자동화의 장점을 설명한 것으로 틀린 것은?

① 생산성 증가 및 품질을 향상시킨다.
② 용접조건에 따른 공정을 늘일 수 있다.
③ 일정한 전류 값을 유지할 수 있다.
④ 용접와이어의 손실을 줄일 수 있다.

정답 06.① 07.④ 08.④ 09.④ 10.② 11.① 12.① 13.① 14.② 15.②

16

용접부의 연성 결함을 조사하기 위하여 사용되는 시험법은?

① 브리넬 시험 ② 비커스 시험
③ 굽힘 시험 ④ 충격 시험

17

서브머지드 아크 용접에 관한 설명으로 틀린 것은?

① 아크발생을 쉽게 하기 위하여 스틸 울(steel wool)을 사용한다.
② 용융속도와 용착속도가 빠르다.
③ 홈의 개선각을 크게 하여 용접효율을 높인다.
④ 유해 광선이나 흄(fume) 등이 적게 발생한다.

> 서브머지드 아크용접기(잠호용접, 링컨용접, 유니언 멜트용접)의 특징
> • 용접속도가 수동 용접에 비해 10 ~ 20배 정도
> • 용입은 2 ~ 3배 정도가 커서 능률적이다.
> • 용접홈의 크기가 작아도 되며 용접재료의 소비 및 변형이 작다.
> • 용접 조건만 일정하다면 용접공의 기술 차이에 의한 품질 격차가 없다.
> • 한번 용접으로 75mm까지 가능하다.
> • 설비비가 고가이다.
> • 아래보기, 수평필릿 자세에 한정한다.
> • 홈의 정밀도가 높아야 한다(루트간격 0.8mm 이하).
> • 용접부가 보이지 않아 용접부를 확인 할수 없다.
> • 시공조건을 잘못 잡으면 제품의 불량률이 커진다.

18

가용접에 대한 설명으로 틀린 것은?

① 가용접 시에는 본용접보다도 지름이 큰 용접봉을 사용하는 것이 좋다.
② 가용접은 본용접과 비슷한 기량을 가진 용접사에 의해 실시되어야 한다.
③ 강도상 중요한 것과 용접의 시점 및 종점이 되는 끝 부분은 가용접을 피한다.
④ 가용접은 본 용접을 실시하기 전에 좌우의 홈 또는 이음부분을 고정하기 위한 짧은 용접이다.

> 가용접 시에는 본용접보다도 지름이 작은 용접봉을 사용하는 것이 좋다.

19

용접 이음의 종류가 아닌 것은?

① 겹치기 이음 ② 모서리 이음
③ 라운드 이음 ④ T형 필릿 이음

20

플라스마 아크 용접의 특징으로 틀린 것은?

① 용접부의 기계적 성질이 좋으며 변형도 적다.
② 용입이 깊고 비드 폭이 좁으며 용접속도가 빠르다.
③ 단층으로 용접할 수 있으므로 능률적이다.
④ 설비비가 적게 들고 무부하 전압이 낮다.

> 플라즈마 아크용접은 일반 아크용접보다 2 ~ 5배로 무부하 전압이 높고 설비비가 많이 든다.

21

용접 자세를 나타내는 기호가 틀리게 짝지어진 것은?

① 위보기자세 : O ② 수직자세 : V
③ 아래보기자세 : U ④ 수평자세 : H

> 아래보기 자세는 F로 표시한다.

22

이산화탄소 아크 용접의 보호가스 설비에서 저전류 영역의 가스유량은 약 몇 L/min 정도가 가장 적당한가?

① 1 ~ 5   ② 6 ~ 9
③ 10 ~ 15   ④ 20 ~ 25

- 저전류 영역은 10 ~ 15 L/min
- 고전류 영역은 20 ~ 25 L/min

23

가스 용접의 특징으로 틀린 것은?

① 응용 범위가 넓으며 운반이 편리하다.
② 전원 설비가 없는 곳에서도 쉽게 설치할 수 있다.
③ 아크 용접에 비해서 유해 광선의 발생이 적다.
④ 열집중성이 좋아 효율적인 용접이 가능하여 신뢰성이 높다.

가스용접의 특징
- 폭발의 위험이 있다.
- 운반이 편리하고 설비비가 싸다.
- 아크용접에 비해 불꽃의 온도가 낮다.
- 전원이 없는 곳에 쉽게 설치 할 수 있다.
- 아크용접에 비해 유해광선의 피해가 적다.
- 열 집중성이 나빠서 효율적인 용접이 어렵다.
- 가열시 열량 조절이 쉽고, 박판용접에 적합하다.
- 가열 범위가 커서 용접 변형이 크고 일반적으로 신뢰성이 낮다.

24

규격이 AW 300인 교류 아크 용접기의 정격 2차 전류 조정 범위는?

① 0 ~ 300A   ② 20 ~ 220A
③ 60 ~ 330A   ④ 120 ~ 430A

25

아세틸렌 가스의 성질 중 15℃ 1기압에서의 아세틸렌 1리터의 무게는 약 몇 g인가?

① 0.151   ② 1.176
③ 3.143   ④ 5.117

C_2H_2 가스의 특징
- 비중은 1.176g이다.
- 15℃, 15기압에서 충전
- 406 ~ 408℃에서 자연발화 된다.
- 아세틸렌 발생기는 60℃ 이하 유지
- 카바이트 1kg에서 348L의 C_2H_2가 발생
- 마찰·진동·충격에 의하여 폭발 위험성이 크다.
- 아세틸렌 15%, 산소 85%의 혼합시 가장 위험
- 은, 수은, 동과 접촉 시 120℃ 부근에서 폭발성

26

가스 용접에서 모재의 두께가 6mm일 때 사용되는 용접봉의 직경은 얼마인가?

① 1mm   ② 4mm
③ 7mm   ④ 9mm

가스용접봉의 지름과 판두께의 관계식
- $D = \dfrac{T}{2} + 1$ D : 지름
   T : 두께

27

피복 아크 용접 시 아크열에 의하여 용접봉과 모재가 녹아서 용착금속이 만들어지는데 이때 모재가 녹은 깊이를 무엇이라 하는가?

① 용융지   ② 용입
③ 슬래그   ④ 용적

정답 16.③ 17.③ 18.① 19.③ 20.④ 21.③ 22.③ 23.④ 24.③ 25.② 26.② 27.②

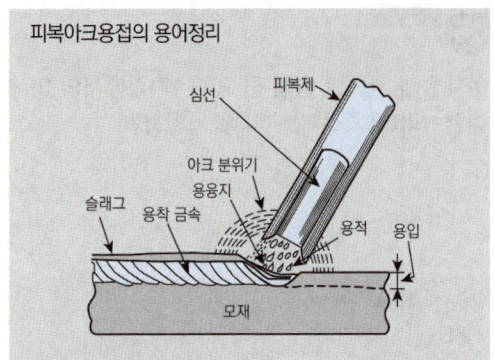

피복아크용접의 용어정리

- 아크 : 기체중에서 일어나는 방전의 일종 5000 ~ 6000℃
- 용적 : 용접봉이 녹은 쇳물
- 용융지 : 모재가 녹은 쇳물
- 용착 : 용접봉이 녹아 용융지에 들어 가서 응고한 부분
- 용입 : 모재가 녹은 깊이
- 슬래그 : 용착부에 나타난 비금속 물질

스카핑
- 강재 표면의 탈탄층 또는 홈을 제거하기 위해 사용함.(얇고 넓게 깎아 내기)
- 열간재 가공속도 : 20 m/min
- 냉간재 가공속도 : 6 ~ 7 m/min

30

가스용기를 취급할 때의 주의사항으로 틀린 것은?

① 가스용기의 이동시는 밸브를 잠근다.
② 가스용기에 진동이나 충격을 가하지 않는다.
③ 가스용기의 저장은 환기가 잘되는 장소에 한다.
④ 가연성 가스용기는 눕혀서 보관한다.

28

직류아크용접기로 두께가 15mm이고, 길이가 5m인 고장력 강판을 용접하는 도중에 아크가 용접봉 방향에서 한쪽으로 쏠리었다. 다음 중 이러한 현상을 방지하는 방법이 아닌 것은?

① 이음의 처음과 끝에 엔드탭을 이용한다.
② 용량이 더 큰 직류용접기로 교체한다.
③ 용접부가 긴 경우에는 후퇴 용접법으로 한다.
④ 용접봉 끝을 아크쏠림 반대 방향으로 기울인다.

12번 해설 참고

31

피복아크용접봉은 금속심선의 겉에 피복제를 발라서 말린 것으로 한쪽 끝은 홀더에 물려 전류를 통할 수 있도록 심선길이의 얼마만큼을 피복하지 않고 남겨두는가?

① 3mm ② 10mm
③ 15mm ④ 25mm

32

다음 중 두꺼운 강판, 주철, 강괴 등의 절단에 이용되는 절단법은?

① 산소창 절단 ② 수중 절단
③ 분말 절단   ④ 포갬 절단

산소창 절단
- 토치대신 내경이 3.2 ~ 6mm, 1.5 ~ 3m인 강관을 통하여 절단 산소를 내보내고 이 강관의 연소열을 이용하여 절단함, 주강의 슬랙 덩어리, 암석천공에 이용

29

강재 표면의 홈이나 개재물, 탈탄층 등을 제거하기 위해 얇고, 타원형 모양으로 표면으로 깎아내는 가공법은?

① 가스 가우징   ② 너깃
③ 스카핑   ④ 아크 에어 가우징

33

피복 배합제의 성분 중 탈산제로 사용되지 않는 것은?

① 규소철　　② 망간철
③ 알루미늄　④ 유황

> **피복제의 종류**
> - 가스 발생제 : 석회석, 셀룰로오스, 톱밥, 아교
> - 슬래그 생성제 : 석회석, 형석, 탄산수소나트륨, 일미나이트
> - 아크안정제 : 규산나트륨, 규산칼륨, 산화티탄, 석회석, 탄산바륨
> - 피복제의 탈산제 : 페로실리콘, 페로망간, 페로티탄, 알루미늄
> - 고착제 : 규산 나트륨, 규산칼륨, 아교, 소맥분, 해초

34

고셀룰로오스계 용접봉은 셀룰로오스를 몇 % 정도 포함하고 있는가?

① 0 ~ 5　　② 6 ~ 15
③ 20 ~ 30　④ 30 ~ 40

35

용접법의 분류 중 압접에 해당하는 것은?

① 테르밋 용접
② 전자 빔 용접
③ 유도가열 용접
④ 탄산가스 아크 용접

> **접합방법에 따른 용접의 종류**
> - 융접 : 모재와 용가재를 모두 녹임(대부분의 용접법)
> - 압접 : 열이나 압력, 또는 열과 압력을 동시에 가함
>   - 전기저항용접, 초음파용접, 고주파용접, 마찰용접, 유도가열용접, 냉간압접, 가스압접, 가압테르밋 용접 등
> - 납땜 : 모재는 녹이지 않고 용접봉을 녹여 붙임 450℃를 기준으로 연납땜, 경납땜으로 구별
>   - 연납땜
>   - 경납땜 : 가스납땜, 노내납땜, 저항납땜, 담금납땜, 유도가열납땜

36

피복 아크 용접에서 일반적으로 가장 많이 사용되는 차광유리의 차광도 번호는?

① 4 ~ 5　　② 7 ~ 8
③ 10 ~ 11　④ 14 ~ 15

37

가스절단에 이용되는 프로판 가스와 아세틸렌 가스를 비교하였을 때 프로판 가스의 특징으로 틀린 것은?

① 절단면이 미세하며 깨끗하다.
② 포갬 절단 속도가 아세틸렌보다 느리다.
③ 절단 상부 기슭이 녹은 것이 적다.
④ 슬래그의 제거가 쉽다.

> **프로판 가스의 특징**
> - 절단면이 미세하고 깨끗하다.
> - 절단면 상부에 모서리 녹음이 적다.
> - 슬래그 제거가 쉽다.
> - 포갬 절단 속도가 아세틸렌보다 빠르다.
> - 후판절단이 아세틸렌보다 빠르다.

정답　28.②　29.③　30.④　31.④　32.①　33.④　34.③　35.③　36.③　37.②

38
교류아크용접기의 종류에 속하지 않는 것은?
① 가동코일형 ② 탭전환형
③ 정류기형   ④ 가포화 리액터형

> **교류용접기 종류**
> - 탭전환형, 가동코일형, 가동철심형, 가포화리액터형
> - 탭전환형 : 무부하 전압이 높아 전격위험이 크고 코일의 감간수에 따라 전류를 조정하는 것, 미세 전류 조정이 불가능함
> - 가동코일형 : 1차코일의 거리조정으로 전류조정
> - 가동철심형 : 가동철심을 움직여 누설자속을 변동시켜 전류를 조정, 미세전류 조정이 가능
> - 가포화리액터형 : 전류 조정이 용이하고 전류 조정을 전기적으로 하기 때문에 이동 부분이 없고 가변저항의 변화로 전류조정, 원격조정 가능

39
Mg 및 Mg 합금의 성질에 대한 설명으로 옳은 것은?
① Mg의 열전도율은 Cu와 Al보다 높다.
② Mg의 전기전도율은 Cu와 Al보다 높다.
③ Mg합금보다 Al합금의 비강도가 우수하다.
④ Mg는 알칼리에 잘 견디나, 산이나 염수에는 침식된다.

> **Mg의 특징**
> - 비중 1.7 : 실용금속중 가장 가볍다
> - 융점 650℃, 조밀육방격자(Zn)
> - 마그네사이트, 소금앙금, 산화마그네슘에서 얻는다
> - 열, 전기의 양도체 (65%)
> - 선팽창 계수는 철의 2배
> - 내식성이 나쁘다
> - 가공 경화율이 크다. : 10 ~ 20%의 냉간가공도
> - 절단가공성이 좋고 마무리면 우수

40
금속간 화합물의 특징을 설명한 것 중 옳은 것은?
① 어느 성분 금속보다 용융점이 낮다.
② 어느 성분 금속보다 경도가 낮다.
③ 일반 화합물에 비하여 결합력이 약하다.
④ Fe_3C는 금속간 화합물에 해당되지 않는다.

41
니켈 – 크롬 합금 중 사용한도가 1000℃까지 측정할 수 있는 합금은?
① 망가닌   ② 우드메탈
③ 배빗메탈   ④ 크로멜 – 알루멜

42
주철에 대한 설명으로 틀린 것은?
① 인장강도에 비해 압축강도가 높다.
② 회주철은 편상 흑연이 있어 감쇠능이 좋다.
③ 주철 절삭 시에는 절삭유를 사용하지 않는다.
④ 액상일 때 유동성이 나쁘며, 충격 저항이 크다.

> **주철**
> - 전·연성이 작고 가공이 안된다.
> - 담금질, 뜨임은 안되나 주조응력의 제거 목적으로 풀림처리는 가능하다.(미하나이트주철 – 담금질 가능)
> - 압축강도, 내마모성, 주조성이 우수하다.
> - 압축강도가 인장강도보다 2 ~ 3배 크다.
> - 기계의 가공성이 좋고 값이 싸다.
> - 용융점이 낮고 유동성이 좋아 주조하기 쉽다.
> - 강에 비해 탄소의 함량이 많아 취성과 경도가 커지고 인장강도는 작아진다.
> - 주철을 파면상으로 분류시 백주철, 반주철, 회주철로 구분한다.

43

철에 Al, Ni, Co를 첨가한 합금으로 잔류자속밀도가 크고 보자력이 우수한 자성 재료는?

① 퍼멀로이　　② 센더스트
③ 알니코 자석　④ 페라이트 자석

> 알코니자석은 Ni 10~20%, Al 7~10%, Co 20~40%, Cu 3~5%, Ti 1%와 Fe의 합금으로 영구자석으로 널리 사용됨

44

물과 얼음, 수증기가 평형을 이루는 3중점상태에서의 자유도는?

① 0　　② 1
③ 2　　④ 3

> 성분수를 C, 상의 수를 P라 할 때 자유도 F = C − P + 2이므로 F = 1 − 3 + 2 = 0 이다.

45

황동의 종류 중 순 Cu와 같이 연하고 코이닝하기 쉬우므로 동전이나 메달 등에 사용되는 합금은?

① 95%Cu − 5%Zn 합금
② 70%Cu − 30%Zn 합금
③ 60%Cu − 40%Zn 합금
④ 50%Cu − 50%Zn 합금

> 황동의 종류
> - Cu + 5% Zn : 길딩메탈(메달용)
> - Cu + 15% Zn : 래드브라스(소켓 체결구)
> - Cu + 20% Zn : 톰백(장신구용)
> - Cu + 30% Zn : 카트리지 황동 : 연신율이 최고
> - Cu + 40% Zn : 문쯔 메탈(열교환기, 열간단조품, 탄피등에 사용)
> - Cu + 40% + Fe (1%) : 델타 메탈 → 내식성 개선, 선박, 광산, 기어, 볼트
> - 애드미럴티 황동 : 7:3 황동에 주석1% 첨가 탈아연 부식억제, 내식성, 내 해수성을 증대시킨 것
> - 네이벌 : 6:4 황동에 Sn1% 첨가, 탈아연 부식방지

46

금속재료의 표면에 강이나 주철의 작은 입자(⌀ 0.5mm~1.0mm)를 고속으로 분사시켜, 표면의 경도를 높이는 방법은?

① 침탄법　　② 질화법
③ 폴리싱　　④ 쇼트피닝

47

탄소강은 200~300℃에서 연신율과 단면수축률이 상온보다 저하되어 단단하고 깨지기 쉬우며, 강의 표면이 산화되는 현상은?

① 적열메짐　② 상온메짐
③ 청열메짐　④ 저온메짐

> 탄소강에서 생기는 취성
> - 적열취성 : 고온 900℃ 이상에서 물체가 빨갛게 되어 메지는 현상으로 원인은 S, 방지제 Mn
> - 청열취성 : 강이 200−300℃로 가열하면 강도가 최대로 되고 연신률, 단면 수축률등은 줄어들게 되어 메지는 현상으로 원인은 P, 방지제 Ni
> - 상온취성 : 충격, 피로등에 대하여 깨지는 성질로 원인 P
> - 저온취성 : 천이온도에 도달하면 급격히 감소하여 −70℃ 부근에서 충격치가 0에 도달함

정답　38.③　39.④　40.③　41.④　42.④　43.③　44.①　45.①　46.④　47.③

48
강에 S, Pb 등의 특수 원소를 첨가하여 절삭할 때 칩을 잘게 하고 피삭성을 좋게 만든 강은 무엇인가?

① 불변강 ② 쾌삭강
③ 베어링강 ④ 스프링강

> **선의 종류와 용도**
> - 외형선 : 굵은 실선
> - 가는실선 : 치수선, 치수보조선, 지시선, 회전단면선, 수준면선, 해칭선
> - 은선 : 보이지 않는선, 가는 파선 또는 굵은 파선으로
> - 가는 1점 쇄선 : 중심선, 기준선, 피치선
> - 가는 2점 쇄선 : 가상선 무게 중심선
> - 굵은 1점 쇄선 : 특수지정선
> - 파단선 : 물체의 일부를 파단한 곳을 표시하는 선으로 불규칙한 파형의 가는 실선 또는 지그재그선

49
주위의 온도 변화에 따라 선팽창 계수나 탄성률 등의 특정한 성질이 변하지 않는 불변강이 아닌 것은?

① 인바 ② 엘린바
③ 코엘린바 ④ 스텔라이트

52
그림과 같은 입체도의 화살표 방향을 정면도로 표현할 때 실제와 동일한 형상으로 표시되는 면을 모두 고른 것은?

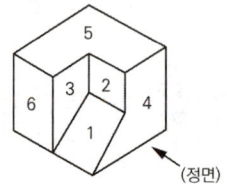

① 3과 4 ② 4와 6
③ 2와 6 ④ 1과 5

> **불변강(Ni합금강)**
> - 인바(Ni : 36%) 열전쌍, 시계 등
> - 엘린바(Ni36% ~ Cr12%) 시계스프링, 정밀계측기
> - 플래티나이트(Ni:10 ~ 16%) : 전구, 진공관의 유리봉입선
> - 퍼멀로이(Ni : 75% ~ 80%) 해저전선의 장하코일
> - 코엘린바·수퍼인바·초인바·이스에라스틱

50
Al의 비중과 용융점(℃)은 약 얼마인가?

① 2.7, 660℃ ② 4.5, 390℃
③ 8.9, 220℃ ④ 10.5, 450℃

53
다음 중 한쪽 단면도를 올바르게 도시한 것은?

① 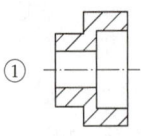   ②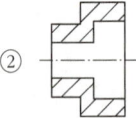

③ 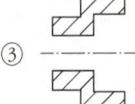   ④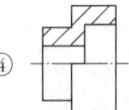

51
기계제도에서 물체의 보이지 않는 부분의 형상을 나타내는 선은?

① 외형선 ② 가상선
③ 절단선 ④ 숨은선

> - 한쪽단면도는 기본 중심선에 대칭인 물체의 1/4만 잘라내어 절반은 단면도로 다른 절반은 외형도로 나타내는 단면도법이다.

54
다음 재료 기호 중 용접구조용 압연 강재에 속하는 것은?

① SPPS 380 ② SPCC
③ SCW 450 ④ SM 400C

- SPPS : 압력배관용 탄소강관
- SPCC : 냉간압연강판
- SCW : 용접구조용 주강품

55
그림의 도면에서 X의 거리는?

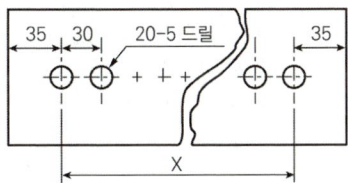

① 510mm ② 570mm
③ 600mm ④ 630mm

X = (20 − 1)×30 = 570mm

56
다음 치수 중 참고 치수를 나타내는 것은?

① (50) ② □50
③ 50 (박스) ④ 50

참고치수는 괄호에 표시한다.

57
주투상도를 나타내는 방법에 관한 설명으로 옳지 않은 것은?

① 조립도 등 주로 기능을 나타내는 도면에서는 대상물을 사용하는 상태로 표시한다.
② 주투상도를 보충하는 다른 투상도는 되도록 적게 표시한다.
③ 특별한 이유가 없을 경우 대상물을 세로 길이로 놓은 상태로 표시한다.
④ 부품도 등 가공하기 위한 도면에서는 가공에 있어서 도면을 가장 많이 이용하는 공정에서 대상물을 놓은 상태로 표시한다.

특별한 이유가 없는 경우 대상물을 가로 길이로 놓은 상태로 표시 한다.

58
그림에서 나타난 용접기호의 의미는?

① 플래어 K형 용접
② 양쪽 필릿 용접
③ 플러그 용접
④ 프로젝션 용접

59

그림과 같은 배관 도면에서 도시기호 S는 어떤 유체를 나타내는 것인가?

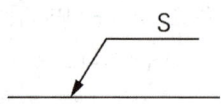

① 공기　　② 가스
③ 유류　　④ 증기

공기는 A, 가스는 G, 기름은 O, 증기는 S, 물은 W로 표시한다.

60

그림의 입체도에서 화살표 방향을 정면으로 하여 제3각법으로 그린 정투상도는?

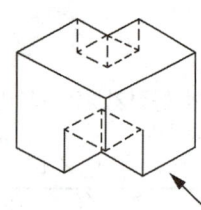

①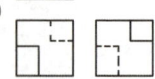

②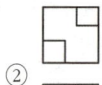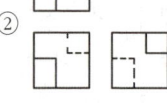

③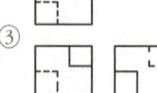

④

정답　59.④　60.①

2016년 1회 ▍특수용접기능사 기출문제

01

용접이음 설계 시 충격하중을 받는 연강의 안전율은?

① 12 ② 8
③ 5 ④ 3

> 연강 용접이음의 안전율
> • 안전율 = (인장강도/허용율)
> • 정하중 : 3
> • 동하중 – 단진응력 : 5
> • 동하중 –교번응력 : 8
> • 충격하중 : 12

02

다음 중 기본 용접 이음 형식에 속하지 않는 것은?

① 맞대기 이음 ② 모서리 이음
③ 마찰 이음 ④ T자 이음

> 이음형식의 종류
> • 맞대기이음, 모서리이음, 변두리이음, 겹치기이음

03

화재의 분류는 소화 시 매우 중요한 역할을 한다. 서로 바르게 연결된 것은?

① A급 화재 - 유류 화재
② B급 화재 - 일반 화재
③ C급 화재 - 가스 화재
④ D급 화재 - 금속 화재

> 화재의 분류
> • A : 일반(백색) B : 유류(황색) C : 전기(청색) D : 금속
> • 연소의 3요소 : 점화원, 가연물, 산소공급원

04

불활성 가스가 아닌 것은?

① C_2H_2 ② Ar
③ Ne ④ He

05

서브머지드 아크 용접장치 중 전극형상에 의한 분류에 속하지 않는 것은?

① 와이어(wire) 전극 ② 테이프(tape) 전극
③ 대상(hoop) 전극 ④ 대차(carriage) 전극

> 서브머지드 아크 용접장치 중 전극형상에 의한분류
> • 와이어전극, 테이프전극, 대상전극

06

용접 시공 계획에서 용접 이음 준비에 해당되지 않는 것은?

① 용접 홈의 가공 ② 부재의 조립
③ 변형 교정 ④ 모재의 가용접

> 변형의 교정은 용접 실시 후 용접 후처리에 해당된다.

정답 01.① 02.③ 03.④ 04.① 05.④ 06.③

07

다음 중 서브머지드 아크 용접(Submerged Arc Welding)에서 용제의 역할과 가장 거리가 먼 것은?

① 아크 안정
② 용락 방지
③ 용접부의 보호
④ 용착금속의 재질 개선

> 서브머지드 아크 용접법에서 용제의 역할
> 용접부를 보호하고 아크를 안정시키며 용착금속의 재질을 개선, 용접부를 보호하기 위한 것이다.

08

다음 중 전기저항 용접의 종류가 아닌 것은?

① 점 용접
② MIG 용접
③ 프로젝션 용접
④ 플래시 용접

> 전기 저항용점의 종류
> 1) 겹치기 : a. 점용접 b. 심용접 c. 프로젝션(돌기용접)
> 2) 맞대기 : a. 업셋 b. 플래시(예열 – 플래쉬 – 업셋)
>   c. 퍼커션(충격용접)

09

다음 중 용접 금속에 가공을 형성하는 가스에 대한 설명으로 틀린 것은?

① 응고 온도에서의 액체와 고체의 용해도 차에 의한 가스 방출
② 용접금속 중에서의 화학반응에 의한 가스 방출
③ 아크 분위기에서의 기체의 물리적 혼입
④ 용접 중 가스 압력의 부적당

> 용접중의 가스 압력의 부적당함은 비드의 모양에 영향을 미친다.

10

가스용접 시 안전조치로 적절하지 않는 것은?

① 가스의 누설검사는 필요할 때만 체크하고 점검은 수돗물로 한다.
② 가스용접 장치는 화기로부터 5m 이상 떨어진 곳에 설치해야 한다.
③ 작업 종료 시 메인 밸브 및 콕 등을 완전히 잠가준다.
④ 인화성 액체 용기의 용접을 할 때는 증기 열탕물로 완전히 세척 후 통풍구멍을 개방하고 작업한다.

> 가스의 누설검사는 비눗물로 검사한다.

11

TIG 용접에서 가스이온이 모재에 충돌하여 모재 표면에 산화물을 제거하는 현상은?

① 제거효과
② 청정효과
③ 용융효과
④ 고주파효과

> 청정작용
> 티그용접시 알루미늄이나 마그네슘을 용접시 산화피막을 제거 하기위하여 알곤 가스를 사용하면 알곤가스가 산화피막에 작용하여 이온화 작용을 일으켜 피막에 벗겨지는 역할을 하며 이를 효율적으로 하기 위하여 전원을 교류고주파(ACHF)를 이용한다.

12

연강의 인장시험에서 인장시험편의 지름이 10mm이고, 최대하중이 5500kgf일 때 인장 강도는 약 몇 kgf/mm^2인가?

① 60
② 70
③ 80
④ 90

인장강도 = $\dfrac{P}{A} = \dfrac{5500}{\pi \times 5^2} = 70.1$

13

용접부의 표면에 사용되는 검사법으로 비교적 간단하고 비용이 싸며, 특히 자기 탐상 검사가 되지 않는 금속 재료에 주로 사용되는 검사법은?

① 방사선비파괴 검사
② 누수 검사
③ 침투 비파괴 검사
④ 초음파 비파괴 검사

비파괴 시험의 분류
- 표면검사 : VT, LT, PT, ECT
- 내면검사 : 방사선검사, 초음파검사

14

용접에 의한 변형을 미리 예측하여 용접하기 전에 용접 반대방향으로 변형을 주고 용접하는 방법은?

① 억제법　　② 역변형법
③ 후퇴법　　④ 비석법

변형 방지법
- 억제법(구속법), 역변형법, 도열법, 용착법
- 억제법 : 가접 내지는 구속지그 사용
- 역변형법 : 용접 전에 변형의 크기 및 방향을 예측하여 미리 반대로 변형시키는 방법
- 도열법 : 용접부 주위에 물을 적신 석면, 동판을 대어 열을 흡수
- 용착법 : 대칭, 후퇴, 스킵법, 교호법

15

다음 중 플라즈마 아크 용접에 적합한 모재가 아닌 것은?

① 텅스텐, 백금
② 티탄, 니켈 합금
③ 티탄, 구리
④ 스테인리스강, 탄소강

16

용접 지그를 사용했을 때의 장점이 아닌 것은?

① 구속력을 크게 하여 잔류응력 발생을 방지한다.
② 동일 제품을 다량 생산할 수 있다.
③ 제품의 정밀도를 높인다.
④ 작업을 용이하게 하고 용접능률을 높인다.

용접시 지그사용 목적
- 대량생산 가능하다.
- 용접 작업을 쉽게 한다.
- 재품의 치수를 정확하게 한다.
- 용접부의 신뢰도가 높아진다
- 다듬질을 좋게 한다.
- 변형을 억제한다.

17

일종의 피복아크 용접법으로 피더(feeder)에 철분계 용접봉을 장착하여 수평 필릿용접을 전용으로 하는 일종의 반자동 용접장치로서 모재와 일정한 경사를 갖는 금속지주를 용접 홀더가 하강하면서 용접되는 용접법은?

① 그래비트 용접　　② 용사
③ 스터드 용접　　④ 테르밋 용접

정답　07.②　08.②　09.④　10.①　11.②　12.②　13.③　14.②　15.①　16.①　17.①

18

피복아크용접에 의한 맞대기 용접에서 개선 홈과 판 두께에 관한 설명으로 틀린 것은?

① I형 : 판 두께 6mm 이하 양쪽 용접에 적용
② V형 : 판 두께 20mm 이하 한쪽 용접에 적용
③ U형 : 판 두께 40 ~ 60mm 양쪽 용접에 적용
④ X형 : 판 두께 15 ~ 40mm 양쪽 용접에 적용

> U형 맞대기 용접은 판 두께 16 ~ 50mm의 한쪽면의 완전한 용입을 위하여 사용한다.

19

이산화탄소 아크 용접 방법에서 전진법의 특징으로 옳은 것은?

① 스패터의 발생이 적다.
② 깊은 용입을 얻을 수 있다.
③ 비드 높이가 낮과 평탄한 비드가 형성된다.
④ 용접선이 잘 보이지 않아 운봉을 정확하게 하기 어렵다.

> 전진법은 우측에서 좌쪽으로 용접하는 방법으로 비드 모양이 평탄한 모양이 발생한다.

20

일렉트로 슬래그 용접에서 주로 사용되는 전극 와이어의 지름은 보통 몇 mm인가?

① 1.2 ~ 1.5   ② 1.7 ~ 2.3
③ 2.5 ~ 3.2   ④ 3.5 ~ 4.0

> 일렉트로 슬래그 용접에서 주로 사용되는 전극 와이어의 지름은 보통 2.5 ~ 3.2 mm를 주로 사용한다.

21

볼트나 환봉을 피스톤형의 홀더에 끼우고 모재와 볼트 사이에 순간적으로 아크를 발생시켜 용접하는 방법은?

① 서브머지드 아크 용접
② 스터드 용접
③ 테르밋 용접
④ 불활성가스 아크 용접

> 스터드 용접법의 특징
> • 용접시간이 길지만 용접변형이 작다.
> • 용접후 냉각속도가 빠르다.
> • 알루미늄, 스테인리스 용접이 가능하다.
> • 탄소 0.2%, 망간 0.7% 이하 시 균열 발생이 없다 .
> • 볼트나 환봉등을 피스톤형 홀더에 끼우고 모재와 환봉사이에서 순간적으로 아크를 발생시켜 용접하는 방법
> • 아크를 보호하고 집중시키기 위하여 도기로 만든 페올이라는 기구를 사용하는 용접

22

용접 결함과 그 원인에 대한 설명 중 잘못 짝지어진 것은?

① 언더컷 - 전류가 너무 높은 때
② 기공 - 용접봉이 흡습되었을 때
③ 오버랩 - 전류가 너무 낮을 때
④ 슬래그 섞임 - 전류가 과대되었을 때

> 슬래그 섞임의 전류가 낮을 때 발생 할 수 있다.

23

피복아크용접에서 피복제의 성분에 포함되지 않는 것은?

① 피복 안정제   ② 가스 발생제
③ 피복 이탈제   ④ 슬래그 생성제

피복제의 종류
- 가스 발생제 : 석회석, 셀룰로오스, 톱밥, 아교
- 슬래그 생성제 : 석회석, 형석, 탄산수소나트륨, 일미나이트
- 아크안정제 : 규산나트륨, 규산칼륨, 산화티탄, 석회석, 탄산바륨
- 피복제의 탈산제 : 페로실리콘, 페로망간, 페로티탄, 알루미늄
- 고착제 : 규산 나트륨, 규산칼륨, 아교, 소맥분, 해초

24
피복 아크 용접봉의 용융속도를 결정하는 식은?

① 용융속도 = 아크전류 × 용접봉쪽 전압강하
② 용융속도 = 아크전류 × 모재쪽 전압강하
③ 용융속도 = 아크전압 × 용접봉쪽 전압강하
④ 용융속도 = 아크전압 × 모재쪽 전압강하

용융속도 : 전류와 관계가 크다.
- 시간당 소모되는 용접봉의 길이, 무게
- 아크전류 × 용접봉 쪽 전압강하

25
용접법의 분류에서 아크용접에 해당되지 않는 것은?

① 유도가열용접　② TIG용접
③ 스터드용접　　④ MIG용접

26
피복아크용접 시 용접선 상에서 용접봉을 이동시키는 조작을 말하며 아크의 발생, 중단, 재아크, 위빙 등이 포함된 작업을 무엇이라 하는가?

① 용입　　② 운봉
③ 키홀　　④ 용융지

27
다음 중 산소 및 아세틸렌 용기의 취급방법으로 틀린 것은?

① 산소용기의 밸브, 조정기, 도관, 취부구는 반드시 기름이 묻은 천으로 깨끗이 닦아야 한다.
② 산소용기의 운반 시에는 충돌, 충격을 주어서는 안 된다.
③ 사용이 끝난 용기는 실병과 구분하여 보관한다.
④ 아세틸렌 용기는 세워서 사용하며 용기에 충격을 주어서는 안 된다.

산소 및 아세틸렌 용기 취급 시 주의사항
- 타격 및 충격을 주지 말 것
- 누설 검사는 비눗물로 할 것
- 용기를 눕혀서 보관하지 말 것
- 다른 가연성 가스와 함께 보관하지 말 것
- 직사광선, 화기가 있는 고온의 장소를 피할 것
- 용기내의 온도는 항상 40℃ 이하로 유지할 것
- 용기 내의 압력이 너무 상승(170기압)되지 않도록 할 것
- 용기 및 밸브 조정기 등에 기름이 부착되지 않도록 할 것
- 밸브가 동결 되었을 때 더운 물 또는 증기를 사용하여 녹일 것

28
가스용접이나 절단에 사용되는 가연성 가스의 구비조건을 틀린 것은?

① 발열량이 클 것
② 연소속도가 느릴 것
③ 불꽃의 온도가 높을 것
④ 용융금속과 화학반응이 일어나지 않을 것

가연성가스의 구비조건
- 불꽃의 온도가 높을 것
- 연소속도가 빠를 것
- 발열량이 클 것
- 용융금속과 화학 반응을 하지 않을 것

정답　18.③　19.③　20.③　21.②　22.④　23.③　24.①　25.①　26.②　27.①　28.②

29

다음 중 가변저항의 변화를 이용하여 용접전류를 조정하는 교류 아크 용접기는?

① 탭 전환형
② 가동 코일형
③ 가동 철심형
④ 가포화 리액터형

> **교류 아크 용접기의 전류 조정 방법**
> • 탭 전환형 : 코일의 감긴수에 따라 전류를 조정
> • 가동코일형 : 1차코일의 거리 조정으로 전류조정
> • 가동철심형 : 누설자속을 변동시켜 전류를 조정
> • 가포화 리액터형 : 가변저항의 변화로 전류조정

30

AW – 250, 무부하전압 80V, 아크전압 20V인 교류 용접기를 사용할 때 역률과 효율은 각각 얼마인가? (단, 내부 손실은 4kW이다.)

① 역률 : 45%, 효율 : 56%
② 역률 : 48%, 효율 : 69%
③ 역률 : 54%, 효율 : 80%
④ 역률 : 69%, 효율 : 72%

> • 전원입력 = 무부하전압 × 정격2차전류
> • 소비전력 = 아크출력 + 내부손실
> • 아크출력 = 아크전압 × 정격2차전류
>
> 역률 = $\dfrac{\text{소비전력(KW)}}{\text{전원입력(KVA)}} \times 100$
>
> $= \dfrac{(20 \times 250) + 4000}{80 \times 250} \times 100$
>
> ② 효율 = $\dfrac{\text{아크출력(KVA)}}{\text{소비전력(KW)}} \times 100$
>
> $= \dfrac{20 \times 250}{(20 \times 250) + 4000} \times 100$

31

혼합가스 연소에서 불꽃 온도가 가장 높은 것은?

① 산소 – 수소 불꽃
② 산소 – 프로판 불꽃
③ 산소 – 아세틸렌 불꽃
④ 산소 – 부탄 불꽃

> 가연성 가스중에서 연소시 불꽃의 온도가 가장 높은 가스는 아세틸렌 가스이기 때문에 가스용접에서 아세틸렌 용접을 하는 이유이다.

32

연강용 피복 아크 용접봉의 종류와 피복제 계통으로 틀린 것은?

① E4303 : 라임티타니아계
② E4311 : 고산화티탄계
③ E4316 : 저수소계
④ E4327 : 철분산화철계

> **용접봉 종류**
> 1) 4301 : 일미나이트계(슬랙 생성식) – 산화티탄, 산화철을 약30% 이상 함유한 광석, 사석을 주성분으로 기계적 성질이 우수하고 용접성이 우수
> 2) 4303 : 라임티타계 – 피복용 스테인리스강의 성분으로 산화티탄을 30% 이상 함유한 용접봉으로 비드의 외관이 아름답고 언더컷이 발생하지 않음
> 3) 4311 : 고셀룰로오스계(가스실드식) – 슬래그가 적어 좁은 홈의 용접에 적합, 비드표면이 거칠지만 환원성이므로 용착금속의 기계적 성질이 양호하고 수직상진, 하진 및 위보기 용접에서 우수한 작업성을 가지며 스패터가 많으며 피복제중 셀룰로오스가 20 ~ 30%포함되며 슬래그계 용접봉보다 용접전류를 10 ~ 15% 낮게 한다.
> 4) 4313 : 고산화티탄계 – 산화티탄 35%, 아크안정,CR봉, 비드좋다, 경구조물, 경자동차, 박판 용접에 적합
> 5) 4316 : 저수소계(슬랙 생성식) – 석회석과 형석을 주성분으로 한 것으로, 수소의 함량이 1/10 정도, 기계적성질과 균열의 감수성이 우수, 황의 함유량이 많고 염기성 함유가 높다.
> 6) 4324 : 철분 산화티탄계로 아래보기 자세와 수평 필릿 자세에 한정
> 7) 4326 : 철분 저수소계

8) 4327 : 철분 산화철계
9) 4340 : 특수계

- 아크 : 기체중에서 일어나는 방전의 일종 5000~6000℃
- 용적 : 용접봉이 녹은 쇳물
- 용융지 : 모재가 녹은 쇳물
- 용착 : 용접봉이 녹아 용융지에 들어 가서 응고한 부분
- 용입 : 모재가 녹은 깊이
- 슬래그 : 용착부에 나타난 비금속 물질

33

산소 – 아세틸렌 가스 절단과 비교한 산소 – 프로판 가스절단의 특징으로 옳은 것은?

① 절단면이 미세하며 깨끗하다.
② 절단 개시 시간이 빠르다.
③ 슬래그 제거가 어렵다.
④ 중성불꽃을 만들기가 쉽다.

산소 – 프로판 가스 절단의 특징
- 절단면이 미세하고 깨끗하다.
- 절단면 상부에 모서리 녹음이 적다.
- 슬래그 제거가 쉽다.
- 포갭 절단 속도가 아세틸렌보다 빠르다.
- 후판절단이 아세틸렌보다 빠르다.

35

가스 압력 조정기 취급 사항으로 틀린 것은?

① 압력 용기의 설치구 방향에는 장애물이 없어야 한다.
② 압력 지시계가 잘 보이도록 설치하며 유리가 파손되지 않도록 주의한다.
③ 조정기를 견고하게 설치한 다음 조정 나사를 잠그고 밸브를 빠르게 열어야 한다.
④ 압력 조정기 설치구에 있는 먼지를 털어내고 연결부에 정확하게 연결한다.

34

피복 아크 용접에서 "모재의 일부가 녹은 쇳물 부분"을 의미하는 것은?

① 슬래그 ② 용융지
③ 피복부 ④ 용착부

피복아크용접의 용어정리

36

연강용 가스 용접봉에서 "625±25℃에서 1시간 동안 응력을 제거한 것"을 뜻하는 영문자 표시에 해당되는 것은?

① NSR
② GB
③ SR
④ GA

가스 용접봉에서 SR은 응력을 제거한 용접봉임을 표현함

정답 29.④ 30.① 31.③ 32.② 33.① 34.② 35.③ 36.③

37

피복아크용접에서 위빙(weaving) 폭은 심선 지름의 몇 배로 하는 것이 가장 적당한가?

① 1배 ② 2 ~ 3배
③ 5 ~ 6배 ④ 7 ~ 8배

38

전격방지기는 아크를 끊음과 동시에 자동적으로 릴레이가 차단되어 용접기의 2차 무부하 전압을 몇 V 이하로 유지시키는가?

① 20 ~ 30 ② 35 ~ 45
③ 50 ~ 60 ④ 65 ~ 75

> **교류용접기의 부속장치(설명)**
> 1) 전격방지기 : 감전의 위험으로부터 작업자 보호, 2차 무부하 전압을 25V ~ 35V 로 유지
> 2) 핫스타트장치(아크부스터) : 처음 모재에 접촉한 순간 0.2 ~ 0.25초의 순간적인 대전류를 흘려 아크의 발생 초기 안정도모
> 3) 고주파 발생장치 : 아크의 안정을 확보하기 위하여
> 4) 원격제어장치 : 원거리의 전류와 전압의 조절장치(가포화 리액터형)

39

30% Zn을 포함한 황동으로 연신율이 비교적 크고, 인장강도가 매우 높아 판, 막대, 관, 선 등으로 널리 사용되는 것은?

① 톰백(tombac)
② 네이벌 황동(naval brass)
③ 6 : 4 황동(muntz metal)
④ 7 : 3 황동(cartidge brass)

> **황동의 종류**
> • Cu + 5% Zn : 길딩메탈(메달용)
> • Cu + 15% Zn : 래드브라스(소켓 체결구)
> • Cu + 20% Zn : 톰백(장신구용)
> • Cu + 30% Zn : 카트리지 황동 : 연신율이 최고
> • Cu + 40% Zn : 문쯔 메탈(열교환기, 열간단조품, 탄피등에 사용)
> • Cu + 40% + Fe(1%) : 델타 메탈 → 내식성 개선, 선박, 광산, 기어, 볼트
> • 애드미럴티 황동 : 7:3 황동에 주석1% 첨가 탈아연 부식억제, 내식성, 내 해수성을 증대시킨 것
> • 네이벌 : 6:4 황동에 Sn1% 첨가, 탈아연 부식방지

Au의 순도를 나타내는 단위는?

① K(carat) ② P(pound)
③ %(percent) ④ μm(micron)

Au는 금으로 순도의 표시는 K(carat)으로 표시한다.

41

다음 상태도에서 액상선을 나타내는 것은?

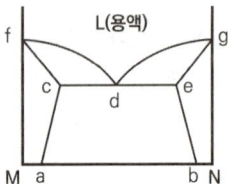

① acf ② cde
③ fdg ④ beg

Fe – C 상태도의 표시로 액상선은 fdg위선을 뜻한다.

금속 표면에 스텔라이트, 초경합금 등의 금속을 용착시켜 표면경화층을 만드는 것은?

① 금속 용사법 ② 하드 페이싱
③ 쇼트 피이닝 ④ 금속 침투법

다음 중 용접법의 분류에서 초음파 용접은 어디에 속하는가?

① 납땜
② 압접
③ 융접
④ 아크 용접

> **접합방법에 따른 용접의 종류(야금적 접합법)**
> • 융접 : 모재와 용가재를 모두 녹임(대부분의 용접법)
> • 압접 : 열이나 압력, 또는 열과 압력을 동시에 가함
>   • 전기저항용접, 초음파용접, 고주파용접, 마찰용접, 유도 가열용접, 냉간압접, 가스압접, 가압테르밋 용접 등
> • 납땜 : 모재는 녹이지 않고 용접봉을 녹여 붙임 450℃를 기준으로 연납땜, 경납땜으로 구별
>   • 연납땜
>   • 경납땜 : 가스납땜, 노내납땜, 저항납땜, 담금납땜, 유도 가열납땜

주철의 조직은 C와 Si의 양과 냉각속도에 의해 좌우된다. 이들의 요소와 조직의 관계를 나타낸 것은?

① C.C.T 곡선
② 탄소 당량도
③ 주철의 상태도
④ 마우러 조직도

> 마우러 조직선도 : 주철의 조직은 C와 Si의 양과 냉각속도에 의해 각 요소와 조직의 관계를 나타낸 조직도이다.

45

Al – Cu – Si의 합금의 명칭으로 옳은 것은?

① 알민
② 라우탈
③ 알드리
④ 코오슨 합금

> • 라우탈은 알루미늄 합금으로 주조용 합금이다.
> • 주조용 알루미늄의 대표는 실루민으로 Al + Si 이다.

Al 표면에 방식성이 우수하고 치밀한 산화 피막이 만들어지도록 하는 방식 방법이 아닌 것은?

① 산화법
② 수산법
③ 황산법
④ 크롬산법

> **알루미늄 방식법의 종류**
> • 수산법 : 알루마이트법 이라고도 하며 Al 제품을 2%의 수산 용액에서 전류를 흘려 표면에 단단하고 치밀한 산화막을 형성 시키는 방법이다.
> • 황산법 : 전해액으로 황산을 사용하며, 가장 널리 사용되는 Al 방식법이다. 경제적이며 내식성과 내마모성이 우수하고 착색력이 좋아서 유지 하기가 용이하다.
> • 크롬산법 : 전해액으로 크롬산을 사용하며, 반투명이나 애나멜과 같은 색을 띤다. 광학기계나 가전제품, 통신기기 등에 사용된다.

다음 중 재결정온도가 가장 낮은 것은?

① Sn
② Mg
③ Cu
④ Ni

> Sn : 0 ℃, Mg : 150 ℃, Cu : 200 ℃, Ni : 500~600℃

정답 37.② 38.① 39.④ 40.① 41.③ 42.② 43.② 44.④ 45.② 46.① 47.①

48

다음 중 하드필드(Hadfield)강에 대한 설명으로 틀린 것은?

① 오스테나이트조직의 Mn강이다.
② 성분은 10 ~ 14Mn%, 0.9 ~ 1.3C% 정도이다.
③ 이 강은 고온에서 취성이 생기므로 600 ~ 800℃에서 공랭한다.
④ 내마멸성과 내충격성이 우수하고, 인성이 우수하기 때문에 파쇄장치, 임펠러 플레이트 등에 사용한다.

> 하드필드 강(고 Mn강)
> • 망간 10 ~ 14%의 강은 상온에서 오스테나이트 조직을 가지며 내마멸성이 특히 우수하며 각종 광산기계, 기차 레일의 교차점, 냉간 인발용의 드로잉 다이스 등에 이용되는 강
>
> 듀콜강(저 망간강)
> • Mn 1 ~ 2%
> • 펄라이트 조직
> • 용접성 우수
> • 내식성개선 Cu첨가

49

Fe - C 상태도에서 A_3와 A_4 변태점 사이에서의 결정구조는?

① 체심정방격자   ② 체심입방격자
③ 조밀육방격자   ④ 면심입방격자

> 순철의 자기변태점
> • A_1변태점 : 210℃(순수한 시멘타이트의 자기변태점)
> • A_2변태점 : 768℃(912 - A3, 1400 - A4)
> • A_3변태점 : 912℃ (α - Fe → γ - Fe)
> • A_4변태점 : 1400℃ (γ - Fe → δ - Fe)

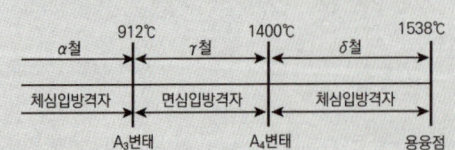

50

열팽창계수가 다른 두 종류의 판을 붙여서 하나의 판으로 만든 것으로 온도 변화에 따라 휘거나 그 변형을 구속하는 힘을 발생하며 온도감응소자 등에 이용되는 것은?

① 서멧 재료   ② 바이메탈 재료
③ 형상기억합금   ④ 수소저장합금

> 바이메탈 재료는 온도감응소자로서 열팽창계수가 다른 두 종류의 판을 붙여서 하나의 판으로 만든 것으로 온도 변화에 따라 휘거나 그 변형을 구속하는 힘을 발생하게 된다.

51

기계제도에서 가는 2점 쇄선을 사용하는 것은?

① 중심선   ② 지시선
③ 피치선   ④ 가상선

> 가상선(가는 이점쇄선)
> • 도시된 물체의 앞면을 표시한다.
> • 인접부분을 참고로 표시한다.
> • 가공 전 또는 가공후의 모양을 표시
> • 이동하는 부분의 이동위치를 표시
> • 공구, 지그 등의 위치를 표시
> • 반복을 표시하는 선

52

나사의 종류에 따른 표시기호가 옳은 것은?

① M - 미터 사다리꼴 나사
② UNC - 미니추어 나사
③ Rc - 관용 테이퍼 암나사
④ G - 전구나사

> M - 일반용 미터나사, UNC - 유니파이 일반나사, Rc - 관용 테이퍼 암나사, G - 관용 평행나사

53

배관용 탄소강관의 종류를 나타내는 기호가 아닌 것은?

① SPPS 380
② SPPH 380
③ SPCD 390
④ SPLT 390

> SPPS 380 – 압력배관용 탄소강관, SPPH 380 – 고압배관용 탄소강관, SPLT 390 – 저온 배관용 탄소강관

54

기계제도에서 도형의 생략에 관한 설명으로 틀린 것은?

① 도형이 대칭 형식인 경우에는 대칭 중심선의 한쪽 도형만을 그리고, 그 대칭 중심선의 양 끝 부분에 대칭그림기호를 그려서 대칭임을 나타낸다.
② 대칭 중심선의 한쪽 도형을 대칭 중심선을 조금 넘는 부분까지 그려서 나타낼 수도 있으며, 이 때 중심선 양끝에 대칭그림기호를 반드시 나타내야 한다.
③ 같은 종류, 같은 모양의 것이 다수 줄지어 있는 경우에는 실형 대신 그림기호를 피치선과 중심선과의 교점에 기입하여 나타낼 수 있다.
④ 축, 막대, 관과 같은 동일 단면형의 부분은 지면을 생략하기 위하여 중간 부분을 파단선으로 잘라내서 그 긴요한 부분만을 가까이 하여 도시할 수 있다.

55

모떼기의 치수가 2mm이고 각도가 45°일 때 올바른 치수 기입 방법은?

① C2
② 2C
③ 2 – 45°
④ 45° × 2

56

도형의 도시 방법에 관한 설명으로 틀린 것은?

① 소성가공 때문에 부품의 초기 윤곽선을 도시해야 할 필요가 있을 때는 가는 2점 쇄선으로 도시한다.
② 필릿이나 둥근 모퉁이와 같은 가상의 교차선은 윤곽선과 서로 만나지 않은 가는 실선으로 투상도에 도시할 수 있다.
③ 널링 부는 굵은 실선으로 전체 또는 부분적으로 도시한다.
④ 투명한 재료로 된 모든 물체는 기본적으로 투명한 것처럼 도시한다.

57

그림과 같은 제3각 정투상도에 가장 적합한 입체도는?

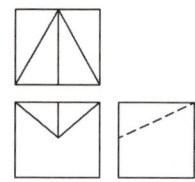

① 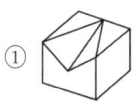 ②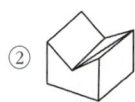

③  ④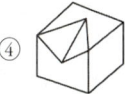

정답 48.③ 49.④ 50.② 51.④ 52.③ 53.③ 54.② 55.① 56.④ 57.①

제3각법으로 정투상한 그림에서 누락된 정면도로 가장 적합한 것은?

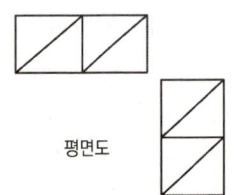

평면도

①  ②
③  ④

그림과 같은 용접기호는 무슨 용접을 나타내는가?

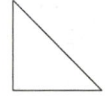

① 심 용접   ② 비트 용접
③ 필릿 용접 ④ 점 용접

59

다음 중 게이트 밸브를 나타내는 기호는?

① 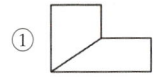 ②
③ 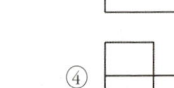 ④

밸브 및 콕의 표시 방법			
밸브일반		전자 밸브	
글로브 밸브		전동 밸브	
체크 밸브		콕일반	
슬루스 밸브 (게이트 밸브)		닫힌 콕 일반	
앵글밸브		닫혀 있는 밸브 일반	
3방향 밸브		볼 밸브	
안전 밸브 (스프링식)		안전 밸브 (추식)	
공기배기 밸브		버터플라이 밸브	

정답 58.② 59.① 60.③

2016년 2회 용접기능사 기출문제

01
서브머지드 아크 용접에서 사용하는 용제 중 흡습성이 가장 적은 것은?

① 용융형
② 혼성형
③ 고온소결형
④ 저온소결형

> 서브머지드 아크용접법에서 용융형 용제의 특징
> - 고속용접에 적합
> - 용제의 화학적 균일성이 양호
> - 용제의 입도는 가는 입자일수록 높은 전류를 사용함, 거친입자의 용제를 높은 전류에서 사용하면 비드가 거칠고 언더컷이 발생하며 가는 입자의 용제를 사용하면 비드의 폭이 넓어지고 용입이 낮아 진다.

02
고주파 교류 전원을 사용하여 TIG 용접을 할 때 장점으로 틀린 것은?

① 긴 아크유지가 용이하다.
② 전극봉의 수명이 길어진다.
③ 비접촉에 의해 융착 금속과 전극의 오염을 방지한다.
④ 동일한 전극봉 크기로 사용할 수 있는 전류 범위가 작다.

> 직류 정극성보다 고주파 교류전원에서 동일한 전극봉 크기로 사용할 수 있는 전류 범위가 작다.

03
맞대기 용접이음에서 판두께가 9mm, 용접선길이 120mm, 하중이 7560N 일 때, 인장응력은 몇 N/mm^2인가?

① 5
② 6
③ 7
④ 8

$$\text{인장응력} = \frac{\text{하중}}{\text{판두께} \times \text{용접선 길이}} = \frac{7560}{9 \times 120} = 7$$

04
용접 설계상 주의사항으로 틀린 것은?

① 용접에 적합한 설계를 할 것
② 구조상의 노치부가 생성되게 할 것
③ 결함이 생기기 쉬운 용접 방법은 피할 것
④ 용접이음이 한곳으로 집중되지 않도록 할 것

> 용접 조립시, 용접 구조물 설계시 주의사항
> - 물품에 대칭이 되도록 한다.
> - 용접에 적합한 설계를 한다.
> - 구조상 노치를 피한다.
> - 약한 필릿 용접은 피하고 맞대기 용접을 한다.
> - 반복하중을 받는 이음에서는 이음 표면을 평활하게 한다.
> - 용접선에 대하여 수축력의 합이 영이 되도록 한다.
> - 리벳과 용접을 같이 할 때에는 용접을 먼저 한다.
> - 각종 이음의 특성을 잘 알고 사용하며 용접하기 쉽게 설계한다.
> - 큰 구조물은 구조물에 중앙에서 끝으로 향하여 용접한다.
> - 용접길이는 가능한 한 짧게, 용착량도 강도상 필요한 최소치로 한다.
> - 수축이 큰 맞대기 이음을 먼저 용접하고 그다음에 필렛 용접을 한다.

정답 01.① 02.④ 03.③ 04.②

05

납땜에 사용되는 용제가 갖추어야 할 조건으로 틀린 것은?

① 청정한 금속면의 산화를 방지할 것
② 납땜 후 슬래그의 제거가 용이할 것
③ 모재나 땜납에 대한 부식 작용이 최소한 일 것
④ 전기 저항 납땜에 사용되는 것은 부도체 일 것

06

용접이음부에 예열하는 목적을 설명한 것으로 틀린 것은?

① 수소의 방출을 용이하게 하여 저온균열을 방지 한다.
② 모재의 열 영향부와 용착금속의 연화를 방지하고, 경화를 증가시킨다.
③ 용접부의 기계적 성질을 향상시키고, 경화조직의 석출을 방지시킨다.
④ 온도분포가 완만하게 되어 열응력의 감소로 변형과 잔류응력의 발생을 적게 한다.

> **예열의 목적**
> - 용접 금속에 연성 및 인성을 부여한다.
> - 모재의 수축응력을 감소하여 균열발생 억제
> - 고장력강은 50~350℃정도로 예열을 한다.
> - 냉각속도를 느리게 하여 결함 및 수축 변형을 방지한다.
> - 용착금속의 수소성분이 나갈 수 있는 여유를 주어 비드 밑 균열 방지

07

전자 빔 용접의 특징으로 틀린 것은?

① 정밀 용접이 가능하다.
② 용접부의 열 영향부가 크고 설비비가 적게 든다.
③ 용입이 깊어 다층용접도 단층용접으로 완성할 수 있다.
④ 유해가스에 의한 오염이 적고 높은 순도의 용접이 가능하다.

> **전자빔 용접**
> - 파장이 같은 빛을 렌즈로 집광하면 매우 작은 점으로 집중되면서 높은 에너지로 고온의 열을 얻을 수 있는데 이를 열원으로 하여 용접하는 특수 용접방법이다.

08

샤르피식의 시험기를 사용하는 시험 방법은?

① 경도시험
② 인장시험
③ 피로시험
④ 충격시험

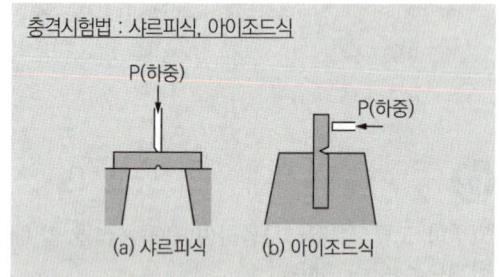

09

다음 중 서브머지드 아크 용접의 다른 명칭이 아닌 것은?

① 잠호 용접
② 헬리 아크 용접
③ 유니언 멜트 용접
④ 불가시 아크 용접

> 헬리아크 용접은 티그용접을 의미한다.

10

용접제품을 조립하다가 V홈 맞대기 이음 홈의 간격이 5mm 정도 멀어졌을 때 홈의 보수 및 용접방법으로 가장 적합한 것은?

① 그대로 용접한다.
② 뒷댐판을 대고 용접한다.
③ 덧살올림 용접 후 가공하여 규정 간격을 맞춘다.
④ 치수에 맞는 재료로 교환하여 루트 간격을 맞춘다.

11

한 부분의 몇 층을 용접하다가 이것을 다음 부분의 층으로 연속시켜 전체 모양이 계단 형태를 이루는 용착법은?

① 스킵법
② 덧살 올림법
③ 전진 블록법
④ 캐스케이드법

> **다층 용접법**
> - 덧살올림법(빌드업법) : 열영향이 크고 슬래그 섞임 우려가 있음, 한랭시 구속이 클 때 후판에서 첫 층 균열이 있다.
> - 캐스케이드법 : 하부분의 몇 층을 용접하다가 다음층으로 연속시켜 용접 하는법, 결함이 적지만 잘 사용 않음
> - 전진블록법 : 한 개의 용접봉으로 살을 붙일만한 길이로 구분해서 여러층으로 쌓아 올린후 다음 부분으로 진행함, 첫 층 균열발생 우려가 있다.

12

산소와 아세틸렌 용기의 취급상의 주의사항으로 옳은 것은?

① 직사광선이 잘 드는 곳에 보관한다.
② 아세틸렌병은 안전상 눕혀서 사용한다.
③ 산소병은 40℃ 이하 온도에서 보관한다.
④ 산소병 내에 다른 가스를 혼합해도 상관없다.

13

피복 아크 용집의 필릿 용접에서 루트 간격이 4.5mm 이상일 때의 보수 요령은?

① 규정대로의 각장으로 용접한다.
② 두께 6mm 정도의 뒤판을 대서 용접한다.
③ 라이너를 넣든지 부족한 판을 300mm 이상 잘라내서 대체 하도록 한다.
④ 그대로 용접하여도 좋으나 넓혀진 만큼 각장을 증가 시킬 필요가 있다.

14

다음 중 초음파 탐상법의 종류가 아닌 것은?

① 극간법
② 공진법
③ 투과법
④ 펄스 반사법

> **초음파 탐상의 종류**
> - 투과법 : 초음파 펄스를 시험체의 한쪽면에서 송신하고 반대쪽에서 수신하는 방법
> - 공진법 : 시험체에 가해진 초음파 진동수와 고유 진동수가 일치 할 때 진동폭이 커지는 공진현상을 이용하여 시험체의 두께를 측정하는 방법
> - 펄스반사법 : 시험체 내로 초음파 펄스를 송신하고 내부 또는 바닥면에서 그 반사체를 탐지하는 결함에 형태로 내부 결함이나 재질을 조사하는 방법이며 결함에코의 형태로 결함을 판정하는 방법으로 가장 많이 사용하고 있다.

15

CO_2 가스 아크 편면용접에서 이면 비드의 형성은 물론 뒷면 가우징 및 뒷면 용접을 생략할 수 있고, 모재의 중량에 따른 뒤업기(turn over) 작업을 생략할 수 있도록 홈 용접부 이면에 부착하는 것은?

① 스캘롭
② 엔드탭
③ 뒷댐재
④ 포지셔너

정답 05.④ 06.② 07.② 08.④ 09.② 10.③ 11.④ 12.③ 13.③ 14.① 15.③

세라믹 뒷댐제 : 세라믹은 무기질 비속 재료로써 고온에서 소결한 것으로 1,200℃의 열에도 잘 견디기 때문에 CO_2용접 시(플럭스코어드) 뒷댐재로 주로 사용되고 있다.

테르밋 용접
- 특수용접이며 융접이다.
- 금속 산화물이 알루미늄에 의하여 산소를 빼앗기는 반응에 의해 생성되는 열을 이용하여 접합
- 산화철분말(3~4) + 알루미늄분말 (1)
- 점화제로 과산화바륨, 마그네슘, 알루미늄
- 작업이 간단하다.
- 전력이 불필요 하며 철도 레일 이음용접에 주로 사용함
- 시간이 짧고 용접변형도 적다.

16

탄산가스 아크 용접의 장점이 아닌 것은?

① 가시 아크이므로 시공이 편리하다.
② 적용되는 재질이 철계통으로 한정되어 있다.
③ 용착 금속의 기계적 성질 및 금속학적 성질이 우수하다.
④ 전류 밀도가 높아 용입이 깊고 용접 속도를 빠르게 할 수 있다.

이산화탄소 아크용접 특징
- 바람에 영향을 받으므로 방풍장치가 필요하다.(2m/s 이상 시 반드시 필요)
- 용제를 사용하지 않아 슬래그의 혼입이 없다.
- 용접 금속의 기계적, 야금적 성질이 우수하다.
- 전류 밀도가 높아 용입이 깊고 용융 속도가 빠르다.

19

용접결함에서 언더컷이 발생하는 조건이 아닌 것은?

① 전류가 너무 낮을 때
② 아크 길이가 너무 길 때
③ 부적당한 용접봉을 사용할 때
④ 용접속도가 적당하지 않을 때

용접부의 결함중 구조상 결함의 원인
- 피트 : 합금원소가 많을 때, 습기, 페인트, 녹, 황 함유시
- 스패터 : 전류 높을 때, 건조되지 않은 용접봉 사용시, 아크 길이가 길 때
- 용입불량 : 이음설계 결함, 용접 속도가 빠를 때, 전류가 낮을 때, 용접봉 선택불량
- 언더컷 : 전류가 높을 때, 아크길이가 클 때, 속도가 부적합 할 때
- 오버랩 : 용접전류가 낮을 때, 용접봉의 부적합 선택
- 선상구조 : 용착금속의 냉각속도가 빠를 때, 모재 재질 불량, X선으로는 검출 할 수 없다.
- 기공의 원인 : 수소, CO_2의 과잉, 용접부의 급속한 응고, 모재의 황 함유량 과대, 기름, 페인트, 녹, 아크길이, 전류의 부적당, 용접속도 빠를 때
- 비드 밑 균열 : 용접 이후 용접열에 의해 조직이 변하는 주변 열영향부에서 수소의 확산에 의해 발생하는 균열이다.
- 아크 스트라이크 : 용접이음의 밖에서 아크를 발생시킬 때 아크열에 의하여 모재에 결함이 생기는 것

17

현상제(MgO, $BaCO_3$)를 사용하여 용접부의 표면 결함을 검사하는 방법은?

① 침투 탐상법 ② 자분 탐상법
③ 초음파 탐상법 ④ 방사선 투과법

침투탐상(Penetrant Testing) : PT

18

미세한 알루미늄 분말과 산화철 분말을 혼합하여 과산화바륨과 알루미늄 등의 혼합분말로 된 점화제를 넣고 연소시켜 그 반응열로 용접하는 방법은?

① MIG 용접 ② 테르밋 용접
③ 전자 빔 용접 ④ 원자 수소 용접

20 플라스마 아크 용접장치에서 아크 플라스마의 냉각가스로 쓰이는 것은?

① 아르곤과 수소의 혼합가스
② 아르곤과 산소의 혼합가스
③ 아르곤과 메탄의 혼합가스
④ 아르곤과 프로판의 혼합가스

21 피복아크용접 작업 시 감전으로 인한 재해의 원인으로 틀린 것은?

① 10차 측과 2차 측 케이블의 피복 손상부에 접촉되었을 경우
② 피용접물에 붙어있는 용접봉을 떼려다 몸에 접촉되었을 경우
③ 용접기기의 보수 중에 입출력 단자가 절연된 곳에 접촉 되었을 경우
④ 용접 작업 중 홀더에 용접봉을 물릴 때나, 홀더가 신체에 접촉 되었을 경우

22 보기에서 설명하는 서브머지드 아크 용접에 사용되는 용제는?

[보 기]
- 화학적 균일성이 양호하다.
- 반복 사용성이 좋다.
- 비드 외관이 아름답다.
- 용접 전류에 따라 입자의 크기가 다른 용제를 사용해야 한다.

① 소결형   ② 혼성형
③ 혼합형   ④ 용융형

23 기체를 수천도의 높은 온도로 가열하면 그 속도의 가스원자가 원자핵과 전자로 분리되어 양(+)과 음(-) 이온상태로 된 것을 무엇이라 하는가?

① 전자빔   ② 레이저
③ 테르밋   ④ 플라스마

24 정격 2차 전류 300A, 정격 사용률 40%인 아크용접기로 실제 200A 용접 전류를 사용하여 용접하는 경우 전체시간을 10분으로 하였을 때 다음 중 용접 시간과 휴식 시간을 올바르게 나타낸 것은?

① 10분 동안 계속 용접한다.
② 5분 용접 후 5분간 휴식한다.
③ 7분 용접 후 3분간 휴식한다.
④ 9분 용접 후 1분간 휴식한다.

25 용해 아세틸렌 취급 시 주의 사항으로 틀린 것은?

① 저장 장소는 통풍이 잘 되어야 된다.
② 저장 장소에는 화기를 가까이 하지 말아야 한다.
③ 용기는 진동이나 충격을 가하지 말고 신중히 취급해야 한다.
④ 용기는 아세톤의 유출을 방지하기 위해 눕혀서 보관한다.

정답 16.② 17.① 18.② 19.① 20.① 21.③ 22.④ 23.④ 24.④ 25.④

26

다음 중 아크 절단법이 아닌 것은?

① 스카핑
② 금속 아크 절단
③ 아크 에어 가우징
④ 플라즈마 제트

- 납땜 : 모재는 녹이지 않고 용접봉을 녹여 붙임 450℃를 기준으로 연납땜, 경납땜으로 구별
- 연납땜
- 경납땜 : 가스납땜, 노내납땜, 저항납땜, 담금납땜, 유도가열납땜

27

피복아크 용접봉의 피복제 작용을 설명한 것 중 틀린 것은?

① 스패터를 많게 하고, 탈탄 정련작용을 한다.
② 용융금속의 용적을 미세화하고, 용착효율을 높인다.
③ 슬래그 제거를 쉽게 하며, 파형이 고운 비드를 만든다.
④ 공기로 인한 산화, 질화 등의 해를 방지하여 용착금속을 보호한다.

피복제의 역할(용제)
- 아크안정
- 용적의 미세화
- 전기절연작용
- 탈산정련
- 산·질화 방지
- 유동성 증가
- 서냉으로 취성방지
- 슬래그 박리성 증대

29

산소 용기의 윗부분에 각인되어 있는 표시 중 최고 충전 압력의 표시는 무엇인가?

① TP   ② FP
③ WP   ④ LP

산소용기의 각인 표시
- W : 용기의 중량
- V : 충전가스의 내용적
- TP : 내압시험압
- FP : 최고충전압

30

2개의 모재에 압력을 가해 접촉시킨 다음 접촉에 압력을 주면서 상대운동을 시켜 접촉면에서 발생하는 열을 이용하는 용접법은?

① 가스압접   ② 냉간압접
③ 마찰용접   ④ 열간압접

28

용접법의 분류 중에서 융접에 속하는 것은?

① 시임 용접   ② 테르밋 용접
③ 초음파 용접   ④ 플래시 용접

접합방법에 따른 용접의 종류
- 융접 : 모재와 용가재를 모두 녹임(대부분의 용접법)
- 압접 : 열이나 압력, 또는 열과 압력을 동시에 가함
  - 전기저항용접, 초음파용접, 고주파용접, 마찰용접, 유도가열용접, 냉간압접, 가스압접, 가압테르밋 용접 등

31

사용률이 60%인 교류 아크 용접기를 사용하여 정격전류로 6분 용접하였다면 휴식시간은 얼마인가?

① 2분   ② 3분
③ 4분   ④ 5분

32

모재의 절단부를 불활성가스로 보호하고 금속전극에 대전류를 흐르게 하여 절단하는 방법으로 알루미늄과 같이 산화에 강한 금속에 이용되는 절단방법은?

① 산소 절단 ② TIG 절단
③ MIG 절단 ④ 플라스마 절단

33

용접기의 특성 중에서 부하전류가 증가하면 단자전압이 저하하는 특성은?

① 수하 특성 ② 상승 특성
③ 정전압 특성 ④ 자기제어 특성

> **용접기에 필요한 특성**
> **수동용접의 특징**
> 1) 부특성(부저항특성) : 전류가 작은 범위에서 전류가 증가하면 저항이 작아져 아크전압이 낮아지는 특성
> 2) 수하특성 : 부하전류가 증가하면 단자전압이 저하하는 특성
>   • 아크가 안정된다. → 피복 아크 용접기의 특성
> 3) 정전류특성 : 아크길이가 크게 변하여도 전류값은 거의 변하지 않는 특성
>
> **자동용접의 특징**
> 1) 상승특성 : 큰 전류에서 아크길이가 일정할 때 아크 증가와 더불어 전압이 약간씩 증가하는 특성
> 2) 정전압특성(아크길이 자기제어특성) : 수하특성과는 반대의 성질을 갖는 것으로 부하 전류가 변해도 단자 전압이 거의 변하지 않는 것으로 CP특성이라 한다.
>   → 서브머지드, CO_2용접, GMAW특성

34

산소 – 아세틸렌 불꽃의 종류가 아닌 것은?

① 중성 불꽃 ② 탄화 불꽃
③ 산화 불꽃 ④ 질화 불꽃

35

리벳이음과 비교하여 용접이음의 특징을 열거한 중 틀린 것은?

① 구조가 복잡하다.
② 이음 효율이 높다.
③ 공정의 수가 절감된다.
④ 유밀, 기밀, 수밀이 우수하다.

> **용접의 장점**
> • 작업의 공정을 줄일 수 있다.
> • 형상의 자유를 추구할 수 있다.
> • 이음 효율이 향상 된다. – 이음효율 100%
> • 중량이 경감되고 재료 및 시간이 절약된다.
> • 보수와 수리가 용이하다.

36

아크에어 가우징 작업에 사용되는 압축공기의 압력으로 적당한 것은?

① $1 \sim 3 kgf/cm^2$ ② $5 \sim 7 kgf/cm^2$
③ $9 \sim 12 kgf/cm^2$ ④ $14 \sim 156 kgf/cm^2$

> **아크 에어가우징의 특징**
> • 탄소아크절단에 압축공기를 병용 – 흑연으로 된 탄소봉에 구리 도금한 전극을 이용
> • 가스 가우징보다 능률이 2 ~ 3배 좋다.
> • 균열발견이 쉽다, 소음이 없다.
> • 철, 비철 금속도 가능
> • 전원은 직류역극성이용(미그절단)
> • 전압은 35V, 전류는 200 ~ 500A, 압축공기는 $6 \sim 7 kgf/cm^2$

정답 26.① 27.① 28.② 29.② 30.③ 31.③ 32.③ 33.① 34.④ 35.① 36.②

37

탄소 전극봉 대신 절단 전용의 특수 피복을 입힌 전극봉을 사용하여 절단하는 방법은?

① 금속아크 절단
② 탄소아크 절단
③ 아크에어 가우징
④ 플라스마 제트 절단

> **탄소아크절단**
> • 흑연, 탄소 전극봉과 금속사이에서 아크를 발생시켜 금속의 일부를 용융 제거하는 절단법
>
> **금속아크 절단**
> • 탄소 전극봉 대신 절단 전용의 특수 피복을 입힌 피복봉을 사용하여 절단하는 절단법
>
> **산소아크 절단**
> • 중공의 피복아크 용접봉과 모재와의 사이에 아크를 발생시키고 이 아크열을 이용하여 절단하는 방법

38

산소 아크 절단에 대한 설명으로 가장 적합한 것은?

① 전원은 직류 역극성이 사용된다.
② 가스절단에 비하여 절단속도가 느리다.
③ 가스절단에 비하여 절단면이 매끄럽다.
④ 철강 구조물 해체나 수중 해체 작업에 이용된다.

> **산소 아크 절단의 특징**
> • 전극의 운봉이 필요 없다.
> • 입열 시간이 적어 변형이 적다.
> • 가스 절단에 비해 절단면이 거칠다
> • 전원은 직류 정극성이나 교류를 사용한다.
> • 중공의 원형봉을 정극봉으로 사용한다.
> • 절단 속도가 빨라 철강 구조물 해체나 수중 해체 작업에 사용된다.

39

다이캐스팅 주물품, 단조품 등의 재료로 사용되며 융점이 약 660℃이고, 비중이 약 2.7인 원소는?

① Sn ② Ag
③ Al ④ Mn

> **Al의 특징**
> • 경금속, 2.7(비중), 융점 660℃
> • 산화피막 – 대기중 부식방지
> • 해수와 산알카리에 부식·염산에의 침식이 빠르다.
> • 열, 전기의 양도체 (65%)
> • 전연성이 풍부
> • 면심입방격자
> • 80% 이상의 진한질산에 침식을 견딘다.
> • 내식성, 가공성이 좋아 주물, 다이케스팅, 전선 등에 쓰이는 비철 금속 재료

40

다음 중 주철에 관한 설명으로 틀린 것은?

① 비중은 C와 Si 등이 많을수록 작아진다.
② 용융점은 C와 Si 등이 많을수록 낮아진다.
③ 주철을 600℃ 이상의 온도에서 가열 및 냉각을 반복하면 부피가 감소한다.
④ 투자율을 크게 하기 위해서는 화합 탄소를 적게 하고 유리 탄소를 균일하게 분포시킨다.

> **주철**
> • 담금질, 뜨임은 안되나 주조응력의 제거 목적으로 풀림처리는 가능하다.(미하나이트주철 – 담금질 가능)
> • 압축강도, 내마모성, 주조성이 우수하다.
> • 압축강도가 인장강도보다 2~3배 크다.
> • 용융점이 낮고 유동성이 좋아 주조하기 쉽다.
> • 강에 비해 탄소의 함량이 많아 취성과 경도가 커지고 인장강도는 작아진다.
> • 주철을 파면상으로 분류시 백주철, 반주철, 회주철로 구분한다.

금속의 소성변형을 일으키는 원인 중 원자 밀도가 가장 큰 격자면에서 잘 일어나는 것은?
① 슬립 ② 쌍정
③ 전위 ④ 편석

다음 중 Ni-Cu 합금이 아닌 것은?
① 어드밴스 ② 콘스탄탄
③ 모넬메탈 ④ 니칼로이

침탄법에 대한 설명으로 옳은 것은?
① 표면을 용융시켜 연화시키는 것이다.
② 망상 시멘타이트를 구상화시키는 방법이다.
③ 강재의 표면에 아연을 피복시키는 방법이다.
④ 홈강재의 표면에 탄소를 침투시켜 경화시키는 것이다.

침탄법과 질화법의 비교
- 질화법은 질화처리 후 열처리가 필요없다.
- 질화법은 침탄에 비하여 경화에 의한 변형이 적다.
- 질화법은 침탄법에 비해 경도가 높다.
- 질화법은 침탄법에 비해 처리시간이 길다.
- 질화법은 침탄법에 내마모성과 내식성이 커진다.
- 질화법은 침탄법보다 침탄층이 여리다.
- 질화법은 수정이 불가능하다.

그림과 같은 결정격자의 금속 원소는?

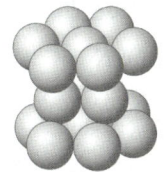 

① Mi ② Mg
③ Al ④ Au

금속 결정의 종류

종류	특징	금속
체심 입방 격자 (B·C·C)	강도가 크고 전·연성은 떨어진다.	Cr, Mo, W, V, Ta, K, Na, α-Fe, δ-Fe
면심 입방 격자 (F·C·C)	전·연성이 풍부하여 가공성이 우수하다.	Ag, Al, Au, Cu, Ni, Pb, Pt, Ca, γ-Fe
조밀 육방 격자 (H·C·P)	전·연성 및 가공성이 불량하다.	Ti, Be, Mg, Zn, Zr

전해 인성 구리는 약 400℃ 이상의 온도에서 사용하지 않는 이유로 옳은 것은?
① 풀림취성을 발생시키기 때문이다.
② 수소취성을 발생시키기 때문이다.
③ 고온취성을 발생시키기 때문이다.
④ 상온취성을 발생시키기 때문이다.

정답 37.① 38.④ 39.③ 40.③ 41.① 42.④ 43.④ 44.② 45.②

46

구상흑연주철은 주조성, 가공성 및 내마멸성이 우수하다. 이러한 구상흑연주철 제조 시 구상화제로 첨가되는 원소로 옳은 것은?

① P, S
② O, N
③ Pb, Zn
④ Mg, Ca

> 구상화 첨가제 : Mg, Ca, Ce

47

형상 기억 효과를 나타내는 합금이 일으키는 변태는?

① 펄라이트 변태
② 마텐자이트 변태
③ 오스테나이트 변태
④ 레데뷰라이트 변태

> 형상기억 합금은 니켈 - 티타늄 합금으로 온도 및 응력에 의존하여 생기는 마텐자이트 변태와 그 역변태에 기초한 형상기억효과를 나타낸다.

48

Y합금의 일종으로 Ti과 Cu를 0.2% 정도씩 첨가한 것으로 피스톤에 사용되는 것은?

① 두랄루민
② 코비탈륨
③ 로엑스합금
④ 하이드로날륨

> 알루미늄 합금의 종류
> 1) 주조용 알루미늄의 대표
>   • 실루민(Al + Si) - 알펙스라고 표현(si 14%)
>   • 라우탈(Al + Si + Cu)
> 2) 내식성 알루미늄의 대표
>   • 하이드로날륨(Al + Mg)
> 3) 단조용(가공용) 알루미늄의 대표
>   • 두랄루민(Al + Cu + Mg + Mn)
> 4) 내열용 알루미늄의 대표
>   • Y합금 (Al + Cu + Ni + Mg)
>   • Lo - ex(Al + Cu + Ni + Mg + Si)

49

시험편을 눌러 구부리는 시험방법으로 굽힘에 대한 저항력을 조사하는 시험방법은?

① 충격시험
② 굽힘시험
③ 전단시험
④ 인장시험

50

Fe-C 평 형상태도에서 공정점의 C%는?

① 0.02%
② 0.8%
③ 4.3%
④ 6.67%

> 공정점은 탄소의 함유가 0.86%를 나타낸다.

51

다음 용접 기호 중 표면 육성을 의미하는 것은?

①
②
③
④

> ② 서페이싱 이음, ③ 경사이음, ④ 겹침이음

52

배관의 간략 도시방법에서 파이프의 영구 결합부 (용접 또는 다른 공법에 의한다.) 상태를 나타내는 것은?

① 과 ④는 관이 접속하지 않은 상태, ③은 관이 접속하고 있을 때 Tee를 써서 분기함을 나타낸다.

53

제3각법의 투상도에서 도면의 배치 관계는?

① 평면도를 중심하여 정면도는 위에 우측면도는 우측에 배치된다.
② 정면도를 중심하여 평면도는 밑에 우측면도는 우측에 배치된다.
③ 정면도를 중심하여 평면도는 위에 우측면도는 우측에 배치된다.
④ 정면도를 중심하여 평면도는 위에 우측면도는 좌측에 배치된다.

54

그림과 같이 제3각법으로 정투상한 각뿔의 전개도 형상으로 적합한 것은?

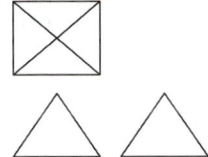

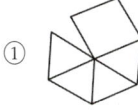 ①　　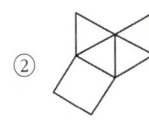 ②

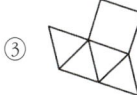 ③　　 ④

55

도면에 대한 호칭방법이 다음과 같이 나타날 때 이에 대한 설명으로 틀린 것은?

K2 B ISO 5457 - Alt - TP 112.5 - R - TBL

① 도면은 KS B ISO 5457을 따른다.
② A1 용지 크기이다.
③ 재단하지 않은 용지이다.
④ 112.5g/m² 사양의 트레이싱지이다.

재단한 용지는 l로, 재단하지 않은 용지는 u로 표시한다.

56

그림과 같은 도면에서 나타난 "□40" 치수에서 "□"가 뜻하는 것은?

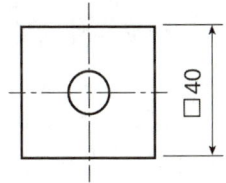

① 정사각형의 변
② 이론적으로 정확한 치수
③ 판의 두께
④ 참고치수

57

그림과 같이 원통을 경사지게 절단한 제품을 제작할 때, 다음 중 어떤 전개법이 가장 적합한가?

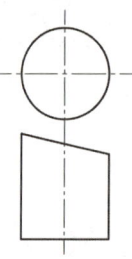

① 사각형법 ② 평행선법
③ 삼각형법 ④ 방사선법

> 평행선 전개도법은 원기둥, 각기둥 등과 같이 중심축이 나란한 직선의 물체를 표시한다.

58

다음 중 가는 실선으로 나타내는 경우가 아닌 것은?

① 시작점과 끝점을 나타내는 치수선
② 소재의 굽은 부분이나 가공 공정의 표시선
③ 상세도를 그리기 위한 틀의 선
④ 금속 구조 공학 등의 구조를 나타내는 선

> 치수선, 치수보조선, 지시선, 회전단면선, 수준면선, 해칭선

59

그림과 같은 도면에서 괄호 안의 치수는 무엇을 나타내는가?

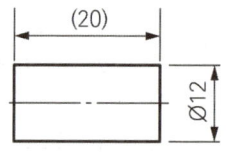

① 완성 치수
② 참고 치수
③ 다듬질 치수
④ 비례척이 아닌 치수

60

다음 중 일반 구조용 탄소 강관의 KS 재료 기호는?

① SPP   ② SPS
③ SKH   ④ STK

> • SPP – 배관용 탄소 강관, SPS – 스프링강재, SKH – 고속도 공구강 강재

정답 57.② 58.④ 59.② 60.④

2016년 2회 | 특수용접기능사 기출문제

01
가스 용접 시 안전사항으로 적당하지 않는 것은?
① 호스는 길지 않게 하며 용접이 끝났을 때는 용기밸브를 잠근다.
② 작업자 눈을 보호하기 위해 적당한 차광유리를 사용한다.
③ 산소병은 60℃ 이상 온도에서 보관하고 직사광선을 피하여 보관한다.
④ 호스 접속부는 호스밴드로 조이고 비눗물 등으로 누설 여부를 검사한다.

> 산소병의 보관은 직사광선을 피하여 40℃ 이하에서 보관해야 한다.

02
다음 중 일반적으로 모재의 용융선 근처의 열영향부에서 발생되는 균열이며 고탄소강이나 저합금강을 용접할 때 용접열에 의한 열영향부의 경화와 변태응력 및 용착금속 속의 확산성 수소에 의해 발생되는 균열은?
① 루트 균열   ② 설퍼 균열
③ 비드 밑 균열   ④ 크레이터 균열

> **수소의 성질**
> - 0℃, 1기압 1L의 무게는 0.089g이다.
> - 기공 원인이 된다.
> - 납땜, 수중절단에 이용
> - 저온 균열의 원인이 된다.
> - 비드 밑 균열의 원인이다.
> - 고온, 고압에서 취성의 원인이다.
> - 물고기 눈처럼 빛나는 은점의 원인이다.
> - 무미, 무취, 불꽃이 육안 확인 어렵다(청색)
> - 머리카락모양처럼 생기는 헤어크랙 원인이다.
> - 제조법은 물의 전기분해법, 코크스의 가스화법
> - 수소가스는 가스중에서 밀도가 가장작고 가벼워서 확산속도가 빠르며 열전도성이 가장 크기 때문에 폭발했을 때 위험성이 크다(폭명기생성).

03
다음 중 지그나 고정구의 설계 시 유의사항으로 틀린 것은?
① 구조가 간단하고 효과적인 결과를 가져와야 한다.
② 부품의 고정과 이완은 신속히 이루어져야 한다.
③ 모든 부품의 조립은 어렵고 눈으로 볼 수 없어야 한다.
④ 한번 부품을 고정시키면 차후 수정 없이 정확하게 고정되어 있어야 한다.

> **용접용 지그 선택의 기준**
> - 물체를 튼튼하게 고정시켜 줄 크기와 힘을 있을 것
> - 변형을 막아줄 만큼 견고하게 잡아줄 수 있을 것
> - 물품의 고정과 분해가 쉽고 청소가 편리할 것
> - 용접 위치를 유리한 용접자세로 쉽게 움직일 수 있을 것

정답 01.③ 02.③ 03.③

04

플라스마 아크 용접의 특징으로 틀린 것은?

① 비드 폭이 좁고 용접속도가 빠르다.
② 1층으로 용접할 수 있으므로 능률적이다.
③ 용접부의 기계적 성질이 좋으며 용접변형이 적다.
④ 핀치효과에 의해 전류밀도가 작고 용입이 얕다.

> 플라즈마 아크용접의 특징
> 1) 용접변형이 작다.
> 2) 용접의 품질이 균일하다.
> 3) 용접의 기계적 성질이 좋다.
> 4) 용접 속도를 크게 할 수 있다.
> 5) 용입이 크고 비드의 폭이 좁다.
> 6) 무부하 전압이 일반 아크용접보다 2 ~ 5배 더 높다.
> 7) 열적 핀치효과에 의해 전류 밀도가 크고, 안정적이며 보유 열량이 크다.

05

다음 용접 결함 중 구조상의 결함이 아닌 것은?

① 기공   ② 변형
③ 용입 불량   ④ 슬래그 섞임

> 용접부의 결함의 종류
> • 치수상결함 : 변형, 치수불량
> • 구조상결함 : 언더컷, 오버랩, 균열, 스패터, 용입불량, 슬랙 섞임, 기공, 은점, 선상조직, 피트 등
> • 성질상결함 : 기계적, 화학적

06

다음 금속 중 냉각속도가 가장 빠른 금속은?

① 구리   ② 연강
③ 알루미늄   ④ 스테인리스강

> 금속의 냉각속도
> • 용접조건이 같은 경우 후판보다 박판이 열 영향부의 폭이 넓어진다.
> • 냉각속도가 가장 빠른 것
> • T형이음
> • 후판이 빠르다
>
>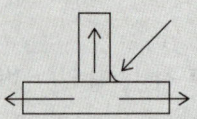
>
> • 냉각속도와 열전도율 순서는 같다.
>   은 – 구리 – 금 – 알루미늄 – 마그네슘 – 니켈 – 철 등등

07

다음 중 인장시험에서 알 수 없는 것은?

① 항복점   ② 연신율
③ 비틀림 강도   ④ 단면수축률

> 인장시험으로 확인 할 수 있는 내용은 항복점(yield point), 내력(yield strength), 인장강도(tensile strength), 비례한도(limit of proportionality), 탄성한도(elastic limit), 신장(percentage of elongation), 수축(percentage of contraction of area), 탄성계수, 영 계수(Young's modulus)

08

서브머지드 아크 용접에서 와이어 돌출 길이는 보통 와이어 지름을 기준으로 정한다. 적당한 와이어 돌출길이는 와이어 지름의 몇 배가 가장 적합한가?

① 2배   ② 4배
③ 6배   ④ 8배

> 서브머지드 아크용접시 와이어의 돌출길이는 와이어 지름의 6배 정도가 적당하다.

09

용접봉의 습기가 원인이 되어 발생하는 결함으로 가장 적절한 것은?

① 기공
② 변형
③ 용입 불량
④ 슬래그 섞임

용접부의 결함중 구조상 결함의 원인
- 피트 : 합금원소가 많을 때, 습기, 페인트, 녹, 황 함유시
- 스패터 : 전류 높을 때, 건조되지 않은 용접봉 사용시, 아크 길이가 길 때
- 용입불량 : 이음설계 결함, 용접 속도가 빠를 때, 전류가 낮을 때, 용접봉 선택불량
- 언더컷 : 전류가 높을 때, 아크길이가 클 때, 속도가 부적합할 때
- 오버랩 : 용접전류가 낮을 때, 용접봉의 부적합 선택
- 선상구조 : 용착금속의 냉각속도가 빠를 때, 모재 재질 불량, X선으로는 검출 할 수 없다.
- 기공의 원인 : 수소, CO_2의 과잉, 용접부의 급속한 응고, 모재의 황 함유량 과대, 기름, 페인트, 녹
- 습도, 아크길이, 전류의 부적당, 용접속도 빠를 때
- 비드 밑 균열 : 용접 이후 용접열에 의해 조직이 변하는 주변 열영향부에서 수소의 확산에 의해 발생하는 균열이다.
- 아크 스트라이크 : 용접이음의 밖에서 아크를 발생시킬 때 아크열에 의하여 모재에 결함이 생기는 것

10

은납땜이나 황동납땜에 사용되는 용제(Flux)는?

① 붕사
② 송진
③ 염산
④ 염화암모늄

용제
- 연강용 : 사용하지 않음
- Al 용 : 염화칼륨, 염화나트륨, 황산칼륨
- 연납용 : 염산, 염화아연, 염화암모늄, 송진, 수지
- 경납용 : 붕사, 붕산, 염화리튬, 빙정석, 산화제1동
- 고탄소강용 : 중탄산나트륨, 탄산나트륨, 붕사
- 경금속용 : 염화리튬, 염화나트륨, 염화칼륨
- 구리 및 구리합금용 : 붕사, 붕산, 염화나트륨, 염화리튬, 플루오르화나트륨

11

다음 중 불활성 가스인 것은?

① 산소
② 헬륨
③ 탄소
④ 이산화탄소

용접에서 주로 사용하는 불활성가스는 알곤가스, 헬륨가스이며 CO_2가스는 불활성가스는 아니지만 불활성가스의 역할을 한다.

12

저항 용접의 특징으로 틀린 것은?

① 산화 및 변질부분이 적다.
② 용접봉, 용제 등이 불필요하다.
③ 작업속도가 빠르고 대량생산에 적합하다.
④ 열손실이 많고, 용접부에 집중열을 가할 수 없다.

전기 저항 용접의 특징
1) 용접사 기능무관
2) 용접 시간이 짧고 대량생산에 적합
3) 산화 및 변형이 적고 용접부가 깨끗하고 가압 효과가 크다.
4) 압접의 일종, 설비복잡, 가격 비싸다.
5) 후열처리 필요, 이종금속의 접합은 불가능

정답 04.④ 05.② 06.① 07.③ 08.④ 09.① 10.① 11.② 12.④

13

아크 용접기의 사용에 대한 설명으로 틀린 것은?

① 사용률을 초과하여 사용하지 않는다.
② 무부하 전압이 높은 용접기를 사용한다.
③ 전격방지기가 부착된 용접기를 사용한다.
④ 용접기 케이스는 접지(earth)를 확실히 해둔다.

> 교류아크 용접기에서 무부하 전압이 높으면 전격의 위험이 있어 전격방지기를 반드시 설치 해야한다.

14

용접 순서에 관한 설명으로 틀린 것은?

① 중심선에 대하여 대칭으로 용접한다.
② 수축이 적은 이음을 먼저하고 수축이 큰 이음은 후에 용접한다.
③ 용접선의 직각 단면 중심축에 대하여 용접의 수축력의 합이 0이 되도록 한다.
④ 동일 평면 내에 많은 이음이 있을 때는 수축은 가능한 자유단으로 보낸다.

> 용접 조립시, 용접 구조물 설계시 주의사항
> - 물품에 대칭이 되도록 한다.
> - 용접에 적합한 설계를 한다.
> - 구조상 노치를 피한다.
> - 약한 필릿 용접은 피하고 맞대기 용접을 한다.
> - 반복하중을 받는 이음에서는 이음 표면을 평활하게 한다.
> - 용접선에 대하여 수축력의 합이 영이 되도록 한다.
> - 리벳과 용접을 같이 할 때에는 용접을 먼저 한다.
> - 각종 이음의 특성을 잘 알고 사용하며 용접하기 쉽게 설계한다.
> - 큰 구조물은 구조물에 중앙에서 끝으로 향하여 용접한다.
> - 용접길이는 가능한 한 짧게, 용착량도 강도상 필요한 최소치로 한다.
> - 수축이 큰 맞대기 이음을 먼저 용접하고 그다음에 필릿 용접을 한다.

15

다음 중 TIG 용접 시 주로 사용되는 가스는?

① CO_2 ② O_2
③ O_2 ④ Ar

> TIG 용접시 사용가스는 아르곤가스나 헬륨가스를 사용한다.

16

서브머지드 아크 용접법에서 두 전극사이의 복사열에 의한 용접은?

① 텐덤식
② 횡 직렬식
③ 횡 병렬식
④ 종 병렬식

> 서브머지드 아크용접에서의 전극에 따른 분류
> - 탠덤식, 횡직렬식, 횡병렬식
> - 용제의 종류 : 용융형, 소결형, 혼합형
> - 횡 직렬식은 전극사이의 복사열에 의해서 용접을 한다.

17

다음 중 유도방사에 의한 광의 증폭을 이용하여 용융하는 용접법은?

① 맥동 용접 ② 스터드 용접
③ 레이저 용접 ④ 피복 아크 용접

> 레이져 빔용접
> - 파장이 같은 빛을 렌즈로 집광하면 매우 작은 점으로 집중되면서 높은 에너지로 고온의 열을 얻을 수 있는데 이를 열원으로 하여 용접하는 특수 용접방법이다.

18

심용접의 종류가 아닌 것은?

① 횡심 용접(circular seam welding)
② 매시 심 용접(mash seam welding)
③ 포일 심 용접(foil seam welding)
④ 맞대기 심 용접(butt seam welding)

> 심용접
> - 심용접은 압접인 전기 저항용접의 겹치기 용접법으로 원판 상의 롤러 전극사이에 용접할 2장의 판을 두고 가압, 통전하여 전극을 회전시키며 연속적으로 점용접을 반복하는 용접법이다.
> - 점용접에 비해 가압력을 1.2 ~ 1.6배, 용접전류는 1.5 ~ 2.0배
> - 통전방법에 따라 단속 통전법, 연속 통전법, 맥동 통전법
> - 용접 방법에 따라 : 매시 시임, 포일 시임, 맞대기 시임, 로울러 시임
> - 기밀, 수밀, 유밀성을 요하는 0.2 ~ 4mm정도 얇은 판에 이용
> - 기밀, 수밀을 요하는 탱크용접, 배관용 탄소강관 용접에 이용

19

맞대기 용접이음에서 판 두께가 6mm, 용접선 길이가 120mm, 인장응력이 9.5N/mm²일 때 모재가 받는 하중은 몇 N인가?

① 5680
② 5860
③ 6480
④ 6840

> - 인장응력 = $\dfrac{하중}{판두께 \times 용접선길이}$
> - 하중 = 9.5 × 6 × 120 = 6840 N

20

제품을 용접한 후 일부분이 언더컷이 발생하였을 때 보수 방법으로 가장 적당한 것은?

① 홈을 만들어 용접한다.
② 결함부분을 절단하고 재 용접한다.
③ 가는 용접봉을 사용하여 재 용접한다.
④ 용접부 전체부분을 가우징으로 따낸 후 재 용접한다.

> 용접부의 결함의 보수법
> - 기공 또는 슬랙섞임은 그부분을 깍아 내고 재 용접한다.
> - 언더컷 : 가는 용접봉을 사용하여 파인부분을 용접한다.
> - 오버랩 : 용접부를 깍아 내고 재 용접한다.
> - 균열 : 균열부의 끝부분에 정지구멍을 뚫고 균열부를 깍아 내고 홈을 만들어 재 용접 한다.

21

다음 중 일렉트로 가스 아크 용접의 특징으로 옳은 것은?

① 용접속도는 자동으로 조절된다.
② 판 두께가 얇을수록 경제적이다.
③ 용접장치가 복잡하여, 취급이 어렵고 고도의 숙련을 요한다.
④ 스패터 및 가스의 발생이 적고, 용접 작업 시 바람의 영향을 받지 않는다.

22

다음 중 연소의 3요소에 해당하지 않는 것은?

① 가연물   ② 부촉매
③ 산소공급원   ④ 점화원

정답 13.② 14.② 15.④ 16.② 17.③ 18.① 19.④ 20.③ 21.① 22.②

화재의 분류
- A : 일반(백색) B : 유류(황색) C : 전기(청색) D : 금속
- 연소의 3요소 : 점화원, 가연물, 산소공급원

23

일미나이트계 용접봉을 비롯하여 대부분의 피복 아크 용접봉을 사용할 때 많이 볼 수 있으며, 미세한 용적이 날려서 옮겨가는 용접이행 방식은??

① 단락형
② 누적형
③ 스프레이형
④ 글로뷸러형

피복아크 용접봉의 용융금속의 3가지 이행형식
- 단락형 : 박피용 용접봉, 맨용접봉
- 스프레이형 : 4301, 4313
- 글로뷸러형 : 7016

24

가스 절단작업에서 절단속도에 영향을 주는 요인과 가장 관계가 먼 것은?

① 모재의 온도
② 산소의 압력
③ 산소의 순도
④ 아세틸렌 압력

가스절단에 영향을 미치는 요소
- 예열불꽃
- 절단조건
- 절단속도
- 가스의 분출량과 속도
- 산소가스의 순도, 압력
- 절단속도는 절단산소의 압력이 높고, 산소 소비량이 많을수록 정비례 한다.

25

산소 – 아세틸렌가스 용접기로 두께가 3.2mm인 연강판을 V형 맞대기 이음을 하려면 이에 적합한 연강용 가스 용접 봉의 지름(mm)을 계산식에 의해 구하면 얼마인가?

① 2.6
② 3.2
③ 3.6
④ 4.6

가스용접봉의 지름과 판두께의 관계식
- $D = \dfrac{T}{2} + 1$ D : 지름, T : 두께

26

산소 프로판 가스 절단에서 프로판 가스 1에 대하여 일마의 비율로 산소를 필요로 하는가?

① 1.5
② 2.5
③ 4.5
④ 6

산소 – 프로판 가스 절단의 특징
- 산소(4.5) : 프로판(1)의 비율
- 절단면이 미세하고 깨끗하다.
- 절단면 상부에 모서리 녹음이 적다.
- 슬래그 제거가 쉽다.
- 포갭 절단 속도가 아세틸렌보다 빠르다.
- 후판절단이 아세틸렌보다 빠르다.

27

산소 용기를 취급할 때 주의사항으론 가장 적합한 것은?

① 산소밸브의 개폐는 빨리해야 한다.
② 운반 중에 충격을 주지 말아야 한다.
③ 직사광선이 쬐이는 곳에 두어야 한다.
④ 산소 용기의 누설시험에는 순수한 물을 사용해야 한다.

산소 및 아세틸렌 용기 취급 시 주의사항
- 타격 및 충격을 주지 말 것
- 누설 검사는 비눗물로 할 것
- 용기를 눕혀서 보관하지 말 것
- 다른 가연성 가스와 함께 보관하지 말 것
- 직사광선, 화기가 있는 고온의 장소를 피할 것
- 용기내의 온도는 항상 40℃ 이하로 유지할 것
- 용기 내의 압력이 너무 상승(170기압)되지 않도록 할 것
- 용기 및 밸브 조정기 등에 기름이 부착되지 않도록 할 것
- 밸브가 동결 되었을 때 더운 물 또는 증기를 사용하여 녹일 것

피복 아크 용접기의 구비 조건
- 내구성이 좋아야 한다.
- 역률과 효율이 높아야 한다.
- 무부하 전압이 작아야 한다.
- 구조 및 취급이 간단해야 한다.
- 사용 중 온도 상승이 적어야 한다.
- 전격 방지기가 설치 되어 있어야 한다.
- 아크 발생이 쉽고 아크가 안정되어야 한다.
- 전류 조정이 용이하고 전류가 일정하게 흘러야 한다.

28
용접용 2차측 케이블의 유연성을 확보하기 위하여 주로 사용하는 캡 타이어 전선에 대한 설명으로 옳은 것은?

① 가는 구리선을 여러 개로 꼬아 얇은 종이로 싸고 그 위에 니켈 피복을 한 것
② 가는 구리선을 여러 개로 꼬아 튼튼한 종이로 싸고 그 위에 고무 피복을 한 것
③ 가는 알루미늄선을 여러 개로 꼬아 튼튼한 종이로 싸고 그 위에 니켈 피복을 한 것
④ 가는 알루미늄선을 여러 개로 꼬아 얇은 종이로 싸고 그 위에 고무 피복을 한 것

29
아크 용접기의 구비조건으로 틀린 것은?

① 효율이 좋아야 한다.
② 아크가 안정되어야 한다.
③ 용접 중 온도상승이 커야 한다.
④ 구조 및 취급이 간단해야 한다.

30
아크가 발생될 때 모재에서 심선까지의 거리를 아크 길이라 한다. 아크 길이가 짧을 때 일어나는 현상은?

① 발열량이 작다.
② 스패터가 많아진다.
③ 기공 균열이 생긴다.
④ 아크가 불안정해 진다.

- 아크길이란 용접봉과 모재간의 거리를 말하며 용접봉 심선의 지름이 3mm 이상의 용접봉은 아크길이를 3mm 정도, 3mm 이하의 용접봉은 용접봉의 심선의 길이 만큼 아크길이를 두는게 적합하며 아크길이가 짧으면 정확한 전류값이 나온다.

31
아크 용접에 속하지 않는 것은?

① 스터드 용접
② 프로젝션 용접
③ 불활성가스 아크 용접
④ 서브머지드 아크 용접

정답 23.③ 24.④ 25.① 26.③ 27.② 28.② 29.③ 30.① 31.②

> 프로젝션 용접은 전기 저항 용접법으로 겹치기 용접법에 포함되는 압접의 일종이다.
> **접합방법에 따른 용접의 종류**
> - 융접 : 모재와 용가재를 모두 녹임(대부분의 용접법)
> - 압접 : 열이나 압력, 또는 열과 압력을 동시에 가함
>   - 전기저항용접, 초음파용접, 고주파용접, 마찰용접, 유도가열용접, 냉간압접, 가스압접, 가압테르밋 용접 등
> - 납땜 : 모재는 녹이지 않고 용접봉을 녹여 붙임 450℃를 기준으로 연납땜, 경납땜으로 구별
>   - 연납땜
>   - 경납땜 : 가스납땜, 노내납땜, 저항납땜, 담금납땜, 유도가열납땜

③ 용접봉의 용융이 빠르다.
④ 박판, 주철 등 비철금속의 용접에 쓰인다.

> **직류 역극성(DCRP)**
> 1) 모재가 − (입열량 30%)
> 2) 용접봉 +
> 3) 용입이 얕다.
> 4) 비드폭 넓다.
> 5) 박판용접에 적합
> 6) 용접봉 소모가 크다.

32

아세틸렌(C_2H_2) 가스의 성질로 틀린 것은?

① 비중이 1.906으로 공기보다 무겁다.
② 순수한 것은 무색, 무취의 기체이다.
③ 구리, 은, 수은과 접촉하면 폭발성 화합물을 만든다.
④ 매우 불안전한 기체이므로 공기 중에서 폭발 위험성이 크다.

> **C_2H_2 가스의 특징**
> - 비중은 1.176g이다.
> - 15℃, 15기압에서 충전
> - 406 ~ 408℃에서 자연발화 된다.
> - 아세틸렌 발생기는 60℃ 이하 유지
> - 카바이트 1kg에서 348L의 C_2H_2가 발생
> - 마찰·진동·충격에 의하여 폭발 위험성이 크다.
> - 아세틸렌 15%, 산소 85%의 혼합시 가장 위험
> - 은, 수은, 동과 접촉시 120℃ 부근에서 폭발성

34

피복 아크 용접 중 용접봉의 용융속도에 관한 설명으로 옳은 것은?

① 아크전압 × 용접봉쪽 전압강하로 결정된다.
② 단위시간당 소비되는 전류 값으로 결정된다.
③ 동일종류 용접봉인 경우 전압에만 비례하여 결정된다.
④ 용접봉 지름이 달라도 동일종류 용접봉인 경우 용접봉 지름에는 관계가 없다.

> 용융속도 − 전류와 관계가 크다.
> - 시간당 소모되는 용접봉의 길이, 무게
> - 아크전류 × 용접봉 쪽 전압강하

35

프로판 가스의 성질에 대한 설명으로 틀린 것은?

① 기화가 어렵고 발열량이 낮다.
② 액화하기 쉽고 용기에 넣어 수송이 편리하다.
③ 온도 변화에 따른 팽창률이 크고 물에 잘 녹지 않는다.
④ 상온에서는 기체 상태이고 무색, 투명하고 약간의 냄새가 난다.

33

피복 아크 용접에서 아크의 특성 중 정극성에 비교하여 역극성의 특징으로 틀린 것은?

① 용입이 얕다.
② 비드 폭이 좁다.

36
가스용접에서 용제(flux)를 사용하는 가장 큰 이유는?

① 모재의 용융온도를 낮게 하여 가스 소비량을 적게 하기 위해
② 산화작용 및 질화작용을 도와 용착금속의 조직을 미세화하기 위해
③ 용접봉의 용융속도를 느리게 하여 용접봉 소모를 적게 하기 위해
④ 용접 중에 생기는 금속의 산화물 또는 비금속 개재물을 용해하여 용착금속의 성질을 양호하게 하기 위해

가스 용접에서 용제를 사용하는 이유
- 모재표면의 산화물, 불순물을 제거한다.
- 용융금속의 산화, 질화를 감소하게 한다.
- 청정작용으로 용착을 돕는다.

37
피복 아크 용접봉에서 피복제의 역할로 틀린 것은?

① 용작금속의 급랭을 방지한다.
② 모재 표면의 산화물을 제거한다.
③ 용착금속의 탈산 정련 작용을 방지한다.
④ 중성 또는 환원성 분위기로 용착금속을 보호한다.

피복제의 역할(용제)
- 아크안정
- 용적의 미세화
- 전기절연작용
- 탈산정련
- 산·질화 방지
- 유동성 증가
- 서냉으로 취성방지
- 슬래그 박리성 증대

38
가스 용접봉 선택조건으로 틀린 것은?

① 모재와 같은 재질일 것
② 용융 온도가 모재보다 낮을 것
③ 불순물이 포함되어 있지 않을 것
④ 기계적 성질에 나쁜 영향을 주지 않을 것

가스 용접봉 선택시 조건
- 용융온도가 모재와 같거나 비슷해야 한다.
- 금속의 기계적 성질에 나쁜 영향을 주지 않을 것
- 용접봉의 재질중에 불순물이 포함하고 있지 않을 것
- 모재와 같은 재질이어야 하며 충분한 강도를 줄 수 있을 것

39
금속의 공통적 특성으로 틀린 것은?

① 열과 전기의 양도체이다.
② 금속 고유의 광택을 갖는다.
③ 이온화하면 음(-) 이온이 된다.
④ 소성변형성이 있어 가공하기 쉽다.

금속의 공통적인 성질
- 실온에서 고체이며, 결정체이다.(단, 수은은 액체)
- 빛을 발산하고 고유의 광택이 있다.
- 가공이 용이하고, 전·연성이 크다.
- 열과 전기의 양도체이다.
- 비중이 크고 경도 및 용융점이 크다.

40
다음 중 Fe-C 평형상태도에서 가장 낮은 온도에서 일어나는 반응은?

① 공석반응   ② 공정반응
③ 포석반응   ④ 포정반응

정답 32.① 33.② 34.④ 35.① 36.④ 37.③ 38.② 39.③ 40.①

공석반응은 탄소 함유량 0.86% 정도에서 나타난다.

담금질한 강을 뜨임 열처리하는 이유는?

① 강도를 증가시키기 위하여
② 경도를 증가시키기 위하여
③ 취성을 증가시키기 위하여
④ 인성을 증가시키기 위하여

일반 열처리의 종류
- 담금질(퀜칭) : 강을 강하게 만든다. 소금물 최대효과
- 뜨임(템퍼링) : 담금질로 인한 취성제거, 강인성증가 (MO, W, V)(가열후 냉각)
- 풀림(어닐링) : 재질의 변화, 내부응력제거, 서냉 → 국부풀림 온도로 600 ~ 650℃에서 서냉
- 불림(노멀라이징): 조직의 균일화, 공랭, 표준화, 미세조직화, A_3변태점 − 912℃

[그림]과 같은 결정격자는?

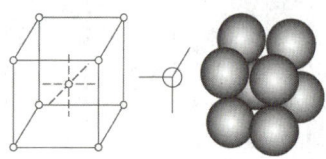

① 면심입방격자 ② 조밀육방격자
③ 저심면방격자 ④ 체심입방격자

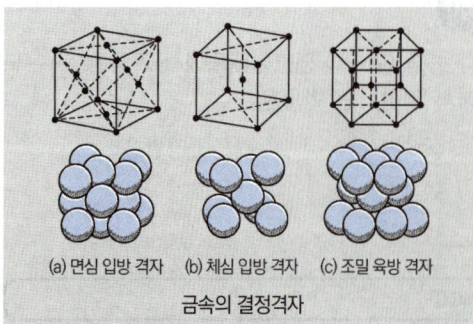

(a) 면심 입방 격자   (b) 체심 입방 격자   (c) 조밀 육방 격자
금속의 결정격자

인장시험편의 단면적이 50mm²이고, 하중이 500kgf일 때 인장강도는 얼마인가?

① $10kgf/mm^2$
② $50kgf/mm^2$
③ $100kgf/mm^2$
④ $250kgf/mm^2$

$$인장강도 = \frac{작용하는 힘}{작용면도} = \frac{F}{A}$$
$$= \frac{500}{50} = 100 \ kgf/mm^2$$

미세한 결정립을 가지고 있으며, 응력 하에서 파단에 이르기까지 수백 % 이상의 연신율을 나타내는 합금은?

① 제진합금
② 초소성합금
③ 비정질합금
④ 형상기억합금

45

합금공구강 중 게이지용강이 갖추어야 할 조건으로 틀린 것은?

① 경도는 HRC 45 이하를 가져야 한다.
② 팽창계수가 보통강보다 작아야 한다.
③ 담금질에 의한 변형 및 균열이 없어야 한다.
④ 시간이 지남에 따라 치수의 변화가 없어야 한다.

게이지용강의 HRC는 55이상이여야 한다.

46

상온에서 방치된 황동 가공재나, 저온 풀림 경화로 얻은 스프링재가 시간이 지남에 따라 경도 등 여러 가지 성질이 악화되는 현상은?

① 자연 균열 ② 경년 변화
③ 탈아연 부식 ④ 고온 탈아연

> 경년변화 : 황동의 가공재를 상온에서 방치할 경우 시간의 경과에 따라 스프링 특성을 잃어버리는 특성

47

Mg의 비중과 용융점(℃)은 약 얼마인가?

① 0.8, 350℃ ② 1.2, 550℃
③ 1.74, 650℃ ④ 2.7, 780℃

> Mg의 특징
> - 비중 1.7 - 실용금속중 가장 가볍다
> - 융점 650℃, 조밀육방격자(Zn)
> - 마그네사이트, 소금앙금, 산화마그네슘에서 얻는다
> - 열, 전기의 양도체 (65%)
> - 선팽창 계수는 철의 2배, 내식성이 나쁘다
> - 가공 경화율이 크다. - 10 ~ 20%의 냉간가공도
> - 절단가공성이 좋고 마무리면 우수

48

Al - Si계 합금을 개량처리하기 위해 사용되는 접종처리제가 아닌 것은?

① 금속나트륨 ② 염화나트륨
③ 불화알칼리 ④ 수산화나트륨

> - 개량처리 : Al - Si계 합금의 조대한 공정조직을 미세화하기 위해 나트륨, 가성소다, 알카리 염류 등을 합금 용탕에 첨가하여 10 ~ 15분간을 유지하는 처리 방법이다.

49

다음 중 소결 탄화물 공구강이 아닌 것은?

① 듀콜(Ducole)강
② 미디아(Midia)
③ 카볼로이(Carboloy)
④ 텅갈로이(Tungalloy)

> 듀콜강은 저망간강으로 탄소공구강은 아니다.

50

4% Cu, T/O Ni, 1.5% Mg 등을 알루미늄에 첨가한 Al 합금으로 고온에서 기계적 성질이 매우 우수하고, 금형 주물 및 단조용으로 이용될 뿐만 아니라 자동차 피스톤용에 많이 사용되는 합금은?

① Y 합금
② 슈퍼인바
③ 코슨합금
④ 두랄루민

> 알루미늄 합금의 종류
> 1) 주조용 알루미늄의 대표
>   - 실루민(Al + Si) - 알펙스라고 표현(si 14%)
>   - 라우탈(Al + Si + Cu)
> 2) 내식성 알루미늄의 대표
>   - 하이드로날륨(Al + Mg)
> 3) 단조용(가공용) 알루미늄의 대표
>   - 두랄루민(Al + Cu + Mg + Mn)
> 4) 내열용 알루미늄의 대표
>   - Y합금 (Al + Cu + Ni + Mg)
>   - Lo - ex(Al + Cu + Ni + Mg + Si)

정답 41.④ 42.④ 43.① 44.② 45.① 46.② 47.③ 48.② 49.① 50.①

51

판을 접어서 만든 물체를 펼친 모양으로 표시할 필요가 있는 경우 그리는 도면을 무엇이라 하는가?

① 투상도 ② 개략도
③ 입체도 ④ 전개도

> **판금 전개도법의 종류**
> • 삼각형 전개법, 평행선 전개법, 방사선 전개법
>   1) 평행선법 : 삼각기둥, 사각기둥과 같은 여러 가지 각기둥과 원기둥을 평행하게 전개도를 그림
>   2) 방사선법 : 삼각뿔, 사각뿔 등의 각뿔과 원뿔을 꼭지점을 기준으로 부채꼴로 펼쳐서 전개도를 그리는 방법
>   3) 삼각형법 : 꼭지점이 먼 각뿔, 원뿔등을 해당 면을 삼각형으로 분할하여 전개도를 그리는 방법

52

재료 기호 중 SPHC의 명칭은?

① 배관용 탄소강
② 열간 압연 연강판 및 강대
③ 용접구조용 압연 강재
④ 냉간 압연 강판 및 강대

53

그림과 같이 기점 기호를 기준으로 하여 연속된 치수선으로 치수를 기입하는 방법은?

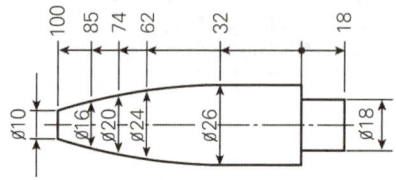

① 직렬 치수 기입법 ② 병렬 치수 기입법
③ 좌표 치수 기입법 ④ 누진 치수 기입법

54

나사의 표시방법에 관한 설명으로 옳은 것은?

① 수나사의 골지름은 가는 실선으로 표시한다.
② 수나사의 바깥지름은 가는 실선으로 표시한다.
③ 암나사의 골지름은 아주 굵은 실선으로 표시한다.
④ 완전 나사부와 불완전 나사부의 경계선은 가는 실선으로 표시한다.

55

아주 굵은 실선의 용도로 가장 적합한 것은?

① 특수 가공하는 부분의 범위를 나타내는데 사용
② 얇은 부분의 단면도시를 명시하는데 사용
③ 도시된 단면의 앞쪽을 표현하는데 사용
④ 이동한계의 위치를 표시하는데 사용

> **나사의 제도법(KS B 0003)**
> 나사는 정투상도로 그리지 않고 약도법으로 제도한다.
> ① 수나사와 암나사의 산봉우리 부분은 굵은 실선으로, 골 부분은 가는 실선으로 표시한다.
> ② 완전나사부와 불완전나사부의 경계는 굵은 실선을 긋고, 불완전나사부의 골밑 표시선은 축선에 대하여 30°의 경사각을 갖는 가는 실선으로 표시한다.
> ③ 암나사의 드릴 구멍의 끝부분은 굵은 실선으로 120° 되게 긋는다.
> ④ 보이지 않는 부분의 나사 산봉우리오 골 부분, 완전나사부와 불완전나사부 등은 중간 굵기의 파선으로 표시한다.
> ⑤ 수나사와 암나사의 결합부분은 수나사로 표시한다.
> ⑥ 나사 부분의 단면표시에 해칭을 할 경우에는 산봉우리 부분까지 긋도록 한다.
> ⑦ 간단한 도면에서는 불완전나사부를 생략한다.

56

기계제도에서 사용하는 척도에 대한 설명으로 틀린 것은?

① 척도의 표시방법에는 현척, 배척, 축척이 있다.
② 도면에 사용한 척도는 일반적으로 표제란에 기입한다.
③ 한 장의 도면에 서로 다른 척도를 사용할 필요가 있는 경우에는 해당되는 척도를 모두 표제란에 기입한다.
④ 척도는 대상물과 도면의 크기로 정해진다.

57

그림과 같은 입체도의 정면도로 적합한 것은?

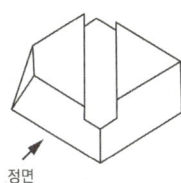

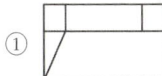 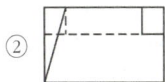

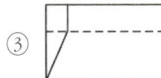 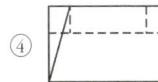

58

용접 보조기호 중 "제거 가능한 이면 판재 사용" 기호는?

① |MR| ② ──
③ ⌣ ④ |M|

59

배관도시기호에서 유량계를 나타내는 기호는?

  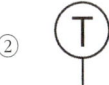
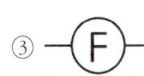 

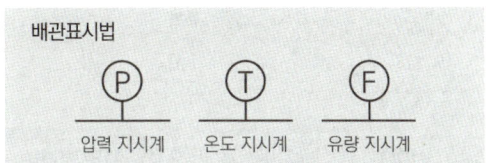

60

다음 입체도의 화살표 방향을 정면으로 한다면 좌측면도로 적합한 투상도는?

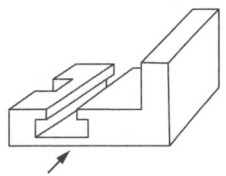

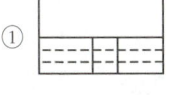 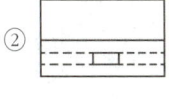

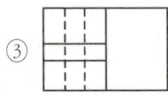 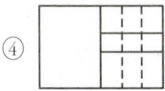

정답 51.④ 52.② 53.④ 54.① 55.② 56.③ 57.② 58.① 59.③ 60.①

2016년 4회 용접기능사 기출문제

01

다음 중 용접 시 수소의 영향으로 발생하는 결함과 가장 거리가 먼 것은?

① 기공　　　② 균열
③ 은점　　　④ 설퍼

> H_2 : 강을 여리게 하고 산이나 알카리에 약하며 헤어크랙, 저온균열, 기공, 은점의 원인이며 수중 절단시 사용

02

가스 중에서 최소의 밀도로 가장 가볍고 확산속도가 빠르며, 열전도가 가장 큰 가스는?

① 수소　　　② 메탄
③ 프로판　　④ 부탄

> **수소의 성질**
> - 0℃, 1기압 1L의 무게는 0.089g이다.
> - 기공 원인이 된다.
> - 납땜, 수중절단에 이용
> - 저온 균열의 원인이 된다.
> - 비드 밑 균열의 원인이다.
> - 고온, 고압에서 취성의 원인이다.
> - 물고기 눈처럼 빛나는 은점의 원인이다.
> - 무미, 무취, 불꽃이 육안 확인 어렵다(청색)
> - 머리카락모양처럼 생기는 헤어크랙 원인이다.
> - 제조법은 물의 전기분해법, 코크스의 가스화법
> - 수소가스는 가스중에서 밀도가 가장작고 가벼워서 확산속도가 빠르며 열전도성이 가장 크기 때문에 폭발했을 때 위험성이 크다.(폭명기생성)

03

용착금속의 인장강도가 55N/m³, 안전율이 6이라면 이음의 허용응력은 약 몇 N/m²인가?

① 0.92　　　② 9.2
③ 92　　　　④ 920

> - 안전율 = $\dfrac{\text{인장강도}}{\text{허용응력}}$
> - 허용응력 = $\dfrac{\text{인장강도}}{\text{안전율}} = \dfrac{55}{6} = 9.2$

04

팁 끝이 모재에 닿는 순간 순간적으로 팁 끝이 막혀 팁 속에서 폭발음이 나면서 불꽃이 꺼졌다가 다시 나타나는 현상은?

① 인화　　　② 역화
③ 역류　　　④ 선화

> - 역류 : 산소가 아세틸렌 도관으로 흘러 들어가는 현상
> - 인화 : 불꽃이 혼합실까지 들어가는 현상

05

다음 중 파괴 시험 검사법에 속하는 것은?

① 부식시험　　② 침투시험
③ 음향시험　　④ 와류시험

비파괴검사의 종류
- 외관검사(View Testing) : VT
- 누설검사(Leak Testing) : LT
- 침투탐상(Penetrant Testing) : PT
- 자분탐상(Magnetic Particle Testing) : MT
- 초음파탐상(Ultrasonic Testing) : UT
- 방사선검사(Radiographic Teating) : RT
- 맴돌이검사(Eddy Current Testing) : ECT

06
TIG 용접 토치의 분류 중 형태에 따른 종류가 아닌 것은?

① T형 토치
② Y형 토치
③ 직선형 토치
④ 플랙시블형 토치

티그용접 토치에는 Y형 토치는 없다.

07
용접에 의한 수축 변형에 영향을 미치는 인자로 가장 거리가 먼 것은?

① 가접
② 용접 입열
③ 판의 예열 온도
④ 판 두께에 따른 이음 형상

용접에서 변형의 주된 이유
- 용착금속의 용착불량
- 열로 인한 용착금속의 팽창과 수축

08
전자동 MIG 용접과 반자동 용접을 비교했을 때 전자동 MIG 용접의 장점으로 틀린 것은?

① 용접 속도가 빠르다.
② 생산 단가를 최소화 할 수 있다.
③ 우수한 품질의 용접이 얻어진다.
④ 용착 효율이 낮아 능률이 매우 좋다.

불활성가스 금속아크용접 (GMAW)의 특징
- 용접기 조작이 간단, 손쉽게 용접
- 용접속도가 빠르다.
- 정전압특성(서브,CO_2), 상승특성
- 슬래그가 없고 스패터가 최소화, 용접 후처리 불필요
- 용착효율이 좋다(MiG 95%, 수동피복아크용접(60%)
- MIG용접의 전류밀도는 아크용접의 6 ~ 8배이다.
- 전 자세 용접가능, 용입 크고, 전류밀도 높다.

09
다음 중 탄산가스 아크 용접의 자기쏠림 현상을 방지하는 대책으로 틀린 것은?

① 엔드 탭을 부착한다.
② 가스 유량을 조절한다.
③ 어스의 위치를 변경한다.
④ 용접부의 틈을 적게 한다.

아크쏠림의 방지책
- 교류 용접기를 사용
- 접지를 용접부위에서 멀리둔다.
- 용접부의 시종단에 엔드탭을 설치한다.
- 아크길이를 짧게 한다.
- 용접봉의 끝을 아크쏠림 반대쪽으로 숙인다.
- 긴 용접선은 후퇴법을 이용하여 용접한다.

정답 01.④ 02.① 03.② 04.② 05.① 06.② 07.① 08.④ 09.②

다음 용접법 중 비소모식 아크 용접법은?
① 논 가스 아크 용접
② 피복 금속 아크 용접
③ 서브머지드 아크 용접
④ 불활성 가스 텅스텐 아크 용접

> 비소모식이란? 전극봉이 녹지않는 용접 방식을 의미하며 티그 용접에서는 텅스텐 전극봉이 아크를 발생 시킬 뿐 용접봉은 따로 공급해 주어야 한다.

용접 변형의 교정법에서 점 수축법의 가열온도와 가열시간으로 가장 적당한 것은?
① 100 ~ 200℃, 20초
② 300 ~ 400℃, 20초
③ 500 ~ 600℃, 30초
④ 700 ~ 800℃, 30초

> 용접 후 변형 교정법
> • 박판에 대한 점 수축법 : 소성가공을 이용(가열온도 500 ~ 600℃, 30초 정도)
> • 형재에 대한 직선 수축법
> • 가열 후 해머질 하는 방법
> • 후판에 대해 가열 후 압력을 가하고 수랭 하는법 – 순서로 울러에 거는 법
> • 절단하여 정형 후 재용접 하는 법
> • 피닝법 : 피닝법은 특수해머를 사용하여 모재의 표면에 지속적으로 충격을 가해 줌으로써 재료 내부에 있는 잔류 응력을 완화시키면서 표면층에 소성변형을 주는 방법이다.

11
용접부를 끝이 구면인 해머로 가볍게 때려 용착 금속부의 표면에 소성변형을 주어 인장응력을 완화시키는 잔류 응력 제거법은?
① 피닝법
② 노내 풀림법
③ 저온 응력 완화법
④ 기계적 응력 완화법

> 잔류응력 제거법
> • 노내풀림법, 국부풀림법, 기계적 응력완화법, 저온 응력완화법, 피닝법
> • 노내풀림법 : 유지 온도가 클수록, 시간이 길수록 효과가 크다. 노내 출입 온도 300 ℃이하를 유지하고 풀림온도 600 ~ 650 ℃(판 두께 25mm, 1시간)
> • 국부풀림법 : 큰 제품, 현장 구조물 등 노내 풀림이 곤란한 경우 사용, 용접선 좌우 양측 250mm 또는 판 두께의 12배 이상의 범위를 가열 후 서냉 처리, 동일한 온도를 유지하기 위해 유도가열장치 사용
> • 기계적 응력완화법 : 용접부에 하중을 주어 약간의 소성 변형으로 응력 제거함
> • 저온 응력완화법 : 용접선 좌우를 정속도로 가스불꽃을 150mm 나비로 150 ~ 200 ℃로 가열 후 수랭하는 방법으로 용접선 방향의 인장 응력을 완화 시키는 방법이다.
> • 피닝법 : 끝이 둥근 특수 헤머로 용접부를 연속적으로 타격하여 표면의 소성 변형을 일으켜 인장응력을 완화 시키며 첫층 용접의 균열 방지목적으로 700 ℃에서 열간 피닝 한다.

수직판 또는 수평면 내에서 선회하는 회전 영역이 넓고 팔이 기울어져 상하로 움직일 수 있어 주로 스폿 용접, 중량물 취급 등에 많이 이용되는 로봇은?
① 다관절 로봇
② 극좌표 로봇
③ 원통 좌표 로봇
④ 직각 좌표계 로봇

> 용접의 자동화에서 자동제어의 장점
> • 제품의 품질이 균일화되어 불량품이 감소한다.
> • 인간에게 불가능한 고속 작업도 가능하다.
> • 연속작업 및 정밀한 작업이 가능하다.
> • 위험한 사고의 방지가 가능하다.

서브머지드 아크 용접 시 발생하는 기공의 원인이 아닌 것은?

① 직류 역극성 사용
② 용제의 건조 불량
③ 용제의 산포량 부족
④ 와이어 녹, 기름, 페인트

> **기공의 방지 대책**
> - 모재의 기름, 페인트, 녹 등을 제거한다.
> - 용제를 완전건조 한다.
> - 노즐에 부착되어 있는 스패터를 제거한 후 용접한다.
> - 용제를 충분히 도포 한다.

다음 중 전자 빔 용접에 관한 설명으로 틀린 것은?

① 용입이 낮아 후판 용접에는 적용이 어렵다.
② 성분 변화에 의하여 용접부의 기계적 성질이나 내식성의 저하를 가져올 수 있다.
③ 가공재나 열처리에 대하여 소재의 성질을 저하시키지 않고 용접할 수 있다.
④ $10^{-4} \sim 10^{-6}$ mmHg 정도의 높은 진공실 속에서 음극으로부터 방출된 전자를 고전압으로 가속시켜 용접을 한다.

> **전자빔 용접**
> - 원리
>   - 고진공 중에서 전자를 전자코일로써 적당한 크기로 만들어 양극 전압에 의해 가속시켜서 접합부에 충돌시킨 열로 용접하는 방법이다.
> - 특징
>   - 용접부가 좁고 용입이 깊다.
>   - 얇은 판에서 두꺼운 판까지 광범위한 용접이 가능하다(정밀 제품의 자동화에 좋다).
>   - 고용융점 재료 또는 열전도율이 다른 이종 금속과의 용접이 용이하다.
>   - 용접부가 대기의 유해한 원소와 차단되어 양호한 용접부를 얻을 수 있다.
>   - 고속용접이 가능하므로 열 영향부가 적고, 완성 치수의 정밀도가 높다.
>   - 고진공형, 저진공형, 대기압형이 있다.
>   - 저전압 대전류형, 고전압 소전류형이 있다.
>   - 피용접물의 크기 제한을 받으며 장치가 고가이다.
>   - 용접부의 경화 현상이 일어나기 쉽다.
>   - 배기장치 및 X선 방호가 필요하다.

안전 보건표지의 색채, 색도기준 및 용도에서 지시의 용도 색채는?

① 검은 색   ② 노란색
③ 빨간 색   ④ 파란 색

> **안전색채**
> - 적색 : 방화, 금지, 경고, 방향표시
> - 황색 : 주의표시
> - 오랜지색 : 위험표시
> - 녹색 : 안전지도, 위생표시
> - 청색 : 주의, 수리 중, 송전중 표시
> - 보라색 : 방사능위험
> - 백색 : 파란색, 녹색의 보조색, 주의표시
> - 흑색 : 방향표시, 문자 및 빨간색의 보조색

X선이나 γ선을 재료에 투과시켜 투과된 빛의 강도에 따라 사진 필름에 감광시켜 결함을 검사하는 비파괴 시험법은?

① 자분 탐상 검사   ② 침투 탐상 검사
③ 초음파 탐상 검사   ④ 방사선 투과 검사

정답 10.④ 11.① 12.③ 13.② 14.① 15.① 16.④ 17.④

> **비파괴 시험의 분류**
> - 표면검사 : VT, LT, PT, ECT
> - 내면검사 : 방사선검사, 초음파검사

18

다음 중 용접봉의 용융속도를 나타낸 것은?

① 단위 시간 당 용접 입열의 양
② 단위 시간 당 소모되는 용접 전류
③ 단위 시간 당 형성되는 비드의 길이
④ 단위 시간 당 소비되는 용접봉의 길이

> **용융속도**
> - 단위시간에 소모되는 용접봉의 무게
> - 용접전류 × 용접봉쪽 전압강하

19

물체와의 가벼운 충돌 또는 부딪침으로 인하여 생기는 손상으로 충격 부위가 부어오르고 통증이 발생되며 일반적으로 피부 표면에 창상이 없는 상처를 뜻하는 것은?

① 출혈　　　② 화상
③ 찰과상　　④ 타박상

20

일명 비석법이라고도 하며, 용접 길이를 짧게 나누어 간격을 두면서 용접하는 용착법은?

① 전진법　　② 후진법
③ 대칭법　　④ 스킵법

> **용착법**
> - 전진법 : 용접 시작 부분보다 끝나는 부분이 수축 및 잔류응력이 커서 용접이음이 짧고 변형 및 잔류응력이 그다지 문제가 되지 않을 때 사용
>   - 전진법 1 2 3 4 5

> - 후퇴법 : 용접을 단계적으로 후퇴하면서 전체적 길이를 용접하는 방법으로 수축과 잔류응력을 줄이는 방법
>   - 후퇴법 5 4 3 2 1
> - 대칭법 : 용접전 길이에 대하여 중심에서 좌우로 또는 용접부의 형상에 따라 좌우대칭으로 용접하여 변형과 수축응력을 경감한다.
>   - 대칭법 4 2 1 3
> - 비석법(스킵법) : 짧은 동점길이로 나누어 놓고 간격을 두면서 용접하는 방법으로 특히 잔류응력을 적게 할 경우에 사용
>   - 스킵법(비석법) 1 4 2 5 3

21

금속 산화물이 알루미늄에 의하여 산소를 빼앗기는 반응에 의해 생성되는 열을 이용한 용접법은?

① 마찰 용접
② 테르밋 용접
③ 일렉트로 슬래그 용접
④ 서브머지드 아크 용접

> **테르밋 용접**
> - 특수용접이며 융접이다.
> - 금속 산화물이 알루미늄에 의하여 산소를 빼앗기는 반응에 의해 생성되는 열을 이용하여 접합
> - 산화철분말(3 ~ 4) + 알루미늄분말 (1)
> - 점화제로 과산화바륨, 마그네슘, 알루미늄
> - 작업이 간단하다.
> - 전력이 불필요 하며 철도 레일 이음용접에 주로 사용함
> - 시간이 짧고 용접변형도 적다.

22

저항 용접의 장점이 아닌 것은?

① 대량 생산에 적합하다.
② 후열 처리가 필요하다.
③ 산화 및 변질 부분이 적다.
④ 용접봉, 용제가 불필요하다.

- 전기 저항 용접의 특징
  1) 용접사 기능무관
  2) 용접 시간이 짧고 대량생산에 적합
  3) 산화 및 변형이 적고 용접부가 깨끗하고 가압 효과가 크다.
  4) 압접의 일종, 설비복잡, 가격 비싸다.
  5) 후열처리 필요, 이종금속의 접합은 불가능

3) 정전류특성 : 아크길이가 크게 변하여도 전류값은 거의 변하지 않는 특성

자동용접의 특징
1) 상승특성 : 큰 전류에서 아크길이가 일정할 때 아크 증가와 더불어 전압이 약간씩 증가하는 특성
2) 정전압특성(아크길이 자기제어특성) : 수하특성과는 반대의 성질을 갖는 것으로 부하 전류가 변해도 단자 전압이 거의 변하지 않는 것으로 CP특성이라 한다.
   → 서브머지드, CO_2용접, GMAW특성

23

정격 2차 전류 200A, 정격 사용률 40%인 아크용접기로 실제 아크 전압 30V, 아크 전류 130A로 용접을 수행한다고 가정할 때 허용 사용률은 약 얼마인가?

① 70% ② 75%
③ 80% ④ 95%

허용사용률
$= \dfrac{(정격2차전류)^2}{(실제용접전류)^2} \times 정격사용율\% = \dfrac{200^2}{130^2} \times 40 = 75\%$

24

아크 전류가 일정할 때 아크 전압이 높아지면 용접봉의 용융속도가 늦어지고 아크 전압이 낮아지면 용융속도가 빨라지는 특성을 무엇이라 하는가?

① 부저항 특성
② 절연회복 특성
③ 전압회복 특성
④ 아크 길이 자기 제어 특성

용접기에 필요한 특성
수동용접의 특징
1) 부특성(부저항특성) : 전류가 작은 범위에서 전류가 증가하면 저항이 작아져 아크전압이 낮아지는 특성
2) 수하특성 : 부하전류가 증가하면 단자전압이 저하하는 특성
   • 아크가 안정된다. → 피복 아크 용접기의 특성

25

강재 표면의 흠이나 개재물, 탈탄층 등을 제거하기 위하여 될 수 있는 대로 얇게 그리고 타원형 모양으로 표면을 깎아내는 가공법은?

① 분말 절단   ② 가스 가우징
③ 스카핑   ④ 플라즈마 절단

가스 가우징
• 용접 뒷면 따내기, 금속 표면의 홈가공을 하기 위하여 깊은 홈을 파내는 가공법

스카핑
• 강재 표면의 탈탄층 또는 흠을 제거하기 위해 사용함.(얇고 넓게 깍아 내기), 열간재
• 가공속도 : 20m/min
• 냉간재 가공속도 : 6 ~ 7 m/min

26

다음 중 야금적 접합법에 해당되지 않는 것은?

① 융접(fusion welding)
② 접어 잇기(seam)
③ 압접(pressure welding)
④ 납땜(brazing and soldering)

정답 18.④ 19.④ 20.④ 21.② 22.④ 23.② 24.④ 25.③ 26.②

> **접합의 종류**
> - 기계적 접합법 : 볼트, 리벳, 나사, 핀, 코터이음, 키, 접어잇기 등으로 결합하는 방법
> - 야금적 접합법 : 고체 상태에 있는 두 개의 금속재료를 열이나 압력, 또는 열과 압력을 동시에 가해서 서로 접합하는 것으로 융접, 압접, 납땜 등으로 결합하는 방법

27

다음 중 불꽃의 구성 요소가 아닌 것은?

① 불꽃심 ② 속불꽃
③ 겉불꽃 ④ 환원불꽃

28

피복 아크 용접봉에서 피복제의 주된 역할이 아닌 것은?

① 용융금속의 용적을 미세화하여 용착효율을 높인다.
② 용착금속의 응고와 냉각속도를 빠르게 한다.
③ 스패터의 발생을 적게 하고 전기 절연작용을 한다.
④ 용착금속에 적당한 합금원소를 첨가한다.

> **피복제의 역할(용제)**
> - 아크안정
> - 산·질화 방지
> - 용적의 미세화
> - 유동성 증가
> - 전기절연작용
> - 서냉으로 취성방지
> - 탈산정련
> - 슬래그 박리성 증대

29

교류 아크 용접기에서 안정한 아크를 얻기 위하여 상용주파의 아크 전류에 고전압의 고주파를 중첩시키는 방법으로 아크 발생과 용접작업을 쉽게 할 수 있도록 하는 부속장치는?

① 전격방지장치
② 고주파 발생장치
③ 원격 제어장치
④ 핫 스타트장치

> **교류용접기의 부속장치(설명)**
> 1) 전격방지기 : 감전의 위험으로부터 작업자 보호, 2차 무부하 전압을 25V~35V 로 유지
> 2) 핫스타트장치(아크부스터) : 처음 모재에 접촉한 순간 0.2~0.25초의 순간적인 대전류를 흘려 아크의 발생 초기 안정도모
> 3) 고주파 발생장치 : 아크의 안정을 확보하기 위하여
> 4) 원격제어장치 : 원거리의 전류와 전압의 조절장치(가포화 리액터형)

30

피복 아크 용접봉의 피복제 중에서 아크를 안정시켜 주는 성분은?

① 붕사 ② 페로망간
③ 니켈 ④ 산화티탄

> **피복제의 종류**
> - 가스 발생제 : 석회석, 셀룰로오스, 톱밥, 아교
> - 슬랙 생성제 : 석회석, 형석, 탄산수소나트륨, 일미나이트
> - 아크안정제 : 규산나트륨, 규산칼륨, 산화티탄, 석회석, 탄산바륨
> - 피복제의 탈산제 : 페로실리콘, 페로망간, 페로티탄, 알루미늄
> - 고착제 : 규산 나트륨, 규산칼륨, 아교, 소맥분, 해초

31

산소 용기의 취급 시 주의사항으로 틀린 것은?

① 기름이 묻은 손이나 장갑을 착용하고는 취급하지 않아야 한다.
② 통풍이 잘되는 야외에서 직사광선에 노출시켜야 한다.
③ 용기의 밸브가 얼었을 경우에는 따뜻한 물로 녹여야 한다.
④ 사용 전에는 비눗물 등을 이용하여 누설 여부를 확인한다.

산소 및 아세틸렌 용기 취급 시 주의사항
- 타격 및 충격을 주지 말 것
- 누설 검사는 비눗물로 할 것
- 용기를 눕혀서 보관하지 말 것
- 다른 가연성 가스와 함께 보관하지 말 것
- 직사광선, 화기가 있는 고온의 장소를 피할 것
- 용기내의 온도는 항상 40℃ 이하로 유지할 것
- 용기 내의 압력이 너무 상승(170기압)되지 않도록 할 것
- 용기 및 밸브 조정기 등에 기름이 부착되지 않도록 할 것
- 밸브가 동결 되었을 때 더운 물 또는 증기를 사용하여 녹일 것

32

피복 아크 용접봉의 기호 중 고산화티탄계를 표시한 것은?

① E 4301   ② E 4303
③ E 4311   ④ E 4313

용접기호 E4327 중 "27"의 뜻
- E : 피복금속 아크용접봉
- 43 : 용착금속의 최소 인장강도
- 27 : 피복제 계통(0,1은 전자세, 2는 F, H – FILLET, 3은 F, 4는 전자세 또는 특정자세)
1) 4301 : 일미나이트계(슬랙 생성식) – 산화티탄, 산화철을 약 30% 이상 함유한 광석, 사석을 주성분으로 기계적 성질이 우수하고 용접성이 우수
2) 4303 : 라임티탄계 – 피복용 스테인리스강의 성분으로 산화티탄을 30% 이상 함유한 용접봉으로 비드의 외관이 아름답고 언더컷이 발생하지 않음
3) 4311 : 고셀룰로오스계(가스실드식) – 슬래그가 적어 좁은 홈의 용접에 적합, 비드표면이 거칠지만 환원성이므로 용착금속의 기계적 성질이 양호하고 수직상진, 하진 및 위보기 용접에서 우수한 작업성을 가지며 스패터가 많으며 피복제중 셀룰로오스가 20 ~ 30%포함되며 슬래그계 용접봉 보다 용접전류를 10 ~ 15% 낮게 한다.
4) 4313 : 고산화티탄계 – 산화티탄 35%, 아크안정, CR봉, 비드좋다, 경구조물, 경자동차, 박판 용접에 적합
5) 4316 : 저수소계(슬랙 생성식) – 석회석과 형석을 주성분으로 한 것으로, 수소의 함량이 1/10 정도, 기계적성질과 균열의 감수성이 우수, 황의 함유량이 많고 염기성 함유가 높다.
6) 4324 : 철분 산화티탄계로 아래보기 자세와 수평 필릿 자세에 한정
7) 4326 : 철분 저수소계
8) 4327 : 철분 산화철계
9) 4340 : 특수계

33

가스 절단에서 프로판 가스와 비교한 아세틸렌가스의 장점에 해당되는 것은?

① 후판 절단의 경우 절단속도가 빠르다.
② 박판 절단의 경우 절단속도가 빠르다.
③ 중첩 절단을 할 때에는 절단속도가 빠르다.
④ 절단면이 거칠지 않다.

프로판 가스의 특징
- 절단면이 미세하고 깨끗하다.
- 절단면 상부에 모서리 녹음이 적다.
- 슬래그 제거가 쉽다.
- 포갭 절단 속도가 아세틸렌보다 빠르다.
- 후판절단이 아세틸렌보다 빠르다.

정답 27.④ 28.② 29.② 30.④ 31.② 32.④ 33.②

34

용접기의 구비조건이 아닌 것은?

① 구조 및 취급이 간단해야 한다.
② 사용 중에 온도 상승이 적어야 한다.
③ 전류 조정이 용이하고 일정한 전류가 흘러야 한다.
④ 용접 효율과 상관없이 사용 유지비가 적게 들어야 한다.

피복 아크 용접기의 구비 조건
- 내구성이 좋아야 한다.
- 역률과 효율이 높아야 한다.
- 무부하 전압이 작아야 한다.
- 구조 및 취급이 간단해야 한다.
- 사용 중 온도 상승이 적어야 한다.
- 전격 방지기가 설치 되어 있어야 한다.
- 아크 발생이 쉽고 아크가 안정되어야 한다.
- 전류 조정이 용이하고 전류가 일정하게 흘러야 한다.

35

다음 중 연강을 가스 용접할 때 사용하는 용제는?

① 붕사
② 염화나트륨
③ 사용하지 않는다.
④ 중탄산소다 + 탄산소다

용제
- 연강용 : 사용하지 않음
- Al 용 : 염화칼륨, 염화나트륨, 황산칼륨
- 연납용 : 염산, 염화아연, 염화암모늄, 송진, 수지
- 경납용 : 붕사, 붕산, 염화리튬, 빙정석, 산화제1동
- 고탄소강용 : 중탄산나트륨, 탄산나트륨, 붕사
- 경금속용 : 염화리튬, 염화나트륨, 염화칼륨

36

프로판 가스의 특징으로 틀린 것은?

① 안전도가 높고 관리가 쉽다.
② 온도 변화에 따른 팽창률이 크다.
③ 액화하기 어렵고 폭발 한계가 넓다.
④ 상온에서는 기체 상태이고 무색, 투명하다.

프로판 가스의 특징
- 절단면이 미세하고 깨끗하다.
- 절단면 상부에 모서리 녹음이 적다.
- 슬래그 제거가 쉽다.
- 포갭 절단 속도가 아세틸렌보다 빠르다.
- 후판절단이 아세틸렌보다 빠르다.

37

피복 아크 용접봉에서 아크 길이와 아크 전압의 설명으로 틀린 것은?

① 아크 길이가 너무 길면 불안정하다.
② 양호한 용접을 하려면 짧은 아크를 사용한다.
③ 아크 전압은 아크 길이에 반비례한다.
④ 아크 길이가 적당할 때 정상적인 작은 입자의 스패터가 생긴다.

38

다음 중 용융금속의 이행 형태가 아닌 것은?

① 단락형   ② 스프레이형
③ 연속형   ④ 글로블러형

피복아크 용접봉의 용융금속의 3가지 이행형식
- 단락형 : 박피용 용접봉, 맨용접봉
- 스프레이형 : 4301, 4313
- 글로블러형 : 7016

39

강자성을 가지는 은백색의 금속으로 화학 반응용 촉매, 공구 소결재로 널리 사용되고 바이탈륨의 주성분 금속은?

① Ti   ② Co
③ Al   ④ Pt

40

재료에 어떤 일정한 하중을 가하고 어떤 온도에서 긴 시간 동안 유지하면 시간이 경과함에 따라 스트레인이 증가하는 것을 측정하는 시험 방법은?

① 피로 시험   ② 충격 시험
③ 비틀림 시험   ④ 크리프 시험

> 크리프시험법 : 일정한 하중을 가하고 긴 시간동안 유지하면 시간이 경과 함에 따라 스트레인이 증가하는 것을 시험하는 검사방법

41

금속의 결정구조에서 조밀육방격자(HCP)의 배위수는?

① 6   ② 8
③ 10   ④ 12

> 조밀 육방격장(HCP)는 격장의 배위수가 12개이다.

42

주석청동의 용해 및 주조에서 1.5~1.7%의 아연을 첨가할 때의 효과로 옳은 것은?

① 수축률이 감소된다.   ② 침탄이 촉진된다.
③ 취성이 향상된다.   ④ 가스가 흡입된다.

43

금속의 결정구조에 대한 설명으로 틀린 것은?

① 결정입자의 경계를 결정입계라 한다.
② 결정체를 이루고 있는 각 결정을 결정입자라 한다.
③ 체심입방격자는 단위격자 속에 있는 원자수가 3개이다.
④ 물질을 구성하고 있는 원자가 입체적으로 규칙적인 배열을 이루고 있는 것을 결정이라 한다.

44

Al의 표면을 적당한 전해액 중에서 양극 산화처리하면 표면에 방식성이 우수한 산화 피막층이 만들어진다. 알루미늄의 방식 방법에 많이 이용되는 것은?

① 규산법   ② 수산법
③ 탄화법   ④ 질화법

> 알루미늄 방식법의 종류
> • 수산법 : 알루마이트법 이라고도 하며 Al 제품을 2%의 수산 용액에서 전류를 흘려 표면에 단단하고 치밀한 산화막을 형성 시키는 방법이다.
> • 황산법 : 전해액으로 황산을 사용하며, 가장 널리 사용되는 Al 방식법이다. 경제적이며 내식성과 내마모성이 우수하고 착색력이 좋아서 유지 하기가 용이하다.
> • 크롬산법 : 전해액으로 크롬산을 사용하며, 반투명이나 애나멜과 같은 색을 띤다. 광학기계나 가전제품, 통신기기 등에 사용된다.

45

강의 표면 경화법이 아닌 것은?

① 풀림   ② 금속 용사법
③ 금속 침투법   ④ 하드 페이싱

정답   34.④ 35.③ 36.③ 37.③ 38.③ 39.② 40.④ 41.④ 42.① 43.③ 44.② 45.①

풀림은 일반 열처리법으로 응력을 제거하기 위한 목적으로 사용된다.

49
탄소강에서 탄소의 함량이 높아지면 낮아지는 것은?
① 경도 ② 항복강도
③ 인장강도 ④ 단면 수축률

46
비금속 개재물이 강에 미치는 영향이 아닌 것은?
① 고온 메짐의 원인이 된다.
② 인성은 향상시키나 경도를 떨어뜨린다.
③ 열처리 시 개재물로 인한 균열을 발생시킨다.
④ 단조나 압연 작업 중에 균열의 원인이 된다.

탄소량이 증가 시 증가하는 것
• 강도, 경도, 비열, 보자력, 전기저항
감소하는 것
① 인성, 전성, 연신율, 충격값
② 비중, 선팽창계수, 열전도도
③ 내식성, 용접성

47
해드 필드강(hadfield steel)에 대한 설명으로 옳은 것은?
① Ferrite계 고 Ni강이다.
② Pearlite계 고 Co강이다.
③ Cementite계 고 Cr강이다.
④ Austenite계 Mn강이다.

50
3~5%Ni, 1%Si을 첨가한 Cu 합금으로 C 합금이라고도 하며, 강력하고 전도율이 좋아 용접봉이나 전극재료로 사용되는 것은?
① 톰백 ② 문쯔메탈
③ 길딩메탈 ④ 코슨합금

하드필드 강(고 Mn강)
• 망간 10~14%의 강은 상온에서 오스테나이트 조직을 가지며 내마멸성이 특히 우수하며 각종 광산기계, 기차 레일의 교차점, 냉간 인발용의 드로잉 다이스등에 이용되는 강
• 저 망간강의 특징
  • Mn 1~2%
  • 듀콜강
  • 펄라이트 조직
  • 용접성우수
  • 내식성개선 Cu첨가

51
치수 기입법에서 지름, 반지름, 구의 지름 및 반지름, 모떼기, 두께 등을 표시할 때 사용하는 보조기호 표시가 잘못된 것은?
① 두께 : D6 ② 반지름 : R3
③ 모떼기 : C3 ④ 구의 반지름 : SØ6

제도에서 두께는 t로 표시 된다.

48
잠수함, 우주선 등 극한 상태에서 파이프의 이음쇠에 사용되는 기능성 합금은?
① 초전도 합금 ② 수소 저장 합금
③ 아모퍼스 합금 ④ 형상 기억 합금

52
인접부분을 참고로 표시하는데 사용하는 것은?
① 숨은 선 ② 가상선
③ 외형선 ④ 피치선

가상선(가는 이점쇄선)
• 도시된 물체의 앞면을 표시한다.
• 인접부분을 참고로 표시한다.
• 가공 전 또는 가공후의 모양을 표시
• 이동하는 부분의 이동위치를 표시
• 공구, 지그등의 위치를 표시
• 반복을 표시하는 선

① 치수 a는 9×6(=54)으로 기입할 수 있다.
② 대칭기호를 사용하여 도형을 1/2로 나타낼 수 있다.
③ 구멍은 동일 형상일 경우 대표 형상을 제외한 나머지 구멍은 생략할 수 있다.
④ 구멍은 크기가 동일하더라도 각각의 치수를 모두 나타내야 한다.

53

보기와 같은 KS 용접 기호의 해독으로 틀린 것은?

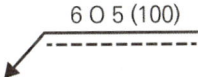

① 화살표 반대쪽 점용접
② 점 용접부의 지름 6mm
③ 용접부의 개수(용접 수) 5개
④ 점 용접한 간격은 100mm

점용접으로 용접하며 용접부의 지름이 6mm이고 5개를 용접하며 간격은 100mm이다. 그리고 화살표쪽을 용접한다.(실선에 표시되면 화살표쪽 용접이고 파선에 표시되면 화살표 반대쪽을 용접)

55

그림과 같은 제3각법 정투상도에 가장 적합한 입체도는?

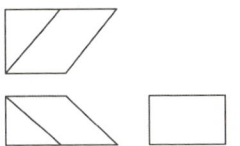

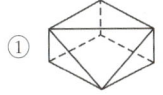 ①   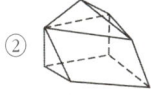 ②

 ③   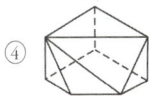 ④

54

좌우, 상하 대칭인 그림과 같은 형상을 도면화하려고 할 때 이에 관한 설명으로 틀린 것은? (단, 물체에 뚫린 구멍의 크기는 같고 간격은 6mm로 일정하다.)

 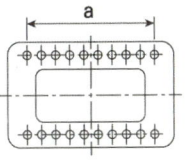

56

3각 기둥, 4각 기둥 등과 같은 각 기둥 및 원기둥을 평행하게 펼치는 전개 방법의 종류는?

① 삼각형을 이용한 전개도법
② 평행선을 이용한 전개도법
③ 방사선을 이용한 전개도법
④ 사다리꼴을 이용한 전개도법

정답 46.② 47.④ 48.④ 49.④ 50.④ 51.① 52.② 53.① 54.④ 55.③ 56.②

57

SF-340A는 탄소강 단강품이며, 340은 최저인장강도를 나타낸다. 이 때 최저 인장강도의 단위로 가장 옳은 것은?

① N/m^2
② kgf/m^2
③ N/mm^2
④ kgf/mm^2

최저인장강도의 단위는 N/mm^2이다.

58

배관 도면에서 그림과 같은 기호의 의미로 가장 적합한 것은?

① 체크 밸브
② 볼 밸브
③ 콕 일반
④ 안전 밸브

59

한쪽 단면도에 대한 설명으로 올바른 것은?

① 대칭형의 물체를 중심선을 경계로 하여 외형도의 절반과 단면도의 절반을 조합하여 표시한 것이다.
② 부품도의 중앙 부위의 전후를 절단하여 단면을 90° 회전시켜 표시한 것이다.
③ 도형 전체가 단면으로 표시된 것이다.
④ 물체의 필요한 부분만 단면으로 표시한 것이다.

60

판금 작업 시 강판재료를 절단하기 위하여 가장 필요한 도면은?

① 조립도
② 전개도
③ 배관도
④ 공정도

정답 57.③ 58.① 59.① 60.②

2016년 4회 ┃ 특수용접기능사 기출문제

01

다음 중 MIG 용접에서 사용하는 와이어 송급 방식이 아닌 것은?

① 풀(pull) 방식
② 푸시(push) 방식
③ 푸시 풀(push - pull) 방식
④ 푸시 언더(push - under) 방식

> MIG 용접에서 사용하는 와이어 송급 방식은 푸시방식, 풀방식, 푸시풀방식, 더블푸시방식

02

용접결함과 그 원인의 연결이 틀린 것은?

① 언더컷 - 용접전류가 너무 낮을 경우
② 슬래그 섞임 - 운봉속도가 느릴 경우
③ 기공 - 용접부가 급속하게 응고될 경우
④ 오버랩 - 부적절한 운봉법을 사용했을 경우

> 용접부의 결함중 구조상 결함의 원인
> - 피트 : 합금원소가 많을 때, 습기, 페인트, 녹, 황 함유시
> - 스패터 : 전류 높을 때, 건조되지 않은 용접봉 사용시, 아크 길이가 길 때
> - 용입불량 : 이음설계 결함, 용접 속도가 빠를 때, 전류가 낮을 때, 용접봉 선택불량
> - 언더컷 : 전류가 높을 때, 아크길이가 클 때, 속도가 부적합 할 때
> - 오버랩 : 용접전류가 낮을 때, 용접봉의 부적합 선택
> - 선상구조 : 용착금속의 냉각속도가 빠를 때, 모재 재질 불량, X선으로는 검출 할 수 없다.
> - 기공의 원인 : 수소, CO_2의 과잉, 용접부의 급속 응고, 모재의 황 함유량 과대, 기름, 페인트, 녹

> - 습도, 아크길이, 전류의 부적당, 용접속도 빠를 때
> - 비드 밑 균열 : 용접 이후 용접열에 의해 조직이 변하는 주변 열영향부에서 수소의 확산에 의해 발생하는 균열이다.
> - 아크 스트라이크 : 용접이음의 밖에서 아크를 발생시킬 때 아크열에 의하여 모재에 결함이 생기는 것

03

일반적으로 용접순서를 결정할 때 유의해야 할 사항으로 틀린 것은?

① 용접물의 중심에 대하여 항상 대칭으로 용접한다.
② 수축이 작은 이음을 먼저 용접하고 수축이 큰 이음은 나중에 용접한다.
③ 용접 구조물이 조립되어감에 따라 용접작업이 불가능한 곳이나 곤란한 경우가 생기지 않도록 한다.
④ 용접 구조물의 중립축에 대하여 용접 수축력의 모멘트 합이 0이 되게 하면 용접선 방향에 대한 굽힘을 줄일 수 있다.

> 용접 조립시, 용접 구조물 설계시 주의사항
> - 물품에 대칭이 되도록 한다.
> - 용접에 적합한 설계를 한다.
> - 구조상 노치를 피한다.
> - 약한 필릿 용접은 피하고 맞대기 용접을 한다.
> - 반복하중을 받는 이음에서는 이음 표면을 평활하게 한다.
> - 용접선에 대하여 수축력의 합이 영이 되도록 한다.
> - 리벳과 용접을 같이 할 때에는 용접을 먼저 한다.
> - 각종 이음의 특성을 잘 알고 사용하며 용접하기 쉽게 설계한다.
> - 큰 구조물은 구조물에 중앙에서 끝으로 향하여 용접한다.

정답 01.④ 02.① 03.②

- 용접길이는 가능한 한 짧게, 용착량도 강도상 필요한 최소치로 한다.
- 수축이 큰 맞대기 이음을 먼저 용접하고 그다음에 필렛 용접을 한다.

04

용접부에 생기는 결함 중 구조상의 결함이 아닌 것은?

① 기공
② 균열
③ 변형
④ 용입 불량

> 용접부의 결함의 종류
> - 치수상결함 : 변형, 치수불량
> - 구조상결함 : 언더컷, 오버랩, 균열, 스패터, 용입불량, 슬랙섞임, 기공, 은점, 선상조직, 피트등
> - 성질상결함 : 기계적, 화학적

05

스터드 용접에서 내열성의 도기로 용융금속의 산화 및 유출을 막아주고 아크열을 집중시키는 역할을 하는 것은?

① 페룰
② 스터드
③ 용접토치
④ 제어장치

> 스터드 용접법 중에서 페룰의 역할
> - 아크를 보호하고 아크를 집중 시킴
> - 용착부의 오염방지
> - 용접사의 눈을 보호
> - 용융금속의 유출 방지

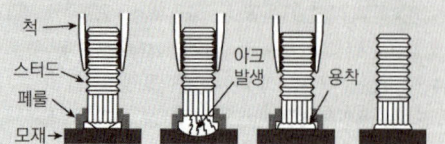

06

다음 중 저항 용접의 3요소가 아닌 것은?

① 가압력
② 통전 시간
③ 용접 토치
④ 전류의 세기

> 저항용접의 3대요소
> - 용접전류, 통전시간, 가압력

07

다음 중 용접이음의 종류가 아닌 것은?

① 십자 이음
② 맞대기 이음
③ 변두리 이음
④ 모따기 이음

08

일렉트로 슬래그 용접의 장점으로 틀린 것은?

① 용접 능률과 용접 품질이 우수하다.
② 최소한의 변형과 최단시간의 용접법이다.
③ 후판을 단일층으로 한 번에 용접할 수 있다.
④ 스패터가 많으며 80%에 가까운 용착 효율을 나타낸다.

> 일렉트로 슬래그 용접
> - 두꺼운 판의 양쪽에 수냉 동판을 대고 용융 슬래그속에서 아크를 발생시킨 후 용융 슬래그의 전기저항을 이용하여 용접하는 특수용접의 일종이다.
> - 두꺼운 단층용접 가능하다.
> - 아크불꽃 없다.
> - 저항 발생열량 $Q = 0.24 I^2RT$
> - 용도 : 선박이나 두꺼운 판의 용접

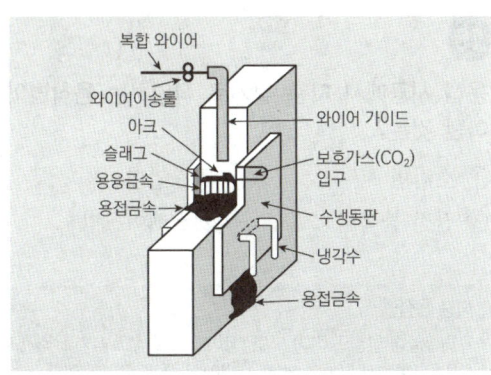

09
선박, 보일러 등 두꺼운 판의 용접 시 용융 슬래그와 와이어의 저항 열을 이용하여 연속적으로 상진하는 용접법은?

① 테르밋 용접
② 넌실드 아크 용접
③ 일렉트로 슬래그 용접
④ 서브머지드 아크 용접

10
다음 중 스터드 용접법의 종류가 아닌 것은?

① 아크 스터드 용접법
② 저항 스터드 용접법
③ 충격 스터드 용접법
④ 텅스텐 스터드 용접법

스터드 용접법의 종류
- 아크스터드용접법
- 충격스터드용접법
- 저항스터드용접법

11
탄산가스 아크 용접에서 용착속도에 관한 내용으로 틀린 것은?

① 용접속도가 빠르면 모재의 입열이 감소한다.
② 용착률은 일반적으로 아크전압이 높은 쪽이 좋다.
③ 와이어 용융속도는 와이어의 지름과는 거의 관계가 없다.
④ 와이어 용융속도는 아크 전류에 거의 정비례하며 증가한다.

이산화탄소 가스 아크용접에서 전류와 전압
1) 전류 : 전류는 와이어의 송급속도를 의미하며 전류가 높으면 용착량이 많아진다.
2) 전압 : 전압은 비드의 모양을 결정하는 것으로 전류에 비해 전압이 높으면 비드의 모양은 납작해지며 전류에 비해 전압이 낮으면 비드의 모양이 볼록해진다.

12
플래시 버트 용접 과정의 3단계는?

① 업셋, 예열, 후열
② 예열, 검사, 플래시
③ 예열, 플래시, 업셋
④ 업셋, 플래시, 후열

플래시 버트 용접 과정의 3단계는 예열, 플래시, 업셋

정답 04.③ 05.① 06.③ 07.④ 08.④ 09.③ 10.④ 11.② 12.③

13

용접결함 중 은점의 원인이 되는 주된 원소는?

① 헬륨 ② 수소
③ 아르곤 ④ 이산화탄소

> **수소의 성질**
> - 0℃, 1기압 1L의 무게는 0.089g이다.
> - 기공 원인이 된다.
> - 납땜, 수중절단에 이용
> - 저온 균열의 원인이 된다.
> - 비드 밑 균열의 원인이다.
> - 고온, 고압에서 취성의 원인이다.
> - 물고기 눈처럼 빛나는 은점의 원인이다.
> - 무미, 무취, 불꽃이 육안 확인 어렵다(청색)
> - 머리카락모양처럼 생기는 헤어크랙 원인이다.
> - 수소가스는 가스중에서 밀도가 가장작고 가벼워서 확산속도가 빠르며 열전도성이 가장 크기 때문에 폭발했을 때 위험성이 크다.(폭명기생성)

14

다음 중 제품별 노내 및 국부풀림의 유지온도와 시간이 올바르게 연결된 것은?

① 탄소강 주강품 : 625±25℃, 판두께 25mm에 대하여 1시간
② 기계구조용 연강재 : 725±25℃, 판두께 25mm 에 대하여 1시간
③ 보일러용 압연강재 : 625±25℃, 판두께 25mm에 대하여 4시간
④ 용접구조용 연강재 : 725±25℃, 판두께 25mm에 대하여 2시간

> 노내풀림법 : 유지 온도가 클수록, 시간이 길수록 효과가 크다. 노내 출입 온도 300℃ 이하를 유지하고 풀림온도 600 ~ 650℃(판 두께 25mm, 1시간)

15

용접 시공에서 다층 쌓기로 작업하는 용착법이 아닌 것은?

① 스킵법 ② 빌드업법
③ 전진 블록법 ④ 캐스케이드법

> **다층 용접법**
> - 덧살올림법(빌드업법) : 열영향이 크고 슬래그 섞임 우려가 있음, 한랭시 구속이 클 때 후판에서 첫 층 균열이 있다.
> - 캐스케이드법 : 하부분의 몇 층을 용접하다가 다음층으로 연속시켜 용접 하는법, 결함이 적지만 잘 사용 않음
> - 전진블록법 : 한 개의 용접봉으로 살을 붙일만한 길이로 구분해서 여러층으로 쌓아 올린후 다음 부분으로 진행함, 첫층 균열발생 우려가 있다.

16

예열의 목적에 대한 설명으로 틀린 것은?

① 수소의 방출을 용이하게 하여 저온 균열을 방지한다.
② 열영향부와 용착 금속의 경화를 방지하고 연성을 증가시킨다.
③ 용접부의 기계적 성질을 향상시키고 경화조직의 석출을 촉진시킨다.
④ 온도 분포가 완만하게 되어 열응력의 감소로 변형과 잔류 응력의 발생을 적게 한다.

> **예열의 목적**
> - 용접 금속에 연성 및 인성을 부여한다.
> - 모재의 수축응력을 감소하여 균열발생 억제
> - 고장력강은 50 ~ 350℃ 정도로 예열을 한다.
> - 냉각속도를 느리게 하여 결함 및 수축 변형을 방지한다.
> - 용착금속의 수소성분이 나갈 수 있는 여유를 주어 비드 밑 균열 방지

17
용접 작업에서 전격의 방지대책으로 틀린 것은?
① 땀, 물 등에 의해 젖은 작업복, 장갑 등은 착용하지 않는다.
② 텅스텐봉을 교체할 때 항상 전원 스위치를 차단하고 작업한다.
③ 절연홀더의 절연부분이 노출, 파손되면 즉시 보수하거나 교체한다.
④ 가죽 장갑, 앞치마, 발 덮게 등 보호구를 반드시 착용하지 않아도 된다.

18
서브머지드 아크용접에서 용제의 구비조건에 대한 설명으로 틀린 것은?
① 용접 후 슬래그(Slag)의 박리가 어려울 것
② 적당한 입도를 갖고 아크 보호성이 우수할 것
③ 아크 발생을 안정시켜 안정된 용접을 할 수 있을 것
④ 적당한 합금성분을 첨가하여 탈황, 탈산 등의 정련작용을 할 것

> 서브머지드 아크용접에서 용제의 구비조건
> • 용접 후 슬래그(Slag)의 박리가 쉬울 것
> • 적당한 입도를 갖고 아크 보호성이 우수할 것
> • 아크 발생을 안정시켜 안정된 용접을 할 수 있을 것
> • 적당한 합금성분을 첨가하여 탈황, 탈산 등의 정련작용을 할 것

19
MIG 용접의 전류밀도는 TIG 용접의 약 몇 배 정도인가?
① 2 ② 4 ③ 6 ④ 8

20
다음 중 파괴시험에서 기계적 시험에 속하지 않는 것은?
① 경도 시험 ② 굽힘 시험
③ 부식 시험 ④ 충격 시험

> 부식시험은 화학적 시험법이다.
> 화학적 시험
> • 화학분석
> • 부식시험 : 습부식, 고온부식, 응력 부식시험 → 내식성검사
> • 수소시험 : 글리세린 치환법, 진공가열법, 확산성 수소량 측정법, 수은에 의한 법

21
다음 중 초음파 탐상법에 속하지 않는 것은?
① 공진법 ② 투과법
③ 프로드법 ④ 펄스 반사법

> 초음파 탐상의 종류
> • 투과법 : 초음파 펄스를 시험체의 한쪽면에서 송신하고 반대쪽에서 수신하는 방법
> • 공진법 : 시험체에 가해진 초음파 진동수와 고유 진동수가 일치 할 때 진동폭이 커지는 공진현상을 이용하여 시험체의 두께를 측정하는 방법
> • 펄스반사법 : 시험체 내로 초음파 펄스를 송신하고 내부 또는 바닥면에서 그 반사체를 탐지하는 결함에 형태로 내부 결함이나 재질을 조사하는 방법이며 결함에코의 형태로 결함을 판정하는 방법으로 가장 많이 사용하고 있다.

정답 13.② 14.① 15.① 16.③ 17.④ 18.① 19.① 20.③ 21.③

22

화재 및 소화기에 관한 내용으로 틀린 것은?

① A급 화재란 일반화재를 뜻한다.
② C급 화재란 유류화재를 뜻한다.
③ A급 화재에는 포말소화기가 적합하다.
④ C급 화재에는 CO_2 소화기가 적합하다.

> **화재의 분류**
> - A : 일반(백색) B : 유류(황색) C : 전기(청색) D : 금속
> - 연소의 3요소 : 점화원, 가연물, 산소공급원

23

TIG 절단에 관한 설명으로 틀린 것은?

① 전원은 직류 역극성을 사용한다.
② 절단면이 매끈하고 열효율이 좋으며 능률이 대단히 높다.
③ 아크 냉각용 가스에는 아르곤과 수소의 혼합 가스를 사용한다.
④ 알루미늄, 마그네슘, 구리와 구리합금, 스테인리스강 등 비철금속의 절단에 이용한다.

> 역극성을 이용하여 절단하는 방법은 아크에어 가우징과 미그 절단법이 있다.

24

다음 중 기계적 접합법에 속하지 않는 것은?

① 리벳   ② 용접
③ 접어 잇기   ④ 볼트 이음

> **접합의 종류**
> - 기계적 접합법 : 볼트, 리벳, 나사, 핀, 코터이음, 키, 접어잇기 등으로 결합하는 방법
> - 야금적 접합법 : 고체 상태에 있는 두 개의 금속재료를 열이나 압력, 또는 열과 압력을 동시에 가해서 서로 접합하는 것으로 용접, 압접, 납땜 등으로 결합하는 방법

25

다음 중 아크절단에 속하지 않는 것은?

① MIG 절단
② 분말 절단
③ TIG 절단
④ 플라즈마 제트 절단

> **분말 절단법**
> - 철분 및 플럭스 분말을 자동적으로 산소에 혼입, 공급하여 산화열 혹은 용제 작용을 이용하여 절단하는 방법으로 철분절단법과 분말절단법이 있다.

26

가스 절단 작업 시 표준 드래그 길이는 일반적으로 모재 두께의 몇 % 정도인가?

① 5   ② 10
③ 20   ④ 30

> 표준 드래그는 판두께의 20%이다.

27

용접 중에 아크를 중단시키면 중단된 부분이 오목하거나 납작하게 파진 모습으로 남게 되는 것은?

① 피트   ② 언더컷
③ 오버랩   ④ 크레이터

> **크레이터**
> - 아크용접시 크레이터 : 아크를 중단시키면 중단된 부분이 오목하거나 납작하게 파진 모습으로 남게 되는 것
> - 티그용접시 크레이터 : 아크를 중단시키면 중단된 부분이 바늘 구멍처럼 뚫리는 모습으로 남게 되는 것
> - 티그용접기에서 크레이터 전류 : 스위치의 기능단자에서 두 번째에 놓으면 수위치 작동시 처음 누르면 용접전류 셋팅값 중 50% 정도의 전류값이 나온다.

10000 ~ 30000℃의 높은 열에너지를 가진 열원을 이용하여 금속을 절단하는 절단법은?

① TIG 절단법
② 탄소 아크 절단법
③ 금속 아크 절단법
④ 플라즈마 제트 절단법

> **플라즈마 제트 절단의 특징**
> - 플라즈마는 고체, 액체, 기체 이외의 제4의 물리상태라고도 한다.
> - 플라즈마란 음전하를 가진 전자와 양전하를 띤 이온으로 분리된 기체상태를 말한다.
> - 가스절단과 같은 화학반응은 이용하지 않고, 고속의 플라즈마를 사용한다.
> - 아크 절단법이며 비금속 절단가능
> - 아크 방전에 있어 양극 사이에 강한 빛을 발하는 부분을 열원으로 하여 절단하는 것
> - 열적핀치효과, 자기적 핀치효과
> - 전극봉으로 텅스텐을 이용
> - 10,000 ~ 30,000℃
> - 비이행형 아크 절단은 텅스텐 전극과 수행 노즐과의 사이에서 아크 플라즈마를 발생시키는 것이다.
> - 이행형 아크 절단은 텅스텐과 모재 사이에서 아크 플라즈마를 발생시키는 것이다.
> - 알루미늄 등의 경금속에는 작동가스로 아르곤과 수소의 혼합가스가 사용된다.

일반적인 용접의 특징으로 틀린 것은?

① 재료의 두께에 재한이 없다.
② 작업공정이 단축되며 경제적이다.
③ 보수와 수리가 어렵고 제작비가 많이 든다.
④ 제품의 성능과 수명이 향상되며 이종 재료도 용접이 가능하다.

일반적으로 두께가 3mm인 연강판을 가스 용접하기에 가장 적합한 용접봉의 직경은?

① 약 2.6mm
② 약 4.0mm
③ 약 5.0mm
④ 약 6.0mm

> **가스용접봉의 지름과 판두께의 관계식**
> - $D = \dfrac{T}{2} + 1$ D : 지름, T : 두께

31

연강용 피복 아크 용접봉의 종류에 따른 피복제 계통이 틀린 것은?

① E 4340 : 특수계
② E 4316 : 저수소계
③ E 4327 : 철분산화철계
④ E 4313 : 철분산화티탄계

> **용접봉의 종류**
> 1) 4301 : 일미나이트계(슬랙 생성식) – 산화티탄, 산화철을 약30% 이상 함유한 광석, 사석을 주성분으로 기계적 성질이 우수하고 용접성이 우수
> 2) 4303 : 라임티탄계 – 피복용 스테인리스강의 성분으로 산화티탄을 30% 이상 함유한 용접봉으로 비드의 외관이 아름답고 언더컷이 발생하지 않음
> 3) 4311 : 고셀롤로오스계(가스실드식) – 슬래그가 적어 좁은 홈의 용접에 적합, 비드표면이 거칠지만 환원성이므로 용착금속의 기계적 성질이 양호하고 수직상진, 하진 및 위보기 용접에서 우수한 작업성을 가지며 스패터가 많으며 피복제중 셀롤로오스가 20 – 30%포함되며 슬래그계 용접봉보다 용접전류를 10 ~ 15% 낮게 한다.
> 4) 4313 : 고산화티탄계 – 산화티탄 35%, 아크안정,CR봉, 비드좋다, 경구조물, 경자동차, 박판 용접에 적합
> 5) 4316 : 저수소계(슬랙 생성식) – 석회석과 형석을 주성분으로 한 것으로, 수소의 함량이 1/10 정도, 기계적성질과 균열의 감수성이 우수, 황의 함유량이 많고 염기성 함유가 높다.

6) 4324 : 철분 산화티탄계로 아래보기 자세와 수평 필릿 자세에 한정
7) 4326 : 철분 저수소계
8) 4327 : 철분 산화철계
9) 4340 : 특수계

32

다음 중 아크 쏠림 방지대책으로 틀린 것은?

① 접지점 2개를 연결할 것
② 용접봉 끝은 아크 쏠림 반대 방향으로 기울일 것
③ 접지점을 될 수 있는 대로 용접부에서 가까이 할 것
④ 큰 가접부 또는 이미 용접이 끝난 용착부를 향하여 용접할 것

> **아크쏠림의 방지책**
> - 전류가 흐를 때 자장이 용접봉에 대하여 비대칭 일 때 발생함
>   – 직류 용접기에서 발생함
> - 아크 블로우, 자기불림, 자기쏠림 이라 한다.
> - 교류 용접기를 사용
> - 접지를 용접부위에서 멀리둔다.
> - 용접부의 시종단에 엔드탭을 설치한다.
> - 아크길이를 짧게 한다.
> - 용접봉의 끝을 아크쏠림 반대쪽으로 숙인다.
> - 긴 용접선은 후퇴법을 이용하여 용접한다.

33

양호한 절단면을 얻기 위한 조건으로 틀린 것은?

① 드래그가 가능한 클 것
② 슬래그 이탈이 양호할 것
③ 절단면 표면의 각이 예리할 것
④ 절단면이 평활하다. 드래그의 홈이 낮을 것

> 절단시 드래그의 크기는 20% 이내여야 한다.

34

산소 – 아세틸렌가스 절단과 비교한, 산소 – 프로판가스절단의 특징으로 틀린 것은?

① 슬래그 제거가 쉽다.
② 절단면 윗 모서리가 잘 녹지 않는다.
③ 후판 절단 시에는 아세틸렌보다 절단속도가 느리다.
④ 포갬 절단 시에는 아세틸렌보다 절단속도가 빠르다.

> **산소 – 프로판 가스 절단의 특징**
> - 절단면이 미세하고 깨끗하다.
> - 절단면 상부에 모서리 녹음이 적다.
> - 슬래그 제거가 쉽다.
> - 포갬 절단 속도가 아세틸렌보다 빠르다.
> - 후판절단이 아세틸렌보다 빠르다.

35

용접기의 사용률(duty cycle)을 구하는 공식으로 옳은 것은?

① 사용률(%) = 휴식시간 / (휴식시간 + 아크발생시간) × 100
② 사용률(%) = 아크발생시간 / (아크발생시간 + 휴식시간) × 100
③ 사용률(%) = 아크발생시간 / (아크발생시간 – 휴식시간) × 100
④ 사용률(%) = 휴식시간 / (아크발생시간 – 휴식시간) × 100

> **용접기의 사용률(duty cycle)을 구하는 공식**
> - 사용률(%) = 아크발생시간 / (아크발생시간 + 휴식시간) × 100

36
가스절단에서 예열불꽃의 역할에 대한 설명으로 틀린 것은?

① 절단산소 운동량 유지
② 절단산소 순도 저하 방지
③ 절단개시 발화점 온도 가열
④ 절단재의 표면 스케일 등의 박리성 저하

> 가스절단에서 예열불꽃의 역할 중 절단재의 표면 스케일 등의 박리성의 증가에 있다.

37
가스 용접 작업에서 양호한 용접부를 얻기 위해 갖추어야 할 조건으로 틀린 것은?

① 용착 금속의 용집 상태가 균일해야 한다.
② 용접부에 첨가된 금속의 성질이 양호해야 한다.
③ 기름, 녹 등을 용접 전에 제거하여 결함을 방지한다.
④ 과열의 흔적이 있어야 하고 슬래그나 기공 등도 있어야 한다.

38
용접기 설치 시 1차 입력이 10 kVA이고 전원전압이 200V이면 퓨즈 용량은?

① 50A   ② 100A
③ 150A   ④ 200A

> 퓨즈의 전류값 = $\dfrac{1차입력(KVA)}{전원입력(V)}$ = $\dfrac{10000}{200}$ = 50

39
다음의 희토류 금속원소 중 비중이 약 16.6, 용융점은 약 2996℃이고, 150℃ 이하에서 불활성 물질로서 내식성이 우수한 것은?

① Se   ② Te
③ In   ④ Ta

> Ta는 탄탈성분으로 비중이 약 16.6, 용융점은 약 2996℃이고, 150℃ 이하에서 불활성 물질로서 내식성이 우수한 것이다.

40
압입체의 대면각이 136°인 다이아몬드 피라미드에 하중 1~120kg을 사용하여 특히 얇은 물건이나 표면 경화된 재료의 경도를 측정하는 시험법은 무엇인가?

① 로크웰 경도 시험법
② 비커스 경도 시험법
③ 쇼어 경도 시험법
④ 브리넬 경도 시험법

> **경도시험**
> - 브리넬경도 : 담금질된 강구를 일정하중으로
> - 비커스경도 : 다이아몬드 4각추
> - 로크웰경도 : B스케일(120KG), C스케일(150KG) - 다이아몬드 각도 120°
> - 쇼어경도 : 추를 일정높이에서 떨어뜨려(완성품)

정답 32.③ 33.① 34.③ 35.② 36.④ 37.④ 38.① 39.④ 40.②

41

T.T.T 곡선에서 하부 임계냉각 속도란?

① 50% 마텐자이트를 생성하는데 요하는 최대의 냉각속도
② 100% 오스테나이트를 생성하는데 요하는 최소의 냉각속도
③ 최초의 소르바이트가 나타나는 냉각속도
④ 최초의 마텐자이트가 나타나는 냉각속도

> T.T.T 곡선에서 하부 임계냉각 속도는 최초의 마텐자이트가 나타나는 냉각속도

42

1000~1100℃에서 수중냉각 함으로써 오스테나이트 조직으로 되고, 인성 및 내마멸성 등이 우수하여 광석 파쇄기, 기차 레일, 굴삭기 등의 재료로 사용되는 것은?

① 고 Mn강
② Ni - Cr강
③ Cr - Mo강
④ Mo계 고속도강

> 하드필드 강(고 Mn강)
> • 망간 10~14%의 강은 상온에서 오스테나이트 조직을 가지며 내마멸성이 특히 우수하며 각종 광산기계, 기차 레일의 교차점, 냉간 인발용의 드로잉 다이스등에 이용되는 강
> 저 망간강의 특징
> • Mn 1~2%   • 듀콜강
> • 펄라이트 조직   • 용접성 우수
> • 내식성개선 Cu첨가

43

게이지용 강이 갖추어야 할 성질로 틀린 것은?

① 담금질에 의해 변형이나 균열이 없을 것
② 시간이 지남에 따라 치수변화가 없을 것
③ HRC55 이상의 경도를 가질 것
④ 팽창계수가 보통 강보다 클 것

44

알루미늄을 주성분으로 하는 합금이 아닌 것은?

① Y합금   ② 라우탈
③ 인코넬   ④ 두랄루민

> 알루미늄 합금의 종류
> 1) 주조용 알루미늄의 대표
>   • 실루민(Al + Si) - 알펙스라고 표현(si 14%)
>   • 라우탈(Al + Si + Cu)
> 2 내식성 알루미늄의 대표
>   • 하이드로날륨(Al + Mg)
> 3) 단조용(가공용) 알루미늄의 대표
>   • 두랄루민(Al + Cu + Mg + Mn)
> 4) 내열용 알루미늄의 대표
>   • Y합금 (Al + Cu + Ni + Mg)
>   • Lo - ex(Al + Cu + Ni + Mg + Si)

45

두 종류 이상의 금속 특성을 복합적으로 얻을 수 있고 바이메탈 재료 등에 사용되는 합금은?

① 제진 합금   ② 비정질 합금
③ 클래드 합금   ④ 형상 기억 합금

> 클래드 합금 : 두 종류 이상의 금속 특성을 복합적으로 얻을 수 있고 바이메탈 재료 등에 사용되는 합금

46

황동 중 60%Cu + 40%Zn 합금으로 조직이 $\alpha + \beta$ 이므로 상온에서 전연성이 낮으나 강도가 큰 합금은?

① 길딩 메탈(gilding metel)
② 문쯔 메탈(Muntz metel)
③ 두라나 메탈(durana metel)
④ 애드미럴티 메탈(Admiralty metel)

황동의 종류
- Cu+5% Zn : 길딩메탈(메달용)
- Cu+15% Zn : 래드브라스(소켓 체결구)
- Cu+20% Zn : 톰백(장신구용)
- Cu+30% Zn : 카트리지 황동 : 연신율이 최고
- Cu+40% Zn : 문쯔 메탈(열교환기, 열간단조품, 탄피 등에 사용)
- Cu+40%+Fe(1%) : 델타 메탈 → 내식성 개선, 선박, 광산, 기어, 볼트
- 애드미럴티 황동 : 7:3 황동에 주석1% 첨가 탈아연 부식억제, 내식성, 내 해수성을 증대시킨 것
- 네이벌 : 6:4 황동에 Sn1% 첨가, 탈아연 부식방지

47

가단주철의 일반적인 특징이 아닌 것은?

① 담금질 경화성이 있다.
② 주조성이 우수하다.
③ 내식성, 내충격성이 우수하다.
④ 경도는 Si량이 적을수록 좋다.

가단주철의 일반적인 특징
- 담금질 경화성이 있다.
- 주조성이 우수하다.
- 내식성, 내충격성이 우수하다.
- 경도는 Si량이 클수록 좋다.

48

금속에 대한 성질을 설명한 것으로 틀린 것은?

① 모든 금속은 상온에서 고체 상태로 존재한다.
② 텅스텐(W)의 용융점은 약 3410℃이다.
③ 이리듐(Ir)의 비중은 약 22.5 이다.
④ 열 및 전기의 양도체이다.

수은(Hg)을 제외한 모든 금속이 고체상태로 존재한다.

49

순철이 910℃에서 Ac_3 변태를 할 때 결정격자의 변화로 옳은 것은?

① BCT → FCC
② BCC → FCC
③ FCC → BCC
④ FCC → BCT

금속 결정의 종류

종류	특징	금속
체심 입방 격자 (B·C·C)	강도가 크고 전·연성은 떨어진다.	Cr, Mo, W, V, Ta, K, Na, α-Fe, δ-Fe
면심 입방 격자 (F·C·C)	전·연성이 풍부하여 가공성이 우수하다.	Ag, Al, Au, Cu, Ni, Pb, Pt, Ca, γ-Fe
조밀 육방 격자 (H·C·P)	전·연성 및 가공성이 불량하다.	Ti, Be, Mg, Zn, Zr

순철의 자기변태점(α-Fe, δ-Fe은 체심입방격자, γ-Fe은 면심입방격자임)
- A_1변태점 : 210℃(순수한 시멘타이트의 자기변태점)
- A_2변태점 : 768℃(912-A3, 1400-A4)
- A_3변태점 : 912℃ (α-Fe → γ-Fe)
- A_4변태점 : 1400℃(γ-Fe → δ-Fe)

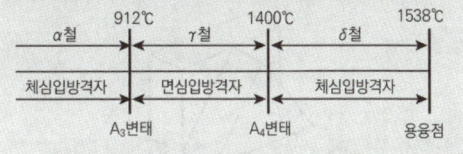

50

압력이 일정한 Fc-C 평형상태도에서 공정점의 자유도는?

① 0   ② 1
③ 2   ④ 3

정답 41.④ 42.① 43.④ 44.③ 45.③ 46.② 47.④ 48.① 49.② 50.①

51

다음 중 도면의 일반적인 구비조건으로 관계가 가장 먼 것은?

① 대상물의 크기, 모양, 자세, 위치의 정보가 있어야 한다.
② 대상물을 명확하고 이해하기 쉬운 방법으로 표현해야 한다.
③ 도면의 보존, 검색 이용이 확실히 되도록 내용과 양식을 구비해야 한다.
④ 무역과 기술의 국제 교류가 활발하므로 대상물의 특징을 알 수 없도록 보안성을 유지해야 한다.

도면은 객관적으로 알 수 있도록 표현 되어야 한다.

53

배관도에서 유체의 종류와 문자 기호를 나타내는 것 중 틀린 것은?

① 공기 : A
② 연료 가스 : G
③ 증기 : W
④ 연료유 또는 냉동기유 : O

유체 종류	기호
공기, 가스	A, G
유류	O
수증기	S
물	W
냉각수	C
냉수	CH
냉매	R
증기	V

52

보기 입체도를 제3각법으로 올바르게 투상한 것은?

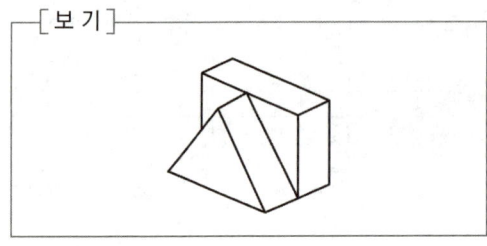

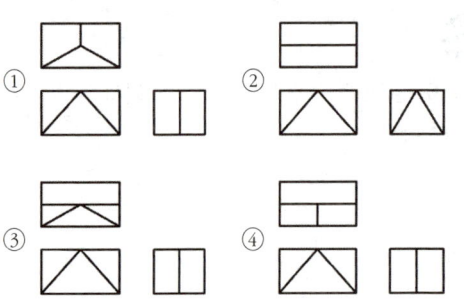

54

리벳의 호칭 표기법을 순서대로 나열한 것은?

① 규격번호, 종류, 호칭지름×길이, 재료
② 종류, 호칭지름×길이, 규격번호, 재료
③ 규격번호, 종류, 재료, 호칭지름×길이
④ 규격번호, 호칭지름×길이, 종료, 재료

리벳 호칭의 해설

KSB1102 열간 접시 머리 리벳 16 × 40 SV 330

- SV 330 : 재료
- 16 × 40 : 호칭지름 × 길이
- 열간 접시 머리 리벳 : 종류
- KS B 1102 : 규격번호
- 리벳의 호칭: 규격번호, 종류, 호칭지름 × 길이, 재료

55

다음 중 일반적으로 긴 쪽 방향으로 절단하여 도시할 수 있는 것은?

① 리브
② 기어의 이
③ 바퀴의 암
④ 하우징

56

단면의 무게 중심을 연결한 선을 표시하는데 사용하는 선의 종류는?

① 가는 1점 쇄선
② 가는 2점 쇄선
③ 가는 실선
④ 굵은 파선

• 가는 2점 쇄선 – 가상선 무게 중심선

57

다음 용접 보조기호에 현장 용접기호는?

①    ②
③   ④ ─

58

보기 입체도의 화살표 방향 투상 도면으로 가장 적합한 것은?

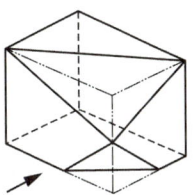

①    ②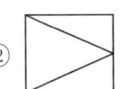
③ 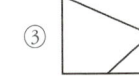   ④

59

탄소강 단강품의 재료 표시기호 "SF 490A"에서 "490"이 나타내는 것은?

① 최저 인장강도   ② 강재 종류 번호
③ 최대 항복강도   ④ 강재 분류 번호

60

다음 중 호의 길이 치수를 나타내는 것은?

① 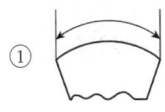   ②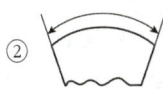
③    ④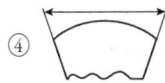

정답 51.④ 52.④ 53.③ 54.① 55.④ 56.② 57.② 58.③ 59.① 60.①

2017년 용접기능사 기출문제

01

가스 용접에서 압력 조정기의 압력 전달 순서가 올바르게 된 것은?

① 부르동관 → 링크 → 섹터기어 → 피니언
② 부르동관 → 피니언 → 링크 → 섹터기어
③ 부르동관 → 링크 → 피니언 → 섹터기어
④ 부르동관 → 피니언 → 섹터기어 → 링크

> 가스용접에서 조정기의 압력 전달순서
> • 부르동관 → 링크 → 섹터기어 → 피니언

02

용접에 있어서 모든 열적 요인 중 모재에 가장 영향을 많이 주는 요소는?

① 용접입열   ② 용접 재료
③ 주위 온도   ④ 용접복사열

03

화재의 분류는 소화 시 매우 중요한 역할을 한다. 서로 바르게 연결된 것은?

① A급 화재 - 유류 화재
② B급 화재 - 일반 화재
③ C급 화재 - 가스 화재
④ D급 화재 - 금속 화재

> 화재의 분류
> • A : 일반(백색) B : 유류(황색) C : 전기(청색) D : 금속

04

불활성 가스가 아닌 것은?

① C_2H_2 ② Ar
③ Ne   ④ He

05

서브머지드 아크 용접장치 중 전극의 형상에 의한 분류에 속하지 않는 것은?

① 와이어(wire) 전극
② 테이프(tape) 전극
③ 대상(hoop) 전극
④ 대차(carriage) 전극

> 서브머지드 아크용접의 전극에 의한 분류는 와이어전극, 테이프전극, 대상전극이 있으며 대차는 용접헤드를 움직이는 주행대차이다.

06

용접 시공계획에서 용접 이음 준비에 해당되지 않는 것은?

① 용접 홈의 가공   ② 부재의 조립
③ 변형 교정   ④ 모재의 가용접

> 변형의 교정은 이음의 준비에는 해당되지 않는다.
> 용접 후 변형 교정법
> • 박판에 대한 점 수축법 - 소성가공을 이용
> • 형재에 대한 직선 수축법
> • 가열후 해머질 하는 방법
> • 후판에 대해 가열후 압력을 가하고 수냉하는법 - 순서
> • 로울러에 거는법
> • 절단하여 정형후 재용접하는 법

07

다음 중 서브머지드 아크 용접(Submerged Arc Welding)에서 용제의 역할과 가장 거리가 먼 것은?

① 아크 안정
② 용락 방지
③ 용접부의 보호
④ 용착금속의 재질 개선

> 서브머지드 아크용접에서 용제는 용융부를 대기로부터 보호하고 아크를 안정시키며 또한 화학적, 금속학적 반응으로 정련 작용 및 합금 첨가작용 등의 역할을 한다.

08

전기저항 용접의 종류가 아닌 것은?

① 점 용접
② MIG 용접
③ 프로젝션 용접
④ 플래시 용접

> 저항용접의 분류
> - 겹치기용접법 : 점용접, 심용접, 프로잭션 용접
> - 맞대기용접법 : 업셋용접, 플래시 용접, 퍼커션 용접

09

용접 금속에 기공을 형성하는 가스에 대한 설명으로 틀린 것은?

① 응고 온도에서 액체와 고체의 용해도 차에 의한 가스 방출
② 용접 금속 중에서의 화학반응에 의한 가스 방출
③ 아크 분위기에서 기체의 물리적 혼입
④ 용접 중 가스 압력의 부적당

> 기공의 원인
> - 수소, CO_2의 과잉
> - 모재의 황 함유량 과대
> - 아크길이, 전류의 부적당
> - 용접부의 급속한 응고
> - 기름, 페인트, 녹
> - 용접속도 빠르다.

10

가스 용접 시 안전조치로 적절하지 않은 것은?

① 가스의 누설검사는 필요할 때만 체크하고 점검은 수돗물로 한다.
② 가스 용접 장치는 화기로부터 5m 이상 떨어진 곳에 설치해야 한다.
③ 작업 종료 시 메인 밸브 및 콕 등을 완전히 잠가야 한다.
④ 인화성 액체 용기의 용접을 할 때는 증기 열탕물로 완전히 세척한 후 통풍구멍을 개방하고 작업한다.

11

TIG 용접에서 가스이온이 모재에 충돌하여 모재 표면의 산화물을 제거하는 현상은?

① 제거 효과
② 청정 효과
③ 용융 효과
④ 고주파 효과

> 알루미늄 용접
> - 열전도도가 커서 단시간에 용접온도를 높이는데 높은 온도의 열원이 필요
> - 열 팽창계수가 매우커서 일반 용접법 곤란
> - 가스용접, 불활성가스아크용접, 전기저항용접으로
> - 용접 후 2%질산, 10% 뜨거운 황산으로 씻어냄
> - 청정작용 – Ar가스 이용, TiG 용접 직류역극성 이용
> - 전원은 교류고주파(ACHF) 이용기공

정답 01.① 02.① 03.④ 04.① 05.④ 06.③ 07.② 08.② 09.④ 10.① 11.②

12

연강의 인장 시험에서 인장 시험편의 지름이 10mm이고, 최대 하중이 5500kgf일 때 인장 강도는 약 몇 kgf/mm²인가?

① 60 ② 70
③ 80 ④ 90

- 인장강도 = $\dfrac{\text{최대하중}}{\text{단면적}} = \dfrac{P}{A} = \dfrac{P}{\frac{\pi}{4}D^2} = \dfrac{P \times 4}{\pi \times D^2}$

  $= \dfrac{5500 \times 4}{\pi \times 10^2} = 70\,\text{kgf/mm}^2$

13

용접부 표면에 사용되는 검사법으로, 비교적 간단하고 비용이 저렴하며 자기탐상 검사가 되지 않는 금속 재료에 주로 사용되는 검사법은?

① 방사선 비파괴 검사
② 누수 검사
③ 침투 비파괴 검사
④ 초음파 비파괴 검사

비파괴 시험법의 종류
- VT 외관검사
- MT 자분탐상
- PT 침투탐상(형광 F)
- ECT 맴돌이검사
- UT 초음파탐상
- RT 방사선검사
- LT 누설검사

비파괴 시험법 중 표면을 검사하는 방법
- MT 자분탐상
- PT 침투탐상(형광 F)

비파괴 시험법 중 내면을 검사하는 방법
- UT 초음파탐상
- RT 방사선검사

14

용접에 의한 변형을 미리 예측하여 용접하기 전에 용접 반대 방향으로 변형을 주고 용접하는 방법은?

① 억제법 ② 역변형법
③ 후퇴법 ④ 비석법

변형 방지법
- 억제법(구속법) · 역변형법 · 도열법 · 용착법
- 억제법 : 가접 내지는 구속지그 사용
- 도열법 : 용접부 주위에 물을 적신 석면, 동판을 대어 열을 흡수
- 용착법 : 대칭, 후퇴, 스킵법, 교호법

15

플라스마 아크 용접에 적합한 모재가 아닌 것은?

① 텅스텐, 백금
② 티탄, 니켈 합금
③ 티탄, 구리
④ 스테인리스강, 탄소강

16

용접 지그를 사용했을 때의 장점이 아닌 것은?

① 구속력을 크게 하여 잔류 응력 발생을 방지한다.
② 동일 제품을 다량 생산할 수 있다.
③ 제품의 정밀도를 높인다.
④ 작업을 용이하게 하고 용접능률을 높인다.

용접시 지그사용 목적
- 대량생산 가능하다.
- 용접 작업을 쉽게 한다.
- 재품의 치수를 정확하게 한다.
- 용접부의 신뢰도가 높아진다.
- 다듬질을 좋게 한다.
- 변형을 억제 한다.

17

일종의 피복 아크 용접법으로 피더(feeder)에 철분계 용접봉을 장착하여 수평 필릿 용접을 전용으로 하는 일종의 반자동 용접장치이며, 모재와 일정한 경사를 갖는 금속지주를 용접 홀더가 하강하면서 용접이 되는 용접법은?

① 그래비트 용접
② 용사
③ 스터드 용접
④ 테르밋 용접

그래비트 용접기는 피복아크 용접법으로 피더에 철분계 용접봉을 장착하여 수평필렛 용접을 전용으로하는 일종의 반자동 용접장치이며 용접홀더가 하강하면서 용접이 되는 기구이다.

18

피복 아크 용접에 의한 맞대기 용접에서 개선 홈과 판 두께에 관한 설명으로 틀린 것은?

① I형 : 판 두께 6mm 이하 양쪽 용접에 적용
② V형 : 판 두께 20mm 이하 한쪽 용접에 적용
③ U형 : 판 두께 40 ~ 60mm 양쪽 용접에 적용
④ X형 : 판 두께 15 ~ 40mm 양쪽 용접에 적용

판두께에 따른 홈의 형상
- I형 : 6mm 이하
- V형 : 6 ~ 20mm
- J형 : 6 ~ 20mm
- K형, 양면 J : 12mm 이하
- X형 : 12mm 이하
- U형 : 16 ~ 50mm
- H형 : 50mm 이상

19

이산화탄소 아크 용접 방법에서 전진법의 특징으로 옳은 것은?

① 스패터의 발생이 적다.
② 깊은 용입을 얻을 수 있다.
③ 비드 높이가 낮아 평탄한 비드가 형성된다.
④ 용접선이 잘 보이지 않아 운봉을 정확하게 하기 어렵다.

이산화탄소 아크용접 방법에서 전진법의 특징
- 전진법은 오른쪽에서 왼쪽으로 용접하는 방법으로 용접선을 잘 볼 수가 있다.
- 비드의 높이가 낮아 평탄한 비드가 형성된다.
- 스패터가 많고 진행방향으로 흩어진다.
- 용착금속의 진행방향으로 앞서기 쉬워 용입이 얕다.

20

일렉트로 슬래그 용접에서 주로 사용되는 전극 와이어의 지름은 보통 몇 mm인가?

① 1.2 ~ 1.5
② 1.7 ~ 2.3
③ 2.5 ~ 3.2
④ 3.5 ~ 4.0

와이어는 주로 2.4mm나 3.2mm를 주로 사용한다.

정답 12.② 13.③ 14.② 15.① 16.① 17.① 18.③ 19.③ 20.③

21

볼트나 환봉을 피스톤형의 홀더에 끼우고 모재와 볼트 사이에 순간적으로 아크를 발생시켜 용접하는 방법은?

① 서브머지드 아크 용접
② 스터드 용접
③ 테르밋 용접
④ 불활성가스 아크 용접

- 볼트나 환봉등을 피스톤형 홀더에 끼우고 모재와 환봉사이에서 순간적으로 아크를 발생시켜 용접하는 방법
- 스터드 용접법의 종류
  - 아크 스터드 · 충격 스터드 · 저항 스터드
- 스터드 용접법 중에서 페룰의 역할
  - 아크를 보호, 아크를 집중시킴, 용착부의 오염방지, 용접사의 눈을 보호
- 스터드 용접법의 장점
  - 용접시간이 길지만 용접변형이 작다
  - 용접 후 냉각속도가 빠르다
  - 알루미늄, 스테인리스 용접이 가능하다.
  - 탄소 0.2%, 망간 0.7% 이하 시 균열발생이 없다.

22

용접 결함과 그 원인에 대한 설명 중 잘못 짝지어진 것은?

① 언더컷 - 전류가 너무 높을 때
② 기공 - 용접봉이 흡습되었을 때
③ 오버랩 - 전류가 너무 낮을 때
④ 슬래그 섞임 - 전류가 높을 때

용접부의 결함중 구조상 결함의 원인
- 피트 : 합금원소가 많을 때, 습기, 페인트, 녹 등 황 함유 시
- 스패터 : 전류 높을 때, 건조되지 않은 용접봉 사용 시, 아크 길이가 길 때
- 용입불량 : 이음설계 결함, 용접 속도가 빠를 때, 전류가 낮을 때
- 언더컷 : 전류가 높을 때, 아크길이가 길 때, 속도가 부적합 할 때
- 오버랩 : 용접전류가 낮을 때, 용접봉의 부적합 선택
- 선상구조 : 용착금속의 냉각속도가 빠를 때, 모재 재질 불량, X선으로는 검출 할 수 없다.

23

피복 아크 용접에서 피복제의 성분에 포함되지 않는 것은?

① 피복 안정제
② 가스 발생제
③ 피복 이탈제
④ 슬래그 생성제

피복제의 역할(용제)
- 아크안정
- 용적의 미세화
- 전기 절연작용
- 탈산정련
- 산·질화 방지
- 유동성 증가
- 서냉으로 취성방지
- 슬래그 박리성 증대

24

피복 아크 용접봉의 용융 속도를 결정하는 식은?

① 용융 속도 = 아크 전류×용접봉 쪽 전압 강하
② 용융 속도 = 아크 전류×모재 쪽 전압 강하
③ 용융 속도 = 아크 전압×용접봉 쪽 전압 강하
④ 용융 속도 = 아크 전압×모재 쪽 전압 강하

용융속도
- 시간당 소모되는 용접봉의 길이, 무게
- 아크전류 × 용접봉 쪽 전압강하

25

용접부의 외부에서 주어지는 열량을 무엇이라 하는가?

① 용접 외열
② 용접 가열
③ 용접 열효율
④ 용접 입열

26
피복 아크 용접 시 용접선 상에서 용접봉을 이동시키는 조작을 말하며 아크의 발생, 중단, 위빙 등이 포함된 작업을 무엇이라 하는가?

① 용입 ② 운봉
③ 키홀 ④ 용융지

27
산소 및 아세틸렌 용기의 취급 방법으로 틀린 것은?

① 산소용기의 밸브, 조정기, 도관, 취부구는 반드시 기름이 묻은 천으로 깨끗이 닦아야 한다.
② 산소용기의 운반 시 충돌, 충격을 주어서는 안 된다.
③ 사용이 끝난 용기는 실병과 구분하여 보관한다.
④ 아세틸렌 용기는 세워서 사용하며 용기에 충격을 주어서는 안 된다.

28
산소-아세틸렌가스 용접기로 두께가 3.2mm인 연강 판을 V형 맞대기 이음을 하려고 한다. 이에 적합한 연강용 가스 용접봉의 지름(mm)을 구하면?

① 4.6 ② 3.2
③ 3.6 ④ 2.6

가스용접봉의 지름과 판두께의 관계식
$D = \dfrac{T}{2} + 1$ D : 지름
  T : 두께

29
가변 저항의 변화를 이용하여 용접 전류를 조정하는 교류 아크 용접기는?

① 탭 전환형
② 가동 코일형
③ 가동 철심형
④ 가포화 리액터형

교류용접기 종류
- 탭전환형 : 무부하 전압이 높아 전격위험이 크고 코일의 감긴수에 따라 전류를 조정하는 것,
- 미세 전류 조정이 불가능함
- 가동코일형 : 1차코일의 거리조정으로 전류조정
- 가동철심형 : 가동철심을 움직여 누설자속을 변동시켜 전류를 조정, 미세전류 조정이 가능
- 가포화리액터형 : 전류 조정이 용이하고 전류 조정을 전기적으로 하기 때문에 이동 부분이 없고
- 가변저항의 변화로 전류조정, 원격조정 가능

30
AW-250, 무부화 전압이 80V, 아크 전압이 20V인 교류 용접기를 사용할 때 역률과 효율은 각각 얼마인가? (단, 내부 손실은 4KW이다.)

① 역률 : 45%, 효율 : 56%
② 역률 : 48%, 효율 : 69%
③ 역률 : 54%, 효율 : 80%
④ 역률 : 69%, 효율 : 72%

정답 21.② 22.④ 23.③ 24.① 25.④ 26.② 27.① 28.④ 29.④ 30.①

① 역률 = $\dfrac{소비전력(KW)}{전원입력(KVA)} \times 100$

= $\dfrac{(250 \times 20) + 4000}{250 \times 80} \times 100 = 45\%$

② 효율 = $\dfrac{아크출력(KVA)}{소비전력(KW)} \times 100$

= $\dfrac{250 \times 20}{(250 \times 20) + 4000} \times 100 = 56\%$

- 전원입력 = 정격2차전류 × 무부하전압
- 아크출력 = 정격2차전류 × 아크전압
- 소비전력 = 아크출력 + 내부손실

- 43 : 용착금속의 최소인장강도
- 27 : 피복제 계통(0,1은 전자세, 2은 F, H – FILLET, 3은 F, 4는 전자세 또는 특정자세)
  1) 4301 : 일미나이트계(슬랙 생성식)
  2) 4303 : 라임티탄계(스텐레스계)
  3) 4311 : 고셀롤로오스계(가스실드식)
  4) 4313 : 고산화티탄계(산화티탄 35%, 아크안정, CR봉, 비드 좋다, 경구조물, 경자동차, 박판용접에 적합
  5) 4316 : 저수소계(기계적성질이 우수), 수소의 함량이 1/10정도, 균열의 감수성이 우수, 황의 함유량이 많고 성분은 석회석과 형석으로 구성, 염기성이 크다.
  6) 4324 : 철분산화티탄계
  7) 4326 : 철분저수소계
  8) 4327 : 철분산화철계

###

혼합가스 연소에서 불꽃 온도가 가장 높은 것은?

① 산소 - 수소 불꽃
② 산소 - 프로판 불꽃
③ 산소 - 아세틸렌 불꽃
④ 산소 - 부탄 불꽃

불꽃의 온도
- 산소 – 수소불꽃 : 2982℃
- 산소 – 프로판 : 2926℃
- 산소 – 아세틸렌 : 3230℃
- 산소 – 부탄불꽃 : 2926℃

32

연강용 피복 아크 용접봉의 종류와 피복제 계통으로 틀린 것은?

① E4303 : 라임티타니아계
② E4311 : 고산화티탄계
③ E4316 : 저수소계
④ E4327 : 철분산화철계

용접봉 기호 E4327 중 "27"의 뜻
- E : 피복금속 아크용접봉
- 심선의 25mm는 홀더접속용, 3mm는 아크 발생용

33

산소 – 아세틸렌 가스 절단과 비교한 산소 – 프로판 가스 절단의 특징으로 옳은 것은?

① 절단면이 미세하며 깨끗하다.
② 절단 개시 시간이 빠르다.
③ 슬래그 제거가 어렵다.
④ 중성 불꽃을 만들기 쉽다.

산소 – 프로판 가스 절단의 특징
- 산소(4.5) : 프로판(1)의 비율
- 절단면이 미세하고 깨끗하다.
- 절단면 상부에 모서리 녹음이 적다.
- 슬래그 제거가 쉽다.
- 포갭 절단 속도가 아세틸렌보다 빠르다.
- 후판절단이 아세틸렌보다 빠르다.

###

피복 아크 용접에서 "모재의 일부가 녹은 쇳물 부분"을 의미하는 것은?

① 슬래그   ② 용융지
③ 피복부   ④ 용착부

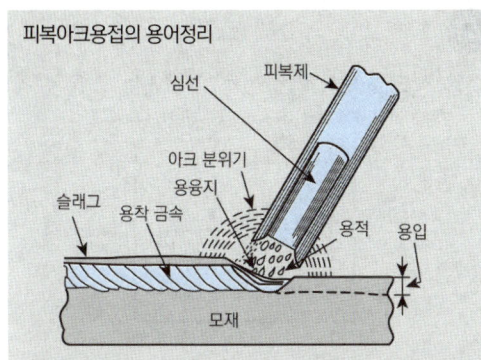

- 아크 : 기체중에서 일어나는 방전의 일종 6000℃
- 용융지 : 모재가 녹은 쇳물
- 용적 : 용접봉이 녹은 쇳물
- 용착 : 용접봉이 녹아 용융지에 들어가는 것
- 용입 : 모재가 녹은 깊이
- 용락 : 백비드가 녹아서 뒤로 떨어지는 것

36

연강용 가스 용접봉에서 "625±25℃에서 1시간 동안 응력을 제거한 것"을 뜻하는 영문자 표시에 해당되는 것은?

① NSR ② GB
③ SR ④ GA

영문표시
- NS(Not to scale) 비례척도가 아니다
- SR 응력제거   · NSR 응력제거 아니다
- M 영구적인 뚜껑   · MR 제거 가능한 뚜껑
- VT 외관검사   · MT 자분탐상
- PT 침투탐상(형광 F)   · UT 초음파탐상
- RT 방사선검사   · LT 누설검사
- ECT 맴돌이검사

35

가스 압력 조정기 취급 사항으로 틀린 것은?

① 압력 용기의 설치구 방향에는 장애물이 없어야 한다.
② 압력 지시계가 잘 보이도록 설치하며 유리가 파손되지 않도록 주의한다.
③ 조정기를 견고하게 설치한 다음 조정나사를 잠그고 밸브를 빠르게 열어야 한다.
④ 압력 조정기 설치구에 있는 먼지를 털어내고 연결부에 정확하게 연결한다.

가스 압력조정기 취급시 주의사항
- 가스 누설 여부는 비눗물로 점검한다.
- 나사부는 그리스나 기름등을 사용하지 않는다.
- 조정기를 견고하게 설치하고 조정 나사를 풀고 밸브는 천천히 열어야 한다.

37

피복 아크 용접에서 위빙(weaving) 폭은 심선 지름의 몇 배로 하는 것이 가장 적당한가?

① 1배 ② 2~3배
③ 5~6배 ④ 7~8배

피복아크용접에서 위빙폭은 심선지름의 3배정도 하는 것이 적당하다.

38

전격 방지기는 아크를 끊음과 동시에 자동적으로 릴레이가 차단되어 용접기의 2차 무부하 전압을 몇 V 이하로 유지시키는가?

① 20~30 ② 35~45
③ 50~60 ④ 65~75

정답 31.③ 32.② 33.① 34.② 35.③ 36.③ 37.② 38.①

교류용접기의 부속장치(설명)
- 전격방지기 : 감전의 위험으로부터 작업자 보호, 2차 무부하 전압을 20V ~ 30V로 유지
- 핫스타트장치(아크부스터) : 처음 모재에 접촉한 순간 0.2 ~ 0.25초의 순간적인 대전류를 흘려 아크의 발생 초기 안정 도모
- 고주파 발생장치 : 아크의 안정을 확보하기위하여
- 원격제어장치 : 원거리의 전류와 전압의 조절장치 (가포화 리액터형)

39

30% Zn을 포함한 황동으로 연신율이 비교적 크고, 인장 강도가 매우 높아 판, 막대, 관, 선 등으로 널리 사용되는 것은?

① 톰백(tombac)
② 네이벌 황동(naval brass)
③ 6 : 4 황동(muntz metal)
④ 7 : 3 황동(cartidge brass)

황동의 종류
- Cu + 5% Zn : 길딩메탈
- Cu + 15% Zn : 래드브라스
- Cu + 20% Zn : 톰백
- Cu + 30% Zn : 카트리지 황동 : 연신율이 최고
- Cu + 40% Zn : 문쯔 메탈
- Cu + 40% + Fe (1%) : 델타 메탈 → 내식성 개선, 선박, 광산, 기어, 볼트 등

40

Au의 순도를 나타내는 단위는?

① K(carat)
② P(pound)
③ %(percent)
④ ㎛(micron)

41

다음 상태도에서 액상선을 나타내는 것은?

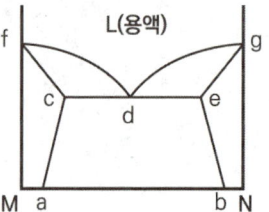

① acf   ② cde
③ fdg   ④ beg

42

금속의 표면에 스텔라이트, 초경합금 등의 금속을 용착시켜 표면 경화층을 만드는 것은?

① 금속 용사법   ② 하드 페이싱
③ 쇼트 피닝   ④ 금속 침투법

하드 페이싱이란 표면 경화법으로 금속표면에 스텔라이트나 경합금 등의 금속을 용착시켜 표면 경화층을 만드는 방법이다.

43

용접법의 분류에서 초음파 용접은 어디에 속하는가?

① 납땜   ② 압접
③ 융접   ④ 아크 용접

접합방법에 따른 용접의 종류
- 융접 : 모재와 용가재를 모두 녹임(대부분의 용접)
- 압접 : 열이나 압력, 또는 열과 압력을 동시에 가함
  - 전기저항용접, 초음파용접, 고주파용접, 마찰용접, 유도가열용접
- 납땜 : 모재는 녹이지 않고 용접봉을 녹여 붙임, 450℃를 기준으로 연납땜, 경납땜으로 구별

44

주철의 조직은 C와 Si의 양과 냉각 속도에 의해 좌우된다. 이들의 요소와 조직의 관계를 나타낸 것은?

① C.C.T 곡선
② 탄소 당량도
③ 주철의 상태도
④ 마우러 조직도

> 주철에서 탄소와 규소의 함유에 의해 분류한 조직의 분포를 나타낸 식
> - 마우러조직도
> - 주철의 조직을 지배하는 주요 요인 C와 Si의 함유량에 따른 주철의 조직의 관계도를 나타낸 그림

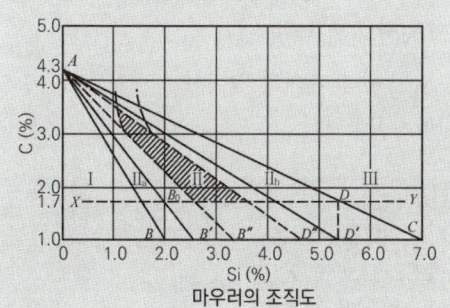

마우러의 조직도

45

Al - Cu - Si계 합금의 명칭은?

① 알민
② 라우탈
③ 알드리
④ 코오슨 합금

> 알루미늄 합금의 종류
> - 주조용 알루미늄의 대표
>   - 실루민(Al + Si) - 알펙스라고 표현(si 14%)
>   - 라우탈(Al + Si + Cu)
> - 내식성 알루미늄의 대표
>   - 하이드로날륨(Al + Mg)
> - 단조용(가공용) 알루미늄의 대표
>   - 두랄루민(Al + Cu + Mg + Mn)

> - 내열용 알루미늄의 대표
>   - Y합금 (Al + Cu + Ni + Mg)
>   - Lo - ex(Al + Cu + Ni + Mg + Si)

46

Al 표면에 방식성이 우수하고 치밀한 산화 피막이 만들어지도록 하는 방법이 아닌 것은?

① 산화법
② 수산법
③ 황산법
④ 크롬산법

> 알루미늄 방식법의 종류
> - 수산법
> - 황산법
> - 크롬산법

47

재결정 온도가 가장 낮은 것은?

① Sn
② Mg
③ Cu
④ Ni

> 재결정온도
> - Sn : 7 ~ 25℃
> - Mg : 150℃
> - Cu : 200 ~ 300℃
> - Ni : 530 ~ 660℃

48

다음 중 칼로라이징(calorizing) 금속 침투법은 철강 표면에 어떠한 금속을 침투시키는가?

① 규소
② 알루미늄
③ 크로뮴
④ 아연

정답 39.④ 40.① 41.③ 42.② 43.② 44.④ 45.② 46.① 47.① 48.②

금속침투법
- Cr : 크로마이징
- Si : 실리코나이징
- Al : 칼로라이징
- Br : 브로마이징
- Zn : 세라다이징

가상선(가는 이점쇄선)
- 도시된 물체의 앞면을 표시 한다.
- 인접부분을 참고로 표시 한다.
- 가공 전 또는 가공후의 모양을 표시
- 이동하는 부분의 이동위치를 표시
- 공구, 지그등의 위치를 표시
- 반복을 표시하는 선

49
Fe-C 상태도에서 A_3와 A_4 변태점 사이에서의 결정구조는?

① 체심정방격자
② 체심입방격자
③ 조밀육방격자
④ 면심입방격자

52
다음 중 나사의 종류에 따른 표시 기호가 옳은 것은?

① M - 미터 사다리꼴나사
② UNC - 미니추어 나사
③ Rc - 관용 테이퍼 암나사
④ G - 전구나사

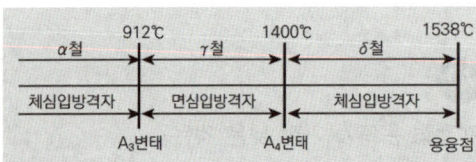

나사의 종류
- M : 미터 보통나사
- UNC : 유니파이나사
- E : 전구나사

50
열팽창계수가 다른 두 종류의 판을 붙여서 하나의 판으로 만든 것으로, 온도 변화에 따라 휘거나 그 변형을 구속하는 힘을 발생시키며 온도 감응 소자 등에 이용되는 것은?

① 서멧 재료
② 바이메탈 재료
③ 형상기억 합금
④ 수소저장 합금

53
배관용 탄소 강관의 종류를 나타내는 기호가 아닌 것은?

① SPPS 380
② SPPH 380
③ SPCD 390
④ SPLT 390

탄소강의 종류
- SCP : 냉간 압연 강판
- SC : 주강용품
- SS 490B : 일반구조용 강재
- SKH : 고속도 공구강재
- SK : 자석강
- SWS : 용접 구조용 압연강제
- STC : 탄소 공구강
- STS : 합금공구강
- SHP : 열간 압연 강판
- SPS : 스프링용 강

51
기계 제도에서 가는 2점 쇄선을 사용하는 것은?

① 중심선
② 지시선
③ 피치선
④ 가상선

- STKM : 기계구조용 탄소강관
- SPP : 배관용 탄소강관
- SPPH : 고압배관용 탄소강 강관
- SM 35C : 기계구조용 탄소강재
- SNCM : 니켈 – 크롬 – 몰리브덴강
- SM 400C : 용접 구조용 압연강재
- SPSC : 상업용태양전지
- SPHC : 일반용 산세처리강판

치수에 사용되는 기호중 C는 모떼기를 나타내며 치수가 2mm를 나타낼 때 C2라고 표기

54

기계 제도에서 도형의 생략에 관한 설명으로 틀린 것은?

① 도형이 대칭 형식인 경우에는 대칭 중심선의 한쪽 도형만 그리고, 그 대칭 중심선의 양 끝부분에 대칭 그림기호를 그려서 대칭임을 나타낸다.
② 대칭 중심선의 한쪽 도형을 대칭 중심선 조금 넘는 부분까지 그려서 나타낼 수도 있으며, 이때 중심선 양 끝에 대칭 그림기호를 반드시 나타내야 한다.
③ 같은 종류, 같은 모양이 다수 줄지어 있는 경우 실형 대신 그림기호를 피치선과 중심선과의 교점에 기입하여 나타낼 수 있다.
④ 축, 막대, 관과 같은 동일 단면형 부분은 지면을 생략하기 위해 중간 부분을 파단선으로 잘라내고, 그 긴요한 부분만 가까이 하여 도시할 수 있다.

55

모떼기의 치수가 2mm이고 각도가 45°일 때 올바른 치수 기입 방법은?

① C2
② 2C
③ 2 - 45°
④ 45° × 2

56

도형의 도시 방법에 관한 설명으로 틀린 것은?

① 소성 가공 때문에 부품의 초기 윤곽선을 도시해야 할 필요가 있을 때는 가는 2점 쇄선으로 도시한다.
② 필릿이나 둥근 모퉁이와 같은 가상의 교차선은 윤곽선과 서로 만나지 않는 가는 실선으로 투상도에 도시할 수 있다.
③ 널링부는 굵은 실선으로 전체 또는 부분적으로 도시한다.
④ 투명한 재료로 된 모든 물체는 기본적으로 투명한 것처럼 도시한다.

57

그림과 같은 양면 필릿 용접기호를 가장 올바르게 해석한 것은?

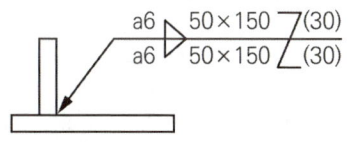

① 목 길이 6mm, 용접 길이 150mm, 인접한 용접부 간격 50mm
② 목 길이 6mm, 용접 길이 50mm, 인접한 용접부 간격 30mm
③ 목 길이 6mm, 용접 길이 150mm, 인접한 용접부 간격 30mm
④ 목 길이 6mm, 용접 길이 50mm, 인접한 용접부 간격 50mm

정답 49.④ 50.② 51.④ 52.③ 53.③ 54.② 55.① 56.④ 57.③

- a는 목두께를 표현, z는 목길이나 각장
- 목두께를 6mm로 필렛 용접을 하는데 50개소를 150mm 용접하는데 피치간격이 30mm이다.

58
게이트 밸브를 나타내는 기호는?

① 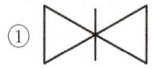   ②

③    ④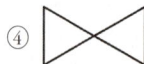

종류	그림 기호	종류	그림 기호
밸브 일반	⋈	앵글 밸브	⊿
게이트 밸브	⋈	3방향 밸브	⋈
글로브 밸브	⋈	안전 밸브	⋈
체크 밸브	◀⋈		⋈
볼 밸브	⋈		
버터플라이 밸브	⋈	콕 일반	⋈

59
제3각법으로 정투상한 그림에서 누락된 정면도로 가장 적합한 것은?

평면도

① 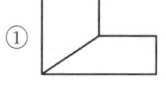   ②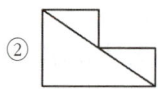

③ 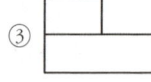   ④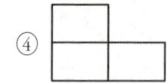

60
제3각법으로 정투상한 그림과 같은 정면도와 우측면도에 가장 적합한 평면도는?

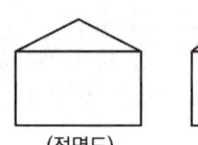 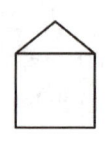
(정면도)

① 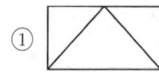   ②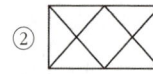

③    ④

정답 58.① 59.② 60.③

2017년 특수용접기능사 기출문제

01
초음파 탐상법의 종류에 속하지 않는 것은?
① 투과법　　② 펄스반사법
③ 공진법　　④ 극간법

> **초음파 탐상의 종류**
> - 투과법 : 초음파 펄스를 시험체의 한쪽면에서 송신하고 반대쪽에서 수신하는 방법
> - 공진법 : 시험체에 가해진 초음파 진동수와 고유 진동수가 일치 할 때 진동폭이 커지는 공진현상을 이용하여 시험체의 두께를 측정하는 방법
> - 펄스반사법 : 시험체 내로 초음파 펄스를 송신하고 내부 또는 바닥면에서 그 반사체를 탐지하는 결함에 형태로 내부 결함이나 재질을 조사하는 방법으로 가장 많이 사용하고 있다.

03
비파괴 시험이 아닌 것은?
① 초음파 탐상 시험　　② 피로 시험
③ 침투 탐상 시험　　④ 누설 탐상 시험

> **비파괴 시험법의 종류**
> - VT 외관검사
> - MT 자분탐상
> - PT 침투탐상(형광 F)
> - ECT 맴돌이검사
> - UT 초음파탐상
> - RT 방사선검사
> - LT 누설검사

02
안전·보건 표지의 색채, 색도 기준 및 용도에서 색채에 따른 용도를 올바르게 나타낸 것은?
① 빨간색 : 안내　　② 파란색 : 지시
③ 녹색 : 경고　　④ 노란색 : 금지

> **안전색채**
> - 적색 : 방화, 금지, 방향표시
> - 녹색 : 안전지도, 위생표시
> - 청색 : 주의, 수리 중, 송전중 표시
> - 보라색 : 방사능위험

04
솔리드 와이어와 같이 단단한 와이어를 사용할 경우 적합한 용접 토치 형태로 옳은 것은?
① Y형　　② 커브형
③ 직선형　　④ 피스톨형

> **용접토치의 용도에 따른 분류**
> - 커브형 용접토치는 단단한 와이어를 사용하는 CO_2용접기에 사용
> - 피스톨형은 연한 비철금속 와이어를 사용하는 MIG용접에 사용

정답　01.④　02.②　03.②　04.②

05

용접금속의 구조상 결함이 아닌 것은?
① 변형
② 기공
③ 언더컷
④ 균열

> 용접부의 결함의 종류
> - 치수상결함 : 변형, 치수불량
> - 성질상결함 : 기계적, 화학적
> - 구조상결함 : 언더컷, 오버랩, 균열, 스패터, 용입불량, 슬랙섞임, 기공, 은점 등

06

전격의 방지대책으로 적합하지 않은 것은?
① 용접기의 내부는 수시로 열어서 점검하거나 청소한다.
② 홀더나 용접봉은 절대 맨손으로 취급하지 않는다.
③ 절연 홀더의 절연 부분이 파손되면 즉시 보수하거나 교체한다.
④ 땀, 물 등에 의해 습기찬 작업복, 장갑, 구두 등은 착용하지 않는다.

07

금속 재료의 미세조직을 금속 현미경을 사용하여 광학적으로 관찰하고 분석하는 현미경 시험의 진행순서로 맞는 것은?
① 시료 채취 → 연마 → 세척 및 건조 → 부식 → 현미경 관찰
② 시료 채취 → 연마 → 부식 → 세척 및 건조 → 현미경 관찰
③ 시료 채취 → 세척 및 건조 → 연마 → 부식 → 현미경 관찰
④ 시료 채취 → 세척 및 건조 → 부식 → 연마 → 현미경 관찰

08

불활성 가스 금속 아크 용접(MIG)의 용착효율은 얼마 정도인가?
① 58%
② 78%
③ 88%
④ 98%

09

산업용 용접 로봇의 기능이 아닌 것은?
① 작업 기능
② 제어 기능
③ 계측 인식 기능
④ 감정 기능

10

다음 중 CO_2 가스 아크 용접의 장점으로 틀린 것은?
① 용착 금속의 기계적 성질이 우수하다.
② 슬래그 혼입이 없고, 용접 후 처리가 간단하다.
③ 전류 밀도가 높아 용입이 깊고 용접 속도가 빠르다.
④ 풍속 2m/s 이상의 바람에도 영향을 받지 않는다.

> 이산화탄소 아크용접 특징
> - 바람에 영향을 받으므로 방풍장치가 필요하다.
> - 용제를 사용하지 않아 슬래그의 혼입이 없다.
> - 용접 금속의 기계적, 야금적 성질이 우수하다.
> - 전류 밀도가 높아 용입이 깊고 용융 속도가 빠르다.

11

다음 중 용접 작업 전 예열을 하는 목적으로 틀린 것은?
① 용접 작업성의 향상을 위하여
② 용접부의 수축 변형 및 잔류 응력을 경감시키기 위하여
③ 용접금속 및 열영향부의 연성 또는 인성을 향상시키기 위하여

④ 고탄소강이나 합금강의 열영향부 경도를 높게 하기 위하여

예열의 목적
- 모재의 수축응력을 감소하여 균열발생 억제
- 냉각속도를 느리게 하여 모재의 취성방지
- 용착금속의 수소성분이 나갈 수 있는 여유를 주어 비드 밑 균열 방지

12

이산화탄소 용접에 사용되는 복합 와이어(flux cored wire)의 구조에 따른 종류가 아닌 것은?

① 아코스 와이어
② T관상 와이어
③ Y관상 와이어
④ S관상 와이어

CO_2 가스 아크용접기의 복합와이어의 종류
- 아코스 아크법
- 유니온 아크법(자성용)
- NCG법(버나드 아크 용접법)
- S관상 와이어법
- Y관상 와이어법
- 퓨즈 아크법(와이어의 둘레에 가는 강선을 나선으로 감고 그 틈새에 용제를 바른 것)

13

불활성 가스 텅스텐(TIG) 아크 용접에서 용착금속의 용락을 방지하고 용착부 뒷면의 용착금속을 보호하는 것은?

① 포지셔너(positioner)
② 지그(zig)
③ 뒷받침(backing)
④ 앤드탭(end tap)

14

레이저 빔 용접에 사용되는 레이저의 종류가 아닌 것은?

① 고체 레이저
② 액체 레이저
③ 기체 레이저
④ 도체 레이저

15

피복 아크 용접 후 실시하는 비파괴 검사방법이 아닌 것은?

① 자분 탐상법
② 피로 시험법
③ 침투 탐상법
④ 방사선 투과 검사법

비파괴 시험법의 종류
- VT 외관검사
- MT 자분탐상
- PT 침투탐상(형광 F)
- ECT 맴돌이검사
- UT 초음파탐상
- RT 방사선검사
- LT 누설검사

16

용접 결함 중 치수상의 결함에 대한 방지대책과 가장 거리가 먼 것은?

① 역변형법 적용이나 지그를 사용한다.
② 습기, 이물질 제거 등 용접부를 깨끗이 한다.
③ 용접 전이나 시공 중에 올바른 시공법을 적용한다.
④ 용접조건과 자세, 운봉법을 적정하게 한다.

용접부의 결함의 종류
- 치수상결함 : 변형, 치수불량
- 성질상결함 : 기계적, 화학적
- 구조상결함 : 언더컷, 오버랩, 균열, 스패터, 용입불량, 슬랙섞임, 기공, 은점 등

정답 05.① 06.① 07.① 08.④ 09.④ 10.④ 11.④ 12.② 13.③ 14.④ 15.② 16.②

17

다음 중 저탄소강의 용접에 관한 설명으로 틀린 것은?

① 용접 균열의 발생 위험이 크기 때문에 용접이 비교적 어렵고, 용접법의 적용에 제한이 있다.
② 피복 아크 용접의 경우 피복 아크 용접봉은 모재와 강도 수준이 비슷한 것을 선택하는 것이 바람직하다.
③ 판의 두께가 두껍고 구속이 큰 경우에는 저수소계 계통의 용접봉이 사용된다.
④ 두께가 두꺼운 강재일 경우 적절한 예열을 할 필요가 있다.

> 저탄소강은 탄소의 함유량이 0.3%이하인 연강으로 균열의 위험이 적고 용접도 용이하다.

18

다음 중 구리 및 합금의 용접성에 대한 설명으로 옳은 것은?

① 순구리의 열전도도는 연강의 8배 이상이므로 예열이 필요 없다.
② 구리의 열팽창계수는 연강보다 50% 이상 크므로 용접 후 응고 수축 시 변형이 생기지 않는다.
③ 순구리의 경우 구리에 산소 이외의 납이 불순물로 존재하면 균열 등의 용접결함이 발생된다.
④ 구리 합금의 경우 과열에 의한 주석의 증발로 작업자가 중독을 일으키기 쉽다.

> 구리 및 구리 합금의 용접
> • 순구리는 열전도도가 연강의 8배 이상이므로 국부적 가열이 어렵기 때문에 충분한 용입을 얻기 위해 예열을 해야 한다.
> • 구리의 팽창계수는 연강보다 50%이상 크기 때문에 용접 후 응고 수축시 변형이 쉽게 일어난다.
> • 구리의 합금의 경우 과열에 의한 아연의 증발로 작업자가 중독을 일으킬 위험이 크다.
> • 순구리의 경우 구리에 산소 이외의 납이 불순불로 존재하면 균열등의 결함이 발생할 우려가 크다.

19

다음 중 용접성이 가장 좋은 스테인리스강은?

① 펄라이트계 스테인리스강
② 페라이트계 스테인리스강
③ 마텐자이트계 스테인리스강
④ 오스테나이트계 스테인리스강

> 스테인리스강 (Cr : Ni)
> • 18 – 8 오스테나이트 – 예열하지 않는다
> • Cr 13%는 페라이트, 마텐자이트
> • 페라이트를 열처리 – 마텐자이트
> • 종류 : 오스테나이트(비자성), 페라이트, 마텐자이트, 석출경화형, 듀플랙스
> • 오스테나이트계 SUS의 특성
> 1) 예열하지 않음
> 2) 층간온도 320℃를 지킨다
> 3) 용접봉은 얇고 모재와 같은 종으로
> 4) 낮은 전류로 용접입열을 줄인다
> 5) 짧은 아크 유지, 크레이터처리 할것

20

서브머지드 아크 용접 시 받침쇠를 사용하지 않을 경우 루트 간격을 몇 mm 이하로 하여야 하는가?

① 0.2　　② 0.4
③ 0.6　　④ 0.8

21

용접부의 연성결함의 유무를 조사하기 위하여 실시하는 시험법은?

① 경도 시험　　② 인장 시험
③ 초음파 시험　　④ 굽힘 시험

> 굽힘시험(굴곡시험)
> • 모재 및 용접부의 연성과 결함유무시험
> • 시험편의 터짐, 기공 및 터짐의 개수판정, 180°굽힘

TIG 용접에서 직류 역극성에 대한 설명이 아닌 것은?

① 용접기의 음극에 모재를 연결한다.
② 용접기의 양극에 토치를 연결한다.
③ 비드 폭이 좁고 용입이 깊다.
④ 산화 피막을 제거하는 청정작용이 있다.

직류 정극성(DCSP)
- 극성이란 +, - 가 있는것
- + 연결시 열량이 70%, - 연결시 열량이 30% 정도
- 모재가 + (입열량 70%), 용접봉 -
- 용입이 깊다.
- 용접봉은 천천히 녹는다.
- 비드폭 좁다.
- 후판에 적합

재료의 접합 방법은 기계적 접합과 야금적 접합으로 분류하는데 야금적 접합에 속하지 않는 것은?

① 리벳   ② 융접
③ 압접   ④ 납땜

접합의 종류
- 기계적 접합법 : 볼트, 리벳, 나사, 핀, 코터 이음, 키
- 야금적 접합법 : 융접, 압접, 납땜

다음 중 금속재료의 가공 방법에 있어 냉간 가공의 특징으로 볼 수 없는 것은?

① 제품의 표면이 미려하다.
② 제품의 치수 정도가 좋다.
③ 연신율과 단면수축률이 저하된다.
④ 가공 경화에 의한 강도가 저하된다.

냉간가공시의 특징
- 제품의 표면이 미려하다.
- 제품의 치수 정도가 좋다.
- 연신율, 단면수축률 저하된다.
- 가공경화에 의한 강도가 증가한다.

주철의 결점을 개선하기 위하여 백주철의 주물을 만들고 이것을 장시간 열처리하여 탄소의 상태를 분해 또는 소실시켜 인성 또는 연성을 증가시킨 주철은?

① 회주철(gray cast iron)
② 반주철(mottled cast iron)
③ 가단주철(malleable cast iron)
④ 칠드주철(chilled cast iron)

가단주철은 백주철을 풀림 처리하여 탈탄과 탄화철의 흑연화에 의해 연성을 가지게 한 주철로서 백심가단주철, 흑심가단주철, 펄라이트 가단주철이 있다.

26

니켈(Ni)에 관한 설명으로 옳은 것은?

① 증류수 등에 대한 내식성이 나쁘다.
② 니켈은 열간 및 냉간 가공이 용이하다.
③ 360℃ 부근에서는 자기변태로 강자성체이다.
④ 아황산가스(SO_2)를 품는 공기에서는 부식되지 않는다.

정답 17.① 18.③ 19.④ 20.④ 21.④ 22.③ 23.① 24.④ 25.③ 26.②

> **니켈의 성질**
> - 백색의 인성이 풍부한 금속으로 면심입방격자이다.
> - 상온에서 강자성체이며 360℃에서 자성을 잃는다.
> - 용융점은 1455℃, 비중은 8.9로 중금속이다.
> - 재결정온도는 530℃, 열간가공 온도 1000 ~ 1200℃이다.
> - 열간 및 냉간 가공이 잘 되고 내식성, 내열성이 크다.

28

토치를 사용하여 용접 부분의 뒷면을 따내거나 U형, H형으로 용접 홈을 가공하는 것으로 일명 가스 파내기라고 부르는 가공법은?

① 산소창 절단 ② 선삭
③ 가스 가우징 ④ 천공

> **가우징과 스카핑**
> - 가스 가우징 : 용접 뒷면 따내기, 금속 표면의 홈 가공을 하기 위하여 깊은 홈을 파내는 가공법
>   - 가스가우징 토치예열각도 30° ~ 45°
> - 스카핑 : 강재 표면의 탈탄층 또는 홈을 제거하기 위해 넓고, 얇게 깎아주는 가공법
>   - 냉간재 5 ~ 7m/min, 열간재 20 m/min

27

아크 용접에서 아크쏠림 방지 대책으로 옳은 것은?

① 용접봉 끝을 아크쏠림 방향으로 기울인다.
② 접지점을 용접부에 가까이 한다.
③ 아크 길이를 길게 한다.
④ 직류 용접 대신 교류 용접을 사용한다.

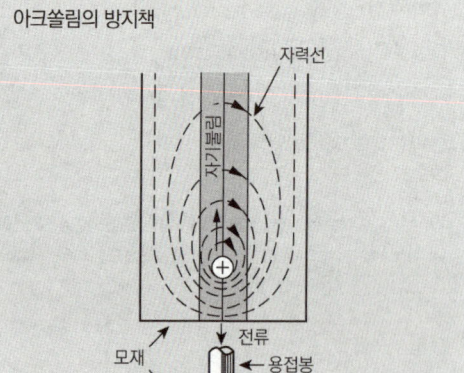

> **아크쏠림의 방지책**
> - 전류가 흐를 때 자장이 용접봉에 대하여 비대칭 일 때 발생함
>   - 직류 용접기에서 주로 발생함
> - 아크 블로우, 자기불림, 자기쏠림 이라 한다.
> - 교류 용접기를 사용
> - 아크길이를 짧게 한다.
> - 접지를 용접부위에서 멀리둔다.
> - 용접부의 시종단에 엔드탭을 댄다.
> - 용접봉의 끝을 아크쏠림 반대쪽으로 숙인다.

29

피복 아크 용접봉의 피복제의 주된 역할로 옳은 것은?

① 스패터의 발생을 많게 한다.
② 용착 금속에 필요한 합금원소를 제거한다.
③ 모재 표면에 산화물이 생기게 한다.
④ 용착 금속의 냉각 속도를 느리게 하여 급랭을 방지한다.

> **피복제의 역할(용제)**
> - 아크안정   • 산·질화 방지
> - 용적의 미세화   • 유동성 증가
> - 전기절연작용   • 탈산정련
> - 슬래그 박리성 증대 • 서냉으로 취성방지

30

가스 용접에서 후진법에 대한 설명으로 틀린 것은?

① 전진법에 비해 용접변형이 작고 용접속도가 빠르다.
② 전진법에 비해 두꺼운 판의 용접에 적합하다.
③ 전진법에 비해 열 이용률이 좋다.
④ 전진법에 비해 산화의 정도가 심하고 용착금속 조직이 거칠다.

가스용접시 후진법의 특성
- 비드모양만 나쁘다.
- 일반용접시 잔류응력이 작아서 많이 사용
- 모든 면에서 전진법에 대하여 좋다.

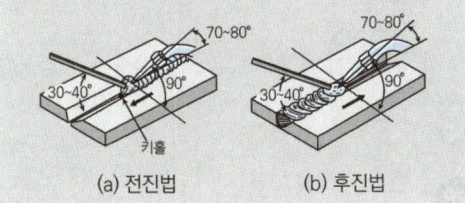

(a) 전진법   (b) 후진법

31

피복 아크 용접에 있어 용접봉에서 모재로 용융금속이 옮겨가는 상태를 분류한 것이 아닌 것은?

① 폭발형   ② 스프레이형
③ 글로뷸러형   ④ 단락형

용융금속의 3가지 이행형식
- 단락형(맨용접봉)
- 스프레이형(4301, 4311)
- 글로뷸러형(7016)

32

직류 아크 용접기와 비교한 교류 아크 용접기에 대한 설명으로 가장 옳은 것은?

① 무부하 전압이 높고 감전의 위험이 많다.
② 구조가 복잡하고 극성변화가 가능하다.
③ 자기쏠림 방지가 불가능하다.
④ 아크 안정성이 우수하다.

전격방지기
- 감전의 위험으로부터 작업자 보호, 2차 무부하 전압을 20V ~30V로 유지

33

피복 아크 용접에서 직류 역극성(DCRP)용접의 특징으로 옳은 것은?

① 모재의 용입이 깊다.
② 비드 폭이 좁다.
③ 봉의 용융이 느리다.
④ 박판, 주철, 고탄소강의 용접 등에 쓰인다.

직류 역극성(DCRP)
- 극성이란 +, - 가 있는것
- + 연결시 열량이 70%, - 연결시 열량이 30% 정도
- 모재가 - (입열량 30%), 용접봉 +
- 모재의 용입이 얕다.
- 용접봉이 빨리녹는다.
- 비드폭 넓다.
- 박판에 적합

34

아세틸렌가스의 관으로 사용할 경우 폭발성 화합물을 생성하게 되는 것은?

① 순구리관 ② 스테인리스강관
③ 알루미늄합금관 ④ 탄소강관

> C_2H_2 가스
> - 406~408℃에서 자연발화 된다.
> - 마찰·진동·충격에 의하여 폭발위험성
> - 은, 수은, 동과 접촉시 120℃ 부근에서 폭발성
> - 아세틸렌 15%, 산소 85%에서 가장 위험
> - 아세틸렌의 양 구하는 식 : 905(A − B) (A : 병전체의 무게 B : 빈 병의 무게)
> - 카바이트 1kg에서 348L의 C_2H_2가 발생
> - 비중은 1.176g이다.
> - 15℃, 15기압에서 충전
> - 아세틸렌 발생기는 60℃ 이하 유지

35

스카핑 작업에서 냉간재의 스카핑 속도로 가장 적합한 것은?

① 1~3m/min ② 5~7m/min
③ 10~15m/min ④ 20~25m/min

> 스카핑
> - 강재 표면의 탈탄층 또는 홈을 제거하기 위해 넓고, 얇게 깎아주는 가공법
> - 냉간재 5~7m/min, 열간재 20 m/min

36

납땜의 용제가 갖추어야 할 조건 중 맞는 것은?

① 모재나 땜납에 대한 부식작용이 최대한일 것
② 납땜 후 슬래그 제거가 용이할 것
③ 전기저항 납땜에 사용되는 것은 부도체일 것
④ 침지땜에 사용되는 것은 수분을 함유하여야 할 것

> 땜납의 구비조건
> - 모재보다 용융점이 낮다
> - 표면장력이 작아 모재 표면에 잘 퍼질 것
> - 유동성이 좋아 잘 메워질 것
> - 모재와 친화력이 있을 것

37

가스 용접 장치에 대한 설명으로 틀린 것은 어느 것인가?

① 화기로부터 5m 이상 떨어진 곳에 설치한다.
② 전격방지기를 설치한다.
③ 아세틸렌가스 집중장치 시설에는 소화기를 준비한다.
④ 작업 종료 시 메인 벨브 및 콕 등을 완전히 잠근다.

38

AW − 300, 무부하 전압 80V, 아크 전압 20V인 교류용접기를 사용할 때, 다음 중 역률과 효율을 올바르게 계산한 것은?(단 내부 손실을 4KW라 한다.)

① 역률 : 80.0%, 효율 : 20.6%
② 역률 : 20.6%, 효율 : 80.0%
③ 역률 : 60.0%, 효율 : 41.7%
④ 역률 : 41.7%, 효율 : 60.0%

> ① 역률 $= \dfrac{소비전력(KW)}{전원입력(KVA)} \times 100$
>
> $= \dfrac{(300 \times 20) + 4000}{300 \times 80} \times 100 = 41.7\%$
>
> ② 효율 $= \dfrac{아크출력(KVA)}{소비전력(KW)} \times 100$
>
> $= \dfrac{300 \times 20}{(300 \times 20) + 4000} \times 100 = 60\%$

- 전원입력 = 정격2차전류 × 무부하전압
- 아크출력 = 정격2차전류 × 아크전압
- 소비전력 = 아크출력 + 내부손실

39

실온까지 온도를 내려 다른 형상으로 변형시켰다가 다시 온도를 상승시키면 어느 일정한 온도 이상에서 원래의 형상으로 변화하는 합금은?

① 제진합금   ② 방진합금
③ 비정질합금   ④ 형상기억합금

40

고강도 Al합금으로 조성이 Al – Cu – Mg – Mn인 합금은?

① 라우탈
② Y - 합금
③ 두랄루민
④ 하이드로날륨

알루미늄 합금의 종류
- 주조용 알루미늄의 대표
  - 실루민(Al + Si) - 알펙스라고 표현(si 14%)
  - 라우탈 Al – Cu – Si
- 내식성 알루미늄의 대표
  - 하이드로날륨(Al + Mg)
- 단조용(가공용) 알루미늄의 대표
  - 두랄루민(Al + Cu + Mg + Mn)
- 내열용 알루미늄의 대표
  - Y합금 (Al + Cu + Ni + Mg)
  - Lo -ex(Al + Cu + Ni + Mg + Si)

41

섬유 강화 금속 복합 재료의 기지 금속으로 가장 많이 사용되는 것으로 비중이 약 2.7인 것은?

① Na   ② Fe   ③ Al   ④ Co

Al에 대하여
- 비중이 2.7인 경금속
- 융점 660℃
- 면심입방격자
- 산화피막 – 대기중 부식방지
- 해수와 산알카리에 부식
- 열, 전기의 양도체 (65%)
- 80% 이상의 진한질산에 침식을 견딘다

42

표면 경화법의 종류에 속하지 않는 것은?

① 고주파 담금질   ② 침탄법
③ 질화법   ④ 풀림법

경도를 증가시키기 위한 경화법
- 화학적 표면 경화법 : 침탄법, 질화법, 금속침투법
- 물리적 표면 경화법 : 화염경화법, 고주파 경화법, 하드페이싱, 쇼트 피닝법

43

주철의 유동성을 나쁘게 하는 원소는?

① Mn   ② C   ③ P   ④ S

- 황
  - 적열취성의 원인
  - 고온에서 균열이(고온취성) 생기는 원인
- 설퍼 프린터법
  - 황의 분포 여부를 확인
  - 시약은 H_2SO_4(황산)
  - 확산성 수소에 의해 발생되는 균열 : 설퍼균열

정답 34.① 35.② 36.② 37.② 38.④ 39.④ 40.③ 41.③ 42.④ 43.④

44

다음 금속 중 용융 상태에서 응고할 때 팽창하는 것은?

① Sn ② Zn
③ Mo ④ Bi

> 금속이 용융 상태에서 응고할 때 팽창하는 비철금속은 비스무트(Bi)이다.

45

인장시험에서 표점거리가 50mm인 시험편을 시험 후 절단된 표점거리를 측정하였더니 65mm가 되었다. 이 시험편의 연신율은 얼마인가?

① 20% ② 23%
③ 30% ④ 33%

> 연신율 = $\dfrac{\text{늘어난 길이}}{\text{원래 길이}} \times 100$, $\dfrac{65-50}{50} \times 100 = 30\%$

46

2~10% Sn, 0.6% P 이하의 합금이 사용되며 탄성률이 높아 스프링 재료로 가장 적합한 청동은?

① 알루미늄청동 ② 망간청동
③ 니켈청동 ④ 인청동

47

강의 담금질 깊이를 깊게 하고 크리프 저항과 내식성을 증가시키며 뜨임 메짐을 방지하는 데 효과가 있는 합금 원소는?

① Mo ② Ni ③ Cr ④ Si

> **일반 열처리의 종류**
> - 담금질(퀜칭) : 강을 강하게 만든다. 소금물 최대효과
> - 뜨임(템퍼링) : 담금질로 인한 취성제거, 강인성증가(MO, V, W)(가열후 냉각)
> - 풀림(어닐링) : 재질의 변화, 내부응력제거, 서냉 처리, 국부 풀림 625 ±25
> - 불림(노멀라이징) : 조직의 균일화, 공랭, 미세 조직화, A_3변태점 - 912℃

48

황동에 납(Pb)을 첨가하여 절삭성을 좋게 한 황동으로 스크루, 시계용 기어 등의 정밀 가공에 사용되는 합금은?

① 리드 브라스(lead brass)
② 문츠 메탈(muntz metal)
③ 틴 브라스(tin brass)
④ 실루민(silumin)

> **황동의 종류**
> - Cu + 5% Zn : 길딩메탈
> - Cu + 15% Zn : 래드브라스(납을 첨가)
> - Cu + 20% Zn : 톰백
> - Cu + 30% Zn : 카트리지 황동 : 연신율이 최고
> - Cu + 40% Zn : 문쯔 메탈
> - Cu + 40% + Fe (1%) : 델타 메탈 - 내식성 개선, 선박, 광산, 기어, 볼트

49

Fe – C 평형 상태도에서 나타날 수 없는 반응은?

① 포정 반응 ② 편정 반응
③ 공석 반응 ④ 공정 반응

> **합금의 방법과 그 종류**
> - 고용체 : 고체 A + 고체 A = 고체 C
> - 공석 : 어떤 일정한 온도에서 한 개의 고용체로부터 동시에 두 개의 고상이 석출되는 현상
> - 포정반응 : 고체 A + 액체 = 고체 B
> - 편정반응 : 액체 A + 고체 = 액체 B (Fe – C 상태도에서는 나타날 수 없음)

50

탄소강에 함유된 원소 중에서 고온 메짐(hot short-ness)의 원인이 되는 것은?

① Si ② Mn
③ P ④ S

- 황
  - 적열취성의 원인
  - 고온에서 균열이(고온취성) 생기는 원인
- 설퍼 프린터법
  - 황의 분포 여부를 확인
  - 시약은 H_2SO_4(황산)
  - 확산성 수소에 의해 발생되는 균열 : 설퍼균열

51

나사의 단면도에서 수나사와 암나사의 골밑(골지름)을 도시하는 데 적합한 선은?

① 가는 실선 ② 굵은 실선
③ 가는 파선 ④ 가는 1점 쇄선

- 수나사와 암나사의 골지름은 가는 실선으로 표시해야 한다.
- 선의 종류와 용도
  - 외형선 : 굵은 실선
  - 가는실선 : 치수선, 치수보조선, 지시선, 회전단면선. 수준면선, 해칭선
  - 은선 : 가는 파선 또는 굵은 파선으로
  - 가는 1점 쇄선 : 중심선, 기준선, 피치선
  - 가는 2점 쇄선 : 가상선, 무게 중심선
  - 굵은 1점 쇄선 : 특수지정선
  - 파단선 : 물체의 일부를 파단한 곳을 표시하는 선으로 불규칙한 파형의 가는 실선 또는 지그재그선
  - 아주 굵은 실선 : 특수한 용도

52

일면 개선형 맞대기 용접의 기호로 맞는 것은?

①   ②
③   ④ ○

번호	명칭	도시	기호
1	양면 플랜지형 맞대기 이음 용접		八
2	평면형 평행 맞대기 이음 용접		∥
3	한쪽면 V형 맞대기 이음 용접		V
4	한쪽면 K형 맞대기 이음 용접		V
5	부분 용입 한쪽면 V형 맞대기 이음 용접		Y
6	부분 용입 한쪽면 K형 맞대기 이음 용접		Y
7	한쪽면 U형 홈 맞대기 이음 용접(평행면 또는 경사면)		Y

53

KS 기계 재료 표시기호 SS400에서 400은 무엇을 나타내는가?

① 경도 ② 연신율
③ 탄소 함유량 ④ 최저 인장 강도

- SS 400 : 일반구조용 강재로 400은 최저 인장강도를 의미함
- SM 35C : 기계구조용 탄소강재로 35는 탄소의 함유량(0.35%)을 의미한다.

정답 44.④ 45.③ 46.④ 47.① 48.① 49.② 50.④ 51.① 52.② 53.④

54

그림과 같은 입체도의 화살표 방향 투상도로 가장 적합한 것은?

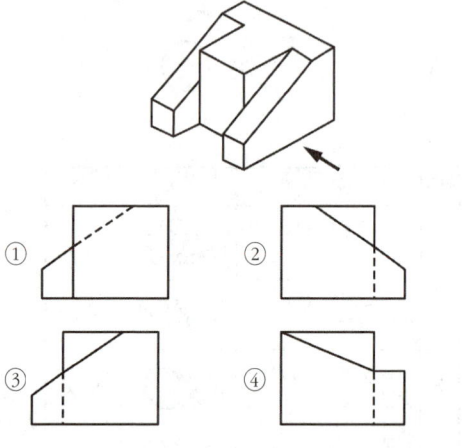

① ② ③ ④

55

다음 중 치수 기입의 원칙에 관한 설명 중 틀린 것은?

① 치수는 필요에 따라 기준으로 하는 점, 선 또는 면을 기준으로 하여 기입한다.
② 대상물의 기능, 제작, 조립 등을 고려하여 필요하다고 생각되는 치수를 명료하게 도면에 지시한다.
③ 치수 입력에 대해서는 중복 기입을 피한다.
④ 모든 치수에는 단위를 기입해야 한다.

56

그림과 같은 KS 용접기호의 해석으로 올바른 것은?

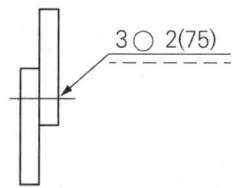

① 지름이 2mm이고 피치가 75mm인 풀러그 용접이다.
② 폭이 2mm이고 길이가 75mm인 심 용접이다.
③ 용접 수는 2개이고 피치가 75mm인 슬롯 용접이다.
④ 용접 수는 2개이고 피치가 75mm인 스폿(점) 용접이다.

> 스폿(점)용접을 하는데 3mm의 용접부를 2개를 하는데 피치 간격이 75mm이다.

57

그림과 같은 ㄷ 형강의 치수 기입 방법으로 옳은 것은?(단, L은 형강의 길이를 나타낸다.)

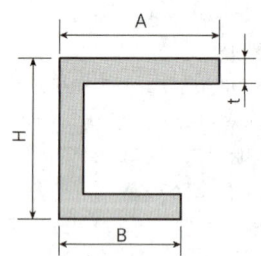

① ㄷA×B×H×t-L
② ㄷH×A×B×t-L
③ ㄷB×A×H×t-L
④ ㄷH×B×A×L-t

58

선의 종류와 명칭이 잘못된 것은?

① 가는 실선 – 해칭선
② 굵은 실선 – 숨은선
③ 가는 2점 쇄선 – 가상선
④ 가는 1점 쇄선 – 피치선

> 선의 종류와 용도
> • 굵은 실선 : 외형선
> • 가는 실선 : 치수선, 치수보조선, 지시선, 회전단면선, 수준면선, 해칭선
> • 은선 : 가는 파선 또는 굵은 파선으로
> • 가는 1점 쇄선 : 중심선, 기준선, 피치선
> • 가는 2점 쇄선 : 가상선 무게 중심선
> • 굵은 1점 쇄선 : 특수지정선
> • 파단선 : 물체의 일부를 파단한 곳을 표시하는 선으로 불규칙한 파형의 가는 실선 또는 지그재그선
> • 아주 굵은 실선 : 특수한 용도

 60

열간 성형 리벳의 종류별 호칭 길이(L)를 표시한 것 중 잘못 표시된 것은?

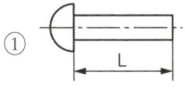 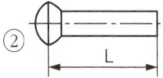

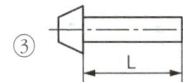 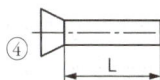

접시 머리는 호칭길이가 머리부분까지를 나타낸다.

 59

그림과 같은 KS용접 보조기호의 설명으로 옳은 것은?

① 필릿 용접부 토우를 매끄럽게 함
② 필릿 용접 중앙부를 볼록하게 다듬질
③ 필릿 용접 끝단부에 영구적인 덮개 판을 사용
④ 필릿 용접 중앙부에 제거 가능한 덮개판을 사용

정답 54.③ 55.④ 56.④ 57.② 58.② 59.① 60.④

2018년 ❘ 용접기능사 기출문제

01

지름이 10cm인 단면에 8000kgf의 힘이 작용할 때 발생하는 응력은 약 몇 kgf/cm²인가?

① 89　　　② 102
③ 121　　　④ 158

$$허용응력 = \frac{인장강도}{단면적(\pi r^2)} = \frac{8000}{\pi \times 5^2} = 102 = 102 kgf/cm^2$$

02

화재의 분류 중 C급 화재에 속하는 것은?

① 전기 화재　　② 금속 화재
③ 가스 화재　　④ 일반 화재

> 화재의 분류
> - A : 일반화재 (백색)
> - B : 유류화재 (황색)
> - C : 전기화재 (청색)
> - D : 금속화재

03

다음 중 귀마개를 착용하고 작업하면 안되는 작업자는?

① 조선소의 용접 및 취부작업자
② 자동차 조립공장의 조립작업자
③ 강재 하역장의 크레인 신호자
④ 판금작업장의 타출 판금작업자

04

서브머지드 아크 용접에서 사용하는 용제 중 흡습성이 가장 적은 것은?

① 용융형　　　② 혼성형
③ 고온소결형　　④ 저온소결형

> 서브머지드 아크 용접법에서 용융형 용제의 특징
> - 고속용접에 적합하고, 흡습성이 적다.
> - 용제의 화학적 균일성이 양호
> - 용제의 입도는 가는 입자일수록 높은 전류를 사용함
> - 거친 입자의 용제를 높은 전류에서 사용하면 비드가 거칠고 언더컷이 발생
> - 가는 입자의 용제를 사용하면 비드의 폭이 넓어지고 용입이 낮아진다.

05

용접 제품을 조립하다가 V홈 맞대기 이음홈의 간격이 5mm 정도 벌어졌을 때 홈의 보수 및 용접방법으로 가장 적합한 것은?

① 그대로 용접한다.
② 뒷댐판을 대고 용접한다.
③ 덧살올림 용접 후 가공하여 규정 간격을 맞춘다.
④ 치수에 맞는 재료로 교환하여 루트 간격을 맞춘다.

> 맞대기 이음 홈의 보수
> - 루트 간격 6mm이하 : 한쪽 또는 양쪽을 덧살 올림 용접하여 깎아 내고, 규정간격으로 홈을 만들어 용접한다.
> - 루트 간격 6 ~ 16mm이하 : 두께 6mm정도의 뒷받침 판을 대고 용접한다.
> - 루트 간격 16mm이상 : 판의 전체 또는 일부(길이 약 300mm)를 대체한다.

다음 금속 중에서 냉각 속도가 가장 빠른 금속은?
① 구리
② 연강
③ 알루미늄
④ 스테인리스강

> 용접시 냉각속도
> • 예열하면 냉각속도가 완만해져 균열발생이 억제된다.
> • 얇은 판보다는 두꺼운 판이 냉각 속도가 빠르다.
> • 맞대기 이음보다는 T형 이음이 냉각속도가 빠르다.
> • 열전도율의 순서와 냉각속도는 같다.
>   (은 - 구리 - 금 - 알루미늄 - 마그네슘 - 니켈 - 철)

다음 중 인장 시험에서 알 수 없는 것은?
① 항복점
② 연신율
③ 비틀림 강도
④ 단면 수축률

> 인장시험은 파괴시험으로 시험편에서 인장 파단하여 연신율, 항복점, 인장 강도, 단면 수축률 등을 측정

08
서브머지드 아크 용접에서 와이어 돌출 길이는 보통 와이어 지름을 기준으로 정한다. 적당한 와이어 돌출 길이는 와이어 지름의 몇 배가 가장 적합한가?
① 2배   ② 4배
③ 6배   ④ 8배

용접 결함에서 언더컷이 발생하는 조건이 아닌 것은?
① 전류가 너무 낮을 때
② 아크 길이가 너무 길 때
③ 부적당한 용접봉을 사용할 때
④ 용접 속도가 적당하지 않을 때

> 구조상 결함인 언더컷의 발생 원인
> • 전류가 높을 때   • 아크길이가 길 때
> • 속도가 부적합 할   • 부적당한 용접봉을 사용 시

샤르피식의 시험기를 사용하는 시험 방법은 어느 것인가?
① 경도시험   ② 인장시험
③ 피로시험   ④ 충격시험

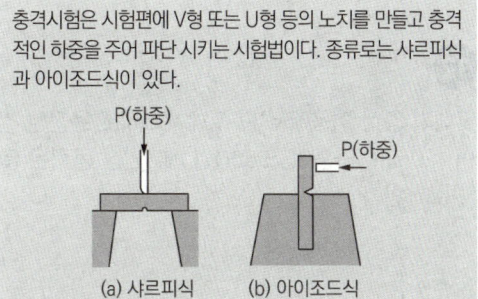

> 충격시험은 시험편에 V형 또는 U형 등의 노치를 만들고 충격적인 하중을 주어 파단 시키는 시험법이다. 종류로는 샤르피식과 아이조드식이 있다.

한 부분의 몇 층을 용접하다가 이것을 다음 부분의 층으로 연속시켜 전체 모양이 계단 형태를 이루는 용착법은?
① 스킵법   ② 덧살 올림법
③ 점진 블록법   ④ 케스케이드법

정답 01.② 02.① 03.③ 04.① 05.③ 06.① 07.③ 08.④ 09.① 10.④ 11.④

다층 용접법
- 덧살올림법(빌드업법) : 열영향이 크고 슬래그 섞임 우려가 있음, 한랭시구속이 클 때 후판에서 첫 층 균열이 있다.
- 캐스케이드법 : 하부분의 몇 층을 용접하다가 다음층으로 연속시켜 용접 하는법, 결함이 적지만 잘 사용 안함
- 전진블록법 : 한 개의 용접봉으로 살을 붙일만한 길이로 구분해서 여러층으로 쌓아 올린후 다음 부분으로 진행함. 첫 층 균열발생 우려가 없다.

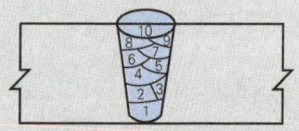
(a) 덧살 올림법

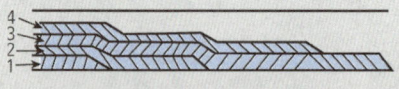
(b) 캐스케이드법(용접중심선 단면도)

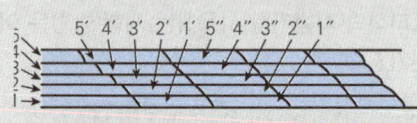
(c) 전진 블록법(용접중심선 단면도)

12
맞대기 용접 이음에서 판 두께가 9mm, 용접선 길이 120mm, 하중이 7560N일 때, 인장 응력은 몇 N/mm²인가?

① 5　　② 6
③ 7　　④ 8

인장응력
$= \dfrac{\text{인장강도(하중)}}{\text{모재의 면적}} = \dfrac{7560}{9 \times 120} = 7\ N/mm^2$

13
박판의 스테인리스강의 좁은 홈의 용접에서 아크 교란 상태가 발생할 때 적합한 용접 방법은?

① 고주파 펄스 티그 용접
② 고주파 펄스 미그 용접
③ 고주파 펄스 일렉트로 슬래그 용접
④ 고주파 펄스 이산화탄소 아크 용접

스테인리스강의 박판의 좁은 홈에서 아크교란 상태를 방지하기 위해서 고주파 펄스 티그 용접을 이용한다.

14
현미경 시험을 하기 위해 사용되는 부식제 중 철강용에 해당되는 것은?

① 왕수
② 염화제2철용액
③ 피크린산
④ 플루오르화수소액

현미경 시험의 부식제 중 철강용은 피크린산 알콜용액, 초산 알콜용액을 사용한다.

15
용접 자동화의 장점을 설명한 것으로 틀린 것은?

① 생산성 증가 및 품질을 향상시킨다.
② 용접 조건에 따른 공정 수를 늘일 수 있다.
③ 일정한 전류값을 유지할 수 있다.
④ 용접 와이어의 손실을 줄일 수 있다.

용접 자동화의 장점
- 위험한 사고의 방지가 가능하다.
- 인간에게 불가능한 고속 작업도 가능하다.
- 생산성의 증대와 품질 향상, 원가 절감의 효과가 있다.
- 용접봉의 손실이 없고, 일정한 전류 값을 유지할 수 있다.

- 아크 길이 및 속도 등 여러 가지 용접 조건에 따른 공정 수를 줄일 수 있다.
- 한 번의 제어에 의해 용접 비드의 높이, 비드 폭 용입 등을 정확하게 제어할 수 있다.

16
용접부의 연성결함을 조사하기 위하여 사용되는 시험법은?

① 브리넬 시험
② 비커스 시험
③ 굽힘 시험
④ 충격 시험

굽힘시험 (굴곡시험)
- 모재 및 용접부의 연성과 결합유무시험
- 시험편의 터짐, 기공 및 터짐의 개수판정, 180°굽힘

17
다음 중 유도 방사에 의한 광의 증폭을 이용하여 용융하는 용접법은?

① 맥동 용접
② 스터드 용접
③ 레이저 용접
④ 피복 아크 용접

레이져 빔용접
파장이 같은 빛을 렌즈로 집광하면 매우 작은 점으로 집중되면서 높은 에너지로 고온의 열을 얻을 수 있는데 이를 열원으로 하여 용접하는 특수 용접 방법이다.

18
심 용접의 종류가 아닌 것은?

① 횡 심 용접(circular seam welding)
② 매시 심 용접(mash seam welding)
③ 포일 심 용접(foil seam welding)
④ 맞대기 심 용접(butt seam welding)

심용접
- 심용접은 압접인 전기 저항용접의 겹치기 용접법으로 원판상의 롤러 전극사이에
- 용접할 2장의 판을 두고 가압, 통전하여 전극을 회전시키며 연속적으로 점용접을 반복하는 용접법이다.
- 점용접에 비해 가입력은 1.2~1.6배, 용접전류는 1.5~2.0배
- 통전방법에 따라 단속통전법, 연속통전법, 맥동통전법
- 이음 형상에 따라 : 원주시임, 세로시임
- 용접 방법에 따라 : 매시시임, 포일시임, 맞대기시임, 로울러시임
- 기밀, 수밀, 유밀성을 요하는 0.2~4mm정도 얇은판에 이용
- 기밀, 수밀을 요하는 탱크용접, 배관용 탄소강관 용접에 이용

19
용접 이음의 종류가 아닌 것은?

① 겹치기 이음
② 모서리 이음
③ 라운드 이음
④ T형 필릿 이음

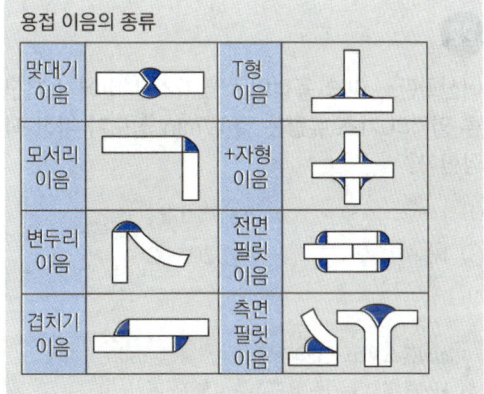

용접 이음의 종류

정답 12.③ 13.① 14.③ 15.② 16.③ 17.③ 18.① 19.③

20

플라스마 아크 용접에 대한 특징으로 틀린 것은?

① 용접부의 기계적 성질이 좋으며 변형이 적다.
② 용입이 깊고 비드 폭이 좁으며 용접 속도가 빠르다.
③ 단층으로 용접할 수 있으므로 능률적이다.
④ 설비비가 적게 들고 무부하 전압이 낮다.

> 플라즈마 아크 용접법은 일반 아크 용접기보다 무부하 전압이 2~5배로 크고 설비비가 고가이다.

21

용접 자세를 나타내는 기호가 틀리게 짝지어진 것은?

① 위보기자세 : O   ② 수직자세 : V
③ 아래보기자세 : U   ④ 수평자세 : H

> 용접자세
> • 아래보기 자세(F)
> • 수직자세(V)
> • 수평보기 자세(H)
> • 위보기 자세(O)

22

이산화탄소 아크 용접의 보호가스 설비에서 저전류 영역의 가스 유량은 몇 L/min 정도가 가장 적당한가?

① 1~5   ② 6~9
③ 10~15   ④ 20~25

> 이산화탄소 아크 용접의 유량
> • 저전류 영역의 가스 유량 10~15L/min
> • 고전류 영역의 가스 유량 15~20L/min

23

가스 용접의 특징으로 틀린 것은?

① 응용 범위가 넓으며 운반이 편리하다.
② 전원 설비가 없는 곳에서도 쉽게 설치할 수 있다.
③ 아크 용접에 비해 유해 광선의 발생이 적다.
④ 열 집중성이 좋아 효율적인 용접이 가능하여 신뢰성이 높다.

> 가스용접의 장점과 단점
> • 운반이 편리하고 설비비가 싸다.
> • 전원이 없는 곳에 쉽게 설치 할 수 있다.
> • 아크용접에 비해 유해광선의 피해가 적다.
> • 가열시 열량 조절이 쉽고, 박판용접에 적합하다.
> • 폭발의 위험이 있다.
> • 아크용접에 비해 불꽃의 온도가 낮다.
> • 열 집중성이 나빠서 효율적인 용접이 어렵다
> • 가열 범위가 커서 용접 변형이 크고 일반적으로 신뢰성이 낮다.

24

용해 아세틸렌 취급 시 주의사항으로 틀린 것은?

① 저장 장소는 통풍이 잘 되어야 된다.
② 저장 장소에는 화기를 가까이 하지 말아야 한다.
③ 용기는 진동이나 충격을 가하지 말고 신중히 취급해야 한다.
④ 용기는 아세톤의 유출을 방지하기 위해 눕혀서 보관한다.

25

2개의 모재에 압력을 가해 접촉시킨 다음 접촉면에 압력을 주면서 상대운동을 시켜 접촉면에서 발생하는 열을 이용하는 용접법은?

① 가스 압접   ② 냉간 압접
③ 마찰 용접   ④ 열간 압접

마찰용접은 압접의 일종으로 용접하고자 하는 모재를 맞대어 접합면의 고속 회전에 의해 발생된 마찰열을 이용하여 접합하는 방법이다.

모재의 절단부를 불활성가스로 보호하고 금속전극에 대전류를 흐르게 하여 절단하는 방법으로 알루미늄과 같이 산화에 강한 금속에 이용되는 절단 방법은?

① 산소 절단 ② TIG 절단
③ MIG 절단 ④ 플라스마 절단

MIG 아크 절단
모재의 절단부를 불활성가스로 보호하고 금속전류에 대전류를 흐르게 하여 절단하는 방법으로 알루미늄과 같은 산화에 강한 금속을 절단하는 방법이다.

아크에어 가우징 작업에 사용되는 압축 공기의 압력으로 적당한 것은?

① 1 ~ 3 kgf/cm²
② 5 ~ 7 kgf/cm²
③ 9 ~ 12 kgf/cm²
④ 14 ~ 16 kgf/cm²

아크 에어가우징의 특징
- 탄소아크절단에 압축공기를 병용 – 흑연으로 된 탄소 전극봉에 구리 도금한 전극이용
- 가스 가우징보다 능률이 2 ~ 3배 좋다.
- 균열발견이 쉽고 소음이 없다.
- 철, 비철 금속도 가능
- 전원은 직류역극성이용(미그절단)
- 전압은 35V, 전류는 200 ~ 500A, 압축공기는 6 ~ 7 kgf/cm²

아크가 발생될 때 모재에서 심선까지의 거리를 아크 길이라 한다. 아크 길이가 짧을 때 일어나는 현상은?

① 발열량이 작다.
② 스패터가 많아진다.
③ 기공 균열이 생긴다.
④ 아크가 불안정해진다.

아크길이가 짧으면 발열량이 작아진다. 반면 아크길이가 길어지면 발열량이 커져서 언더컷 발생의 원인이 되기도 한다.

29

리벳 이음과 비교하여 용접 이음의 특징을 열거한 것 중 틀린 것은?

① 구조가 복잡하다.
② 이음 효율이 높다.
③ 공정 수가 절감된다.
④ 유밀, 기밀, 수밀이 우수하다.

용접의 장점
- 작업의 공정을 줄일 수 있다.
- 형상의 자유를 추구할 수 있다.
- 이음 효율이 향상 된다. 이음효율 100%
- 중량이 경감되고 재료 및 시간이 절약된다.
- 보수와 수리가 용이하다.

30

아크 용접기의 구비조건으로 틀린 것은?

① 효율이 좋아야 한다.
② 아크가 안정되어야 한다.
③ 용접 중 온도 상승이 커야 한다.
④ 구조 및 취급이 간단해야 한다.

정답 20.④ 21.③ 22.③ 23.④ 24.④ 25.③ 26.③ 27.② 28.① 29.① 30.③

피복 아크 용접기의 구비 조건
- 내구성이 좋아야 한다.
- 역률과 효율이 높아야 한다.
- 구조 및 취급이 간단해야 한다.
- 사용중 온도 상승이 적어야 한다.
- 전격방지기가 설치 되어 있어야 한다.
- 아크 발생이 쉽고 아크가 안정되어야 한다.
- 전류 조정이 용이하고 전류가 일정하게 흘러야 한다.
- 무부하 전압이 작아야 한다.

- 아세틸렌 발생기는 60℃ 이하 유지
- 아세틸렌의 양 구하는 식 : 905(A - B) (A : 병전체의 무게, B : 빈 병의무게)

31

아크 용접에 속하지 않는 것은?

① 스터드 용접
② 프로젝션 용접
③ 불활성가스 아크 용접
④ 서브머지드 아크 용접

프로잭션 용접법은 전기 저항용접의 종류에 속한다.

33

다음 중 피복 아크 용접에서 아크의 특성 중 정극성과 비교한 역극성의 특징으로 틀린 것은?

① 용입이 얕다.
② 비드 폭이 좁다.
③ 용접봉의 용융이 빠르다.
④ 박판, 주철 등 비철금속의 용접에 쓰인다.

직류 정극성(DCRP)
- 모재가 - , 용접봉 +
- 용입이 얕다
- 용접봉은 소모가 크다.
- 비드폭 넓다
- 박판에 적합
- 역극성을 이용한 절단법 - 미그, 아크 에어 가우징

32

아세틸렌(C_2H_2) 가스의 성질로 틀린 것은?

① 비중이 1,906으로 공기보다 무겁다.
② 순수한 것은 무색, 무취의 기체이다.
③ 구리, 은, 수은과 접촉하면 폭발성 화합물을 만든다.
④ 매우 불안전한 기체이므로 공기 중에서 폭발 위험성이 크다.

아세틸렌(C_2H_2) 가스의 성질
- 406 ~ 408℃에서 자연발화 된다.
- 마찰·진동·충격에 의하여 폭발위험성
- 은, 수은, 동과 접촉시 120℃부근에서 폭발성
- 아세틸렌 15%, 산소 85%에서 가장 위험
- 카바이트 1kg에서 348L의 C_2H_2가 발생
- 비중은 1.176g이다. - 15℃, 15기압에서 충전

34

피복 아크 용접 중 용접봉의 용융 속도에 관한 설명으로 옳은 것은?

① 아크 전압×용접봉 쪽 전압 강하로 결정된다.
② 단위 시간당 소비되는 전류값으로 결정된다.
③ 동일 종류의 용접봉인 경우 전압에만 비례하여 결정된다.
④ 용접봉 지름이 달라도 동일 종류 용접봉인 경우 용접봉 지름에는 관계가 없다.

용융속도
- 시간당 소모되는 용접봉의 길이, 무게
- 아크전류 × 용접봉 쪽 전압강하

35

가스 용접에서 용제(flux)를 사용하는 가장 큰 이유는?

① 모재의 용융온도를 낮게 하여 가스 소비량을 적게 하기 위해
② 산화작용 및 질화작용을 도와 용착금속의 조직을 미세화하기 위해
③ 용접봉의 용융 속도를 느리게 하여 용접봉 소모를 적게 하기 위해
④ 용접 중에 생기는 금속의 산화물 또는 비금속 개재물을 용해하여 용착금속의 성질을 양호하게 하기 위해

> 가스 용접 시 용제
> • 모재표면의 산화물, 불순물을 제거하기 위하여 사용함

36

프로판 가스의 성질에 대한 설명으로 틀린 것은?

① 기화가 어렵고 발열량이 낮다.
② 액화하기 쉽고 용기에 넣어 수송이 편리하다.
③ 온도 변화에 따른 팽창률이 크고 물에 잘 녹지 않는다.
④ 상온에서는 기체 상태이고 무색, 투명하며 약간의 냄새가 난다.

> 프로판 가스의 성질
> • 프로판 가스는 기화하기 쉽고 발열량이 높다.
> • 물에 잘 녹지 않고 무색 투명하고 약간의 냄새가 난다.
> • 액화하기 쉽고 용기에 넣어 수송하기 편리하다.
> • 공기보다 무겁고(비중 1.5) 연소시 많은 산소를 필요로 한다.
> • 기체가 팽창시 250배 이상으로 팽창하고 폭발력이 크다.

37

가스 용접봉 선택 조건으로 틀린 것은?

① 모재와 같은 재질일 것
② 용융 온도가 모재보다 낮을 것
③ 불순물이 포함되어 있지 않을 것
④ 기계적 성질에 나쁜 영향을 주지 않을 것

> 가스 용접 시 용접봉의 용융 온도는 모재의 용융 온도와 같아야 한다.

38

피복 아크 용접봉에서 피복제의 역할로 틀린 것은?

① 용착금속의 급랭을 방지한다.
② 모재 표면의 산화물을 제거한다.
③ 용착금속의 탈산 정련작용을 방지한다.
④ 중성 또는 환원성 분위기로 용착금속을 보호한다.

> 피복제의 역할(용제)
> • 아크안정   • 산·질화 방지
> • 용적의 미세화   • 유동성 증가
> • 전기 절연작용   • 서냉으로 취성방지
> • 용착 금속의 탈산정련작용   • 슬래그 박리성 증대

39

금속의 공통적 특성으로 틀린 것은?

① 열과 전기의 양도체이다.
② 금속 고유의 광택을 갖는다.
③ 이온화하면 음(—) 이온이 된다.
④ 소성 변형성이 있어 가공하기 쉽다.

정답 31.② 32.① 33.② 34.④ 35.④ 36.① 37.② 38.③ 39.③

> **금속의 공통적인 성질**
> - 실온에서 고체이며, 결정체이다.(단, 수은은 액체)
> - 빛을 발산하고 고유의 광택이 있다.
> - 가공이 용이하고, 전·연성이 크다.
> - 열과 전기의 양도체이다.
> - 비중이 크고 경도 및 용융점이 크다.

40

Fe – C 평형 상태도에서 가장 낮은 온도에서 일어나는 반응은?

① 공석 반응
② 공정 반응
③ 포석 반응
④ 포정 반응

> - Fe – C상태도에서 가장 낮은 온도에서의 반응은 공석반응이다. – 723℃에서 반응
> - Fe – C상태도에서 나타나는 반응
>   - 포정반응, 공석반응, 공정반응
>   - 편정반응은 나타나지 않는다.

41

침탄법에 대한 설명으로 옳은 것은?

① 표면을 용융시켜 연화시키는 것이다.
② 망상 시멘타이트를 구상화시키는 방법이다.
③ 강재의 표면에 아연을 피복시키는 방법이다.
④ 강재의 표면에 탄소를 침투시켜 경화시키는 것이다.

> 침탄법은 저탄소강에 침탄제인 탄소를 침탄 촉진제와 함께 침탄로에서 가열하여 급랭하는 방법으로 약 0.5 ~ 1mm의 침탄층을 생성시키는 표면처리 경화법이다.

42

구상흑연주철은 주조성, 가공성 및 내마멸성이 우수하다. 이러한 구상흑연주철 제조 시 구상화제로 첨가되는 원소로 옳은 것은?

① P, S
② O, N
③ Pb, Zn
④ Mg, Ca

> **구상흑연 조직**
> - 용융상태의 주철 + Mg
> - 구상흑연주철을 제조 시 첨가하는 원소 – Ca, Ce, Mg

43

Y합금의 일종으로 Ti와 Cu를 0.2% 정도씩 첨가한 것으로 피스톤에 사용되는 것은?

① 두랄루민
② 코비탈륨
③ 로엑스합금
④ 하이드로날륨

44

시험편을 눌러 구부리는 시험 방법으로 굽힘에 대한 저항력을 조사하는 시험은?

① 충격 시험
② 굽힘 시험
③ 전단 시험
④ 인장 시험

> **굽힘시험(굴곡시험)**
> - 모재 및 용접부의 연성과 결함유무시험
> - 시험편의 터짐, 기공 및 터짐의 개수판정, 180° 굽힘

45

Fe – C 평형 상태도에서 공정점의 C%는?

① 0.02%
② 0.8%
③ 4.3%
④ 6.67%

Fe – C 상태도에서 탄소 함유량에 따른 분류
- 공정점 : 탄소 함유량이 4.3%
- 공석점 : 탄소 함유량이 0.8%

Al – Si계 합금을 개량처리하기 위해 사용하는 접종 처리제가 아닌 것은?

① 금속나트륨　　② 염화나트륨
③ 불화알칼리　　④ 수산화나트륨

알루미늄과 규소계 개량 처리법
- 금속나트륨 첨가법
- 불소화합물 첨가법
- 수산화나트륨 첨가법

금속의 소성 변형을 일으키는 원인 중 원자 밀도가 가장 큰 격자면에서 잘 일어나는 것은?

① 슬립　　　　② 쌍정
③ 전위　　　　④ 편석

슬립
- 외력에 의해 인장력이 작용하여 격자면 내외에 미끄럼 변화를 일으키는 현상이다.

소성 변형

슬립	금속 결정형이 원자 간격이 가장 작은 방향으로 층상 이동하는 현상
트윈(쌍정)	변형 전과 변형 후 위치가 어떤 면을 경계로 대칭되는 현상
전위	불안정하거나 결함이 있는 곳으로부터 원자 이동이 일어나는 현상
경화	• 가공 경화 : 가공에 의해 단단해지는 성질 • 시효 경화 : 시간이 지남에 따라 단단해지는 성질 • 인공 시효 : 인위적으로 단단하게 만드는 것
회복	• 가열로서 원자 운동을 활발하게 하여 경도를 유지하나 내부 응력을 감소시켜 주는 것 • 풀림 처리

탄소강은 200 ~ 300℃에서 연신율과 단면 수축률이 상온보다 저하되어 단단하고 깨지기 쉬우며, 강의 표면이 산화되는 현상은?

① 적열 메짐　　② 상온 메짐
③ 청열 메짐　　④ 저온 메짐

탄소강에서의 취성
- 적열취성 : 고온 900℃에서 발생, 물체가 빨갛게 메지는 현상, 원인은 P, 방지제는 Mn
- 청열취성 : 강이 200 ~ 300℃로 가열하면 연신율과 단면 수축율이 저하, 원인은 P, 방지제는 Ni
- 상온취성 : 충격, 피로 등에 의해 깨지는 성질, 원인은 P
- 저온취성 : 천이온도에 도달하면 급속히 감소 -70℃에서 충격치가 0에 도달한다.

다음 중 주철에 관한 설명으로 틀린 것은?

① 비중은 C와 Si 등이 많을수록 작아진다.
② 용융점은 C와 Si 등이 많을수록 낮아진다.
③ 주철을 600℃ 이상의 온도에서 가열 및 냉각을 반복하면 부피가 감소한다.
④ 투자율을 크게 하기 위해서는 화합 탄소를 적게 하고, 유리 탄소를 균일하게 분포시킨다.

주철
- 탄소함유량 1.7 ~ 6.68%
- 실용적 주철은 2.5 ~ 4.5%
- 전·연성이 작고 가공이 안된다.
- 비중은 C와 Si가 많을수록 작아진다.
- 용융점은 C와 Si가 많을수록 낮아진다.
- 압축강도, 내마모성, 주조성이 우수하다.
- 기계의 가공성이 좋고 값이 싸다.
- 고온에서 기계적 강도가 크다.
- 용융점이 낮고 유동성이 좋아 주조하기 쉽다.
- 주철을 파면상으로 분류시 백주철, 반주철, 회주철로 구분한다.

정답 40.① 41.④ 42.④ 43.② 44.② 45.③ 46.② 47.① 48.③ 49.③

- 강에 비해 탄소의 함량이 많아 취성과 경도가 커지고 인장강도는 작아진다.
- 담금질, 뜨임은 안되나 주조응력의 제거 목적으로 풀림처리는 가능하다.(미하나이트주철 - 담금질)

50

Al의 비중과 용융점(℃)은 약 얼마인가?

① 2.7, 660℃
② 4.5, 390℃
③ 8.9, 220℃
④ 10.5, 450℃

Al의 성질
- 경금속, 2.7(비중), 융점 660℃
- 산화피막 - 대기중 부식방지, 해수와 해알카리에 부식
- 열, 전기의 양도체 (65%)
- 면심입방격자
- 80%이상의 진한질산에 침식을 견딘다.

51

판을 접어서 만든 물체를 펼친 모양으로 표시할 필요가 있는 경우 그리는 도면을 무엇이라 하는가?

① 투상도
② 개략도
③ 입체도
④ 전개도

52

재료 기호 중 SPHC의 명칭은?

① 배관용 탄소 강관
② 열간 압연 연강판 및 강대
③ 용접구조용 압연 강재
④ 냉간 압연 강판 및 강대

53

그림과 같이 기점 기호를 기준으로 하여 연속된 치수선으로 치수를 기입하는 방법은?

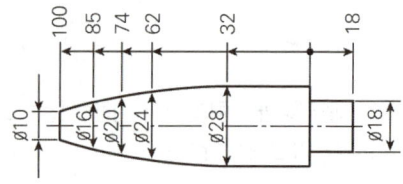

① 직렬 치수 기입법
② 병렬 치수 기입법
③ 좌표 치수 기입법
④ 누진 치수 기입법

54

다음 용접 기호 중 표면 육성을 의미하는 것은?

① ⌒   ② ═══
③ ∥   ④

② 표면 접합부 ③ 경사부 접합 ④ 겹침 접합부

55

다음 중 가는 실선으로 나타내는 경우가 아닌 것은?

① 시작점과 끝점을 나타내는 치수선
② 소재의 굽은 부분이나 가공 공정의 표시선
③ 상세도를 그리기 위한 틀의 선
④ 금속 구조 공학 등의 구조를 나타내는 선

가는실선 - 치수선, 치수보조선, 지시선, 회전단면선, 수준면선, 해칭선

다음 중 일반 구조용 탄소 강관의 KS 재료 기호는?

① SPP ② SPS
③ SKH ④ STK

탄소강의 종류
- SPP : 배관용 탄소강관
- SPS : 스프링강용
- SKH : 고속도 공구강재
- STK : 일반구조용 탄소강관

그림과 같은 도면에서 나타난 "□40" 치수에서 "□"가 뜻하는 것은?

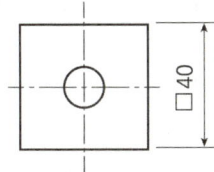

① 정사각형의 변
② 이론적으로 정확한 치수
③ 판의 두께
④ 참고 지수

정사각형을 의미함

도면에 대한 호칭 방법이 다음과 같이 나타날 때 이에 대한 설명으로 틀린 것은?

[보기]
KS B ISO 5457 - A1t - TP 1125 - R - TBL

① 도면은 KS B ISO 5457을 따른다.
② A1 용지 크기이다.
③ 재단하지 않은 용지이다.
④ 112.5g/m² 사양의 트레이싱지이다.

KS B ISO 5457에 따라 재단한용지는 t, 재단하지 않은 용지는 u로 표시

그림과 같은 배관 도면에서 도시기호 S는 어떤 유체를 나타내는 것인가?

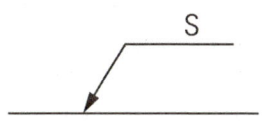

① 공기 ② 가스
③ 유류 ④ 증기

배관의 유체표시
- A : 공기
- G : 가스
- O : 기름
- S : 수증기
- W : 물

그림의 입체도에서 화살표 방향을 정면으로 하여 제3각법으로 그린 정투상도는?

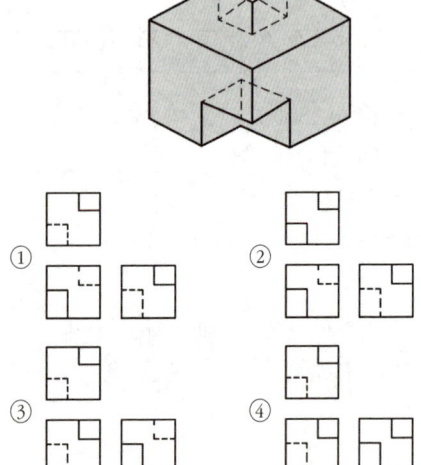

정답 60.①

2018년 특수용접기능사 기출문제

01
TIG 용접에 있어 직류 정극성에 관한 설명으로 틀린 것은?

① 용입이 깊고 비드 폭은 좁다.
② 극성의 기호를 DCSP로 나타낸다.
③ 산화피막을 제거하는 청정작용이 있다.
④ 모재에는 양(+)극을, 홀더(토치)에는 음(-)극을 연결한다.

직류 정극성(DCSP)
- 극성이란 +, - 가 있는 것
- + 연결 시 열량이 70%, - 연결 시 열량이 30% 정도
- 모재가 + (입열량 70%), 용접봉 - (열량 30%)
- 용입이 깊다.
- 용접봉은 천천히 녹는다.
- 비드폭 좁다.
- 후판에 적합
- 정극성은 기본적으로 절단의 원리이다.
- 역극성을 이용한 절단법 - 미그, 아크 에어 가우징
- 알루미늄 용접시 산화피막을 제거하기 위해서는 알곤가스의 이온화 작용에 의해 산화 피막을 제거하는데 역극성을 이용하는 것이 효과적이다.

02
다음 중 피복 아크 용접봉에서 피복제의 역할이 아닌 것은?

① 아크의 안정
② 용착금속에 산소 공급
③ 용착금속의 급랭 방지
④ 용착금속의 탈산 정련작용

피복제의 역할(용제)
- 아크안정, 산·질화 방지, 용적의 미세화
- 유동성 증가, 전기절연작용
- 서냉으로 취성방지, 탈산정련, 슬래그 박리성 증대

03
다음 중 KS상 용접봉 홀더의 종류가 200호일 때 정격 용접 전류는 몇 A인가?

① 160   ② 200
③ 250   ④ 300

정격 2차 전류값
- 아크 교류 용접기의 용량표시
- 정격 2차 전류 (AW 200)
- 사용범위는 가능범위 20 ~ 110% (40A ~ 220A)

04
아크 용접에서 아크 쏠림의 방지 대책으로 틀린 것은?

① 접지점 두 개를 연결할 것
② 접지점을 용접부에서 멀리할 것
③ 용접봉 끝을 아크 쏠림 방향으로 기울일 것
④ 직류 아크 용접을 하지 말고 교류 용접을 할 것

정답 01.③ 02.② 03.② 04.③

아크쏠림의 방지책
- 전류가 흐를 때 자장이 용접봉에 대하여 비대칭 일 때 발생함
  - 직류 용접기에서 주로 발생함
- 아크 블로우, 자기불림, 자기쏠림 이라한다.
- 교류용접기를 사용
- 용접봉의 끝을 아크쏠림 반대쪽으로 숙인다.
- 접지를 용접부위에서 멀리 둔다.
- 용접부의 시종단에 엔드탭을 댄다.
- 아크길이를 짧게 한다.

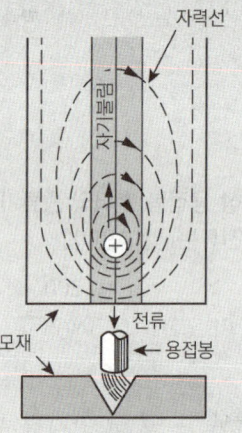

> 가스용접에서 역화란 팁끝이 모재에 닿아 팁 끝이 막히거나 팁이 과열 되었을 때, 순간적으로 폭발음이 나면서 불꽃이 꺼졌다가 다시 나타나는 현상을 의미 한다.

07

포갬 절단(stack cutting)에 관한 설명으로 틀린 것은?

① 예열 불꽃으로 산소 – 아세틸렌 불꽃보다 산소 – 프로판 불꽃이 적합하다.
② 절단 시 판과 판 사이에는 산화물이나 불순물을 깨끗이 제거하여야 한다.
③ 판과 판 사이의 틈새는 0.1mm 이상으로 포개어 압착시킨 후 절단하여야 한다.
④ 6mm 이하의 비교적 얇은 판을 작업능률을 높이기 위해 여러 장 겹쳐 놓고 한 번에 절단하는 방법을 말한다.

> 포갬 절단이란 작업의 능률을 높이기 위해 비교적 얇은 판(6mm 이하)을 여러 장 겹쳐서 절단하는 방법

05

용접봉을 용접기의 음극(–)에, 모재를 양(+)극에 연결한 경우를 무슨 극성이라고 하는가?

① 직류 역극성   ② 교류 정극성
③ 직류 정극성   ④ 교류 역극성

> **직류 정극성(DCSP)**
> - +를 모재에 연결, –는 용접봉에 연결

08

액화탄산가스 1kg이 완전히 기화되면 상온 1기압에서 약 몇 L가 되겠는가?

① 318L   ② 400L
③ 510L   ④ 650L

> - 기체의 부피에 대하여 아보가드로의 법칙
> - 표준상태 1몰은 22.4ℓ 이다.
> - CO_2 1몰은 44g이고, 부피는 22.4ℓ
> - 44g : 22.4 = 1000g : x
> - $x = \dfrac{1000 \times 22.4}{44} = 509.09$

06

가스 용접에서 역화의 원인과 가장 거리가 먼 것은?

① 팁이 과열되었을 때
② 팁 구멍이 막혔을 때
③ 팁과 모재가 멀리 떨어졌을 때
④ 팁 구멍이 확대 변형되었을 때

다음 중 아크가 발생하는 초기에만 용접전류를 특별히 많게 할 목적으로 사용하는 아크 용접기의 부속기구는?

① 변압기(transformer)
② 핫 스타트(hot start) 장치
③ 전격방지장치(voltage reducing device)
④ 원격제어장치(remote control equipment)

교류용접기의 부속장치
- 전격방지기 : 감전의 위험으로부터 작업자 보호, 2차 무부하 전압을 20V ~ 30V 로 유지
- 핫스타트장치(아크부스터) : 처음 모재에 접촉한 순간 0.2 ~ 0.25초의 순간적인 대전류를 흘려
- 아크의 발생 초기 안정 도모
- 고주파 발생장치 : 아크의 안정을 확보하기위하여
- 원격제어장치 : 원거리의 전류와 전압의 조절장치(가포화 리액터형)

CO_2가스 아크 용접에서 후진법과 비교한 전진법의 특징으로 맞는 것은?

① 용융 금속이 앞으로 나가지 않으므로 깊은 용입을 얻을 수 있다.
② 용접선을 잘 볼 수 있어 운봉을 정확하게 할 수 있다.
③ 스패터의 발생이 적다.
④ 비드 높이가 약간 높고 폭이 좁은 비드를 얻는다.

이산화탄소 아크용접 방법에서 전진법의 특징
- 전진법은 오른쪽에서 왼쪽으로 용접하는 방법으로 용접선을 잘 볼 수가 있다.
- 비드의 높이가 낮아 평탄한 비드가 형성된다.
- 스패터가 많고 진행방향으로 흩어진다.
- 용착금속의 진행방향으로 앞서기 쉬워 용입이 얕다.

15℃, 15기압에서 50L 아세틸렌 용기에 아세톤 21L가 포화, 흡수되어 있다. 이 용기에는 약 몇 L의 아세틸렌을 용해시킬 수 있는가?

① 5875
② 7375
③ 7875
④ 8385

아세틸렌은 아세톤에 25배 용해
- 25배 × 15기압 = 375L (1kg당)
- 21L × 375 = 7875L

다음 중 산소 – 아세틸렌 가스 용접의 단점이 아닌 것은?

① 열효율이 낮다.
② 폭발할 위험이 있다.
③ 가열시간이 오래 걸린다.
④ 가열할 때 열량의 조절이 제한적이다.

가스용접의 장점과 단점
- 운반이 편리하고 설비비가 싸다.
- 전원이 없는 곳에 쉽게 설치 할 수 있다.
- 아크용접에 비해 유해광선의 피해가 적다.
- 가열시 열량 조절이 쉽고, 박판용접에 적합하다.
- 폭발의 위험이 있다.
- 아크용접에 비해 불꽃의 온도가 낮다.
- 열 집중성이 나빠서 효율적인 용접이 어렵다
- 가열 범위가 커서 용접 변형이 크고 일반적으로 신뢰성이 낮다.

정답 05.③ 06.③ 07.③ 08.③ 09.② 10.② 11.③ 12.④

13

연강용 가스 용접봉의 성분이 모재에 미치는 영향으로 틀린 것은?

① 인(P) : 강에 취성을 주며 가연성을 잃게 한다.
② 규소(Si) : 기공은 막을 수 있으나 강도가 떨어지게 된다.
③ 탄소(C) : 강의 강도를 증가시키지만 연신율, 굽힘성이 감소된다.
④ 유황(S) : 용접부의 저항력은 증가하지만 기공 발생의 원인이 된다.

- 가스 용접봉의 성분 중 유황은 용접부의 저항력을 감소시키고 기공의 발생의 원인이 된다.
- 설퍼프린터
  - 황의 분포 여부를 확인
  - 시약은 H_2SO_4(황산)
  - 확산성 수소에 의해 발생되는 균열 : 설퍼 균열

14

용접용 케이블을 접속하는 데 사용되는 것이 아닌 것은?

① 케이블 러그(cable lug)
② 케이블 조인트(cable joint)
③ 용접 고정구(welding fixture)
④ 케이블 커넥터(cable connector)

- 용접 고정구는 모재를 고정시키는 지그의 한 종류이다.

15

산소 - 아세틸렌 용접법에서 전진법과 비교한 후진법의 설명으로 틀린 것은?

① 용접 속도가 느리다.
② 열 이용률이 좋다.
③ 용접 변형이 작다.
④ 홈 각도가 작다.

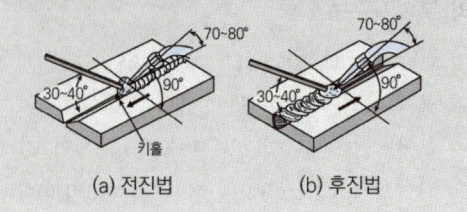

가스용접시 후진법
- 비드모양만 나쁘다.
- 일반용접시 잔류응력이 작아서 많이 사용
- 모든 면에서 전진법에 대하여 좋다.

(a) 전진법   (b) 후진법

16

가스 절단 시 예열 불꽃이 강할 때 생기는 현상이 아닌 것은?

① 드래그가 증가한다.
② 절단면이 거칠어진다.
③ 모서리가 용융되어 둥글게 된다.
④ 슬래그 중의 철 성분의 박리가 어려워진다.

예열 불꽃이 너무 강할 때
- 절단면이 거칠어 진다.
- 절단면 위 모서리가 녹아서 둥글게 된다.
- 슬래그가 뒤쪽에 많이 달라붙어 떨어지지 않는다.
- 슬래그의 박리가 어려워 진다.

17

용접기의 특성에 있어서 수하 특성의 역할로 가장 적합한 것은?

① 열량의 증가   ② 아크의 안정
③ 아크전압의 상승   ④ 저항의 감소

용접기에 필요한 특성
- 부특성(부저항특성) : 전류가 작은 범위에서 전류가 증가하면 저항이 작아져 아크전압이 낮아지는 특성
- 수하특성
  - 아크가 안정된다. → 피복아크용접기의 특성(저전압 대 전류)
  - 부하전류가 증가하면 단자전압이 저하하는 특성

- **정전류특성** : 아크길이가 크게 변하여도 전류값은 거의 변하지 않는 특성
- **상승특성** : 큰 전류에서 아크길이가 일정할 때 아크 증가와 더불어 전압이 약간씩 증가하는 특성
- **정전압특성**(아크길이 자기제어특성)
  - → 서브머지드, CO_2용접, GMAW특성 수하특성과는 반대의 성질을 갖는 것으로 부하 전류가 변해도 단자 전압이 거의 변하지 않는 것으로 CP특성이라 한다.

18

강괴의 종류 중 탄소 함유량이 0.3% 이상이고 재질이 균일하며, 기계적 성질 및 방향성이 좋아 합금강, 단조용강, 침탄강의 원재료로 사용되나 수축관이 생긴 부분이 산화되어 가공 시 압착되지 않아 잘라내야 하는 것은?

① 킬드 강괴   ② 세미킬드 강괴
③ 림드 강괴   ④ 캡드 강괴

강괴 : 원형, 4각, 6각 등의 잉곳으로 되어 있다.

종류	탈산여부	특징
림드강	탈산 및 가스 처리가 불충분	• 수축 공이 없으며, 기공과 편석이 많아 질이 떨어짐. • 탄소 함유량은 보통 0.3% 이하의 저탄소강임. • 구조용 강재 및 피복 아크 용접용 모재 등으로 사용
킬드강	철 – 망간, 철 – 규소, 알루미늄 등으로 완전히 탈산	• 수축 공이 뚜렷하고, 기공은 없으며, 편석 또한 극소강으로 재질이 균질하고 기계적 성질도 좋음. • 헤어 크랙이 생기기도 함. • 탄소 함유량은 0.3% 이상임.
세미·킬드강	중간 정도의 탈산	• 수축 공이 없고, 기공은 상당히 있지만, 편석은 적음. • 탄소 함유량은 0.15 ~ 0.3%, 일반 구조용강과 강관으로 사용.

19

알루미늄 합금에 있어 두랄루민의 첨가성분으로 가장 많이 함유된 원소는?

① Mn   ② Cu
③ Mg   ④ Zn

알루미늄 합금의 종류
- 주조용 알루미늄의 대표
  - 실루민(Al + Si) – 알펙스라고 표현(si 14%)
  - 라우탈 Al – Cu – Si
- 내식성 알루미늄의 대표
  - 하이드로날륨(Al + Mg)
- 단조용(가공용) 알루미늄의 대표
  - 두랄루민(Al + Cu + Mg + Mn)
- 내열용 알루미늄의 대표
  - Y합금 (Al + Cu + Ni + Mg)
  - Lo -ex(Al + Cu + Ni + Mg + Si)

20

다음 중 공정 주철의 탄소 함유량으로 가장 적합한 것은?

① 1.3 %C   ② 2.3 %C
③ 4.3 %C   ④ 6.3 %C

주철의 탄소 함유량
- 공정 주철 : 4.3%
- 아공정 주철 : 4.3% 이하의 탄소 함유량
- 과공정 주철 : 4.3% 이상의 탄소 함유량

정답 13.④ 14.③ 15.① 16.① 17.② 18.① 19.② 20.③

21

포금(gun metel)이라고 불리는 청동의 주요 성분으로 옳은 것은?

① 8 ~ 12% Sn에 1 ~ 2% Zn 함유
② 2 ~ 5% Sn에 15 ~ 20% Zn 함유
③ 5 ~ 10% Sn에 10 ~ 15% Zn 함유
④ 15 ~ 20% Sn에 1 ~ 2% Zn 함유

> 청동 합금(포금)
> • 포 금 : Cu + Sn(8 ~ 12%) + Zn(1 ~ 2%)
> • 내수성이 우수하다.
> • 성분은 8 ~ 12% 주석의 청동에 1 ~ 2%아연이 첨가된 합금
> • 수압, 수증기에 잘 견디므로 선박재료로 사용

22

60 ~ 70% 니켈(Ni) 합금으로 내식성, 내마모성이 우수하여 터빈날개, 펌프 임펠러 등에 사용되는 것은?

① 콘스탄탄(Constantan)
② 모넬 메탈(Monel metal)
③ 큐프로 니켈(Cupro nickel)
④ 문츠 메탈(Muntz metal)

> 모넬메탈은 니켈 합금강으로 니켈이 60 ~ 70%를 함유한 것은 내식성과 내마모성이 뛰어나다.

23

탄소량의 증가에 따라 감소되는 것은?

① 비열
② 열전도도
③ 전기저항
④ 항자력

> 탄소량이 증가 시
> • 증가하는 성질 : 강도, 경도, 비열, 보자력, 전기저항
> • 감소하는 성질 : 비중, 열팽창계수, 열전도도, 내식성

24

다음 주 불변강(invariable steel)에 속하지 않는 것은?

① 인바(invar)
② 엘린바(elinvar)
③ 플래티나이트(platinite)
④ 선플래티넘(sun - platinum)

> 불변강(Ni합금강)
> • 인바(Ni : 36%) : 열전쌍, 시계 등
> • 엘린바(Ni36% - Cr12%) : 시계스프링, 정밀계측기
> • 플래티나이트(Ni:10 ~ 16%) : 전구, 진공관의 유리봉입선
> • 퍼멀로이(Ni : 75% ~ 80%) : 해저전선의 장하코일
> • 코엘린바
> • 수퍼인바
> • 초인바
> • 이스에라스틱

25

용접 시 용접 균열이 발생할 위험성이 가장 높은 재료는?

① 저탄소강   ② 중탄소강
③ 고탄소강   ④ 순철

26

금속 표면에 스텔라이트나 경합금 등의 금속을 용착시켜 표면 경화층을 만드는 방법을 무엇이라 하는가?

① 쇼트 피닝   ② 고주파 경화법
③ 화염 경화법   ④ 하드 페이싱

> 하드 페이싱이란 표면 경화법으로 금속표면에 스텔라이트나 경합금 등의 금속을 융착시켜 표면 경화층을 만드는 방법이다.

다음 중 스테인리스강의 분류에 해당하지 않는 것은?

① 페라이트계　　② 마텐자이트계
③ 스텔라이트계　④ 오스테나이트계

> 스텔라이트는 대표적인 주조 경질 합금으로 주조, 연삭은 가능하지만, 단조, 절삭은 불가능하며 열처리는 불필요하다.

용접 시 발생한 변형을 교정하는 방법 중 가열을 통하여 변형을 교정하는 방법에 있어 가장 적절한 가열 온도는?

① 1200℃ 이상　　② 800 ~ 900℃
③ 500 ~ 600℃　　④ 300℃ 이하

> 변형 교정 시 가장 적절한 온도는 500 ~ 600℃가 적합하다.

다음 중 KS상 탄소강 주강품의 기호가 'SC360'일 때 360이 나타내는 의미로 옳은 것은?

① 연신율　　② 탄소 함유량
③ 인장 강도　④ 단면 수축률

> **KS 재료의 규격**
> - S : 강을 의미함(steel)
> - C : 주조품을 의미(casting)
> - 360 : 인장강도를 의미

15℃, 1kgf/cm² 하에서 사용 전 용해 아세틸렌 병의 무게가 50kgf이고, 사용 후 무게가 45kgf일 때 사용한 아세틸렌의 양은 약 몇 L인가?

① 2715　　② 3718
③ 3620　　④ 4525

> - 아세틸렌의 양 구하는 식 : 905(A − B)
>   (A : 병전체의 무게　B : 빈 병의 무게)
> - 905 × (50 − 45) = 4525 L

정지 구멍(stop hole)을 뚫어 결함 부분을 깎아내고 재용접해야 하는 결함은?

① 균열　　② 언더컷
③ 오버랩　④ 용입 부족

> 균열의 보수는 균열의 성장을 방지하기 위해 균열의 양끝에 정지구멍을 뚫어 준다.

32

산업안전보건법상 안전·보건 표지에 사용되는 색채 중 안내를 나타내는 색채는?

① 빨강　　② 녹색
③ 파랑　　④ 노랑

> **안전색채**
> - 적색 : 방화, 금지, 방향표시
> - 녹색 : 안전지도, 위생표시, 안내
> - 청색 : 주의, 수리 중, 송전중 표시
> - 보라색 : 방사능위험

정답 21.① 22.② 23.② 24.④ 25.③ 26.④ 27.③ 28.③ 29.① 30.③ 31.④ 32.②

33

다음 중 MIG 용접 시 크레이터 처리 기능에 의해 낮아진 전류가 서서히 줄어들면서 아크가 끊어지는 기능으로 이면 용접부가 녹아내리는 것을 방지하는 기능과 가장 관련이 깊은 것은?

① 스타트 시간(start time)
② 번 백 시간(burn back time)
③ 슬로운 다운 시간(slow down time)
④ 크레이터 충전 시간(crate fill time)

번백시간
불활성가스 금속아크용접의 제어장치로서 크레이터 처리 기능에 의해 낮아진 전류가 서서히 줄어 들면서 아크가 끊어지는 기능으로 이면용접 부위가 녹아 내리는 것을 방지하는 제어기능

34

용접 작업에 있어 언더컷이 발생하는 원인으로 가장 적절한 경우는?

① 전류가 너무 낮은 경우
② 아크 길이가 너무 짧은 경우
③ 용접 속도가 너무 느린 경우
④ 부적당한 용접봉을 사용한 경우

언더컷 발생원인
- 전류가 높을 때
- 아크길이가 길 때
- 속도가 빠를 때
- 부적당한 용접봉의 사용

35

CO_2 가스 아크 용접에서 복합 와이어에 관한 설명으로 틀린 것은?

① 비드 외관이 깨끗하고 아름답다.
② 양호한 용착금속을 얻을 수 있다.
③ 아크가 안정되어 스패터가 많이 발생한다.
④ 용제에 탈산제, 아크 안정제 등 합금원소가 첨가되어 있다.

CO_2용접에서 복합 와이어의 특징
- 와이어의 색상이 까맣다.
- 아크가 안정적이다.
- 용착 속도가 빠르다.
- 와이어의 가격이 비싸다.
- 스패터의 발생량이 적다.
- 비드의 형상과 외관이 아름답다.
- 동일전류에서 전류밀도가 높다.
- 양호한 용착금속을 얻을 수 있다.

36

주로 모재 및 용접부의 연성 결함 유무를 조사하기 위한 시험 방법은?

① 인장 시험   ② 굽힘 시험
③ 피로 시험   ④ 충격 시험

굽힘시험(굴곡시험)
- 모재 및 용접부의 연성과 결함유무시험
- 시험편의 터짐, 기공 및 터짐의 개수판정
- 굽힘정도 : 180°

37

다음 중 CO_2 가스 아크 용접의 장점으로 틀린 것은?

① 용착 금속의 기계적 성질이 우수하다.
② 슬래그 혼입이 없고, 용접 후 처리가 간단하다.
③ 전류 밀도가 높아 용입이 깊고 용접 속도가 빠르다.
④ 풍속 2m/s 이상의 바람에도 영향을 받지 않는다.

이산화탄소 아크용접 특징
- 바람에 영향을 받으므로 방풍장치가 필요하다.
- 용제를 사용하지 않아 슬래그의 혼입이 없다.
- 용접 금속의 기계적, 야금적 성질이 우수하다.
- 전류 밀도가 높아 용입이 깊고 용융 속도가 빠르다.

38
TIG 용접 시 주로 사용되는 가스는?

① CO_2 ② H_2
③ O_2 ④ Ar

> TIG용접에 사용되는 가스는 불활성가스로 He가스, Ar가스를 주로 사용한다.

39
피복 아크 용접에서 오버랩의 발생 원인으로 가장 적당한 것은?

① 전류가 너무 낮다.
② 홈의 각도가 너무 좁다.
③ 아크의 길이가 너무 길다.
④ 용착 금속의 냉각 속도가 빠르다.

> 오버랩은 용접의 결함 중 구조상 결함으로 발생원인은 용접전류가 낮을 때, 용접봉의 부적합 선택 등 전류값이 낮아 모재는 녹이지 못하고 용접봉이 녹아 얹혀 있는 듯 한 현상을 의미함

40
저항 용접의 종류 중에서 맞대기 용접이 아닌 것은?

① 업셋 용접
② 프로젝션 용접
③ 퍼커션 용접
④ 플래시 버트 용접

> 저항용접의 분류
> • 겹치기용접법 : 점용접, 심용접, 프로잭션 용접
> • 맞대기용접법 : 업셋용접, 플래시 용접, 퍼커션 용접

41
연납용 용제가 아닌 것은?

① 붕산(H_3BO_3) ② 염화아연($ZnCl_2$)
③ 염산(HCl) ④ 염화암모늄(NH_4Cl)

> 연납용 용제는 염산, 염화아연, 염화암모늄, 수지, 인산, 목재수지 등이 있다.

42
한 부분의 몇 층을 용접하다가 다른 부분의 층으로 연속시켜 전체가 계단형으로 이루어지도록 용착시켜 나가는 용접법은?

① 덧살 올림법 ② 전진 블록법
③ 스킵법 ④ 케스케이드법

> 다층 용접법
> • 덧살올림법(빌드업법) : 열영향이 크고 슬래그 섞임 우려가 있음, 한랭시구속이 클 때 후판에서 첫층 균열이 있다.

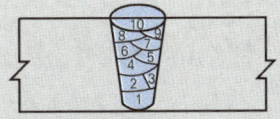

(a) 덧살 올림법

> • 캐스케이드법 : 하부분의 몇 층을 용접하다가 다음층으로 연속시켜 용접 하는법, 결함이 적지만 잘 사용 안함

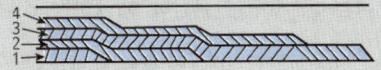

(b) 케스케이드법(용접중심선 단면도)

> • 전진블록법 : 한 개의 용접봉으로 살을 붙일만한 길이로 구분해서 여러층으로 쌓아 올린후 다음 부분으로 진행함, 첫층 균열발생 우려가 없다.

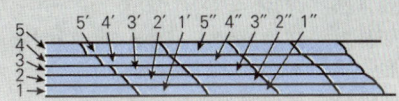

(c) 전진 블록법(용접중심선 단면도)

정답 33.② 34.④ 35.③ 36.② 37.④ 38.④ 39.① 40.② 41.① 42.④

43

다음 중 용접 작업에서 전류 밀도가 가장 높은 용접은?

① 피복 금속 아크 용접
② 산소 - 아세틸렌 용접
③ 불활성 가스 금속 아크 용접
④ 불활성 가스 텅스텐 아크 용접

> MIG 용접은 전류밀도가 큰 용접 방법이며 피복아크용접의 4~6배, TIG 용접법의 2배 정도이다.

44

TIG 용접 작업에서 아크 부근의 풍속이 일반적으로 몇 m/s 이상이면 보호가스 작용이 흩어지므로 방풍막을 설치하는가?

① 0.05　　② 0.1
③ 0.3　　　④ 0.5

> 풍속이 0.5~2m/s에서 반드시 방풍 장치를 필요로 함

45

용접 결함을 구조상 결함과 치수상 결함으로 분류할 때 다음 중 치수상 결함에 해당하는 것은?

① 융합 불량　　② 슬래그 섞임
③ 언더컷　　　④ 형상 불량

> 용접부의 결함의 종류
> • 치수상결함 : 변형, 치수불량
> • 성질상결함 : 기계적, 화학적
> • 구조상결함 : 언더컷, 오버랩, 균열, 스패터, 용입불량, 슬랙 섞임, 기공, 은점

46

용접부의 검사 방법에 있어서 기계적 시험에 해당하는 것은?

① 피로 시험
② 부식 시험
③ 누설 시험
④ 자기특성 시험

> 용접부의 검사방법중 기계적 시험법 분류
> • 동적인 시험 : 충격시험, 피로시험
> • 정적인 시험 : 인장시험, 굽힘시험, 경도시험

47

다음 중 TIG 용접에 사용하는 토륨 텅스텐 전극봉에는 몇 % 정도의 토륨이 함유되어 있는가?

① 0.3~0.5 %　　② 1~2 %
③ 4~5 %　　　　④ 6~7 %

전극봉의 종류

종류	색 구분	용도
순 텅스텐	초록	낮은 전류를 사용하는 용접에 사용하며 가격은 저가
1% 토륨	노랑	전류 전도성이 우수하며, 순 텅스텐보다 가격은 다소 고가이나 수명이 길어짐
2% 토륨	빨강	박판 정밀 용접에 사용
지르코니아	갈색	교류 용접에 주로 사용
1% 산화란탄 텅스텐	흑색	-
2% 산화란탄 텅스텐	황록색	
1% 산화셀륨 텅스텐	분홍색	
2% 산화셀륨 텅스텐	회색	

48

용접 조립 순서는 용접 순서 및 용접 작업의 특성을 고려하여 계획하며, 불필요한 잔류 응력이 남지 않도록 미리 검토하여 조립 순서를 결정하여야 한다. 다음 중 용접 구조물을 조립하는 순서에서 고려하여야 할 사항과 가장 거리가 먼 것은?

① 가능한 한 구속 용접을 실시한다.
② 가접용 정반이나 지그를 적절히 선택한다.
③ 구조물의 형상을 고정하고 지지할 수 있어야 한다.
④ 용접 이음의 형상을 고려하여 적절한 용접법을 선택한다.

> 용접 조립 시 주의사항
> • 수축이 큰 맞대기 이음을 먼저 용접하고 필렛 용접을 다음에 한다.
> • 큰 구조물은 구조물에 중앙에서 끝으로 향하여 용접 한다.
> • 용접선에 대하여 수축력의 합이 영이 되도록 한다.
> • 리벳과 용접을 같이 할때에는 용접을 먼저 한다.
> • 물품에 대칭이 되도록 한다.

49

경납용 용제로 가장 적절한 것은?

① 염화아연(ZnCl₂) ② 염산(HCl)
③ 붕산(H_3BO_3) ④ 인산(H_3PO_4)

> 경납용 용제의 종류 : 붕사, 붕산, 붕산염, 불화염

50

아세틸렌(C_2H_2)가스의 폭발성에 해당되지 않는 것은?

① 406 ~ 408℃가 되면 자연 발화한다.
② 마찰, 진동, 충격 등의 외력이 작용하면 폭발 위험이 있다.
③ 아세틸렌 90%, 산소 10% 혼합 시 가장 폭발 위험이 크다.
④ 은, 수은 등과 접촉하면 이들과 화합하여 120℃ 부근에서 폭발성이 있는 화합물을 생성한다.

> 아세틸렌가스(C_2H_2) 가스
> • 406 ~ 408℃에서 자연발화 된다.
> • 마찰·진동·충격에 의하여 폭발위험성
> • 은, 수은, 동과 접촉시 120℃ 부근에서 폭발성
> • 아세틸렌 15%, 산소 85%에서 가장위험
> • 아세틸렌의 양 구하는 식 : 905(A - B) (A : 병전체의 무게 B : 빈 병의 무게)
> • 카바이트 1kg에서 348L의 C_2H_2가 발생
> • 비중은 1.176g이다.
> • 15℃, 15기압에서 충전
> • 아세틸렌 발생기는 60℃ 이하 유지

51

그림과 같은 입체도에서 화살표 방향으로 본 투상도로 적합한 것은?

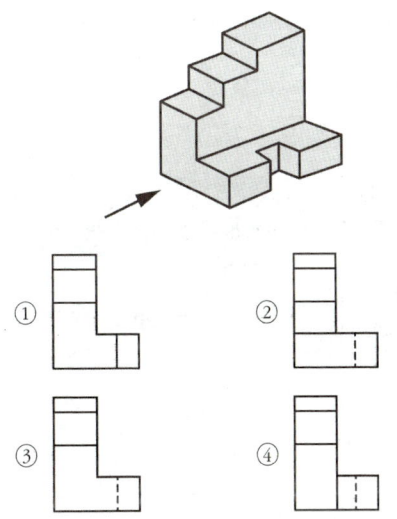

정답 43.③ 44.④ 45.④ 46.① 47.② 48.① 49.③ 50.③ 51.③

52

그림에서 A 부분의 대각선으로 그린 "X"(가는 실선) 부분이 의미하는 것은?

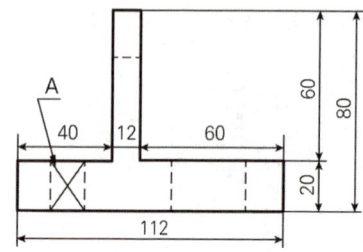

① 사각뿔 ② 평면
③ 원통면 ④ 대칭면

53

핸들, 바퀴의 암과 림, 리브, 훅, 축 등은 주로 단면의 모양을 90° 회전하여 단면전후를 끊어서 그 사이에 그리거나 하는데 이러한 단면도를 무엇이라고 하는가?

① 부분 단면도
② 온 단면도
③ 한쪽 단면도
④ 회전 도시 단면도

> **회전도시 단면도**
> • 핸들, 축, 형강등과 같은 물체의 절단한 단면의 모양을 90° 회전하여 내부 또는 외부에 그리는 것
> • 내부표시 가는실선
> • 외부표시 굵은실선

54

위쪽이 보기와 같이 경사지게 절단된 원통의 전개 방법으로 가장 적당한 것은?

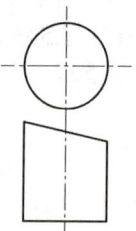

① 삼각형 전개법 ② 방사선 전개법
③ 평행선 전개법 ④ 사변형 전개법

55

용접부 표면 또는 용접부 형상의 설명과 보조기호 연결이 틀린 것은?

① —— : 평면

② ⌒ : 블록형

③ ⌣ : 토우를 매끄럽게 함

④ ㅤM ㅤ : 제거 가능한 이면 판재 사용

> 제거 가능한 판재에는 MR 이라고 표기 됨

56

다음 중 단면도의 표시에 대한 설명으로 틀린 것은?

① 상하 또는 좌우 대칭인 물체는 외형과 단면을 동시에 나타낼 수 있다.
② 기본 중심선이 아닌 곳을 절단면으로 표시할 수는 없다.

③ 단면도를 나타낼 때 같은 절단면상에 나타나는 같은 부품의 단면에는 같은 해칭(또는 스머징)을 한다.
④ 원칙적으로 축, 볼트, 리브 등은 길이 방향으로 절단하지 않는다.

> 단면이 필요한 경우 기본 중심선이 아닌 곳에서 절단한 면으로 표시해도 좋다.

④ 부분 단면도를 그릴 경우 절단 위치를 표시하는 데 사용

> **가상선(가는이점쇄선)**
> • 도시된 물체의 앞면을 표시한다.
> • 인접부분을 참고로 표시한다.
> • 가공 전 또는 가공후의 모양을 표시
> • 이동하는 부분의 이동위치를 표시
> • 공구, 지그등의 위치를 표시
> • 반복을 표시하는 선

57
그림과 같은 제3각 투상도의 입체도로 가장 적합한 것은?

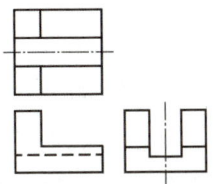

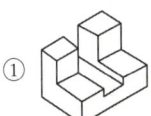 ① 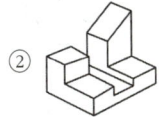 ②

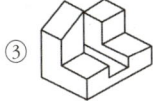 ③ 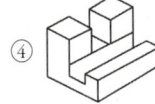 ④

58
기계 제도에서 가상선의 용도에 해당하지 않는 것은?

① 인접부분을 참고로 표시하는 데 사용
② 도시된 단면의 앞쪽에 있는 부분을 표시하는 데 사용
③ 가동하는 부분을 이동한계의 위치로 표시하는 데 사용

59
기계 제도에서 폭이 50mm, 두께가 7mm, 길이가 1000mm인 등변 ㄱ형강의 표시를 바르게 나타낸 것은?

① L7 × 50 × 50 - 1000
② L × 7 × 50 × 50 - 1000
③ L50 × 50 × 7 - 1000
④ L - 50 × 50 × 7 - 1000

60
그림과 같은 배관 도시기호에서 계기 표시가 압력계일 때 원 안에 사용하는 글자기호는?

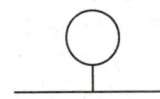

① A ② P ③ T ④ F

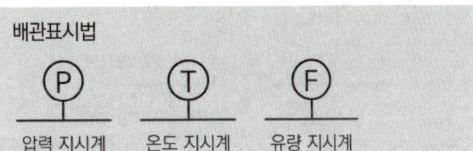

정답 52.② 53.④ 54.③ 55.④ 56.② 57.① 58.④ 59.③ 60.②

2019년 | 용접기능사 기출문제

01

용착법의 설명으로 틀린 것은?

① 한 부분에 대해 몇 층을 용접하다가 다음 부분의 층으로 연속시켜 용접하는 것이 스킵법이다.
② 잔류 응력이 다소 적게 발생하고 용접 진행 방향과 용착 방향이 서로 반대가 되는 방법이 후진법이다.
③ 각 층마다 전체의 길이를 용접하면서 다층용접을 하는 방식이 덧살올림법이다.
④ 한 개의 용접봉으로 살을 붙일 만한 길이로 구분해서 홈을 한 부분씩 여러 층으로 쌓아 올린 다음 다른 부분으로 진행하는 용접 방법이 전진 블록법이다.

용착법
- 전진법 : 용접 시작 부분보다 끝나는 부분이 수축 및 잔류응력이 커서 용접이음이 짧고 변형 및 잔류응력이 그다지 문제가 되지 않을 때 사용
- 후퇴법 : 용접을 단계적으로 후퇴하면서 전체적 길이를 용접하는 방법으로 수축과 잔류응력을 줄이는 방법
- 대칭법 : 용접전 길이에 대하여 중심에서 좌우로 또는 용접부의 형상에 따라 좌우대칭으로 용접하여 변형과 수축응력을 경감한다.
- 비석법(스킵법) : 짧은 동점길이로 나누어 놓고 간격을 두면서 용접하는 방법으로 특히 잔류응력을 적게 할 경우에 사용

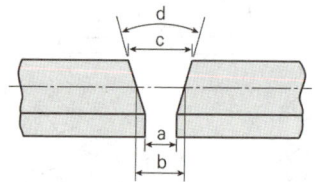

02

연납땜의 용제가 아닌 것은?

① 붕산 ② 염화아연
③ 염산 ④ 염화암모늄

연납용 용제의 종류 : 염화아연, 염산, 염화암모늄, 인산 등

03

다음 그림에서 루트 간격을 표시하는 것은?

① a ② b
③ c ④ d

V형 맞대기에서
- a는 루트간격
- b는 U형이나 J형에서 루트반지름
- c는 표면간격
- d는 개선각도

04

금속재료 시험법과 시험 목적을 설명한 것으로 틀린 것은?

① 인장 시험 : 인장강도, 항복점, 연실율 계산
② 경도 시험 : 외력에 대한 저항의 크기 측정
③ 굽힘 시험 : 피로한도값 측정
④ 충격 시험 : 인성과 취성의 정도 조사

굽힘시험(굴곡시험)
- 모재 및 용접부의 연성과 결합유무시험
- 시험편의 터짐, 기공 및 터짐의 개수판정, 180° 굽힘

맞대기 용접 이음에서 최대 인장하중이 800kgf 이고, 판 두께가 5mm, 용접선의 길이가 20cm일 때 용착금속의 인장강도는 몇 kgf/mm²인가?

① 0.8
② 8
③ 80
④ 800

$$인장강도 = \frac{최대하중}{단면도} = \frac{P}{A} = \frac{800}{5 \times 200} = 0.8 kgf/mm^2$$

용접 결함에서 치수상의 결함에 속하는 것은?
① 기공
② 슬래그 섞임
③ 변형
④ 용접균열

용접부의 결함의 종류
- 치수상결함 : 변형, 치수불량
- 성질상결함 : 기계적, 화학적
- 구조상결함 : 언더컷, 오버랩, 균열, 스패터, 용입불량, 슬랙 섞임, 기공, 은점 등

07

플라즈마 아크 용접에 사용되는 가스가 아닌 것은?
① 헬륨
② 수소
③ 아르곤
④ 암모니아

플라즈마 아크용접에 사용가스 : 헬륨, 아르곤, 아르곤 + 수소

응급 처치 구명 4단계에 해당되지 않는 것은?
① 기도 유지
② 상처 보호
③ 환자의 이송
④ 지혈

응급처치 4대 구명요소
- 지혈
- 기도유지
- 상처의 보호
- 쇼크방지 및 치료

불활성 가스 텅스텐 아크 용접의 상품 명칭에 해당되지 않는 것은?
① 헬리아크
② 아르곤아크
③ 헬리웰드
④ 필러아크

불활성가스 텅스텐아크용접 명명법
- 알곤용접
- TIG용접
- 헬리아크용접
- 헬리웰드
- GTAW
- 헬륨아크용접

일렉트로 가스 아크 용접에 주로 사용되는 실드 가스는?
① 아르곤 가스
② CO_2 가스
③ 프로판 가스
④ 헬륨 가스

일렉트로 가스 아크용접(인크로스 용접)에 주로 사용되는 가스
- CO_2가스
- $CO_2 + O_2$

정답 01.① 02.① 03.① 04.③ 05.① 06.③ 07.④ 08.③ 09.④ 10.②

11

다음 중 텅스텐 아크 절단이 곤란한 금속은?
① 경합금 ② 동합금
③ 비철금속 ④ 비금속

> 텅스텐 아크 절단법은 비금속에는 적용하기 어렵다.

12

다음 중 절단 작업과 관계가 가장 적은 것은?
① 산소창 절단
② 아크 에어 가우징
③ 크레이터
④ 분말 절단

> 크레이터라는 용어 사용
> - 피복 아크용접시 마무리를 잘하지 못하면 발생하는 움푹 파인 결함부분
> - 티그용접시 용접마무리하면서 스위치를 끄고 충분히 후기 가스를 공급하지 않으면 바늘로 찍어준 것 같은 결함부
> - 티그용접시 1회의 펑크션(기능)에서 스위치를 누르면 발생하는 전류 초기 전류값을 크레이터라고 한다.

13

불활성 가스 금속 아크 용접에서 가스 공급 계통의 확인 순서로 가장 적합한 것은?
① 용기 → 감압 밸브 → 유량계 → 제어장치 → 용접토치
② 용기 → 유량계 → 감압 밸브 → 제어장치 → 용접토치
③ 감압 밸브 → 용기 → 유량계 → 제어장치 → 용접토치
④ 용기 → 제어장치 → 감압 밸브 → 유량계 → 용접토치

14

이산화탄소 가스 아크 용접에서 용착 속도에 따른 내용 중 틀린 것은?
① 와이어 용융 속도는 아크 전류에 거의 정비례하여 증가한다.
② 용접 속도가 빠르면 모재의 입열이 감소한다.
③ 용착률은 일반적으로 아크 전압이 높은 쪽이 좋다.
④ 와이어 용융 속도는 와이어의 지름과는 거의 관계가 없다.

> 이산화탄소 용접기에서 용접속도
> - 피더기에서 A로 표시되는 숫자는 전류값의 크기를 나타내며 용접속도를 의미한다.
>   - 모재를 녹이는 온도값이다.
> - 피더기에서 V로 표시되는 전압은 비드의 모양을 조정해준다. 전압이 높으면 평평한 비드를
> - 전압이 낮으면 볼록한 비드의 모양을 만들어 준다.
> - 박판의 아크전압 $V_O = 0.04 \times I + 15.5 \pm 1.5$
> - 후판의 아크전압 $V_O = 0.04 \times I + 20 \pm 2$

15

용접 작업 중 전격 방지 대책으로 틀린 것은?
① 용접기의 내부에 함부로 손을 대지 않는다.
② 홀더의 절연 부분이 파손되면 보수하거나 교체한다.
③ 숙련공은 가죽장갑, 앞치마 등 보호구를 착용하지 않아도 된다.
④ 용접 작업이 끝났을 때는 반드시 스위치를 차단한다.

16
저항 용접의 종류 중에서 맞대기 용접이 아닌 것은?

① 프로젝션 용접   ② 업셋 용접
③ 플래시 버트 용접   ④ 퍼커션 용접

> **저항용접의 분류**
> - 겹치기용접법 : 점용접, 심용접, 프로잭션 용접
> - 맞대기용접법 : 업셋용접, 플래시 용접, 퍼커션 용접

17
가스 용접에서 매니폴드를 설치할 경우 고려할 사항으로 틀린 것은?

① 순간 최소 사용량
② 가스용기를 교환하는 주기
③ 필요한 가스용기의 수
④ 사용량에 적합한 압력 조정기 및 안전기

> **가스 용접시 매니폴드를 설치할 경우 고려 할 사항**
> - 순간 최대 사용량
> - 가스 용기를 교환하는 주기
> - 필요한 가스 용기의 수
> - 적합한 압력 조정기 및 안전기

18
탄산가스 아크 용접법으로 주로 용접하는 금속은?

① 연강
② 구리와 동합금
③ 스테인리스강
④ 알루미늄

> CO_2용접은 연강만 용접 가능하다.

19
이산화탄소 가스 아크 용접에서 아크 전압이 높을 때 비드 형상으로 맞는 것은?

① 비드가 넓어지고 납작해진다.
② 비드가 좁아지고 납작해진다.
③ 비드가 넓어지고 볼록해진다.
④ 비드가 좁아지고 볼록해진다.

20
크레이터 처리 미숙으로 일어나는 결함이 아닌 것은?

① 냉각 중에 균열이 생기기 쉽다.
② 파손이나 부식의 원인이 된다.
③ 불순물과 편석이 남게 된다.
④ 용접봉의 단락 원인이 된다.

> 크레이터는 용접부의 마무리를 잘하면 없앨수 있는 결함으로 피복아크용접의 경우는 두세 번 정도 덧 입혀 주어야하고 티그 용접을 충분한 후기가스를 공급하면 발생하지 않는다.

21
일반적으로 많이 사용되는 용접 변형 방지법이 아닌 것은?

① 비녀장법
② 억제법
③ 도열법
④ 역변형법

정답 11.④ 12.③ 13.① 14.③ 15.③ 16.① 17.① 18.① 19.① 20.④ 21.①

> **변형 방지법**
> - 억제법(구속법) • 역변형법 • 도열법 • 융착법
> - 억제법 : 가접 내지는 구속지그 사용
> - 도열법 : 용접부 주위에 물을 적신 석면, 동판을 대어 열을 흡수
> - 용착법 : 대칭, 후퇴, 스킵법, 교호법
> - 비녀장법은 주철의 보수 방법이다.(스터드법, 비녀법, 버터링법, 로킹법)

> **산소용기 취급시 주의사항**
> - 충격을 주지 말 것
> - 40℃ 이하의 그늘에 보관 하고 직사광선을 피 할 것
> - 화기로부터 5m 이상 떨어져 보관 할 것
> - 밸브에 기름, 그리스등을 바르지 말 것
>
> **산소용기의 표시**
> - W : 용기의 중량
> - V : 충전가스의 내용적
> - TP : 내압시험압
> - FP : 최고충전압

22

서브머지드 아크 용접 장치의 구성 부분이 아닌 것은?

① 수냉동판 ② 콘텍트 팁
③ 주행 대차 ④ 가이드 레일

> **서브머지드 아크용접의 장치의 구성**
> - 용접전원
> - 전원제어상자
> - 와이어피드장치
> - 콘택트팁
> - 용접와이어
> - 용제호퍼
> - 주행대차
> - 용접헤드
> - 수냉동판은 일랙트로 슬래그용접법이나 인크로스 용접법에서 사용되는 장치이다.

24

2개의 모재에 압력을 가해 접촉시킨 다음 접촉면에 상대운동을 시켜 접촉면에서 발생하는 열을 이용하여 이음 압접하는 용접법을 무엇이라 하는가?

① 초음파 용접 ② 냉간 압접
③ 마찰 용접 ④ 아크 용접

> **접합방법에 따른 용접의 종류**
> - 융접 : 모재와 용가재를 모두 녹임(대부분의 용접)
> - 압접 : 열이나 압력, 또는 열과 압력을 동시에 가함
>   - 전기저항용접, 초음파용접, 고주파용접, 마찰용접, 유도가열용접
> - 납땜 : 모재는 녹이지 않고 용접봉을 녹여 붙임 450℃를 기준으로 연납땜, 경납땜으로 구별

23

산소 용기의 취급상 주의할 점이 아닌 것은?

① 운반 중에 충격을 주지 말 것
② 그늘진 곳을 피하여 직사광선이 드는 곳에 둘 것
③ 산소 누설 시험에는 비눗물을 사용할 것
④ 산소 용기의 운반 시 밸브를 닫고 캡을 씌워서 이동할 것

25

아크 용접기의 구비 조건으로 틀린 것은?

① 구조 및 취급이 간단해야 한다.
② 용접 중 온도 상승이 커야 한다.
③ 아크 발생 및 유지가 용이하고 아크가 안정되어야 한다.
④ 역률 및 효율이 좋아야 한다.

피복 아크 용접기의 구비 조건
- 내구성이 좋아야 한다.
- 역률과 효율이 높아야 한다.
- 무부하전압이 작아야 한다.
- 구조 및 취급이 간단해야 한다.
- 사용 중 온도 상승이 적어야 한다.
- 전격방지기가 설치 되어 있어야 한다.
- 아크 발생이 쉽고 아크가 안정되어야 한다.
- 전류 조정이 용이하고 전류가 일정하게 흘러야 한다.

26

직류 아크 용접의 정극성에 대한 결선상태가 맞는 것은?

① 용접봉(+), 모재(+)
② 용접봉(+), 모재(−)
③ 용접봉(−), 모재(−)
④ 용접봉(+), 모재(+)

직류 정극성(DCSP)
- 극성이란 +, − 가 있는 것
- + 연결 시 열량이 70%, − 연결 시 열량이 30% 정도
- 모재가 + (입열량 70%), 용접봉 −
- 용입이 깊다
- 비드폭 좁다
- 후판에 적합
- 용접봉은 천천히 녹는다
- 정극성은 기본적으로 절단의 원리이다.
- 역극성을 이용한 절단법 − 미그, 아크 에어 가우징

27

가스 절단 속도와 절단 산소의 순도에 관한 설명으로 옳은 것은?

① 절단 속도는 절단 산소의 압력이 높고, 산소 소비량이 많을수록 정비례하여 증가한다.
② 절단 속도는 모재의 온도가 낮을수록 고속절단이 가능하다.
③ 산소 중에 불순물이 증가되면 절단 속도가 빨라진다.
④ 산소의 순도(99% 이상)가 높으면 절단 속도가 느리다.

절단 시 산소 순도의 영향
- 절단 작업시 산소의 농도가 99% 이하시 절단의 작업능률이 떨어진다.

절단용 산소중의 불순물이 증가시 나타나는 현상
- 절단속도가 늦어진다.
- 산소의 소비량이 많아진다.
- 절단개시 시간이 길어진다.
- 절단층의 폭이 넓어진다.

가스절단에 영향을 미치는 요소
- 예열불꽃
- 절단조건
- 절단속도
- 산소가스의 순도, 압력
- 가스의 분출량과 속도

28

가변압식 토치의 팁 번호가 400번을 사용하여 중성불꽃으로 1시간 동안 용접할 때, 아세틸렌가스의 소비량은 몇 L인가?

① 400   ② 800
③ 1600   ④ 2400

토치의 팁 중 표준불꽃으로 1시간당 용접시 아세틸렌 소모량이 100L인 것
- 가변압식 100번 팁(프랑스식) − 독일형 1번과 같다
- B형이다. 동심형팁

정답   22.①   23.②   24.③   25.②   26.①   27.①   28.①

29
피복 아크 용접에서 일반적으로 용접 모재에 흡수되는 열량은 용접 입열의 몇 % 인가?

① 40 ~ 50%
② 50 ~ 60%
③ 75 ~ 85%
④ 90 ~ 100%

30
다음 중 용접기의 특성에 있어 수하 특성의 역할로 가장 적합한 것은?

① 열량의 증가
② 아크의 안정
③ 아크 전압의 상승
④ 저항의 감소

> **용접기에 필요한 특성**
> - 부특성(부저항특성) : 전류가 작은 범위에서 전류가 증가하면 저항이 작아져 아크전압이 낮아지는 특성
> - 수하특성 : 아크가 안정된다. → 피복아크용접기의 특성(저전압대전류) 부하전류가 증가하면 단자전압이 저하하는 특성
> - 정전류특성 : 아크길이가 크게 변하여도 전류값은 거의 변하지 않는 특성
> - 상승특성 : 큰 전류에서 아크길이가 일정할 때 아크 증가와 더불어 전압이 약간씩 증가하는 특성
> - 정전압특성(아크길이 자기제어특성) → 서브머지드, CO_2용접, GMAW특성, 수하특성과는 반대의 성질을 갖는 것으로 부하 전류가 변해도 단자 전압이 거의 변하지 않는 것으로 CP특성이라 한다.

31
탄소 아크 절단에 주로 사용되는 용접 전원은?

① 직류 정극성
② 직류 역극성
③ 용극성
④ 교류 역극성

> 기본적으로 절단의 원리는 직류정극성이다.

32
연강용 피복 아크 용접봉의 심선에 대한 설명으로 옳지 않은 것은?

① 주로 저탄소 림드강이 사용된다.
② 탄소 함량이 많은 것으로 사용한다.
③ 황(S)이나 인(P) 등의 불순물을 적게 함유한다.
④ 규소(Si)의 양을 적게 하여 제조한다.

> 탄소량이 많은 용접봉은 고온균열의 원인이 되므로 피복아크 용접의 모재는 저탄소 림드강이다.

33
용접 홀더 종류 중 용접봉을 잡는 부분을 제외하고는 모두 절연되어 있어 안전 홀더라고도 하는 것은?

① A형
② B형
③ C형
④ D형

34
수중 가스 절단에서 주로 사용되는 가스는?

① 아세틸렌 가스
② 도시 가스
③ 프로판 가스
④ 수소 가스

> 수중 절단은 절단팁의 외부에 압축공기를 보내어 물을 배제시키고 예열가스는 산소와 수소의 혼합가스를 공기 중 보다 4 ~ 8배를 공급하고, 압력은 공기 중 보다 1.5 ~ 2배로 해야 한다.

35

가스 용접에 사용되는 연료 가스의 일반적 성질 중 틀린 것은?

① 불꽃의 온도가 높아야 한다.
② 연소 속도가 늦어야 한다.
③ 발열량이 커야 한다.
④ 용융금속과 화학반응을 일으키지 말아야 한다.

> **가연성가스의 구비조건**
> - 불꽃의 온도가 높을 것
> - 연소속도가 빠를 것
> - 발열량이 클 것
> - 용융금속과 화학 반응을 하지 않을 것

37

용접 이음에 대한 특성 설명 중 옳은 것은?

① 복잡한 구조물 제작이 어렵다.
② 기밀, 수밀, 유밀성이 나쁘다.
③ 변형의 우려가 없어 시공이 용이하다.
④ 이음 효율이 높고 성능이 우수하다.

> **용접의 장점**
> - 작업의 공정을 줄일 수 있다.
> - 형상의 자유를 추구할 수 있다.
> - 이음 효율이 향상 된다. 이음효율 100%
> - 중량이 경감되고 재료 및 시간이 절약된다.
> - 보수와 수리가 용이하다.

36

AW – 250, 무부하 전압 80V, 아크 전압 20V 인 교류 용접기를 사용할 때 역률과 효율은 각각 약 얼마인가? (단, 내부 손실은 4kW이다.)

① 역률 : 45%, 효율 : 56%
② 역률 : 48%, 효율 : 69%
③ 역률 : 54%, 효율 : 80%
④ 역률 : 69%, 효율 : 72%

> ① 역률 = $\dfrac{소비전력(KW)}{전원입력(KVA)} \times 100$
>
> $= \dfrac{(250 \times 20) + 4000}{250 \times 80} \times 100 = 45\%$
>
> ② 효율 = $\dfrac{아크출력(KVA)}{소비전력(KW)} \times 100$
>
> $= \dfrac{250 \times 20}{(250 \times 20) + 4000} \times 100 = 56\%$
>
> - 전원입력 = 정격2차전류 × 무부하전압
> - 아크출력 = 정격2차전류 × 아크전압
> - 소비전력 = 아크출력 + 내부손실

38

가스 용접에서 전진법과 비교한 후진법의 특성을 설명한 것으로 틀린 것은?

① 열 이용율이 좋다.
② 용접 속도가 빠르다.
③ 용접 변형이 작다.
④ 산화 정도가 심하다.

> **가스용접시 후진법의 특성**
> - 비드모양만 나쁘다.
> - 일반용접시 잔류응력이 작아서 많이 사용
> - 모든 면에서 전진법에 대하여 좋다.

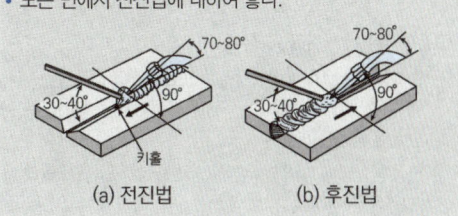

(a) 전진법   (b) 후진법

정답 29.③ 30.② 31.① 32.② 33.① 34.④ 35.② 36.① 37.④ 38.④

39

피복 금속 아크 용접봉에서 피복제의 주된 역할에 대한 설명으로 틀린 것은?

① 아크를 안정시키고, 스패터의 발생을 적게 한다.
② 산화성 분위기로 대기 중의 산화, 질화 등의 해를 방지한다.
③ 용착금속의 탈산 정련 작용을 한다.
④ 전기 절연 작용을 한다.

> **피복제의 역할(용제)**
> - 아크안정
> - 산·질화 방지
> - 용적의 미세화
> - 유동성 증가
> - 전기절연작용
> - 서냉으로 취성방지
> - 탈산정련
> - 슬래그 박리성 증대

40

용접용 고장력강에 해당되지 않는 것은?

① 망간(실리콘)강
② 몰리브덴 함유강
③ 인 함유강
④ 주강

> **고장력강용 피복 아크 용접봉**
> ① 항복점 32kgf/mm² 이상의 강으로 연강의 강도를 높이기 위해 Ni, Cr, Mn, Si, Cu, Ti, V, Mo, B 등을 첨가하는 저합금강 용접봉이다.
> ② 연강 용접봉에 비해 판 두께를 얇게 할 수 있어 구조물의 자중을 줄일 수 있다.
> ③ 기초 공사가 간단해지고, 재료의 취급이 용이해진다.

41

화염 경화법의 장점이 아닌 것은?

① 국부적인 담금질이 가능하다.
② 일반 담금질에 비해 담금질 변형이 적다.
③ 부품의 크기나 형상에 제한이 없다.
④ 가열 온도의 조절이 쉽다.

> **화염경화법의 장점**
> - 국부적인 담금질이 가능하다.
> - 일반담금질에 비해 담금질 변형이 적다.
> - 부품의 크기나 형상에 제한이 없다.
> - 설비비가 적고 가열온도의 조절이 어렵다.

42

탄소강에 함유된 구리(Cu)의 영향으로 틀린 것은?

① Ar_1 변태점을 저하시킨다.
② 강도, 경도, 탄성한도를 증가시킨다.
③ 내식성을 저하시킨다.
④ 다량 함유하면 강재압연 시 균열의 원인이 되기도 한다.

> **구리의 특징**
> - 비자성체, 전기, 열의 양도체
> - 비중은 8.96, 용융점 1083℃
> - 아연, 주석, 니켈, 은등과 쉽게 합금을 만든다
> - 내식성, 전연성 우수
> - 다량 함유하면 강재압연 시 균열의 원인이 되기도 한다.
> - 강도, 경도, 탄성한도를 한도를 증가시킨다.
> - 구리의 종류
>   - 무산소구리 : 탈산제로 산소를 제거하여 유리에 대한 봉착성이 좋고 수소의 취성이 없는 시판동이다.
>   - 전기구리 : 전기분해에 의해 정련한 구리를 말하며 순도가 99.8%이다.
>   - 정련구리 : 제련한 구리를 다시 정련시켜 순도를 99.9% 이상으로 만든 구리이다.
>   - 탈산동 : 인으로 탈산하여 산소를 0.01% 이하로 만든 구리이다.

43

실용금속 중 밀도가 유연하며, 윤활성이 좋고 내식성이 우수하며, 방사선의 투과도가 낮은 것이 특징인 금속은?

① 니켈(Ni)　　② 아연(Zn)
③ 구리(Cu)　　④ 납(Pb)

> 납은 중이 11.3인 중금속이며 융점이 327℃로 유연한 금속이며 방사선 투과도가 낮은 금속이다.

44

구리의 일반적인 성질에 대한 설명으로 틀린 것은?

① 체심입방정(BCC) 구조로서 성형성과 단조성이 나쁘다.
② 화학적 저항력이 커서 부식되지 않는다.
③ 내산화성, 내수성, 내염수성의 특성이 있다.
④ 전기 및 열의 전도성이 우수하다.

> 구리는 면심입방격자로 변태점이 없고 비자성체이며 전기와 열의 양도체이다.

45

다음 중 마그네슘에 관한 설명으로 틀린 것은?

① 실용금속 중 가장 가벼우며, 절삭성이 우수하다.
② 조밀육방격자를 가지며, 고온에서 발화하기 쉽다.
③ 냉간가공이 거의 불가능하여 일정 온도에서 가공한다.
④ 내식성이 우수하여 바닷물에 접촉하여도 침식되지 않는다.

> **마그네슘의 특징**
> - 비중은 실용 금속중에서 가장 가벼운 1.74이다.
> - 용융점은 650℃, 재결정온도는 150℃ 이다.
> - 조밀육방격자로 고온에서 발화하기 쉽다.
> - 대기중에서 내식성이 양호하고 산이나 염류에는 침식된다.
> - 냉각 가공이 거의 불가능하며 200℃ 정도에서 열간가공 한다.
> - 250℃ 이하에서 크리프 특성은 Al보다 좋다.

46

구리, 마그네슘, 망간, 알루미늄으로 조성된 고강도 알루미늄 합금은?

① 실루민　　　② Y합금
③ 두랄루민　　④ 포금

> **알루미늄 합금의 종류**
> - 주조용 알루미늄의 대표
>   - 실루민(Al + Si) – 알펙스라고 표현(si 14%)
>   - 라우탈 Al – Cu – Si
> - 내식성 알루미늄의 대표
>   - 하이드로날륨(Al + Mg)
> - 단조용(가공용) 알루미늄의 대표
>   - 두랄루민(Al + Cu + Mg + Mn)
> - 내열용 알루미늄의 대표
>   - Y합금 (Al + Cu + Ni + Mg)
>   - Lo-ex(Al + Cu + Ni + Mg + Si)

47

강괴를 용강의 탈산 정도에 따라 분류할 때 해당되지 않는 것은?

① 킬드강　　② 세미킬드강
③ 정련강　　④ 림드강

정답 39.② 40.④ 41.④ 42.③ 43.④ 44.① 45.④ 46.③ 47.③

강괴 : 원형, 4각, 6각 등의 잉곳으로 되어 있다.

종류	탈산여부	특징
림드강	탈산 및 가스 처리가 불충분	• 수축 공이 없으며, 가공과 편석이 많아 질이 떨어짐 • 탄소 함유량은 보통 0.3% 이하의 저탄소강임 • 구조용 강재 및 피복 아크 용접용 모재 등으로 사용
킬드강	철-망간, 철-규소, 알루미늄 등으로 완전히 탈산	• 수축 공이 뚜렷하고, 가공은 없으며, 편석 또한 극소량으로 재질이 균질하고 기계적 성질도 좋음 • 헤어 크랙이 생기기도 함 • 탄소 함유량은 0.3% 이상임
세미·킬드강	중간 정도의 탈산	• 수축 공이 없고, 가공은 상당히 있지만, 편석은 적음 • 탄소 함유량은 0.15~0.3%, 일반 구조용강과 강관으로 사용

48
스테인리스강의 내식성 향상을 위해 첨가하는 가장 효과적인 원소는?

① Zn ② Sn
③ Cr ④ Mg

> 스테인리스강에 내식성을 향상 시키기 위해 효과적인 원소
> • Cr, NI

49
순철의 동소체가 아닌 것은?

① α 철 ② β 철
③ γ 철 ④ δ 철

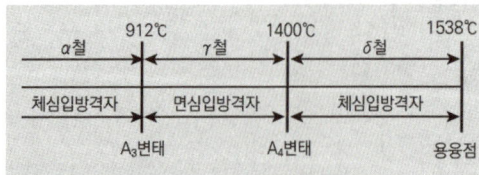

50
인장강도 70kgf/mm2 이상 용착금속에서는 다층 용접하면 용접한 층이 다음 층에 의하여 뜨임이 된다. 이때 어떤 변화가 생기는가?

① 뜨임 취화
② 뜨임 연화
③ 뜨임 조밀화
④ 뜨임 연성

> 뜨임 취성은 200~400℃에서 뜨임을 한 후 충격치가 저하되어 강의 취성이 커지는 현상을 의미함

51
물체에 인접하는 부분을 참고로 도시할 경우에 사용하는 선은?

① 가는 실선
② 가는 파선
③ 가는 1점 쇄선
④ 가는 2점 쇄선

> 선의 종류와 용도
> • 굵은 실선 - 외형선
> • 가는 실선 - 치수선, 치수보조선, 지시선, 회전단면선. 수준면선, 해칭선
> • 은선 - 가는 파선 또는 굵은 파선으로
> • 가는 1점 쇄선 - 중심선, 기준선, 피치선
> • 가는 2점 쇄선 - 가상선 무게 중심선
> • 굵은 1점 쇄선 - 특수지정선
> • 파단선 - 물체의 일부를 파단한 곳을 표시하는 선으로 불규칙한 파형의 가는 실선 또는 지그재그선
> • 아주 굵은 실선 - 특수한 용도

52

[보기]와 같이 제3각법으로 정투상도를 작도할 때 누락된 평면도로 적합한 것은?

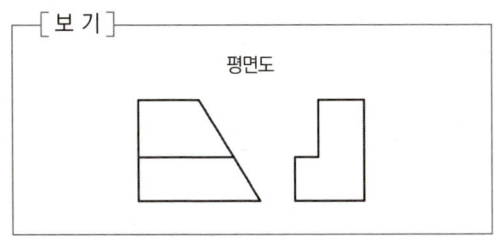

① 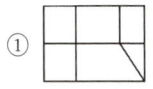 ②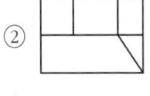

③ 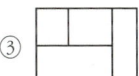 ④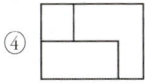

 53

그림과 같은 배관 도면에 표시된 밸브의 명칭은?

① 체크 밸브 ② 이스케이프 밸브
③ 슬루스 밸브 ④ 리프트 밸브

 54

리벳 이음(rivet joint) 단면의 표시법으로 가장 올바르게 투상된 것은?

① 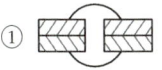 ②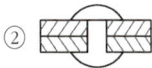

③ 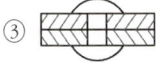 ④

 55

[보기]와 같이 도시된 용접부 형상을 표시한 KS 용접기호의 명칭으로 올바른 것은?

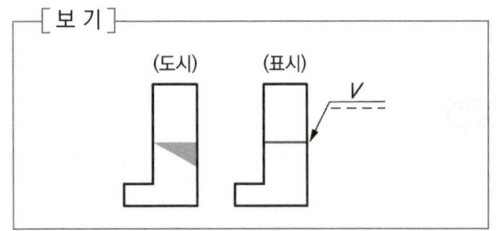

① 일면 개선형 맞대기 용접
② V형 맞대기 용접
③ 플랜지형 맞대기 용접
④ J형 이음 맞대기 용접

56

도면용으로 사용하는 A2 용지의 크기로 맞는 것은?

① 841 × 1189 ② 594 × 841
③ 420 × 594   ④ 270 × 420

> **도면의 크기**
> • A4 : 297 × 210
> • A3 : 420 × 297
> • A2 : 594 × 420

정답 48.③ 49.② 50.① 51.④ 52.④ 53.① 54.④ 55.① 56.③

57

KS 재료기호 SM10C에서 10C는 무엇을 뜻하는가?

① 제작 방법
② 종별 번호
③ 탄소 함유량
④ 최저 인장강도

> SM 35C
> • 기계구조용 탄소강재 (35C는 탄소의 함유량을 의미)
> SM 400C
> • 용접 구조용 압연강재 (400C - 최소인장강도를 의미)

59

그림의 도면에서 리벳의 개수는?

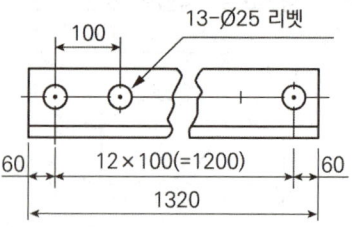

① 12개   ② 13개
③ 25개   ④ 100개

> 13 - Ø25는 25mm구멍이 13개 있음을 의미하고 간격이 100mm이다.

58

그림과 같이 제3각법으로 정투상한 도면의 입체도로 가장 적합한 것은?

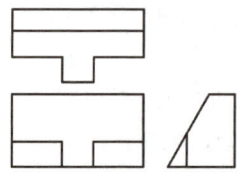

①    ②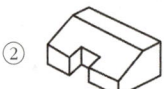

③ 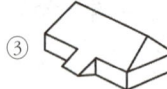   ④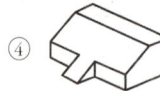

60

그림의 입체도에서 화살표 방향을 정면으로 하여 3각법으로 정투상한 도면으로 가장 적합한 것은?

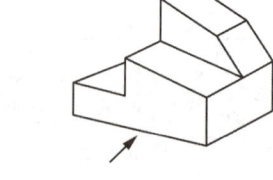

① 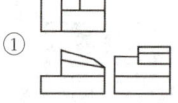   ②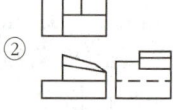

③ 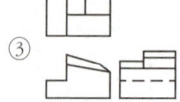   ④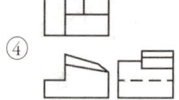

2019년 특수용접기능사 기출문제

01
용접 구조물의 제작도면에 사용되는 보조기능 중 RT는 비파괴 시험 중 무엇을 뜻하는가?
① 초음파 탐상 시험
② 자기분말 탐상 시험
③ 침투 탐상 시험
④ 방사선 투과 시험

비파괴 시험법
- VT 외관검사
- MT 자분탐상
- PT 침투탐상(형광 F)
- UT 초음파탐상
- RT 방사선검사
- LT 누설검사
- ECT 맴돌이검사

02
CO_2 가스 아크 용접의 보호가스 설비에서 히터장치가 필요한 가장 중요한 이유는?
① 액체가스가 기체로 변하면서 열을 흡수하기 때문에 조정기의 동결을 막기 위하여
② 기체가스를 냉각하여 아크를 안정하게 하기 위하여
③ 동절기의 용접 시 용접부의 결함 방지와 안전을 위하여
④ 용접부의 다공성을 방지하기 위하여 가스를 예열하여 산화를 방지하기 위하여

CO_2 가스는 용기에서 조정기를 통할 때 배출 압력이 낮아져서 주위로 부터 열을 흡수하여 조정기와 유량계가 얼어버릴 수 있기 때문에 대부분의 CO_2 조정기에는 히터가 붙어 있다.

03
용접 작업의 경비를 절감시키기 위한 유의사항 중 틀린 것은?
① 용접봉의 적절한 선정
② 용접사의 작업 능률의 향상
③ 용접 지그를 사용하여 위보기 자세의 시공
④ 고정구를 사용하여 능률 향상

04
용접 지그를 사용하여 용접했을 때 얻을 수 있는 장점이 아닌 것은?
① 구속력을 크게 하면 잔류 응력이나 균열을 막을 수 있다.
② 동일 제품을 대량 생산할 수 있다.
③ 제품의 정밀도와 신뢰성을 높일 수 있다.
④ 작업을 용이하게 하고 용접 능률을 높인다.

용접시 지그사용 목적
- 대량생산 가능하다.
- 용접 작업을 쉽게 한다.
- 재품의 치수를 정확하게 한다.
- 용접부의 신뢰도가 높아진다.
- 다듬질을 좋게 한다. .
- 변형을 억제 한다.

정답 01.④ 02.① 03.③ 04.①

05

피복 아크 용접용 기구 중 홀더(holder)에 관한 내용으로 옳지 않은 것은?

① 용접봉을 고정하고 용접 전류를 용접케이블을 통하여 용접봉 쪽으로 전달하는 기구이다.
② 홀더 자신은 전기저항과 용접봉을 고정시키는 조(jaw) 부분의 접촉점에 의한 발열이 되지 않아야 한다.
③ 홀더가 400호이라면 정격 2차 전류가 400A 임을 의미한다.
④ 손잡이 이외의 부분까지 절연체로 감싸서 전격의 위험을 줄이고 온도 상승에도 견딜 수 있는 일명 안전홀더, 즉 B형을 선택하여 사용한다.

> 안전홀더는 반드시 사용해야하며 안전홀더는 A형으로 표시한다.

06

다음 중 가스 용접용 용제(flux)에 대한 설명으로 옳은 것은?

① 용제는 용융 온도가 높은 슬래그를 생성한다.
② 용제는 융점은 모재의 융점보다 높은 것이 좋다.
③ 용착금속의 표면에 떠올라 용착금속의 성질을 불량하게 한다.
④ 용제는 용접 중에 생기는 금속의 산화물 또는 비금속 개재물을 용해한다.

> 가스용접시 용제를 사용하는 이유
> • 모재표면의 산화물, 불순물을 제거하기 위하여

07

CO_2 가스 아크 용접에서 솔리드 와이어에 비교한 복합 와이어의 특징을 설명한 것이 틀린 것은?

① 양호한 용착금속을 얻을 수 있다.
② 스패터가 많다.
③ 아크가 안정된다.
④ 비드 외관이 깨끗하며 아름답다.

> CO_2용접에서 복합 와이어의 특징
> • 와이어의 색상이 까맣다.
> • 아크가 안정적이다.
> • 용착 속도가 빠르다.
> • 와이어의 가격이 비싸다.
> • 스패터의 발생량이 적다.
> • 비드의 형상과 외관이 아름답다.
> • 동일전류에서 전류밀도가 높다.
> • 양호한 용착금속을 얻을 수 있다.

08

MIG 용접에서 사용되는 와이어 송급 장치의 종류가 아닌 것은?

① 푸시 방식(Push type)
② 풀 방식(Pull type)
③ 펄스 방식(Pulse type)
④ 푸시 풀 방식(Push - pull type)

> 와이어 송급장치
> • 푸시 방식
> • 풀 방식
> • 푸시 – 풀 방식
> • 더블 푸시 방식

09

다음 중 침투 탐상 검사법의 장점이 아닌 것은?

① 시험 방법이 간단하다.
② 고도의 숙련이 요구되지 않는다.
③ 검사체의 표면이 침투제와 반응하여 손상되는 제품도 탐상할 수 있다.
④ 제품의 크기, 형상 등에 크게 구애 받지 않는다.

> **침투 탐상 검사법(PT)의 특징**
> - 시험방법이 간단하고 고도의 숙련을 요하지 않는다.
> - 제품의 크기, 형상 등에 구애를 받지 않는다.
> - 국부 시험이 가능하고 미세한 균열도 탐상이 가능하고 판독이 쉽고 가격이 저렴하다.
> - 철, 비철금속, 플라스틱, 세라믹 등 거의 모든 제품에 적용이 쉽다.
> - 시험표면이 열려 있어야 하며 표면이 거칠면 허위지시로 검지된다.
> - 시험 표면이 손상을 입은 경우 검사 할 수 없고 후처리가 필요하다.
> - 주위의 환경에 민감하고 특히 온도에 대해 제약을 받고 침투제의 오염에 주의 해야 한다.

10

가스 용접 토치의 취급상 주의사항으로 틀린 것은?

① 토치를 작업장 바닥이나 흙 속에 방치하지 않는다.
② 팁을 바꿔 끼울 때는 반드시 양쪽 밸브를 모두 열고 난 다음 행한다.
③ 토치를 망치 등 다른 용도로 사용해서는 안 된다.
④ 작업 중 발생하기 쉬운 역류, 역화, 인화에 항상 주의하여야 한다.

11

다음 중 특히 두꺼운 판을 맞대기 용접에 의한 충분한 용입을 얻으려고 할 때 가장 적합한 홈의 형상은?

① H형 ② V형
③ K형 ④ I형

12

아크 에어 가우징에 사용되는 전극봉은?

① 피복 금속봉   ② 텅스텐 금속봉
③ 탄소 전극봉   ④ 플라스마 전극봉

> **아크 에어가우징의 특징**
> - 탄소아크절단에 압축공기를 병용
> - 흑연으로 된 탄소 전극봉에 구리 도금한 전극 이용
> - 가스 가우징보다 능률이 2 ~ 3배 좋다.
> - 균열발견이 쉽고 소음이 없다.
> - 철, 비철 금속도 가능
> - 전원은 직류역극성이용(미그절단)
> - 전압은 35V, 전류는 200 – 500A
> - 압축공기는 6 ~ 7kgf/cm²

13

철강 계통에 레일, 차축 용접과 보수에 이용되는 테르밋 용접법의 특징에 대한 설명으로 틀린 것은?

① 용접 작업이 단순한다.
② 용접용 기구가 간단하고 설비비가 싸다.
③ 용접 시간이 길고 용접 후 변형이 크다.
④ 전력이 필요 없다.

정답 05.④ 06.④ 07.② 08.③ 09.③ 10.② 11.① 12.③ 13.③

> **테르밋 용접**
> - 특수용접, 융접이다.
> - 금속 산화물이 알루미늄에 의하여 산소를 빼앗기는 반응에 의해 생성되는 열을 이용하여 접합
> - 산화철분말(3~4) + 알루미늄분말(1)
> - 점화제 : 과산화바륨, 마그네슘, 알루미늄
> - 작업간단, 전력이 불필요
> - 시간이 짧고 용접변형도 적다.

> **연납의 종류**
> - 주석(40%) + 납(60%)
> - 납-카드뮴(Pb - Cd)
> - 납-은납(Pb - Ag)
> - 카드뮴-아연납

14
용접의 결함과 원인을 각각 짝지은 것 중 틀린 것은?

① 언더컷 : 용접 전류가 너무 높을 때
② 오버랩 : 용접 전류가 너무 낮을 때
③ 용입 불량 : 이음 설계가 불량할 때
④ 기공 : 저수소계 용접봉을 사용했을 때

> **용접부의 결함중 구조상 결함의 원인**
> - 피트 : 합금원소가 많을 때, 습기, 페인트, 녹등 황 함유시
> - 스패터 : 전류 높을 때, 건조되지 않은 용접봉 사용시, 아크 길이가 길 때
> - 용입불량 : 이음설계 결함, 용접 속도가 빠를 때, 전류가 낮을 때
> - 언더컷 : 전류가 높을 때, 아크길이가 길 때, 속도가 부적합할 때
> - 오버랩 : 용접전류가 낮을 때, 용접봉의 부적합 선택
> - 선상조 : 용착금속의 냉각속도가 빠를 때, 모재 재질 불량, X선으로는 검출 할 수 없다.

15
연납의 대표적인 것으로 주석 40%, 납 60%의 합금으로 땜납으로서의 가치가 가장 큰 납땜은?

① 저융접 땜납
② 주석 - 납
③ 납 - 카드뮴납
④ 납 - 은납

16
스터드 용접에서 페룰의 역할이 아닌 것은?

① 용융금속의 탈산 방지
② 용융금속의 유출 방지
③ 용착부의 오염 방지
④ 용접사의 눈을 아크로부터 보호

> **스터드 용접법 중에서 페룰의 역할**
> - 아크를 보호
> - 아크를 집중시킴
> - 용착부의 오염 방지
> - 용접사의 눈을 보호

17
점용접의 3대 요소가 아닌 것은?

① 전극 모양　　② 통전 시간
③ 가압력　　　④ 전류 세기

> 저항용접의 3대요소 : 용접전류, 통전시간, 가압력

18
TIG 용접에서 전극봉의 어느 한쪽의 끝부분에 식별용 색을 칠하여야 한다. 순텅스텐 전극봉의 색은?

① 황색　　② 적색
③ 녹색　　④ 회색

전극봉의 종류

종류	색 구분	용도
순 텅스텐	초록	낮은 전류를 사용하는 용접에 사용하며 가격은 저가
1% 토륨	노랑	전류 전도성이 우수하며, 순 텅스텐보다 가격은 다소 고가이나 수명이 길어짐.
2% 토륨	빨강	박판 정밀 용접에 사용
지르코니아	갈색	교류 용접에 주로 사용
1% 산화란탄 텅스텐	흑색	
2% 산화랑탄 텅스텐	황록색	
1% 산화셀륨 텅스텐	분홍색	
2% 산화셀륨 텅스텐	회색	

20

서브머지드 아크 용접의 현장 조립용 간이 백킹법 중 철분 충진제의 사용 목적으로 틀린 것은?

① 홈의 정밀도를 보충해준다.
② 양호한 이면 비드를 형성시킨다.
③ 슬래그와 용융금속의 선행을 방지한다.
④ 아크를 안정시키고 용착량을 적게 한다.

> 서브머지드아크용접시 철분 충진제의 사용 목적
> • 홈의 정밀도를 보충해준다.
> • 양호한 이면 비드를 형성시킨다.
> • 슬래그와 용융금속의 선행을 방지한다.
> • 아크를 안정시킨다.
> • 용착량이 많아지고 능률적이다.

19

용접부의 형상에 따른 필릿 용접의 종류가 아닌 것은?

① 연속 필릿
② 단속 필릿
③ 경사 필릿
④ 단속지그재그 필릿

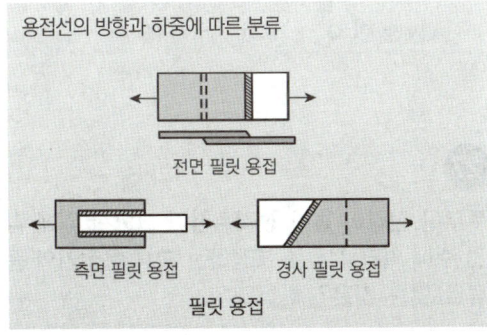

필릿 용접

21

용접 자동화의 장점을 설명한 것으로 틀린 것은?

① 생산성 증가 및 품질을 향상시킨다.
② 용접 조건에 따른 공정을 늘일 수 있다.
③ 일정한 전류 값을 유지할 수 있다.
④ 용접와이어의 손실을 줄일 수 있다.

> 용접 자동화의 장점
> • 위험한 사고의 방지가 가능하다.
> • 인간에게 불가능한 고속 작업도 가능하다.
> • 생산성의 증대와 품질 향상, 원가 절감의 효과가 있다.
> • 용접봉의 손실이 없고, 일정한 전류 값을 유지할 수 있다.
> • 아크 길이 및 속도 등 여러 가지 용접 조건에 따른 공정 수를 줄일 수 있다.
> • 한 번의 제어에 의해 용접 비드의 높이, 비드 폭 용입 등을 정확하게 제어할 수 있다.

정답 14.④ 15.② 16.① 17.① 18.③ 19.③ 20.④ 21.②

22

스테인리스강을 TIG 용접 시 보호가스 유량에 관한 사항으로 옳은 것은?

① 용접 시 아크 보호능력을 최대한으로 하기 위하여 가능한 한 가스 유량을 크게 하는 것이 좋다.
② 낮은 유속에서도 우수한 보호 작용을 하고 박판 용접에서 용락의 가능성이 적으며, 안정적인 아크를 얻을 수 있는 헬륨(He)을 사용하는 것이 좋다.
③ 가스 유량이 과다하게 유출되는 경우에는 가스 흐름에 난류 현상이 생겨 아크가 불안정해지고 용접금속의 품질이 나빠진다.
④ 양호한 용접 품질을 얻기 위해 78.5% 정도의 순도를 가진 보호가스를 사용하면 된다.

23

다음 중 용접 전류를 결정하는 요소가 가장 관련이 적은 것은?

① 판(모재) 두께   ② 용접봉의 지름
③ 아크 길이   ④ 이음의 모양(형상)

> 용접전류를 결정하는 조건은 용접자세, 홈 형상, 모재의 재질, 두께, 용접봉의 종류 및 두께에 따라 정하며 용접부가 양호한 용착 금속과 비드를 형성하려면 짧은 아크길이를 이용하여 용접해야 한다.

24

연강용 가스 용접봉은 인이나 황 등의 유해성분이 극히 적은 저탄소강이 사용되는 데, 연강용 가스용접봉에 함유된 성분 중 규소(Si)가 미치는 영향은?

① 강의 강도를 증가시키나 연신율, 굽힘성 등이 감소된다.
② 기공은 막을 수 있으나 강도가 떨어진다.
③ 강에 취성을 주며 가연성을 잃게 한다.
④ 용접부의 저항력을 감소시키고 기공발생의 원인이 된다.

> 규소는 기공의 형성을 막을 수 있지만 강도가 떨어지는 단점이 있다.

25

피복 아크 용접용 기구에 해당되지 않는 것은?

① 주행 대차   ② 용접봉 홀더
③ 접지 클램프   ④ 전극 케이블

> 주차 대행은 서브머지드 아크용접이나 자동 절삭기기에 있는 장치이다.

26

산소용기의 내용적이 33.7리터인 용기에 120kgf/cm²이 충전되어 있을 때, 대기압 환산용적은 몇 리터인가?

① 2803   ② 4044
③ 40440   ④ 28030

- 총 가스의 양 = 내용적 × 기압
- 현재압력이 33.7 × 120kgf/cm² = 4044

27

무부하 전압이 높아 전격위험이 크고 코일에 감긴 수에 따라 전류를 조정하는 교류 용접기의 종류로 맞는 것은?

① 탭 전환형   ② 가동 코일형
③ 가동 철심형   ④ 가포화 리액터형

교류용접기 종류
- 탭전환형 : 무부하 전압이 높아 전격위험이 크고 코일의 감 긴수에 따라 전류를 조정하는 것, 미세 전류 조정이 불가능함
- 가동코일형 : 1차코일의 거리조정으로 전류조정
- 가동철심형 : 가동철심을 움직여 누설자속을 변동시켜 전류를 조정, 미세전류 조정이 가능
- 가포화리액터형 : 전류 조정이 용이하고 전류 조정을 전기적으로 하기 때문에 이동 부분이 없고 가변저항의 변화로 전류조정, 원격조정 가능

30

아세틸렌가스가 산소와 반응하여 완전연소할 때 생성되는 물질은?

① CO, H_2O
② CO_2, H_2O
③ CO, H_2
④ CO_2, H_2

아세틸렌 가스의 완전연소식
- $2C_2H_2 + 5O_2 \rightarrow 4CO_2 + 2H_2O$
- 생성물질 : $CO_2 + H_2O$

28

다음 중 아크 절단의 종류에 속하지 않는 것은?

① 탄소 아크 절단
② 플라스마 제트 절단
③ 포갬(겹치기) 절단
④ 아크 에어 가우징

포갬 겹치기 절단은 주로 산소 절단법(산소 + 프로판)으로 사용하는 방법이다.

31

가스 용접에서 프로판 가스의 성질 중 틀린 것은?

① 연소할 때 필요한 산소의 양은 1 : 1 정도이다.
② 폭발 한계가 좁아 다른 가스에 비해 안전도가 높고 관리가 쉽다.
③ 액화가 용이하여 용기에 충전이 쉽고 수송이 편리하다.
④ 상온에서 기체 상태이고 무색, 투명하여 약간의 냄새가 난다.

가스절단시 산소와 프로판의 비율은 4.5 : 1 의 비율이다.

29

200V용 아크 용접기의 1차 압력이 15kVA일 때, 퓨즈의 용량은 얼마가 적당한가?

① 65A
② 75A
③ 90A
④ 100A

퓨즈의 전류값 $\dfrac{1차입력(KVA)}{전원입력(V)} = \dfrac{15000}{200} = 75A$

32

가스 절단에서 예열 불꽃이 약할 때 나타나는 현상이 아닌 것은?

① 드래그가 증가한다.
② 절단이 중단되기 쉽다.
③ 절단 속도가 늦어진다.
④ 슬래그 중의 철 성분의 박리가 어려워진다.

정답 22.③ 23.③ 24.② 25.① 26.② 27.① 28.③ 29.② 30.② 31.① 32.④

예열 불꽃이 약할 때
- 드래그가 증가한다.
- 역화를 일으키기 쉽다.
- 절단속도가 느려진다.
- 절단이 중단 되기 쉽다.

용접봉 기호 E4327 중 "27"의 뜻
- E : 피복금속 아크용접봉
- 심선의 25mm는 홀더접속용, 3mm는 아크 발생용
- 43 : 용착금속의 최소인장강도
- 27 : 피복제 계통(0,1은 전자세, 2는 F, H - FILLET, 3은 F,4는 전자세 또는 특정자세)
  1) 4301 : 일미나이트계(슬랙 생성식)
  2) 4303 : 라임티탄계(스텐레스계)
  3) 4311 : 고셀롤로오스계(가스실드식)
  4) 4313 : 고산화티탄계(산화티탄 35%, 아크안정,CR봉, 비드좋다, 경구조물,경자동차, 박판용접에 적합
  5) 4316 : 저수소계(기계적성질이 우수), 수소의 함량이 1/10정도, 균열의 감수성이 우수, 황의 함유량이 많고 성분은 석회석과 형석으로 구성, 염기성이 크다.
  6) 4324 : 철분산화티탄계
  7) 4326 : 철분저수소계
  8) 4327 : 철분산화철계

33

가스 용접에서 전진법과 비교한 후진법의 설명으로 맞는 것은?

① 열 이용률이 나쁘다.
② 용접 속도가 느리다.
③ 용접 변형이 크다.
④ 두꺼운 판의 용접에 적합한다.

가스용접시 후진법의 특성
- 비드 모양만 나쁘다.
- 일반용접시 잔류응력이 작아서 많이 사용
- 모든 면에서 전진법에 대하여 좋다.

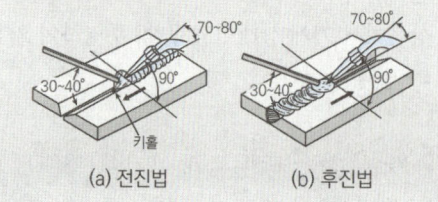

(a) 전진법   (b) 후진법

35

직류 아크 용접의 설명 중 올바른 것은?

① 용접봉을 양극, 모재를 음극에 연결하는 경우를 정극성이라고 한다.
② 역극성은 용입이 깊다.
③ 역극성은 두꺼운 판의 용접에 적합하다.
④ 정극성은 용접 비드의 폭이 좁다.

직류 정극성(DCSP)
- 극성이란 +, - 가 있는것
- + 연결시 열량이 70%, - 연결시 열량이 30% 정도
- 모재가 + (입열량 70%) , 용접봉 -
- 용입이 깊다.
- 비드폭 좁다.
- 후판에 적합
- 용접봉은 천천히 녹는다.
- 정극성은 기본적으로 절단의 원리이다.
- 역극성을 이용한 절단법 - 미그, 아크 에어 가우징

34

피복제 중에 산화티탄을 약 35% 정도 포함하였고 슬래그의 박리성이 좋아 비드의 표면이 고우며 작업성이 우수한 특징을 지닌 연강용 피복 아크 용접봉은?

① E4301
② E4311
③ E4313
④ E4316

36

다음 중 용접의 장점에 대한 설명으로 옳은 것은?

① 기밀, 수밀, 유밀성이 좋지 않다.
② 두께에 제한이 없다.
③ 작업이 비교적 복잡하다.
④ 보수와 수리가 곤란하다.

> **용접의 장점**
> - 작업의 공정을 줄일 수 있다.
> - 형상의 자유를 추구할 수 있다.
> - 이음 효율이 향상 된다. 이음효율 100%
> - 중량이 경감되고 재료 및 시간이 절약된다.
> - 보수와 수리가 용이하다.

37

가스 가공에서 강재 표면의 홈, 탈탄층 등의 결함을 제거하기 위해 얇게 그리고 타원형 모양으로 표면을 깎아내는 가공법은?

① 가스 가우징
② 분말 절단
③ 산소창 절단
④ 스카핑

> - 스카핑 : 강재 표면의 탈탄층 또는 홈을 제거하기 위해 넓고, 얇게 깎아주며
>   - 가공속도 : 냉간재 5 - 7m/min, 열간재 20 m/min
> - 가스 가우징 : 용접 뒷면 따내기, 금속 표면의 홈가공을 하기 위하여 깊은 홈을 파내는 가공법

38

고셀룰로오스계 용접봉에 대한 설명으로 틀린 것은?

① 비드 표면이 거칠고 스패터가 많은 것이 결점이다.
② 피복제 중 셀로로오스계가 20 ~ 30% 정도 포함되어 있다.
③ 고셀룰로오스계는 E4311로 표시한다.
④ 슬래그 생성계에 비해 용접 전류를 10 ~ 15% 높게 사용한다.

> 고셀룰로오스계 용접봉은 셀룰로오스가 20 ~ 30% 정도 포함되며 가스발생식으로 슬래그가 적고 비드 표면이 거칠고 스페터가 많은 특징이 있다.

39

직류 용접에서 아크 쏠림(arc blow)에 대한 설명으로 틀린 것은?

① 아크 쏠림의 방지 대책으로는 용접봉 끝을 아크 쏠림 방향으로 기울인다.
② 자기불림(magnetic blow)이라고도 한다.
③ 용접 전류에 의해 아크 주위에 발생하는 자장이 용접에 대해서 비대칭으로 나타나는 현상이다.
④ 용접봉에 아크가 한쪽으로 쏠리는 현상이다.

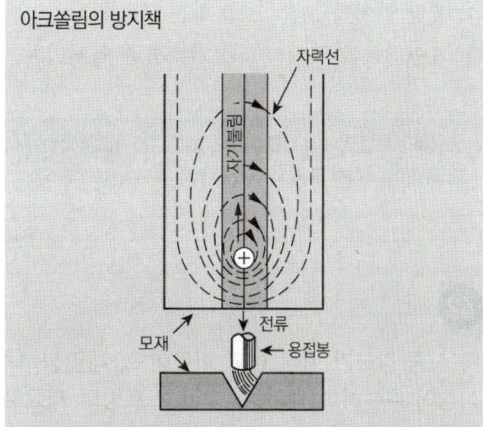

> - 전류가 흐를 때 자장이 용접봉에 대하여 비대칭 일 때 발생함
> - 직류 용접기에서 주로 발생함
> - 아크 블로우, 자기불림, 자기쏠림 이라한다.
> - 교류용접기를 사용
> - 용접봉의 끝을 아크쏠림 반대쪽으로 숙인다.
> - 접지를 용접부위에서 멀리 둔다.
> - 용접부의 시종단에 엔드탭을 댄다.
> - 아크길이를 짧게 한다.

정답 33.④ 34.③ 35.④ 36.② 37.④ 38.④ 39.①

40

구조용 부품이나 제지용 롤로 등에 이용되며 열처리에 의하여 니켈 – 크롬 주강에 비교될 수 있을 정도의 기계적 성질을 가지고 있는 저망간 주강의 조직은?

① 마텐자이트 ② 펄라이트
③ 페라이트 ④ 시멘타이트

> 저망간강
> • Mn 1 –2%
> • 듀콜강이라 하며 펄라이트 조직
> • 용접성 우수
> • 내식성 개선 cu첨가

41

철강의 열처리에서 열처리 방식에 따른 종류가 아닌 것은?

① 계단 열처리 ② 항온 열처리
③ 표면경화 열처리 ④ 내부경화 열처리

> 철강의 열처리 방식에 의한 방식은 일반 열처리법, 계단 열처리법, 항온 열처리법, 표면 경화법 등이 있다.

42

다음 중 강도가 가장 높고 피로한도, 내열성, 내식성이 우수하여 베어링, 고급 스프링의 재료로 이용되는 것은?

① 쿠니얼 브론즈 ② 콜슨 합금
③ 베릴륨 청동 ④ 인청동

> 베릴륨 청동은 구리 + 베릴륨으로 구성되어 있고 내식, 내열, 피로한도 등이 높아 베어링이나 스프링에 사용한다.

43

탄소강의 용도에서 내마모성과 경도를 동시에 요구하는 경우 적당한 탄소 함유량은?

① 0.05 ~ 0.3% C ② 0.3 ~ 0.45% C
③ 0.45 ~ 0.65% C ④ 0.65 ~ 1.2% C

> 탄소 함유량에 따른 용도
> • 가공성 : 0.05 ~ 0.3%
> • 가공성과 강인성 : 0.3 ~ 0.45%
> • 강인성과 내마모성 : 0.45 ~ 0.65%
> • 내마모성과 경도 : 0.65 ~ 1.2%

44

주철 중에 유황이 함유되어 있을 때 미치는 영향 중 틀린 것은?

① 유동성을 해치므로 주조를 곤란하게 하고 정밀한 주물을 만들기 어렵게 한다.
② 주조 시 수축율을 크게 하므로 기공을 만들기 쉽다.
③ 흑연의 생성을 방해하며, 고온취성을 일으킨다.
④ 주조 응력을 작게 하고, 균열 발생을 저지한다.

> 황이 함유되면 유동성을 나쁘게 하고 균열 발생을 일으킨다.

45

일반적으로 성분 금속이 합금(alloy)이 되면 나타나는 특징이 아닌 것은?

① 기계적 성질이 개선된다.
② 전기저항이 감소하고 열전도율이 높아진다.
③ 용융점이 낮아진다.
④ 내마멸성이 좋아진다.

합금의 특징
- 기계적 성질이 개선된다.
- 용융점이 저하한다.
- 열전도성과 전기 전도도가 저하한다.
- 내열성과 내산성이 증가된다.
- 강도, 경도 및 주조성이 증가한다.

- 마그네사이트, 소금앙금, 산화마그네슘에서 얻는다.
- 열, 전기의 양도체 (65%)
- 선팽창 계수는 철의 2배
- 내식성이 나쁘다.
- 가공 경화율이 크다. - 10 - 20%의 냉간가공도
- 절단가공성이 좋고 마무리면 우수

46

알루미늄에 대한 설명으로 틀린 것은?

① 내식성과 가공성이 우수하다.
② 전기와 열의 전도도가 낮다.
③ 비중이 작아 가볍다.
④ 주조가 용이하다.

Al에 대하여
- 경금속, 2.7(비중), 융점 660℃
- 산화피막 - 대기중 부식방지, 해수와 산알카리에 부식된다.
- 열, 전기의 양도체 (65%)
- 면심입방격자
- 80% 이상의 진한질산에 침식을 견딘다.

48

다음 중 화학적인 표면 경화법이 아닌 것은?

① 침탄법   ② 화염 경화법
③ 금속 침투법   ④ 질화법

경도를 증가시키기 위한 경화법
- 화학적 표면 경화법 : 침탄법, 질화법, 금속침투법
- 물리적 표면 경화법 : 화염경화법, 고주파 경화법, 하드페이싱, 쇼트 피닝법

49

연강보다 열전도율이 작고 열팽창계수는 1.5배 정도이며 연산, 황산 등에 약하고 결정입계 부식이 발생하기 쉬운 스테인리스강은?

① 페라이트계   ② 시멘타이트계
③ 오스테나이트계   ④ 마텐자이트계

오스테나이트계 SUS의 특성
- 예열하지 않음
- 층간온도 320℃를 지킨다
- 용접봉은 얇고 모재와 같은 종으로 낮은 전류로 용접입열을 줄인다
- 짧은 아크 유지, 크레이터처리 할 것
- 연강보다 열전도율이 작다.
- 연강보다 열팽창계수가 1.5배이다.
- 연산, 황산등에 약하고 결정 입계부식 발생이 쉽다.

47

마그네슘 합금이 구조재료로서 갖는 특성에 해당하지 않는 것은?

① 비강도(강도/중량)가 작아서 항공우주용 재료로서 매우 유리하다.
② 기계가공성이 좋고 아름다운 절삭면이 얻어진다.
③ 소성가공성이 낮아서 상온변형은 곤란하다.
④ 주조 시의 생산성이 좋다.

Mg의 특징
- 비중 1.7 - 실용금속 중 가장 가볍다.
- 융점 650℃, 조밀육방격자(Zn)

정답 40.② 41.④ 42.③ 43.④ 44.④ 45.② 46.② 47.① 48.② 49.③

가음 가공법 중 소성가공이 아닌 것은?
① 선반가공 ② 압연가공
③ 단조가공 ④ 인발가공

> 소성가공을 이용하는 가공법은 압연, 단조, 인발, 프레스등이 있다.

51

다음 입체도의 화살표 방향의 투상도로 가장 적합한 것은?

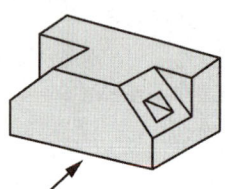

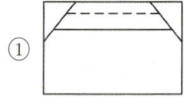 ① 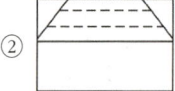 ②

 ③ 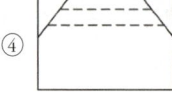 ④

53

그림과 같은 외형도에 있어서 파단선을 경계로 필요로 하는 요소의 일부만을 단면으로 표시하는 단면도는?

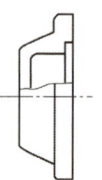

① 온 단면도 ② 부분 단면도
③ 한쪽 단면도 ④ 회전 도시 단면도

> **정면도 이외의 투상법**
> ① 보조 투상도 : 물체가 경사면이 있어 투상을 시키면 실제 길이와 모양이 달라져 경사면에 별도로 투상면을 설정하고 이 면에 투상하면 실제 모양이 그려진다.
> ② 부분 투상도 : 물체의 일부 모양만을 도시해도 충분한 경우이다.
> ③ 국부 투상도 : 대상물의 구멍, 홈 등 한 국부의 모양을 도시하는 것으로 충분한 경우에는 그 필요 부분만을 국부 투상도로 나타낸다.
> ④ 회전 투상도 : 투상면이 어느 각도를 가지고 있기 때문에 그 실형을 표시하지 못할 때에는 그 부분을 회전해서 실제 길이를 나타낸다.
> ⑤ 요점 투상도 : 우측면도나 좌측면도에 보이는 부분을 모두 나타내면 오히려 복잡해져서 알아보기 어려울 경우, 왼쪽 부분은 좌측면도에, 오른쪽 부분을 우측면도에 그 요점만 투상한다.

52

SS400으로 표시된 KS 재료기호의 400은 어떤 의미인가?
① 재질 번호 ② 재질 등급
③ 최저 인장강도 ④ 탄소 함유량

> • SM 35C : 기계구조용 탄소강재(35C는 탄소의 함유량을 의미)
> • SM 400C : 용접 구조용 압연강재(400C – 최소인장강도를 의미)

다음 그림에서 축 끝에 도시된 센터 구멍기호가 뜻하는 것은?

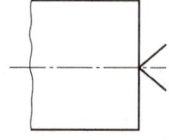

① 센터 구멍이 남아 있어도 좋다.
② 센터 구멍이 남아 있어서는 안 된다.
③ 센터 구멍을 반드시 남겨둔다.

④ 센터 구멍의 크기에 관계없이 가공한다.

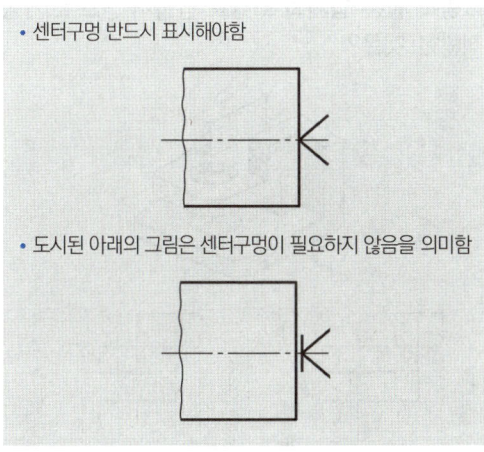

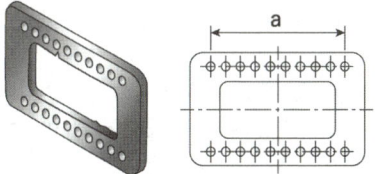

① 치수 a는 10 × 6(= 60)으로 기입할 수 있다.
② 대칭 기호를 사용하여 도형을 1/2로 나타낼 수 있다.
③ 구멍은 반복 도형 생략법을 나타낼 수 없다.
④ 구멍의 크기가 동일하더라도 각각의 치수를 모두 나타내어야 한다.

55
그림과 같은 부등변 ㄱ형강의 치수 표시로 가장 적합한 것은?

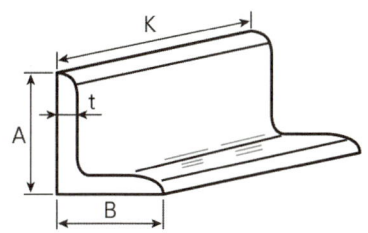

① L A×B×t-K
② L B×t×A-K
③ L K-t×A×B
④ L K-A×t×B

56
제시된 물체를 도형 생략법을 적용해서 나타내려고 한다. 적용 방법이 옳은 것은? (단, 물체에 뚫린 구멍의 크기는 같고 간격을 6mm로 일정하다.)

57
전체 둘레 현장 용접의 보조기호로 맞는 것은?

①   ②

③   ④

58
선의 종류와 명칭이 바르게 짝지어진 것은?

① 가는 실선 - 중심선
② 굵은 실선 - 외형선
③ 가는 파선 - 지시선
④ 굵은 1점 쇄선 - 수준면선

> **선의 종류와 용도**
> - 굵은 실선 : 외형선
> - 가는 실선 : 치수선, 치수보조선, 지시선, 회전단면선, 수준면선, 해칭선
> - 은선 : 가는 파선 또는 굵은 파선으로

정답 50.① 51.④ 52.③ 53.② 54.③ 55.① 56.② 57.④ 58.②

- 가는 1점 쇄선 : 중심선, 기준선, 피치선
- 가는 2점 쇄선 : 가상선 무게 중심선
- 굵은 1점 쇄선 : 특수지정선
- 파단선 : 물체의 일부를 파단한 곳을 표시하는 선으로 불규칙한 파형의 가는 실선 또는 지그재그선
- 아주 굵은 실선 : 특수한 용도

 60

그림과 같은 입체의 화살표 방향 투상도로 가장 적합한 것은?

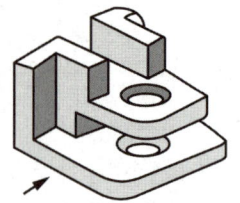

① 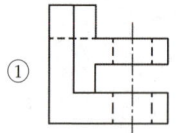 ②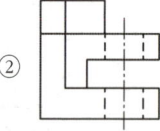

③ 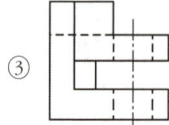 ④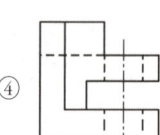

 59

다음 중 밸브 표시 기호에 대한 명칭이 틀린 것은?

① ▷◁ : 슬루스 밸브

② ▷◁ : 3방향 밸브

③ ▷•◁ : 버터플라이 밸브

④ ▷⊗◁ : 볼 밸브

앵글밸브를 표시함

정답 59.① 60.④

2020년 용접기능사 기출문제

01
아세틸렌, 수소 등의 가연성 가스와 산소를 혼합 연소시켜 그 연소열을 이용하여 용접하는 것은?

① 탄산가스 아크 용접
② 가스 용접
③ 불활성 가스 아크 용접
④ 서브머지드 아크 용접

> 가스용접시의 원리
> • 가연성가스와 지연성가스인 산소의 혼합가스가 연소 할 때 발생하는 열을 이용하여 모재를 용융시킴

02
KS에서 용접봉의 종류를 분류할 때 고려하지 않는 것은?

① 피복제 계통
② 전류의 종류
③ 용접 자세
④ 용접사 기량

> 용접봉의 종류를 분류 할 때 고려할 내용
> • 용접봉의 종류
> • 피복제 계통
> • 용접자세
> • 전류의 종류

03
불활성가스 금속 아크 용접(MIG용접)의 전류 밀도는 피복 아크 용접에 비해 약 몇 배 정도인가?

① 2배
② 6배
③ 10배
④ 12배

> MIG 용접은 전류밀도가 큰 용접 방법이며 피복아크용접의 4~6배, TIG 용접법의 2배 정도이다.

04
필릿 용접에서 루트 간격이 1.5mm 이하일 때 보수 용접 요령으로 가장 적당한 것은?

① 그대로 규정된 다리길이로 용접한다.
② 그대로 용접하여도 좋으나 넓혀진 만큼 다리 길이를 증가시킬 필요가 있다.
③ 다리길이를 3배수로 증가시켜 용접한다.
④ 라이너를 넣든지, 부족한 판을 300mm 이상 잘라내서 대체한다.

> 필릿 용접의 보수 방법
> • 루트간격이 1.5mm 이하 : 규정대로의 각장으로 용접
> • 루트간격이 1.5~4.5mm : 그대로 용접하거나 넓혀진 만큼 각장을 증가시킬 필요가 있다.
> • 루트간격이 4.5mm 이상 : 라이너를 끼워 넣거나 부족한 판을 300mm 이상 잘라내서 대체한다.

정답 01.② 02.④ 03.① 04.①

05

CO_2 가스 아크 용접 시 작업장의 CO_2 가스가 몇 % 이상이면 인체에 위험한 상태가 되는가?

① 1%   ② 4%
③ 10%   ④ 15%

> CO_2 농도의 영향
> • 3~4% 두통, 뇌빈혈
> • 15% 이상 위험
> • 30% 이상 치명적

06

산소병 내용적이 40.7 리터인 용기에 $100kg/cm^2$로 충전되어 있다면 프랑스식 팁 100번을 사용하여 표준 불꽃으로 약 몇 시간까지 용접이 가능한가?

① 약 16시간   ② 약 22시간
③ 약 31시간   ④ 약 40시간

> 총가스의 양 : 내용적 × 압력
> • 40.7L × 100 = 4070L
> • 4070L ÷ 100 = 40.7시간

07

아크 에어 가우징을 할 때 압축 공기의 압력은 몇 kgf/cm^2 정도의 압력이 가장 좋은가?

① 0.5~1   ② 3~4
③ 5~7   ④ 9~10

> 아크 에어 가우징의 특징
> • 탄소아크절단에 압축공기를 병용
>   • 흑연으로 된 탄소 전극봉에 구리 도금한 전극이용
> • 가스 가우징보다 능률이 2~3배 좋다
> • 균열발견이 쉽고 소음이 없다.
> • 철, 비철 금속도 가능

• 전원은 직류역극성이용(미그절단)
• 전압은 35V, 전류는 200~500A, 압축공기는 6~7kgf/m^2

08

가스 절단에서 팁(tip)의 백심 끝과 강판 사이의 간격으로 가장 적당한 것은?

① 0.1~0.3mm   ② 0.4~1.0mm
③ 1.5~2.0mm   ④ 3.0~4.0mm

09

피복 금속 아크 용접봉의 전류 밀도는 통상적으로 $1mm^2$ 단면적에 약 몇 A의 전류가 적당한가?

① 10~13   ② 15~20
③ 20~25   ④ 25~30

10

가스 용접봉의 조건에 들지 않는 것은?

① 모재와 같은 재질일 것
② 불순물이 포함되어 있지 않을 것
③ 용융온도가 모재보다 낮을 것
④ 기계적 성질에 나쁜 영향을 주지 않을 것

> 가스 용접봉은 모재와 같은 재질이므로 용융온도가 같다.

11

아크 용접에서 피닝을 하는 목적으로 가장 알맞은 것은?

① 용접부의 잔류응력을 완화시킨다.
② 모재의 재질을 검사하는 수단이다.
③ 응력을 강하게 하고 변형을 유발시킨다.
④ 모재표면의 이물질을 제거한다.

잔류응력 제거법
- 노내풀림법 : 유진온도가 높고 시간이 길수록 효과적, 출입 온도 300℃ 넘지 않도록 주의
- 유지온도 625 ± 25℃(판 두께 25mm, 1시간)
- 국부풀림법 : 큰 제품, 현장 구조물등 노내 풀림이 곤란한 경우, 용접선 좌우 양측을 각각 약 250mm 또는 판두께 12배 이상의 범위, 유도가열장치 사용
- 기계적 응력 완화법 : 용접부에 약간의 하중을 주어 소성 변형을 이용하여 응력을 제거
- 저온 응력 완화법 : 용접선 좌우 양측을 이동하는 불꽃으로 약 150mm의 나비를 150 – 200℃로
- 가열 후 수냉 처리, 용접선 방향으로 인장응력 완화
- 피닝법 : 둥근 헤머로 용접부를 연속적으로 타격하여 표면의 소성변형을 일으켜 인장응력을 완화

12

이산화탄소 아크 용접에 사용되는 와이어에 대한 설명으로 틀린 것은?

① 용접용 와이어에는 솔리드 와이어와 복합 와이어가 있다.
② 솔리드 와이어는 실체(나체) 와이어라고도 한다.
③ 복합 와이어는 비드의 외관이 아름답다.
④ 복합 와이어는 용제에 탈산제, 아크 안정제 등 합금원소가 포함되지 않는 것이다.

CO_2용접에서 복합 와이어의 특징
- 와이어의 색상이 까맣다.
- 아크가 안정적이다.
- 용착 속도가 빠르다.
- 와이어의 가격이 비싸다.
- 스패터의 발생량이 적다.
- 비드의 형상과 외관이 아름답다
- 동일전류에서 전류밀도가 높다.
- 양호한 용착금속을 얻을 수 있다.
- 플럭스에는 탈산제, 아크 안정제, 합금원소가 포함되어 있다.

13

서브머지드 아크 용접에 관한 설명으로 틀린 것은?

① 용제에 의한 야금 작용으로 용접 금속의 품질을 양호하게 할 수 있다.
② 용접 중에 대기와의 차폐가 확실하여 대기 중의 산소, 질소 등의 해를 받는 일이 적다.
③ 용제의 단열 작용으로 용입을 크게 할 수 있고, 높은 전류 밀도로 용접할 수 있다.
④ 특수한 장치를 사용하지 않더라도 전자세 용접이 가능하며, 이음가공의 정도가 엄격하다.

서브머지드 아크용접기는 아래보기 자세 용접이나 수평 필릿 용접 작업을 주로 할 수 있다.

14

용접 이음의 종류가 아닌 것은?

① 겹치기 이음
② 모서리 이음
③ 라운드 이음
④ T형 필릿 이음

용접 이음의 종류			
맞대기 이음		T형 이음	
모서리 이음		+자형 이음	
변두리 이음		전면 필릿 이음	
겹치기 이음		측면 필릿 이음	

정답 05.④ 06.④ 07.③ 08.③ 09.① 10.③ 11.① 12.④ 13.④ 14.③

용접기의 현장 사용에서 사용률이 40% 일 때 10분을 기준으로 해서 몇 분을 아크 발생하는 것이 좋은가?

① 10분　② 6분
③ 4분　④ 2분

$$\text{사용율} = \frac{\text{아크시간}}{\text{아크시간}+\text{휴식시간}} \times 100 = \frac{4}{4+6} \times 100 = 40\%$$

탄산가스 아크 용접법으로 주로 용접하는 금속은?

① 연강
② 구리와 동합금
③ 스테인리스강
④ 알루미늄

CO_2 용접은 저탄소강인 연강만을 용접 할 수 있다.

17

KS에 규정된 용접봉의 지름 치수에 해당하지 않는 것은?

① 1.0　② 2.0
③ 3.0　④ 4.0

용접봉의 지름은 1.6mm, 2.0mm, 2.6mm, 3.2mm, 4.0mm, 4.5mm, 5.0mm, 6mm, 6.4mm, 7.0mm, 8mm가 있다.

18

용융 슬래그 속에서 전극 와이어를 연속적으로 공급하여 주로 용융 슬래그의 저항열에 의하여 와이어와 모재를 용융시키는 용접은?

① 원자수소 용접
② 일렉트로 슬래그 용접
③ 테르밋 용접
④ 플라스마 아크 용접

일렉트로 슬래그 용접
- 두꺼운 판의 양쪽에 수냉 동판을 대고 용융 슬래그속에서 아크를 발생시킨 후 용융슬래그의 전기저항을 이용하여 용접하는 특수용접의 일종
- 두꺼운 단층용접
- 아크불꽃 없다.
- 저항 발생열량 $Q = 0.24 I^2 RT$

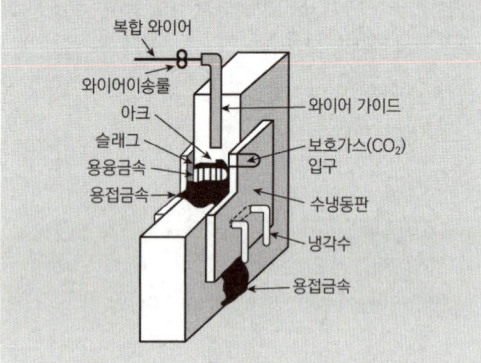

19

MIG 용접에서 와이어 송급 방식이 아닌 것은?

① 푸시 방식　② 풀 방식
③ 푸시 - 풀 방식　④ 포은 방식

MIG 용접시 와이어 송급 방식의 종류
- 푸시방식
- 풀 방식
- 푸시 - 풀 방식
- 더블푸시 방식

20

위빙 비드에 해당되지 않는 것은?

① 박판용접 및 홈용접의 이면 비드 형성 시 사용한다.
② 위빙 운봉폭은 심선지름의 2 ~ 3배로 한다.
③ 크레이터 발생과 언더컷 발생이 생길 염려가 있다.
④ 용접봉은 용접 진행 방향으로 70 ~ 80°, 좌우에 대하여 90°가 되게 한다.

박판 용접시에는 위빙작업을 하면 안된다. 모재에 열이 집중되어 용락의 우려가 있기 때문이다.

21

아크 용접 시 전격을 예방하는 방법으로 틀린 것은?

① 전격방지기를 부착한다.
② 용접 홀더에 맨손으로 용접봉을 갈아 끼운다.
③ 용접기 내부에 함부로 손을 대지 않는다.
④ 절연성이 좋은 장갑을 사용한다.

용접봉을 갈아 끼울 때는 전격의 위험이 있으므로 맨손으로 작업하지 않도록 한다.

22

연소가 잘되는 조건 중 틀린 것은?

① 공기와의 접촉 면적이 클 것
② 가연성 가스 발생이 클 것
③ 축적된 열량이 클 것
④ 물체의 내화성이 클 것

연소가 잘 되려면 화기를 견디는 내화성은 작아야 한다.

23

가스절단에서 드래그라인을 가장 잘 설명한 것은?

① 예열온도가 낮아서 나타나는 직선
② 절단토치가 이동한 경로
③ 산소의 압력이 높아 나타나는 선
④ 가스 절단시 절단면에 나타나는 선

드래그란 가스 절단시 절단면에 나타나는 라인으로 수평거리가 일정한 정도를 확인하여 절단 양부를 판단하는 기준으로 표준 드래그의 길이는 판두께의 20%에 해당한다.

24

가스 용접 작업에서 보통 작업할 때 압력조정기의 산소 압력은 몇 MPa 이하여야 하는가?

① 0.1 ~ 0.2 ② 0.3 ~ 0.4
③ 0.5 ~ 0.7 ④ 1 ~ 2

가스 용접작업을 할 때 산소압력 조정기는 0.3 ~ 0.4 MPa, 아세틸렌은 0.01 ~ 0.03MPa 정도이다.

25

교류 아크 용접기를 사용할 때 피복 용접봉을 사용하는 이유로 가장 적합한 것은?

① 전력 소비량을 절약하기 위하여
② 용착금속의 질을 양호하게 하기 위하여
③ 용접시간을 단축하기 위하여
④ 단락전류를 갖게 하여 용접기의 수명을 길게 하기 위하여

피복제의 역할(용제)
- 아크안정, 산·질화 방지, 용적의 미세화
- 유동성 증가, 전기절연작용
- 서냉으로 취성방지, 탈산정련, 슬래그 박리성 증대

정답 15.③ 16.① 17.③ 18.② 19.④ 20.① 21.② 22.④ 23.④ 24.② 25.②

26
레이저 용접 장치의 기본형에 속하지 않는 것은?
① 반도체형   ② 에너지형
③ 가스 방전형   ④ 고체 금속형

> 레이져 용접기의 종류
> - 반도체 레이져
> - 가스 방전형
> - 고체 금속형
> - 액체형

27
용해 아세틸렌 가스는 몇 ℃, 몇 kgf/cm² 으로 충전하는 것이 가장 적당한가?
① 40℃, 160kgf/cm²   ② 35℃, 150kgf/cm²
③ 20℃, 30kgf/cm²   ④ 15℃, 15kgf/cm²

> C₂H₂ 가스에 대하여
> - 비중은 1.176g이다. -15℃, 15기압에서 충전
> - 406~408℃에서 자연발화 된다.
> - 마찰·진동·충격에 의하여 폭발위험성
> - 은, 수은, 동과 접촉시 120℃부근에서 폭발성
> - 아세틸렌 15%, 산소 85%에서 가장위험
> - 아세틸렌의 양 구하는 식 : 905(A-B) (A : 병전체의 무게 B : 빈 병의 무게)
> - 카바이트 1kg에서 348L의 C₂H₂가 발생
> - 아세틸렌 발생기는 60℃ 이하 유지

28
맞대기 용접 이음에서 모재의 인장강도는 45kgf/mm²이며, 용접 시험편의 인장강도가 47kgf/mm²일 때 이음효율은 약 몇 %인가?
① 104   ② 96
③ 60   ④ 69

> 이용효율 = $\dfrac{\text{용접시험편의 인장강도}}{\text{모재의 인장강도}} \times 100 = \dfrac{47}{45} \times 100$
> = 104%

29
로봇용접의 장점에 관한 다음 설명 중 맞지 않은 것은?
① 작업의 표준화를 이룰 수 있다.
② 복잡한 형상의 구조물에 적용하기 쉽다.
③ 반복 작업이 가능하다.
④ 열악한 환경에서도 작업이 가능하다.

> 용접 자동화의 장점
> - 위험한 사고의 방지가 가능하다.
> - 인간에게 불가능한 고속 작업도 가능하다.
> - 생산성의 증대와 품질 향상, 원가 절감의 효과가 있다.
> - 용접봉의 손실이 없고, 일정한 전류 값을 유지할 수 있다.
> - 아크 길이 및 속도 등 여러 가지 용접 조건에 따른 공정 수를 줄일 수 있다.
> - 한 번의 제어에 의해 용접 비드의 높이, 비드 폭 용입 등을 정확하게 제어할 수 있다.

30
연강판 두께 4.4mm의 모재를 가스 용접할 때 가장 적당한 가스 용접봉의 지름은 몇 mm인가?
① 1.0   ② 1.6
③ 2.0   ④ 3.2

> 가스용접봉의 지름과 판두께의 관계식
> - $D = \dfrac{T}{2} + 1 = \dfrac{4.4}{2} + 1 = 3.2$ D : 지름, T : 두께

31

연강용 피복 용접봉에서 피복제의 역할 중 틀린 것은?

① 아크를 안정하게 한다.
② 스패터링을 많게 한다.
③ 전기 절연작용을 한다.
④ 용착금속의 탈산정련 작용을 한다.

> 피복제의 역할(용제)
> • 아크안정, 산·질화 방지, 용적의 미세화
> • 유동성 증가, 전기절연작용
> • 서냉으로 취성방지, 탈산정련, 슬래그 박리성 증대

32

다음 중 용접의 일반적인 순서를 나타낸 것으로 옳은 것은?

① 재료준비 → 절단가공 → 가접 → 본용접 → 검사
② 절단가공 → 본용접 → 가접 → 재료준비 → 검사
③ 가접 → 재료준비 → 본용접 → 절단가공 → 검사
④ 재료준비 → 가접 → 본용접 → 절단가공 → 검사

33

용접기 설치 시 1차 입력이 10kVA, 전원전압이 200V이면 퓨즈 용량은?

① 50A
② 100A
③ 150A
④ 200A

> 퓨즈의 전류값 = $\dfrac{\text{1차입력(KVA)}}{\text{전원입력(V)}} = \dfrac{10000}{200} = 50A$

34

다음 중 가스절단장치의 구성이 아닌 것은?

① 절단토치와 팁
② 산소 및 연소가스용 호스
③ 압력조정기 및 가스병
④ 핸드 실드

> 핸드실드는 아크용접에 사용하는 보호구이다.

35

다음 중 직류 아크 용접기는?

① 탭전환형
② 정류기형
③ 가동 코일형
④ 가동 철심형

> 직류아크 용접기 : 발전기형, 정류기형, 전지식

36

부탄가스의 화학 기호로 맞는 것은?

① C_3H_{10}
② C_3H_8
③ C_5H_{12}
④ C_2H_6

> 가연성가스의 종류(탄화수소계)
> • 아세틸렌 : C_2H_2
> • 메탄 : CH_4
> • 프로판 : C_3H_8
> • 부탄 : C_4H_{10}

정답 26.② 27.④ 28.① 29.② 30.④ 31.② 32.① 33.① 34.④ 35.② 36.①

37

전기 저항 용접의 특징에 대한 설명으로 올바르지 않은 것은?

① 산화 및 변질 부분이 적다.
② 다른 금속 간의 접합이 쉽다.
③ 용제나 용접봉이 필요 없다.
④ 접합 강도가 비교적 크다.

> **전기저항용접의 특징**
> - 용접물에 전류가 흐를 때 발생되는 저항열로 접합부가 가열되었을 때 가압하여 접합한다.
> - 용접사의 기능에 무관하다.
> - 용접시간이 짧고 대량 생산이 가능하다.
> - 용접부가 깨끗하고 가압효과로 조직이 치밀하다.
> - 산화작용 및 용접변형이 적다.
> - 설비가 복잡하고 고가이다.
> - 후열 처리가 필요하며 이종금속의 접합은 불가능하다.

38

사람의 몸에 얼마 이상의 전류가 흐르면 순간적으로 사망할 위험이 있는가?

① 10mA   ② 20mA
③ 30mA   ④ 50mA

> **전류의 위험도**
> - 8mA : 위험하지 않음
> - 8~15mA : 고통을 느낌
> - 15~20mA : 근육이 저려 움직이지 못 함
> - 50~100mA : 순간적인 사망의 위험이 있음

39

철계 주조재의 기계적 성질 중 인장강도가 가장 낮은 주철은?

① 구상흑연주철   ② 가단주철
③ 고급주철   ④ 보통주철

> **주철의 인장강도**
> - 구상흑연주철 : 370~800
> - 가단주철 : 270~540
> - 보통주철 : 100~250
> - 고급주철 : 300~350

40

연납땜 중 내열성 땜납으로 주로 구리, 황동용에 사용되는 것은?

① 인동납   ② 황동납
③ 납-은납   ④ 은납

> 납땜제에서 경납용은 인동납, 황동납, 은납이고 연납용으로는 구리 및 황동용, 납-은납이 사용

41

기계 재료에 가장 많이 사용되는 재료는?

① 비금속 재료   ② 철 합금
③ 비철합금   ④ 스테인리스강

> 기계 재료로 가장 많이 사용하는 합금은 철 합금이다.

42

경금속과 중금속은 무엇으로 구분되는가?

① 전기전도율   ② 비열
③ 열전도율   ④ 비중

> 비중은 4.5를 기준으로 구분된다.

43

다음 중 불변강의 종류가 아닌 것은?

① 인바아 ② 스텔라이트
③ 엘린버 ④ 퍼어멀로이

불변강(Ni합금강)
- 인바(Ni : 36%) 열전쌍, 시계 등
- 엘린바(Ni36% – Cr12%) 시계스프링, 정밀계측기
- 플래티나이트(Ni:10 ~ 16%) : 전구, 진공관의 유리봉입선
- 퍼멀로이(Ni : 75% ~ 80%) 해저전선의 장하코일
- 코엘린바
- 수퍼인바
- 초인바
- 이스에라스틱

44

규소가 탄소강에 미치는 일반적 영향으로 틀린 것은?

① 강의 인장강도를 크게 한다.
② 연신율을 감소시킨다.
③ 가공성을 좋게 한다.
④ 충격값을 감소시킨다.

탄소강에서 규소의 영향
- 강도, 경도, 탄성한계, 주조성을 증가 시킨다.
- 연신율, 충격값, 단접성을 감소 시킨다.

45

스테인리스강은 900 ~ 1100℃의 고온에서 급랭할 때의 현미경 조직에 따라서 3종류로 크게 나눌 수 있는데, 다음 중 해당되지 않는 것은?

① 마텐자이트계 스테인리스강
② 페라이트계 스테인리스강
③ 오스테나이트계 스테인리스강
④ 트루스타이트계 스테인리스강

13Cr스테인리스강은 마텐자이트계, 페라이트계, 오스테나이트계로 나눈다.

46

내열합금 용접 후 냉각 중이나 열처리 등에서 발생하는 용접구속 균열은?

① 내열균열 ② 냉각균열
③ 변형시효균열 ④ 결정입계균열

내열합금의 용접 후 냉각중이거나 열처리 및 시효에 의해 발생되는 균열을 변형시효 균열이라 한다.

47

주철의 표면을 급랭시켜 시멘타이트 조직으로 만들고 내마멸성과 압축 강도를 증가시켜 기차바퀴, 분쇄기, 로울러 등에 사용하는 주철은?

① 가단 주철 ② 칠드 주철
③ 미이하나이트 주철 ④ 구상 흑연 주철

칠드 주철에 대한 설명

48

청동의 연신율은 주석 몇 %에서 최대인가?

① 4% ② 15%
③ 20% ④ 28%

청동은 구리 + 주석의 합금으로 주석이 4% 함유할 때 연신율이 최대이다.

정답 37.② 38.④ 39.④ 40.③ 41.② 42.④ 43.② 44.③ 45.④ 46.③ 47.② 48.①

49

니켈 40%의 합금으로 주로 온도측정용 열전쌍, 표준전기 저항선으로 많이 사용되는 것은?

① 큐우프로 니켈
② 모넬메탈
③ 베니딕트 메탈
④ 콘스탄탄

> 콘스탄탄은 니켈의 함유량이 40~45%로 온도측정용 열전쌍이나 표준 저항선에 주로 사용된다.

50

황동 가공재를 상온에 방지하거나 또는 저온 풀림 경화된 스프링재를 사용하는 도중 시간의 경과에 의해서 경도 등 여러 가지 성질이 나빠지는 현상은?

① 시효변형
② 경년변화
③ 탈아연 부식
④ 자연균열

> 경년변화는 황동에서 나타나는 현상으로 냉간 가공한 후 저온 풀림 처리한 황동(스프링)이 사용 중 시간의 경과에 더불어 경도값이 증가하는 현상이다.

51

[보기]와 같은 판금 제품인 원통을 정면에서 진원인 구멍 1개를 제작하려고 한다. 전개한 현도 판의 진원 구멍 부분 형상으로 가장 적합한 것은?

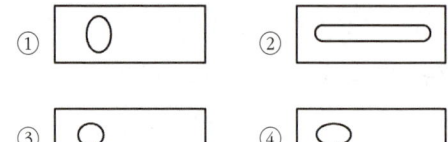

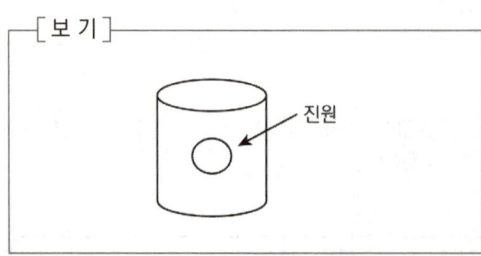

52

[보기]와 같은 배관 설비의 등각투상도(isometric drawing)의 평면도로 가장 적합한 것은?

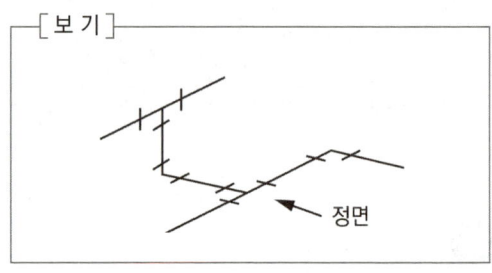

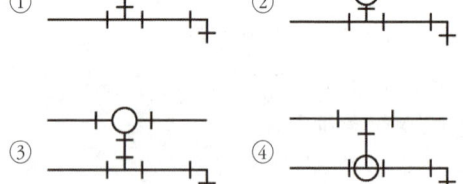

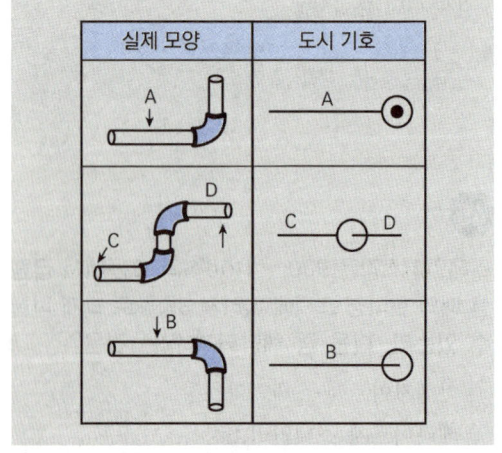

53

제3각법으로 정투상한 [보기]와 같은 각뿔의 전개도 형상으로 적합한 것은?

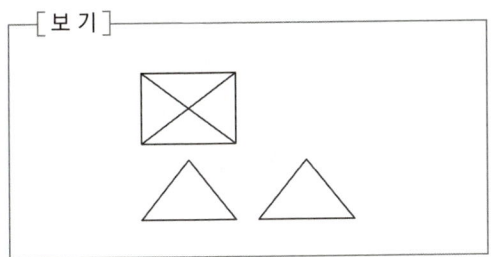

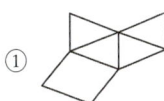 

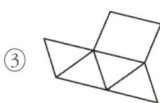 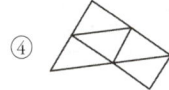

54

도면 부품란에 "SM 45C"로 기입되어 있을 때 어떤 재료를 의미하는가?

① 탄소 주강품
② 용접용 스테인리스 강재
③ 회주철품
④ 기계 구조용 탄소 강재

SM 45C : 기계구조용 탄소강재로 탄소의 함유량이 0.45% 함유되어 있다.

55

[보기]와 같은 단면도의 명칭으로 가장 적합한 것은?

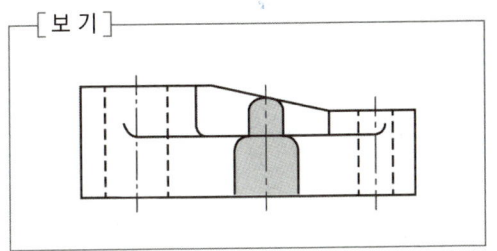

① 가상 단면도 ② 회전도시 단면도
③ 보조 투상 단면도 ④ 곡면 단면도

회전도시 단면도
• 핸들, 축, 형강등과 같은 물체의 절단한 단면의 모양을 90° 회전하여 내부 또는 외부에 그리는 것
• 내부표시 가는실선
• 외부표시 굵은실선

56

[보기]와 같은 입체도의 화살표 방향 투상도로 가장 적합한 것은?

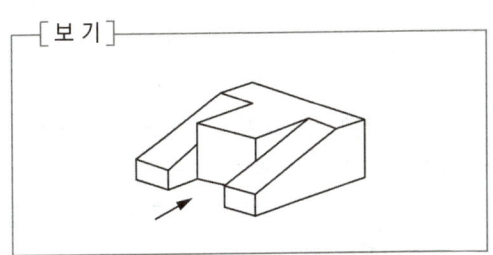

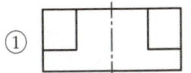 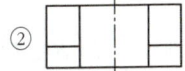

 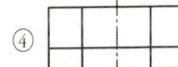

정답 49.④ 50.② 51.④ 52.① 53.① 54.④ 55.② 56.②

57

굵은 실선 또는 가는 실선을 사용하는 선에 해당하지 않는 것은?

① 외형선
② 파단선
③ 절단선
④ 치수선

> 선의 종류와 용도
> • 굵은선 : 실선외형선
> • 가는실선 : 치수선, 치수보조선, 지시선, 회전단면선, 수준면선, 해칭선
> • 은선 : 가는 파선 또는 굵은 파선으로
> • 가는 1점 쇄선 : 중심선, 기준선, 피치선
> • 가는 2점 쇄선 : 가상선 무게 중심선
> • 굵은 1점 쇄선 : 특수지정선
> • 파단선 : 물체의 일부를 파단한 곳을 표시하는 선으로 불규칙한 파형의 가는 실선 또는 지그재그선
> • 아주 굵은 실선 : 특수한 용도

58

기계제작 부품도면의 도면의 윤곽선 오른쪽 아래 구석의 안쪽에 위치하는 표제란을 가장 올바르게 설명한 것은?

① 품번, 품명, 재질, 주서 등을 기재한다.
② 제작에 필요한 기술적인 사항을 기재한다.
③ 제조 공정별 처리방법, 사용공구 등을 기재한다.
④ 도번, 도명, 제도 및 검도 등 관련자 서명, 척도 등을 기재한다.

> 표제란에 쓰는 내용 : 도명, 척도, 투상법, 도면번호, 제작자, 작성 년 월 일

59

[보기]와 같은 입체도에서 화살표 방향이 정면일 경우 좌측면도로 가장 적합한 것은?

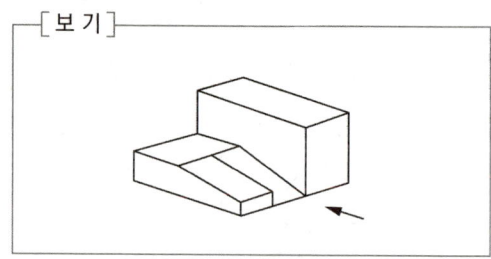

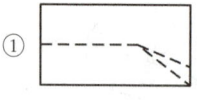 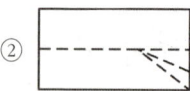

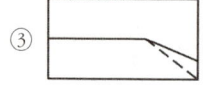 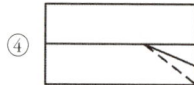

60

[보기]와 같은 KS 용접 기호의 설명으로 틀린 것은?

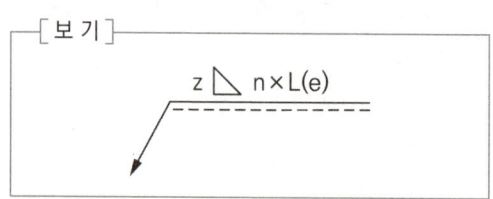

① z : 용접부 목 길이
② n : 용접부의 개수
③ L : 용접부의 길이
④ e : 용입 바닥까지의 최소 거리

> e는 용접간 피치간격을 의미함

정답 57.③ 58.④ 59.③ 60.④

2020년 특수용접기능사 기출문제

01

용접전류 120A, 용접전압이 12V, 용접속도가 분당 18cm일 경우에 용접부의 입열량(J/cm)은?

① 3500　　② 4000
③ 4800　　④ 5100

용접 입열량 공식

$$H = \frac{60EI}{V} = \frac{60 \times 12 \times 120}{18} = 4800$$

02

직류 정극성에 대한 설명으로 올바르지 못한 것은?

① 모재를 (+)극에, 용접봉을 (−)극에 연결한다.
② 용접봉의 용융이 느리다.
③ 모재의 용입이 깊다.
④ 용접 비드의 폭이 넓다.

직류 정극성(DCSP)
- 극성이란 +, − 가 있는것
- + 연결시 열량이 70%, 결시 열량이 30% 정도
- 모재가 + (입열량 70%), 용접봉 −
- 용입이 깊다.
- 용접봉은 천천히 녹는다
- 비드폭 좁다.
- 후판에 적합

03

가스 용접봉을 선택하는 공식으로 다음 중 맞는 것은?

① $D = \dfrac{T}{2} + 1$　　② $D = \dfrac{T}{2} + 2$
③ $D = \dfrac{T}{2} - 2$　　④ $D = \dfrac{T}{2} - 1$

가스용접봉의 지름과 판두께의 관계식
- $D = \dfrac{T}{2} + 1$　D : 지름, T : 두께

04

2차 무부하 전압이 80V, 아크 전류가 200A, 아크전압 30V, 내부손실 3kW일 때 역률(%)은?

① 48.00%　　② 56.25%
③ 60.00%　　④ 66.67%

① 역률 $= \dfrac{\text{소비전력(KW)}}{\text{전원입력(KVA)}} \times 100$

$= \dfrac{(200 \times 20) + 3000}{200 \times 80} \times 100 = 56.3\%$

- 전원입력 = 정격2차전류 × 무부하전압
- 아크출력 = 정격2차전류 × 아크전압
- 소비전력 = 아크출력 + 내부손실

정답　01.③　02.④　03.①　04.②

05

저항용접에 의한 압점에서 전류 20A, 전기저항 30Ω, 통전시간 10s일 때 발열량은 약 몇 cal인가?

① 14400　　② 24400
③ 28800　　④ 48800

```
Q = 0.24I² RT
  = 0.24 × 20² × 30 × 10
  = 28800
```

06

이음부의 겹침을 판 두께 정도로 하고 겹쳐진 폭 전체를 가압하여 심 용접을 하는 방법은?

① 매시 심용접(mash seam welding)
② 포일 심용접(foil seam welding)
③ 맞대기 심용접(butt seam welding)
④ 인터랙트 심용접(interact seam welding)

 메시심용접에 대한 설명이다.

07

프로젝션(projection) 용접의 단면치수는 무엇으로 하는가?

① 너깃의 지름
② 구멍의 바닥 치수
③ 다리길이 치수
④ 루트 간격

저항용접에서 용접부의 단면치수는 너깃 지름으로 표시한다.

08

200V용 아크 용접기의 1차 입력이 30kVA일 때 퓨즈의 용량은 몇 A가 가장 적당한가?

① 60A　　② 100A
③ 150A　　④ 200A

$$\text{퓨즈의 전류값} = \frac{\text{1차입력(KVA)}}{\text{전원입력(V)}} = \frac{30000}{200} = 150A$$

09

가스 절단 시 산소 대 프로판 가스의 혼합비로 적당한 것은?

① 2.0 : 1　　② 4.5 : 1
③ 3.0 : 1　　④ 3.5 : 1

 가스절단시 프로판과 산소의 비율은 1:4.5

10

교류 아크 용접기의 아크 안정을 확보하기 위하여 상용 주파수의 아크 전류 외에 고전압의 고주파 전류를 중첩시키는 부속장치는?

① 전격 방지 장치
② 원격 제어 장치
③ 고주파 발생 장치
④ 저주파 발생 장치

고주파 발생장치는 아크의 안전을 확보하기 위해 상용주파수의 아크전류 외에 고전압 3000~4000V를 중첩시키는 방식이다.

11 아크 용접 시, 감전 방지에 관한 내용 중 틀린 것은?

① 비가 내리는 날이나 습도가 높은 날에는 특히 감전에 주의를 하여야 한다.
② 전격 방지 장치는 매일 점검하지 않으면 안 된다.
③ 홀더의 절연 상태가 충분하면 전격 방지 장치는 필요 없다.
④ 용접기의 내부에 함부로 손을 대지 않는다.

12 용접 작업 중 정전이 되었을 때, 취해야 할 가장 적절한 조치는?

① 전기가 오기만을 기다린다.
② 홀더를 놓고 송전을 기다린다.
③ 홀더에서 용접봉을 빼고 송전을 기다린다.
④ 전원을 끊고 송전을 기다린다.

> 작업중 정전이 발생되면 전원을 차단하고 다시 전기가 들어올 때까지 기다려야 한다.

13 용접 흄(fume)에 대하여 서술한 것 중 올바른 것은?

① 용접 흄은 인체에 영향이 없으므로 아무리 마셔도 괜찮다.
② 실내 용접 작업에서는 환기 설비가 필요하다.
③ 용접봉의 종류와 무관하며 전혀 위험은 없다.
④ 용접 흄은 입자상 물질이며, 가제 마스크로 충분히 차단할 수가 있으므로 인체에 해가 없다.

> 용접흄은 인체에 해로운 각종 가스가 있어서 실내 용접 작업시 반드시 환기 설비를 해야한다.

14 탱크 등 밀폐 용기 속에서 용접 작업을 할 때 주의사항으로 적합하지 않은 것은?

① 환기에 주의한다.
② 감시원을 배치하여 사고의 발생에 대처한다.
③ 유해가스 및 폭발가스의 발생을 확인한다.
④ 위험하므로 혼자서 용접하도록 한다.

15 필릿 용접의 이음 강도를 계산할 때, 각장이 10mm 라면 목 두께는?

① 약 3mm ② 약 7mm
③ 약 11mm ④ 약 15mm

> 필릿 용접에서 목두께는 각장의 0.7배이다. 즉 각장의 70%의 목두께를 갖는다.

16 용착금속의 인장강도를 구하는 옳은 식은?

① 인장강도 = $\dfrac{\text{인장하중}}{\text{시험편의 단면적}}$

② 인장강도 = $\dfrac{\text{시험편의 단면적}}{\text{인장하중}}$

③ 인장강도 = $\dfrac{\text{표점거리}}{\text{연신율}}$

④ 인장강도 = $\dfrac{\text{연신율}}{\text{표점거리}}$

정답 05.③ 06.① 07.① 08.③ 09.② 10.③ 11.③ 12.④ 13.② 14.④ 15.② 16.①

17

연강의 맞대기용접 이음에서 용착금속의 인장강도가 40kgf/mm², 안전율이 8이면, 이음의 허용응력은?

① 5kgf/mm² ② 8kgf/mm²
③ 40kgf/mm² ④ 48kgf/mm²

> 허용응력 = $\dfrac{\text{인장강도}}{\text{안전율}} = \dfrac{40}{8} = 5$

18

필릿 용접 이음부의 강도를 계산할 때 기준으로 삼아야 하는 것은?

① 루트 간격 ② 각장 길이
③ 목의 두께 ④ 용입 깊이

> 필릿 용접시 이음부의 강도를 계산시 기준을 목두께에 둔다.

19

용접 지그(welding jig)에 대한 설명 중 틀린 것은?

① 용접물을 용접하기 쉬운 상태로 놓기 위한 것이다.
② 용접 제품의 치수를 정확하게 하기 위해 변형을 억제하는 것이다.
③ 작업을 용이하게 하고 용접 능률을 높이기 위한 것이다.
④ 잔류응력을 제거하기 위한 것이다.

> 용접시 지그사용 목적
> • 대량생산 가능하다.
> • 용접 작업을 쉽게 한다.
> • 재품의 치수를 정확하게 한다.
> • 용접부의 신뢰도가 높아 진다.
> • 다듬질을 좋게 한다.
> • 변형을 억제 한다.

20

잔류응력 경감법 중 용접선의 양측을 가스 불꽃에 의해 약 150mm에 걸쳐 150~200℃로 가열한 후에 즉시 수냉함으로써 용접선 방향의 인장응력을 완화시키는 방법은?

① 국부응력 제거법
② 저온응력 완화법
③ 기계적 응력 완화법
④ 노내응력 제거법

> 잔류응력 제거법
> • 노내풀림법 : 유지온도가 높고 시간이 길수록 효과적, 출입온도 300℃ 넘지 않도록 주의
>   • 유지온도 625±25℃(판 두께 25mm, 1시간)
> • 국부풀림법 : 큰 제품, 현장 구조물등 노내 풀림이 곤란한 경우, 용접선 좌우 양측을 각각 약 250mm 또는 판두께 12배 이상의 범위, 유도가열장치 사용
> • 기계적 응력 완화법 : 용접부에 약간의 하중을 주어 소성 변형을 이용하여 응력을 제거
> • 저온 응력 완화법 : 용접선 좌우 양측을 이동하는 불꽃으로 약 150mm의 나비를 150~200℃로
> • 가열 후 수냉 처리, 용접선 방향으로 인장응력 완화
> • 피닝법 : 둥근 헤머로 용접부를 연속적으로 타격하여 표면의 소성변형을 일으켜 인장응력을 완화

21

용접부의 내부결함 중 용착금속의 파단면에 고기눈 모양의 은백색 파단면을 나타내는 것은?

① 피트(pit)
② 은점(fish eye)
③ 슬래그 섞임(slag inclusion)
④ 선상조직(ice flower structure)

22
가용접에 대한 설명으로 잘못된 것은?
① 가용접은 2층 용접을 말한다.
② 본 용접봉보다 가는 용접봉을 사용한다.
③ 루트 간격을 소정의 치수가 되도록 유의한다.
④ 본 용접과 비등한 기량을 가진 용접공이 작업한다.

> 가접
> - 홈 안에는 가접을 피하되, 불가피한 경우엔 본 용접 전에 갈아 낸다.
> - 응력이 집중되는 곳은 피한다.
> - 전류는 본 용접보다 높게 하며, 용접봉의 지름은 가는 것을 사용한다(너무 짧게 하지 않음).
> - 시·종단에 엔드 탭을 설치하기도 한다.
> - 가접사도 본 용접사에 비하여 기량이 떨어지면 안 된다.

23
용접부의 검사법 중 비파괴 검사(시험)법에 해당되지 않는 것은?
① 외관검사
② 침투검사
③ 화학시험
④ 방사선 투과시험

> 비파괴 시험법의 종류
> - VT 외관검사
> - MT 자분탐상
> - PT 침투탐상(형광 F)
> - UT 초음파탐상
> - RT 방사선검사
> - LT 누설검사
> - ECT 맴돌이검사

24
용접에 사용되지 않는 열원은?
① 기계적 에너지   ② 전기 에너지
③ 위치 에너지   ④ 화학적 에너지

25
용접 결함의 종류 중 구조상 결함에 속하지 않는 것은?
① 슬래그 섞임   ② 기공
③ 융합 불량   ④ 변형

> 용접부의 결함의 종류
> - 치수상결함 : 변형, 치수불량
> - 성질상결함 : 기계적, 화학적
> - 구조상결함 : 언더컷, 오버랩, 균열, 스패터, 용입불량, 슬랙 섞임, 기공, 은점

26
방사선 투과 검사에 대한 설명 중 틀린 것은?
① 내부 결함 검출이 용이하다.
② 라미네이션(lamination) 검출도 쉽게 할 수 있다.
③ 미세한 표면 균열은 검출되지 않는다.
④ 현상이나 필름을 판독해야 한다.

> 라미네이션 결함은 모재가 강괴일 때 기포가 압연되어 생기는 결함으로 강재 내면에 층상으로 편재해 있어서 강재의 내부적 노치를 형성하여 방사선 투과시험으로도 확인 할 수 없는 결함이다.

정답 17.① 18.③ 19.④ 20.② 21.② 22.① 23.③ 24.③ 25.④ 26.②

27

피복 용접봉으로 작업 시 용융된 금속이 피복제의 연소에서 발생된 가스가 폭발되어 뿜어낸 미세한 용적이 모재로 이행되는 형식은?

① 단락형 ② 글로뷸러형
③ 스프레이형 ④ 핀치효과형

> 피복아크용접에서 용적이행 형식
> - 단락형 : 큰 용적이 용융지에 단락되어 이행되는 형식 – 맨용접봉, 박피용 용접봉
> - 글로블러형 : 비교적 큰 용적이 단락되지 않고 옮겨감 – 저수소계 용접봉
> - 스프레이형 : 미세한 용적이 스프레이처럼 날려서 이행되는 형식 – 고산화티탄계, 일미나이트계

28

석회석($CaCO_2$) 등이 염기성 탄산염을 주 성분으로 하고 용착금속 중에 수소 함유량이 다른 종류의 피복 아크 용접봉에 비교하여 약 1/10 정도로 현저하게 적은 용접봉은?

① E4303 ② E4311
③ E4316 ④ E4324

> E 7016 : 저수소계(기계적성질이 우수), 수소의 함량이 1/10 정도, 균열의 감수성이 우수, 황의 함유량이 많고 성분은 석회석과 형석으로 구성, 염기성이 크다.

29

피복 아크 용접봉의 편심도는 몇 % 이내이어야 용접 결과를 좋게 할 수 있겠는가?

① 3% ② 5%
③ 10% ④ 13%

> 용접봉 심선은 편심율이 3% 이내이여야 한다.

30

아크 용접부에 기공이 발생하는 원인과 가장 관련이 없는 것은?

① 이음 강도 설계가 부적당할 때
② 용착부가 급랭될 때
③ 용접봉에 습기가 많을 때
④ 아크길이, 전류값 등이 부적당할 때

> 용접부 기공의 원인
> - 수소, CO_2의 과잉
> - 모재의 황 함유량 과대
> - 아크길이, 전류의 부적당
> - 용접부의 급속한 응고
> - 기름, 페인트, 녹
> - 용접속도 빠르다

31

작업자 사이에 현장(노천)에서 다른 사람에게 유해광선의 해를 끼치지 않게 하기 위해서 여러 사람이 공동으로 용접 작업을 할 때 설치해야 하는 것은?

① 차광막 ② 경계통로
③ 환기장치 ④ 집진장치

> 유해광선의 안전장치는 차광막으로 유해광선에 의해 발생하는 피해는 전광성 안염이다.

32

아세틸렌 가스는 각종 액체에 잘 용해가 된다. 다음 중 액체에 대한 용해량이 잘못 표기된 것은?

① 석유 - 2배 ② 벤젠 - 6배
③ 아세톤 - 25배 ④ 물 - 1.1배

> 아세틸렌의 용해도
> - 물 : 1배(같은 양)
> - 벤젠 : 4배
> - 아세톤 : 25배
> - 석유 : 2배
> - 알콜 : 6배

33

용해 아세틸렌 가스를 충전하였을 때 용기 전체의 무게가 34kgf이고 사용 후 빈병의 무게가 31kgf이면, 15℃ 1기압하에서 충전된 아세틸렌 가스의 양은 약 몇 L인가?

① 465L ② 1054L
③ 1581L ④ 2715L

충전 된 아세틸렌의 양
• 905 (34 – 31) = 2715L

36

두께가 12.7mm인 강판을 가스 절단하려할 때 표준 드래그의 길이는 2.4mm이다. 이때 드래그는 몇 %인가?

① 18.9 ② 32.1
③ 42.9 ④ 52.4

드래그는 판두께의 20%를 나타낸다.
$\frac{2.4}{12.7} \times 100 = 18.89$

34

산소 – 아세틸렌 가스 용접에 사용하는 아세틸렌용 호스의 색은?

① 청색 ② 흑색
③ 적색 ④ 녹색

가스 용접에 사용하는 아세틸렌 호스의 색은 적색을 사용한다.

37

분말절단법 중 플럭스(flux) 절단에 주로 사용되는 재료는?

① 스테인리스강판 ② 알루미늄 탱크
③ 저합금 강판 ④ 강판

분말절단법 중 플럭스 절단은 스테인리스강의 절단에 주로 사용된다.

35

다음 중에서 산소 – 아세틸렌 가스 절단이 쉽게 이루어질 수 있는 것은?

① 판 두께 300mm 강재
② 판 두께 15mm 주철
③ 판 두께 10mm의 10% 이상 크롬(Cr)을 포함한 스테인리스강
④ 판 두께 25mm의 알루미늄(Al)

• 산소절단은 주로 연강을 대상으로 하며 스테인리스강이나 합금강은 산소절단이 어렵다.
• 스테인리스강이나 합금강은 주로 플라즈마로 절단하면 양호하다.

38

플라스마 제트 절단에 대한 설명 중 틀린 것은?

① 아크 플라스마의 냉각에는 일반적으로 아르곤과 수소의 혼합가스가 사용된다.
② 아크 플라스마는 주위의 가스기류로 인하여 강제적으로 냉각되어 플라스마 제트를 발생시킨다.
③ 적당량의 수소 첨가 시 열적 핀치효과를 촉진하고 분출 속도를 저하시킬 수 있다.
④ 아크 플라스마의 냉각에는 절단재료의 종류에 따라 질소나 공기도 사용한다.

정답 27.③ 28.③ 29.① 30.① 31.① 32.② 33.④ 34.③ 35.① 36.① 37.① 38.③

적당량의 수소를 첨가하면 열적핀치 효과를 향상시키고 분출 속도를 향상 시킬 수 있다.

39

TIG 용접으로 Al을 용접할 때, 가장 적합한 용접 전원은?

① DC SP
② DC RP
③ AC HF
④ AC

TIG 용접으로 알루미늄을 용접하려면 아르곤가스의 이온화 작용에 의해 알루미늄의 산화피막을 제거하는 작용을 청정작용 이라 하고 역극성을 이용하고 전원으로는 ACHF를 이용하여 용접해야 한다.

40

서브머지드 아크 용접에 대한 설명 중 틀린 것은?

① 용접선이 복잡한 곡선이나 길이가 짧으면 비능률적이다.
② 용접부가 보이지 않으므로 용접 상태의 좋고 나쁨을 확인할 수 없다.
③ 일반적으로 후판의 용접에 사용되므로 루트 간격이 0.8mm 이하이면 오버랩(over lap)이 많이 생긴다.
④ 용접홈의 가공은 수동용접에 비하여 그 정밀도가 좋아야 한다.

서브머지드 아크용접의 맞대기 용접에서 루트간격을 0.8mm를 유지하지 않으면 용락이 발생한다.

41

강재 표면의 홈이나 개재물, 탈탄층 등을 제거하기 위해 얇고, 타원형 모양으로 표면을 깎아내는 가공법은?

① 가스 가우징(gas gouging)
② 너깃(nugget)
③ 스카핑(scarfing)
④ 아크 에어 가우징(arc air gouging)

스카핑 : 강재 표면의 탈탄층 또는 홈을 제거하기 위해 넓고, 얇게 깎아내는 가공법
• 냉간재의 가공속도 : 5 ~ 7m/min
• 열간재의 가공속도 : 20 m/min

42

일반적으로 철강을 크게 순철, 강, 주철로 대별할 때 기준이 되는 함유원소는?

① Si
② Mn
③ P
④ C

탄소량의 함유량에 따른 분류는 순철, 강, 주철이다.

43

현재 주조 경질 절삭공구의 대표적인 것은?

① 비디아
② 세라믹
③ 스텔라이트
④ 당갈로이

스텔라이트
• 주조 경질 합금의 재료
• 구성성분 : C:2 - 4%, Cr:15 - 30%, W:10 - 15%, Co : 40 - 50%, Fe:5% 의 합금이다.

스테인리스강은 900 ~ 1100℃의 고온에서 급랭할 때의 현미경 조직에 따라서 3종류로 크게 나눌 수 있는데, 다음 중 해당되지 않는 것은?

① 마텐자이트계 스테인리스강
② 페라이트계 스테인리스강
③ 오스테나이트계 스테인리스강
④ 트루스타이트계 스테인리스강

> 현미경의 조직에 따라 구별 되는 종류
> • 13Cr 스테인리스강으로 페라이트계 스테인리스강과 마텐자이트계로 구분된다.
> • 페라이트계를 열처리하면 마텐자이트계 스테인리스강이 된다.
> • 18 – 8 스테인리스강은 오스테나이트 스테인리스강이라 한다.

45

저용융점 합금이란 어떤 원소보다 용융점이 낮은 것을 말하는가?

① Zn   ② Cu
③ Sn   ④ Pb

> Sn은 저용융 합금의 기준으로 용융 온도는 232℃이다.

가단 주철이란 다음 중 어떤 것을 말하는가?

① 백주철을 고온에서 오랫동안 풀림 열처리한 것
② 칠드 주철의 열처리다.
③ 반경 주철을 열처리한 것
④ 퍼얼라이트 주철을 고온에서 오랫동안 뜨임 열처리한 것

> 가단주철이란 백주철을 풀림 처리하여 탈탄과 흑연화에 의해 연성을 갖게 한 주철로서 가단주철의 종류로는 백심가단, 흑심가단, 펄라이트 가단주철이 있다.

47

다음 중 경금속에 해당되지 않는 것으로만 되어 있는 것은?

① Li, Zn, Mn   ② K, Pb, Fe
③ Cu, Zn, Ti   ④ Li, Ti, Al

> 경금속이란 비중이 4.5보다 가벼운 금속을 말한다.
> • 경금속 : Li(0.52), K(0.86), Ca(1.55), Mg(1.74), Si(2.24), Al(2.7), Ti(4.5)
> • 중금속 : Cr(7.9), Zn(7.13), Mn(7.4), Fe(7.78), Ni(8.85), Co(8.9), Cu(8.96), Mo(10.2), Pb(11.34), Ir(22.5)

48

황동에 1% 내외의 주석을 첨가하였을 때 나타나는 현상으로서 가장 적합한 사항은?

① 탈산작용에 의하여 부스러지기 쉽게 되며, 주조성을 증가시킨다.
② 탈아연의 부식이 억제되며 내해수성이 좋아진다.
③ 전연성을 증가시키며 결정입자를 조대화시킨다.
④ 강도와 경도가 감소하여 절삭성이 좋아진다.

> • 황동은 구리와 아연의 합금으로 6:4 황동에 1%의 주석이 첨가되면 네이벌 황동이라 하는데 내식성을 증가시키고 탈아연 부식이 억제된다.
> • 황동에서 탈아연 부식의 방지책
>   • 아연 30% 이하의 황동을 사용
>   • 0.1 ~ 0.5%의 안티몬(Sb)를 첨가
>   • 1%의 주석(Sn)을 첨가
>   • 아연편을 연결한다.

정답 39.③ 40.③ 41.③ 42.④ 43.③ 44.④ 45.③ 46.① 47.④ 48.②

49

강을 표준상태로 하기 위하여 가공조직의 균일화, 결정립의 미세화, 기계적 성질의 향상을 목적으로 소재를 A3나 Acm보다 30 ~ 50℃정도 높은 온도로 가열한 후 공냉하는 열처리 방법은?

① 불림
② 심냉
③ 담금질
④ 뜨임

> 일반 열처리의 종류
> - 담금질(퀜칭) : 강을 강하게 만든다. 소금물 최대효과
> - 뜨임(템퍼링) : 담금질로 인한 취성제거, 강인성증가(MO, W, V)(가열후 냉각)
> - 풀림(어닐링) : 재질의 변화, 내부응력제거, 서냉 – 국부풀림 625 ± 25
> - 불림(노멀라이징) : 조직의 균일화, 공랭, 미세조직화, A₃변태점 – 912℃

50

Al에 10%까지 Mg를 함유한 합금은?

① 라우탈
② 콜슨합금
③ 하이드로날륨
④ 실루민

> 알루미늄 합금의 종류
> - 주조용 알루미늄의 대표
>   - 실루민(Al + Si) - 알펙스라고 표현(si 14%)
>   - 라우탈 Al – Cu – Si
> - 내식성 알루미늄의 대표
>   - 하이드로날륨(Al + Mg)
> - 단조용(가공용) 알루미늄의 대표
>   - 두랄루민(Al + Cu + Mg + Mn)
> - 내열용 알루미늄의 대표
>   - Y합금 (Al + Cu + Ni + Mg)
>   - Lo – ex(Al + Cu + Ni + Mg + Si)

51

대상물에 감마선(γ – 선), 엑스선(x – 선)을 투과시켜 필름에 나타나는 상으로 결함을 판별하는 비파괴 검사법은?

① 초음파 탐상 검사
② 침투 탐상 검사
③ 와류 탐상 검사
④ 방사선 투과 검사

> 비파괴 시험법
> - VT 외관검사
> - PT 침투탐상(형광 F)
> - RT 방사선검사
> - ECT 맴돌이검사
> - MT 자분탐상
> - UT 초음파탐상
> - LT 누설검사

52

[보기]와 같은 용접 도시기호에 의하여 용접할 경우 설명으로 틀린 것은?

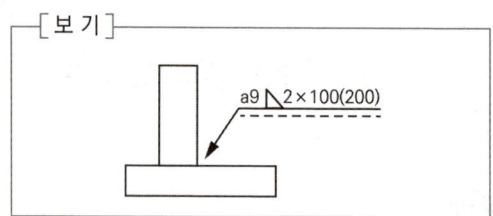

① 화살표 쪽에 필릿 용접한다.
② 목 두께는 9mm이다.
③ 용접부의 개수는 2개이다.
④ 용접부의 길이는 200mm이다.

> 위 도면은 화살표쪽을 필렛 용접한다.
> - a는 목 두께를 표시(목두께가 9mm가 되도록 용접)
> - 용접개수 : 2개
> - 용접길이 : 100mm
> - 용접피치(용접부 사이의 간격) : 200mm

53

도면의 긴 쪽 길이를 가로 방향으로 한 X형 용지에서 표제란의 위치로 가장 적당한 것은?

① 오른쪽 중앙 ② 왼쪽 위
③ 오른쪽 아래 ④ 왼쪽 아래

- 도면에서 표제란의 위치는 오른쪽 아래입니다.
- 표제란에 쓰는 내용 : 도명, 척도, 투상법, 도면번호, 제작자, 작성 년 월 일 등

 54

그림과 같은 KS 용접 보조기호의 명칭으로 가장 적합한 것은?

① 필릿 용접 끝단부를 2번 오목하게 다듬질
② K형 맞대기 용접 끝단부를 2번 오목하게 다듬질
③ K형 맞대기 용접 끝단부를 매끄럽게 다듬질
④ 필릿 용접 끝단부를 매끄럽게 다듬질

 55

KS규격(3각법)에서 용접기호의 해석으로 옳은 것은?

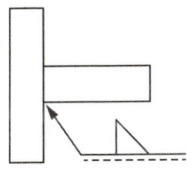

① 화살표 반대쪽 맞대기 용접이다.
② 화살표 쪽 맞대기 용접이다.
③ 화살표 쪽 필릿 용접이다.
④ 화살표 반대쪽 필릿 용접이다.

도면의 의미는 화살표쪽에 필릿 용접을 해야 한다.

 56

전개도법의 종류 중 주로 각기둥이나 원기둥의 전개에 가장 많이 이용되는 방법은?

① 삼각형을 이용한 전개도법
② 방사선을 이용한 전개도법
③ 평행선을 이용한 전개도법
④ 사각형을 이용한 전개도법

 57

그림과 같은 용접도시기호의 설명으로 올바른 것은?

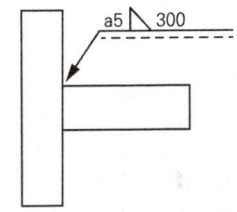

① 홈 깊이 : 5mm ② 목 길이 : 5mm
③ 목 두께 : 5mm ④ 루트 간격 : 5mm

도면 해독
- a : 목두께 5mm로
- △ : 필릿용접
- 300 : 300mm를 용접

정답 49.① 50.③ 51.④ 52.④ 53.③ 54.④ 55.③ 56.③ 57.③

도면에 2가지 이상의 선이 같은 장소에 겹치어 나타나게 될 경우 우선순위가 가장 높은 것은?

① 숨은선
② 외형선
③ 절단선
④ 중심선

선의 우선순위 : 외형선 → 은선 → 절단선 → 무게중심선

[보기]와 같은 입체도에서 화살표 방향이 정면일 경우 평면도로 가장 적당한 것은?

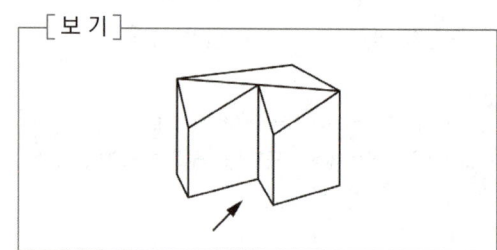

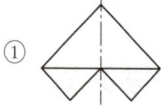 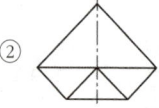

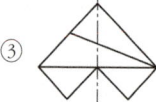 

배관 도시기호 중 글로브 밸브인 것은?

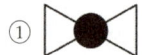 

종류	그림 기호	종류	그림 기호
밸브 일반	⋈	앵글 밸브	
게이트 밸브		3방향 밸브	
글로브 밸브		안전 밸브	
체크 밸브			
볼 밸브			
버터플라이 밸브		콕 일반	

정답 58.② 59.① 60.①

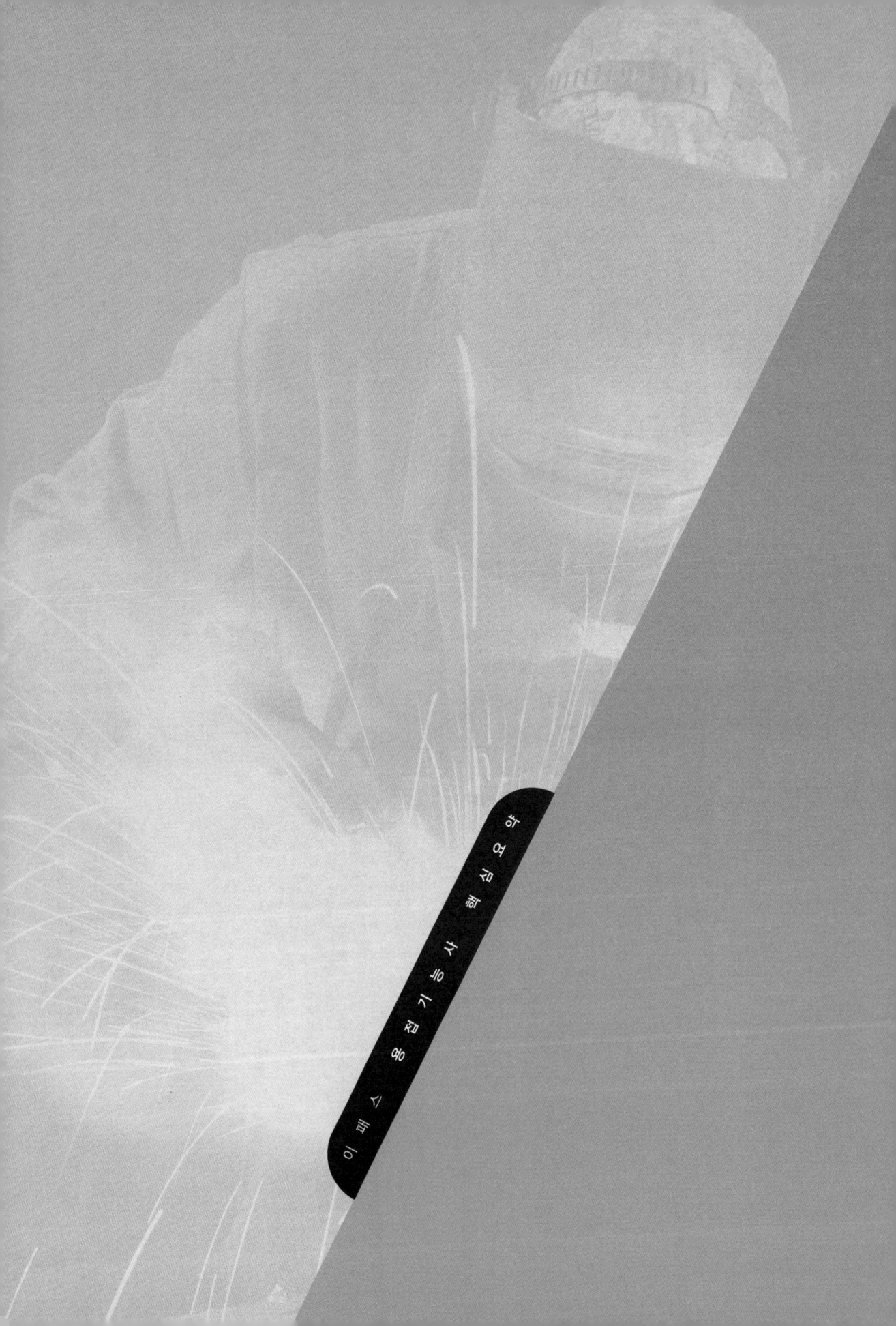

01 자주 나오는 계산문제 확실히 정리하기

01 피복 아크 용접에서 발생하는 아크의 온도 범위로 가장 적당한 것은?

가. 약 1000~2000℃ 나. 약 2000~3000℃
다. 약 5000~6000℃ 라. 약 8000~9000℃

02. 피복 아크 용접에서 용접의 단위 길이 1cm 당 발생하는 전기적 열에너지 H(J/cm)를 구하는 식은?

가. $H = \dfrac{V}{60EI}$ 나. $H = \dfrac{60V}{EI}$

다. $H = \dfrac{60E}{VI}$ **라. $H = \dfrac{60EI}{V}$**

03. 아크전압 25V, 속도 12.5cm/min, 아크전류 120A로 용접할 때 단위 cm2 당 용접입열은 얼마인가?

가. 144 J   나. 1440 J
다. 14400 J   라. 144000 J

$$H = \frac{60EI}{V} = \frac{60 \times 25 \times 120}{12.5} = 14400$$

04. 일반적으로 모재에 흡수되는 열량은 용접입열의 몇% 정도인가?

가. 40 ~ 50%   나. 70 ~ 80%
다. 75 ~ 85%   라. 80 ~ 90%

05. 규격이 [AW] 200인 교류 아크 용접기로 조정할 수 있는 정격 2차 전류 최대값은 어느 정도인가?

가. 200[A]   **나. 220[A]**
다. 240[A]   라. 260[A]

조정 가능한 전류는 20~110%, 따라서 200 × 1.1 = 220

06. 용접기의 사용률(duty cycle)을 구하는 공식으로 맞는 것은?

가. 사용률 = $\dfrac{\text{아크 발생 시간}}{\text{아크 발생 시간 + 휴식 시간}} \times 100$

나. 사용률 = $\dfrac{\text{휴식 시간}}{\text{아크 발생 시간 + 휴식 시간}} \times 100$

다. 사용률 = $\dfrac{\text{아크 발생 시간}}{\text{아크 발생 시간 - 휴식 시간}} \times 100$

라. 사용률 = $\dfrac{\text{휴식 시간}}{\text{아크 발생 시간 - 휴식 시간}} \times 100$

07. 용접기의 아크 발생을 8분간 하고 2분간 쉬었다면 사용률은 몇 % 인가?

가. 25   나. 40
다. 65   **라. 80**

- 사용률 = $\dfrac{\text{아크 발생 시간}}{\text{아크 발생 시간 + 휴식 시간}} \times 100$
- 사용률 = $\dfrac{8}{8+2} \times 100 = 80$

08. 아크 발생 시간이 4분이고, 용접기의 휴식 시간이 6분일 경우 사용률(%)은 얼마인가?

가. **40%** 나. 100%
다. 60%   라. 50%

09. 사용률이 40%인 교류 아크 용접기를 사용하여 정격전류로 4분 용접하였다면 휴식 시간은 얼마인가?

가. 2분   나. 4 분
다. **6분**   라. 8 분

$$40 = \frac{4}{4+x} \times 100,$$
$40(4+x) = 4 \times 100, 160 + 40x = 400, 40x = 400 - 160$
$x = (400 - 160)/40 = 240/40 = 6$

10. 용접기에서 허용 사용률(%)을 나타내는 식은?

가. **(정격2차전류)²/(실제의 용접전류)²×정격사용율**
나. (실제의 용접전류)²/(정격2차전류)²×100
다. (정격2차전류)/(실제의 용접전류)×정격사용율
라. (실제의 용접전류)/(정격2차전류)×100

11. 피복 아크 용접시 2차측 사용전류가 120[A]이고 정격 2차 전류가 300[A] 일 때 허용 사용률은 얼마인가? (단, 정격 사용률은 40[%]이다.)

가. 100[%]   나. 150[%]
다. **250[%]**   라. 360[%]

$300^2/120^2 \times 40 = 250$

12. 피복 아크 용접을 할 때 용융 속도를 결정하는 것으로 맞는 것은?

가. **용융 속도 = 아크 전류 × 용접봉 쪽 전압 강하**
나. 용융 속도 = 아크 전압 × 용접봉 쪽 전압 강하
다. 용융 속도 = 아크 전류 × 용접봉 지름
라. 용융 속도 = 아크 전류 × 아크 전압

13. 양극 전압 강하 V_A, 음극 전압 강하 V_K, 아크 기둥 전압 강하 V_P 라고 할 때에 아크 전압 V_a의 올바른 관계식은?

가. $Va = V_A + V_K - V_P$
나. $Va = V_K + V_P - V_A$
다. $Va = V_A - V_K - V_P$
라. $Va = V_A + V_K + V_P$

14. 다음 중 역률을 구하는 공식은?

가. **역률 = 소비전력(kw)/전원입력(kvA)×100**
나. 역률 = 전원입력(kvA)/소비전력(kw)×100
다. 역률 = 전원입력(kvA)×소비전력(kw)×100
라. 역률 = 전원입력(kvA)× 소비전력(kw)/100

15. 다음 중 효율을 구하는 공식은?

가. **효율 = 아크출력(kw)/소비전력(kw)×100**
나. 효율 = 소비전력(kw)/아크출력(kw)×100
다. 효율 = 아크출력(kw)× 소비전력(kw)×100
라. 효율 = 아크출력(kw)× 소비전력(kw)/100

16. AW-300 무부하 전압 80V, 아크전압 30V인 교류 용접기를 사용할 때 역률과 효율은 약 얼마인가? 단, 내부 손실은 4kw이다.

가. **역률 : 54%, 효율 : 69%**
나. 역률 : 89%, 효율 : 72%
다. 역률 : 80%, 효율 : 72%
라. 역률 : 54%, 효율 : 80%

- 역률 = $\dfrac{소비전력}{전원입력} \times 100$
- 효율 = $\dfrac{아크출력}{소비전력} \times 100$
- 전원입력 = 정격2차전류 × 무부하전압 (300×80)
- 아크풀력 = 정격2차전류 × 아크전압 (300×30)
- 소비전력 = 아크출력 + 내부손실 ((300×30) + 400)

17. 용접봉의 소요량을 판단하거나 용접 작업 시간을 판단하는데 필요한 용접봉의 용착효율을 구하는 식은?

가. **용착 효율 = $\dfrac{용착 금속의 중량}{용접봉 사용 중량} \times 100$**
나. 용착 효율 = $\dfrac{용착 금속의 중량 \times 2}{용접봉 사용 중량} \times 100$
다. 용착 효율 = $\dfrac{용접봉 사용 중량}{용착 금속의 중량} \times 100$
라. 용착 효율 = $\dfrac{용접봉 사용 중량}{용착 금속의 중량 \times 2} \times 100$

18. 필릿 용접에서 이론 목두께 a와 용접 다리 길이 z의 관계를 옳게 나타낸 것은?

가. a ≒ 0.3 z   나. a ≒ 0.5z
다. **a ≒ 0.7z**   라. a ≒ 0.9z

19. 용접 시험편에서 P = 최대 하중, D = 재료의 지름, A = 재료의 최초 단면적일 때, 인장 강도를 구하는 식으로 옳은 것은?

가. P/πD   나. **P/A**
다. P/A²   라. A/P

20. 맞대기 이음에서 판 두께 10cm, 용접선의 길이 200cm, 하중 9000kgf에 대한 인장 응력(σ)은?

가. **4.5 kgf/cm²**   나. 3.5 kgf/cm²
다. 2.5 kgf/cm²   라. 1.5 kgf/cm²

σ = P/A = 9000/10 × 200 = 4.5

21. 맞대기 용접을 한 것을 그림과 같이 P = 3000 [kg]의 하중으로 잡아당겼다면 인장 응력은 몇 [kg/mm²]인가?

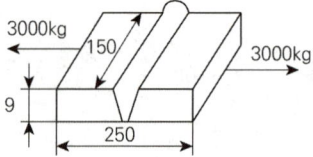

가. 약 5.1[kg/mm²]   나. 약 25[kg/mm²]
다. **약 2.2[kg/mm²]**   라. 약 4.2[kg/mm²]

σ = P/A = 3000/9 × 150 = 2.2

22. 맞대기 용접이음에서 최대 인장하중이 800kgf이고 판 두께가 5mm, 용접선의 길이가 20cm 일 때 용착금속의 인장 강도는 몇 kgf/mm² 인가?

가. **0.8**   나. 8
다. 80   라. 800

단위를 mm로 통일, σ = P/A = 800/5 × 200 = 0.8

23. 연강의 인장 시험에서 하중 100N, 시험편의 최초 단면적이 20㎟ 일 때 응력은 몇 N/㎟인가?

가. **5**   나. 10
다. 15   라. 20

σ = P/A = 100/20 = 5

24. 용착 금속의 인장 강도가 45[kgf/㎟]이고 안전율이 9일 때 용접이음의 허용 응력은 몇 [kgf/㎟]인가?

가. 5　　　　　나. 36
다. 53　　　　　라. 405

> 안전율(S) = 인장강도/허용응력
> 9 = 45/x, x = 45/9 = 5

25. 피복 아크 용접봉에서 큰 쪽의 직경이 8이고 작은 쪽의 직경이 7.5일 경우 편심율은 얼마인가?

가. 3.3　　　　나. 5.2
다. 6.7　　　　라. 7.6

> - 편신율(%) = $\dfrac{D' - D}{D} \times 100$,
> - 편심율 = $\dfrac{8 - 7.5}{7.5} \times 100 = 6.7$

26. 가변압식 토치의 팁번호가 400번을 사용하여 중성불꽃으로 1시간 동안 용접할 때, 아세틸렌 가스의 소비량은 몇 리터인가?

가. 800　　　　나. 1600
다. 2400　　　　라. 400

27. 가스 용접용 토치의 팁 중 표준 불꽃으로 1시간 용접시 아세틸렌 소모량이 100L 인 것은?

가. 고압식 200번 팁
나. 중압식 200번 팁
다. 가변압식 100번 팁
라. 불변압식 120번 팁

28. 산소 용기의 내용적이 33.7 리터인 용기에 120kgf/cm² 이 충전되어 있을 때 대기압 환산 용적은 몇 리터인가?

가. 2803　　　　나. 4044
다. 40440　　　라. 28030

> 환산 용적 = V P = 33.7 × 120 = 4044

29. 33.7 리터의 산소 용기에 150 kgf/cm²으로 산소를 충전하여 대기 중에서 환산하면 산소는 몇 리터인가?

가. 5055　　　　나. 6066
다. 7077　　　　라. 8088

30. 35℃에서 150기압으로 압축하여 내부용적 40.7리터의 산소 용기에 충전하였을 때 용기 속의 산소량은 몇 리터인가?

가. 4015　　　　나. 5210
다. 6105　　　　라. 7210

> 환산 용적 = VP = 40.7 × 150 = 6105

31. 산소-아세틸렌 용접에서 표준불꽃으로 연강판 두께 2.0mm를 60분간 용접하였더니 200리터의 아세틸렌가스가 소비되었다면, 가장 적당한 가변압식 팁의 번호는?

가. 100번　　　　나. 200번
다. 300번　　　　라. 400번

> 가변압식 팁은 1시간(60분) 동안 소비되는 아세틸렌 가스의 양을 번호로 나타낸다.

32. 가변압식 토치의 팁 번호가 400번을 사용하여 중성불꽃으로 1시간 동안 용접할 때 아세틸렌 소비량은 몇 ℓ 인가?

가. 400 나. 800
다. 1600 라. 2400

33. 가변압식의 팁 번호가 200일 때 10시간 동안 표준 불꽃으로 용접할 경우 아세틸렌 가스의 소비량은 몇 리터인가?

가. 20 나. 200
다. 2000 라. 20000

소비량 = 가변압식 팁번호 × 시간 = 200 × 10 = 2000

34. 내용적 40리터, 충전 압력이 150kgf/cm²인 산소용기의 압력이 100kgf/cm²까지 내려갔다면 소비한 산소의 량은 몇 ℓ 인가?

가. 2000 나. 3000
다. 4000 라. 5000

소비량 = 내용적(충전압력 − 사용 후 압력)
= 40(150 − 100) = 2000

35. 산소병 내용적이 40.7L인 용기에 100kgf/cm²로 충전되어 있다면 프랑스식 팁 100번을 사용하여 표준불꽃으로 약 몇 시간까지 용접이 가능한가?

가. 약 16시간 나. 약 22시간
다. 약 31시간 **라. 약 40시간**

사용 시간 = 충전량/팁번호 = 40.7 × 100 / 100 = 40.7

36. 규격이 AW 300인 교류 아크 용접기의 정격 2차 전류 범위는?

가. 0 ~ 300A 나. 20 ~ 330A
다. 60 ~ 330A 라. 120 ~ 430A

교류 용접기의 정격 2차 전류 범위 = 정격 2차전류의 20 ~ 110% = 300(0.2~1.1) = 60 ~ 330

37. 아세톤은 각종 액체에 잘 용해된다. 15℃ 15기압에서 아세톤 2L에 아세틸렌이 몇 L 정도가 용해되는가?

가. 150L 나. 225L
다. 375L **라. 750L**

아세틸렌은 아세톤에 1기압 상태에서 25배 용해된다. 따라서 25 × 15 × 2 = 750

38. A는 병 전체 무게(빈병의 무게 + 아세틸렌 가스의 무게)이고, B는 빈병의 무게이며, 또한 15℃ 1기압에서의 아세틸렌 가스 용적을 905리터라고 할 때, 용해 아세틸렌 가스의 양 C(리터)를 계산하는 식은?

가. C = 905(B − A) 나. C = 905 + (B − A)
다. C = 905(A − B) 라. C = 905 + (A − B)

39. 15℃, 1kgf/cm²하에서 사용 전 용해아세틸렌 병의 무게가 50kgf이고, 사용 후 무게가 47kgf일 때 사용한 아세틸렌 양은 몇 리터인가?

가. 2915 나. 2815
다. 3815 **라. 2715**

C = 905(사용전 무게 − 사용 후 무게)
= 905(50−47) = 2715

40. 가스 절단면의 표준드래그의 길이는 얼마 정도로 하는가?

가. 판 두께의 1/2 나. 판 두께의 1/3
다. 판 두께의 1/5 라. 판 두께의 1/7

41. 가스 절단 작업시의 표준 드래그 길이는 일반적으로 모재 두께의 몇 % 정도인가?

가. 5 나. 10
다. 20 라. 25

42. 두께 25mm의 연강판을 가스절단 하였을 때 경제적인 표준 드래그의 길이는 얼마인가?

가. 약 2mm **나. 약 5mm**
다. 약 8mm 라. 약 10mm

표준 드래그 길이는 판 두께의 약 20%(1/5)

43. 일반적으로 모재의 두께가 1mm 이상일 때 용접봉의 지름을 결정하는 방법으로 사용되는 식은?(단, D : 용접봉의 지름(mm), T : 판두께(mm))

가. D = 1/2+T 나. D = 2/1 + T
다. D = 2/T+1 **라. D = T/2 + 1**

44. 가스용접봉을 선택하는 공식으로 다음 중 맞는 것은?

가. D = T/2 + 1 나. D = T/2 + 2
다. D = T/2 − 2 라. D = T/2 − 1

45. 가스 용접시 모재의 두께가 2.0mm일 때 용접봉의 지름을 계산식에 의해 구하면 몇 mm인가?

가. 2.0 나. 2.6
다. 3.2 라. 4.0

D = T/2 + 1 = 2/2 + 1 = 2

46. 산소 − 아세틸렌가스 용접기로 두께가 3.2mm인 연강판을 V형 맞대기 이음을 하려면 이에 적당한 연강용 가스 용접봉의 지름(mm)은?

가. 4.6 나. 3.2
다. 3.6 **라. 2.6**

D = T/2 + 1 = 3.2/2 + 1 = 2.6

47. 연강판 두께 6.0mm를 가스 용접하려고 할 때 가장 적당한 용접봉의 지름을 계산하면?

가. 1.6mm 나. 2.6mm
다. 4.0mm 라. 5.0mm

D = T/2 + 1 = 6/2 + 1 = 4

48. 연강판 두께 4.4mm의 모재를 가스용접할 때 가장 적당한 가스 용접봉의 지름은 몇 mm 인가?

가. 1.0 나. 1.6
다. 2.0 **라. 3.2**

D = T/2 + 1 = 4.4/2 + 1 = 3.2

49. 일반적으로 가스 용접봉이 지름이 2.6mm일 때 강판의 두께는 몇 mm 정도가 가장 적당한가?(단 계산식으로 구한다)

가. 1.6mm 나. **3.2mm**
다. 4.5mm 라. 6.0mm

> $D = T/2 + 1$, $2.6 = T/2 + 1$, $T/2 = 2.6 - 1$
> $T/2 = 1.6$, $T = 1.6 \times 2 = 3.2$

50. KS에 규정된 연강용 가스 용접봉의 지름치수(단위 : mm)에 해당되지 않는 것은?

가. 1.6 나. **4.2**
다. 3.2 라. 5.0

51. 가스 용접 작업에서 보통 작업할 때 압력 조정기의 산소 압력은 몇 kgf/mm^2 이하이어야 하는가?

가. 5~6 나. **3~4**
다. 1~2 라. 0.1~0.3

52. 형틀 굽힘(굴곡) 시험을 할 때 시험편을 보통 몇 도까지 굽히는가?

가. 120° 나. **180°**
다. 240° 라. 300°

53. 아크에어 가우징(arc air gouging) 작업 시 압축공기의 압력은 어느 정도가 옳은가?

가. 3~4kgf/cm² 나. **5~7kgf/cm²**
다. 8~10kgf/cm² 라. 11~13kgf/cm²

54. 수동가스 절단기에서 저압식 절단토치는 아세틸렌가스 압력이 보통 몇 kgf/cm^2 이하에서 사용되는가?

가. **0.07** 나. 0.40
다. 0.70 라. 1.40

55. 불활성 가스 금속 아크용접(MIG 용접)의 전류 밀도는 피복 아크 용접에 비해 약 몇 배 정도인가?

가. 2배 나. **6배**
다. 10배 라. 12배

56. 맞대기 용접 이음에서 모재의 인장강도는 45 kgf/mm²이며, 용접 시험편의 인장강도가 47kgf/mm²일 때 이음 효율은 약 몇 %인가?

가. **104** 나. 96
다. 60 라. 69

> 이음 효율 = $\dfrac{\text{용접 시험편의 인장강도}}{\text{모재의 인장강도}} \times 100$
> $= \dfrac{47}{45} \times 100 = 104$

57. 이산화탄소 아크 용접의 보호가스 설비에서 저전류 영역의 가스 유량은 약 몇 ℓ/min 정도가 좋은가?

가. 1~5 나. 6~9
다. **10~15** 라. 20~25

58. 액체 이산화탄소 25kg 용기는 대기 중에서 가스량이 대략 12700L 이다. 20L/min의 유량으로 연속 사용할 경우 사용 가능한 시간(hour)은 약 얼마인가?

가. 60시간 나. 6시간
다. 10시간 라. 1시간

> 사용 가능 시간 = 대기 중의 가스량/ 분당 소비량
> $\frac{12700}{20}$ = 635분/60 = 10.6 시간

59. 이산화탄소 가스 아크 용접에서 CO_2가스가 인체에 미치는 영향 중 위험한 상태가 되는 CO_2 (체적 %량)량은?

가. 0.1 이상 나. 3 이상
다. 8 이상 라. 15 이상

60. CO_2가스 아크용접시 작업장의 CO_2가스가 몇 % 이상이면 인체에 위험한 상태가 되는가?

가. 1% 나. 4%
다. 10% 라. 15%

61. 서브머지드 아크 용접의 V형 맞대기 용접시 루트면 쪽에 받침쇠가 없는 경우에는 루트 간격을 몇 mm 이하로 하여야 하는가?

가. 0.8 mm 이하 나. 1.2 mm 이하
다. 1.8 mm 이하 라. 2.0 mm 이하

62. TIG 용접에서 직류 정극성으로 용접할 때 전극 선단의 각도가 가장 적합한 것은?

가. 5 ~ 10° 나. 10 ~ 20°
다. 20 ~ 50° 라. 60 ~ 70°

63. 테르밋 용접에서 미세한 알루미늄 분말과 산화철 분말의 중량비로 가장 올바른 것은?

가. 1 ~ 2 : 1 나. 3 ~ 4 : 1
다. 5 ~ 6 : 1 라. 7 ~ 8 : 1

64. 아세틸렌가스는 몇 °C 이상이면 산소없이도 자연폭발하는가?

가. 406°C 나. 505°C
다. 780°C 라. 850°C

65. 보기 도면에서 A 부분의 치수 값은?

[보기]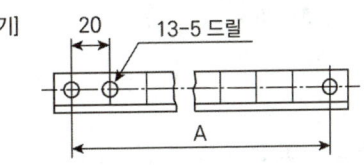

가. 100 나. 120
다. 240 라. 260

> A = (구멍수 − 1) × 1칸의 간격 = (13 − 1) × 20 = 240

66. 그림과 같이 안지름 550[mm], 두께 6[mm], 높이 900[mm]인 원통을 만들려고 할 때 소요되는 철판의 크기로 가장 적당한 것은?(단, 양쪽 마구리는 트여진 상태이며 이음매 부위는 고려하지 않는다.)

가. 900×1709
나. 900 × 1727
다. 900 × 1747
라. 900 × 1765

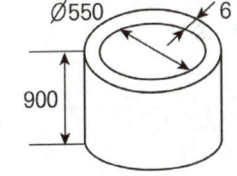

> 외경 표시의 경우 = (D − t)×π
> 내경 표시의 경우 = (D + t)×π = (550 + 6) × 3.1416
> = 746.7 ≒ 1747

67. 전압이 200V, 전류가 50A라면 전력(P)은 얼마인가?

가. 1kw   나. 10kw
다. 20kw   라. 30kw

P = E I, P = 200 × 50 = 10000W = 10kw

68. 전기 모타의 마력이 5 HP 라면 전력은 얼마인가?

가. 2kw   나. 3.73 kw
다. 5.23kw   라. 7.23kw

1 HP = 746 W, 5 × 746 = 3730 W = 3.73kw

69. 전압(E)이 200V이고 전류(I)가 50A라면 저항(R)은 얼마인가?

가. 2   나. 4
다. 6   라. 8

$R = \dfrac{E}{I}$, E = I R, ∴ R = 200/50 = 4

70. 직렬 접속 저항에서 R_1 = 4[Ω], R_2 = 5[Ω], R_3 = 10[Ω]일 때 합성저항은 약 몇 [Ω]인가?

가. 15   나. 17
다. 19   라. 21

직렬접속 합성저항
R = R_1 + R_2 + R_3 = 4 + 5 + 10 = 19

71. 병렬접속 저항에서 R_1 = 4[Ω], R_2 = 5[Ω], R_3 = 10[Ω]일 때 합성저항은 약 몇 [Ω]인가?

가. 1.8   나. 18
다. 19   라. 1.9

- 병렬접속합성저항 $R = \dfrac{1}{\dfrac{1}{R_1}+\dfrac{1}{R_2}+\dfrac{1}{R_3}}$

- 병렬 합성저항 = $\dfrac{1}{\dfrac{1}{4}+\dfrac{1}{5}+\dfrac{1}{10}}$

  = $\dfrac{1}{\dfrac{5}{20}+\dfrac{4}{20}+\dfrac{2}{20}}$ = $\dfrac{1}{\dfrac{11}{20}}$

  = $\dfrac{20}{11}$ = 1.9

72. 1차 입력이 22kVA, 전원 전압을 220V의 전기를 사용할 때 퓨즈 용량(A)은?

가. 1000   나. 100
다. 10   라. 1

휴즈 용량 = 1차 입력/전원 전압 = 22000/220 = 100

73. 200V용 아크 용접기의 1차 입력이 15kvA일 때 퓨즈의 용량은 얼마(A)가 적당한가?

가. 65 A   나. 75 A
다. 90 A   라. 100 A

74. 용접기 설치시 1차 입력이 10KVA이고 전원 전압이 200V이면 퓨즈 용량은?

가. 50A   나. 100A
다. 150A   라. 200A

75. 변압기에서 1차측 코일의 감김수가 20, 2차 코일의 감김수가 10이며, 1차 측 전압이 220 V일 경우 2차측 전압은 얼마인가?

가. 55V
나. 110V
다. 220V
라. 440V

$$\frac{E_1}{E_2} = \frac{n_1}{n_2} = \frac{I_2}{I_1} \quad \therefore E_1 n_2 = E_2 n_1$$
$$n_1 I_1 = n_2 I_2, \quad E_1 I_1 = E_2 I_2$$
220 × 10 = 20 E_2, E_2 = 220 × 10/20 = 110

76. 변압기에서 1차 전압(E1)이 220V, 2차 전압(E2)이 80V이고, 1차 전류(I1)가 20A라면 2차 전류(I2)는 얼마인가?

가. 55
나. 550
다. 440
라. 4400

$$E_1 I_1 = E_2 I_2, \quad 220 \times 20 = 80 \times I_2$$
4400 = 80 I_2, I_2 = 4400/80 = 55

77. 변압기에서 1차측 전압이 220V, 1차측 전압이 80V이고, 1차측 권선수가 20 이라면 1차측 권선수는?

가. 55
나. 550
다. 440
라. 4400

$$E_1 n_2 = E_2 n_1, \quad 220 \times 20 = 80\, n_1$$
n_1 = 220 × 20/80 = 55

02 마지막 30분 정리하기

Chapter 01. 용접일반

▶ 용접이란?
접합하고자 하는 금속 간을 물리적, 화학적으로 충분히 접근시켰을 때 생기는 원자간의 인력(引力)으로 접합되는 것으로 금속간의 거리는 약 $1A(10^{-8}cm)$이다.

▶ 접합 방법에 따른 용접의 3가지 분류
① 융접 : 아크 용접, 가스 용접, 특수 용접 등 (모재, 용가재를 모두 녹임)
② 압접 : 전기저항 용접, 초음파 용접, 고주파 용접, 마찰 용접, 유도가열 용접 등(열+압력)
③ 납땜 : 연납땜, 경납땜(450℃ 기준)

▶ 용접의 장점
① 작업 공정을 줄일 수 있다.
② 형상의 자유를 추구할 수 있다.
③ 이음 효율 향상(기밀, 수밀 유지)
④ 중량 경감, 재료 및 시간의 절약
⑤ 보수와 수리가 용이하다.

▶ 피복 아크 용접의 용어 정의
① 아크 : 기체 중에서 일어나는 방전의 일종으로 피복 아크 용접에서의 온도는 3500 ~ 5000℃이다.
② 용융지(용융풀) : 모재가 녹는 쇳물 부분
③ 용적 : 용접봉이 녹아 모재로 이행되는 쇳물 방울
④ 용착 : 용접봉이 녹아 용융지에 들어가는 것
⑤ 용입 : 모재가 녹은 깊이

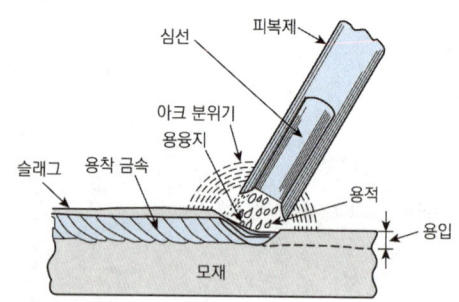

▶ 아크 전압
음극 전압 강하 + 양극 전압 강하 + 아크 기둥 전압 강하(플라스마)
아크전압 = Vk + Vp + Va

▶ 직류 정극성(DCSP)
① 모재 (+) (입열량 70%)
② 용접봉 (−)
③ 용입이 깊다.
④ 비드폭 좁다.
⑤ 후판에 용접
⑥ 용접봉을 아낄 수 있다.

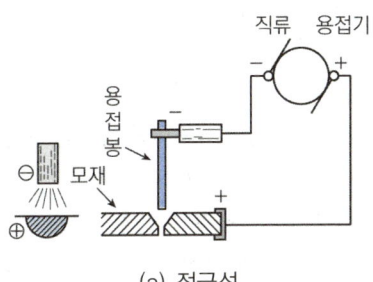

(a) 정극성

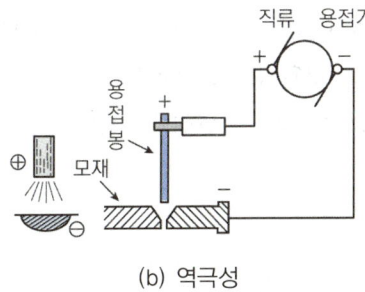

(b) 역극성

용입 깊이의 순서

직류정극성 > 교류 > 직류역극성
DCSP > AC > DCRP

아크 쏠림의 방지책

아크 쏠림, 아크 블로, 자기 불림 등은 모두 동일한 말이며 용접 전류에 의한 아크 주위에 발생하는 자장이 용접봉에 대하여 비대칭일 때 일어나는 현상이다.

① 직류 용접기 대신 교류 용접기를 사용한다.
② 아크 길이를 짧게 유지한다.
③ 접지를 용접부로 멀리 한다.
④ 긴 용접선에는 후퇴법을 사용한다.
⑤ 용접부의 시·종단에는 엔드탭을 설치한다.

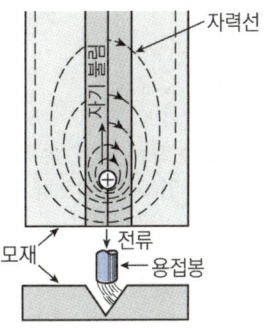

용접 입열 공식

$H = \dfrac{60EI}{V}$ (J/cm) (단, H : 입열, E : 전압, I : 전류, V : 속도)

용융 금속의 이행형식
① 단락형
② 스프레이형
③ 글로블러형(핀치효과형)

교류 용접기의 종류

① 탭전환형 : 미세전류조정 불가능
② 가동 코일형 : 1차 코일의 거리 조정
③ 가동 철심형 : 미세 조정가능
④ 가포화 리액터형 : 가변 저항의 변화로 조정, 원격조정 가능

용접기의 용량

① AW200 : 정격 2차 전류 200A를 의미
② 조정범위 : 20% ~ 110%(40A ~ 220A)

허용 사용률

$= \dfrac{(정격 2차 전류)^2}{(실제 용접 전류)^2} \times 정격 사용률$

역률

$$= \frac{소비전력}{전원입력} \times 100$$

$$= \frac{아크출력 + 내부손실}{무부하전압 \times 정격2차전류} \times 100$$

효율

$$= \frac{아크출력}{소비전력} \times 100$$

$$= \frac{아크전압 \times 정격2차전류}{아크출력 + 내부손실} \times 100$$

직류 용접기의 종류
① 발전기형 : 우수한 직류를 얻을 수 있다.
② 정류기형
③ 전지식

용접기의 특성
① 부특성(부저항 특성)
전류가 작은 범위에서 전류가 증가하면 아크 저항이 작아져 아크 전압이 낮아지는 특성
② 수하 특성(피복아크 용접기의 특성)
부하 전류가 증가하면 단자 전압이 저하하는 특성
V = E - IR(V : 단자 전압, E : 전원 전압)
③ 정전류 특성
아크 길이가 크게 변하여도 전류 값은 거의 변하지 않는 특성(전압은 증가)
* 이상 (1), (2), (3)은 수동 용접에 필요한 특성이다.
④ 상승 특성
큰 전류에서 아크 길이가 일정할 때 아크 증가와 더불어 전압이 약간씩 증가하는 특성이다.

⑤ 정전압 특성(자기 제어 특성)
부하 전류가 변해도 단자 전압이 거의 변하지 않는 특성으로 자동 용접에 필요한 특성이고 수하특성과는 반대의 성질을 갖는 것으로 CP특성이라 한다.
→ 서브머지드 용접기, 불활성가스 금속아크 용접기의 특성

1차 케이블에 비해 2차 케이블의 지름이 큰 것을 사용하는 이유는?
1차 케이블보다 2차 케이블의 전류가 높으므로

퓨즈의 용량

$$퓨즈 = \frac{1차입력(kVA)}{전원전압(200V)}$$

용착 금속의 보호형식
① 슬래그 생성식(일미나이트)
② 가스발생식(셀룰로오스)
③ 반가스발생식

피복제의 종류
① 가스 발생제 : 석회석, 셀룰로오스, 톱밥, 아교 등
② 슬래그 생성제 : 석회석, 형석, 탄산나트륨, 일미나이트 등
③ 아크 안정제 : 규산나트륨, 규산칼륨, 산화티탄, 석회석
④ 탈산제 : 페로실리콘, 페로망간, 페로티탄, 페로바나듐
⑤ 고착제 : 규산나트륨, 규산칼륨, 아교, 소맥분, 해초 등

용접봉의 관리
① 저수소계 용접봉은 300 ~ 350℃에서 2시간 건조
② 일반 용접봉은 70 ~ 100℃에서 30분 ~ 1시간 건조

용접봉의 종류
① E4301(일미나이트계)
② E4303(라임티탄계) - 스테인리스 피복제
③ E4311(고셀룰로오스계) - 가스실드계
④ E4313(고산화티탄계) - 고온균열가능
⑤ E4316(저수소계)
⑥ E4324(철분산화티탄계)
⑦ E4326(철분저수소계)
⑧ E4327(철분산화철계)

기계적 성질
E4316 > E4301 > E4313

피복 아크 용접에서 그림과 같은 방법으로 아크를 발생시키는 것은?

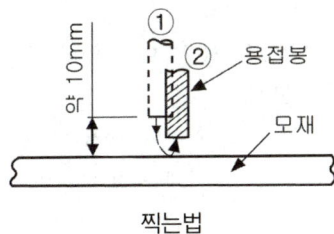

찍는법

피복제의 역할(용제)
① 아크안정, 산·질화 방지, 용적의 미세화
② 서냉으로 취성방지, 탈산정련, 슬래그 박리성 증대
③ 유동성 증가, 전기절연작용

용접 결함
① 치수상 결함 : 변형, 치수불량
② 구조상 결함 : 언더컷, 오버랩, 균열, 스패터, 용입불량, 슬래그 섞임, 기공 등
③ 성질상 결함 : 기계적, 화학적

KSB 0845 code에서 통접 결함의 분류 (방사선 투과법에서)
① 1종 : 기공
② 2종 : 용입부족, 슬래그, 융합 부족
③ 3종 : 균열

이음 강도가 클 때
균열을 일으킬 수 있다.

기공의 원인이 되는 것
① 수소, CO_2의 과잉
② 용접부의 급속한 응고
③ 모재의 황 함유량 과대
④ 기름, 페인트, 녹
⑤ 아크길이, 전류의 부적당
⑥ 용접속도 빠름

전기 저항 용접의 3요소
① 용접 전류
② 통전 시간
③ 가압력

저항 용접의 이음에 따른 분류
① 겹치기 저항 용접 : 점 용접, 심(seam) 용접, 프로젝션 용접
② 맞대기 저항 용접 : 업셋 용접, 플래시 용접, 퍼커션 용접

심(seam) 용접

① 점 용접에 비해 가압력은 1.2 ~ 1.6배, 용접 전류는 1.5 ~ 2.0배 증가
② 단속 통전법, 연속 통전법, 맥동 통전법 등이 있다.
③ 이음 형상에 따라 원주 심, 세로 심이 있다.
④ 용접 방법에 따라 매시 심, 포일 심, 맞대기 심, 롤러 심이 있다.
⑤ 기·수·유밀성을 요하는 0.2 ~ 4mm 정도의 얇은 판에 이용

플래시 용접의 순서

예열 → 플래시 → 업셋

가스 용접의 장점

① 전기가 필요 없다.
② 용접기의 운반이 비교적 자유롭다.
③ 용접 장치의 설비비가 전기 용접에 비하여 싸다.
④ 불꽃을 조절하여 용접부의 가열 범위를 조정하기 쉽다.
⑤ 박판 용접에 적당하다.

지연성 가스인 O_2의 성질

① 자신은 타지 않으면서 다른 물질의 연소를 돕는 것이 지연성 가스이다. 대표적으로 O_2가 있다.
② 분자량은 16으로 공기 중에 21%가 존재한다.
③ 무색, 무취, 무미의 기체로 1ℓ의 중량은 0℃ 1기압에서 1.429g이다. 또한 비중은 1.105로 공기보다 무겁다.
④ 용융점은 -219℃, 비등점은 -183℃이다.
⑤ -119℃에서 50기압으로 압축하면 담황색의 액체가 된다.
⑥ 금, 백금 등을 제외한 다른 금속과 화합하여 산화물을 만든다.

가연성 가스의 조건

① 불꽃 온도가 높을 것
② 연소 속도가 클 것
③ 발열량이 빠를 것
④ 용융 금속과 화학 반응을 일으키지 않을 것

아세틸렌(C_2H_2)

① 카바이드로부터 제조된다.
② 순수한 것은 무색, 무취의 기체이다.
③ 인화 수소, 유화 수소, 암모니아 같은 불순물을 혼합할 때 악취가 난다.
④ 비중은 0.906으로 공기보다 가볍고, 가연성 가스로 가장 많이 사용된다.
⑤ 15℃ 1기압에서 1ℓ의 무게는 1.176g이다.
→ 15℃, 15기압에서 충전
⑥ 여러 가지 액체에 잘 용해되며 물에는 같은 양, 석유에는 2배, 벤젠에는 4배, 알코올에서는 6배, 아세톤에는 25배 용해되며, 그 용해량은 압력에 따라 증가한다. 단, 소금물에서는 용해되지 않는다.
⑦ 대기압에서 -82℃이면 액화하고, -85℃이면 고체가 된다.
⑧ 406 ~ 408℃에서 자연발화된다.
⑨ 마찰·진동·충격에 의한 폭발의 위험성이 있다.
⑩ 은, 수은, 동과 접촉 시 120℃ 부근에서 폭발성

수소의 성질

① 0℃, 1기압에서 1L의 무게를 가지며, 확산 속도가 빠르다.
② 무미, 무취이며, 불꽃의 육안 확인이 어렵다(청색).

③ 납땜, 수중 절단용으로 사용
④ 비드 밑 균열의 원인이다.
⑤ 기공 원인이 된다.
⑥ 제조법은 물의 전기분해법, 코크스의 가스화법이 있다.
⑦ 납땜, 수중절단에 이용, 고온, 고압에서 취성의 원인
⑧ 머리카락 모양처럼 생기는 헤어크랙의 원인이다.
⑨ 물고기 눈처럼 빛나는 은점의 원인이다.

용해 아세틸렌의 특징

① 아세톤 1ℓ에 324ℓ의 아세틸렌이 용해된다.
② 용해 아세틸렌 $1kg$를 기화시키면 905ℓ의 아세틸렌 가스가 발생한다.
③ 압력이 높아 역화의 위험이 적다.
④ 저장, 운반이 간단하다.
⑤ 순도를 높일 수 있으며, 가스 압력을 일정하게 할 수 있다.
⑥ 낮은 온도에서도 작업이 가능하다.
⑦ 아세틸렌 15%, 산소 85%에서 가장 위험하다.

용해 아세틸렌 용기

① 내용적 15ℓ, 30ℓ, 50ℓ의 3종이 있다.
② 15℃ 15기압으로 충전한다.
③ 폭발 방지를 위해 $105℃ \pm 5℃$에서 녹는 퓨즈가 2개 있다.
④ 규조토, 목탄, 석면의 다공성 물질에 아세톤이 흡수되어 있다.
⑤ 용기 색은 황색으로 되어 있다.

용기 안의 아세틸렌 양

$C = 905(A - B)$
(C : 아세틸렌 가스 양, A : 병 전체의 무게, B : 빈 병의 무게)

산소 용기와 취급시 주의 사항

① 최고 충전 압력(FP)은 보통 35℃에서 150기압으로 한다.
② 용기의 내압 시험 압력(TP)은 최고 충전 압력(FP)의 $\frac{5}{3}$로 한다.
③ 산소 용기는 보통 5000ℓ, 6000ℓ, 7000ℓ의 3종류가 있다.
④ 용기의 색은 녹색이다.
  ㉠ 타격, 충격을 주지 말 것
  ㉡ 직사광선, 화기가 있는 고온의 장소를 피할 것
  ㉢ 용기 내의 압력이 너무 상승(170기압) 되지 않도록 할 것
  ㉣ 밸브가 동결되었을 때 더운 물, 또는 증기를 사용하여 녹여야 한다.
⑤ 누설 검사는 비눗물로 할 것
⑥ 용기 내의 온도는 항상 40℃ 이하로 유지하여야 한다.
⑦ 용기 및 밸브 조정기 등에 기름이 부착되지 않도록 할 것
⑧ 다른 가연성 가스와 함께 보관하지 않는다.

□ : 용기제작사명
O_2 : 산소(충전 가스 명칭 및 화학 기호)
XYZ : 제조업자의 기호 및 제조번호
V : 내용적(실측) ℓ
W : 용기중량 kgf
5.2004 : 내압시험 연월
TP : 내압시험 압력 kgf/cm^2
FP : 최고충전 압력 kgf/cm^2

산소의 총 가스량 및 사용 시간 계산

① 산소 용기의 총 가스량 = 내용적 × 기압
② 사용할 수 있는 시간 = 산소용기의 총 가스량 ÷ 시간당 소비량

산소와 아세틸렌 불꽃의 종류

① 중성불꽃 : 표준불꽃
② 산화불꽃 : 산화성 불꽃, 산소과잉 불꽃, 바깥불꽃으로만 형성
→ 구리, 황동, 아연 등 용접
③ 탄화불꽃 : 아세틸렌 과잉불꽃, 환원성 불꽃으로, 산소부족 시 발생
→ 산화방지가 필요한 스테인리스강, 스텔라이트, 모넬메탈용

용제의 종류

① 연강 : 사용하지 않는다.
② 구리용 : 붕사, 붕산, 염화나트륨, 염화리튬, 플루오르화나트륨
③ Al용 : 염화칼륨, 염화나트륨, 황산칼륨
④ 연납용 : 염산, 염화아연, 염화암모늄, 송진, 수지
⑤ 경납용 : 붕사, 붕산, 염화리튬, 빙정석, 산화제1동
⑥ 주철용 : 중탄산나트륨, 탄산나트륨, 붕사

가스 가우징

① 용접 뒷면 따내기, 금속 표면의 홈 가공을 하기 위하여 깊은 홈을 파내는 가공법으로 홈의 폭과 깊이의 비는 1:1 ~ 1:3 정도가 좋다.
② 가스 용접의 절단용 장치를 이용할 수 있다. 다만 팁은 비교적 저압으로 대용량의 산소를 방출할 수 있도록 슬로 다이버전트를 사용한다.

스카핑

① 강제 표면의 탈탄층 또는 홈을 제거하기 위해 사용
② 가우징과 달리 표면을 얕고 넓게 깎는 것이다.

직류 역극성을 이용하는 절단

① 미그 절단
② 아크 에어 가우징

산소 절단법

① 산소와 아세틸렌의 혼합비가 1.4 ~ 1.7:1 때 불꽃의 온도가 가장 높음
② 절단 속도는 산소의 순도 및 압력, 팁의 모양, 모재의 온도 등에 따라 영향을 받으며, 고속 분출을 얻기 위해서는 다이버전트 노즐을 사용한다.
③ 사용가스 비교

아세틸렌	프로판
• 혼합비 1 : 1 • 점화 및 불꽃 조절이 쉽다. • 예열 시간이 짧다. • 표면의 녹 및 이물질 등의 영향을 덜 받는다. • 박판의 경우 절단 속도가 빠르다.	• 혼합비 1 : 4.5 • 절단면이 곱고 슬래그가 잘 떨어진다. • 중첩 절단 및 후판에서 속도가 빠르다. • 분출 공이 크고 많다. • 산소 소비량이 많아 전체적인 경비는 비슷하다.

④ 드래그의 길이는 판 두께의 $\frac{1}{5}$, 즉 20%가 좋다.
⑤ 팁 끝과 강판의 거리는 1.5 ~ 2mm 정도로 한다.

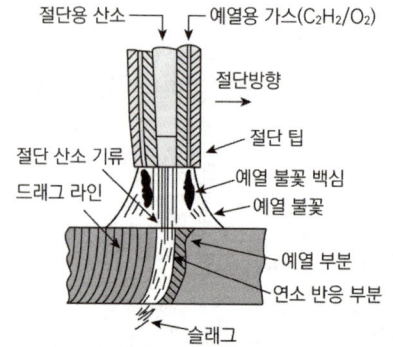

다이버전트 노즐은?
보통팁의 20 ~ 25% 절단속도를 증가시켜준다.

절단에 영향을 주는 요소
① 팁의 모양 및 크기
② 산소의 순도와 압력
③ 절단 속도
④ 예열 불꽃의 세기
⑤ 팁의 거리 및 각도
⑥ 사용 가스
⑦ 절단재의 재질 및 두께 및 표면 상태

땜납의 구비 조건
① 모재보다 용융점이 낮을 것
② 표면 장력이 작아 모재 표면에 잘 퍼질 것
③ 유동성이 좋아 틈이 잘 메워질 수 있을 것
④ 모재와 친화력이 있어야 한다.

용제의 구비 조건
① 산화 피막 및 불순물을 제거할 수 있을 것
② 모재와 친화력이 좋고 유동성이 우수할 것
③ 슬래그 제거가 용이하고, 인체에 무해할 것
④ 부식 작용이 적을 것
⑤ 용제의 유효 온도 범위와 납땜 온도가 일치할 것

GTAW에서 Al, Mg을 용접 시 전원
직류 역극성, ACHF(고주파 교류 전원)

텅스텐의 종류
① 순텅스텐 - 초록(낮은 전류)
② 1% 토륨 - 노랑(전류 전도성 우수)
③ 2% 토륨 - 빨강(박판 정밀)
④ 지르코니아 - 갈색(교류용접)

불활성가스 금속 아크 용접의 와이어 송급 방식
① 푸시
② 풀
③ 푸시-풀
④ 더블푸시

GTAW의 상품명
① 헬륨-아크용접
② 아르곤용접

GMAW의 상품명
① 에어코우메틱
② 시그마
③ 필터아크
④ 아르고노오트

서브머지드 아크 용접의 상품명
① 유니언멜트 용접
② 링컨용접
③ 잠호용접

서브머지드 용접 장치
심선을 공급하는 장치, 전압제어장치, 접촉팁, 대차로 구성

서브머지드 아크 용접(잠호 용접)
① 장점
  ㉠ 용접속도가 수동 용접에 비해 10 ~ 20배, 용입은 2 ~ 3배 정도가 커서 능률적이다.
  ㉡ 용접홈의 크기가 작아도 되며 용접재료의 소비 및 용접변형이 적다.

ⓒ 용접 조건만 일정하다면 용접공의 기술 차이에 의한 품질 격차가 거의 없어 이음의 신뢰도를 높일 수 있다.
ⓔ 한번 용접으로 75mm까지 가능하다.

② 단점
ⓐ 설비비가 고가이며 와이어 및 용제의 선정이 어렵다.
ⓑ 아래보기 수평 필릿 자세에 한정한다.
ⓒ 홈의 정밀도가 높아야 한다(루트 간격 0.8mm 이하, 홈 각도 오차 ±5°, 루트 오차 ±1mm).
ⓓ 용접부가 보이지 않아 용접부를 확인할 수 없다.
ⓔ 시공 조건을 잘못 잡으면 제품의 불량률이 커진다.
ⓕ 입열량이 커서 용접 금속의 결정립의 조대화로 충격값이 커진다.

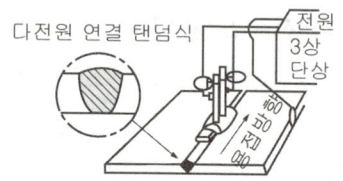

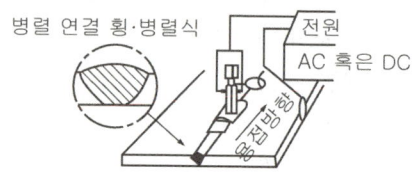

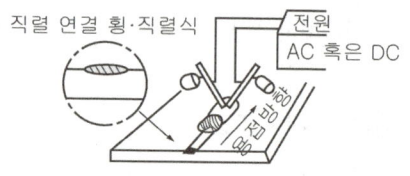

서브머지드 아크용접기 전극의 종류에 따른 분류

종류	전극 배치	특징	용도
탠덤식	2개의 전극을 독립 전원에 접속한다.	비드 폭이 좁고 용입이 깊으며 용접 속도가 빠르다.	파이프라인의 용접에 사용
횡직렬식	2개의 용접봉 중심이 한 곳에서 만나도록 배치	아크 복사열에 의해 용접 용입이 매우 얕으며 자기 불림이 생길 수가 있다.	육성 용접에 주로 사용한다.
횡병렬식	2개 이상의 용접봉을 나란히 옆으로 배열	용입은 중간 정도이며 비드 폭이 넓어진다.	

서브머지드 아크용접 용제의 종류
① 용융형
② 소결형
③ 혼성형

이산화탄소 아크 용접
① 장점
ⓐ 가는 와이어로 고속 용접이 가능하며 수동용접에 비해 용접비용이 저렴하다.
ⓑ 가시아크이므로 시공이 편리하고, 스팩터가 적어 아크가 안정하다.
ⓒ 전자세 용접이 가능하고 조작이 간단하다.
ⓓ 잠호용접에 비해 모재표면의 녹과 거칠기에 둔감하다.
ⓔ 미그용접에 비해 용착금속의 기공 발생이 적다.
ⓕ 용접전류의 밀도가 크므로 용입이 깊고, 용접속도를 매우 빠르게 할 수 있다.
ⓖ 산화 및 질화가 되지 않는 양호한 용착금속을 얻을 수 있다.

ⓞ 보호가스가 저렴한 탄산가스라서 용접 경비가 적게 든다.
　　㉧ 강도와 연신성이 우수하다.
② 단점
　　㉠ 탄산가스를 사용하므로 작업량 환기에 유의한다.
　　㉡ 비드외관이 타 용접에 비해 거칠다.
　　㉢ 고온상태의 아크 중에서는 산화성이 크고 용착금속의 산화가 심하여 기공 및 그 밖의 결함이 생기기 쉽다.

용제가 들어있는 와이어 CO_2법

① 아고스 아크법(컴파운드 와이어)
② 퓨즈 아크법
③ 유니언 아크법(자성용)
④ 버나드 아크 용접법(NCG법)

CO_2 농도에 따른 인체의 해

① 3 ~ 4% : 두통, 뇌빈혈
② 15% 이상 시 : 위험
③ 30% 이상 시 : 치명적

전류의 위험도

① 5mA(위험 수반하지 않음)
② 10mA(고통수반, 쇼크)
③ 20mA(고통을 느끼고 근육 수축)
④ 50mA ~ 100mA(순간적으로 사망)

플라즈마 아크용접에서 플라즈마를 구성하는 물질

양이온, 중성자, 음전자

일랙트로 슬래그 용접의 원리

서브머지드 아크용접에서와 같이 처음에는 플럭스 안에서 모재와 용접봉 사이에 아크가 발생하여 플럭스가 녹아서 액상의 슬래그가 되며 전류를 통하기 쉬운 도체의 성질을 갖게 되면서 아크는 꺼지고 와이어와 용융슬래그 사이에 흐르는 전류의 저항 발열을 이용하는 자동 용접법이다.

전자 빔 용접의 원리

고진공 중에서 전자를 전자 코일로써 적당한 크기로 만들어 양극 전압에 의해 가속시켜서 접합부에 충돌시킨 열로 용접하는 방법이다.

테르밋 용접의 원리와 특징

① 원리 : 테르밋 반응에 의한 화학 반응열을 이용하여 용접한다.
② 특징
　　㉠ 테르밋제는 산화철 분말(FeO, Fe_2O_3, Fe_3O_4) 약 3 ~ 4, 알루미늄 분말을 1로 혼합한다(2800℃의 열이 발생).
　　㉡ 점화제로는 과산화바륨, 마그네슘이 있다.
　　㉢ 용융 테르밋 용접과 가압 테르밋 용접이 있다.
　　㉣ 작업이 간단하고 기술습득이 용이하다.
　　㉤ 전력이 불필요하다.
　　㉥ 용접시간이 짧고 용접 후의 변형도 적다.
　　㉦ 용도로는 철도 레일, 덧붙이 용접, 큰 단면의 주조, 단조품의 용접에 이용된다.

원자 수소 용접의 원리

수소 가스 분위기 중에서 2개의 텅스텐 용접봉 사이에 아크를 발생시키면 수소 분자는 아크의 고열을 흡수하여 원자상태 수소로 열 해리 되며, 다시 모재 표면에서 냉각되어 분자 상태로 결합될 때 방출되는 열(3000 ~ 4000℃)을 이용하여 용접하는 방법

스터드 용접

① 원리

스터드 용접은 크게 저항용접에 의한 것, 충격용접에 의한 것, 아크용접에 의한 것으로 구분되며, 특히 아크용접은 모재와 스터드 사이에 아크를 발생시켜 용접한다.

② 특징

㉠ 자동 아크용접이다.
㉡ 페놀 피복제를 이용하여 볼트, 환봉, 핀 등을 용접한다.
㉢ 0.1 ~ 2초 정도의 아크가 발생한다.
㉣ 셀렌 정류기의 직류 용접기를 사용한다. 교류도 사용 가능하다.
㉤ 짧은 시간에 용접되므로 변형이 극히 적다.
㉥ 철강재 이외에 비철 금속에도 쓸 수 있다.
㉦ 아크를 보호하고 집중하기 위해 도기로 만든 페룰을 사용하며 용착부의 오염 방지 및 용접사의 눈을 보호한다.

로봇 용접의 동작 형태에 의한 분류(하부 3축에 의한 분류)

좌표형 로봇, 원통 좌표형 로봇, 다관절 로봇

로봇의 구성

구동부와 제어부를 가동시키기 위한 에너지인 동력원과 에너지를 기계적인 움직임으로 변환하는 자기 명령으로 구성

주철 용접의 보수 방법

① 스터드법 : 스터드 볼트를 사용한다.
② 비녀장법 : 각 봉을 막고 용접하는 방법
③ 버터링법 : 모재와 융합이 잘 되는 용접으로 적당히 용착
④ 로킹법 : 스터드 볼트 대신에 둥근 고랑을 파는 방법

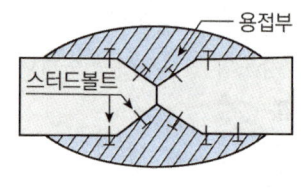

① 스터드법

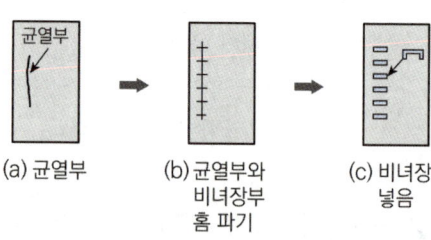

② 비녀장법

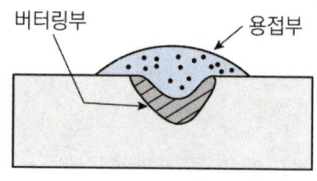

③ 버터링법

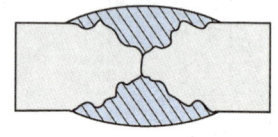

④ 로킹법

주철을 용접할 때 주의사항

① 보수용접을 행하는 경우 본바닥이 나타날 때까지 잘 깎아낸 후 용접한다.
② 파열의 끝에 작은 구멍을 뚫는다.
③ 용접전류는 필요 이상 높이지 말고, 직선비드를 사용하며, 깊은 용입을 얻지 않는다.
④ 될 수 있는 대로 가는 지름의 것을 사용한다.
⑤ 비드배치는 짧게 여러 번 한다.
⑥ 피닝작업을 하여 변형을 줄인다.
⑦ 가스용접을 할 때 중성 불꽃 및 탄화 불꽃을 사용하며, 플럭스를 충분히 사용한다.

⑧ 두꺼운 판의 경우에는 예열과 후열 후 서냉한다.

❯❯ 오스테나이트계(18-8 스테인리스강)을 용접할 때 주의 사항

① 예열을 하지 않는다.
② 층간 온도가 320℃ 이상을 넘어서는 안 된다.
③ 용접봉은 모재와 같은 것을 사용하며, 될수록 가는 것을 사용한다.
④ 낮은 전류치로 용접하여 용접 입열을 억제한다.
⑤ 짧은 아크길이를 유지한다(길면 카바이드가 석출됨).
⑥ 크레이터를 처리한다.

Chapter 02. 용접시공 및 검사

》 가접

① 홈 안에는 가접을 피하되, 불가피한 경우엔 본용접 전에 갈아낸다.
② 응력이 집중되는 곳은 피한다.
③ 전류는 본용접보다 높게 하며, 용접봉의 지름은 가는 것을 사용한다. 또한 너무 짧게 하지 않는다.
④ 시·종단에 엔드탭을 설치하기도 한다.
⑤ 가접사도 본 용접사에 비하여 기량이 떨어지면 안 된다.

》 용접진행 방향에 따른 분류

① 전진법 : 용접 시작 부분보다 끝나는 부분이 수축 및 잔류 응력이 커서 용접 이음이 짧고, 변형 및 잔류응력이 그다지 문제가 되지 않을 때 사용
② 후퇴법 : 용접을 단계적으로 후퇴하면서 전체 길이를 용접하는 방법으로 수축과 잔류응력을 줄이는 방법
③ 대칭법 : 용접할 전 길이에 대하여 중심에서 좌우로 또는 용접물 형상에 따라 좌우 대칭으로 용접하여 변형과 수축 응력을 경감한다.
④ 비석법 : 스킵법이라고도 하며 짧은 용접 길이로 나누어 놓고 간격을 두면서 용접하는 방법으로 특히 잔류응력을 작게 할 경우 사용한다.
⑤ 교호법 : 열영향을 세밀하게 분포시킬 때 사용

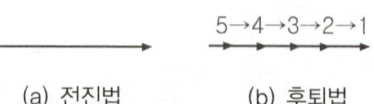

(a) 전진법   (b) 후퇴법

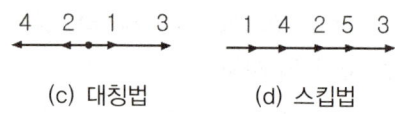

(c) 대칭법   (d) 스킵법

》 다층용접에 따른 분류

① 덧살올림법(빌드업법) : 열영향이 크고 슬래그 섞임의 우려가 있다. 한랭 시, 구속이 클 때 후판에서 첫층에 균열 발생 우려가 있다. 하지만 가장 일반적인 방법이다.
② 캐스케이드법 : 한 부분의 몇 층을 용접하다가 이것을 다음 부분의 층으로 연속시켜 용접하는 방법으로 후퇴법과 같이 사용하며, 용접결함 발생이 적으나 잘 사용되지 않는다.
③ 전진블록법 : 한 개의 용접봉으로 살을 붙일만한 길이로 구분해서 홈을 한 부분에 여러 층으로 완전히 쌓아 올린 다음, 다음 부분으로 진행하는 방법으로 첫 층에 균열발생 우려가 있는 곳에 사용된다.

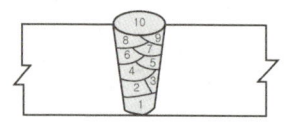

(a) 덧살 올림법

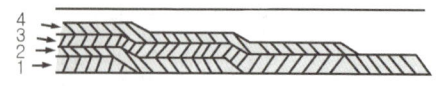

(b) 케스케이드법
(용접중심선 단면도)

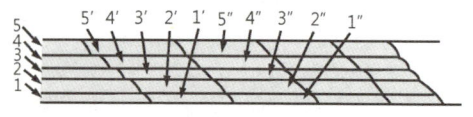

(c) 전진 블록법(용접중심선 단면도)

다층용접의 종류

용접할 때 온도 분포

① 냉각속도는 얇은 판보다는 두꺼운 판에서 크다.
② 냉각속도는 맞대기 이음보다는 T형 이음의 경우가 크다. 즉, 열의 확산방향이 많을수록 크다.
③ 열전도율이 클수록 냉각속도는 크다.

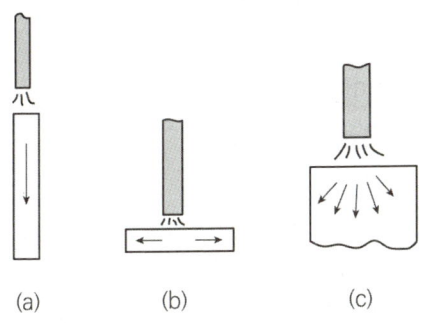

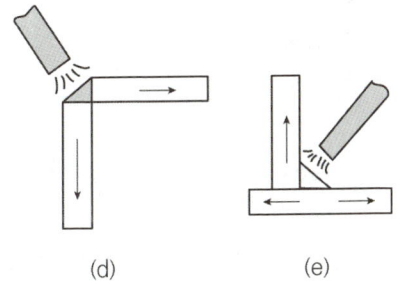

예열의 목적

① 모재의 수축응력을 감소하여 균열발생 억제
② 냉각속도를 느리게 하여 모재의 취성방지
③ 용착금속의 수소성분이 나갈 수 있는 여유를 주어 비드 밑 균열 방지
④ 기계적 성질 향상
⑤ 경화증대는 목적이 아니다.

잔류 응력 제거법

① **노내풀림법** : 유지 온도가 높을수록, 유지 시간이 길수록 효과가 크다. 노내 출입 허용 온도는 300℃를 넘어서는 안되며, 일반적인 유지 온도는 625±25℃이다. 판 두께 25mm, 1시간
② **국부풀림법** : 큰 제품, 현장 구조물 등과 같이 노내풀림이 곤란할 경우 사용하며 용접선 좌우 양측을 각각 약 250mm 또는 판 두께 12배 이상의 범위를 가열한 후 서냉한다. 하지만 국부풀림은 온도를 불균일하게 할 뿐 아니라 이를 실시하면 잔류 응력이 발생될 염려가 있으므로 주의하여야 한다. 유도 가열 장치를 사용한다.
③ **기계적 응력완화법** : 용접부에 하중을 주어 약간의 소성 변형을 일으킴으로써 응력을 제거한다. 실제 큰 구조물에서는 한정된 조건 하에서만 사용할 수 있다.
④ **저온 응력 완화법** : 용접선 좌우 양측을 정속도로 이동하는 가스 불꽃으로 약 150mm의 나비를 약 150~200℃로 가열 후 수냉하는 방법으로 용접선 방향으로 인장 응력을 완화시키는 방법이다.
⑤ **피닝법** : 끝이 둥근 특수 해머로 용접부를 연속적으로 타격하여, 용접 표면에 소성 변형을 일으킴으로써 인장 응력을 완화한다. 첫 층 용접의 균열 방지 목적으로 700℃ 정도에서 열간 피닝을 한다.

변형 방지법

① **억제법** : 모재를 가접 또는 지그를 사용하여 변형 억제
② **역변형법** : 용접 전에 변형의 크기 및 방향을 예측하여 미리 반대로 변형시키는 방법
③ **도열법** : 용접부 주위에 물을 적신 석면, 동판을 대어 열을 흡수시키는 방법
④ **용착법** : 대칭법, 후퇴법, 스킵법 등을 사용

변형의 교정
① 박판에 대한 점수축법
② 형재에 대한 직선수축법
③ 가열 후 해머질하는 방법
④ 후판에 대해 가열 후 압력을 가하고 수랭하는 방법
⑤ 롤러에 거는 법
⑥ 절단하여 정형 후 재용접하는 방법
⑦ 피닝법

연강 용접이음의 안전율
① 정하중 : 3
② 동하중 – 단진응력 : 5
③ 동하중 – 교번응력 : 8
④ 충격하중 : 12

기계적 시험
① 정적인 시험 : 충격, 피로
② 동적인 시험 : 인장, 굽힘, 경도

경도 시험
① 브리넬 경도 : 압입자의 크기
② 비커스 경도 : 다이아몬드 대각선의 길이 135°
③ 로크웰 경도 : B스케일, C스케일
④ 쇼어경도 : 완성품

매크로 조직 시험의 순서
시편 채취 → 마운팅 → 연마 → 부식 → 검사

금속학적 시험
① 파면시험
② 매크로 조직 시험
③ 현미경 조직 시험

비파괴 시험
① 외관검사(VT)
② 누설검사(LT)
③ 침투검사(PT)
④ 자기검사(MT)
⑤ 초음파 검사(UT)
⑥ 방사선 투과 검사(RT)
⑦ 와류검사(ECT)

용접이음의 종류
① 맞대기 이음
② 모서리 이음
③ 변두리 이음
④ 겹치기 이음
⑤ T형 이음
⑥ +자형 이음
⑦ 전면 필릿 이음
⑧ 측면 필릿 이음

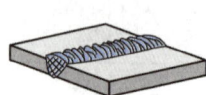 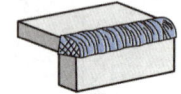
① 맞대기 이음   ② 모서리 이음

 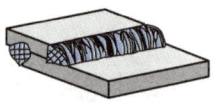
③ 변두리 이음   ④ 겹치기 이음

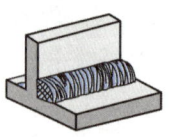 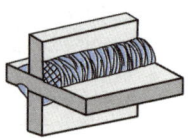
⑤ T형 이음   ⑥ +자형 이음

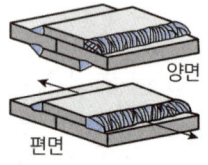 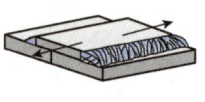
⑦ 전면 필릿 이음 ⑧ 측면 필릿 이음

필릿 용접의 종류

① 전면 필릿 : 하중이 용접선과 수직
② 측면 필릿 : 하중이 용접선과 수평
③ 경사 필릿

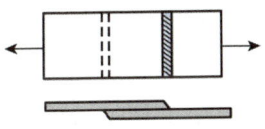

① 전면 필릿

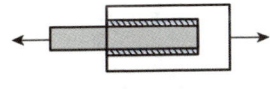

② 측면 필릿

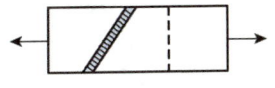

③ 경사 필릿

필릿 용접의 종류

용접 이음의 강도

① 용접 이음 효율(%)

$$\eta = \frac{(용착금속인장강도)}{(모재 인장강도)} \times 100$$

② 허용 응력 및 안전율

$$안전율 = \frac{(인장강도)}{(허용응력)}$$

③ 맞대기 이음에서의 최대 인장 하중과 응력과의 관계

$\alpha = \dfrac{P}{A}$ 에서

$P = A\sigma = h\ell\sigma = t\ell\sigma$

여기서, P : 용접 이음의 최대 인장 하중
         σ : 용착 금속의 인장 강도
         A : 단면적
         h : 목 두께
         t : 판 두께
         ℓ : 용접 길이

용접이음 설계를 할 때 주의점

① 아래 보기 용접을 많이 하도록 한다.
② 용접작업에 지장을 주지 않도록 간격을 두어야 한다.
③ 필릿용접은 되도록 피하고 맞대기 용접을 하도록 한다.
④ 판 두께가 다른 재료를 이을 때에는 구배를 두어 갑자기 단면이 변하지 않도록 한다 (1/4 이하 테이퍼 가공을 함).
⑤ 맞대기 용접에는 이면 용접을 하여 용입 부족이 없도록 해야 한다.
⑥ 용접 이음부가 한 곳에 집중되지 않도록 설계해야 한다.

안전 표식의 색채

① 적색 : 방화 금지, 방향 표시
② 황색 : 주의 표시
③ 오렌지색 : 위험 표시
④ 녹색 : 안전 지도, 위생 표시
⑤ 청색 : 주의, 수리 중, 송전 중 표시
⑥ 진한 보라색 : 방사능 위험 표시
⑦ 백색 : 주의 표시
⑧ 흑색 : 방향 표시

화재의 분류는?

① A - 일반(백색)
② B - 유류(황색)
③ C - 전기(청색)
④ D - 금속(무색)

지그의 사용 목적

① 대량 생산
② 용접 작업을 쉽게 해준다.
③ 제품 치수를 정확하게 한다.
④ 용접부의 신뢰성이 높아진다.

⑤ 다듬질을 좋게 한다.
⑥ 변형을 억제한다.

> **변형 방지용 지그의 종류 중 아래 그림과 같이 사용된 지그는?**

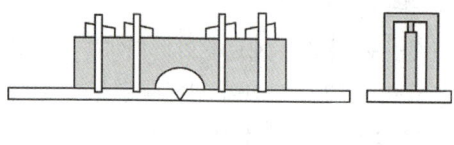

스트롱 백

Chapter 03. 용접의 재료

🔹 금속의 공통적 성질
① 실온에서 고체이며, 결정체이다(단, 수은은 액체).
② 빛을 발산하고 고유의 광택이 있다.
③ 가공이 용이하고, 연·전성이 크다.
④ 열, 전기의 양도체이다.
⑤ 비중이 크고 경도 및 용융점이 높다.

🔹 영문표시
① NS(Not to scale) : 비례척도가 아님
② NSR : 응력제거 아님
③ SR : 응력제거
④ MR : 제거 가능한 뚜껑
⑤ M : 영구적인 뚜껑
⑥ MT : 자분탐상
⑦ VT : 외관검사
⑧ PT : 침투탐상(형광 F)
⑨ UT : 초음파탐상
⑩ RT : 방사선검사
⑪ LT : 누설검사
⑫ ECT : 맴돌이검사

🔹 금속 결정의 종류

종류	특징	금속
체심 입방 격자 (B·C·C)	강도가 크고 전·연성은 떨어진다.	Cr, Mo, W, V, Ta, K, Na, α-Fe, δ-Fe
면심 입방 격자 (F·C·C)	전·연성이 풍부하여 가공성이 우수하다.	Ag, Al, Au, Cu, Ni, Pb, Pt, Ca, γ-Fe
조밀 육방 격자 (H·C·P)	전·연성 및 가공성이 불량하다.	Ti, Be, Mg, Zn, Zr

① 단위포 : 결정 격자 중 금속 특유의 형태를 결정짓는 원자의 모임
② 격자 상수 : 단위포 한 모서리의 길이
③ 결정립의 크기 : 0.01 ~ 0.1mm

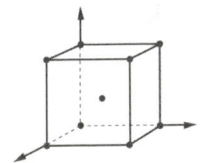
(a) 체심 입방 격자(BCC)

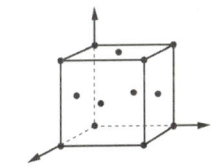
(b) 면심 입방 격자(FCC)

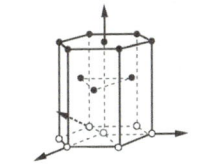
(c) 조밀 육방 격자(HCP)

금속의 결정 구조

🔹 금속의 변태
① 동소변태 : 고체 내에서 원자 배열이 변하는 것
  ㉠ α-Fe(체심), γ-Fe(면심), δ-Fe(체심)
  ㉡ 동소변태 금속 : Fe(912℃, 1400℃), Co(477℃), Ti(830℃), Sn(18℃) 등
② 자기변태 : 원자 배열은 변화가 없고 자성만 변하는 것
  ㉠ 순수한 시멘타이트는 210℃ 이하에서 강자성체, 그 이상에서는 상자성체
  ㉡ 자기변태 금속 : Fe(768℃), Co(1160℃)

금속 결정의 순서
핵 발생 → 결정의 성장 → 결정 경계 형성 → 결정체

금속 결정체의 종류
① 주상정
② 수지상결정
③ 편석

금속의 5대 원소
S, P, Mn, C, Sn

공정
액체 ⇔ 고체A + 고체B

고용체
고체A + 고체B ⇔ 고체C

공석(펄라이트 조직)
원자입상에 페라이트와 시멘타이트가 층상 구조를 이루며, 철강 C 0.86%에서 오스테나이트와 시멘타이트의 공석을 석출한다.

포정반응
고체A + 액체 ⇔ 고체B

편정반응
액체A + 고체 ⇔ 액체B

철의 제조 공정
① 철광석 : 40% 이상의 철분 함유
② 용광로(고로)
③ 선철
④ 제강로 → 강, 용선로(큐폴라) → 주철

강을 만드는 제강로의 종류
① 평로(반사로) : 염기성법, 산성법
② 전로 : 배세머법, 토마스법
③ 전기로 : 온도조절 용이
④ 도가니로 : 1회 용해할 수 있는 구리를 kg으로 표시

제강로에서 만들어지는 강괴의 종류
① 림드강 : 구조용 강재, 용접봉, C 0.3%↓
② 킬드강 : 공구강용, C 0.3%↑
③ 세미킬드강

철강의 종류
① 순철
② 강(아공석강, 공석강, 과공석강)
③ 주강
④ 주철(아공정주철, 공정주철, 과공정주철)

철의 분류
① 탄소강 : 순철, 탄소강
② 특수강 : 구조용 특수강, 공구용 특수강, 특수 용도 특수강
③ 주철 : 보통주철, 고급주철, 특수주철

순철의 변태
① A1 변태 : 210℃
② A2 변태(자기변태) : 768℃
③ A3 변태(동소변태) : 912℃ $\alpha \leftrightarrow \gamma$
④ A4 변태(동소변태) : 1400℃ $\gamma \leftrightarrow \delta$

탄소강에서 생기는 취성
① 청열취성 : 원인 P - Ni로 방지
② 적열취성 : 원인 S - Mn으로 방지
③ 상온취성 : 원인 P

» SS300, SWS300 – 인장강도
  ① SMC300C → 300은 탄소 함유량
  ② 115.인장강도, 경도 증가
  ③ Mn, Si, C

» C 함유량 증가 시 영향
  ① 인장강도, 경도, 항복점 증가
  ② 연신율, 충격값, 열전도도는 감소
  ③ 용접성 감소

» Mn 증가 시 영향
  ① 담금질성 향상
  ② 황의 해를 제거
  ③ 탈산제
  ④ 결정립의 성장을 방해

» 강의 조직
  ① 페라이트(α, δ)
  ② 펄라이트(α + Fe3C)
  ③ 시멘타이트(Fe3C)
  ④ 오스테나이트(γ)
  ⑤ 레데뷰라이트(γ + Fe3C)

» 다음 그래프는 금속의 기계적 성질과 냉간 가공도의 관계를 나타낸 것이다. ( ) 안에 들어갈 성질로 옳은 것은?

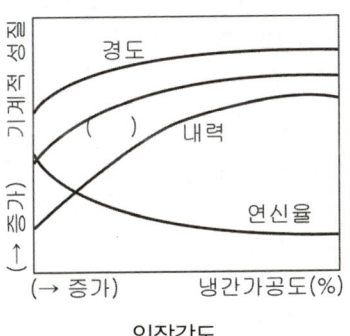

인장강도

» 뜨임 취성 방지 원소
  Mo, V, W

» 자경성
  Ni, Mn, Cr 등의 합금 원소를 포함한 것은 공기 중에 냉각만 하여도 경화되어 물이나 기름 중에 냉각할 필요가 없다.

» 망간 10~14%의 강은 상온에서 오스테나이트 조직을 가지며 내마멸성이 특히 우수하며 각종 광산기계 기차레일의 교차점, 냉간인발용의 드로잉 다이스 등에 이용되는 강은?
  하드필드 강(고Mn강)

» 망간강
  ① Mn 1~2%
  ② 듀콜강
  ③ 펄라이트 조직
  ④ 용접성 우수
  ⑤ 내식성개선 Cu첨가

» 합금강에 티탄을 약간 첨부하였을 때 얻는 효과는?
  결정입자의 미세화

불변강

인바 (Ni 36%)	• 팽창 계수가 작다. • 표준척, 열전쌍, 시계 등에 사용
엘린바 (Ni(36) – Cr(12))	• 상온에서 탄성률이 변하지 않음 • 시계 스프링, 정밀 계측기 등
플래티나이트 (Ni 10 ~ 16%)	• 백금 대용 • 전구, 전공관 유리의 봉입선 등
퍼멀로이 (Ni 75 ~ 80%)	• 고투자율 합금 • 해저 전선의 장하 코일용 등
기타	• 코엘린바, 초인바, 이소에라스틱

특수용도 합금강

① 스테인리스강(3) : 페라이트계, 마텐자이트계, 오스테나이트계(SUS)
② 내열강
③ 자석강(SK)
④ 베어링강
⑤ 불변강(Ni 합금강)
　㉠ 인바(Ni 36%) : 열전쌍, 시계 등
　㉡ 엘린바(Ni36% - Cr12%) : 시계스프링, 정밀계측기
　㉢ 플래티나이트(Ni 10 ~ 16%) : 전구, 공관의 유리봉입선
　㉣ 퍼멀로이(Ni 75 ~ 80%) : 해저전선의 장하코일
　㉤ 코엘린바, 수퍼인바, 초인바, 이소에라스틱

분말야금에 의하여 만들어진 것은?

① 초경합금(상품명 : 위디아)
② 상품명
　㉠ 티그 : 아르곤용접, 헬륨아크용접
　㉡ 서브머지드 : 링컨용접, 유니언멜트용접

펄라이트 바탕에 흑연이 미세하고 고르게 분포되어 있으며 내마멸성이 요구되는 피스톤링 등 자동차 부품에 많이 쓰이는 주철은?

미하나이트 주철
① 흑연의 형상을 미세화를 위해 Si, Si-Cu첨가
② 인장강도 30 ~ 35kg/mm^2
③ 조직 : 펄라이트 + 흑연
④ 담금질이 가능
⑤ 고강도 내마멸, 내열성 주철
⑥ 공작기계의 안내면, 내연기관의 실린더 등

주철

① 펄라이트와 페라이트가 흑연으로 구성
② 유리 탄소(Fe3 + C) : Si가 많고 냉각 속도가 느리다(회주철).
③ 화합탄소(Fe3C) : Si가 적고 냉각속도가 빠르다(백주철).
④ 흑연화는 Fe3C → 3Fe+C-로 탄소가 분리되는 것

주철의 성장

① Fe3C의 흑연화에 의한 성장
② A1 변태에 따른 체적의 변화
③ 페라이트 중의 규소의 산화에 의한 팽창
④ 불균일한 가열로 인한 팽창

가단 주철의 종류

① 백심 가단주철
② 흑심 가단주철
③ 고력 펄라이트 가단주철

기준점
① 연납과 경납의 기준 : 450℃
② 저융점의 기준 : 주석(232)
③ 냉간가공과 열간가공의 기준 : 재결정온도
④ 비중의 기준 : 티탄(4.5)
⑤ 공석강 : 0.77%
⑥ 공정주철 : 4.3%

일반 열처리
① 담금질(퀜칭) : 강도, 경도증가, 소금물 최대효과, Cr은 담금질 효과증대
② 뜨임(템퍼링)
담금질로 인한 취성제거, 강인성 증가 (MO, W, V) (가열 후 냉각)
③ 풀림(어닐링) : 재질의 변화, 내부응력제거, 서냉
  └→ 국부풀림 625 ± 25℃
④ 불림(노멀라이징) : 조직의 균일화, 공랭, 미세조직화 A3 변태점

특수열처리
① 항온 열처리
② 표면 경화법
  ㉠ 탄소강은 급랭할 때→조직변화는 치밀해진다.
  ㉡ 강의 열처리 중 냉각 속도가 빠른 경우 층상조직을 나타낸다.

노내풀림법
두께가 다른 용접물은 두꺼운 용접물을 기준으로 열처리

풀림의 목적
① 내부 응력 제거
② 결정의 미세화
③ 조직의 연화
④ 가공 경화 현상 개선
⑤ 결정립의 구상화

전기로에서 응력 제거
얇은 부위를 기준으로 한다.

표면 경화법
① 침탄법(고체, 액체, 가스)
② 질화법 → 암모니아가스 이용
③ 금속침투법 : 내식, 내산, 내마멸성을 증가 시킬 목적으로 금속을 침투시키는 열처리
  ㉠ 크로마이징 : Cr
  ㉡ 세라다이징 : Zn
  ㉢ 칼로라이징 : Al
  ㉣ 실리코나이징 : Si
  ㉤ 브로마이징 : Br
④ 화염경화법 : 산소-아세틸렌 화염으로 표면가열 경화
  ㉠ 높은 표면경도를 얻는다.
  ㉡ 처리 시간이 길다.
  ㉢ 내식성 증가
  ㉣ 내마멸성 커진다.
⑤ 고주파경화법
⑥ 기타 : 방전 경화법, 하드페이싱, 메탈 스프레이, 숏 피닝
  ㉠ 하드페이싱 : 소재표면에 스텔라이트나 경합금 등을 융접 또는 압접으로 융착시키는 표면 경화법이다.
  ㉡ 숏 피닝 : 주철로 된 작은 입자들을 고속 분사하여 표면경도를 높이는 처리법

표면 경화 열처리
① 물리적 표면 경화 : 화염경화, 고주파경화, 하드페이싱, 숏 피닝
② 화학적인 표면 경화 : 침탄법, 질화법, 청화법, 침유법, 금속침투법

질화법은 침탄강보다 경도가 높고, 변형이 적지만 반드시 질화강이어야 질화가 가능하다.

황동(Cu + Zn)
① 길딩메탈 - 아연 5% → 화폐, 메달용
② 래드브라스 - 아연 15% → 소켓 체결구
③ 톰백 - 아연 20% → 장신구
④ 문츠메탈 - 6 : 4 황동
⑤ 네이벌 - 6 : 4 황동 + Sn 1%
⑥ 애드머럴티 - 7 : 3 황동 + Sn 1%
⑦ 델타메탈 - 6 : 4 황동 + Fe 1%
⑧ 양은 - 7 : 3 황동 + Ni 15% → 선박, 광산, 기어, 볼트

특수 황동
① 연황동(6 : 4 + Pb 1.5%)
② 주석 황동(네이벌 6 : 4 + Sn 1%)
③ 주석 황동(애드머럴티 7 : 3 + Sn 1%)
④ 철황동(6 : 4 + Fe 1%)
⑤ 강력 황동(6 : 4 + Mn, Al, Fe, Ni)
⑥ 양은(7 : 3 + Ni 15%)
⑦ 규소 황동(Cu 80 : Zn 15 : Si 5)
⑧ 알루미늄 황동(Al 첨가)

청동(Cu + Sn)
① 포금 : Cu + Sn(10%) + Zn(2%) 청동 주물의 대포, 내식, 내수압성
② 인청동 : Cu + Sn + P
③ 베어링 청동 : Cu + Sn(13 ~ 15%)
④ 납청동 : Cu + Sn + Pb
⑤ 켈밋 : Cu + Pb(30 ~ 40%)
⑥ 알루미늄청동 : Cu + Al(10%)

특수 청동
① 베어링 청동(Cu + Sn 13 ~ 15%)
② 납청동(Cu + Pb)
③ 인청동(Cu + P)
④ 켈밋(Cu + Pb 30 ~ 40%)
⑤ 알루미늄 청동

비중이 2.7, 용융온도가 660℃, 내식성, 가공성이 좋아 주물, 다이케스팅, 전선 등에 쓰이는 비철 금속 재료는?
Al
① 면심입방격자
② 염산에의 침식이 빠르다.
③ 전·연성이 풍부하다.

알루미늄 합금의 종류를 대표하는 것
① 주조용 알루미늄 합금 : 실루민
② 내열용 알루미늄 합금 : Y합금
③ 내식용 알루미늄 합금 : 하이드로날륨
④ 가공용(단련용) 알루미늄 합금 : 두랄루민

알루미늄 합금의 종류
① 주조용 알루미늄 합금
  ㉠ 실루민 : Al + Si
  ㉡ 라우탈 : Al + Si + Cu
② 내열용 알루미늄 합금
  ㉠ Y합금 : Al + Cu + Ni + Mg
  ㉡ Lo - ex : Al + Cu + Ni + Mg + Si(피스톤 재료)

③ 내식용 알루미늄 합금
  ㉠ 하이드로날륨 : Al + Mg
  ㉡ 알민 : Al + Mn
  ㉢ 알드리 : Al + Mg + Si
④ 가공용 알루미늄 합금
  ㉠ 두랄루민 : Al + Cu + Mg + Mn

마그네슘 합금
① 도우메탈(Mg + Al)
② 일렉트론(Mg + Al + Zn) : 피스톤 재료

Chapter 04. 기계제도

도면의 종류
① 사용 목적에 따른 분류 : 계획도, 제작도, 주문도, 승인도, 견적도, 설명도
② 내용에 따른 분류 : 조립도, 부분 조립도, 부품도, 상세도, 공정도, 접속도, 배선도, 배관도, 계통도, 기초도, 설치도, 배치도, 장치도, 외형도, 구조선도, 곡면선도, 구조도, 전개도 등
③ 도면 성질에 따른 분류 : 원도, 트레이스도, 복사도

도면의 크기 양식
① 도면 크기는 A열 사이즈를 사용한다.
② 도면을 접을 때는 A_4 크기로 접고 표제란이 겉으로 나오게 한다.
③ 크기는 A_0 1189×841부터 시작하여 $\sqrt{2}$로 나누어주면 근사값을 쉽게 구할 수 있다.
④ A1(841×594), A2(594×420), A3(420×297), A4(297×210)
⑤ 제도지의 각 변에서 윤곽선까지의 거리를 철하지 않을 때 An ~ A2는 20으로 하며, A_3부터는 10으로 함을 원칙으로 한다. 또한 철하는 부분을 모두 25로 한다.

중심마크
도면의 마이크로 필름 촬영, 복사 등의 편의를 위하여 윤곽선으로부터 도면의 가장자리(테두리)에 이르는 수직한 0.5mm의 직선으로 위치는 도면 4변의 중앙에 그린다.

선의 종류와 용도
① 외형선은 굵은 실선으로 그린다.
② 치수선, 치수 보조선, 지시선, 회전 단면선, 중심선, 수준면선 등은 가는 실선으로 그린다.
③ 은선(숨은선)은 가는 파선 또는 굵은 파선으로 그린다.
④ 중심선, 기준선, 피치선은 가는 1점 쇄선으로 그린다.
⑤ 특수 지정선은 굵은 1점 쇄선으로 그린다.
⑥ 가상선, 무게 중심선은 가는 2점 쇄선으로 그린다.
⑦ 파단선은 불규칙한 파형의 가는 실선 또는 지그재그선으로 그린다.
⑧ 절단선은 가는 1점 쇄선으로 끝 부분 및 방향이 변하는 부분을 굵게 한 것
⑨ 해칭은 가는 실선으로 규칙적으로 줄을 늘어놓은 것
⑩ 특수한 용도의 선으로 가는 실선 아주 굵은 실선으로 나눌 수 있다.

정투상도

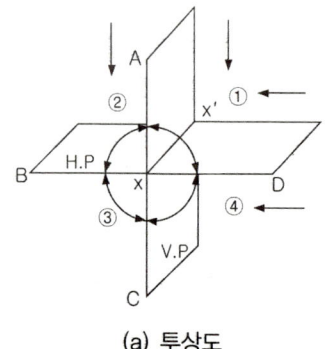

(a) 투상도

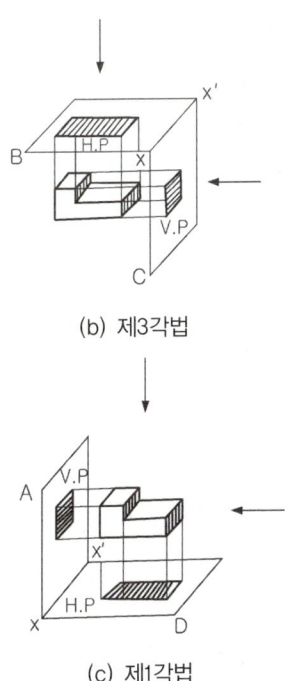

(b) 제3각법

(c) 제1각법

① 기계 제도에서는 원칙적으로 정투상법이 가장 많이 쓰이며 직교하는 투상면의 공간을 4등분하여 투상각이라 하며 3개의 화면(입화면, 측화면, 평화면) 중간에 물체를 놓고 평행광선에 투상되는 모양을 그린 것이다.
② 1각법 : 물체를 1각 안에 놓고 투상하는 것으로 눈 → 물체 → 투상면의 순으로 그려내는 방법이다. 정면도를 중심으로 아래쪽에 평면도, 왼쪽에는 우측면도를 그린다.

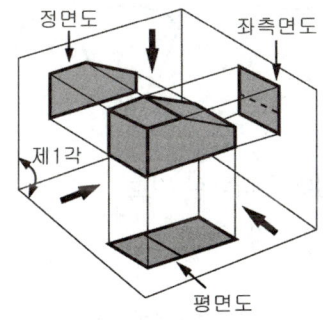

(a) 제1각법에 따르는 투상

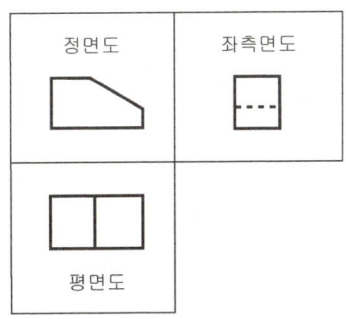

(b) 투상도의 배치

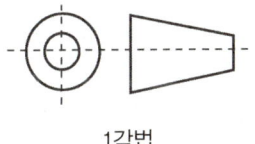

1각법

③ 3각법 : 물체를 제3각 안에 놓고 투상하는 것으로 눈 → 투상면 → 물체의 순으로 그려내는 방법이다. 정면도를 중심으로 위쪽에는 평면도, 왼쪽에는 좌측면도를 그린다.

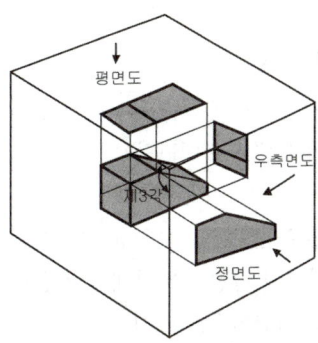

(a) 제3각법에 따르는 투상

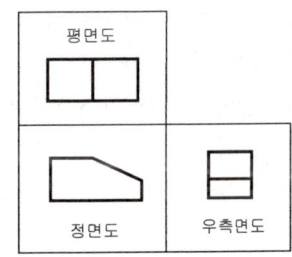

(b) 투상도의 배치

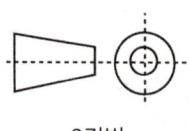
3각법

④ 3각법이 1각법에 비해 좋은 점은 정면도 중심으로 할 때 물체의 전개도와 같기 때문에 이해가 쉬우며 각 투상도의 비교가 쉽고 치수기입이 편리하다.
⑤ 기계 제도에서는 제3각법으로 그리도록 되어 있으므로 특별히 투상법에 구별을 표시하지 않아도 되나 특별히 명시해야 될 때는 도면 안의 적당한 위치에 3각법, 또는 1각법이라 기입하거나 문자 대신 기호를 사용하면 된다.
⑥ 투상도를 그리는 경우 선의 우선 순위는 외형선, 은선, 중심선의 순으로, 겹치는 경우 우선 표시한다.

단면의 종류
① 온 단면도(전단면도) : 물체의 1/2을 절단
② 한쪽 단면도(반단면) : 물체의 1/4을 절단 (상하 또는 좌우가 대칭인 물체)
③ 부분 단면 : 필요한 장소의 일부분만을 파단하여 단면을 나타내는 방법으로 절단부는 파단선으로 표시
④ 회전 단면 : 핸들, 바퀴의 암, 리브, 훅, 축 등의 단면은 정규의 투상법으로 나타내기 어렵기 때문에 물품은 축에 수직한 단면으로 절단하여 단면과 90° 우회전하여 나타냄
⑤ 계단 단면 : 절단면이 투상면에 평행 또는 수직한 여러 면으로 되어 있어 명시할 곳을 계단 모양으로 절단하여 나타냄

치수에 사용되는 기호
① ∅ : 원의 지름 기호를 나타내며 명확히 구분될 경우는 생략할 수 있다.
② □ : 정사각형 기호로 생략할 수 있다.
③ R : 반지름 기호
④ 구(S) : 구면 기호로 ∅, R의 기호 앞에 기입한다.
⑤ C : 모따기 기호
⑥ P : 피치 기호
⑦ t : 판의 두께 기호로 치수 숫자 앞에 표시한다.
⑧ ⌧ : 평면기호
⑨ ( ) : 참고 치수 기호

현과 호
① 치수선의 기입 방법은 현의 길이를 나타낼 때는 직선, 호의 길이를 나타낼 때는 동심원 호로 그린다.
② 특히 현과 호를 구별할 필요가 있을 때에는 호의 치수 숫자 위에 "⌒"기호를 기입하거나 치수 숫자 앞에 현 또는 호라고 기입한다.
③ 2개 이상 동심 원호 중에서 특정한 호의 길이를 명시할 필요가 있을 때에는 그 호에서 치수 숫자에 대해 지시선을 긋고, 지시된 호측에 화살표를 그리고 호의 치수를 기입한다.

변   현   호

용접부의 다듬질 기호
① C : 치핑
② G : 연삭
③ F : 특별히 지정하지 않음
④ M : 절삭

M20×L3 – P1.5 – 6H – N(나사표시법)

① M20은 지름이 20mm, P1.5는 피치가 1.5mm인 나사를 나타낸다.
② 용접할 쪽이 화살표 쪽 또는 앞쪽일 때는 기선의 아래에, 화살표의 반대쪽 또는 건너 쪽을 용접시키는 경우엔 기선의 위쪽에 기입한다. 단, 겹치기 이음부의 저항 용접은 기선에 대칭으로 기입한다.

용접부의 기호 표시 방법 1

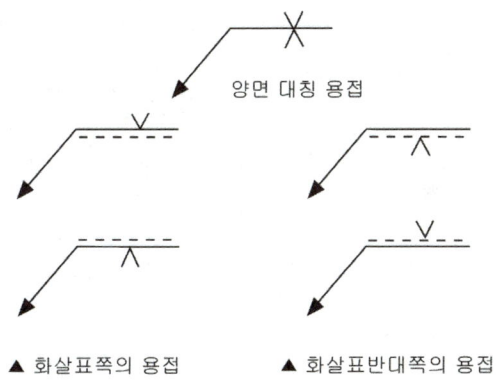

▲ 화살표쪽의 용접   ▲ 화살표반대쪽의 용접

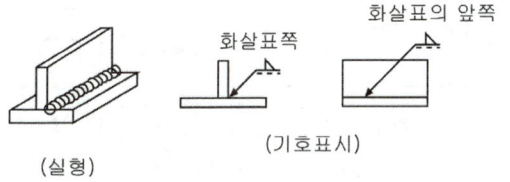

▲ 화살표쪽 또는 앞쪽의 용접

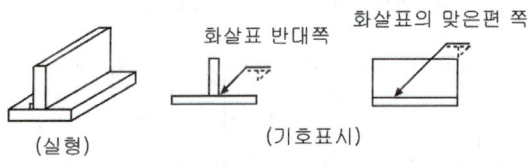

▲ 화살표의 반대쪽 또는 맞은편 쪽의 용접

용접기호 표시법 2

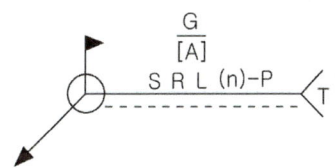

S : 용접 부의 단면 치수 또는 강도
P : 피치
R : 루트 간격 T : 특별한 지시사항
A : 홈 각도 G : 다듬질 방법의 보조 기호
L : 단속 필릿 용접의 용접 길이
O : 온둘레 용접의 보조 기호
n : 단속 필릿 용접 등의 수
▶ : 현장 용접 보조 기호

용접부 비파괴 시험 기호

① 기본 기호로는 RT(방사선 투과 시험), UT(초음파 탐상 시험), MT(자분 탐상 시험), PT(침투 탐상 시험), ET(와류 탐상 시험), LT(누설 시험), ST(변형도 측정 시험), VT(육안 시험), PRT(내압 시험)이 있다.
② 보조 기호로는 N(수직 탐상), A(경사각 탐상), S(한 방향으로부터 탐상), B(양 방향으로부터의 탐상), W(이중벽 촬영), D(염색, 배형광 탐상 시험), F(형상 탐상 시험), O(전 둘레 시험), Cm(요구 품질 등급)이 있다.

〉〉 배관 기호 및 도면의 해독

① 평면 배관도, 입면 배관도, 입체 배관도, 조립도, 부분 조립도
② 치수 표시는 mm를 단위로 하고 각도는 보통 도(°)로 표시함
③ 높이 표시는 EL(BOP, TOP), GL, FL로 표시한다.
④ 관의 도시는 실선으로 하고 같은 도면 내에서 같은 굵기의 실선으로 표시한다.
⑤ 관내를 통과하는 유체의 표시는 공기는 A, 가스는 G, 기름은 O, 수증기는 S, 물은 W로 한다.

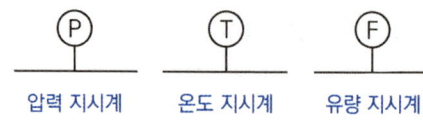

압력 지시계   온도 지시계   유량 지시계

⑥ 관의 굵기만을 도시할 때는 관 위에 지금을 표시한다.
⑦ 온도계와 압력계 표시는 계기의 표시 기호를 ○안에 기입한다. 압력계는 P, 온도계는 T로 한다.

〉〉 판금의 전개법

① **평행선 전개법** : 직각 기둥이나 원기둥 전개에 사용한다.
② **방사선 전개법** : 각뿔이나 원뿔 등의 전개에 사용한다.
③ **삼각형 전개법** : 꼭지점이 지면 밖에 나가거나 큰 컴퍼스가 없을 때 사용한다.

〉〉 용접 기호

번호	명칭	도시	기호
1	양면 플랜지형 맞대기 이음 용접		八
2	평면형 평행 맞대기 이음 용접		‖
3	한쪽면 V형 맞대기 이음 용접		V
4	한쪽면 K형 맞대기 이음 용접		Ⅴ
5	부분 용입 한쪽면 V형 맞대기 이음 용접		Y
6	부분 용입 한쪽면 K형 맞대기 이음 용접		Ⴕ
7	한쪽면 U형 홈 맞대기 이음 용접(평행면 또는 경사면)		Y
8	한쪽면 J형 맞대기 이음 용접		Ⱶ
9	뒷면 용접		⌒
10	필릿 용접		◿
11	플러그 용접 : 플러그 또는 슬롯 용접		⊓
12	양면 V형 맞대기 용접(X형 이음)		X
13	양면 K형 맞대기 용접		K
14	부분 용입 양면 V형 맞대기 용접 (부분 용입 X형 이음)		X
15	부분 용입 양면 K형 맞대기 용접 (부분 용입 K형 이음)		K
16	양면 U형 맞대기 용접(H형 이음)		⋈
17	스폿 용접		○

번호	명칭	도시	기호
18	심 용접		⊖
19	급경사면(스텝 플랭크) 한쪽면 V형 홈 맞대기 이음 용접		⋎
20	급경사면 한쪽면 K형 맞대기 이음 용접		⋎
21	가장자리 용접		|||
22	서페이싱		⌒⌒
23	서페이싱 이음		=
24	경사 이음		//
25	겹침 이음		⊋
26	한쪽면 V형 맞대기 용접 – 평면(동일면) 다듬질		▽̄
27	양면 V형 용접 凸형 다듬질		✕
28	필릿 용접 – 凹형 다듬질		⌐
29	뒤쪽면 용접을 하는 한쪽면 V형 맞대기 용접 – 양면 평면(동일면) 다듬질		▽⌣
30	뒤쪽면 용접과 넓은 루트면을 가진 한쪽면 V형(Y 이음) 맞대기 용접 – 용접한 대로		Y⌣
31	한쪽면 V형 다듬질 맞대기 용접 – 동일면 다듬질		▽̄
32	필릿 용접 끝단부를 매끄럽게 다듬질		⌐

03 실기시험 기본 전류값

용접기능사

T6		1차		2차	
		띠철	시험편	띠철	시험편
F	아래보기	82A	84A	110A	115A
V	수직	83~84A	87~88A	110A	115A
H	수평	87~88A	90~91A	110A	115A

루트면 2.0mm / 루트간격 3.2mm / ø3.2 용접봉 사용

T9		1차		2차		3차	
		띠철	시험편	띠철	시험편	띠철	시험편
F	아래보기	84A	87A	110A	115A	110A	115A
V	수직	87A	90A	110A	115A	110A	115A
H	수평	92A	95A	110A	115A	110A	115A

루트면 1.5mm / 루트간격 3.2mm / ø3.2 용접봉 사용

9T 필렛용접 전류값
- 가접 130A
- 본용접 125A

주의

모든 전류값은 절대적이지 않으며 개인차가 있음을 반드시 숙지 하시기를 바랍니다.

특수용접기능사(CO_2용접)

CO_2용접 - 연강 T6 맞대기용접		1차		2차	
		띠철	시험편	띠철	시험편
F	아래보기	90~120A 19~24V	100~130A 19~25V	90~130A 19~24V	100~130A 19~25V
V	수직	90~120A 19~24V	100~130A 19~25V	90~130A 19~24V	100~130A 19~25V
H	수평	90~120A 19~24V	100~130A 19~25V	90~130A 19~24V	100~130A 19~25V

루트면 2.0mm / 루트간격 3.2mm / ø1.2 솔리드와이어 사용

아래보기	수직	수평

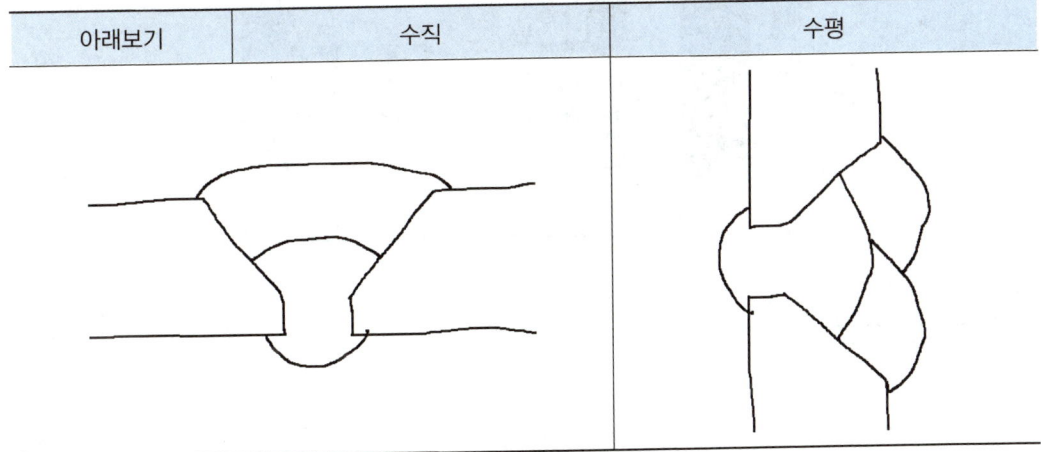

주의

모든 전류값은 절대적이지 않으며 개인차가 있음을 반드시 숙지 하시기를 바랍니다.

특수용접기능사(TiG용접)

TiG용접

- 스텐레스 모재 3T 맞대기 용접
- 루트면 1mm / 루트간격 3.2~4mm / 전류값 70~85A
- 백판 반드시 사용하여 용접

가스 쉴드용 백판

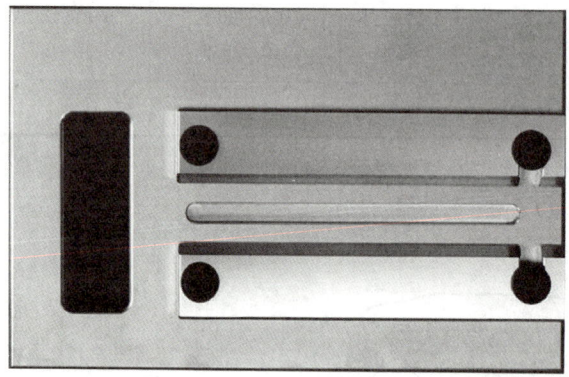

> ⚠️ **주의**
> 모든 전류값은 절대적이지 않으며 개인차가 있음을 반드시 숙지 하시기를 바랍니다.

저자소개

최 부 길

약력
- 기계공학사, 용접기능장

現) • 부천용접직업전문학교 학교장

前) • 현대기술학원 학과장
- 해양고등학교 산학교사
- 월드부천용접학원 학과장
- 수도공업고등학교 산학교사
- 경기과학고등학교 – 교직원 연수교수

교재 및 저서
- 크라운출판사 "핵심용접기능사", "용접기능사 총정리문제집", "용접산업기사"
- 씨마스출판사 "오분만 용접기능사", "오분만 용접산업기사"

취득 자격증
- 용접기능장 / 용접기사 / 용접산업기사 / 용접기능사 / 특수용접기능사
- 소방기계기사 / 소방전기기사 / 소방산업기사
- 배관기능장 / 에너지산업기사 / 가스산업기사 등
- 직업능력개발훈련교사 용접 1급, 용접 2급, 냉동공조설비 2급. 산업설비 2급, 건축설비설계 · 시공 2급

용접기능사 핵심요약

초판 1쇄 인쇄 | 2022년 6월 27일
초판 1쇄 발행 | 2022년 7월 12일

지 은 이 | 최 부 길
발 행 인 | 이 재 남
발 행 처 | (주)이패스코리아
　　　　　서울시 영등포구 경인로 775 에이스하이테크시티 2동 10층
　　　　　전화 1600-0522　팩스 02-6345-6701
　　　　　홈페이지 www.epasskorea.com
　　　　　이메일 edu@epasskorea.com
등록번호 | 제318-2003-000119호(2003년 10월 15일)

※ 잘못된 책은 교환해 드립니다.
※ 이책은 저작권법에 의해 보호를 받는 저작물 이므로 무단전재와 복제를 금합니다.
본 교재의 저작권은 이패스코리아에 있습니다.